Karl-Heinz Hapel

Festigkeitsanalyse dynamisch beanspruchter Offshore-Konstruktionen

AF790944

Grundlagen und Fortschritte der Ingenieurwissenschaften

Fundamentals and Advances in the Engineering Sciences

herausgegeben von
Prof. Dr.-Ing. Wilfried B. Krätzig, Ruhruniversität Bochum
Prof. Dr.-Ing. em. Theodor Lehmann, Ruhruniversität Bochum
Prof. Dr.-Ing. Oskar Mahrenholtz, TU Hamburg

Konvektiver Impuls-, Wärme- und Stoffaustausch,
von Michael Jischa

Einführung in Theorie und Praxis der Zeitreihen- und Modalanalyse,
von Hans G. Natke

Mechanik der Flächentragwerke,
von Yavuz Basar und Wilfried B. Krätzig

Introductory Orbit Dynamics,
von Fred P. J. Rimrott

Festigkeitsanalyse dynamisch beanspruchter Offshore-Konstruktionen,
von Karl-Heinz Hapel

Manuskripte oder Buchentwürfe werden gerne im Herausgeberkreis beraten und werden erbeten unter der Adresse der Herausgeber oder an den Vieweg Verlag, Faulbrunnenstr. 13, D-6200 Wiesbaden.

Karl-Heinz Hapel

Festigkeitsanalyse dynamisch beanspruchter Offshore-Konstruktionen

Mit 245 Bildern und 20 Tabellen

vieweg

Prof. Dr.-Ing. K.-H. Hapel
Institut für Schiffs- und Meerestechnik
Fachbereich 12 Verkehrswesen
Technische Universität Berlin
Salzufer 17/19
D-1000 Berlin 10

Alle Rechte vorbehalten.
© Springer Fachmedien Wiesbaden 1990
Ursprünglich erschienen bei Friedr. Vieweg & Sohn Verlagsgesellschaft mbH, Braunschweig 1990
Softcover reprint of the hardcover 1st edition 1990

Das Werk einschließlich aller seiner Teile ist urheberrechtlich geschützt. Jede Verwertung außerhalb der engen Grenzen des Urheberrechtsgesetzes ist ohne Zustimmung des Verlags unzulässig und strafbar. Das gilt insbesondere für Vervielfältigungen, Übersetzungen, Mikroverfilmungen und die Einspeicherung und Verarbeitung in elektronischen Systemen.

ISBN 978-3-528-06368-9 ISBN 978-3-663-14124-2 (eBook)
DOI 10.1007/978-3-663-14124-2

Vorwort

Noahs Arche war als Dreidecker von vielleicht 140 Meter Länge, 23 Meter Breite und 14 Meter Höhe nach dem Vorstellungsvermögen der alten Israeliten mosaischer Zeit ein gewaltiges, aus eigener Anschauung nicht bekanntes Wasserfahrzeug, auch wenn man weniger an ein Schiff als vielmehr an ein auf einem Floß ruhendes Haus denken muß. Der theoretische Nachweis dafür, daß Noahs Großversuch zum Überleben von Mensch und Tier in einer weltweiten, die höchsten Erhebungen übersteigenden Flut überhaupt gelingen konnte, daß die Arche also jedenfalls schwimmfähig gewesen sein mußte, konnte - wie so häufig in Wissenschafts- und Technikgeschichte - erst später, nämlich etwa 1000 Jahre danach, geführt werden. Der bedeutendste antike Mathematiker und Physiker, der Grieche Archimedes (287-212 v. Chr.), entdeckte der Überlieferung nach mit dem bekannten Ausruf "Heureka" (ich hab's gefunden) das nach ihm benannte Prinzip, nach dem ein Schwimmkörper nicht schwerer sein darf als die von ihm verdrängte Flüssigkeitsmenge.

Archimedes war auch der erste Wissenschaftler, der im Rahmen seiner Bemühungen um die Quadratur des Kreises die Finite-Element-Methode mit Erfolg anwendete. Seine Berechnung der unteren Grenze $3\frac{10}{71}$ für die Zahl π beruht auf der Einteilung des Kreisinnern in 96 gleiche sektorielle Dreieckselemente. Da er diese Grenze über den Umfang des so einbeschriebenen regelmäßigen Polygons ermittelte, handelt es sich eigentlich um eine Anwendung der Boundary-Element-Methode. Hierbei kann die erzielbare Genauigkeit noch durch die einfache Anschauung abgeschätzt werden. Vorsicht geboten ist jedoch beim kritiklosen Einsatz von Finite-Element-Programmen bei der Strukturanalyse. Ergebnisse solcher Analysen müssen - wie sich in der Praxis häufig zeigt - nicht immer die Wirklichkeit beschreiben, und zwar über eine nicht ausreichende Genauigkeit bis hin zu qualitativ völlig falschen Ergebnissen. Die Einteilung des Kreises in z.B. 44 Randelemente liefert die Zahl π mit einer Genauigkeit von 0,08 %, wohingegen die Berechnung der Biegespannung einer meerestechnischen Förderleitung von 2200 Meter Länge eingeteilt in dieselbe Anzahl Elemente gleicher Länge leicht Fehler von 20 % und zwar zur unsicheren Seite hin liefern kann. Völlig falsche Ergebnisse sollen in Industriebetrieben auch schon zur Auflösung von Rechenabteilungen, die nur mit Mathematikern und Informatikern ohne ausreichende physikalische Kenntnisse besetzt waren, geführt haben.

Damit wird natürlich nicht die Finite-Element-Methode diskreditiert. Dem Anwender fertiger Programme sind jedoch häufig die physikalischen Grenzen der Methode für die verschiedenen Anwendungsfälle unbekannt. Es ist deshalb unerläßlich, in schwierigen Fällen sämtliche zur Verfügung stehenden Methoden, numerische, analytische und experimentelle, zur gegenseitigen Absicherung der Ergebnisse einzusetzen. Gerade die analytischen Methoden erlauben es dem jungen, noch unerfahrenen Ingenieur lediglich unter Einsatz seines PC oder gar nur mit einem Taschenrechner bewaffnet, wenigstens eine grobe Überschlagsrechnung durchzuführen. Analytische Methoden besitzen darüber hinaus den großen Vorteil, daß mit ihnen auf relativ schnelle Weise Parameterstudien durchgeführt werden können. Durch die dabei zu Tage tretenden mathematischen Gesetzmässigkeiten gewinnt man hier leichter als bei numerischen Methoden einen tiefen Einblick in das Grundsätzliche mechanischer Abläufe in Abhängigkeit von Konstruktions- oder Umweltdaten.

Damit ist eine Zielsetzung des vorliegenden Lehrbuchs genannt. Es entstand aus den Vorlesungen "Festigkeit meerestechnischer Konstruktionen", die an der Technischen Universität Berlin in den Studienrichtungen "Schiffs-und Meerestechnik" und "Technomathematik" verankert sind. Es wendet sich an Studenten auch anderer ingenieurwissenschaftlicher Disziplinen mit dem Kenntnisstand etwa nach einem abgeschlossenen Grundstudium und an angehende Ingenieure, die mit Entwurf, Auslegung und Bemessung von Tragwerken befaßt sind. Es werden grundlegende physikalische Vorgänge und prinzipielle analytische Lösungsmethoden vorgestellt, die bei der dynamischen Analyse von Offshore-Konstruktionen - jedoch nicht nur dort - eine Rolle spielen. Die dafür notwendigen Grundlagen mechanischer Schwingungen, von Zufallsprozessen und von Zufallsschwingungen linearer Systeme werden ausführlich vorangestellt. Mittels der Modalanalyse werden meerestechnische Konstruktionen unter der Wirkung von Meereswellen, von Meeresströmungen und von Wind unter besonderer Berücksichtigung des Zufallscharakters der Belastungen und deren Auswirkung auf die Lebensdauer der Konstruktionen behandelt. Der Leser findet viele ergänzende Beispielrechnungen und zu den meisten Kapiteln Übungsaufgaben, die der eigenen Lernkontrolle dienen sollen. Das Buch sieht sich als Einführung in den umrissenen Problemkreis und soll aus sich selbst heraus ohne weitere Hilfen verständlich sein.

Die Literaturliste dieses Buches nennt nur solche Titel, auf die bei der Abfassung des Textes mittelbar oder unmittelbar zurückgegriffen worden ist. Einen einigermaßen vollständigen Überblick über ein Teilgebiet kann man nur gewinnen, wenn man die bei den zitierten Arbeiten erwähnten Literaturstellen weiterverfolgt. Das im deutschsprachigen Raum derzeit wichtigste Werk ist das Buch "Meerestechnische Konstruktionen" der Kollegen Clauss, Lehmann und Östergaard [10]. Es wird mit seinem Festigkeitsteil, in dem der Leser auch eine Darstellung der Finite-Element-Methode findet, als Ergänzung empfohlen. Als englischsprachige, allerdings knappere Einführung gut geeignet sind die beiden Bücher "Dynamic Analysis of Offshore Structures" von Brebbia und Walker [5] und "Probabilistic Theory of Ship Dynamics" von Price und Bishop [66], letzteres jedenfalls mit seinem allgemeinen Teil über die statistischen Grundlagen, über Wellen und Seegänge. Wer zunächst nur an Zufallsschwingungen und ausführlicher an Fourier-Analyse interessiert ist, sollte zu dem Buch "Random Vibrations and Spectral Analysis" von Newland [58] greifen.

Inhaltsverzeichnis

Einleitung 1

1 Schwingungsmechanische Grundlagen

1.1 Linearer Einmassenschwinger 6
1.1.1 Freie ungedämpfte Schwingung 9
1.1.2 Freie gedämpfte Schwingung 10
1.1.3 Erzwungene gedämpfte Schwingung. Übertragungsfunktion 12
1.2 Nichtlinearer Einmassenschwinger 16
1.2.1 Erzwungene Schwingung bei nichtlinearer Dämpfung 16
1.2.2 Erzwungene Schwingung in selbsterregten Systemen 22
1.3 Linearer Zweimassenschwinger 27
1.3.1 Freie ungedämpfte Schwingung. Eigenschwingungsanalyse 27
1.3.2 Erzwungene gedämpfte Schwingung 31
1.4 Lineares System mit mehreren Freiheitsgraden 35
1.4.1 Eigenschwingungsanalyse am Balken 35
1.4.2 Näherungsberechnung von Knicklasten und Eigenfrequenzen nach der Energiemethode 41
1.4.3 Erzwungene gedämpfte Bewegung des Balkens. Modalanalyse 48
1.4.4 Werkstoffdämpfung 54
1.4.5 Hydrodynamische Dämpfung 57
Übungsaufgaben zu Kapitel 1 60

2 Zufallsprozesse

2.1 Wahrscheinlichkeit, Wahrscheinlichkeitsverteilung und -dichte 62
2.2 Mittelwerte, statistische Erwartung 65
2.3 Spezielle Wahrscheinlichkeitsverteilungen 68
2.3.1 Die Gleichverteilung 68
2.3.2 Die Normalverteilung 68
2.3.3 Die Rayleigh-Verteilung 70
2.3.4 Die Gumbel-Verteilung 72
2.3.5 Die Weibull-Verteilung 73
2.4 Zweidimensionale Wahrscheinlichkeit, Kovarianz 74
2.5 Lineare Regression 79
2.6 Die charakteristische Funktion 80
2.7 Bedingte Wahrscheinlichkeit 82
2.8 Transformation von Wahrscheinlichkeitsdichten 84
2.9 Der zentrale Grenzwertsatz 89
2.10 Ensemble-Mittelung 90
2.11 Autokorrelationsfunktion 92

2.12 Kreuzkorrelationsfunktion 98
2.13 Fourier-Analyse 101
2.13.1 Fourier-Reihe 101
2.13.2 Fourier-Integral 104
2.13.3 Der Faltungssatz 110
2.13.4 Mehrdimensionale Fourier-Transformation 113
2.14 Spektraldichte 113
2.15 Kreuzspektraldichte 120
2.16 Momente des Spektrums 124
2.17 Breitbandprozeß 126
2.18 Schmalbandprozeß 127
2.19 Zufallsfeldprozeß 129
2.20 Niveaukreuzungen und Maximalwertverteilungen 135
2.20.1 Anzahl der Niveaukreuzungen 135
2.20.2 Maximalwertverteilung schmalbandiger Zufallsprozesse 138
2.20.3 Niveauüberschreitende Maxima von Zufallsprozessen beliebiger Bandbreite 140
2.20.4 Maximalwertverteilung von Zufallsprozessen beliebiger Bandbreite 143
2.20.5 Die 1/n-höchsten Maximalwerte 147
2.20.6 Erwarteter Maximalwert 151
2.20.7 Rückkehrperiode eines Maximalereignisses 155
Übungsaufgaben zu Kapitel 2 158

3 Zufallsschwingungen linearer Systeme

3.1 Eingangs-Ausgangs-Beschreibung 160
3.2 Impuls- und Sprungeingang 160
3.3 Impulsantwort, Übertragungsfunktion und Systemantwort 163
3.4 Impulsantwort und Übertragungsfunktion des Einmassenschwingers 166
3.5 Residuensatz 167
3.5.1 Laurentreihe und Residuen 167
3.5.2 Residuensatz und Integralberechnung 168
3.6 Eingangs-Ausgangs-Beziehungen für Zufallsprozesse 169
3.7 Eingangs-Ausgangs-Beziehungen für Zufallsprozesse mit zwei Eingängen 177
3.8 Impulsantwort und Übertragungsfunktion eines Kontinuums 180
3.9 Eingangs-Ausgangs-Beziehungen für ein Kontinuum unter Zufallsbelastung 183
3.10 Nichtlinearer Einmassenschwinger unter Zufallsbelastung 189
Übungsaufgaben zu Kapitel 3 191

4 Meerestechnische Konstruktionen unter Wellenbelastung

4.1 Meereswellen und Seegang 194
4.1.1 Lineare Wellentheorie 194
4.1.2 Wellenenergie 198

4.1.3 Unregelmäßiger Seegang 200
4.1.4 Wellenenergiespektrum 205
4.1.5 Wellenhöhenüberschreitungsdiagramm 210
4.1.6 Wellenhöhen-perioden-Zuordnung 215
4.1.7 Wellenhöhen-Windgeschwindigkeiten-Zuordnung 220
4.2 Lastannahmen 221
4.2.1 Morison-Formel 221
4.2.2 Wellenkraft auf einen vertikalen starren Pfahl 225
4.2.3 Linearisierung der Widerstandskraft beim Entwurfswellenkonzept 228
4.2.4 Linearisierung der Widerstandskraft in der stochastischen Analyse 230
4.2.5 Hydrostatische Kraft auf einen gebogenen Pfahl 231
4.3 Schwingungsanalyse nach dem Entwurfswellenkonzept 234
4.3.1 Bewegungsgleichung 234
4.3.2 Schwingungsanalyse der einfachen Pfahl-Plattform-Konstruktion 237
4.3.3 Einfluß des Beinabstandes 242
4.4 Schwingungsanalyse nach dem stochastischen Konzept 249
4.4.1 Schwingungsanalyse der einfachen Pfahl-Plattform-Konstruktion 249
4.4.2 Einfluß des Beinabstandes 255
Übungsaufgaben zu Kapitel 4 259

5 Meerestechnische Konstruktionen unter Windbelastung

5.1 Eigenschaften des natürlichen Windes 260
5.1.1 Frequenzbereiche des Windes 260
5.1.2 Höhenprofil des Windes 261
5.1.3 Statistische Verteilung der maximalen Windgeschwindigkeiten 262
5.1.4 Rückkehrperiode einer R-Jahreswindgeschwindigkeit 264
5.1.5 Spektraldichte des turbulenten Geschwindigkeitsanteils 264
5.2 Lastannahmen 265
5.2.1 Aerodynamische Übertragungsfunktion 266
5.2.2 Windkraft 268
5.3 Schwingungsanalyse für stochastische Windbelastung 271
5.4 Schwingungsanalyse für eine deterministische Einzelbö 275

6 Meerestechnische Konstruktionen unter der Wirkung von Meeresströmungen

6.1 Gezeitenströmungen 282
6.2 Windinduzierte Strömungen 283
6.3 Permanente Strömungen und seismische Fluten 283

7 Wirbelinduzierte Schwingungen meerestechnischer Konstruktionen

7.1 Die Kármánsche Wirbelstraße 284
7.2 Strömungskräfte 287
7.3 Wirbelinduzierte Querschwingungen kleiner Amplitude 288
7.4 Strömungsoszillator 290

8 Selbsterregte Schwingungen meerestechnischer Konstruktionen

8.1 Strömungskräfte 296
8.2 Kritische Anströmgeschwindigkeit 298
8.3 Grenzzyklus 299

9 Lebensdaueranalyse meerestechnischer Konstruktionen

9.1 Grundbegriffe der Schwingfestigkeit 306
9.2 Dauer- und Zeitfestigkeit 307
9.3 Betriebsfestigkeit 313
9.4 Deterministische Lebensdaueranalyse 314
9.5 Schädigung durch eine Zufallsbeanspruchung 319
9.6 Stochastische Lebensdaueranalyse 321

10 Meerestechnische Rohrleitungen

10.1 Bewegungsgleichung des Drilling-Risers 324
10.2 Die Besselsche Differentialgleichung 327
10.2.1 Lösung nach der Methode der unbestimmten Koeffizienten 328
10.2.2 Die inhomogene Besselsche Differentialgleichung 330
10.2.3 Asymptotisches Verhalten von Bessel- und Lommel-Funktion 331
10.2.4 Die modifizierte Bessel- und Lommel-Funktion 332
10.3 Riserstatik 334
10.3.1 Zug-Biegung des Risers nach der Theorie 2. Ordnung 335
10.4 Riserdynamik 341
10.4.1 Linearisierung des Strömungswiderstandes 343
10.4.2 Transformation der linearisierten Bewegungsgleichung 343
10.4.3 Die freien ungedämpften Schwingungen 346
10.4.4 Die resonanzerregten gedämpften Schwingungen 348
10.4.5 Oberschwingungen als Korrektur der linearisierten Analyse 358
10.4.6 Stochastische Schwingungsanalyse 361
Übungsaufgaben zu Kapitel 10 365

Lösungen der Übungsaufgaben 366

Literatur 368

Tabelle bestimmter Integrale 373

Sachwort- und Namenverzeichnis 374

Einleitung

Meerestechnische Konstruktionen unterliegen wie kaum andere den unterschiedlichsten Umwelteinflüssen. Die meisten dieser Einflüsse verursachen dynamische

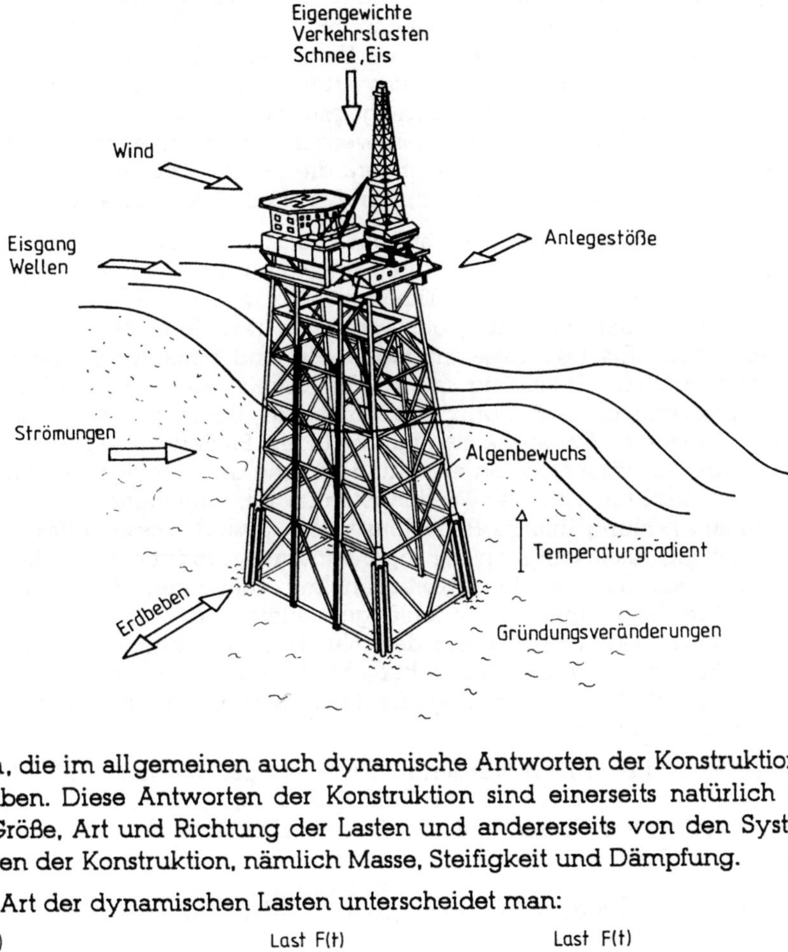

Lasten, die im allgemeinen auch dynamische Antworten der Konstruktion zur Folge haben. Diese Antworten der Konstruktion sind einerseits natürlich abhängig von Größe, Art und Richtung der Lasten und andererseits von den Systemeigenschaften der Konstruktion, nämlich Masse, Steifigkeit und Dämpfung.

Nach Art der dynamischen Lasten unterscheidet man:

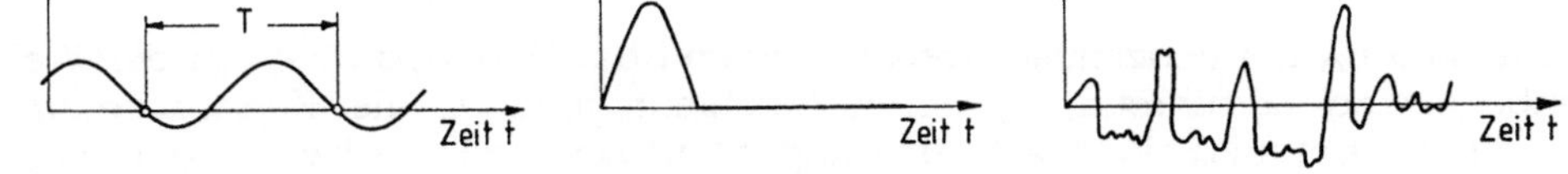

a) periodische Last b) stoßhafte Last c) Zufallsbelastung

Bei a) erscheinen nach festen Zeitintervallen T stets dieselben Lastgrößen. Beispiele hierfür sind die Belastungen, die von einer harmonischen Einzelwelle oder in einer stationären Strömung von einer *Kármán*schen Wirbelstraße herrühren. Stoßhafte Belastungen nach b) treten innerhalb eines längeren Zeitraums nur einmal auf, wie z.B. der Stoß eines anlegenden Versorgungsschiffes. Zufallsbelastungen nach c) besitzen keine regelmäßige Zeitveränderlichkeit. Beispiel hierfür sind die Wellenkräfte in einem natürlichen Seegang.

In vielen Fällen sind Lasten und Konstruktion so beschaffen, daß die dynamische Antwort der Konstruktion von deren Massen- und Dämpfungskräften nahezu unbeeinflußt ist. Hier ist es zulässig, die dynamischen Lasten durch äquivalente statische Lasten zu ersetzen und eine sogenannte quasistatische Analyse durchzuführen. In anderen Fällen ist dagegen die Zeitveränderlichkeit der Belastung wesentlich. In dieser Hinsicht ist besonderes Augenmerk zu richten einerseits auf den Fall der Resonanzerregung, bei dem gegenüber der Belastung sehr große Antworten der Konstruktion hervorgerufen werden, und andererseits im Hinblick auf eine Lebensdaueranalyse auf Belastungen, die zwar keine sonderlich großen Antworten zur Folge haben, dafür aber mit großer Häufigkeit auftreten.

Die wichtigsten Belastungen meerestechnischer Konstruktionen werden zweifellos von Wellen verursacht. Regelmäßige, durch die Konstruktion nicht gestörte Wellen können zwar nach verschiedenen Theorien (*Airy, Stokes, Gerstner*) analytisch beschrieben werden, der Herleitung der aus ihnen resultierenden Kräfte stehen jedoch verschiedene Erschwernisse entgegen. Da sind zunächst zu nennen die extremen Fälle stoßhafter Belastung durch Wasserschlag des sich in einer Welle hebenden Wasserspiegels auf horizontal erstreckte Bauteile der Konstruktion (*slamming*) und durch Wellenbrecher auf vertikale Bauteile (*slapping*). Jedoch auch, wenn man von diesen Fällen absieht, liegt eine gegenseitige Beeinflussung von Welle und Struktur vor: Das Wellenpotential der einfallenden Welle wird durch Energieabstrahlung infolge Reflexionswellen gestört. Diese Diffraktion genannte Erscheinung spielt lediglich bei sogenannten hydrodynamisch durchlässigen Konstruktionen, d.h. bei Konstruktionen mit schlanken Bauteilen, deren Durchmesser D im Verhältnis zur Wellenlänge λ kleiner als 0,2 sind, keine Rolle mehr. Dann können jedenfalls die aus den Wellen herrührenden Trägheitskräfte unter Verwendung einer Wellentheorie berechnet werden. Die Widerstandskräfte dagegen, die auf nichtlinearen Reibungseffekten beruhen, werden ohnehin nur in einer empirischen Formel erfaßt.

Beide Arten von Wellenkräften werden in der wichtigen *Morison*-Formel zusammengefaßt. Nach ihr berechnet sich die Kraft q je Längeneinheit eines vertikalen, zylindrischen, schlanken Bauteils mit der Querschnittsfläche A und der Abmessung D quer zum Welleneinfall aus

$$q = \underbrace{\rho A \ddot{u}_o + C_a \rho A (\ddot{u}_o - \ddot{u})}_{\text{Trägheitskraft } q_M} + \underbrace{\tfrac{1}{2} C_D \rho D |\dot{u}_o - \dot{u}| (\dot{u}_o - \dot{u})}_{\text{Widerstandskraft } q_D}$$

Darin sind $\dot{u}_o$ die horizontale Geschwindigkeit der Wasserpartikel aus der Wellenbewegung herrührend, $\ddot{u}_o$ deren Beschleunigung, $\dot{u}$ die Konstruktionsgeschwindigkeit und $\ddot{u}$ die -beschleunigung. ρA ist die durch das Bauteil verdrängte Wassermasse, und $C_a \rho A$ nennt man die hydrodynamische Wassermasse, eine scheinbar mit der Konstruktion mitbewegte Wassermasse. Der Koeffizient C_a der hydrodynamischen Masse und der Widerstandskoeffizient C_D sind stark veränderliche Größen, abhängig z.B. von der *Reynolds*-Zahl, der Oberflächenrauhigkeit, der Querschnittsform, der Schwingungsform der Konstruktion. Die Morison-Formel kann unter Benutzung der einfachen linearen *Airy*-Wellentheorie angewendet werden. Genauere Wellentheorien ergeben zwar Unterschiede im Zeitverlauf der Kräfte, bei einer zeitlichen Mittelung sind die Abweichungen jedoch nur gering.

Für kompakte Strukturen, die nicht mehr hydrodynamisch durchlässig sind, ist die Energieabstrahlung der Konstruktion mit Hilfe der Diffraktionstheorie zu berücksichtigen.

Das Schema einer Festigkeitsanalyse unter der Wirkung von Wellenkräften sieht wie folgt aus:

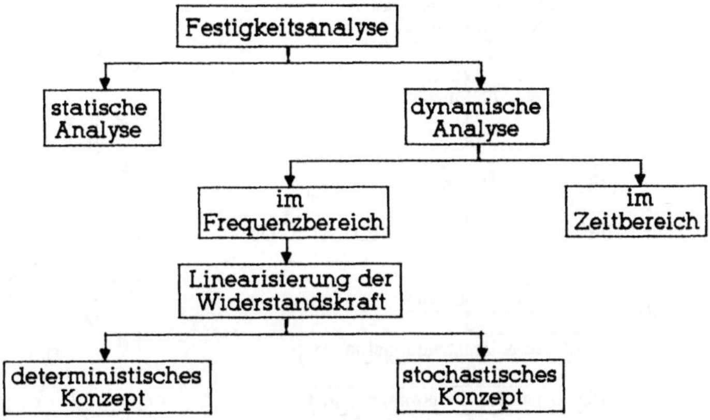

In der statischen Analyse wird eine quasistatische Entwurfswelle, z.B. die Jahrhundertwelle oder die 40-Jahres-Welle, gewählt und unter ihrer Kraftwirkung die Auslenkung der Konstruktion unter Vernachlässigung von deren Geschwindigkeit und Beschleunigung berechnet. Von den Systemparametern Masse, Dämpfung und Steifigkeit spielt nur letzterer eine Rolle.

Eine dynamische Analyse wird nur erforderlich, wenn die erregenden Wellenfrequenzen im Bereich von Eigenfrequenzen der Konstruktion liegen.

Im Zeitbereich wird die Lösung des dynamischen Problems in Abhängigkeit von der Zeit gesucht. Die Berücksichtigung der nichtlinearen Widerstandskraft oder anderer Nichtlinearitäten ist möglich. Es sind dann numerische Lösungsmethoden in einem Zeitschritt-Verfahren etwa nach *Runge-Kutta* einzusetzen.

Dagegen wird im Frequenzbereich die Lösung als Funktion der Erregerfrequenz ω ermittelt. Es interessiert hier nur der von Anfangsbedingungen unbeeinflußte eingeschwungene Zustand der Konstruktion. Voraussetzung für eine Lösung im Frequenzbereich ist die Linearisierung der Widerstandskraft (oder anderer Nichtlinearitäten). Hier können auch analytische Lösungsmethoden verwendet werden.

Im deterministischen Konzept werden entweder mehrere Entwurfswellen unterschiedlicher Höhe und Frequenz gewählt, oder es wird ein Langzeit-Wellenhöhenüberschreitungsdiagramm betrachtet. Im ersten Fall erhält man als Ergebnis die Strukturspannungen an jedem Ort der Konstruktion in Abhängigkeit von den Wellendaten. Sie haben gewisse Sicherheitsabstände von Werkstoffkennwerten wie der Streckgrenze einzuhalten. Der zweite Fall dient der Berechnung der Strukturermüdung und damit der Lebensdauer der Konstruktion.

Im stochastischen Konzept untersucht man entweder das Strukturverhalten in einem Kurzzeitseegangszustand, also im unregelmäßigen Seegang während der

Zeitdauer eines extremen Sturmes, oder aber ihr Langzeit-Verhalten unter Einbeziehung sämtlicher Seegangszustände im Einsatzgebiet. Im ersten Fall errechnet man Wahrscheinlichkeiten, mit denen bestimmte Spannungsniveaus innerhalb der Sturmdauer erreicht oder überschritten werden, im zweiten Fall eine statistisch zu erwartende Lebensdauer der Konstruktion.

Die stochastische Analyse einer meerestechnischen Konstruktion ist eine Spektralanalyse. Deren Schema ist wie folgt wiedergegeben:

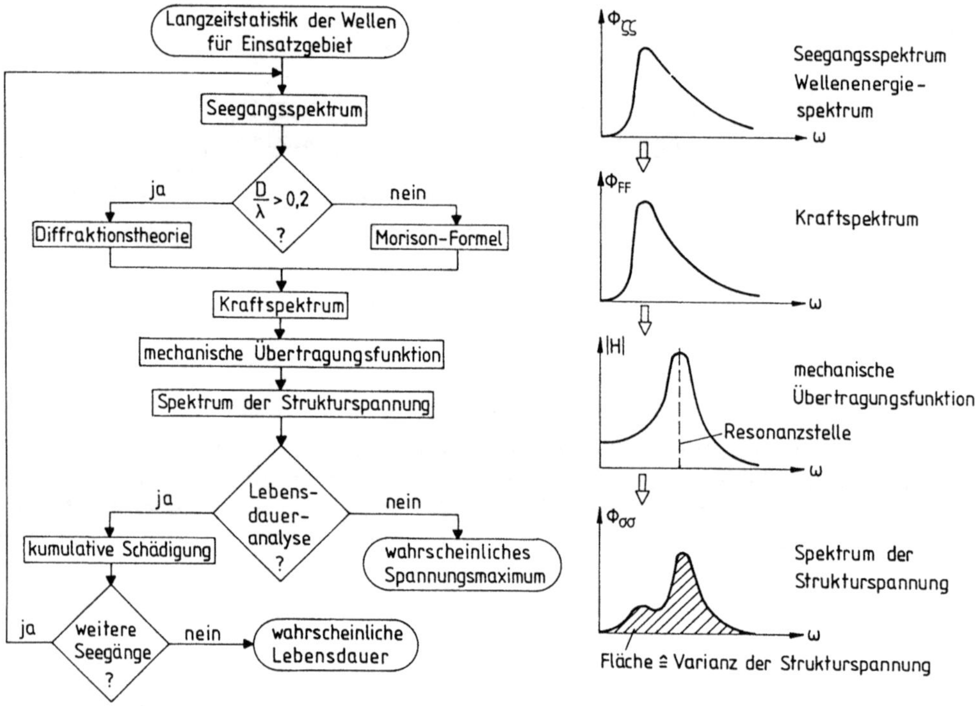

Ausgang ist die Langzeitstatistik der Wellen für das geplante Einsatzgebiet einer meerestechnischen Konstruktion, nämlich die z.B. innerhalb eines Jahres beobachtete Anzahl von Wellen bestimmter Höhe und Frequenz. Aus dieser Langzeitstatistik, dem Wellenverteilungsdiagramm, wählt man einen Kurzzeitseegangszustand aus, für den maximale Beanspruchungen der Konstruktion erwartet werden. Er ist durch das Seegangsspektrum $\Phi_{\zeta\zeta}(\omega)$ gekennzeichnet. Dieses stellt den Energiegehalt von Wellen innerhalb eines Frequenzbandes von ω bis $\omega + d\omega$ dar. Entweder mit Hilfe der *Morison*-Formel oder der Diffraktionsstheorie erhält man die Kraftwirkung der Wellen auf die Konstruktion, in der stochastischen Analyse in Gestalt des Kraftspektrums $\Phi_{FF}(\omega)$. Die Antwort der Konstruktion auf die Seegangsbelastung wird durch die mechanische Übertragungsfunktion $H(\omega)$ bestimmt. Hier gehen die Systemeigenschaften Masse, Dämpfung und Steifigkeit ein. Ergebnis ist das Spektrum der Strukturspannung $\Phi_{\sigma\sigma}$. Aus ihm bestimmt man entweder z.B. als Fläche unter der Kurve $\Phi_{\sigma\sigma}$ die Varianz der Strukturspannung und damit ein Maß für die Wahrscheinlichkeit, mit der ein bestimmtes Spannungsniveau überschritten wird, oder im Hinblick auf eine Lebensdauerberechnung die Teilschädigung der Konstruktion durch den betrachteten Seegang. Im letzten Fall nimmt man sämtliche Seegänge hinzu, die zur Gesamtschädigung der Konstruktion beitragen und damit ihre wahrscheinliche Lebensdauer herabsetzen.

Die Bestrebungen, durch stete Weiterentwicklung der Analyse- und Bemessungspraxis zu immer zuverlässigeren Konstruktionen zu gelangen, sind unübersehbar. Die ungefähr 200 Arbeiten, die Jahr für Jahr allein auf dem wichtigsten Kongreß zu diesen Fragen, der Offshore Technology Conferenz (OTC) in Houston/USA, vorgestellt werden, beweisen dies. Spektakuläre Unfälle der letzten Jahre im Offshore- Bereich zeigen jedoch die Grenzen menschlichen Bemühens. Absolute Sicherheit wird es hier wie überall nicht geben, welches Bemessungskonzept auch angewendet wird.

1 Schwingungsmechanische Grundlagen

1.1 Linearer Einmassenschwinger

Als einfachstes Modell einer meerestechnischen Konstruktion, etwa eines Leuchtturms oder einer einbeinigen Offshore-Schwerkraft-Konstruktion, dient nach Abb. 1.1.1 ein masseloser, am Meeresgrund eingespannter Pfahl, der an seinem oberen Ende eine konzentrierte Einzelmasse in Gestalt einer Plattform trägt.

Äußere eingeprägte Kräfte F(t) infolge Wellen, Wind- oder Strömungsbelastung sind im allgemeinen kinetischer Natur, also von der Zeit t abhängig, werden nach diesem Modell direkt an der Plattform angreifend angesetzt und verursachen eine Horizontalbewegung der Plattform mit der Auslenkung u(t), der Geschwindigkeit $\dot{u}(t)$ und der Beschleunigung $\ddot{u}(t)$, wobei $(\,)^{\cdot}$ die Ableitung nach der Zeit kennzeichnet. Diese Kräfte werden Erregerkräfte genannt.

Der Pfahl wirkt aufgrund seiner Biegesteifigkeit wie eine Feder rückstellend. Diese Rückstell- oder Federkraft ist proportional der Auslenkung u, mit der Federkonstanten oder Steifigkeit K ist sie

$$F_K := K\,u\,. \tag{1.1.1}$$

Die Federkonstante K besitzt die Dimension N/m.

Für einen Kragträger der Länge l und der Biegesteifigkeit EI ergibt sich unter einer Kraft F_K am freien Ende die maximale Auslenkung

$$u = \frac{l^3}{3EI}\,F_K\,, \tag{1.1.2}$$

also ist die Federkonstante des einfachen Pfahls

$$K = \frac{3EI}{l^3}\,. \tag{1.1.3}$$

Reibungen der Konstruktion am umgebenden Medium Wasser oder Luft, im Baugrund und innere Reibung des Werkstoffs wirken auf die Plattformbewegung dämpfend. Die Dämpfungskraft F_D wird ebenfalls direkt an der Plattform angreifend angenommen, sie wirkt stets der Bewegungsrichtung entgegen. Dämpfungen gehorchen je nach Natur der Dämpfung unterschiedlichen Gesetzen. Mathematisch am einfachsten zu behandeln ist die *viskose* Dämpfung, wie sie bei Bewegung in zähen Flüssigkeiten auftritt. Bei dieser ist die Dämpfungskraft proportional der Geschwindigkeit $\dot{u}$, mit der Dämpfungskonstanten C ist sie

$$F_D := C\dot{u}\,. \tag{1.1.4}$$

Die Dämpfungskonstante C besitzt die Dimension kg/s.

Auf die nach Abb. 1.1.1 freigeschnittene Plattformmasse wird das *Newton*sche Grundgesetz "Masse x Beschleunigung = Σ Kräfte" angewendet. Das Produkt aus Plattformmasse M und Plattformbeschleunigung $\ddot{u}$ wird Massen- oder Trägheitskraft F_M genannt. Es gilt also (bei Vernachlässigung von Rotations- und Vertikalbewegung) $F_M := M\ddot{u} = F(t) - F_K - F_D$ bzw. mit den Gleichungen (1.1.1) und (1.1.4)

$$M\ddot{u} + C\dot{u} + Ku = F(t) \tag{1.1.5}$$

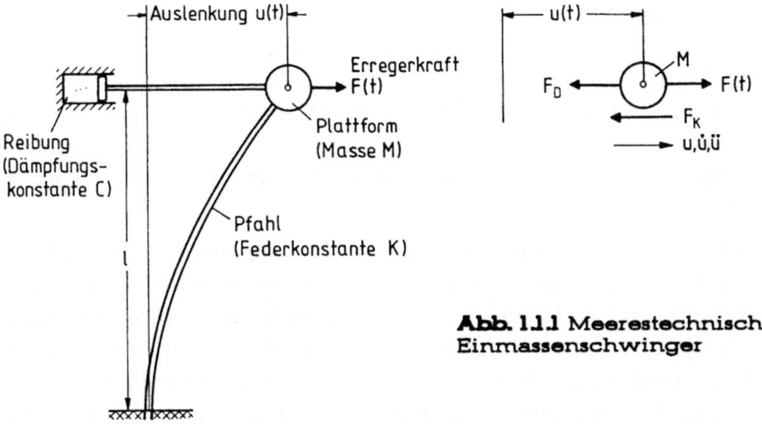

Abb. 1.1.1 Meerestechnische Konstruktion als Einmassenschwinger

Abgesehen von der Erregerkraft F(t) sind sämtliche Kräfte proportional der Plattformauslenkung bzw. deren zeitlichen Ableitungen, sie hängen von u, $\dot{u}$, $\ddot{u}$ *linear* ab. Daher spricht man vom linearen Einmassenschwinger. Mathematisch äußert sich dieser Sachverhalt in der Tatsache, daß die Bewegungsgleichung (1.1.5) eine lineare und zwar eine gewöhnliche inhomogene Differentialgleichung 2. Ordnung für die Auslenkung u(t) mit den konstanten Koeffizienten M, C und K ist.

Bei der Bestimmung dieser Systemgrößen Masse M, Dämpfung C und Steifigkeit K ergeben sich für meerestechnische gegenüber landgestützten Konstruktionen erhebliche Erschwernisse. So ist im Hinblick auf die *Massen*ermittlung zu berücksichtigen, daß sich die Konstruktion im umgebenden Meerwasser *ungleichförmig*, d.h. mit veränderlicher Geschwindigkeit bewegt. Die dadurch induzierten Beschleunigungsdrücke des Wassers vergrößern scheinbar die Konstruktionsmasse. Bei einer translatorischen Konstruktionsbewegung ist deshalb eine sogenannte hydrodynamische Masse, bei einer rotatorischen ein hydrodynamisches Massenträgheitsmoment den entsprechenden Konstruktionsgrößen hinzuzufügen. Die genannten hydrodynamischen Größen hängen von der Umströmung und damit hauptsächlich von der Querschnittsgestalt der Konstruktion ab. Am einfachsten liegen die Verhältnisse bei der Translation schlanker zylindrischer Bauteile. Die Umströmung ist dann *eben*, und die "Streifenmethode", d.h. die analytische Behandlung der Potentialströmung für einen Konstruktionsstreifen der Breite "Eins", führt hier zum genauen Ergebnis (siehe Tabelle 4.2.1). Für die hydrodynamische Masse des *Kreis*zylinders vom Durchmesser D findet man z.B. das einfache Ergebnis $\rho\pi D^2/4$, sie ist in diesem Fall also gleich der verdrängten Wassermasse. Ebene Umströmungen schlanker Bauteile werden am Meeresboden, an der Meeresoberfläche, an Stellen von Konstruktionsverzweigungen und -durchmesseränderungen sowie durch Rotationen (wie z.B. bei hohen Schwingungsgraden mit großen Krümmungen der Bauteilschwingungsform) gestört.

Dämpfungen der Konstruktion durch das umgebende Meerwasser haben ihre Ursache in Oberflächenreibungen, in Verwirbelungen und an der Meeresoberfläche in der Wellenbildung. Sie sind entgegen der Annahme einer viskosen Dämpfung *nichtlinear* und können i.a. nur experimentell ermittelt werden. Für eine Reihe typischer Konstruktionsquerschnitte liegen Ergebnisse bei ebener Umströmung in Form von Widerstandskoeffizienten vor (siehe Tabelle 4.2.2). Für eine komplizierte meerestechnische Konstruktion sucht man die Widerstände der einzelnen Bauteile zu summieren und vernachlässigt dabei deren Interaktion. Genauere Kenntnis über den Gesamtwiderstand und damit über die hydrodynamische Dämpfung kann nur der Modellversuch liefern.

Bezüglich der *Steifigkeit* ist die Interaktion zwischen der Konstruktion und ihrer Gründung am Meeresboden zu berücksichtigen. Für den gerammten Pfahl nach Abb. 1.1.1 ist die Steifigkeit entsprechend Gl. (1.1.3) umgekehrt proportional l^3. Eine nicht vollständige Einspannung am Meeresgrund und die damit verbundene scheinbare Vergrößerung der Länge l ist deshalb von erheblichem Einfluß. Eine analytische Behandlung der genannten Interaktion ist nach dem Modell des "elastisch gebetteten Balkens" oder nach anderen Modellen zwar möglich, doch müssen dazu die Bodeneigenschaften und zwar als Funktion der Tiefe unter Grund bekannt sein. Weiter ist dabei zu bedenken, daß infoge der Bewegung der Konstruktion und der damit verbundenen permanenten Druckbeanspruchung des umgebenden Bodens die Bodenreaktionen mit der Zeit abnehmen und daß es mit der Zeit im Bereich der Pfahlgründung zu Ausspülungen des Meeresbodens kommen kann. Sind Bodendaten nicht bekannt oder will man eine komplizierte Berechnung der Interaktion zwischen Konstruktion und Gründung vermeiden, kann man aus der Erfahrung folgende Längen l_o verwenden, um die die Einspannung des Pfahls unterhalb des Meeresgrunds zu verschieben ist. Näherungen für diese Einspanntiefen sind [29]:

für feste Lehm- und Tonböden:	$l_o = 3{,}5$ bis $4{,}5\,D$,
für weiche Sandböden, Schlamm:	$l_o = 7$ bis $8{,}5\,D$,
bei fehlender Kenntnis:	$l_o = 6\,D$.

D ist hierin der Durchmesser des Pfahls im Bereich der Gründung bzw. seine Abmessung quer zur Bewegung. Es ist also die eigentliche Pfahllänge über Grund um die Länge l_o zu vergrößern. In diesem Sinne soll hier und folgend die Pfahllänge l verstanden werden.

Zurück zu Gl. (1.1.5)! Je nachdem, ob Erregerkräfte F(t) vorhanden sind oder nicht, spricht man von erzwungenen oder freien, je nachdem, ob eine Dämpfung C vorhanden ist oder nicht, von gedämpften oder ungedämpften Bewegungen.

Es werden gewöhnlich vier verschiedene Fälle behandelt.

α) $F(t) \equiv 0,\ C=0$: Die Plattform führt *freie ungedämpfte Schwingungen* aus.

β) $F(t) \equiv 0,\ C \neq 0$: Sie führt *freie gedämpfte Schwingungen* aus, d.h. die Schwingungsamplituden klingen mit wachsender Zeit auf Null ab.

γ) $F(t) \neq 0,\ C=0$: Es entstehen *erzwungene ungedämpfte Bewegungen.*

δ) $F(t) \neq 0,\ C \neq 0$: Es entstehen *erzwungene gedämpfte Bewegungen.*

Sind die Erregerkräfte F(t) periodisch, dann ist auch die Plattformbewegung (nach Verstreichen einer hinreichend großen Einschwingzeit) periodisch ; die Bewegung ist in diesem Fall eine Schwingung. Im einfachsten Fall besitzt eine periodische Erregerkraft einen sinusförmigen Zeitverlauf. Die Folge ist dann eine ebenfalls sinusförmige sogenannte *harmonische* Schwingung.

Im folgenden werden die Fälle α), β) und δ) ausführlicher behandelt.

1.1.1 Freie ungedämpfte Schwingung

Am Anfang jeder Schwingungsanalyse steht die Untersuchung der freien ($F(t) \equiv 0$) und ungedämpften ($C = 0$) Schwingungen, um das Eigenschwingungsverhalten einer Konstruktion zu ermitteln. Die Bewegungsgleichung für den Einmassenschwinger lautet dann

$$M\ddot{u} + Ku = 0 . \qquad (1.1.6)$$

Als Lösungsansatz dient die Exponentialfunktion $u = \exp(i\omega t)$, der dann zum Erfolg führt, wenn die angesetzte Kreisfrequenz ω den festen Wert

$$\omega \equiv \omega_o = \sqrt{\frac{K}{M}} \qquad (1.1.7)$$

annimmt. ω_o ist die *Kreiseigenfrequenz* (*circular natural frequency*) des Einmassenschwingers mit der Dimension 1/s. Die allgemeine Lösung der Differentialgleichung (1.1.6) lautet mit den beiden Integrationskonstanten A und B in drei verschiedenen Schreibweisen

$$\left.\begin{aligned} u(t) &= A\, e^{i\omega_o t} + B\, e^{-i\omega_o t} , \\ u(t) &= A \cos \omega_o t + B \sin \omega_o t , \\ u(t) &= A \cos (\omega_o t + B) . \end{aligned}\right\} \qquad (1.1.8)$$

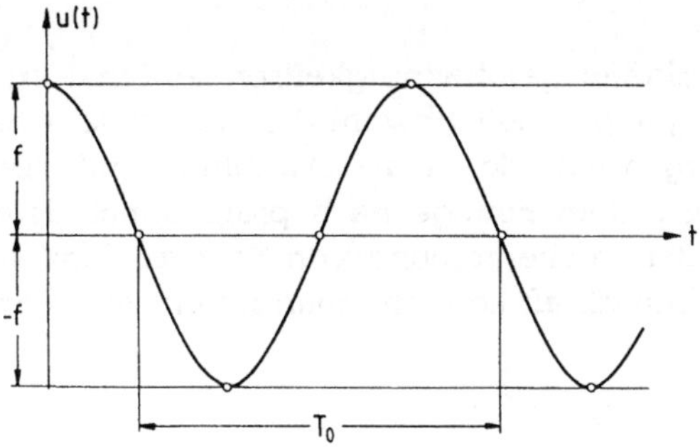

Abb. 1.1.2 Freie ungedämpfte Schwingung

Besitzt der Einmassenschwinger zur Zeit $t = 0$ die Anfangsauslenkung $u(0)=0$ und die Anfangsgeschwindigkeit $\dot{u}(0) = 0$, dann sind in der untersten Gl. (1.1.8) $A = f$ und $B = 0$, und es ergibt sich die harmonische Schwingung

$$u(t) = f \cos \omega_o t , \qquad (1.1.9)$$

die in der Abb. 1.1.2 grafisch dargestellt ist.

Kennzeichen dieser auf irgendeine Weise eingeleiteten ungedämpften Schwingung ist es, daß sie mit der Zeit fortschreitend unverändert anhält , die Schwingungsamplitude f bleibt konstant. Die dem Einmassenschwinger innewohnende Gesamtenergie ist zu jedem Zeitpunkt dieselbe , es erfolgt lediglich eine mit der Zeit periodische Umwandlung von kinetischer Energie der Plattformmasse in Formänderungsenergie des Pfahls und umgekehrt.

Als Maß für die Anzahl der Schwingungen je Sekunde dient die *Eigenfrequenz*

(*natural frequency*)

$$f_o := \frac{\omega_o}{2\pi} \tag{1.1.10}$$

mit der Dimension Hz. Die in der Abb. 1.1.2 gekennzeichnete Zeit ist die *Schwingungsdauer* oder *Periode* (*period*) einer Schwingung

$$T_o := \frac{1}{f_o} = \frac{2\pi}{\omega_o} \tag{1.1.11}$$

mit der Dimension s.

1.1.2 Freie gedämpfte Schwingung

Bei der freien gedämpften Schwingung einer Konstruktion tritt ein ständiger Energieverlust infolge Reibung ein, der ein mit der Zeit fortschreitendes Abklingen der Schwingung zur Folge hat. Die auf eine Konstruktion infolge von Reibungen einwirkenden Dämpfungskräfte sind unterschiedlicher physikalischer Natur. Man unterscheidet die Werkstoffdämpfung infolge innerer Reibung, wie sie sich im Spannungs-Dehnungsdiagramm der Werkstoffe durch eine Hysteresisschleife bemerkbar macht, die Dämpfung infolge äußerer Reibung von Teilen einer Konstruktion gegeneinander (z.B. Beine einer Hubinsel gegen die Plattform, allgemein in Lagern, Nietverbindungen), die Baugrunddämpfung infolge der Reibung der im Meeresboden gegründeten Konstruktionsteile sowie die hydro- und aerodynamische Dämpfung infolge äußerer Reibung der Konstruktion an den umgebenden Medien Wasser und Luft.

Im allgemeinen werden die Dämpfungskräfte geschwindigkeitsproportional angesetzt, also als Folge *viskoser* Dämpfung angesehen, obwohl dem teilweise eine andersartige Natur der Dämpfung entgegensteht. So ist die Dämpfungskraft der *hydro-* oder *aerodynamischen* Dämpfung dem Betrage nach proportional dem Quadrat der Geschwindigkeit. Und bei der Trockenreibung von Konstruktionsteilen gegeneinander ist der Betrag der Reibungskraft konstant, man spricht hier von *Coulomb*scher[1)] Reibung.

De Bewegungsgleichung (1.1.5) lautet hier wegen $F(t) \equiv 0$

$$M\ddot{u} + C\dot{u} + Ku = 0 . \tag{1.1.12}$$

Definiert man als *Dämpfungsparameter* oder *Dämpfungsverhältnis* (*damping ratio*)

$$\xi := \frac{C}{2\sqrt{KM}} = \frac{C}{2M\omega_o} \tag{1.1.13}$$

mit der Eigenfrequenz ω_o nach Gl. (1.1.7), dann kann man Gl. (1.1.12) in

$$\ddot{u} + 2\xi\omega_o\dot{u} + \omega_o^2 u = 0 \tag{1.1.14}$$

umschreiben. Die Lösung dieser Differentialgleichung gewinnt man wieder mit dem

1) Wichtige Erkenntnisse über die Gesetze der Gleitreibung stammen von dem franz. Physiker *Charles Augustin Coulomb* (1736-1806).

Exponentialansatz $u = \exp(i\omega t)$. Er führt auf die charakteristische Gleichung

$$\omega^2 - 2i\xi\omega_o\omega - \omega_o^2 = 0 \tag{1.1.15}$$

mit den beiden Lösungen

$$\omega = i\xi\omega_o \pm \sqrt{1-\xi^2}\,\omega_o\,. \tag{1.1.16}$$

Bei Schwingungen meerestechnischer Konstruktionen ist die Dämpfung stets so klein, daß man sich auf den Fall $\xi < 1$ beschränken kann. Die Frequenzen ω nach Gl. (1.1.16) sind dann konjugiert komplex, und die gesuchte Lösung besteht demzufolge aus einem zeitharmonischen und einem nach der Exponentialfunktion mit der Zeit abklingenden Anteil. Die allgemeine Lösung lautet mit den beiden Integrationskonstanten A und B in drei verschiedenen Schreibweisen

$$\left.\begin{aligned} u(t) &= e^{-\xi\omega_o t}(A e^{i\Omega t} + B e^{-i\Omega t}),\\ u(t) &= e^{-\xi\omega_o t}(A\cos\Omega t + B\sin\Omega t),\\ u(t) &= A\, e^{-\xi\omega_o t}\cos(\Omega t + B)\,. \end{aligned}\right\} \tag{1.1.17}$$

Darin ist

$$\Omega := \sqrt{1-\xi^2}\,\omega_o \tag{1.1.18}$$

die Frequenz der freien gedämpften Schwingung, die sich für sehr kleine Dämpfungen $\xi \ll 1$ nur wenig von der Eigenfrequenz ω_o unterscheidet.

Wählt man als Anfangsbedingungen wieder $\dot u(0) = f$ und $u(0) = 0$, dann sind in der mittleren Gl. (1.1.17) die Integrationskonstanten $A = f$ und $B = f\xi\omega_o/\Omega$, und es folgt die spezielle Lösung

$$\left.\begin{aligned} u(t) &= f e^{-\xi\omega_o t}(\cos\Omega t + \xi\frac{\omega_o}{\Omega}\sin\Omega t),\\ \dot u(t) &= -f\frac{\omega_o^2}{\Omega}\, e^{-\xi\omega_o t}\sin\Omega t\,. \end{aligned}\right\} \tag{1.1.19}$$

Der Verlauf von $u(t)$ ist in der Abb. 1.1.3 grafisch dargestellt. Nach Gl. (1.1.19) verschwindet die Geschwindigkeit $\dot u$ zu den Zeiten $t = n\pi/\Omega$ ($n = 0, 1, 2, \ldots$) . Die Dauer einer Schwingung ist also

$$T = \frac{2\pi}{\Omega}, \tag{1.1.20}$$

und die Extrema der Auslenkung nehmen die Werte

$$u_n = f\exp(-n\pi\xi\frac{\omega_o}{\Omega})\cos n\pi \tag{1.1.21}$$

an. Das Verhältnis zweier aufeinanderfolgender *Maxima* ist danach

$$\frac{u_n}{u_{n+2}} = \exp(2\pi\xi\frac{\omega_o}{\Omega})\ , \tag{1.1.22}$$

und man definiert damit das *logarithmische Dekrement* (*logarithmic decrement*) der Dämpfung

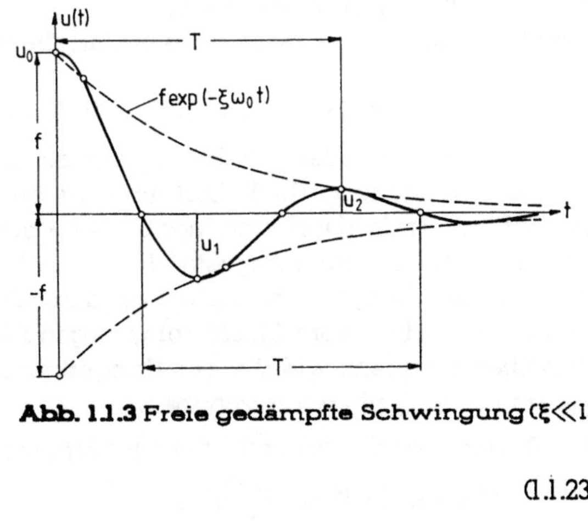

Abb. 1.1.3 Freie gedämpfte Schwingung ($\xi \ll 1$)

$$\delta := \ln\frac{u_n}{u_{n+2}} = 2\pi\xi\frac{\omega_o}{\Omega}. \tag{1.1.23}$$

Es ist von der Zeit unabhängig. Für sehr kleine Dämpfungsparameter $\xi<<1$ gilt wegen Gl. (1.1.18) $\delta \approx 2\pi\xi$. Mit Hilfe dieser Beziehungen kann aus der Aufzeichnung eines Ausschwingversuchs leicht der Dämpfungsparameter ξ experimentell ermittelt werden. Weiter interessiert in Abb. 1.1.3 die Lage der Schnittpunkte der Auslenkung u(t) mit der Exponentialfunktion $f\exp(-\xi\omega_o t)$. Aus Gl. (1.1.19) folgt als Gleichung für die gesuchten Zeiten

$$\cos\Omega t = \frac{1-(\xi\omega_o/\Omega)^2}{1+(\xi\omega_o/\Omega)^2} = 1 - 2\xi^2. \qquad (1.1.24)$$

Abschließend erfolgt noch der Hinweis auf den *aperiodischen Grenzfall*, der für den Dämpfungsparameter $\xi = 1$ erreicht wird. In Gl. (1.1.16) liegt der Fall einer Doppelwurzel für ω vor. Damit geht das Schwingungsverhalten verloren, die allgemeine Lösung lautet jetzt

$$u(t) = e^{-\omega_o t}(A + Bt)\,. \qquad (1.1.25)$$

Mit den Anfangsbedingungen $u(0)= f$ und $\dot u(0) = 0$ folgt hier die spezielle Lösung

$$u(t) = f\, e^{-\omega_o t}(1 + \omega_o t), \qquad (1.1.26)$$

deren Verlauf in der Abb. 1.1.4 gezeichnet ist. Der Wendepunkt dieses aperiodischen Zeitverlaufs besitzt vom Nullpunkt den Zeitabstand $T = 1/\omega_o$. Die Dämpfungskonstante C, die zum Dämpfungsparameter $\xi = 1$ gehört, wird *kritische Dämpfung (critical damping)*

$$C_K := 2\sqrt{KM} \qquad (1.1.27)$$

genannt. Somit kann der Dämpfungsparameter auch

$$\xi = \frac{C}{C_K} \qquad (1.1.28)$$

geschrieben werden und gibt so die tatsächliche Dämpfung bezogen auf die kritische, oft in %, an. Dies erklärt die Bezeichnung *Dämpfungsverhältnis*.

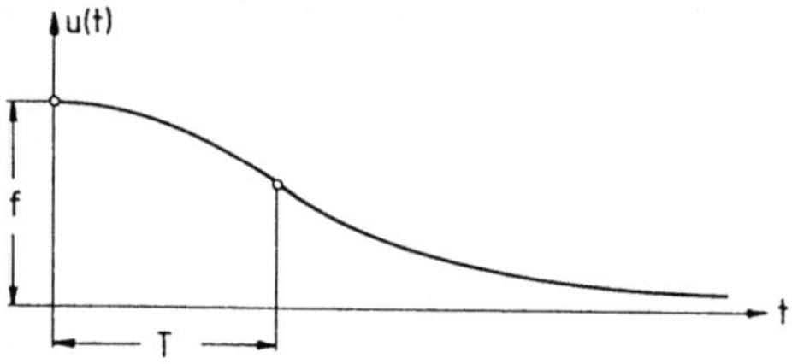

Abb. 1.1.4 Aperiodische Bewegung (ξ=1)

1.1.3 Erzwungene gedämpfte Schwingung. Übertragungsfunktion

Die erzwungene gedämpfte Bewegung des Einmassenschwingers wird durch die Differentialgleichung (1.1.5) bestimmt. Ist die Erregerkraft F(t) eine mit der Zeit periodische Kraft, dann erzwingt sie eine ebenfalls periodische Auslenkung u(t), eine Schwingung. Im einfachsten Fall ist $F(t)=F_o\cos\omega t$ eine harmonische Erregerkraft mit der Erregerfrequenz ω und dem Größtwert F_o. Die Auslenkung u(t) ist dann - abgesehen vom Einschwingvorgang - eine harmonische Schwingung mit derselben Frequenz wie die der Erregerkraft. Sie ist jedoch gegenüber der Erregerkraft zeitlich phasenverschoben.

Die Bewegungsgleichung (1.1.5) lautet für eine harmonische Erregerkraft

$$M\ddot u + C\dot u + K u = F_o \cos\omega t. \qquad (1.1.29)$$

Die Lösung der Differentialgleichung wird zweckmäßig im Komplexen durchgeführt, was bei linearen Differentialgleichungen stets möglich ist. Dazu wird die rechte Seite von Gl. (1.1.29) durch den Imaginärteil $i F_o \sin\omega t$ ergänzt. Von der dann entstehenden komplexen Lösung u(t) interessiert am Ende nur deren Realteil. Es ist also

$$M\ddot{u} + C\dot{u} + Ku = F_o(\cos\omega t + i\sin\omega t) = F_o e^{i\omega t} \quad . \tag{1.1.30}$$

Die Lösung der homogenen Differentialgleichung beschreibt in Abhängigkeit von den Anfangsbedingungen - z.B. $u(0) = f$, $\dot{u}(0) = 0$ - lediglich den Einschwingvorgang, der nach Verstreichen einer hinreichend großen Zeit praktisch auf Null abgeklungen ist, wie in Abschnitt 1.1.2 gezeigt wurde. Es verbleibt dann der sogenannte eingeschwungene Zustand als partikuläre Lösung der inhomogenen Differentialgleichung. Nur dieser soll hier interessieren.

Zunächst werden die Koeffizienten der Gl.(1.1.30) durch Einführung der Eigenfrequenz ω_o nach Gl. (1.1.7), des dimensionslosen Dämpfungsparameters ξ nach Gl. (1.1.13) und der statischen Auslenkung f_o unter einer zeitlich konstanten Kraft F_o normiert. Diese Auslenkung ergibt sich aus Gl. (1.1.30), wenn die zeitlichen Ableitungen von u gestrichen werden, zu

$$f_o := \frac{F_o}{K} . \tag{1.1.31}$$

So entsteht die Differentialgleichung

$$\ddot{u} + 2\xi\omega_o\dot{u} + \omega_o^2 u = f_o\,\omega_o^2 e^{i\omega_o t} \quad . \tag{1.1.32}$$

Als Lösungsansatz dient die mit der Erregerfrequenz ω harmonische Funktion in komplexer Schreibweise

$$u(t) = f\, e^{i(\omega t - \psi)} , \tag{1.1.33}$$

in dem die *Amplitude* f der Schwingung und deren *Phasenverschiebung, Phasengang* oder *Phasenfunktion* ψ zu bestimmen sind. Mit diesem Ansatz folgt die komplexe Gleichung

$$f\, e^{-i\psi}(-\omega^2 + 2i\xi\omega_o\omega + \omega_o^2) = f_o\,\omega_o^2 , \tag{1.1.34}$$

aus der f und ψ berechnet werden.

Das Verhältnis aus ω_o^2 auf der rechten Seite dieser Gleichung und der runden Klammer auf der linken definiert man als die (komplexe) *Übertragungsfunktion* (*transfer function, receptance*) des Einmassenschwingers

$$H(\omega) \equiv |H(\omega)|\, e^{i \arg H(\omega)} := \frac{1}{1 - (\frac{\omega}{\omega_o})^2 + 2i\xi\frac{\omega}{\omega_o}} \tag{1.1.35}$$

mit dem Betrag

$$|H(\omega)| = \frac{1}{\sqrt{[1-(\frac{\omega}{\omega_0})^2]^2 + 4\,\xi^2(\frac{\omega}{\omega_0})^2}} \qquad (1.1.36)$$

und dem Argument

$$\arg H(\omega) = -\arctan \frac{2\xi\frac{\omega}{\omega_0}}{1-(\frac{\omega}{\omega_0})^2} \;. \qquad (1.1.37)$$

Sie ist dimensionslos und hängt nur vom Verhältnis der Erregerfrequenz ω zur Eigenfrequenz ω_0 und vom Dämpfungsparameter ξ ab. Führt man noch die *Amplitudenvergrößerungsfunktion* oder den *Amplitudengang*

$$V := \frac{f}{f_0} \qquad (1.1.38)$$

ein, dann folgt aus Gl. (1.1.34) die Beziehung $V\exp(-i\psi) = H$, aus der durch Vergleich der Beträge die gesuchte Amplitudenvergrößerungsfunktion

$$V(\omega) = |H(\omega)| \qquad (1.1.39)$$

und durch Vergleich der Argumente der gesuchte Phasengang zu

$$\psi(\omega) = -\arg H(\omega) \qquad (1.1.40)$$

folgen. Beide Gößen sind in der Abb. 1.1.5 in Abhängigkeit von der Erregerfrequenz ω mit dem Dämpfungsverhältnis ξ als Parameter grafisch dargestellt.

In diesem Diagramm unterscheidet man drei Frequenzbereiche:

α) $\omega < 0{,}5\ \omega_0$: Die Antwort der Konstruktion auf derart langsam mit der Zeit veränderliche Erregerkräfte wird fast ausschließlich durch die Steifigkeit der Konstruktion beherrscht. Massen- und Dämpfungskräfte in Gl. (1.1.29) können vernachlässigt werden. Die dynamischen Amplituden f haben ungefähr die Größe der statischen Auslenkung f_0. Man spricht vom *quasistatischen* Konstruktionsverhalten.

β) $\omega > 1{,}5\ \omega_0$: Die Antwort der Konstruktion auf diese schnell veränderlichen Erregerkräfte wird überwiegend durch die Masse der Konstruktion bestimmt. Dämpfungs- und Federkräfte können gegenüber der Massenkraft vernachlässigt werden.

γ) $0{,}5\omega_0 < \omega < 1{,}5\,\omega_0$: Ist die Erregerfrequenz ω gleich der Eigenfrequenz ω_0 der Konstruktion, spricht man von *Resonanz.* Bei Resonanzerregung wird die Amplitude f allein durch die Dämpfung begrenzt. Aus Gl. (1.1.39) folgt dort $V = 1/(2\,\xi)$. Der Bereich in der Umgebung der Resonanzstelle ist besonders bei kleinen Dämpfungsparametern ξ wegen der dort zu erwartenden starken Überhöhungen der dynamischen Amplituden f gegenüber der statischen Auslenkung f_0 in einer dynamischen Analyse sorgfältig zu untersuchen. Dabei sind sämtliche Kräftearten - Massen-, Dämpfungs- und Federkräfte - zu berücksichtigen.

Eine wichtige Rolle bei der dynamischen Analyse von Konstruktionen spielt die mit Gl. (1.1.35) in Abhängigkeit von der Erregerfrequenz ω eingeführte Übertragungsfunktion $H(\omega)$, auch *Frequenzantwortfunktion* (*frequency response function*) genannt. Mit ihr kann in sehr allgemeiner Form die Antwort eines linearen mechanischen Systems auf eine beliebig zeitlich veränderliche (also nicht nur auf die hier behandelte harmonische) Erregung - stochastische eingeschlossen - beschrieben werden. Die Übertragungsfunktion kennzeichnet das Übertragungsverhalten des Systems im Frequenzbereich.

Nun soll die Reibungsverlustenergie oder Dämpfungsarbeit A_D je Schwingungsperiode T berechnet werden. Dazu wird die differentielle Arbeit, die die Dämpfungskraft $F_D = C\,\dot{u}$ längs des Weges du leistet, hingeschrieben und über die Zeit von t = 0 bis t = T integriert. Es ist also

$$A_D = \int_{t=0}^{T} F\,du = C\int_{t=0}^{T} \dot{u}\,du = C\int_{t=0}^{T} \dot{u}^2\,dt. \quad (1.1.41)$$

Setzt man die harmonische Bewegung des Einmassenschwingers nach Gl. (1.1.33) - jetzt in reeller Schreibweise $\dot{u} = -f\omega\,\sin(\omega t - \psi)$ - ein, dann liefert das Integral unabhängig von ψ den Wert $\pi f^2 \omega$, und es ist die gesuchte Arbeit

$$A_D = \pi\, C\, f^2\, \omega\,. \quad (1.1.42)$$

Kennzeichen der viskosen Dämpfung ist es, daß die Verlustenergie je Schwingung proportional der Erregerfrequenz ω anwächst. Eine Dämpfung, bei der die Verlustenergie unabhängig von der Frequenz ist, heißt *Hysterese*-Dämpfung. Die Dämpfungskraft ist dann $F_D = H\dot{u}/\omega$ mit dem Kennwert H für die Hysterese-Dämpfung. Um eine harmonische Schwingung aufrecht zu erhalten, muß die von der Konstruktion nach Gl. (1.1.42) dissipierte Energie ständig über die Erregerkraft dem System zugeführt werden.

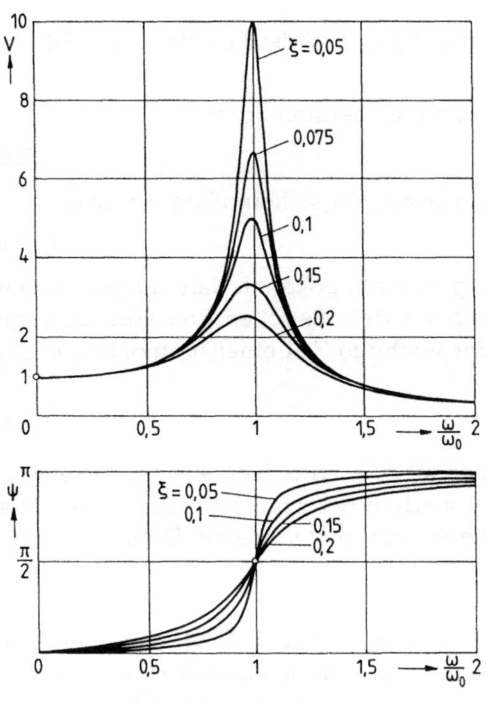

Abb.1.1.5 Vergrößerungsfunktion V und Phasengang ψ des linearen Einmassenschwingers

Die für meerestechnische Konstruktionen maßgeblichen Erregerfrequenzen liegen in den folgenden Bereichen [29]:

Windturbulenzen:	0,05 bis 20 Hz
Turbulenzen in Gezeitenströmungen:	1 bis 10 Hz
Wirbelablösungen:	0,5 bis 3 Hz
Seegangswellen:	0,05 bis 1 Hz
Dünungswellen:	0,001 bis 0,05 Hz
Gezeitenströmungen:	0.0002 Hz

Demgenüber besitzen gebaute ortsfeste Plattformen (Jackets, Schwerkraftplattformen) Grundfrequenzen von 0,2 bis 10 Hz.

1.2 Nichtlinearer Einmassenschwinger

1.2.1 Erzwungene Schwingung bei nichtlinearer Dämpfung

Bei der dynamischen Analyse meerestechnischer Konstruktionen ist häufig der Strömungswiderstand der im Wasser schwingenden Bauteile zu berücksichtigen. Die damit verbundene Dämpfung der Konstruktionsbewegung nennt man hydrodynamische Dämpfung. Ein im ruhenden Wasser der Dichte ρ mit der Geschwindigkeit $\dot{u}$ bewegter Körper mit der Hauptspantfläche A und dem Widerstandskoeffizienten C_D ruft die Widerstandskraft

$$F_D = \frac{1}{2} C_D \rho A \dot{u} |\dot{u}| \tag{1.2.1}$$

hervor. Das Betragszeichen steuert die Richtung der Widerstandskraft so, daß sie stets der Bewegung entgegenwirkt.

Definiert man als Widerstandskonstante mit der Dimension kg/m

$$B := \frac{1}{2} C_D \rho A , \tag{1.2.2}$$

dann lautet die der Gl. (1.1.5) entsprechende Bewegungsdifferentialgleichung

$$M \ddot{u} + B \dot{u} |\dot{u}| + K u = F(t) . \tag{1.2.3}$$

Sie ist nichtlinear. Eine geschlossene Lösung ist nicht bekannt. Näherungslösungen können auf verschiedene Weise gewonnen werden. Es sollen drei Lösungswege besprochen werden. Dafür wird wieder der wichtige Fall einer harmonischen Erregerkraft

$$F(t) = F_o \cos(\omega t + \psi) \tag{1.2.4}$$

gewählt. Der noch zu berechnende Phasengang ψ wird hier aus rechentechnischen Gründen nicht der Auslenkung u(t) sondern der Kraft F(t) zugeordnet. Eine Lösung im Komplexen ist bei der vorliegenden *nichtlinearen* Differentialgleichung nicht mehr möglich.

α) Iterative Näherungslösung:
Die Differentialgleichung wird mit der Eigenfrequenz $\omega_o = \sqrt{K/M}$, der statischen Auslenkung $f_o = F_o/K$ sowie dem dimensionslosen Widerstandsparameter

$$\beta := \frac{\pi}{4} \frac{B f_o}{M} \tag{1.2.5}$$

normiert und nach $\ddot{u}$ aufgelöst:

$$\ddot{u} = f_o \omega_o^2 \cos(\omega t + \psi) - \omega_o^2 u - \frac{4}{\pi} \beta \frac{1}{f_o} \dot{u} |\dot{u}| . \tag{1.2.6}$$

Als Lösung für u(t) erwarten wir bei einer periodischen Erregung eine ebenfalls periodische Bewegung, obwohl die Existenz solcher Lösung mathematisch nicht sichergestellt, jedenfalls gegenüber anderen Lösungen nicht bevorzugt ist. Als erste Näherung für die erwartete periodische Bewegung u(t) wählen wir eine harmonische Bewegung

$$u = f \cos \omega t \, , \tag{1.2.7}$$

und damit die Lösung der linearen Differentialgleichung. Denkt man sich die erwartete periodische Lösung in eine *Fourier*-Reihe entwickelt, dann wäre dieser Ansatz das erste Glied dieser Reihe.

Die erste Näherung (1.2.7) wird in die rechte Seite der Gl. (1.2.6) eingesetzt. Unter Beachtung der Anfangsbedingungen $u(0) = f$ und $\dot{u}(0) = 0$ wird die Gl. (1.2.6) zweimal integriert, und man erhält die zweite Näherung für $u(t)$. Dabei sind wegen des Betragszeichens in Gl. (1.2.6) die beiden Zeitbereiche $0 \le \omega t \le \pi$ und $\pi \le \omega t \le 2\pi$ zu unterscheiden, und es ist zur Zeit $t = \pi/\omega$ die Stetigkeit von $u(t)$ und $\dot{u}(t)$ sicherzustellen. Da Schwingungshingang und -rückgang gleichberechtigt sind, müssen nach Verstreichen der halben Periodenzeit die Auslenkung minimal und die Geschwindigkeit Null sein, also $u(\pi/\omega) = -f$, $\dot{u}(\pi/\omega) = 0$. Dann aber lassen sich Amplitude f und Phasengang ψ bereits allein aus der Betrachtung eines der beiden Zeitbereiche gewinnen.

Die Iteration kann in dieser Weise fortgesetzt werden, wenn man Näherungen höheren Grades gewinnen will. Hier wird jedoch nur die zweite Näherung berechnet. Im Zeitbereich $0 \le \omega t \le \pi$ gilt wegen $\sin \omega t \ge 0$

$$\ddot{u} = f_o \omega_o^2 \cos(\omega t + \psi) - f \omega_o^2 \cos \omega t + \frac{4}{\pi} \beta \frac{f^2 \omega^2}{f_o} \sin^2 \omega t \quad ,$$

$$\dot{u} = \frac{f_o \omega_o^2}{\omega} \sin(\omega t + \psi) - \frac{f \omega_o^2}{\omega} \sin \omega t + \frac{1}{\pi} \beta \frac{f^2 \omega}{f_o} (2\omega t - \sin 2\omega t + C) \, ,$$

$$u = -\frac{f_o \omega_o^2}{\omega^2} \cos(\omega t + \psi) + \frac{f \omega_o^2}{\omega^2} \cos \omega t + \frac{1}{2\pi} \beta \frac{f^2}{f_o} (2\omega^2 t^2 + \cos 2\omega t + 2C\omega t + D)$$

mit den beiden Integrationskonstanten C und D. Aus $\dot{u}(0) = \dot{u}(\pi/\omega) = 0$ folgen die beiden Beziehungen $C = -\pi$ und $\sin\psi = \beta\,(f/f_o)^2 (\omega/\omega_o)^2$ und aus $u(0) = f$, $u(\pi/\omega) = -f$ die zwei weiteren $D = -1$ und $\cos\psi = f/f_o\,[\,1 - (\omega/\omega_o)^2\,]$. Setzt man diese Ergebnisse oben ein, so lautet die 2. Näherung in $0 \le \omega t \le \pi$

$$\left.\begin{aligned} u(t) &= f \cos \omega t + \frac{1}{2\pi} \beta \frac{f^2}{f_o} (\cos 2\omega t + 2\pi \sin \omega t + 2\omega^2 t^2 - 2\pi \omega t - 1), \\ \dot{u}(t) &= -f \omega \sin \omega t - \frac{1}{\pi} \beta \frac{f^2 \omega}{f_o} (\sin 2\omega t - \pi \cos \omega t - 2\omega t + \pi). \end{aligned}\right\} \tag{1.2.8}$$

Im Zeitbereich $\pi \le \omega t \le 2\pi$ liefert die analoge Rechnung als 2. Näherung

$$\left.\begin{aligned} u(t) &= f \cos \omega t - \frac{1}{2\pi} \beta \frac{f^2}{f_o} (\cos 2\omega t - 2\pi \sin \omega t + 2\omega^2 t^2 - 6\pi \omega t + 4\pi^2 - 1), \\ \dot{u}(t) &= -f \omega \sin \omega t + \frac{1}{\pi} \beta \frac{f^2 \omega}{f_o} (\sin 2\omega t + \pi \cos \omega t - 2\omega t + 3\pi). \end{aligned}\right\} \tag{1.2.9}$$

Aus den Beziehungen für $\sin\psi$ und $\cos\psi$ gewinnt man als Summe der Quadrate für die Amplitudenvergrößerungsfunktion $V = f/f_o$ eine biquadratische Gleichung mit der Lösung

$$V^2 = \frac{\sqrt{\left[1-\left(\frac{\omega}{\omega_o}\right)^2\right]^4 + 4\beta^2\left(\frac{\omega}{\omega_o}\right)^4} - \left[1-\left(\frac{\omega}{\omega_o}\right)^2\right]^4}{2\beta^2\left(\frac{\omega}{\omega_o}\right)^4} \tag{1.2.10}$$

und aus dem Quotienten unter Verwendung des Ergebnisses für V^2 eine Gleichung für den Phasengang ψ, nämlich

$$\tan^2\psi = -\frac{1}{2} + \frac{1}{2}\sqrt{1 + 4\beta^2 \frac{\left(\frac{\omega}{\omega_o}\right)^4}{\left[1-\left(\frac{\omega}{\omega_o}\right)^2\right]^4}} \; . \tag{1.2.11}$$

Im Resonanzfall ist $V = 1/\sqrt{\beta}$ und $\psi = \pi/2$.

Amplitudenvergrößerungsfunktion V und Phasengang ψ sind in Abb 1.2.1 in Abhängigkeit von der Erregerfrequenz ω mit β als Parameter grafisch dargestellt. Die Ähnlichkeit der Kurven mit denen des linearen Einmassenschwingers nach Abb. 1.1.5 ist auffällig.

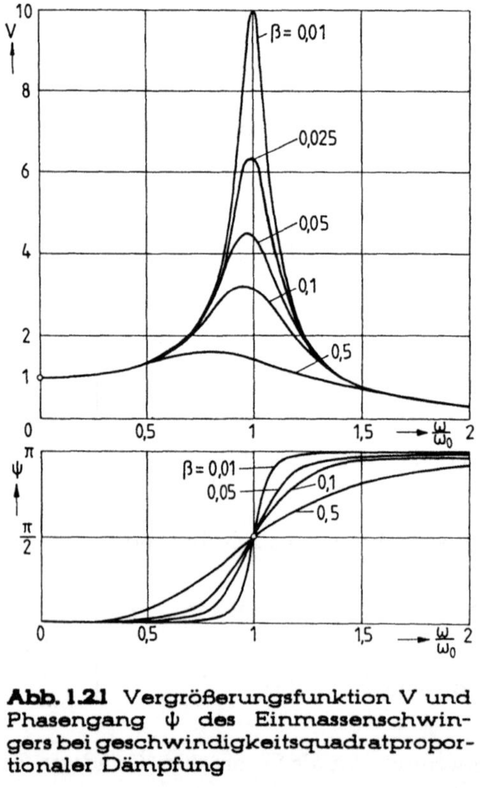

Abb. 1.2.1 Vergrößerungsfunktion V und Phasengang ψ des Einmassenschwingers bei geschwindigkeitsquadratproportionaler Dämpfung

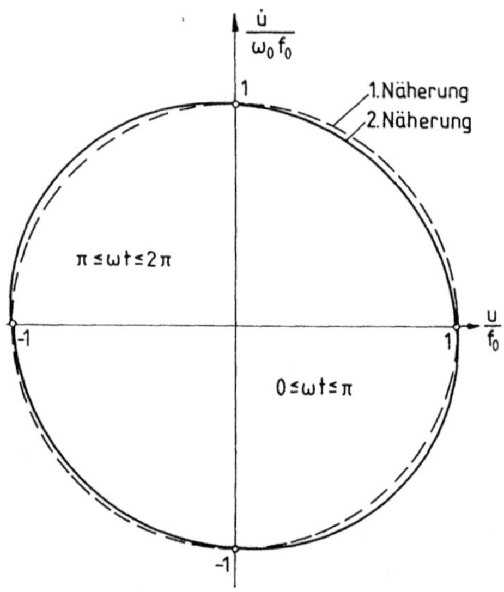

Abb. 1.2.2 Phasendiagramm bei geschwindigkeitsquadratproportionaler Dämpfung (β=1) und Resonanzerregung

Um den Einfluß der Nichtlinearität zu diskutieren, wird ein Fall gewählt, bei dem die Dämpfung das Schwingungsverhalten besonders stark beeinflußt. Das ist der Resonanzfall $\omega = \omega_o$ bei großem Widerstandsparameter β. Es wird $\beta = 1$ gewählt. Es ist dann nach Gl. (1.2.10) $V = 1$ bzw. $f = f_o$. In der Abb. 1.2.2 sind für diesen Fall die beiden Funktionen $u(t)/f_o$ und $\dot{u}(t)/(\omega_o f_o)$ in einem Phasendiagramm dargestellt. Eine harmonische Schwingung mit der Frequenz ω, wie sie sich als Lösung der linearen Differentialgleichung ergibt, stellt sich in einem solchen Diagramm als Kreis mit dem Radius Eins dar. Die Lösung der nichtlinearen Differentialgleichung führt demgegenüber zu der verzerrten Phasenkurve.

β) Lösung nach der Methode der äquivalenten Linearisierung:
Die nichtlineare Widerstandskraft $F_D = B\,\dot{u}\,|\dot{u}|$ der Gl. (1.2.3) wird - harmonische Erregung F(t) vorausgesetzt - in bestimmter Weise durch die "bestmögliche" lineare Dämpfungskraft $\tilde{F}_D = C\,\dot{u}$ angenähert. Dazu wird der Fehler

$$e(C,t) := \tilde{F}_D - F_D \qquad (1.2.12)$$

gebildet und der über eine Schwingungsperiode T gemittelte quadratische Fehler minimiert:

$$\frac{1}{T}\int_0^T e^2(C,t)\,dt = \text{Min.} \qquad (1.2.13)$$

Daraus folgt als Bestimmungsgleichung für die gesuchte Dämpfungskonstante C

$$\int_0^T e\,\frac{\partial e}{\partial C}\,dt = 0 \qquad (1.2.14)$$

mit dem Zwischenergebnis

$$C = B\,\frac{\int_0^T \dot{u}^2|\dot{u}|\,dt}{\int_0^T \dot{u}^2\,dt}\;. \qquad (1.2.15)$$

Damit ist das Problem auf die lineare Differentialgleichung (1.1.5) zurückgeführt, deren Lösung nach Abschnitt 1.1.3 bei harmonischer Erregerkraft $F(t) = F_o \cos\omega t$ in reeller Schreibweise $u(t) = f\cos(\omega t - \psi)$ ist. Beide Integrale in Gl. (1.2.15) sind vom Phasengang ψ unabhängig. Für das Zählerintegral erhält man $(8/3)f^3\omega^2$, für das Nennerintegral $\pi f^2\omega$, so daß

$$C = \frac{8}{3\pi}\,B\,f\,\omega \qquad (1.2.16)$$

als Dämpfungskonstante für den linearisierten Einmassenschwinger gesetzt werden kann. Mit dem Dämpfungsparameter ξ (1.1.13), dem Widerstandsparameter β (1.2.5) und der Amplitudenvergrößerungsfunktion $V = f/f_o$ erhält man

$$\xi = \frac{16}{3\pi^2}\,V\,\frac{\omega}{\omega_o}\,\beta\,. \qquad (1.2.17)$$

Danach ergibt sich bei bekanntem Widerstandsparameter β des nichtlinearen Einmassenschwingers der äquivalente Dämpfungsparameter ξ des linearisierten Einmassenschwingers. Nachteil allerdings ist, daß dafür das Ergebnis der Schwingungsanalyse in Form der Amplitudenvergrößerungsfunktion V bekannt sein muß. Im allgemeinen muß deshalb die Lösung iterativ gesucht werden, indem man für ξ zunächst einen geeigneten Startwert wählt, damit die Amplitudenvergrößerungsfunktion V berechnet und mit Gl. (1.2.17) einen verbesserten Wert für ξ ermittelt.

Für den Einmassenschwinger kann man jedoch auch die explizite Lösung angeben. Dazu setzt man ξ nach Gl. (1.2.17) in die Amplitudenvergrößerungsfunktion V (1.1.39) ein und löst die so entstehende in $1/V^2$ quadratische Gleichung nach

$$V^2 = \frac{2}{\sqrt{\left[1-\left(\frac{\omega}{\omega_0}\right)^2\right]^4 + z\,\beta^2\left(\frac{\omega}{\omega_0}\right)^4} + \left[1-\left(\frac{\omega}{\omega_0}\right)^2\right]^2}, \qquad z = \frac{4096}{9\pi^4} \tag{1.2.18}$$

auf. Im Resonanzfall $\omega = \omega_0$ ist $V = \pi\sqrt{6}/(8\sqrt{\beta}) = 0{,}9619/\sqrt{\beta}$ und damit 3,8 % kleiner als bei der iterativen Näherungslösung.

Um eine anschauliche Vorstellung von der besprochenen äqivalenten Linearisierung zu bekommen, sollen sowohl die Widerstandskraft $F_D = B\,\dot{u}\,|\dot{u}|$ als auch die angenäherte Dämpfungskraft $\tilde{F}_D = C\,\dot{u}$ betrachtet werden. Beide Kräfte werden dazu wie folgt normiert

$$\frac{F_D}{Bf^2\omega^2} = \frac{\dot{u}}{f\omega}\left|\frac{\dot{u}}{f\omega}\right|, \qquad \frac{\tilde{F}_D}{Bf^2\omega^2} = \frac{C}{Bf\omega}\,\frac{\dot{u}}{f\omega} = \frac{8}{3\pi}\,\frac{\dot{u}}{f\omega}$$

und in der Abb. 1.2.3 in Abhängigkeit von der dimensionslosen Geschwindigkeit $\dot{u}/(f\omega)$ grafisch dargestellt.

Die mittels Fehlerquadratminimierung ermittelte, der Widerstandskraft F_D äquivalente Dämpfungskraft $\tilde{F}_D$ leistet im übrigen über eine Schwingungsperiode T dieselbe Arbeit. Es ist nämlich diese Arbeit einerseits

$$A_D = \int_0^T F_D\,du = B\int_0^T \dot{u}\,|\dot{u}|\,du = B\int_0^T \dot{u}^2|\dot{u}|\,dt$$

und andererseits

$$A_D = \int_0^T \tilde{F}_D\,du = C\int_0^T \dot{u}\,du = C\int_0^T \dot{u}^2\,dt.$$

Durch Vergleich mit dem Ergebnis (1.2.15) der Fehlerquadratminimierung ist die Gleichheit beider Arbeiten gezeigt. Somit hat diese mathematische Methode auch ihre physikalische Grundlage.

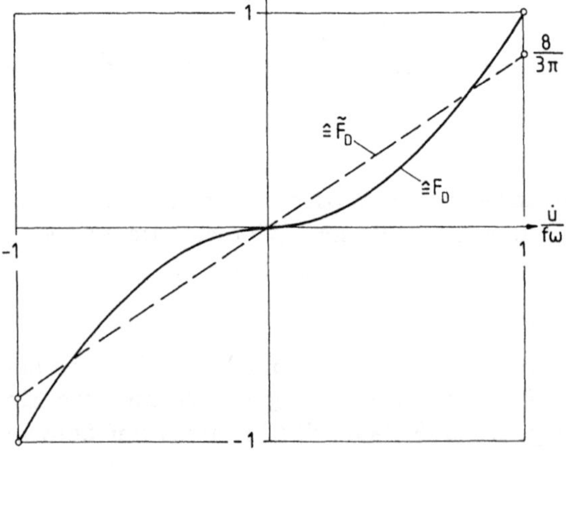

Abb. 1.2.3 Approximation der geschwindigkeitsquadratproportionalen Widerstandskraft F_D durch eine lineare Dämpfungskraft $\tilde{F}_D$

γ) Lösung nach der Methode der harmonischen Balance:
Es wird wieder die Differentialgleichung (1.2.6) betrachtet und die gesuchte periodische Lösung u(t) als Summe unterschiedlicher harmonischer Anteile (als abgebrochene *Fourier* - Reihe) angesetzt. Wir beschränken uns hier auf den zweigliedrigen Ansatz

$$u = u_1 + u_3 = f_1 \cos\omega t + f_3 \cos(3\omega t + \psi_3) \qquad (1.2.19)$$

Der mit der Erregerfrequenz ω schwingende Anteil u_1, die sogenannte erste Harmonische , macht hierin den Hauptteil der Lösung u aus, wogegen die dritte Harmonische u_3 als Korrektur zu verstehen ist. Es gilt also $f_3 \ll f_1$. Damit kann der nichtlineare Ausdruck $\dot u|\dot u|$ näherungsweise durch

$$\dot u|\dot u| = (\dot u_1 + \dot u_3)\,|\dot u_1 + \dot u_3| \approx \dot u_1\,|\dot u_1| + 2|\dot u_1|\,\dot u_3 \qquad (1.2.20)$$

ersetzt werden.
Setzt man den Lösungsansatz (1.2.19) unter Beachtung von Gl. (1.2.20) in die Differentialgleichung (1.2.6) ein, dann erhält man

$$\left.\begin{aligned} &f_1(\omega_0^2 - \omega^2)\cos\omega t + f_3(\omega_0^2 - 9\,\omega^2)\,\cos(3\omega t + \psi_3) - \tfrac{4}{\pi}\,\beta\tfrac{f_1}{f_0}\,\omega^2\,[\,f_1 \sin\omega t + \\ &+ 6\,f_3 \sin(3\,\omega t + \psi_3)]\,|\sin\omega t| = f_0\omega_0^2 \cos(\omega t + \psi). \end{aligned}\right\} \qquad (1.2.21)$$

Hierin werden die Koeffizienten der ersten Harmonischen und die der dritten miteinander verglichen. Dazu muß $|\sin\omega t|$ in eine *Fourier* - Reihe entwickelt werden. Benötigt werden die ersten vier Glieder

$$|\sin\omega t| = \frac{2}{\pi} - \frac{4}{3\pi}\cos 2\omega t - \frac{4}{15\pi}\cos 4\omega t - \frac{4}{35\pi}\cos 6\omega t - \ldots,$$

vergl. z.B. [6]. Damit folgt zunächst

$$|\sin\omega t|\sin\omega t = \frac{2}{\pi}\sin\omega t - \frac{4}{3\pi}\cos 2\omega t\,\sin\omega t - \frac{4}{15\pi}\cos 4\omega t\,\sin\omega t - \ldots,$$

$$\begin{aligned} |\sin\omega t|\sin(3\omega t + \psi_3) = {} & \frac{2}{\pi}\sin(3\omega t + \psi_3) - \frac{4}{3\pi}\cos 2\omega t\,\sin(3\omega t + \psi_3) - \\ & - \frac{4}{15\pi}\cos 4\omega t\,\sin(3\omega t + \psi_3) - \frac{4}{35\pi}\cos 6\omega t\,\sin(3\omega t + \psi_3) - \ldots \end{aligned}$$

Mit Hilfe der trigonometrischen Beziehung $2\sin\alpha\cos\beta = \sin(\alpha-\beta) + \sin(\alpha+\beta)$ sortiert man die einzelnen harmonischen Anteile und findet

$$\left.\begin{aligned} &|\sin\omega t|\,\sin\omega t = \frac{8}{3\pi}\sin\omega t - \frac{8}{15\pi}\sin 3\omega t + \text{höhere Harmonische}, \\ &|\sin\omega t|\,\sin(3\omega t + \psi_3) = -\frac{2}{3\pi}\sin(\omega t + \psi_3) - \frac{2}{15\pi}\sin(-\omega t + \psi_3) + \\ &+ \frac{2}{\pi}\sin(3\omega t + \psi_3) - \frac{2}{35\pi}\sin(-3\omega t + \psi_3) + \text{höhere Harmonische} \end{aligned}\right\} \qquad (1.2.22)$$

Nun vergleicht man in Gl. (1.2.21) der Reihe nach die Koeffizienten von $\cos\omega t$, $\sin\omega t$, $\cos 3\omega t$ und $\sin 3\omega t$. Damit ergibt sich das folgende Gleichungssystem für die Amplituden f_1 und f_3 sowie die Phasenverschiebungen ψ und ψ_3 :

$$\left.\begin{aligned}
&f_1(\omega_0^2-\omega^2)+\frac{96}{5\pi^2}\,\beta\,\omega^2\frac{f_1f_3}{f}\sin\psi_3 &&=\omega_0^2 f_0\cos\psi\,,\\
&-\frac{32}{15\pi^2}\,\beta\,\frac{f_1}{f_0}\,\omega^2(5\,f_1-6f_3\cos\psi_3) &&=-\omega_0^2 f_0\sin\psi\,,\\
&f_3(\omega_0^2-9\,\omega^2)\cos\psi_3-\frac{1632}{35\pi^2}\,\beta\,\omega^2\frac{f_1f_3}{f_0}\sin\psi_3 &&=0\,,\\
&-f_3(\omega_0^2-9\omega^2)\sin\psi_3+\frac{32}{105\pi^2}\,\beta\frac{f_1}{f_0}\,\omega^2(7f_1-162f_3\cos\psi_3)&&=0\,.
\end{aligned}\right\}\qquad(1.2.23)$$

Es wird jetzt der wichtigste Fall der Resonanzerregung $\omega = \omega_0$ betrachtet. Von der Methode der äquivalenten Linearisierung ist bereits bekannt, daß $V_1 \equiv f_1 / f_0 \approx \sqrt{\beta}$ gilt. Beachtet man weiter $V_3 \equiv f_3 / f_0 \ll V_1$ und $\beta < 1$, so findet man als Näherungslösung des Gleichungssystems (1.2.23)

$$V_1=\frac{\pi\sqrt{6}}{8}\frac{1}{\sqrt{\beta}}\,,\quad V_3=\frac{1}{40}\,,\quad \psi=\frac{\pi}{2}\quad\text{und}\quad \psi_3=-\frac{\pi}{2}\,. \qquad (1.2.24)$$

Interessant an dieser Lösung ist, daß V_1 mit dem Ergebnis der Methode der äquivalenten Linearisierung übereinstimmt. Beide Methoden sind identisch, wenn man für die harmonische Balance nur die erste Harmonische berücksichtigt. Weiter ist bemerkenswert, daß erste und dritte Harmonische im Resonanzfall um $\pi/2$ phasenverschoben sind. Mit dem Ergebnis (1.2.24) lautet schließlich die Resonanzschwingung $(\omega = \omega_0)$

$$\frac{u(t)}{f_0}=\frac{\pi\sqrt{6}}{8}\,\frac{1}{\sqrt{\beta}}\,\cos\omega t+\frac{1}{40}\,\sin 3\omega t\,. \qquad (1.2.25)$$

Hier kann man leicht ablesen, wie der Einfluß der dritten Harmonischen mit kleiner werdendem Widerstandsparameter abnimmt, jedoch mit jeder weiteren zeitlichen Ableitung zunimmt.

1.2.2 Erzwungene Schwingung in selbsterregten Systemen

Für den in Abschnitt 1.2.1 behandelten Einmassenschwinger wird bei sonst unveränderten Verhältnissen das Dämpfungsglied variiert. Die Bewegungsdifferentialgleichung lautet jetzt

$$M\,\ddot{u}-D\,\dot{u}+E\,u^2\,\dot{u}+K\,u=F(t) \qquad (1.2.26)$$

mit zwei Dämpfungsgliedern, die durch die positiven Konstanten D und E gekennzeichnet sind.

Führt man die kinetische Energie $E = M\,\dot{u}^2/2$ und die potentielle Energie $U = K\,u^2/2$ des Einmassenschwingers ein, dann kann man die Gl. (1.2.26) für den Fall der freien Schwingungen $(F \equiv 0)$ in

$$\frac{d}{dt}(E + U) = (D - E u^2)\,\dot{u}^2 \tag{1.2.27}$$

umschreiben. Wird dem zunächst ruhenden Einmassenschwinger eine kleine Störbewegung u(t) aufgezwungen, dann nimmt die Gesamtenergie E + U des Schwingers monoton zu, solange $E u^2 < D$ gilt. Die eingeleitete Bewegung wird weiter angefacht. Es entstehen aufklingende Schwingungen (oder im Spezialfall monoton anwachsende Bewegungen). Man spricht deshalb von *selbsterregten* Schwingungen (*self-sustained* oscillations). Die anwachsenden Schwingungsamplituden werden schließlich dadurch begrenzt, daß zeitweise $E u^2 > D$ gilt und damit eine Dämpfung des Systems einsetzt: Die Energie E + U nimmt wieder ab. Es kann also auch ohne Einwirken einer periodischen Erregerkraft eine periodische Bewegung u(t) als Lösung der homogenen Differentialgleichung (1.2.26) existieren. Man nennt diese dann den *Grenzzyklus* (*limit cycle*).

Es wird nun die harmonische Fremderregung (1.2.4) hinzugenommen und die Differentialgleichung (1.2.26) wieder mit der Eigenfrequenz $\omega_o = \sqrt{K/M}$, der statischen Auslenkung $f_o = F_o/K$ sowie den beiden neuen Parametern

$$\left.\begin{aligned} \delta &:= \frac{D}{\omega_o M}\,, \\ \varepsilon &:= \frac{E}{3\omega_o M} \end{aligned}\right\} \tag{1.2.28}$$

normiert. Man erhält

$$\ddot{u} - \omega_o\,\delta\,\dot{u} + \omega_o\,\varepsilon\,(u^3)^{\dot{}} + \omega_o^2 u = \omega_o^2 f_o \cos(\omega t + \psi). \tag{1.2.29}$$

Periodische Lösungen mit der Erregerfrequenz ω werden nach der Methode der *harmonischen Balance* gefunden, indem man als Lösung

$$u = f \cos \omega t \tag{1.2.30}$$

mit unbekannter Amplitude f ansetzt. Es ist dann $\dot{u} = -f\omega \sin \omega t$, $\ddot{u} = -f\omega^2 \cos \omega t$ und $u^3 = f^3 \cos^3 \omega t = f^3 (\cos 3\omega t + 3 \cos \omega t)/4$. Man gleicht in Gl. (1.2.29) die ersten Harmonischen ab, also die Glieder mit $\sin \omega t$ und $\cos \omega t$, und vernachlässigt die dritte Harmonische $\cos 3\omega t$. Dies führt auf die beiden Bestimmungsgleichungen

$$\left.\begin{aligned} f\,(\omega_o^2 - \omega^2) &= \omega_o^2 f_o \cos\psi\,, \\ f\,\omega\,\omega_o\left(\tfrac{3}{4}\,\varepsilon f^2 - \delta\right) &= \omega_o^2 f_o \sin\psi \end{aligned}\right\} \tag{1.2.31}$$

für die Amplitude f und den Phasengang ψ. Daraus folgt mit $\cos^2\psi + \sin^2\psi = 1$

$$f^2\left[(\omega_o^2 - \omega^2)^2 + \omega^2\omega_o^2\left(\tfrac{3}{4}\varepsilon f^2 - \delta\right)^2\right] = \omega_o^4 f_o^2\,. \tag{1.2.32}$$

Bei fehlender Fremderregung $f_o = 0$ findet man für den Grenzzyklus aus Gl. (1.2.31) $\omega = \omega_o$ und $f = f_G$ mit

$$f_G := \sqrt{\frac{4\delta}{3\varepsilon}}\,. \tag{1.2.33}$$

Es werden nun Erregerfrequenzen ω betrachtet, die in der Umgebung der Eigenfrequenz ω_0 liegen, so daß

$$\omega_0^2 - \omega^2 = (\omega_0 - \omega)(\omega_0 + \omega) \approx 2(\omega_0 - \omega)\,\omega_0 \approx 2(\omega_0 - \omega)\,\omega \qquad (1.2.34)$$

gilt.

Man dividiert Gl. (1.2.32) durch $\omega_0^4\, f_G^2\, \delta^2$, beachtet dabei $\omega \approx \omega_0$ und führt die folgenden Größen ein:

$$\left.\begin{aligned} x &:= \frac{2}{\delta}\left(1 - \frac{\omega}{\omega_0}\right), \\ y &:= \frac{f^2}{f_G^2}, \\ z &:= \frac{1}{\delta}\,\frac{f_0}{f_G}. \end{aligned}\right\} \qquad (1.2.35)$$

Man nennt x die *Verstimmung* (*detuning*), y ist das Quadrat der dimensionslosen Schwingungsamplitude und z ein dimensionsloser Lastparameter. Damit folgt aus Gl. (1.2.32)

$$y\,[\,x^2 + (y-1)^2\,] = z^2 . \qquad (1.2.36)$$

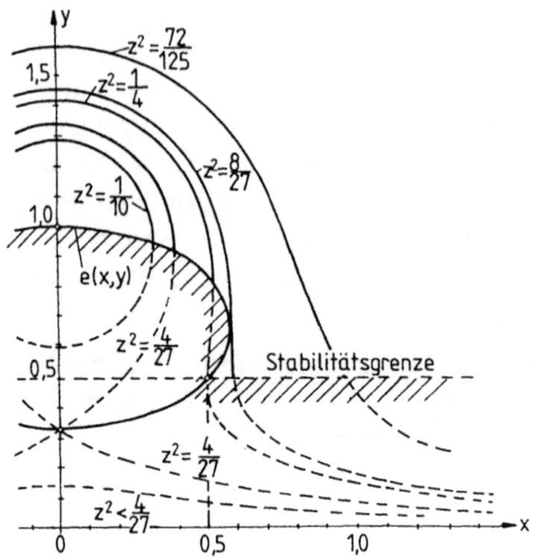

Abb. 1.2.4 Lösungskurven für die erzwungenen harmonischen Schwingungen des *Van der Polschen Oszillators* für kleine Verstimmungen x (nach [82])

Dieser Zusammenhang wurde erstmals von *van der Pol* angegeben [85], weshalb man den Einmassenschwinger mit der Bewegungsgleichung (1.2.26) auch als *Van der Polschen Oszillator* bezeichnet .

Die Lösungskurven (1.2.36) $y = y(x)$ mit z als Parameter sind in Abb. 1.2.4 grafisch dargestellt. Sie verlaufen zur y-Achse symmetrisch, so daß eine Auftragung für $x \geq 0$ ausreicht. Für Lastparameter $z^2 \leq 8/27$ besitzen diese Kurven vertikal verlaufende Tangenten. Den geometrischen Ort für sämtliche Punkte , für die $dy/dx = \pm\infty$ bzw. $dx/dy = 0$ gilt, findet man durch Differenzieren von Gl. (1.2.36) nach y. Man erhält die Kurve

$$e(x, y) := x^2 + (y-1)(3y-1) = 0 . \qquad (1.2.37)$$

$e(x, y)$ ist eine Ellipse mit den Halbachsen $1/\sqrt{3}$ in x-Richtung und 1/3 in y-Richtung. Sie ist ebenfalls in Abb. 1.2.4 eingezeichnet.

Untersucht man die Stabilität der Lösungen, vergl. z.B. [82], so findet man innerhalb der Ellipse indifferente Gleichgewichtszustände, sogenannte Sattelpunkte. Außerdem trennt außerhalb der Ellipse die Gerade $y = 1/2$ stabile von instabilen Lösungen. Damit liegen stabile Schwingungen nur außerhalb des in Abb. 1.2.4 schraffierten Bereichs, und zwar zu jedem Wert der Verstimmung x höchstens eine (mit Ausnahme des bei $x = y = 1/2$ unterhalb der Ellipse und oberhalb der Geraden $y = 1/2$ gelegenen kleinen Zwickels).

Man erkennt weiter, daß jede Lösungskurve mit wachsender Verstimmung x ihren stabilen Bereich verläßt. Nach Durchstoßen der Stabilitätsgrenze vermag der

Einmassenschwinger nicht mehr der Erregung mit der Frequenz ω zu folgen, bzw. das Erregerglied kann das selbsterregte System nicht mehr "mitnehmen". Nach Überschreiten einer gewissen kritischen Verstimmung fällt der *Van der Pol*sche Oszillator in seine freie Schwingung mit der Frequenz ω_o und der Amplitude f_G (1.2.33) zurück. In der Abb. 1.2.4 stellt für den Fall z = 0 der Punkt x = 0, y = 1 diesen Grenzzyklus dar.

Den Vorgang, daß ein selbsterregtes System für kleine Werte der Frequenzverstimmung der Erregerfrequenz folgt, nennt man *Synchronisierung*. Die beschriebenen Effekte beobachtet man z.B. bei Schwingungserregungen von Konstruktionen in einer *Kármán*schen Wirbelstraße, weshalb der *Van der Pol*sche Oszillator als mathematisches Modell zur Beschreibung solcher Vorgänge herangezogen wird (vergl. Abschnitt 7.4).

Nach dem Zuvorgesagten erhält man für Verstimmungen x, die gewisse kritische Werte übersteigen, mit einem Ansatz (1.2.30) keine stabilen Lösungen. In diesem Bereich schwingt der *Van der Pol*sche Oszillator in erster Näherung in einer Kombination zweier unterschiedlicher harmonischer Komponenten, die eine Komponente mit der Eigenfrequenz ω_o, die andere mit der Erregerfrequenz ω. Man setzt als Lösung

$$u = f_1 \cos \omega_o t + f_2 \cos \omega t \tag{1.2.38}$$

mit unbekannten Amplituden f_1 und f_2 an. Es ist dann $\dot{u} = -f_1 \omega_o \sin \omega_o t - f_2 \omega \sin \omega t$, $\ddot{u} = -f_1 \omega_o^2 \cos \omega_o t - f_2 \omega^2 \cos \omega t$, und für das nichtlineare Glied in Gl. (1.2.29) erhält man bei Vernachlässigung der höheren Harmonischen näherungsweise $(u^3)^{\cdot} = (-3 f_1^3 \omega \sin \omega_o t - 6 f_1^2 f_2 \omega \sin \omega t - 6 f_1 f_2^2 \omega_o \sin \omega_o t - 3 f_2^3 \omega \sin \omega t)/4$. Gleicht man die Differentialgleichung (1.2.29) der Reihe nach für die ersten Harmonischen $\cos \omega_o t$, $\sin \omega_o t$, $\cos \omega t$ und $\sin \omega t$ ab, so folgen mit der Amplitude f_G (1.2.33) des Grenzzyklus die drei Bestimmungsgleichungen

$$\left.\begin{aligned} &\omega_o f_G^2 - \omega f_1^2 - 2 \omega_o f_2^2 = 0, \\ &f_2 (\omega_o^2 - \omega^2) = \omega_o^2 f_o \cos \psi, \\ &\delta \omega f_2 (f_G^2 - 2 f_1^2 - f_2^2) = -\omega_o f_o f_G^2 \sin \psi \end{aligned}\right\} \tag{1.2.39}$$

für die gesuchten Amplituden f_1 und f_2 und den Phasengang ψ. Die dimensionslose Amplitude der freien Schwingung ist

$$y_1 := \frac{f_1^2}{f_G^2}, \tag{1.2.40}$$

die der erzwungenen Schwingung

$$y_2 := \frac{f_2^2}{f_G^2}. \tag{1.2.41}$$

Mit der Verstimmung x und dem Lastparamete z nach Gl. (1.2.35) sowie mit $\sin^2\psi + \cos^2\psi = 1$ und $\omega \approx \omega_o$ erhält man $1 - y_1 - 2 y_2 = 0$ und $y_2[x^2 + (1 - 2y_1 - y_2)^2] = z^2$ bzw.

$$\left.\begin{aligned} &y_1 = 1 - 2 y_2, \\ &y_2[x^2 + (1 - 3 y_2)^2] = z^2. \end{aligned}\right\} \tag{1.2.42}$$

Die Lösungskurven y(x) sind in Abb. 1.2.5 z.B. für den Lastparameter z = 1 dargestellt. Für kleine Verstimmungen x gibt es nur die Komponente der erzwungenen Schwingung (1.2.30) mit der Frequenz ω und der Amplitude f, die sich in Abhängigkeit von der Verstimmung x aus Gl. (1.2.36) errechnet. Man kann zeigen, daß hier eine Kombination von zwei Schwingungskomponenten nicht möglich ist [82]. Für den Lastparameter z = 1 wird

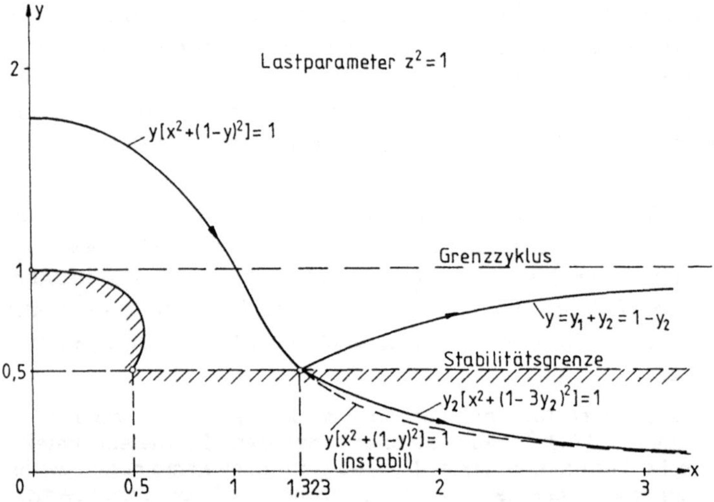

Abb. 1.2.5 Lösungsverhalten des *Van der Pol*schen Oszillators für große Verstimmungen x

die Stabilitätsgrenze bei der Verstimmung x= 1,323 erreicht. Die Schwingung des *Van der Pol*schen Oszillator zerfällt in die Komponente der freien Schwingung mit der Eigenfrequenz ω_o und die der erzwungenen Schwingung mit der Erregerfrequenz ω. Die dimensionslose Amplitude y_2 der letzteren klingt mit weiter wachsender Verstimmung x entsprechend Gl. (1.2.42) auf Null ab. Damit ist gleichzeitig gezeigt, daß y_1 gegen Eins bzw. die Amplitude f_1 gegen die Amplitude f_G des Grenzzyklus strebt, wie zuvor behauptet wurde.

Selbsterregte Systeme gehorchen in leichter Abwandlung der Gl.(1.2.26) auch der Bewegungsdifferentialgleichung

$$M\,\ddot{u} - D\,\dot{u} + G\,\dot{u}^3 + K\,u = F(t)\,. \qquad (1.2.43)$$

An Stelle des Dämpfungsgliedes $E\,u^2\,\dot{u}$ ist hier $G\,\dot{u}^3$ getreten. Sind wieder beide Konstanten D und G positiv, ergeben sich keine grundsätzlich neuen Ergebnisse. Es wird wieder eine harmonische Erregerkraft $F(t) = F_o \cos(\omega t + \psi)$ angenommen. Nach Division der Gleichung durch M, Einführung der Eigenfrequenz (1.1.7), der statischen Auslenkung (1.1.31), der Konstanten δ (1.2.28) sowie der neuen Größe

$$\gamma := \omega_o \frac{G}{M} \qquad (1.2.44)$$

erhält man an Stelle von Gl. (1.2.29)

$$\ddot{u} - \omega_o\,\delta\,\dot{u} + \frac{\gamma}{\omega_o}\dot{u}^3 + \omega_o^2\,u = \omega_o^2\,f_o\,\cos(\omega t + \psi)\,. \qquad (1.2.45)$$

Mit dem Lösungsansatz $u = f\cos\omega t$, $\dot{u} = -f\,\omega\sin\omega t$, $\ddot{u} = -f\,\omega^2\cos\omega t$, $\dot{u}^3 = -f^3\omega^3\sin^3\omega t = -f^3\,\omega^3(3\sin\omega t - \sin 3\omega t)/4 \approx -3f^3\,\omega^3\sin\omega t/4$ führt die harmonische Balance auf die Gleichungen

$$\left.\begin{aligned} f(\omega_o^2 - \omega^2) &= \omega_o^2 f_o \cos\psi\,, \\ f\,\omega\,\omega_o\Big(\frac{3}{4}\gamma\frac{\omega^2}{\omega_o^2}\,f - \delta\Big) &= \omega_o^2 f_o\,\sin\psi \end{aligned}\right\} \qquad (1.2.46)$$

für die Amplitude f und den Phasengang ψ. Mit $\sin^2\psi + \cos^2\psi = 1$ folgt hier

$$f^2\left[(\omega_0^2-\omega^2)^2+\omega^2\omega_0^2\left(\frac{3}{4}\gamma\frac{\omega^2}{\omega_0^2}f^2-\delta\right)^2\right]=\omega_0^4 f_0^2 . \qquad (1.2.47)$$

Diese Gleichung unterscheidet sich von der entsprechenden Gl. (1.2.32) lediglich durch den Faktor ω^2/ω_0^2 bei γ. Für kleine Frequenzverstimmungen $\omega \approx \omega_0$ ergibt sich somit wieder das Verhalten des *Van der Pol*schen Oszillators, wie es in der Abb. 1.2.4 grafisch dargestellt ist. Die Amplitude des Grenzzyklus erhält man wieder mit $f_0 = 0$ und $\omega = \omega_0$ zu

$$f_G := \sqrt{\frac{4\delta}{3\gamma}} . \qquad (1.2.48)$$

1.3 Linearer Zweimassenschwinger

Reale meerestechnische Konstruktionen sind meist komplexer, als daß sie durch einen Einmassenschwinger angenähert werde könnten. Solche Strukturen werden durch Anwendung der Finite-Element-Technik oder durch Umwandlung in ein *Lumped-mass-system* diskretisiert. Bei einem Lumped-mass-system wird die Gesamtmasse der Struktur in eine geeignete Anzahl von Teilmassen zerlegt, die in den Knotenpunkten der Struktur konzentriert angebracht werden. Die Knotenpunkte werden durch masselose Federelemente verbunden. Dämpfungs- und Erregerkräfte werden in den Knotenpunkten angreifend angesetzt.

Ein einfaches Lumped-mass-system entsteht bereits für den in Abschnitt 1.1 behandelten eingespannten Pfahl mit einer Plattform, wenn der Pfahl nicht mehr masselos angenommen, sondern dessen Masse zu einem Teil konzentriert in halber Höhe angebracht und zu einem anderen Teil der Plattformmasse zugeschlagen wird. Ein dritter Massenanteil, der in den Fußpunkt des Pfahls gelegt wird, hat auf die Bewegung der so diskretisierten Struktur natürlich keinen Einfluß. Es entsteht ein Zweimassenschwinger nach Abb. 1.3.1, dessen Massen durch Biegefedern miteinander verbunden sind.

1.3.1 Freie ungedämpfte Schwingung. Eigenschwingungsanalyse

Mit der Untersuchung der freien ungedämpften Schwingungen, also mit der Eigenschwingungsanalyse, gewinnt man die Eigenfrequenzen und die Eigenschwingungsformen. Diese für die Struktur charakteristischen Größen hängen nur von der Massenverteilung und von der Struktursteifigkeit und damit von den einzelnen Stabsteifigkeiten (oder Federkonstanten) ab. Letztere ermittelt man nach den bekannten Verfahren der Baustatik, etwa mit Hilfe der Deformationsgrößen- oder aber der Kraftgrößenmethode unter Verwendung des allgemeinen Arbeitssatzes.

Nach der Kraftgrößenmethode werden in Abb. 1.3.1 in den beiden Knoten zwei (statische) Horizontalkräfte F_1 und F_2 angebracht und die einzelnen horizontalen Knotenverschiebungsanteile berechnet. Man erhält der Reihe nach die Auslenkung der Masse M_1 infolge $F_1 : u_{11} = F_1 l^3/(3\,EI)$, die Auslenkung der Masse M_1 infolge $F_2 : u_{12} = 5\,F_2 l^3/(48\,EI)$, die Auslenkung der Masse M_2 infolge $F_2 : u_{22} = F_2 l^3/(24\,EI)$ und die Auslenkung der Masse M_2 infolge $F_1 : u_{21} = 5\,F_1 l^3/(48\,EI)$.

Es werden die Gesamtauslenkungen $u_1 = u_{11} + u_{12}$ und $u_2 = u_{21} + u_{22}$ nach den Kräften aufgelöst und die Stabsteifigkeiten K_{11}, K_{22} und $K_{12} = K_{21}$ eingeführt:

$$\left.\begin{aligned} F_1 &= \frac{48}{7}\frac{EI}{l^3}(2u_1 - 5u_2) := K_{11}u_1 + K_{12}u_2 , \\ F_2 &= \frac{48}{7}\frac{EI}{l^3}(16u_2 - 5u_1) := K_{21}u_1 + K_{22}u_2 . \end{aligned}\right\} \tag{1.3.1}$$

Diese Kräfte sind aus Gleichgewichtsgründen die in der Abb. 1.3.1 dargestellten rückstellenden Federkräfte. Die Gesamtsteifigkeit schreibt man in Form der Matrix

$$\mathbf{K} = \begin{bmatrix} K_{11} & K_{12} \\ K_{21} & K_{22} \end{bmatrix} = \frac{48EI}{7l^3}\begin{bmatrix} 2 & -5 \\ -5 & 16 \end{bmatrix} , \tag{1.3.2}$$

so daß mit dem Vektor der Federkraft

$$\mathbf{F}_K = \begin{bmatrix} F_1 \\ F_2 \end{bmatrix} \tag{1.3.3}$$

und dem der Verschiebung

$$\mathbf{U} = \begin{bmatrix} u_1 \\ u_2 \end{bmatrix} \tag{1.3.4}$$

die Matrizengleichung

$$\mathbf{F}_K = \mathbf{K}\,\mathbf{U} \tag{1.3.5}$$

gilt.

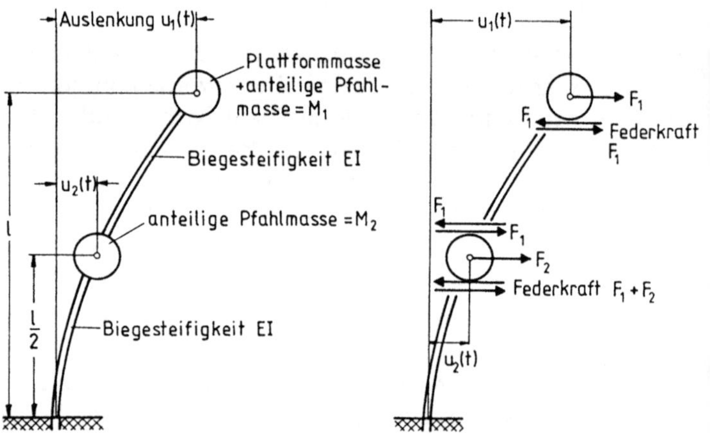

Abb. 1.3.1 Meerestechnische Konstruktion als Zweimassenschwinger

Auf die nach Abb. 1.3.1 freigeschnittenen Massen wendet man das Newtonsche Grundgesetz für die Horizontalbewegung an, indem man die an den Massen angreifenden Kräfte F_1 und F_2 jetzt als Massenkräfte $M_1\ddot{u}_1$ und $M_2\ddot{u}_2$ interpretiert. Man erhält $M_1\ddot{u}_1 = -F_1$ und $M_2\ddot{u}_2 = F_1 - (F_1 + F_2)$ bzw. mit Gl. (1.3.1)

$$\left.\begin{aligned} M_1\ddot{u}_1 + K_{11}u_1 + K_{12}u_2 &= 0 , \\ M_2\ddot{u}_2 + K_{21}u_1 + K_{22}u_2 &= 0 . \end{aligned}\right\} \tag{1.3.6}$$

Das sind die Bewegungsgleichungen des linearen Zweimassenschwingers in Form zweier gekoppelter gewöhnlicher linearer und homogener Differentialgleichungen 2. Ordnung für die Knotenverschiebungen $u_1(t)$ und $u_2(t)$ in Horizontalrichtung.

Auch diese Gleichungen lassen sich nach Einführung der Massenmatrix

$$\mathbf{M} = \begin{bmatrix} M_1 & 0 \\ 0 & M_2 \end{bmatrix} \tag{1.3.7}$$

zu der Matrizengleichung

$$\mathbf{M\ddot{U}} + \mathbf{KU} = \mathbf{0} \tag{1.3.8}$$

zusammenfassen.

Mit dem harmonischen Lösungsansatz $u_1 = f_1\, e^{i\omega t}$, $u_2 = f_2\, e^{i\omega t}$ wird die Zeit t in Gl. (1.3.6) eliminiert, und man erhält für die beiden Schwingungsamplituden f_1 und f_2 das homogene Gleichungssystem

$$\left.\begin{aligned} (K_{11} - M_1\omega^2)\, f_1 + K_{12}\, f_2 &= 0\,, \\ K_{21}\, f_1 + (K_{22} - M_2\omega^2)\, f_2 &= 0\,, \end{aligned}\right\} \tag{1.3.9}$$

welches - abgesehen von der trivialen Lösung $f_1 = f_2 = 0$ - nur dann Lösungen besitzt, wenn die Determinante des Systems verschwindet. Diese Forderung führt auf die *Frequenzgleichung* (*frequency equation*) oder *Frequenzdeterminante* (*frequency determinant*)

$$(K_{11} - M_1\,\omega^2)(K_{22} - M_2\,\omega^2) - K_{12}^2 = 0. \tag{1.3.10}$$

Für den Zweimassenschwinger ist das eine biquadratische Gleichung in ω. Die Wurzeln dieser Gleichung sind die *Eigenwerte* (*eigenvalues*) bzw. die *Eigenfrequenzen* (*natural frequencies*)

$$\omega_{1,2}^2 = \frac{1}{2}\left(\frac{K_{11}}{M_1} + \frac{K_{22}}{M_2}\right) \pm \sqrt{\frac{1}{4}\left(\frac{K_{11}}{M_1} + \frac{K_{22}}{M_2}\right)^2 - \frac{K_{11}K_{22} - K_{12}^2}{M_1 M_2}}\,. \tag{1.3.11}$$

Da bei verschwindender Systemdeterminante die beiden Gln. (1.3.9) voneinander linear abhängig sind, bleiben die Amplituden f_1 und f_2 unbestimmt. Man kann lediglich die eine durch die andere ausdrücken, und man erhält für die erste Eigenschwingung mit $\omega = \omega_1$

$$f_2 = -\frac{K_{11} - M_1\,\omega_1^2}{K_{12}}\, f_1 = -\frac{K_{21}}{K_{22} - M_2\,\omega_1^2}\, f_1 \tag{1.3.12}$$

und für die zweite mit $\omega = \omega_2$

$$f_2 = -\frac{K_{11} - M_1\,\omega_2^2}{K_{12}}\, f_1 = -\frac{K_{21}}{K_{22} - M_2\omega_2^2}\, f_1\,. \tag{1.3.13}$$

Man darf weiter willkürlich normieren, indem man z.B. $f_1 = 1$ wählt, und bekommt die *Eigenschwingungsformen* (*mode shapes*) des Zweimassenschwingers nach Abb. 1.3.2.

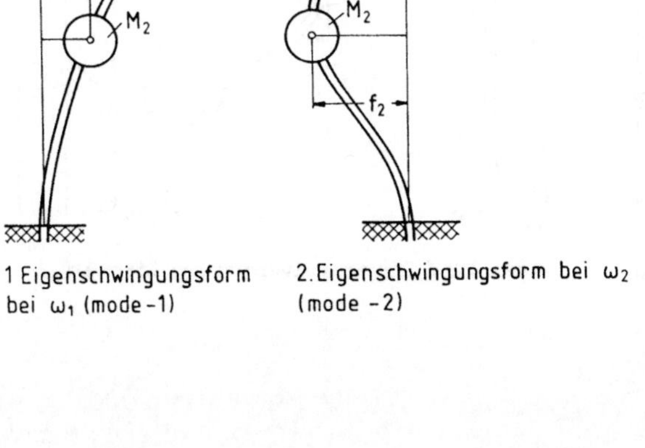

Abb. 1.3.2 **Eigenschwingungsformen einer Konstruktion als Zweimassenschwinger**

Für die Diskretisierung der Massen von Teilstäben der Längen l_i und der Massenverteilungen m_i in kg/m zu einem Lumped-mass-system mit den Einzelmassen M_i in kg gelten folgende Formeln:

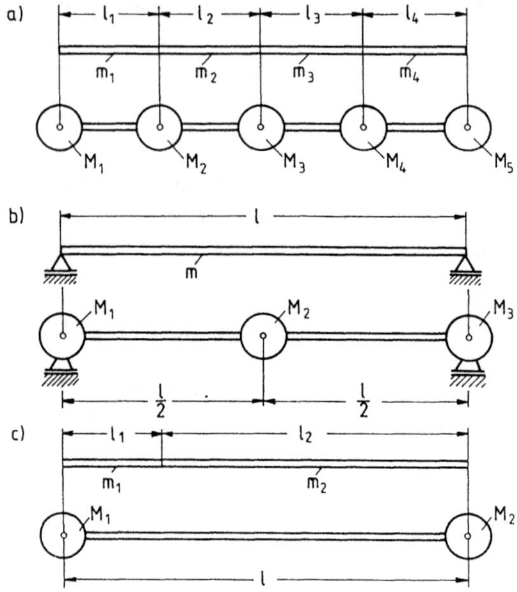

$$\left.\begin{aligned} M_1 &= m_1\, l_1/2 \\ M_2 &= (m_1\, l_1 + m_2\, l_2)/2 \\ M_3 &= (m_2\, l_2 + m_3\, l_3)/2 \\ M_4 &= (m_3\, l_3 + m_4 l_4)/2 \\ M_5 &= m_4\, l_4/2 \end{aligned}\right\} \quad (1.3.14)$$

$$\left.\begin{aligned} M_1 &= M_3 = m\, l/4 \\ M_2 &= m\, l/2 \end{aligned}\right\} \quad (1.3.15)$$

$$\left.\begin{aligned} M_1 l &= m_1 l_1 (l_2 + l_1/2) + m_2 l_2^2/2 \\ M_2 l &= m_2 l_2 (l_1 + l_2/2) + m_1 l_1^2/2 \end{aligned}\right\} \quad (1.3.16)$$

Anm. zu b) Die Eigenfrequenz eines homogenen beidseitig gelenkig gelagerten Biegebalkens ist dieselbe wie die des masselosen Balkens mit der halben Balkenmasse konzentriert auf halber Länge!
Anm. zu c) M_1 und M_2 sind dabei so bestimmt, daß neben der Massensumme auch die Momentenbilanz erfüllt ist !

Beispiel 1.3.1: Eigenschwingungsanalyse einer Schwerkraft-Plattform nach Abb. 1.3.3

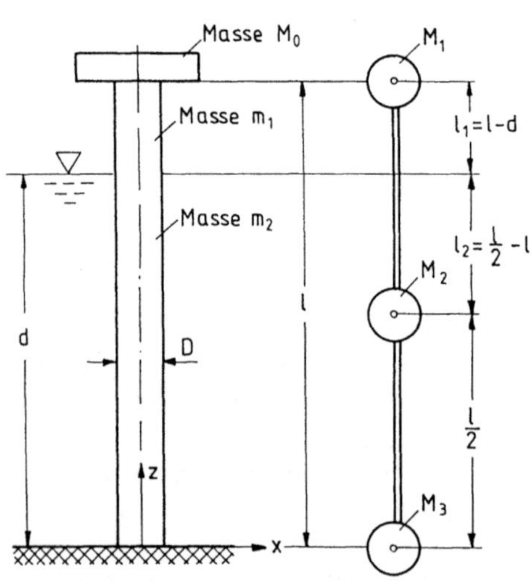

Abb. 1.3.3 Schwerkraft-Plattform als Zweimassenschwinger

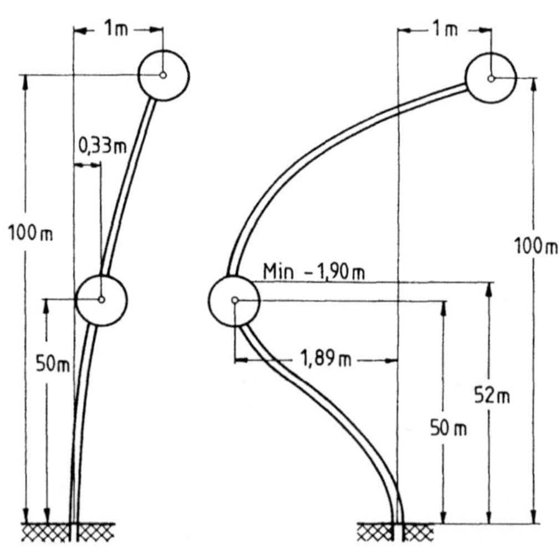

Abb. 1.3.4 Eigenschwingungsformen

Außendurchmesser	$D = 10$ m
Innendurchmesser	$D_i = 9$ m
Querschnittsfläche	$A = 14{,}9$ m²
Trägheitsmoment	$I = 169$ m⁴
Biegesteifigkeit	$EI = 2{,}7 \cdot 10^9$ kNm²
Höhe	$l = 100$ m
Meerestiefe	$d = 80$ m
Plattformmasse	$M_0 = 3 \cdot 10^6$ kg
Säulenmasse ungetaucht	$m_1 = 3{,}66 \cdot 10^4$ kg/m
Säulenmasse,getaucht	$m_2 = 18{,}23 \cdot 10^4$ kg/m

Massen Gl. (1.3.16):

$$M_1 = \frac{m_1 l_1 (l_2 + \frac{l_1}{2}) + m_2 \frac{l_2^2}{2}}{l_1 + l_2} + M_0 = 5{,}23 \cdot 10^6 \text{ kg}$$

$$M_2 = \frac{m_2 l_2 (l_1 + \frac{l_2}{2}) + m_1 \frac{l_1^2}{2}}{l_1 + l_2} + \frac{m_2 l}{4} = 8{,}53 \cdot 10^6 \text{ kg}$$

Eigenschwingungsformen vergl. Abb. 1.3.4

Steifigkeiten Gl. (1.3.2)

$$K_{11} = \frac{96\, EI}{7\, l^3} = 3{,}70 \cdot 10^4 \text{ kN/m}$$

$$K_{22} = \frac{768\, EI}{7\, l^3} = 29{,}62 \cdot 10^4 \text{ kN/m}$$

$$K_{12} = K_{21} = -\frac{240\, EI}{7\, l^3} = -9{,}26 \cdot 10^4 \text{ kN/m}$$

Eigenfrequenzen Gl. (1.3.11):

$$\omega_{1,2}^2 = (20{,}90 \pm 19{,}58)\ 1/\text{s}^2$$

$\omega_1 = 1{,}15$ 1/s $\qquad \omega_2 = 6{,}36$ 1/s

Eigenschwingungsformen Gln. (1.3.12) (1.3.13)

$f_1 = 1$ m (gewählt)

$$f_2 = -\frac{K_{11} - M_1 \omega_1^2}{K_{12}} f_1 = 0{,}33 \text{ m für mode 1}$$

$$f_2 = -\frac{K_{11} - M_1 \omega_2^2}{K_{12}} f_1 = -1{,}89 \text{ m für mode 2}$$

1.3.2 Erzwungene gedämpfte Schwingung

Neben den Feder- und Massenkräften, die bei der Eigenschwingungsanalyse allein eine Rolle spielen, sind jetzt zusätzlich die Dämpfungs- und Erregerkräfte zu berücksichtigen. Nach Abb. 1.3.5 werden diese Kräfte in den Knotenpunkten des Zweimassenschwingers angreifend angesetzt, und zwar die Dämpfungskräfte repräsentiert durch viskose Dämpfer mit den Dämpfungskonstanten C_1 und C_2 und die Erregerkräfte als harmonische Kräfte mit derselben Erregerfrequenz ω, derselben Phase jedoch mit unterschiedlichen Amplituden F_1 und F_2.

Die Bewegungsgleichungen (1.3.6) der freien ungedämpften Schwingung sind durch die Dämpfungs- und Erregerkräfte - letztere wieder in komplexer Schreibweise - zu

$$\left.\begin{aligned} M_1 \ddot{u}_1 + C_1 \dot{u}_1 + K_{11} u_1 + K_{12} u_2 &= F_1 e^{i\omega t}, \\ M_2 \ddot{u}_2 + C_2 \dot{u}_2 + K_{21} u_1 + K_{22} u_2 &= F_2 e^{i\omega t} \end{aligned}\right\} \quad (1.3.17)$$

zu ergänzen. Dies sind zwei gekoppelte gewöhnliche lineare jetzt jedoch inhomogene Differentialgleichungen für die horizontalen Knotenverschiebungen $u_1(t)$ und $u_2(t)$.

Die Lösung des homogenen Systems hängt von den Anfangsbedingungen des Schwingers ab, klingt jedoch wegen der Dämpfung mit wachsender Zeit auf Null ab und soll deshalb hier nicht interessieren. Der eingeschwungene Zustand aber ergibt sich als Partikulärintegral des inhomogenen Systems mit dem Ansatz

$$\left.\begin{aligned} u_1(t) &= H_1(\omega)\, e^{i\omega t} = f_1\, e^{(i\omega t - \psi_1)}, \\ u_2(t) &= H_2(\omega)\, e^{i\omega t} = f_2\, e^{(i\omega t - \psi_2)}. \end{aligned}\right\} \quad (1.3.18)$$

Darin sind - in Erweiterung der in Abschnitt 1.1.3 für den Einmassenschwinger definierten Übertragungsfunktion - $H_1(\omega)$ und $H_2(\omega)$ die (komplexen) Übertragungsfunktionen des Zweimassenschwingers, aus denen sich Betrag f und Phasengang ψ der Knotenverschiebungen u_1 und u_2 ergeben. Aus Gl. (1.3.17) folgt mit diesem Ansatz das Gleichungssystem

$$\left.\begin{aligned} (K_{11}-M_1\omega^2+i\omega C_1)H_1 + K_{12}H_2 &= F_1, \\ K_{21}H_1 + (K_{22}-M_2\omega^2+i\omega C_2)H_2 &= F_2 \end{aligned}\right\} \quad (1.3.19)$$

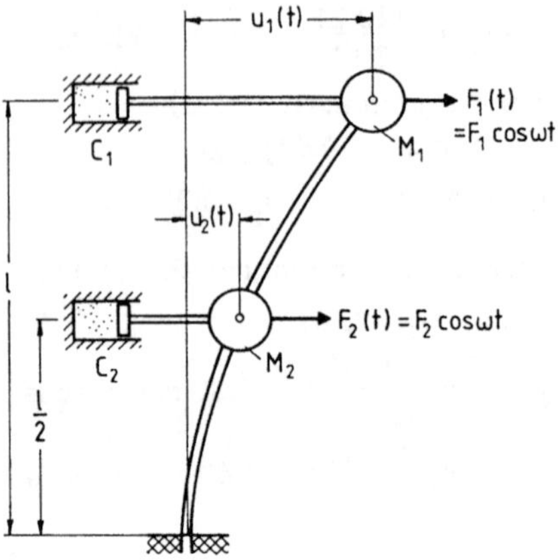

Abb. 1.3.5 Meerestechnische Konstruktion als Zweimassenschwinger mit Erregerkräften und Dämpfern

welches nach Auflösung etwa mit der *Cramer*schen Regel auf die Lösung

$$\left.\begin{aligned} H_1(\omega) &= \frac{C(\omega) + i\,D(\omega)}{A(\omega) + i\,B(\omega)}, \\ H_2(\omega) &= \frac{E(\omega) + i\,F(\omega)}{A(\omega) + i\,B(\omega)} \end{aligned}\right\} \quad (1.3.20)$$

führt. Die darin verwendeten reellen Abkürzungen sind wie folgt definiert

$$\left.\begin{aligned} A(\omega) &:= (K_{11}-M_1\omega^2)(K_{22}-M_2\omega^2) - K_{12}^2 - \omega^2 C_1 C_2, \\ B(\omega) &:= \omega[C_2(K_{11}-M_1\omega^2) + C_1(K_{22}-M_2\omega^2)], \\ C(\omega) &:= F_1(K_{22}-M_2\omega^2) - F_2 K_{12}, \\ D(\omega) &:= F_1\,\omega C_2, \\ E(\omega) &:= F_2(K_{11}-M_1\omega^2) - F_1 K_{12}, \\ F(\omega) &:= F_2\omega C_1. \end{aligned}\right\} \quad (1.3.21)$$

Die Beträge der Übertragungsfunktionen und damit die Amplituden der Knotenverschiebungen sind mit den konjugiert Komplexen H_1^* und H_2^*

$$\left.\begin{aligned} |H_1(\omega)| &= \sqrt{H_1 H_1^*} = \sqrt{\frac{C^2 + D^2}{A^2 + B^2}} = f_1, \\ |H_2(\omega)| &= \sqrt{H_2 H_2^*} = \sqrt{\frac{E^2 + D^2}{A^2 + B^2}} = f_2 \end{aligned}\right\} \quad (1.3.22)$$

und die Argumente der Übertragungsfunktionen und damit die Phasengänge der Knotenverschiebungen

$$\left.\begin{aligned} \arg H_1(\omega) &= \arctan\frac{i(H_1^* - H_1)}{H_1^* + H_1} = \arctan\frac{AD - BC}{AC + BD} = -\psi_1, \\ \arg H_2(\omega) &= \arctan\frac{i(H_2^* - H_2)}{H_2^* + H_2} = \arctan\frac{AF - BE}{AE + BF} = -\psi_2. \end{aligned}\right\} \quad (1.3.23)$$

Meist ist der Phasengang ψ der Knotenverschiebung gegenüber der Erregung nicht interessant. Wichtiger ist der relative Phasengang zwischen den einzelnen Knotenverschiebungen, also $\psi_1 - \psi_2 = \arg H_2 - \arg H_1$. Mit dem Additionstheorem $\arctan x - \arctan y = \arctan[(x-y)/(1+xy)]$ folgt dafür

$$\Delta\psi \equiv \psi_1 - \psi_2 = \arctan \frac{CF - DE}{CE + DF} . \qquad (1.3.24)$$

Dies ist lediglich der zwischen $-\pi/2$ und $+\pi/2$ gelegene Hauptwert, der gegebenenfalls um π zu vergrößern ist, um für die Phasendifferenz $\Delta\psi$ in Abhängigkeit von ω einen stetigen Verlauf zu erzielen.

Besonders zu beachten ist auch hier das Resonanzverhalten. Resonanzstellen gibt es jetzt zwei, nämlich $\omega = \omega_1$ und $\omega = \omega_2$. Nach Gl. (1.3.10) verschwinden an diesen Stellen im Nenner $A^2 + B^2$ der Gln. (1.3.22) die von C_1 und C_2 freien Glieder. Die Amplituden f_1 und f_2 werden bei Resonanzerregung daher wie beim Einmassenschwinger in ihrer Größe lediglich von der Dämpfung des Systems begrenzt.

Weiter ist zu bedenken, daß an den Resonanzstellen nach Gl. (1.3.24) der relative Phasengang zwischen u_1 und u_2 weder Null noch π beträgt, so daß sich dort nicht etwa die Eigenschwingungsformen nach Abb. 1.3.2 einstellen. Dies ist nur dann näherungsweise der Fall, wenn die Dämpfung des Systems sehr klein ist. Erst im Grenzfall $C_1 = C_2 = 0$ ist $\Delta\psi = 0$ bei $\omega = \omega_1$ und $\Delta\psi = \pi$ bei $\omega = \omega_2$.

Weitere Ergebnisse werden am folgenden Beispiel dargestellt.

Beispiel 1.3.2: Erzwungene gedämpfte Schwingung der Schwerkraft-Plattform Abb. 1.3.3

Die dargestellte Plattform werde durch regelmäßige Wellen der Frequenz ω belastet. Die über die Pfahlhöhe verteilten Wellenkräfte werden zu einer fiktiven Einzelkraft F_2 zusammengefaßt, die auf den Knoten 2 mit der Masse M_2 einwirkt. Und zwar wird die Amplitude der Kraft so normiert, daß im statischen Fall (ω=0) in der Höhe der Plattform eine Auslenkung von 0,1 m erzielt wird. Außerdem soll die Kraftamplitude entgegen der Wirklichkeit von ω unabhängig sein. Die beiden Dämpfungskonstanten C_1 und C_2 werden gleich groß gewählt, die Massen und Federkonstanten wie in Beispiel 1.3.1.

$F_1 = 0$

$F_2 = 2575$ kN

$C_1 = C_2 = 1{,}5\cdot10^6$ kg/s

Die Amplituden f_1 und f_2 nach Gl. (1.3.22) sind in Abb. 1.3.6 als Funktion der Erregerfrequenz grafisch dargestellt. An den Resonanzstellen besitzen die Amplituden die Werte

$f_1 = 0{,}439$ m, $f_2 = 0{,}143$ m für $\omega = \omega_1$,

$f_1 = 0{,}112$ m, $f_2 = 0{,}213$ m für $\omega = \omega_2$.

Dort erfolgt die Auslenkung der Konstruktion, weil die Dämpfung hinreichend klein ist, fast genau in den Eigenschwingungsformen. Bei $\omega=\omega_1$ folgt aus Gl. (1.3.24) $\Delta\psi = 0{,}057$, also fast Null: u_1 und u_2 bewegen sich nahezu mit gleicher Phase. Bei $\omega = \omega_2$ ist $\Delta\psi = -0{,}054 + \pi = 3{,}088$, also fast π: u_1 und u_2 schwingen nahezu in Gegenphase.

Nach Gl. (1.3.1) werden die zu den ermittelten Amplituden f_1 und f_2 gehörenden statisch äquivalenten Knotenkräfte F_1 und F_2 berechnet. Man setzt für mode-1 $u_1 = f_1 = 0{,}439$ m, $u_2 = f_2 = 0{,}143$ m und für mode-2 $u_1 = f_1 = 0{,}112$ m, $u_2 = -f_2 = -0{,}213$ m, und die Knotenkräfte ergeben sich zu

$F_1 = 3000$ kN, $F_2 = 1710$ kN für mode-1,

$F_1 = 23900$ kN, $F_2 = -73500$ kN für mode-2

und sind natürlich nicht mit den eingangs genannten Wellenkräften $F_1 = 0$ und $F_2 = 2575$ kN zu verwechseln. Aus diesen der dynamischen Belastung statisch äquivalenten Kräften ergeben sich die für den Festigkeitsnachweis maßgeblichen Biegemomentenverläufe nach Abb. 1.3.7

Zu den Ergebnissen des Beispiels sind folgende Anmerkungen zu machen:

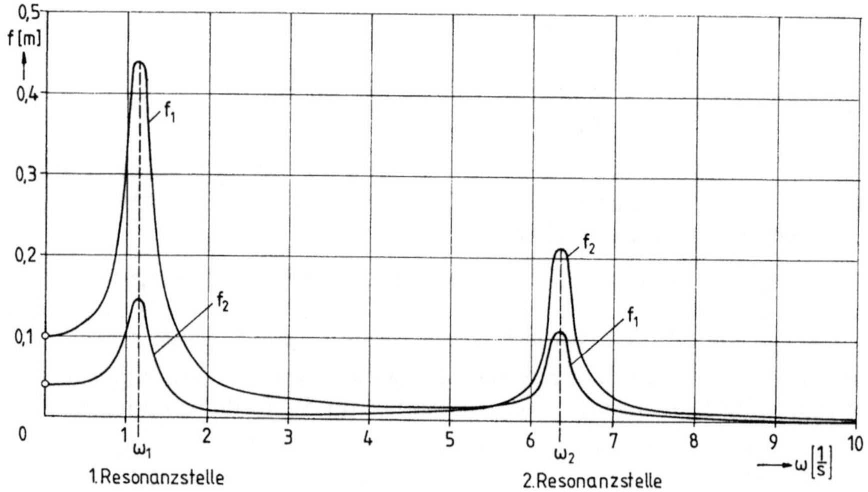

Abb. 1.3.6 Amplituden f_1 und f_2 des Zweimassenschwingers in Abhängigkeit von der Erregerfrequenz ω

α) Die *geradlinigen* Momentenverläufe gelten im Lumped-mass-system, bei dem sämtliche Kraftwirkungen konzentriert in den Knotendes Systems angreifen.

β) Obwohl die Amplitudenbeträge an der zweiten Resonanzstelle im Vergleich zur ersten deutlich geringer ausfallen, können dort - wie in diesem Beispiel - die Momentenbeträge und damit die Beanspruchung der Konstruktion weit größer sein.

γ) Bei tatsächlichen Wellenbelastungen besitzen jedoch die relativ hochfrequenten Wellen mit $\omega = \omega_2$ nur noch so geringe Wellenhöhen, daß die angenommene fiktive Wellenkraft dort unrealistisch groß ist.

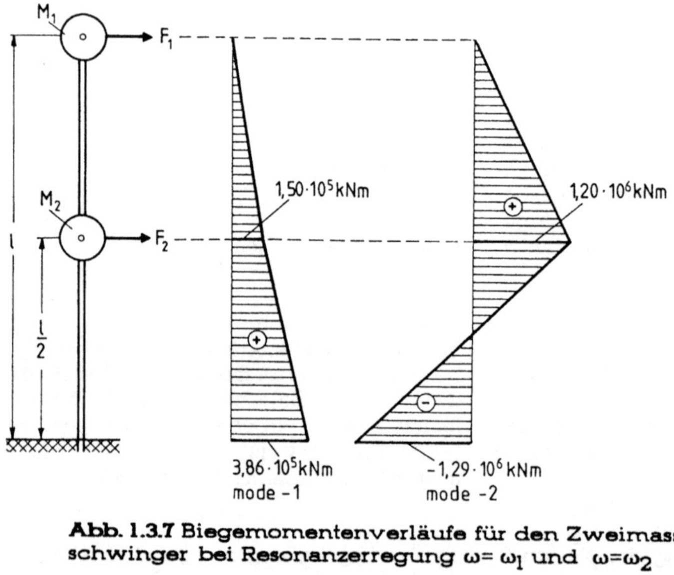

Abb. 1.3.7 Biegemomentenverläufe für den Zweimassenschwinger bei Resonanzerregung $\omega = \omega_1$ und $\omega = \omega_2$

1.4 Lineares System mit mehreren Freiheitsgraden

Die einfache meerestechnische Konstruktion bestehend aus einem Pfahl und einer Plattform wurde zuletzt im Abschnitt 1.3 zu einem Lumped-mass-system mit zwei Massen diskretisiert. Da nur die ebene Horizontalbewegung dieser Massen zugelassen wurde, besitzt dieses System zwei Freiheitsgrade der Bewegung. Als Folge ergaben sich auch zwei Eigenschwingungsformen. Nimmt man als Freiheitsgrade die Horizontalbewegung in der dazu senkrechten Ebene und die Vertikalbewegung sowie drei weitere Massen hinzu, kommt man bereits auf 15 Freiheitsgrade.

Man kann natürlich eine komplizierte Konstruktion, etwa eine Stahlplattform vom Typ Jacket, immer mehr verfeinern, indem man die Anzahl der Massen und damit die der Eigenschwingungen weiter vergrößert. Eine übertrieben fein diskretisierte Konstruktion bringt jedoch nur wenig Gewinn. Zunächst sind für das Schwingungsverhalten der Konstruktion nur einige wenige, die zu den kleinsten Eigenfrequenzen gehörenden Eigenschwingungen ausschlaggebend. Meist genügt sogar nur die Berücksichtigung der Grundschwingung. Eine immer weiter getriebene Verfeinerung der Konstruktion beeinflußt diese jedoch immer weniger. Zum anderen sind wegen der stets erforderlichen Idealisierung, z.B. bei der Geometrie der Konstruktion, die in einem sehr komplizierten Lumped-mass-system berechneten höheren Eigenschwingungsformen bezüglich der Genauigkeit wenig aussagekräftig. Die Gefahr ist groß, den auf diesem Wege gewonnenen Ergebnissen eine zu große Bedeutung beizumessen. Dies gilt im besonderen Maße für meerestechnische Konstruktionen etwa im Zusammenhang mit der Ermittlung hydrodynamischer Massen oder der meist ungesicherten Kenntnis über die Boden-Konstruktion-Interaktion.

Es ist stets besser, für die Globalschwingungen einer Konstruktion einige wenige, möglichst einfache Modelle zu untersuchen und ihnen dabei Bewegungsfreiheitsgrade zuzuweisen, bei denen die kleinsten Systemsteifigkeiten angesprochen werden. Auf diese Weise findet man Eigenschwingungsformen des Gesamtsystems, die zu den niedrigsten Eigenfrequenzen gehören. So führt z.B. bei einer Pfahl-Plattform-Konstruktion die Dehnsteifigkeit des Pfahls zu einer viel größeren Systemsteifigkeit als dessen Biegesteifigkeit, und deshalb kann der Freiheitsgrad "Vertikalbewegung" unberücksichtigt bleiben.

Schwingungen einzelner Bauteile werden daran anschließend unabhängig vom Verhalten der Gesamtkonstruktion untersucht, also etwa der Einzelstab einer Stahlkonstruktion als Biegebalken zwischen den Knoten. Dieser kann als Kontinuum behandelt werden und besitzt als solches unendlich viele Freiheitsgrade, von denen wiederum meist nur die zu den kleinsten Eigenfrequenzen führenden interessant sind.

1.4.1 Eigenschwingungsanalyse am Balken

Es wird ein differentielles Längenelement eines ausgelenkten Pfahls oder Beins einer meerestechnischen Konstruktion nach Abb. 1.4.1 als Biegebalken betrachtet.

Als Freiheitsgrad für die Balkenbewegung wird lediglich die Horizontalauslenkung $u(z,t)$ berücksichtigt, Vertikalauslenkung und Rotation werden vernachlässigt. Der Balken wird durch sein Eigengewicht je Längeneinheit $q_o(z)$ belastet. Seine Masse je Längeneinheit ist $m(z)$, seine Biegesteifigkeit $EI(z)$. An der Schnittstelle z wirken Längskraft $N(z)$ in Richtung z, Querkraft $Q(z)$ in Richtung x und Biegemoment $M(z)$ sowie an der Stelle $z + dz$ diese Schnittgrößen einschließlich ihrer differentiellen Zuwächse $N'dz$, $Q'dz$ und $M'dz$, wobei $(\;)'$ die Ableitung nach z bedeutet. Die Betrachtung der ausgelenkten Lage des Balkens (im Sinne der Theorie 2. Ordnung) ist erforderlich, falls das Moment der Längskraft N am Hebel $u'dz$ nicht mehr vernachlässigbar ist, also mindestens dann, wenn sich die Längskraft N als Druckkraft der Stabilitätsgrenze des Balkens nähert.

Die Kraftgleichgewichtsbedingungen in Vertikal- und in Horizontalrichtung sowie die Momentengleichgewichtsbedingung lauten der Reihe nach

$$\left.\begin{aligned} N' - q_o &= 0, \\ Q' &= m\ddot{u}, \\ M' - Q + Nu' &= 0. \end{aligned}\right\} \qquad (1.4.1)$$

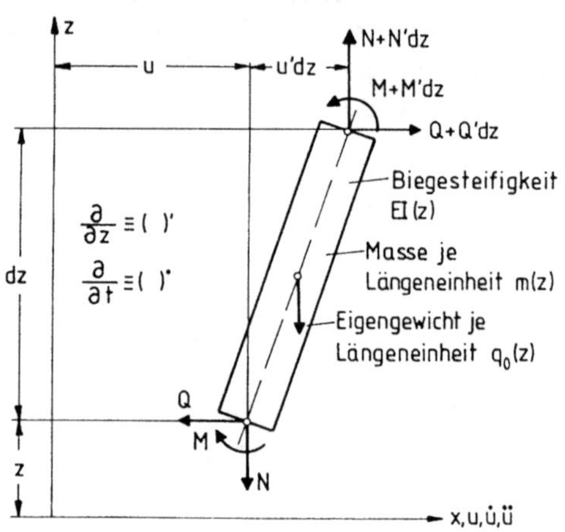

Abb. 1.4.1 Belastungen und Schnittgrößen am Balkenelement

Aus der ersten dieser drei Gleichungen ergibt sich durch Integration zunächst die Längskraft

$$N = \int q_o dz, \qquad (1.4.2)$$

die meist unabhängig von der Zeit ist.

Als weitere Beziehung wird die elastische Gleichung

$$M = -EI\,u'' \qquad (1.4.3)$$

benötigt, die den Zusammenhang zwischen dem Biegemoment M und der (linearisierten) Krümmung u'' herstellt.

Aus der dritten Gl. von (1.4.1) folgt damit die Querkraft

$$Q = -(EI\,u'')' + Nu'. \qquad (1.4.4)$$

Nach z differenziert wird sie in die zweite Gl. von (1.4.1) eingesetzt, und man erhält als Bewegungsgleichung für die freie ungedämpfte Balkenbiegeschwingung

$$(EI\,u'')'' - (Nu')' + m\ddot{u} = 0. \qquad (1.4.5)$$

Dies ist eine homogene partielle Differentialgleichung vierter Ordnung für die gesuchte Horizontalauslenkung $u(z,t)$, die unter Beachtung der Randbedingungen des Problems zu integrieren ist.

Die wichtigsten Randbedingungen sind z.B. für ein Balkenende $z = l$ (vergl. auch Abb. 1.4.2):

a) freies Balkenende mit einer Längsdruckkraft F

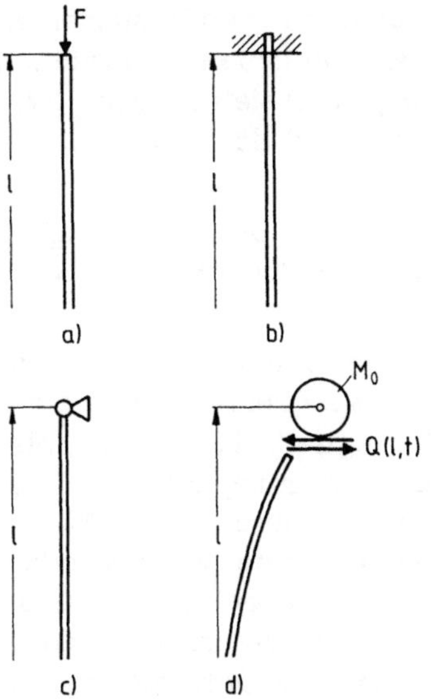

$$Q = 0 \text{ bzw. } (EIu'')' + Fu' = 0 \text{ und} \quad M = 0 \text{ bzw. } u'' = 0 \tag{1.4.6}$$

b) fest eingespanntes Balkenende

$$u = 0 \text{ und} \quad u' = 0 \tag{1.4.7}$$

c) gelenkig gelagertes Balkenende

$$u = 0 \text{ und} \quad M = 0 \text{ bzw. } u'' = 0 \tag{1.4.8}$$

d) Einzelmasse M_o und Längsdruckkraft am Ende

$$(EIu'')' + Fu' - M_o\ddot{u} = 0 \text{ und}$$
$M = 0$ bzw. $u'' = 0$ bei frei drehbarer Endmasse oder
$u' = 0$ bei unverdrehbarer Masse (geführte Bewegung) (1.4.9)

Abb. 1.4.2 Randbedingungen

Die erste der Randbedingungen von d) gewinnt man aus dem *Newton*schen Grundgesetz $-Q(l,t) = M_o\,\ddot{u}(l,t)$ für die Masse M_o zusammen mit Q nach Gl. (1.4.4) sowie mit $N(l) = -F$.

Die freien ungedämpften Schwingungen erfolgen zeitharmonisch in einer der Eigenfrequenzen ω_n ($n = 1, 2, 3 \ldots$) und in Abhängigkeit vom Ort z in der dazugehörigen Eigenschwingungsform $\Phi_n(z)$. Mit dem Eigenschwingungsansatz in komplexer Schreibweise

$$u(z,t) = \Phi_n(z) \exp(i\,\omega_n t) \tag{1.4.10}$$

wird die partielle Differentialgleichung (1.4.5) auf die gewöhnliche Differentialgleichung

$$(EI\,\Phi_n'')'' - (N\,\Phi_n')' - m\,\omega_n^2\,\Phi_n = 0 \tag{1.4.11}$$

zur Berechnung der Eigenschwingungsformen zurückgeführt.

Mit dem Ansatz (1.4.10) lauten die Randbedingungen (1.4.6) bis (1.4.9) nun für Φ_n

$$(EI\,\Phi_n'')' + F\,\Phi_n' = 0 \text{ und } \Phi_n'' = 0, \tag{1.4.12}$$

$$\Phi_n = 0 \text{ und } \Phi_n' = 0, \tag{1.4.13}$$

$$\Phi_n = 0 \text{ und } \Phi_n'' = 0, \tag{1.4.14}$$

$$(EI\,\Phi_n'')' + F\,\Phi_n' + M_o\omega_n^2\,\Phi_n = 0 \text{ und } \Phi_n'' = 0 \text{ oder } \Phi_n' = 0. \tag{1.4.15}$$

Die Differentialgleichung zusammen mit den Randbedingungen stellt ein homogenes Problem dar, das man stets daran erkennt, daß die triviale Lösung $\Phi_n(z) \equiv 0$ existiert. Es liegt somit ein Eigenwertproblem vor. Die Eigenwerte sind die gesuchten Eigenfrequenzen ω_n, die Eigenfunktionen die gesuchten Eigenschwingungsformen $\Phi_n(z)$. Da bei Eigenwertproblemen stets die Amplituden der Eigenfunktionen unbestimmt bleiben, können die Eigenschwingungsformen beliebig normiert werden, indem man z.B. $\Phi_n(l) = 1$ oder $\Phi_{n,max} = 1$ setzt.

Die Differentialgleichung (1.4.11) ist wegen der mit z veränderlichen Koeffizienten EI, m und N im allgemeinen nicht geschlossen lösbar. Bei konstanten Koeffizienten jedoch ist dies mit einem Exponentialansatz $\Phi_n(z) = \exp(\lambda_n z)$ stets möglich. Wie die Rechnung in einem solchen Fall durchgeführt wird, zeigt das anschließende praktische Beispiel.

Zuvor jedoch soll die wichtige Eigenschaft der *Orthogonalität* für die Eigenschwingungsformen $\Phi_n(z)$ nachgewiesen werden. Die Vorgehensweise für diesen Nachweis ist prinzipiell und läßt sich wie folgt zusammenfassen:

Man geht von der Differentialgleichung (1.4.11) für ein bestimmtes Φ_n aus, multipliziert sie mit einem anderen Φ_m und integriert über die Balkenlänge von z = 0 bis z = l. Die einzelnen Integrale werden so partiell integriert, daß in den Integranden Produkte der Φ_n und Φ_m stets von derselben Ordnung auftreten. Die Integrale ändern dann beim Vertauschen von m mit n nicht ihren Wert. Die bei den partiellen Integrationen auftretenden ausintegrierten Terme verschwinden, weil sie die Randbedingungen des Problems enthalten. Die so entstandene Gleichung wird noch einmal nach Vertauschen von m mit n hingeschrieben, beide werden voneinander subtrahiert, und man erhält die gesuchte Orthogonalitätsrelation

$$\int_0^l m\,\Phi_n\Phi_m\,dz = 0 \quad \text{für } m \neq n \tag{1.4.16}$$

oder in anderer Schreibweise

$$\int_0^l EI\,\Phi_n''\Phi_m''\,dz + \int_0^l N\,\Phi_n'\Phi_m'\,dz = 0 \quad \text{für } m \neq n. \tag{1.4.17}$$

Dabei ist in der Massenverteilung m eine eventuell vorhandene Einzelmasse M_o enthalten.

Im einzelnen sieht das wie folgt aus:
Gl. (1.4.11) mit Φ_m multiplizieren und integrieren:

$$\int_0^l (EI\,\Phi_n'')''\,\Phi_m\,dz - \int_0^l (N\,\Phi_n')'\,\Phi_m\,dz - \omega_n^2\int_0^l m\,\Phi_n\,\Phi_m dz = 0\,.$$

Erstes Integral zweimal, zweites Integral einmal partiell integrieren:

$$[\Phi_m\{(EI\,\Phi_n'')' - N\,\Phi_n'\}]_0^l - [EI\,\Phi_n'\,\Phi_m'']_0^l + \int_0^l EI\,\Phi_n''\,\Phi_m''dz + \int_0^l N\,\Phi_n'\,\Phi_m'dz - \omega_n^2\int_0^l m\,\Phi_n\,\Phi_m dz = 0\,.$$

Für die genannten Randbedingungen a) bis c) Gln. (1.4.12) bis (1.4.14) verschwinden die ausintegrierten Terme unmittelbar. Lediglich für die Randbedingung d) Gl.(1.4.15) bleibt zunächst

$$-M_0\,\omega_n^2\Phi_n(l)\Phi_m(l) + \int_0^l EI\,\Phi_n''\,\Phi_m''\,dz + \int_0^l N\,\Phi_n'\,\Phi_m'dz - \omega_n^2\int_0^l m\,\Phi_n\,\Phi_m dz = 0\,.$$

Definiert man jedoch die Massenverteilung m so, daß auch konzentrierte Einzelmassen mit ihr erfaßt werden, dann kann der erste Term zum letzten Integral hinzugeschlagen werden:

$$\int_0^l EI\,\Phi_n''\,\Phi_m''\,dz + \int_0^l N\,\Phi_n'\,\Phi_m'dz - \omega_n^2\int_0^l m\,\Phi_n\,\Phi_m dz = 0\,.$$

Es wird m mit n vertauscht:

$$\int_0^l EI\,\Phi_m''\Phi_n''\,dz + \int_0^l N\,\Phi_m'\Phi_n'\,dz - \omega_m^2\int_0^l m\,\Phi_m\Phi_n\,dz = 0\,.$$

Die beiden letzten Gleichungen voneinander subtrahieren:

$$(\omega_n^2-\omega_m^2)\int_0^1 m\,\Phi_m\,\Phi_n\,dz=0.$$

Für $n \neq m$ sind die Eigenfrequenzen ω_n und ω_m voneinander verschieden, so daß die Gl. (1.4.16) und mit dieser dann auch die Gl. (1.4.17) folgen. Und für $n = m$ ergibt sich

$$\int_0^1 (EI\,\Phi_n''^2+N\,\Phi_n'^2)dz=\omega_n^2\int_0^1 m\,\Phi_n^2 dz. \qquad (1.4.18)$$

Beispiel 1.4.1: Eigenschwingungsanalyse einer Hubinsel (Jack-up platform) Abb. 1.4.3

Pontonlänge	L = 68,80 m
Pontonbreite	B = 42,60 m
Pontonhöhe	H = 5,44 m
Beinlänge bis UK Ponton	l = 63,70 m
Beindurchmesser	D = 3,66 m
Beinwanddicke	t = 57 mm
Breitenabstand der Beine	b = 36,57 m
Längenabstand der Beine	c = 27,59 m
Meerestiefe	d = 45,70 m

Gewichte:

Ponton einschließlich Aufbauten (davon entfallen auf Bohrturm mit seiner Ausrüstung und Hublast 1100 t)	= 5725 t
Verkehrslasten	= 3000 t
Eis- und Schneelasten	= 275 t
Gesamtgewicht	= 9000 t
Dichte Rohrmaterial	ρ_R = 7800 kg/m³
Dichte Seewasser	ρ = 1025 kg/m³
Außenfläche Bein $A = \pi D^2/4$	= 10,5209 m²
Innenfläche Bein $A_i = \pi(D-2t)^2/4$	= 9,8757 m²
Querschnittsfläche $A_R = A - A_i$	= 0,6452 m²

Flächenträgheitsmoment

$$I = \pi[D^4-(D-2t)^4]/64 = 1{,}047\ m^4$$

Biegesteifigkeit $EI = 2{,}157\cdot10^8$ kNm²

Beinmasse je Längeneinheit, bestehend aus Stahlmasse, hydrodynamischer Masse und Ballastwasser $m = \rho_R A_R + \rho A + \rho A_i = 5033 + 10783 + 10127 = 25940$ kg/m

Die Pontonmasse von $9\cdot10^6$kg verteilt sich auf sechs Beine. Damit ist Pontonmasse je Bein $M_o = 1{,}5\cdot10^6$ kg

Die Druckkraft im Bein ist bei Vernachlässigung des Beingewichts über die Beinlänge l konstant. Aus der Pontonmasse folgt die Druckkraft je Bein

$$F = M_o g \approx 1{,}5\cdot10^4\ kN$$

Es ist die Differentialgleichung (1.4.11) für EI = konstant, N = −F = konstant und, falls die Unstetigkeit der Massenverteilung an der Stelle z = d beim Übergang vom getauchten zum ungetauchten Bein vernachlässigt wird, auch für m = konstant zu lösen. Für das untere Beinende z = 0 gelten die Randbedingungen c) Gl.(1.4.14), für das obere Ende z = l die Randbedingung d) Gl.

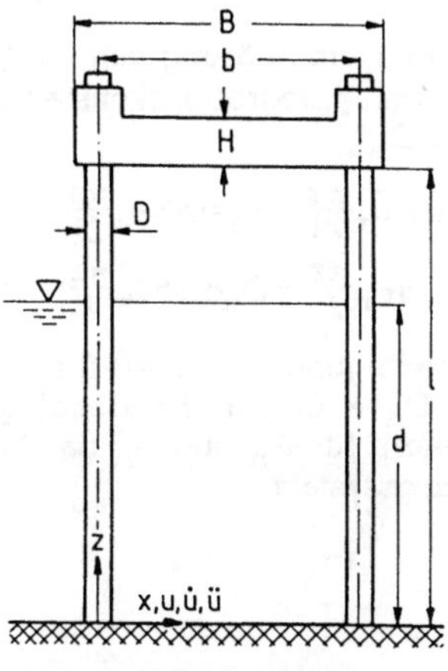

Abb. 1.4.3 Hubinsel

(1.4.15) bei geführter Bewegung.

Zusammengefaßt sind also folgende Gleichungen zu lösen:

$$EI\,\Phi_n'''' + F\,\Phi_n'' - m\,\omega_n^2\Phi_n = 0,\ z\in[0,l] \qquad (1.4.19)$$

$$\Phi_n = 0 \text{ und } \Phi_n'' = 0,\qquad z = 0 \qquad (1.4.20)$$

$$EI\,\Phi_n''' + M_o\omega_n^2\Phi_n = 0 \text{ und } \Phi_n' = 0,\ z = l \qquad (1.4.21)$$

Der Lösungsansatz

$$\Phi_n(z) = \exp(i\tfrac{\pi}{2}\lambda_n\tfrac{z}{l}) \qquad (1.4.22)$$

führt mit den Abkürzungen

$$\omega_o := \frac{\pi^2}{4l^2}\sqrt{\frac{EI}{m}} = 1{,}7535\ 1/s \qquad (1.4.23)$$

$$F_K := \frac{\pi^2}{4}\frac{EI}{l^2} = 1{,}3116\cdot10^5\ kN \qquad (1.4.24)$$

auf die charakteristische Gleichung

$$\lambda_n^4 - \frac{F}{F_K}\lambda_n^2 - \left(\frac{\omega_n}{\omega_o}\right)^2 = 0\,. \qquad (1.4.25)$$

Es ist ω_o die Biegegrundfrequenz für den Grenzfall F = 0 und M_o = 0 und F_K die kritische Druckkraft, also die *Euler*-Last, für das Bein bei den vorliegenden Randbedingungen

Definiert man die reellen Zahlen

$$\left.\begin{aligned} \alpha_n^2 &:= \sqrt{\frac{1}{4}\left(\frac{F}{F_K}\right)^2 + \left(\frac{\omega_n}{\omega_o}\right)^2} + \frac{1}{2}\frac{F}{F_K}, \\ \beta_n^2 &:= \sqrt{\frac{1}{4}\left(\frac{F}{F_K}\right)^2 + \left(\frac{\omega_n}{\omega_o}\right)^2} - \frac{1}{2}\frac{F}{F_K}, \end{aligned}\right\} \quad (1.4.26)$$

so sind die vier Wurzeln der in λ_n biquadratischen Gl. (1.4.25)

$$\lambda_n = \left\{ \begin{array}{l} \pm\,\alpha_n, \\ \pm i\,\beta_n, \end{array} \right\} \quad (1.4.27)$$

und die allgemeine Lösung von Gl. (1.4.19) lautet mit den Integrationskonstanten A_n, B_n, C_n und D_n

$$\Phi_n(z) = A_n \sin\alpha_n\frac{\pi z}{2l} + B_n \sinh\beta_n\frac{\pi z}{2l} + C_n\cos\alpha_n\frac{\pi z}{2l} + D_n\cosh\beta_n\frac{\pi z}{2l}. \quad (1.4.28)$$

Die Randbedingungen (1.4.20) führen sofort auf $C_n = D_n = 0$. Die Randbedingungen (1.4.21) liefern für A_n und B_n das homogene Gleichungssystem

$$\left.\begin{aligned} &A_n\alpha_n\cos\alpha_n\frac{\pi}{2} + B_n\beta_n\cosh\beta_n\frac{\pi}{2} = 0, \\ &A_n\left(-\alpha_n^3\cos\alpha_n\frac{\pi}{2} + \varkappa_n\frac{\pi}{2}\sin\alpha_n\frac{\pi}{2}\right) + \\ &+B_n\left(\beta_n^3\cosh\beta_n\frac{\pi}{2} + \varkappa_n\frac{\pi}{2}\sinh\beta_n\frac{\pi}{2}\right) = 0 \end{aligned}\right\} \quad (1.4.29)$$

mit der Abkürzung

$$\varkappa_n := \frac{M_o}{ml}\left(\frac{\omega_n}{\omega_o}\right)^2. \quad (1.4.30)$$

Dieses Gleichungssystem besitzt nur Lösungen, wenn die Systemdeterminante verschwindet. Aus dieser Forderung erhält man, falls $\cos(\alpha_n\pi/2) \neq 0$, die Frequenzgleichung

$$f(\omega_n) := \alpha_n\beta_n(\alpha_n^2 + \beta_n^2) + \varkappa_n\frac{\pi}{2}\left(\alpha_n\tanh\beta_n\frac{\pi}{2} - \beta_n\tanh\alpha_n\frac{\pi}{2}\right) = 0. \quad (1.4.31)$$

Der Verlauf der Funktion $f(\omega_n)$ ist in der Abb. 1.4.4 in der Umgebung ihrer beiden ersten Nullstellen grafisch dargestellt.

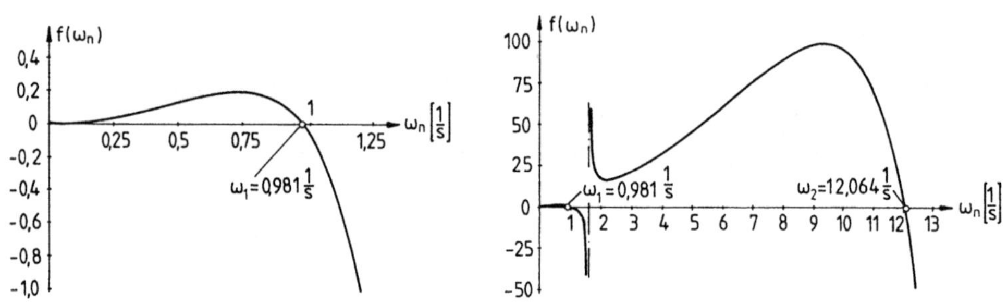

Abb. 1.4.4 Frequenzgleichung $f(\omega_n)$ für die Hubinsel

Die numerische Auswertung der transzendenten Frequenzgleichung $f(\omega_n) = 0$ liefert die beiden ersten Nullstellen und damit die niedrigsten Eigenfrequenzen $\omega_1 = 0{,}981$ 1/s und $\omega_2 = 12{,}064$ 1/s. Die dritte Eigenfrequenz liegt bereits bei 36,7 1/s.

Dadurch, daß die Systemdeterminante der Gln. (1.4.29) Null ist, werden diese voneinander linear abhängig. Es steht zur weiteren Behandlung der Aufgabe nur noch eine dieser beiden Gleichungen zur Verfügung, mit der man lediglich die eine Integrationskonstante durch die andere ausdrücken kann. Man findet z.B. aus der ersten Gl. von (1.4.29)

$$B_n = -A_n\frac{\alpha_n\cos\alpha_n\frac{\pi}{2}}{\beta_n\cosh\beta_n\frac{\pi}{2}}. \quad (1.4.32)$$

Damit sowie mit $C_n = D_n = 0$ sind die Eigenschwingungsformen nach Gl. (1.4.28) zunächst bis auf A_n bestimmt. Wählt man diese Konstante

$$A_n = \frac{\pi\varkappa_n}{2\alpha_n(\alpha_n^2+\beta_n^2)\cos\alpha_n\frac{\pi}{2}}, \quad (1.4.33)$$

dann lauten die auf $\Phi_n(l) = 1$ normierten Eigenschwingungsformen

$$\Phi_n(z) = \frac{\pi}{2}\frac{\varkappa_n}{\alpha_n^2+\beta_n^2}\left(\frac{\sin\alpha_n\frac{\pi z}{2l}}{\alpha_n\cos\alpha_n\frac{\pi}{2}} - \frac{\sinh\beta_n\frac{\pi z}{2l}}{\beta_n\cosh\beta_n\frac{\pi}{2}}\right). \quad (1.4.34)$$

Sie sind in Abb.1.4.5 grafisch in Abhängigkeit vom Abstand z über dem Meeresboden für n = 1 und n = 2 dargestellt, sowie in Abb. 1.4.6 die sich daraus ergebenden, für die Festigkeitsrechnung maßgeblichen Krümmungen $\Phi_n''(z)$.

Abschließend ist zu erwähnen, daß zwischen den berechneten Eigenfrequenzen ω_1 und ω_2, die sich auf die Globalbewegung der Hubinsel mit horizontal ausweichender Plattform beziehen, eine Eigenfrequenz liegt, die zur Beinschwingung bei ruhender Plattform gehört. Man erhält sie durch den Grenzübergang $M_o \to \infty$ bzw. $x_n \to \infty$ in der Frequenzgleichung (1.4.31), wodurch das obere Beinende ein seitlich unverschiebliches Widerlager, also die Randbedingung $\Phi_n(l) = 0$, erhält. Die Frequenzgleichung lautet dann

$$f(\omega_n) := \alpha_n \tanh \beta_n \frac{\pi}{2} - \beta_n \tan \alpha_n \frac{\pi}{2} = 0 \quad (1.4.35)$$

mit der kleinsten Nullstelle $\omega_1 = 10{,}9$ 1/s. Die Eigenschwingungsformen Φ_n können hier selbstverständlich nicht durch $\Phi_n(l) = 1$ normiert werden.

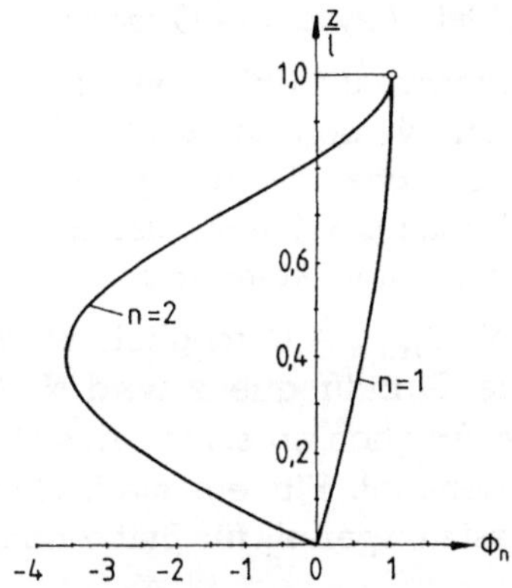

Abb. 1.4.5 Eigenschwingungsformen Φ_n der Hubinsel

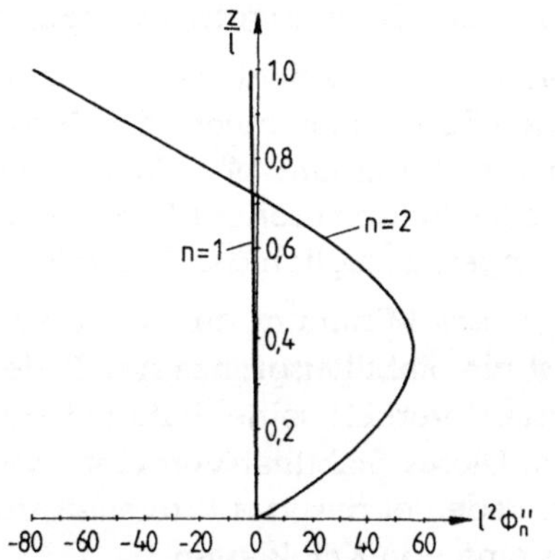

Abb. 1.4.6 Krümmungen Φ_n'' der Eigenschwingungsformen

1.4.2 Näherungsberechnung von Knicklasten und Eigenfrequenzen nach der Energiemethode

Es wird ein schwingendes lineares mechanisches System betrachtet. Sämtliche auf das System einwirkenden Kräfte seien von einem Potential ableitbar, sogenannte Potentialkräfte. Ein solches System wird als *konservativ* bezeichnet. Keine Potentialkräfte sind z.B. die meisten mitgehenden Lasten, die ihre Wirkungsrichtung mit den Systemauslenkungen verändern, und sämtliche Reibungskräfte.

In einem konservativen System bleibt die mechanische Energie erhalten. Besitzt es zu einer beliebigen Zeit t die kinetische Energie (Bewegungsenergie) E(t) und die potentielle Energie (Formänderungsenergie + Lageenergie) U(t), dann sagt der Energieerhaltungssatz

$$E(t) + U(t) = \text{konstant} = E_{max} = U_{max}. \quad (1.4.36)$$

Es ist U_{max} die potentielle Energie bei maximaler Systemauslenkung. Zu diesem Zeitpunkt ist die Systemgeschwindigkeit und damit auch E gleich Null. E_{max} ist die kinetische Energie bei maximaler Geschwindigkeit; dann aber ist die Systemauslenkung und deshalb U gleich Null.

Schwingt das System in einer Eigenschwingungsform Φ_n mit der Eigenfrequenz

ω_n, so gilt für die Auslenkungen $u(t) \sim \cos\omega_n t$ und damit für die potentielle Energie $U(t) = U_{max}\cos^2\omega_n t$. Die Geschwindigkeit ist dann $\dot{u}(t) \sim \omega_n \sin\omega_n t$ und damit die kinetische Energie $E(t) = E_{max}\sin^2\omega_n t$. Man nennt

$$V := \frac{E_{max}}{\omega_n^2} \qquad (1.4.37)$$

die bezogene kinetische Energie.

Folglich gewinnt man mit U_{max} und V das Quadrat der Eigenfrequenz aus

$$R[\Phi_n] := \frac{U_{max}}{V} = \omega_n^2 . \qquad (1.4.38)$$

$R[\Phi_n]$ ist der mit der Eigenschwingungsform Φ_n gebildete *Rayleigh*[1] - *Quotient*.

Der *Rayleigh* - Quotient besitzt folgende Minimaleigenschaft: Unter sämtlichen zulässigen Funktionen macht die Grundschwingungsform Φ_1 den *Rayleigh* - Quotienten zum Minimum ω_1^2 . *Zulässige* Funktionen sind solche, die die geometrischen (oder kinematischen) Randbedingungen des Problems erfüllen, also Randbedingungen bezüglich der Auslenkung selbst und ihrer ersten Ableitung.

Nimmt dieses Minimum den Wert Null an, was durch $U_{max} = 0$ möglich wird, dann ist die Stabilitätsgrenze des Systems erreicht. Die Grundfrequenz wird Null: das System verliert seine Stabilität durch monotones Anwachsen seiner Auslenkungen. Dieses Stabilitätsversagen wird *Divergenz* genannt. Für ein elastisches System bedeutet dies das Erreichen von kritischen Lasten, speziell für Stäbe oder Stabsysteme von Knicklasten.

Nun sind im allgemeinen weder Eigenschwingungsform Φ_n noch Eigenfrequenz ω_n bekannt. Die Bedeutung des *Rayleigh* - Quotienten liegt darin, daß er wegen seiner Minimaleigenschaft brauchbare Näherungen $\tilde{\omega}_1$ für die Grundfrequenz ω_1 liefert, wenn man an Stelle der unbekannten Grundschwingungsform Φ_1 als Näherung eine andere zulässige Funktion $\tilde{\Phi}_1$ einsetzt. Selbstverständlich wird die Grundfrequenz um so genauer ermittelt, je besser sich die Näherungsfunktion der Grundschwingungsform annähert, also insbesondere, je besser auch die restlichen (oder dynamischen) Randbedingungen, die die zweite und dritte Ableitung enthalten, befriedigt werden. Selbstverständlich auch gilt für jede so gewonnene Näherung $\tilde{\omega}_1 \geq \omega_1$, wobei das Gleichheitszeichen nur dann gilt, wenn mit $\tilde{\Phi}_1$ die tatsächliche Eigenschwingungsform Φ_1 getroffen wurde.

Es wird nun die einfache meerestechnische Konstruktion nach Abb. 1.4.7, bestehend aus einem massebehafteten Pfahl und einer Plattform, betrachtet. Bei der Berechnung der potentiellen Energie ist neben der Biegeformänderungsarbeit das Potential der Eigengewichtskräfte $q_o(z)$ zu berücksichtigen, das sich durch die Längskräfte

$$N(z) = \int q_o(z)\, dz \qquad (1.4.39)$$

1) Die beschriebene Methode geht auf den engl. Physiker *J. W. Strutt*, Lord *Rayleigh*, (1842 - 1919) zurück, dargestellt in seinem 1877 in London erschienenen Werk "The Theory of Sound"

ausdrücken läßt. Dieses Potential ist die negative Arbeit, die die Kräfte $q_o\,dz$ sowie die Einzelkraft N(l) an ihren Vertikalverschiebungen

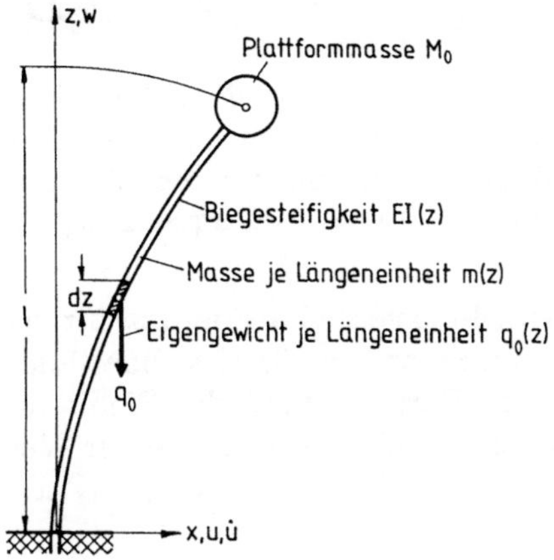

Abb. 1.4.7 Pfahl-Plattform-Konstruktion

$$w(z,t) = \int_{\zeta=0}^{z} u'^2(\zeta,t)\,d\zeta \tag{1.4.40}$$

infolge der Horizontalverschiebungen u(z,t) leisten, wobei die Größe der Kräfte während der Arbeitsleistung konstant zu halten ist. Es ist also das Potential

$$\Pi = -\frac{1}{2}\int_{z=0}^{l} q_o(z)\,w(z,t)\,dz + N(l)\,w(l,t). \tag{1.4.41}$$

Nach partieller Integration von Π und zusammengefaßt mit der Biegeformänderungsenergie ergibt sich die potentielle Energie zu

$$U = \frac{1}{2}\int_{0}^{l} [EI(z)\,u''^2(z,t) + N(z)\,u'^2(z,t)]dz\,. \tag{1.4.42}$$

Die kinetische Energie für Pfahl und Plattform ist

$$E = \frac{1}{2}\int_0^l m(z)\,\dot u^2(z,t)\,dz + \frac{1}{2}M_o\,\dot u^2(l,t)\,. \tag{1.4.43}$$

Verwendet man nun den Eigenschwingungsansatz

$$u(z,t) = \Phi_n(z)\cos\omega_n t, \tag{1.4.44}$$

dann sind diese Energien

$$U = \Big[\frac{1}{2}\int_0^l EI\,\Phi_n''^2 dz + \frac{1}{2}\int_0^l N\,\Phi_n'^2 dz\Big]\cos^2\omega_n t = U_{max}\cos^2\omega_n t\,,$$

$$E = \Big[\frac{1}{2}\int_0^l m\,\Phi_n^2\,dz + \frac{1}{2}M_n\,\Phi_n^2(l)\Big]\omega_n^2\sin^2\omega_n t = E_{max}\sin^2\omega_n t\,,$$

und der *Rayleigh* - Quotient ist

$$R[\Phi_n] = \omega_n^2 = \frac{U_{max}}{V} = \frac{\int_0^l EI\,\Phi_n''^2\,dz + \int_0^l N\,\Phi_n'^2\,dz}{\int_0^l m\,\Phi_n^2\,dz + M_o\,\Phi_n^2(l)}\,. \tag{1.4.45}$$

Man definiert den Zähler von R als *generalisierte Steifigkeit*

$$K_n := \int_0^l EI\,\Phi_n''^2 dz + \int_0^l N\,\Phi_n'^2 dz \tag{1.4.46}$$

und den Nenner als *generalisierte Masse*

$$M_n := \int_0^l m\,\Phi_n^2\,dz, \tag{1.4.47}$$

wobei die Endmasse M_o in der Massenverteilung m enthalten ist.

Die Eigenfrequenzen ergeben sich damit aus

$$\omega_n = \sqrt{\frac{K_n}{M_n}}, \tag{1.4.48}$$

falls K_n und M_n mit den tatsächlichen Eigenschwingungsformen $\Phi_n(z)$ berechnet werden. Wählt man Näherungsfunktionen $\tilde{\Phi}_n(z)$, die mindestens die geometrischen, besser sämtliche Randbedingungen erfüllen, erhält man für die Eigenfrequenzen ω_n Näherungswerte, die insbesondere für die Grundfrequenz ω_1 im allgemeinen recht genau sind.

Wird der Zähler von Gl. (1.4.45), also die maximale potentielle Energie, für die Grundschwingung Null, erhält man die Stabilitätsgleichung für das Pfahl-Plattform-System. So folgt z.B. bei vernachlässigbarem Eigengewicht des Pfahls mit $N(z) = -F$ = konstant für die Druckkraft F am oberen Pfahlende ihr kritischer Wert zu

$$F_K = \frac{\int_0^l EI\,\Phi_1''^2\,dz}{\int_0^l \Phi_1'^2\,dz} . \tag{1.4.49}$$

Setzt man an Stelle von $\Phi_1(z)$ wieder die Näherung $\tilde{\Phi}_1(z)$, erhält man auch hier im allgemeinen einen guten Näherungswert für die kritische Last, der stets oberhalb des tatsächlichen liegt.

Die Stabilitätsgleichung kann auch kurz mit Gl. (1.4.46)

$$K_1 = 0 \tag{1.4.50}$$

geschrieben werden und ist nichts anderes als das bekannte Stabilitätskriterium von *Timoshenko*[1].

Zur Auswahl einer zulässigen Funktion als Näherung für die Grundschwingungsform ist festzuhalten: Als gute Näherung für Φ_1 dient die statische Auslenkung einer Konstruktion unter seinen horizontal wirkend angenommenen Eigengewichten. Dazu wird die Konstruktion, z.B. die einfache Pfahl-Plattform-Konstruktion nach Abb. 1.4.8, zu einem Lumped-mass-system mit den Massen M_i diskretisiert. Es werden mit der Erdbeschleunigung g die Gewichtskräfte $F_i = M_i g$ gebildet und in den Knoten in horizontaler Richtung angreifend angesetzt. Aus einer statischen Rechnung ergeben sich die horizontalen Knotenverschiebungen u_i, mit denen die Arbeit berechnet wird, die die Knotenkräfte F_i längs dieser Verschiebungen u_i leisten. Diese Arbeit ist nach dem Energieerhaltungssatz gleich der im Pfahl gespeicherten Formänderungsenergie und damit, wenn man von der Arbeit der Pfahllängskräfte längs der Vertikalverschiebungen absieht, gleich der potentiellen Energie, die für den *Rayleigh* -Quotienten benötigt wird. Für eine Masse M_i ist danach die potentielle Energie $F_i u_i/2$ und die bezogene kinetische Energie $M_i u_i^2/2$, und aus dem *Rayleigh* - Quotienten (1.4.38) folgt für die Grundfrequenz (im Sinne der besprochenen Näherung)

1) ***Stephen Timoshenko*** **(1878-1972), russischer Maschinenbauingenieur und Hochschullehrer**

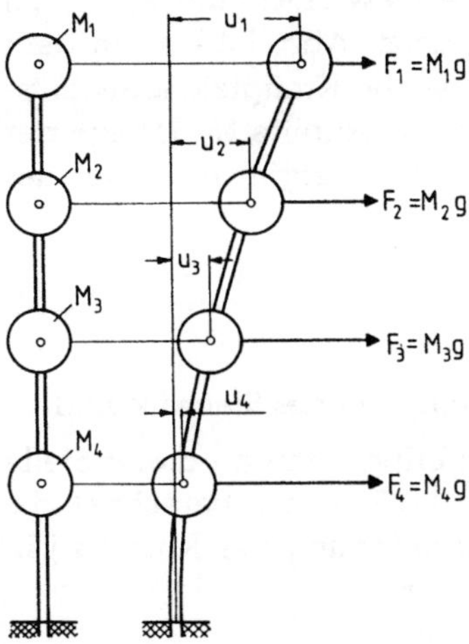

Abb. 1.4.8 Lumped-mass-system

$$\omega_1^2 = g\frac{\sum_{(i)} M_i u_i}{\sum_{(i)} M_i u_i^2}. \tag{1.4.51}$$

Die gesuchten Knotenverschiebungen u_i berechnet man zweckmäßig mit Hilfe des allgemeinen Arbeitssatzes.

Betrachtet man die einzelnen Massen M_i jede für sich allein, so folgt für diese nach Gl. (1.4.51) die Frequenz

$$\omega_{1i}^2 = \frac{g}{u_i}, \tag{1.4.52}$$

und man kann diese Einzelfrequenzen zur Frequenz ω_1 des Mehrmassen-Systems nach der *Dunkerley*-schen Überlagerungsformel

$$\frac{1}{\omega_1^2} = \sum_{(i)} \frac{1}{\omega_{1i}^2} \tag{1.4.53}$$

zusammenfügen. ω_1 ist natürlich auch hier ein Näherungswert, und zwar im allgemeinen ein anderer als nach Gl. (1.4.51).

Ist eine meerestechnische Konstruktion in Gestalt eines Stabwerks, also z.B. eine Plattform vom Typ Jacket, zu analysieren, kann sie häufig zu einer Fachwerkkonstruktion idealisiert werden. Bezüglich der Globalschwingung der Konstruktion werden hauptsächlich die Dehnsteifigkeiten und nicht die Biegesteifigkeiten der Einzelstäbe angesprochen, weshalb man sich die Einzelstäbe in den Knoten *gelenkig* miteinander verbunden denken kann.

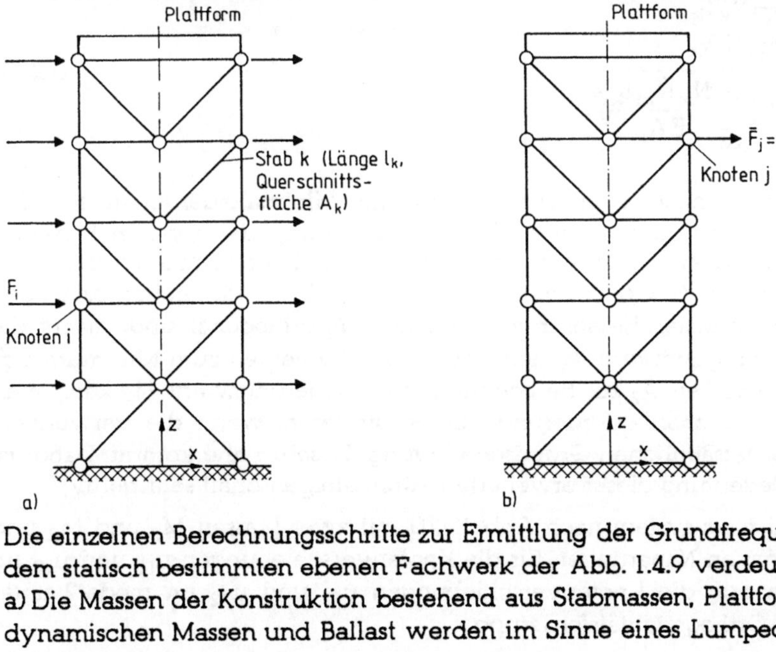

Abb. 1.4.9 Fachwerkkonstruktion

Die einzelnen Berechnungsschritte zur Ermittlung der Grundfrequenz ω_1 sollen an dem statisch bestimmten ebenen Fachwerk der Abb. 1.4.9 verdeutlicht werden.

a) Die Massen der Konstruktion bestehend aus Stabmassen, Plattformmasse, hydrodynamischen Massen und Ballast werden im Sinne eines Lumped-mass-system in einer geeigneten Zahl von Knoten i konzentriert. Die Gewichtskräfte $F_i = M_i g$ werden als horizontal wirkende statische Lasten angesetzt (Abb. 1.4.9 a). In dem statisch bestimmten Fachwerk berechnet man aus einfachen Kraftgleichgewichtsaussagen an den einzelnen Knoten für die Stäbe k die Längskräfte N_k infolge der genannten Belastung. Damit ist bereits die Formänderungsenergie im Zähler des *Rayleigh* - Quotienten

$$U_{max} = \frac{1}{2} g \sum_{(i)} M_i u_i = \frac{1}{2} \sum_{(k)} \frac{N_k^2 l_k}{EA_k} \tag{1.4.54}$$

berechenbar, wenn l_k die Länge und EA_k die Dehnsteifigkeit des Stabes k sind.

b) Zur Berechnung der Verschiebung u_j des Knotens j bringt man an dieser Stelle eine horizontal wirkende Einheitslast $\overline{F}_j = 1$ an (Abb. 1.4.9.b) und berechnet die Stablängskräfte $\overline{N}_{kj}$ infolge dieser Last. Die Knotenverschiebung des Knotens j in Richtung der Kraft $\overline{F}_j$ ist nach dem allgemeinen Arbeitssatz

$$u_j = \sum_{(k)} \frac{N_k \overline{N}_{kj} l_k}{EA_k}. \tag{1.4.55}$$

Auf diese Weise findet man sämtliche Knotenverschiebungen u_i und damit die bezogene kinetische Energie

$$V = \frac{1}{2} \sum_{(i)} M_i u_i^2. \tag{1.4.56}$$

d) Die Grundfrequenz für die ebene Horizontalschwingung der Konstruktion ist nach dem *Rayleigh* - Quotienten (1.4.51)

$$\omega_1^2 = \frac{\sum_{(k)} \frac{N_k^2 l_k}{EA_k}}{\sum_{(i)} M_i \left(\sum_{(k)} \frac{N_k \overline{N}_{ki} l_k}{EA_k} \right)^2}. \tag{1.4.57}$$

Abschließend wird noch eine Erweiterung der Minimaleigenschaft für den *Rayleigh* - Quotienten genannt, die u.U. zur Berechnung der zweiten Eigenfrequenz eines elastischen Systems ausgenutzt werden kann. Dazu wird an die Orthogonalitätsrelation (1.4.16) erinnert und festgestellt: Unter sämtlichen zulässigen Funktionen, die zur ersten Eigenschwingungsform Φ_1 orthogonal sind, macht die zweite Eigenschwingungsform Φ_2 den *Rayleigh* - Quotienten zum Minimum ω_2^2. Brauchbare Näherungen $\tilde{\Phi}_2$ zur Berechnung eines Näherungswerts $\tilde{\omega}_2$ kann man mit Hilfe der Orthogonalitätsforderung nur konstruieren, wenn die verwendete Näherung $\tilde{\Phi}_1$ der tatsächlichen Grundschwingung Φ_1 sehr nahe kommt. Daher ist die praktische Bedeutung dieser erweiterten Minimaleigenschaft sehr gering.

Für ein Lumped-mass-system nach Abb. 1.4.10 mit zwei Massen M_1 und M_2 und hinreichend genauen Näherungen für die Knotenverschiebungen u_{11} und u_{12} im mode-1 ergeben sich die Knotenverschiebungen u_{21} und u_{22} im mode-2 unter Ausnutzung der Orthogonalitätsforderung

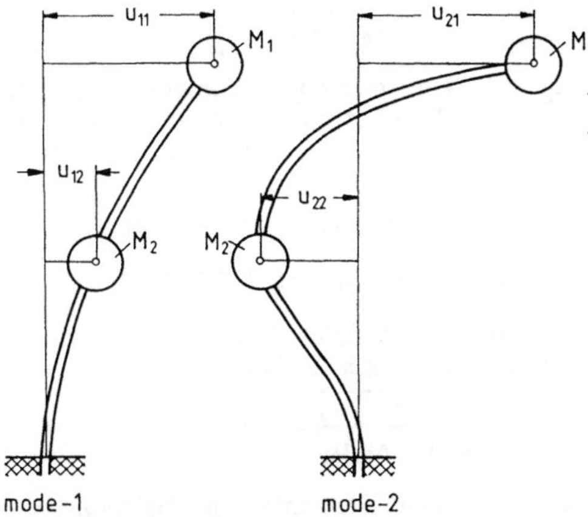

$$\sum_{(i)} M_i u_{1i} u_{2i} = 0 \qquad (1.4.58)$$

und einer willkürlichen Normierung, z.B. $u_{21} = 1$ m.

Abb. 1.4.10 Pfahl-Plattform-Konstruktion als Lumped-mass-system mit zwei Massen

Beispiel 1.4.2: Eigenfrequenz einer Schwerkraftplattform nach *Rayleigh*

Es wird die Konstruktion nach Abb. 1.3.3 mit den Konstruktionsdaten des dortigen Beispiels 1.3.1 betrachtet. Es sollen Eigenfrequenzen der Konstruktion mit Hilfe des *Rayleigh* - Quotienten näherungsweise bei verschiedenen Vorgehensweisen berechnet werden.

α) Plattform mit Pfahl als Kontinuum:
Für die Grundschwingungsform wird als Näherung ein Polynom verwendet, welches die beiden geometrischen Randbedingungen $\Phi_1 = \Phi_1' = 0$ für $z=0$ sowie die Momentenfreiheit $\Phi_1'' = 0$ für $z=l$ jedoch nicht die Querkraftbedingung am oberen Ende erfüllt. Dieses Polynom lautet

$$\Phi_1(z) = (\tfrac{z}{l})^2 - \tfrac{1}{3}(\tfrac{z}{l})^2.$$

Die maximale potentielle Energie ist bei Vernachlässigung der Eigengewichte von Pfahl und Plattform

$$U_{max} = \frac{1}{2} EI \int_0^l \Phi_1''^2 dz = \frac{2EI}{3l^3} = 1800 \text{ kN/m}$$

und die bezogene kinetische Energie für die drei Massenanteile m_1, m_2 und M_o

$$V = \frac{m_1}{2} \int_0^l \Phi_1^2 dz + \frac{1}{2}(m_2 - m_1) \int_0^d \Phi_1^2 dz + \frac{1}{2} M_o \Phi_1^2(l) =$$

$$= \frac{33}{630} m_1 l + \frac{1}{630}(m_2 - m_1) l (\tfrac{d}{l})^5 [63 - 35\tfrac{d}{l} + 5(\tfrac{d}{l})^2] +$$

$$+ \frac{2}{9} M_o = 1{,}148 \cdot 10^6 \text{ kg}.$$

U_{max} und V ergeben sich nur deswegen nicht dimensionsgerecht, weil Φ_1 dimensionslos gewählt wurde. Für den *Rayleigh* - Quotienten (1.4.45) ist dies unerheblich. Er liefert als Näherungswert für die Biegegrundfrequenz

$$\omega_1 = \sqrt{U_{max}/V} = 1{,}25 \text{ 1/s},$$

der gegenüber dem Ergebnis des Beispiels 1.3.1 um 8,7 % zu groß ist.

β) Plattform als Lumped-mass-system
Für die Grundschwingungsform Φ_1 wird als Näherung die statische Auslenkung unter horizontal wirkenden Eigengewichten gewählt. Sie folgt aus den Ergebnissen des Abschnitts 1.3.1 für $M_1 = 5{,}23 \cdot 10^6$ kg und $M_2 = 8{,}53 \cdot 10^6$ kg zu

$$u_1 = \frac{gl^3}{48EI}(16 M_1 + 5 M_2) = 9{,}56 \text{ m},$$

$$u_2 = \frac{gl^3}{48EI}(5 M_1 + 2 M_2) = 3{,}27 \text{ m}.$$

Daß dies eine sehr gute Näherung darstellt, erkennt man, wenn u_1 auf 1 m normiert wird, u_2 damit den Wert 0,34 m annimmt, und diese Werte mit der 1. Eigenschwingungsform nach Abb. 1.3.4 vergleicht.

Der *Rayleigh* - Quotient (1.4.51) liefert für die Grundfrequenz

$$\omega_1 = \sqrt{g \frac{M_1 u_1 + M_2 u_2}{M_1 u_1^2 + M_2 u_2^2}} = 1{,}16 \text{ 1/s},$$

die lediglich um 0,9 % größer ist als der Wert nach Beispiel 1.3.1.

Zum Vergleich werden beide Gewichtskräfte der Reihe nach allein wirkend betrachtet. Die Auslenkungen sind dann

$$u_1 = \frac{M_1 g l^3}{3EI} = 6{,}33\ \text{m}, \quad u_2 = \frac{M_2 g l^3}{24EI} = 1{,}29\ \text{m},$$

und die einzelnen Frequenzen nach Gl. (1.4.52) sind

$$\omega_{11} = \sqrt{g/u_1} = 1{,}24\ 1/\text{s}, \quad \omega_{12} = \sqrt{g/u_2} = 2{,}76\ 1/\text{s}$$

Die *Dunkerley*sche Überlagerungsformel (1.4.53) liefert als Näherung für die Grundfrequenz des Zweimassensystems

$$\omega_1 = \frac{1}{\sqrt{(1/\omega_{11})^2 + (1/\omega_{12})^2}} = 1{,}13\ 1/\text{s}.$$

Es wird für die 2. Eigenschwingungsform Φ_2 unter Ausnutzung der Orthogonalitätsrelation (1.4.58) eine Näherung konstruiert, die auf $u_1 = 1$ m normiert ist. Es folgt mit $u_1 = 6{,}33$ m und $u_2 = 1{,}29$ m im mode-1 aus der Beziehung

$$\left(\frac{u_2}{u_1}\right)_{\text{mode-2}} = -\frac{M_1}{M_2}\left(\frac{u_1}{u_2}\right)_{\text{mode-1}}$$

$u_2 = -1{,}79$ m im mode-2. Die statischen Lasten, die die Knotenverschiebungen $u_1 = 1$ m und $u_2 = -1{,}79$ m hervorrufen, berechnen sich nach Gl. (1.3.1) zu

$$F_1 = K_{11} u_1 + K_{12} u_2 = 2{,}028 \cdot 10^5\ \text{kN},$$

$$F_2 = K_{21} u_1 + K_{22} u_2 = -6{,}228 \cdot 10^5\ \text{kN}.$$

Aus dem *Rayleigh* - Quotienten folgt als Näherung für die 2. Eigenfrequenz

$$\omega_2 = \sqrt{\frac{F_1 u_1 + F_2 u_2}{M_1 u_1^2 + M_2 u_2^2}} = 6{,}36\ 1/\text{s},$$

die mit dem Ergebnis von Beispiel 1.3.1 übereinstimmt .

Beispiel 1.4.3: Eigenfrequenz einer Hubinsel nach *Rayleigh*

Es wird die Hubinsel nach Abb. 1.4.3 mit den Konstruktionsdaten des Beispiels 1.4.1 betrachtet. Das Eigengewicht der Beine wird vernachlässigt, ebenso die Änderung der Beinmasse an der Stelle z = d. Als Näherung für die Grundschwingungsform wird

$$\Phi_1(z) = \sin\frac{\pi z}{2l}$$

verwendet. Damit werden die Randbedingungen $\Phi_1 = \Phi_1'' = 0$ für z = 0 und $\Phi_1' = 0$ für z = l befriedigt. Im Gegensatz zur Querkraftbedingung d) nach Gl. (1.4.15) liefert dieser Ansatz jedoch $\Phi_1''' = 0$ für z = l.

Generalisierte Steifigkeit Gl.(1.4.46)

$$K_1 = EI\int_0^l \Phi_1''^2 dz - F\int_0^l \Phi_1'^2 dz = \frac{\pi^4 EI}{32 l^3} - \frac{\pi^2 F}{8 l}.$$

Die Bedingung $K_1 = 0$ liefert als Näherung für die Knicklast

$$F_K = \frac{\pi^2 EI}{4 l^2} = 1{,}312 \cdot 10^5\ \text{kN}.$$

Wegen der großen Schlankheit der Hubbeine liegt sie im *Euler* - Bereich. Damit kann die Steifigkeit wie folgt geschrieben werden:

$$K_1 = \frac{\pi^4 EI}{32 l^3}\left(1 - \frac{F}{F_K}\right) = 2248\ \text{kN/m}.$$

Generalisierte Masse Gl.(1.4.47):

$$M_1 = m\int_0^l \Phi_1^2 dz + M_o = \frac{1}{2} m l + M_o = 2{,}326 \cdot 10^6\ \text{kg}.$$

Näherungswert für die Grundfrequenz Gl. (1.4.48)

$$\omega_1 = \sqrt{K_1/M_1} = 0{,}983\ 1/\text{s}, \quad f_1 = \frac{\omega_1}{2\pi} = 0{,}156\ \text{Hz}.$$

Sie liegt damit um nur 0,2 % oberhalb des Wertes, der sich im Beispiel 1.4.1 nach der Gleichgewichtsmethode ergibt. Wird die Druckkraft F aus dem Plattformgewicht nicht berücksichtigt, vergrößert sich die Frequenz um 6,3 % auf $\omega_1 = 1{,}045$ 1/s (Theorie 1. Ordnung).

1.4.3 Erzwungene gedämpfte Bewegung des Balkens. Modalanalyse

Wie bereits bei der Eigenschwingungsanalyse des Abschnitts 1.4.1 wird wieder ein Balkenelement der differentiellen Länge dz nach Abb. 1.4.11 in einer ausgebogenen Lage betrachtet. Gegenüber der Eigenschwingungsanalyse sind eine Erregerkraft je Längeneinheit q(z,t) und eine Dämpfungskraft je Längeneinheit q_D (z,t) hinzugefügt. Die Dämpfungskraft wird geschwindigkeitsproportional, also als

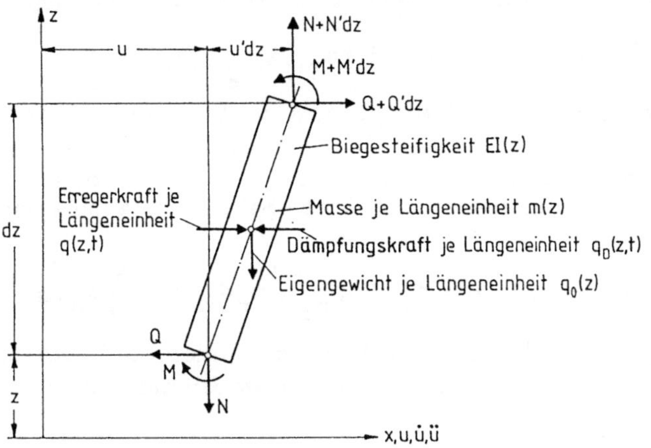

Abb. 1.4.11 Belastungen und Schnittgrößen am Balkenelement

viskose Dämpfung

$$q_D(z,t) = c(z)\,\dot{u}(z,t) \qquad (1.4.59)$$

angesetzt. Darin ist $c(z)$ die Dämpfungskonstante (je Längeneinheit) mit der Dimension kg/(ms) oder Ns/m^2.

An die Stelle der Gleichgewichtsbedingungen (1.4.1) treten die folgenden

$$\left.\begin{aligned} N' - q_0 &= 0, \\ Q' - c\dot{u} + q &= m\ddot{u}, \\ M' - Q + Nu' &= 0, \end{aligned}\right\} \qquad (1.4.60)$$

aus denen sich unverändert die zeitlich konstante Längskraft N nach Gl. (1.4.2) ergibt. Auch die Querkraft Gl. (1.4.4) bleibt unverändert. Lediglich die Differentialgleichung (1.4.5) ist durch die Erreger- und die Dämpfungskraft zu vervollständigen und nimmt die Gestalt

$$(EI u'')'' - (N u')' + c\dot{u} + m\ddot{u} = q(z,t) \qquad (1.4.61)$$

an. Das ist eine inhomogene partielle Differentialgleichung vierter Ordnung, die die erzwungenen gedämpften Bewegungen des betrachteten Balkens beschreibt. Bei zeitperiodischen Erregerkräften sind diese Bewegungen Schwingungen.

Als Randbedingungen sind die in Abschnitt 1.4.1 mit a) bis d) formulierten auch hier gültig.

Zwecks Lösung der Differentialgleichung (1.4.61) wird ein Eigenschwingungsansatz verwendet, der aus der Linearkombination sämtlicher Eigenschwingungsformen $\Phi_n(z)$ besteht. Oder anders ausgedrückt: Die gesuchte Lösung wird in Abhängigkeit von z nach den Eigenfunktionen des Problems entwickelt. Die Konvergenz solcher Entwicklung ist gesichert, wenn die Eigenfunktionen ein sogenanntes vollständiges orthogonales Funktionensystem bilden, was bei den Eigenschwingungsfunktionen $\Phi_n(z)$ des Balkens der Fall ist. Der Lösungsansatz lautet

$$u(z,t) = \sum_{n=1}^{\infty} \Phi_n(z)\, q_n(t)\,, \qquad (1.4.62)$$

in dem die gesuchten Zeitfunktionen $q_n(t)$ die *generalisierten Koordinaten* des Problems genannt werden. Dieses Vorgehen zwecks Integration der Differentialgleichung (1.4.61) wird *Modalanalyse* genannt, wohl deshalb, weil der Lösungsansatz die Eigenschwingungsformen, engl. *mode shapes* , verwendet. Besonders die mit den Gln. (1.4.16) und (1.4.17) formulierten Orthogonalitätsrelationen erweisen sich bei der Modalanalyse als vorteilhaft.

Die Differentialgleichung (1.4.61) wird nun mit dem Ansatz (1.4.62) im Sinne des *Galerkin*schen Verfahrens behandelt. Dazu wird u(z,t) in die Differentialgleichung eingesetzt, diese mit einer Eigenschwingungsform $\Phi_m(z)$ multipliziert und über die Balkenlänge von z = 0 bis z = l integriert. Dies ergibt zunächst die Gleichung

$$\sum_{n=1}^{\infty}\int_0^l \{[(EI\,\Phi_n'')'' - (N\,\Phi_n')']q_n + c\,\Phi_n\dot{q}_n + m\,\Phi_n\ddot{q}_n\}\,\Phi_m dz = \int_0^l q\,\Phi_m dz .$$

In derselben Weise wie beim Nachweis der Orthogonalität in Abschnitt 1.4.1 werden die beiden ersten Integrale partiell behandelt. Die ausintegrierten Terme verschwinden wegen der Randbedingungen des Problems oder werden für den Fall vorhandener Einzelmassen dem letzten Integral der linken Seite hinzugeschlagen. Man erhält

$$\sum_{n=1}^{\infty}[q_n\int_0^l (EI\,\Phi_n''\Phi_m'' + N\Phi_n'\Phi_m')dz + \dot{q}_n\int_0^l c\,\Phi_n\Phi_m dz + \ddot{q}_n\int_0^l m\,\Phi_n\Phi_m dz] = \int_0^l q\,\Phi_m dz .$$

Mit den Orthogonalitätsrelationen (1.4.16) und (1.4.17) verschwinden die Integrale bei q_n und $\ddot{q}_n$ für $n \neq m$, bedauerlicherweise im allgemeinen jedoch nicht bei $\dot{q}_n$.

Es werden folgende Größen definiert:

generalisierte Steifigkeit $$K_n := \int_0^l (EI\,\Phi_n''^2 + N\,\Phi_n'^2)dz , \qquad (1.4.63)$$

generalisierte Dämpfung $$C_{nm} := \int_0^l c\,\Phi_n\Phi_m dz , \qquad (1.4.64)$$

generalisierte Masse $$M_n := \int_0^l m\,\Phi_n^2 dz , \qquad (1.4.65)$$

generalisierte Erregerkraft $$F_n := \int_0^l q\,\Phi_n dz . \qquad (1.4.66)$$

Damit geht obige Gleichung nach Vertauschen von n mit m in

$$M_n\ddot{q}_n + \sum_{m=1}^{\infty} C_{nm}\dot{q}_m + K_n q_n = F_n(t) , \quad n = 1, 2, 3 \ldots \qquad (1.4.67)$$

über, also in ein über die Dämpfung gekoppeltes Differentialgleichungssystem für die generalisierten Koordinaten $q_n(t)$. Sind die Eigenschwingungsformen Φ_n dimensionslos normiert, dann haben die M_n die Dimension kg, die C_{nm} kg/s oder Ns/m, die K_n N/m, die F_n N und die q_n die Dimension m.

Bei praktischen Rechnungen muß man sich auf eine endliche Anzahl von Freiheitsgraden n beschränken. Dann kann man Gl. (1.4.67) auch in Form der Matrizengleichung

$$\mathbf{M}\ddot{\mathbf{q}} + \mathbf{C}\dot{\mathbf{q}} + \mathbf{K}\mathbf{q} = \mathbf{F} \qquad (1.4.68)$$

mit Massenmatrix **M**, Dämpfungsmatrix **C**, Steifigkeitsmatrix **K** sowie den Vektoren der Verschiebung **q** und der Erregerkraft **F** schreiben. Massen- und Steifigkeitsmatrix sind Diagonalmatrizen. Daß die Dämpfungsmatrix i.a. keine Diagonalmatrix ist, erschwert die Modalanalyse. Für die mit Gl. (1.4.59) angesetze Dämpfungskraft ergibt sich wegen Gl. (1.4.64) eine zur Hauptdiagonalen symmetrische Dämpfungsmatrix.

Vom Standpunkt der praktischen Anwendung der Modalanalyse interessieren solche Fälle, bei denen eine Entkopplung der einzelnen Schwingungsfreiheitsgrade möglich ist. Dies trifft für die sogenannte *Rayleigh - Dämpfung* zu, bei der mit zwei Konstanten a und b

$$\mathbf{C} = a\mathbf{M} + b\mathbf{K} \tag{1.4.69}$$

gesetzt werden kann, also z.B. wenn $c(z) \sim m(z)$ gilt. Dann verschwinden die Nebendiagonalelemente C_{mn} der Dämpfungsmatrix. Die generalisierte Dämpfung lautet dann

$$C_n := \int_0^l c\,\Phi_n^2 dz, \tag{1.4.70}$$

und aus Gl. (1.4.67) folgt

$$M_n \ddot{q}_n + C_n \dot{q}_n + K_n q_n = F_n(t), \quad n = 1, 2, 3, \ldots \tag{1.4.71}$$

Für die Strukturdämpfung von homogenen eindimensional erstreckten, also schlanken Konstruktionsbauteilen, wie eben Balken, ist die Annahme einer *Rayleigh* - Dämpfung sehr gut berechtigt.

Jedoch gerade bei Schwingungen meerestechnischer Konstruktionen mit schlanken Bauteilen überwiegt die hydrodynamische Dämpfung. Die sich nach äquivalenter Linearisierung (vergl. Abschnitt 1.2.1) einstellende Dämpfungskonstante ist entsprechend Gl. (1.2.10) an jeder Stelle z der dortigen Schwingungsamplitude und nicht etwa der Massenverteilung m(z) oder der Biegesteifigkeit EI(z) des Balkens proportional. Eine *Rayleigh* - Dämpfung kann also für die hydrodynamische Dämpfung nicht angenommen werden.

Trotzdem wird auch hier in den meisten praktischen Fällen eine Zwangsentkopplung durchgeführt. Liegen die Eigenfrequenzen der Konstruktion genügend weit auseinander und ist die Dämpfung ausreichend klein, dann wird bei Resonanzerregung fast ausschließlich nur die zur Resonanzfrequenz gehörende Eigenschwingungsform Φ_n angesprochen. Das Gleichungssystem (1.4.67) ist dann schwach gekoppelt. Zwangsentkopplung bedeutet, daß die Nebendiagonalelemente der Dämpfungsmatrix von vornherein gestrichen werden.

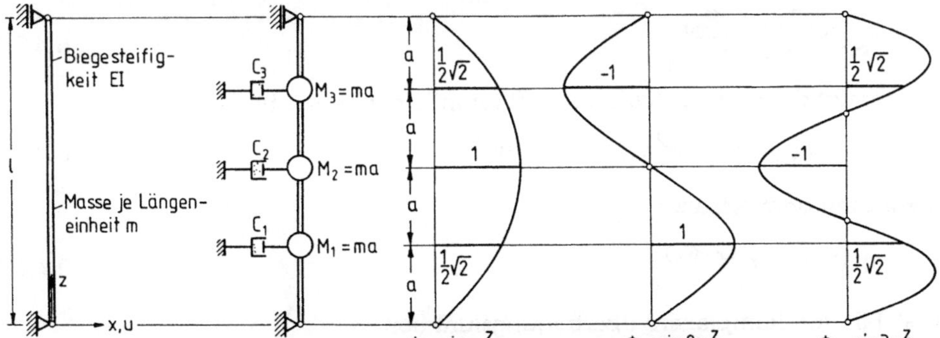

Abb. 1.4.12 Zur Dämpfungsmatrix des schwingenden Balkens

Die Gestalt der Dämpfungsmatrix soll an dem beidseitig gelenkig gelagerten querschwingenden Balken der Länge l nach Abb. 1.4.12 studiert werden. Die Eigenschwingungsformen des Balkens bei konstanter Biegesteifigkeit EI und Massenverteilung m sind $\Phi_n = \sin(2\pi z/l)$. Berücksichtigt man lediglich die drei ersten Eigenschwingungen, so kann man den homogenen Balken auch als Lumped-mass-system mit drei Massen $M_1 = M_2 = M_3 = ma = ml/4$ behandeln. Diese drei Massen werden mit viskosen Dämpfern mit den Dämpfungskonstanten C_1, C_2 und C_3 versehen. Für die folgenden vier Fälle werden die Elemente der Dämpfungsmatrix nach Gl. (1.4.64) berechnet, wobei das Integral für diskrete Dämpfungen C_i an den Orten z_i in die Summe

$$C_{nm} = \sum_{(i)} C_i \Phi_n(z_i)\, \Phi_m(z_i)$$

übergeht.

α) $C_1 = C_2 = C_3 = C$ β) $C_1 = C_2 = C,\ C_3 = 0$ γ) $C_1 = C,\ C_2 = C_3 = 0$ δ) $C_2 = C,\ C_1 = C_3 = 0$

$$\mathbf{C} = \begin{bmatrix} 2 & 0 & 0 \\ 0 & 2 & 0 \\ 0 & 0 & 2 \end{bmatrix} C \qquad \mathbf{C} = \frac{C}{2}\begin{bmatrix} 3 & \sqrt{2} & -1 \\ \sqrt{2} & 1 & \sqrt{2} \\ -1 & \sqrt{2} & 3 \end{bmatrix} \qquad \mathbf{C} = \frac{C}{2}\begin{bmatrix} 1 & \sqrt{2} & 1 \\ \sqrt{2} & 2 & \sqrt{2} \\ 1 & \sqrt{2} & 1 \end{bmatrix} \qquad \mathbf{C} = \begin{bmatrix} 1 & 0 & 1 \\ 0 & 0 & 0 \\ 1 & 0 & 1 \end{bmatrix} C$$

Im Fall α) sind z.B. $C_{11} = [(\sqrt{2}/2)^2 + 1^2 + (\sqrt{2}/2)^2]C = 2C$ und $C_{12} = [1 \cdot \sqrt{2}/2 + 0 \cdot 1 + (-1) \cdot \sqrt{2}/2]C = 0$. Nebendiagonalglieder verschwinden, weil Dämpfungs- gleich Massenverteilung. Es liegt *Rayleigh*-Dämpfung vor. Im Fall β) ist z.B. $C_{12} = [1 \cdot \sqrt{2}/2 + 0 \cdot 1 + 0]C = C\sqrt{2}/2$. Die Fälle γ) und δ) sind singulär: Die Determinante der Matrix ist Null.

Für den Fall der *Rayleigh*- Dämpfung oder bei Vernachlässigung der Nebendiagonalglieder der Dämpfungsmatrix gilt das System gewöhnlicher entkoppelter Differentialgleichungen (1.4.71) für die generalisierten Koordinaten $q_n(t)$. Es wird im folgenden die Differentialgleichung für den Schwingungsgrad n betrachtet, die genau wie die des Einmassenschwingers Gl. (1.1.5) zu integrieren ist. Es wird der wichtige Fall einer harmonischen Erregerkraft $F_n(t) = F_{o,n} \exp(i\omega t)$ betrachtet. Von der Eigenschwingungsanalyse ist die Eigenfrequenz

$$\omega_n = \sqrt{\frac{K_n}{M_n}} \tag{1.4.72}$$

bekannt. Man definiert den modalen Dämpfungsparameter

$$\xi_n := \frac{C_n}{2M_n\omega_n}, \tag{1.4.73}$$

die statische Auslenkung

$$f_{o,n} := \frac{F_{o,n}}{K_n} = \frac{F_{o,n}}{M_n\omega_n^2} \tag{1.4.74}$$

und schreibt damit die Schwingungsdifferentialgleichung in der Form

$$\ddot{q}_n + 2\xi_n\omega_n\dot{q}_n + \omega_n^2 q_n = f_{o,n}\omega_n^2 e^{i\omega t}. \tag{1.4.75}$$

Sie wird mit dem Ansatz

$$q_n(t) := f_n e^{i(\omega t - \psi_n)} \tag{1.4.76}$$

gelöst. Mit der (komplexen) Übertragungsfunktion

$$H_n(\omega) \equiv |H_n(\omega)|\, e^{i \arg H_n(\omega)} := \frac{1}{1 - (\frac{\omega}{\omega_n})^2 + 2i\xi_n\frac{\omega}{\omega_n}} \tag{1.4.77}$$

ergeben sich Schwingungsamplitude f_n in Form der Amplitudenvergrößerungsfunktion

$$V_n := \frac{f_n}{f_{o,n}} = |H_n(\omega)| = \frac{1}{\sqrt{[1-(\frac{\omega}{\omega_n})^2]^2 + 4\,\xi_n^2(\frac{\omega}{\omega_n})^2}} \tag{1.4.78}$$

und Phasengang

$$\psi_n = -\arg H_n(\omega) = \arctan\frac{2\xi_n\frac{\omega}{\omega_n}}{1-(\frac{\omega}{\omega_n})^2}\ . \tag{1.4.79}$$

Liegen diese Ergebnisse für jeden Schwingungsgrad n vor, werden sie entsprechend Gl. (1.4.62) zur Gesamtlösung u(z,t) zusammengesetzt. Für die hier speziell behandelte harmonische Erregung können Amplitudenfunktion r(z) und Phasengang $\varphi(z)$ dieser Gesamtlösung explizit angegeben werden. Dazu setzt man

$$u := r e^{i(\omega t-\varphi)} = \sum_{n=1}^{\infty} \Phi_n f_n e^{i(\omega t-\psi_n)} = e^{i\omega t}\sum_{n=1}^{\infty} \Phi_n f_{o,n} H_n \tag{1.4.80}$$

und bildet die konjugiert Komplexe

$$u^* = r e^{-i(\omega t-\varphi)} = \sum_{n=1}^{\infty} \Phi_n f_n e^{-i(\omega t-\psi_n)}\ . \tag{1.4.81}$$

Zur Berechnung der Amplitudenfunktion werden u und u* miteinander multipliziert, und man erhält

$$uu^* = r^2 = \sum_{n=1}^{\infty}\sum_{m=1}^{\infty} \Phi_n \Phi_m f_n f_m e^{i(\psi_m-\psi_n)}, \tag{1.4.82}$$

Für $n \neq m$ entstehen Summanden der Gestalt $\Phi_n\Phi_m f_n f_m \exp[i(\psi_m-\psi_n)]$ und nach Vertauschen von n mit m entsprechende $\Phi_n\Phi_m f_n f_m \exp[-i(\psi_m-\psi_n)]$, die jeweils zu 2 $\Phi_n\Phi_m f_n f_m \cos(\psi_m-\psi_n)$ zusammengefaßt werden. Damit kann die Doppelsumme in Gl. (1.4.82) so umgeformt werden, daß für die gesuchte Amplitudenfunktion

$$r(z) = \sqrt{\sum_{n=1}^{\infty} \Phi_n^2 f_n^2 + 2\sum_{n=1}^{\infty}\sum_{m=n+1}^{\infty} \Phi_n \Phi_m f_n f_m \cos(\psi_m-\psi_n)} \tag{1.4.83}$$

geschrieben werden kann, wobei wegen $r \geq 0$ stets das positive Vorzeichen der Wurzel zu nehmen ist.

Um den gesuchten Phasengang φ zu bestimmen, wird u mit $\exp[-i(\omega t-\varphi)]$ und u* mit $\exp[i(\omega t-\varphi)]$ multipliziert, und die so entstehenden Gleichungen werden voneinander subtrahiert. Man erhält

$$u e^{-i(\omega t-\varphi)} - u^* e^{i(\omega t-\varphi)} = 0 = \sum_{n=1}^{\infty} \Phi_n f_n [e^{i(\varphi-\psi_n)} - e^{-i(\varphi-\psi_n)}]. \tag{1.4.84}$$

Die eckige Klammer wird mittels der *Euler*schen Formel in der Form $2i\sin(\varphi-\psi_n)$ geschrieben. Mit dem Additionstheorem für die Sinusfunktion erhält man schließlich den Phasengang

$$\varphi(z) = \arctan\frac{\sum_{n=1}^{\infty}\Phi_n f_n \sin\psi_n}{\sum_{n=1}^{\infty}\Phi_n f_n \cos\psi_n}\,. \tag{1.4.85}$$

1.4.4 Werkstoffdämpfung

Die Werkstoffdämpfung oder innere Materialdämpfung entsteht bei zeitlich veränderlichen Materialdehnungen durch Molekularreibung. Bei periodischer Bauteilbelastung äußert sich die Werkstoffdehnung im Spannungs-Dehnungs-Diagramm in Gestalt einer Hysteresisschleife. Zur analytischen Erfassung der Werkstoffdämpfung wird häufig das Modell von *Kelvin-Voigt* verwendet. Jeder durch eine periodische Materialspannung beanspruchte Punkt des betrachteten Bauteils wird durch ein Feder-Dämpfer-System in Parallelschaltung nach Abb. 1.4.13 repräsentiert. Die lineare Feder dieses Modells bildet die elastischen Eigenschaften des Werkstoffs nach. Kennzahl ist der Elastizitätsmodul E. Der viskose Dämpfer berücksichtigt die Zähigkeitseigenschaften des Werkstoffs. Kennzahl dafür ist der *Zähigkeitskoeffizient* oder *Materialdämpfungskoeffizient* η. Die aufgebrachte Spannung σ verteilt sich auf die Feder mit der Federspannung σ_K und auf den Dämpfer mit der Dämpferspannung σ_D, so daß $\sigma = \sigma_K + \sigma_D$ gilt. Die Federspannung ist der Materialdehnung ε proportional ; es gilt $\sigma_K = E\varepsilon$. Die Dämpferspannung ist der Dehnungsgeschwindigkeit $\dot{\varepsilon}$ proportional, es gilt $\sigma_D = \eta\dot{\varepsilon}$. Damit folgt für den viskoelastischen Körper nach *Kelvin-Voigt*

$$\sigma = E\varepsilon + \eta\dot{\varepsilon} \tag{1.4.86}$$

oder

$$\sigma = E(\varepsilon + t_*\dot{\varepsilon}),\quad t_* := \frac{\eta}{E}. \tag{1.4.87}$$

Darin besitzt t_* die Dimension s und wird *Verzögerungszeit* genannt, weil sie für die Beschreibung von Kriechvorgängen eine entscheidende Kenngröße darstellt.

$\sigma(\varepsilon)$ beschreibt im Spannungs-Dehnungs-Diagramm des Werkstoffs eine Hysterese. Nimmt man bei harmonischer Erregung mit der Erregerfrequenz ω für jeden Bauteilpunkt eine harmonische Dehnung

$$\varepsilon(t) = \varepsilon_o \sin\omega t \tag{1.4.88}$$

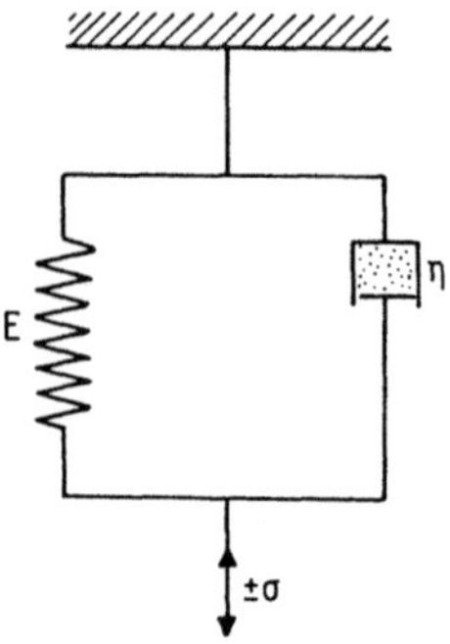

Abb. 1.4.13 Werkstoffdämpfung nach *Kelvin-Voigt*

mit einer Maximaldehnung ε_o an, wird nach Gl. (1.4.87) die Hysteresisschleife durch die Ellipse $\sigma = \varepsilon_o E(\sin\omega t + t_*\omega\cos\omega t)$ bzw. $\sigma = \sigma_o \sin(\omega t + \gamma)$ angenähert. Der Maximalwert der Spannung ist danach $\sigma_o = \varepsilon_o E\sqrt{1+(t_*\omega)^2} \approx \varepsilon_o E$ und der sogenannte *Verlustwinkel* des Materials $\gamma \approx \tan\gamma = t_*\omega$. Die Hysteresisschleife ist in Abb. 1.4.14 grafisch dargestellt.

Die von der Hysterese umschriebene Fläche ist ein Maß für die durch Molekularreibung dissipierte Energie. Die spezifische, d.h. die auf die Volumeneinheit bezogene Verlustenergie ergibt sich als Arbeit a_D, die die Spannungen σ längs ihrer Dehnungen ε leisten:

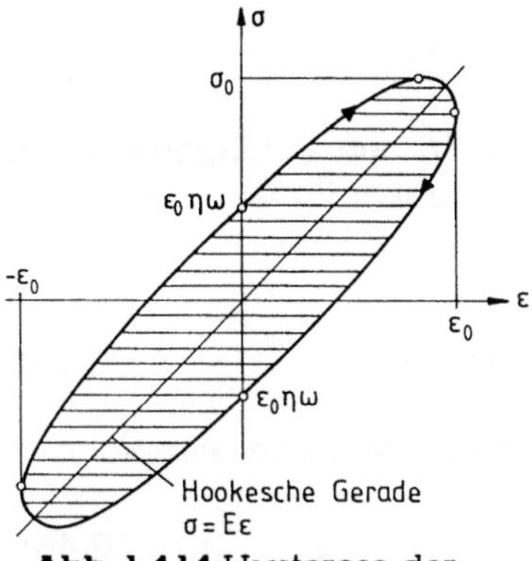

Abb. 1.4.14 Hysterese der Werkstoffdämpfung

$$a_D := \oint \sigma \, d\varepsilon = \oint \sigma \dot{\varepsilon} \, dt. \tag{1.4.89}$$

Mit der Spannung σ (1.4.86) folgt daraus

$$a_D = E \oint \varepsilon \dot{\varepsilon} \, dt + \eta \oint \dot{\varepsilon}^2 \, dt =$$

$$= \frac{E}{2} \oint (\varepsilon^2)^{\dot{}} \, dt + \eta \oint \dot{\varepsilon}^2 \, dt. \tag{1.4.90}$$

Der erste Term ist die spezifische Formänderungsenergie. Als konservativer Anteil hängt er nur von Anfangs- und Endpunkt des Wegs ab, verschwindet also für die geschlossene Hysteresisschleife.

Für eine zeitharmonische Erregung ε(t) nach Gl. (1.4.88) erhält man schließlich die spezifische Verlustenergie zu

$$a_D = \pi \, \varepsilon_0^2 \, \omega \, \eta \tag{1.4.91}$$

und daraus durch Integration über das Gesamtvolumen V des Körpers die Verlustenergie insgesamt zu

$$A_D = \int_{(V)} a_D \, dV. \tag{1.4.92}$$

Sie wird folgend für den Balken nach Abb. 1.4.11 berechnet. Die Längsdehnung ε des Balkens in der Höhe z und im Abstand x von der Biegeneutralachse ist nach der Hypothese von *Bernoulli* vom Ebenbleiben des Querschnitts und mit linearisierter Balkenkrümmung

$$\varepsilon(x,z,t) = w'(z) - x u''(z,t). \tag{1.4.93}$$

w'(z) ist die zeitlich und über den Querschnitt konstante Dehnung infolge der (zeitlich konstanten) Längskraft N(z). Der zweite Term stellt die zeitlich veränderliche und über den Querschnitt linear verteilte Dehnung infolge der Biegemomente M(z,t) dar. Daraus folgt

$$\dot{\varepsilon} = -x \dot{u}'', \tag{1.4.94}$$

und die spezifische Verlustenergie (1.4.90) ist für eine Zeitperiode

$$a_D = \eta \int_0^T \dot{\varepsilon}^2 \, dt = \eta x^2 \int_0^T \dot{u}''^2 \, dt. \tag{1.4.95}$$

Sie ist zunächst über den Balkenquerschnitt mit der Fläche A und anschließend über die Balkenlänge l zur Verlustenergie

$$A_D = \int_0^l \int_{(A)} \eta x^2 \int_0^T \dot{u}''^2 \, dt \, dA \, dz = t_* \int_0^l \int_0^T EI \, \dot{u}''^2 \, dt \, dz \tag{1.4.96}$$

zu integrieren. Dabei ergibt die Integration von x^2 über den Balkenquerschnitt das Flächenträgheitsmoment I des Balkens. Es wird homogenes Material und damit t_* ortsunabhängig vorausgesetzt.

Für den Modalansatz nach Gl. (1.4.62) ist diese Verlustenergie schließlich

$$A_D = t_* \sum_{n=1}^{\infty} \sum_{m=1}^{\infty} \int_0^l EI\,\Phi_n''\,\Phi_m''\,dz \int_0^T \dot{q}_n \dot{q}_m\,dt. \tag{1.4.97}$$

Dasselbe Ergebnis erzielt man andererseits, wenn man in den verallgemeinerten Bewegungsgleichungen (1.4.67) die geschwindigkeitsproportionalen Terme als Folge der Werkstoffdämpfung interpretiert. Die dissipierte Energie ergibt sich danach zu

$$A_D = \sum_{n=1}^{\infty} \int_{(q_n)} \sum_{m=1}^{\infty} C_{nm}\,\dot{q}_m\,dq_n = \sum_{n=1}^{\infty} \sum_{m=1}^{\infty} C_{nm} \int_0^T \dot{q}_n \dot{q}_m\,dt, \tag{1.4.98}$$

und man erhält durch Vergleich mit Gl. (1.4.97) für die generalisierte Dämpfung

$$C_{nm} = t_* \int_0^l EI\,\Phi_n''\,\Phi_m''\,dz. \tag{1.4.99}$$

Die Dämpfungsmatrix ist also danach zur Hauptdiagonalen symmetrisch, weil die Vertauschung von n mit m den Wert des Integrals nicht verändert.

Ist die Längskraft N(z) identisch Null, dann verschwindet wegen der Orthogonalitätsrelation (1.4.17) das Integral für $n \neq m$. Die generalisierte Dämpfung

$$C_n = t_* \int_0^l EI\,\Phi_n''^{\,2}\,dz \tag{1.4.100}$$

bildet jetzt eine Diagonalmatrix. Nach den Gln. (1.4.18) und (1.4.65) kann das Integral durch die generalisierte Masse M_n ersetzt werden, und es folgen die Dämpfungskonstante $C_n = t_* M_n \omega_n^2$, nach Gl. (1.4.73) der Dämpfungsparameter $\xi_n = t_* \omega_n / 2$ und das logarithmische Dekrement für $\xi_n \ll 1$

$$\delta_n = 2\pi \xi_n = \pi\, t_*\, \omega_n. \tag{1.4.101}$$

Die Werkstoffdämpfungswerte lassen sich im Vergleich zu anderen Dämpfungsarten versuchstechnisch noch am einfachsten ermitteln. Dazu werden die Schwingungsamplituden von Probestäben im Resonanz- oder im Ausschwingversuch ausgemessen. Für genaue Messungen werden diese Versuche im Vakuum durchgeführt, um eine aerodynamische Dämpfung auszuschalten. Meist wird das gemessene logarithmische Dekrement der Dämpfung angegeben. Entgegen den theoretischen Ergebnissen Gl. (1.4.101) zeigt sich häufig eine Abnahme der δ_n-Werte mit wachsenden Schwingungsamplituden. Auch wird im Experiment eher eine Hysterese-Dämpfung festgestellt, bei der also die Dämpfungsarbeit a_D und damit δ_n unabhängig von der Frequenz sind. Das Modell von *Kelvin-Voigt* beschreibt daher die Werkstoffdämpfung nur unvollkommen.

Die folgenden Zahlenangaben [50, 29, 60] sind als Richtwerte für die Werkstoffdämpfung geeignet. Sie gelten für die Biegegrundschwingung bei kleinen Amplituden.

Federstahl	δ = 0,004 bis 0,008
Baustahl	δ = 0,02
Stahlbauteile, geschweißt	δ = 0,03
geschraubt	δ = 0,05
Stahlrohre, leer	δ = 0,03
gefüllt mit Sand	δ = 0,07 bis 0,08
gefüllt mit Bruchschotter	δ = 0,11

Beton, ohne Risse	$\delta = 0{,}05$
mit dem bloßen Auge nicht feststellbare Risse	$\delta = 0{,}16$
mit größeren Rissen	$\delta = 0{,}18$ bis 0,36
Naturgummi	$\delta = 0{,}01$ bis 0,08
Holz	$\delta = 0{,}05$ bis 0,2

Bis auf die geschraubten Stahlbauteile sind dies Angaben, die sich ausschließlich auf die Dämpfung des Grundmaterials infolge seines viskoelastischen Werkstoffverhaltens beziehen. Bei geschraubten Bauteilen kommt ein *Coulomb*scher Dämpfungsanteil infolge Trockenreibung von Bauteilen gegeneinander hinzu.

Ein weiterer wesentlicher Dämpfungsanteil ist die Baugrunddämpfung infolge Abstrahlung von Schwingungsenergie in den Meeresboden. Diese ist stark von den örtlichen Gegebenheiten abhängig und kann nicht allgemein erfaßt werden. Deshalb faßt man für eine bestimmte Konstruktion die genannten Dämpfungsanteile zur Strukturdämpfung zusammen, die entweder im Versuch bestimmt wird oder für die empirische Werte vergleichbarer Konstruktionen eingesetzt werden.

Für landgestützte Konstruktionen, die also in Luft schwingen, sind folgende Dämpfungswerte gemessen worden, und zwar für die Biegegrundschwingung und zum Teil auch für die erste Oberschwingung [7, 29, 60]:

Brückenständer	bei $f_1 = 1{,}48$ Hz	$\delta = 0{,}0078$
Stahlschornsteine	bei $f_1 = 0{,}25$ bis 0,46 Hz	$\delta = 0{,}03$ bis 0,05
	bei $f_2 = 1{,}3$ bis 1,9 Hz	$\delta = 0{,}06$ bis 0,17
Stahlgittermast	bei f_1	$\delta = 0{,}07$
Steinbogenbrücke	bei f_1	$\delta = 0{,}11$
Spannbetonbrücke	bei $f_1 = 3{,}1$ Hz	$\delta = 0{,}063$

1.4.5 Hydrodynamische Dämpfung

Bei Schwingungen insbesondere von schlanken meerestechnischen Konstruktionen spielt die hydrodynamische Dämpfung durch das umgebende Wasser eine entscheidende Rolle. Die Vorgänge wurden bereits prinzipiell am Einmassenschwinger im Abschnitt 1.2.1 erläutert und sind hier auf den Balken als Kontinuum zu erweitern.

Auf ein im Ruhigwasser mit der Geschwindigkeit $\dot{u}(z,t)$ schwingendes Balkenelement nach Abb. 1.4.11 wirkt der hydrodynamische Widerstand

$$q_D = \frac{1}{2} C_D \rho D |\dot{u}| \dot{u} \tag{1.4.102}$$

als Kraft je Längeneinheit. $C_D(z)$ ist der Widerstandsbeiwert des betrachteten Balkens, ρ die Dichte des umgebenden Wassers und $D(z)$ die größte Breite des Balkens quer zur Bewegungsrichtung, meist also ein Kreisdurchmesser. Der Betrag des Widerstands ist dem Geschwindigkeitsquadrat proportional, seine Richtung der Geschwindigkeit entgegengesetzt.

Mit der Widerstandskonstanten je Längeneinheit

$$b(z) := \frac{1}{2} C_D \rho D \tag{1.4.103}$$

schreibt man kürzer

$$q_D = b |\dot{u}| \dot{u} \,. \tag{1.4.104}$$

Die Integration der verallgemeinerten Bewegungsgleichungen (1.4.67) bzw. (1.4.71) für die generalisierten Koordinaten erfordert eine Linearisierung des hydrodynamischen Widerstands zu einer äquivalenten viskosen Dämpfung

$$\tilde{q}_D = c\dot{u}\,. \tag{1.4.105}$$

Man spricht in diesem Zusammenhang von Äquivalenz, wenn an jeder Stelle z das über die Schwingungsperiode $T = 2\pi/\omega$ gemittelte Quadrat des Fehlers

$$e(c,t) := \tilde{q}_D - q_D \tag{1.4.106}$$

durch Bestimmung der Dämpfungskonstanten c minimiert ist. Daß dabei die von den Streckenlasten q_D und $\tilde{q}_D$ längs der Auslenkung u geleisteten Arbeiten, also die dissipierten Energien, einander gleich sind, ist bereits in Abschnitt 1.2.1 gezeigt worden. Analog zu den dortigen Gln. (1.2.13) bis (1.2.15) ergibt sich hier die gesuchte Dämpfungskonstante

$$c = b\,\frac{\int_0^T \dot{u}^2|\dot{u}|\,dt}{\int_0^T \dot{u}^2\,dt}\,. \tag{1.4.107}$$

Bei dynamischen Untersuchungen meerestechnischer Konstruktionen ist dies das übliche Vorgehen, wenn analytische Lösungen im *Frequenzbereich* gewonnen werden sollen.

Es wird für u die Lösung nach Gl. (1.4.80) betrachtet, die die Antwort der untersuchten Konstruktion auf eine harmonische Erregung mit der Frequenz ω beschreibt. Es folgt daraus für die Geschwindigkeit in reeller Darstellung $\dot{u} = -\omega r\sin(\omega t-\varphi) = -v\sin(\omega t-\varphi)$ mit der Amplitudenfunktion der Geschwindigkeit $v := \omega r$. Für die Dämpfungskonstante ergibt sich damit

$$c = bv\,\frac{\int_0^T \sin^2(\omega t-\varphi)|\sin(\omega t-\varphi)|\,dt}{\int_0^T \sin^2(\omega t-\varphi)\,dt}. \tag{1.4.108}$$

Beide Integrale sind vom Phasengang φ unabhängig. Das Zählerintegral besitzt den Wert $8/(3\omega)$, das Nennerintegral π/ω, und man erhält für die (ortsveränderliche) Dämpfungskonstante der viskosen Dämpfung, die in dem beschriebenen Sinne der hydrodynamischen Dämpfung äquivalent ist, das einfache Ergebnis

$$c = \frac{8}{3\pi}\,bv \tag{1.4.109}$$

und für die generalisierte Dämpfung nach Gl. (1.4.64)

$$C_{nm} = \frac{8}{3\pi}\int_0^l bv\,\Phi_n\Phi_m\,dz \tag{1.4.110}$$

bzw. nach Gl.(1.4.70)

$$C_n = \frac{8}{3\pi}\int_0^l bv\,\Phi_n^2\,dz\,. \tag{1.4.111}$$

Für die Amplitude der Geschwindigkeit gilt nach Gl. (1.4.83)

$$v(z) = \omega\sqrt{\sum_{n=1}^{\infty}\Phi_n^2 f_n^2 + 2\sum_{n=1}^{\infty}\sum_{m=n+1}^{\infty}\Phi_n\Phi_m f_n f_m\cos(\psi_m-\psi_n)}\,. \tag{1.4.112}$$

Man erkennt, daß zur Berechnung der äquivalenten Dämpfung die Lösung des Problems in Form der Schwingungsamplituden f_n und der Phasengänge ψ_n bekannt sein muß. Die Lösung wird daher iterativ gewonnen. Man geht von geeigneten Schätzwerten für die Dämpfung aus, sucht die Lösung f_n, ψ_n und verbessert die Dämpfungswerte mit Hilfe der Gl. (1.4.110) bzw. (1.4.111).

Genügt im Modalansatz die Mitnahme nur einer einzigen Eigenschwingungsform Φ_n, dann ist $v = \omega f_n |\Phi_n|$, und für die generalisierte Dämpfung erhält man

$$C_n = \frac{8}{3\pi}\omega f_n \int_0^l b\,|\Phi_n|\Phi_n^2\,dz. \tag{1.4.113}$$

Für in Wasser schwingende Konstruktionen sind folgende Dämpfungswerte gemessen worden[29]:

Pfahl aus Stahlrohr	bei $f_1 = 1{,}07$ Hz	$\delta = 0{,}073$
	bei $f_2 = 3{,}34$ Hz	$\delta = 0{,}103$
desgl., gefüllt mit Beton	bei $f_1 = 0{,}946$ Hz	$\delta = 0{,}092$
	bei $f_2 = 3{,}10$ Hz	$\delta = 0{,}100$
Stahlplattform, Typ Jacket, Biegung	bei $f_1 = 0{,}6$ bis $1{,}1$ Hz	$\delta = 0{,}19$ bis $0{,}24$
"	bei $f_2 = 1{,}2$ und $1{,}41$ Hz	$\delta = 0{,}23$ und $0{,}22$
Torsion	bei $f_1 = 1{,}0$ bis $1{,}2$ Hz	$\delta = 0{,}22$ bis $0{,}23$
"	bei $f_2 = 1{,}2$ und $1{,}35$ Hz	$\delta = 0{,}23$ und $0{,}19$

Soweit aus diesen Zahlen erkennbar, ändern sich die Dämpfungswerte fast nicht mit dem Schwingungsgrad. Dies kann als Hinweis auf die Tatsache gedeutet werden, daß die amplitudenabhängige hydrodynamische Dämpfung gegenüber der Strukturdämpfung wesentlich ist.

Übungsaufgaben zu Kapitel 1

1.1 Die Hubinsel nach Abb. 1.4.3 soll zu einem Lumped-mass-system idealisiert werden, indem die gesamte Beinmasse ml zur Hälfte bei z=l/2 und zu je einem Viertel bei z=0 und z=l angebracht wird.

α) Man berechne die beiden Eigenfrequenzen ω_1 und ω_2 für die Transversalschwingung dieses Systems

β) Man berechne für beide Eigenschwingungsformen die Horizontalauslenkung f_2 der Masse bei z=l/2, wenn die Auslenkung f_1 des Pontons bei z=l auf 1 m normiert ist.

Daten: Beinlänge $l = 63{,}7$ m Biegesteifigkeit des Beins $EI = 2{,}157 \cdot 10^8$ kNm²
Beinmasse $m = 25940$ kg/m Pontonmasse je Bein $M_o = 1{,}5 \cdot 10^6$ kg

1.2 Es sind die erzwungenen gedämpften Schwingungen eines Zweimassenschwingers nach Abb.1.3.5 für $M_1=M_2=1$, $K_{11}=K_{22}=3$, $K_{12}=K_{21}=-2$, $C_1=C_2=0{,}2$ sowie $F_1=1$ und $F_2=0$ zu untersuchen.

α)Man berechne die beiden Eigenfrequenzen ω_1 und ω_2.

β)Man berechne die Amplituden f_1 und f_2 der beiden Knotenverschiebungen $u_1(t)$ und $u_2(t)$ in Abhängigkeit von der Erregerfrequenz ω sowie speziell für Resonanzerregung

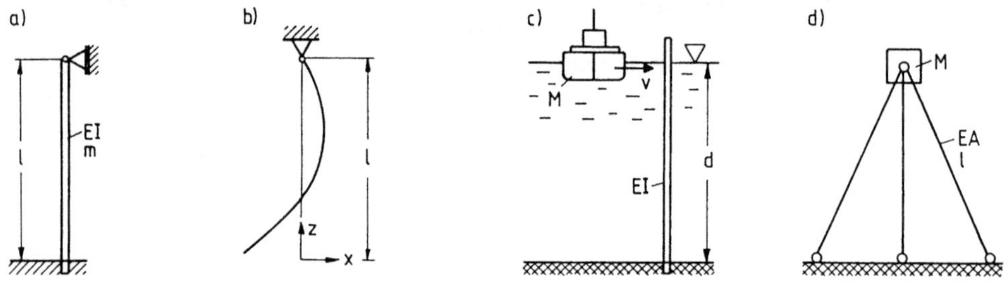

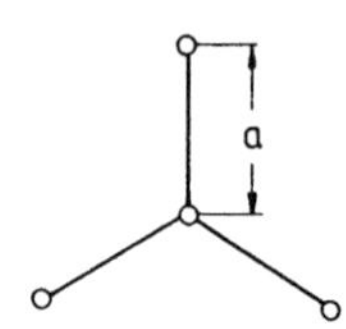

1.3 Es soll die Grundfrequenz für die Transversalschwingung des auf einer Seite eingespannten und auf der anderen Seite gelenkig gelagerten Balkens der Länge l, der Biegesteifigkeit EI und der Masse m je Längeneinheit (Abb. a) mit Hilfe des *Rayleigh*-Quotienten berechnet werden. Man verwende als Näherung für die 1. Eigenschwingungsform ein Polynom, welches α) nur die geometrischen (Polynom 3. Grades) und β) sämtliche Randbedingungen befriedigt (Polynom 4. Grades).

1.4 Man berechne für eine vertikal frei hängende biegeschlaffe Rohrleitung der Länge l (Abb. b) mit Hilfe des *Rayleigh*-Quotienten die Grundfrequenz für die Transversalschwingung. Als Näherung für die 1. Eigenschwingungsform ist $\Phi_1(z) = \alpha(1-z/l)+(1-z/l)^2$ zu verwenden, wobei der Parameter α durch Minimieren des *Rayleigh*-Quotienten zu ermitteln ist.

1.5 Das skizzierte Fachwerk (Abb. d), bestehend aus drei gleichen, regelmäßig angeordneten, masselosen Beinen der Länge l, der Dehnsteifigkeit EA und der Beinspreizung a, trägt an seiner Spitze eine Einzelmasse M. Man berechne mit Hilfe des *Rayleigh*-Quotienten die Grundfrequenz für die Horizontalschwingung der Masse M.

1.6 Für die Hubinsel nach Abb. 1.4.3 wurde in Beispiel 1.4.3 die Grundfrequenz nach *Rayleigh* mit einem Näherungsansatz $\Phi_1 = \sin(\pi z/(2l))$ berechnet.

α) Man konstruiere als Näherung für die 2. Eigenschwingungsform Φ_2 eine Linearkombination aus $\sin(\pi z/(2l))$ und $\sin(3\pi z/(2l))$, die zu $m\Phi_1$ orthogonal ist.

β) Man berechne mittels des *Rayleigh*-Quotienten mit Φ_2 nach α) die 2. Eigenfrequenz ω_2 unter Vernachlässigung der Druckkraft im Bein.

Daten: wie in Aufgabe 1.1

1.7 Es ist ein beidseitig gelenkig gelagerter Balken der Länge l, der Biegesteifigkeit EI und der Masse m je Längeneinheit gegeben (Abb. e). Der Balken wird durch die zeitharmonische und ortskonstante Streckenlast $q(z,t) = q_o \exp(i\omega t)$ zu Schwingungen angeregt.

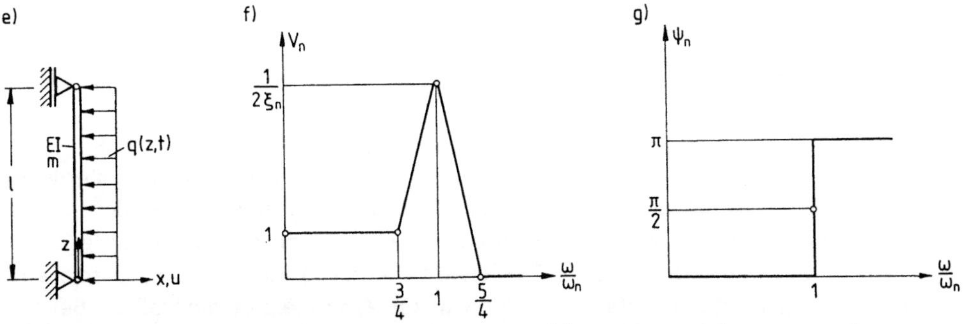

Die Eigenschwingungsformen des Balkens sind $\Phi_n(z) = \sin(n\pi z/l)$ $(n=1, 2, 3, \ldots)$ und seine Eigenfrequenzen $\omega_n = (n\pi/l)^2\sqrt{EI/m}$. Die Dämpfungsmatrix habe Diagonalgestalt mit den Dämpfungskonstanten C_n bzw. Dämpfungsparametern ξ_n, und das Übertragungsverhalten des Balkens werde durch Amplitudenvergrößerungsfunktion V_n nach Abb. f sowie Phasengang ψ_n nach Abb. g gekennzeichnet.

α) Man berechne für die Erregerfrequenz $\omega = \omega_2$ die Amplitudenfunktion $r(z)$ der Balkenauslenkung $u(z,t)$.

β) wie α), jedoch für $\omega = \omega_1$.

γ) Unter der Annahme, daß die durch C_n bzw. ξ_n gekennzeichnete Systemdämpfung durch Linearisierung einer Widerstandskraft $q_D = b|\dot{u}|\dot{u}$ entsteht, berechne man für den Fall β) unter der Voraussetzung $\sum \Phi_n f_n \approx \Phi_1 f_1$ den Dämpfungsparameter ξ_1 in Abhängigkeit von der Widerstandskonstanten b.

Hinweis: $\sum_{n=0}^{\infty} \frac{\sin(2n+1)x}{(2n+1)^5} = \frac{1}{96}(\pi^4 x - 2\pi^2 x^3 + \pi x^4)$, $0 \leq x \leq \pi$

1.8 Die Widerstandskraft $F_D = B|\dot{u}|\dot{u}$ eines Einmassenschwingers ist durch eine kubische Dämpfungskraft $F_D = C\dot{u} + D\dot{u}^3$ anzunähern. Man ermittle für eine harmonische Bewegung $u = f\cos\omega t$ die Koeffizienten C und D in Abhängigkeit von der Schwingungsamplitude f, der Frequenz ω und der Widerstandskonstanten B mittels Fehlerquadratminimierung.

1.9 Ein Versorgungsschiff der Masse M (hydrodynamische Masse eingeschlossen) legt mit der "unendlich langsamen" Geschwindigkeit v zentrisch an einem Pfahl an (Abb. c). Der Pfahl sei gewichtslos, besitze die Biegesteifigkeit EI und sei in der Tiefe d unterhalb des Anstoßpunktes fest eingespannt. Man berechne mit Hilfe des Energiesatzes unter Vernachlässigung von Verlustenergien und lokaler Deformationen die Auslenkungsamplitude f des Pfahls in Höhe des Anstoßpunktes.

2 Zufallsprozesse

Es wird ein innerhalb eines unendlichen oder endlichen Zeitintervalls T stetig von der Zeit t abhängender *Prozeß* u(t) betrachtet. u(t) beschreibt z.B. die Auslenkung eines elastisch schwingenden mechanischen Systems als Funktion der Zeit. Ist der Wert der Funktion u(t) zu jeder frei wählbaren Zeit t durch eine bestimmte Zahl - gegebenenfalls innerhalb gewisser Fehlerschranken - angebbar, z.B. durch eine Formel, eine grafische Darstellung oder durch einen experimentellen Befund, spricht man von einem *deterministischen Prozeß* (*deterministic process*). u(t) ist ein Prozeß, der sich vollständig aus den Werten seiner Vergangenheit vorausbestimmen läßt, z.B. die Wellenerhebung eines regelmäßigen Seegangs oder die Schwingung einer Konstruktion unter der Wirkung einer harmonischen Erregerkraft. So sind sämtliche in Kapitel 1 betrachteten Schwingungen deterministischer Natur.

Sind die Werte der Funktion u(t) für gewählte Zeiten t dagegen nicht vorherbestimmbar, sondern ist ihr Auftreten von bestimmter Größe nur mehr oder weniger wahrscheinlich, handelt es sich um einen *stochastischen* oder *Zufallsprozeß* (*random process*). Zu einer festen Zeit ist u eine Zufallsvariable, so wie etwa das Zufallsereignis "Zahl der Augen" beim Werfen eines Würfels unabhängig davon ist, zu welcher Zeit (und an welchem Ort) gewürfelt wird. Zufallsprozesse sind z.B. die Wellenerhebung eines unregelmäßigen Seegangs oder die Schwingung einer meerestechnischen Konstruktion in diesem Seegang, also eine *Zufallsschwingung* (*random vibration*).

Zufallsschwingungen zu analysieren heißt, die statistischen Kennzeichen einer stochastisch erregten Schwingung in Abhängigkeit von der Statistik der Erregerkräfte (etwa als Folge eines unregelmäßigen Seegangs) einerseits und von den dynamischen Eigenschaften der schwingenden Konstruktion, nämlich Masse, Steifigkeit und Dämpfung, andererseits zu bestimmen.

Zufallsfunktionen u(x,y,z,t), die außer von der Zeit t auch (stetig) von den Ortskoordinaten x, y und z abhängen, heißen Zufallsfeldprozesse, solche die nur, etwa bei festgehaltener Zeit $t = t_o$, von den Ortskoordinaten abhängen, Zufallsfelder. Ein zweidimensionaler Zufallsfeldprozeß ist z.B. der unregelmäßige Seegang eines bestimmten Seegebiets.

2.1 Wahrscheinlichkeit, Wahrscheinlichkeitsverteilung und -dichte

Abb. 2.1.1 zeigt die Aufzeichnung eines Zufallsprozesses im Sinne einer *Stichprobe* (*sample*). Damit die die Statistik dieses Prozesses kennzeichnenden Größen genügend genau aus dieser Aufzeichnung bestimmt werden können, muß sie genügend lange andauern. Wird eine bestimmte Zeit $t = t_o$ herausgegriffen, so kann der zu dieser Zeit erwartete Wert von u nicht angegeben werden, weil $u(t_o) \equiv u_o$ eine Zufallsvariable ist. Selbstverständlich darf diese Aussage nicht auf die konkrete

Aufzeichnung des Prozesses nach Abb. 2.1.1 bezogen werden, die lediglich als Stichprobe des betrachteten Zufallsprozesses dient. Häufig wird deshalb in Statistiklehrbüchern durch geänderte Schreibweise zwischen dem eigentlichen Zufallsprozeß einerseits und seiner konkreten Aufzeichnung als eine von unendlich vielen möglichen Realisierungen andererseits unterschieden, worauf hier verzichtet wird.

Für einen Zufallsprozeß kann lediglich die Chance oder *Wahrscheinlichkeit* (*probability*) ermittelt werden, mit der u_o zu einer bestimmten Zeit t_o innerhalb gewisser Grenzen liegt. Die Wahrscheinlichkeit, mit der die Zufallsvariable u_o zu einer festen Zeit t_o kleiner oder höchstens gleich dem Niveau u ist, wird mit $P(u_o \leq u)$ bezeichnet. Für $u = +\infty$ folgt $P = 1$, und das Auftreten von u_o ist *sicher*. Ist umgekehrt $u = -\infty$ folgt $P = 0$, und das Auftreten von u_o ist *unmöglich*.

Die Wahrscheinlichkeit P als Funktion von u aufgefaßt, heißt die *Wahrscheinlichkeitsverteilung* oder *Verteilungsfunktion* (*probability distribution function*)

$$F(u) := P(u_O \leq u). \qquad (2.1.1)$$

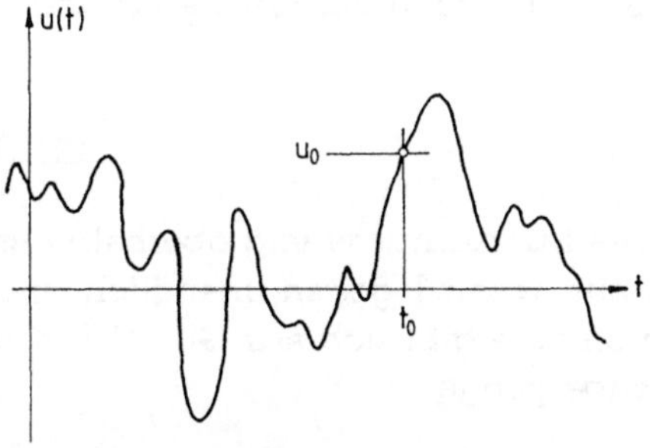

Abb. 2.1.1 Aufzeichnung eines Zufallsprozesses

Ihre Ableitung nach u ist die *Wahrscheinlichkeitsdichte* oder *Dichtefunktion* (*probability density*)

$$f(u) := \frac{dF}{du}. \qquad (2.1.2)$$

Ist die Wahrscheinlichkeitsdichte f(u) bekannt, kann durch Integration die Wahrscheinlichkeitsverteilung in der Form

$$F(u) = \int_{-\infty}^{u} f(\xi)\, d\xi \qquad (2.1.3)$$

gewonnen werden. Daraus ist ersichtlich, daß $F(-\infty) = P(u_o \leq -\infty) = 0$ für das unmögliche Ereignis erfüllt ist. Da für das sichere Ereignis $F(\infty) = P(u_o \leq \infty) = 1$ sein muß, folgt aus Gl. (2.1.3) für die Wahrscheinlichkeitsdichte die Eigenschaft

$$\int_{-\infty}^{\infty} f(u)\, du = 1. \qquad (2.1.4)$$

Es ist auch möglich, die Wahrscheinlichkeit P anzugeben, mit der u_o *größer* als das Niveau u ist. Für diese gilt

$$P(u < u_o) = \int_{u}^{\infty} f(\xi)\, d\xi = \int_{-\infty}^{\infty} f(u)\, du - \int_{-\infty}^{u} f(\xi)\, d\xi = 1 - F(u). \qquad (2.1.5)$$

Und schließlich bezeichnet man als *Intervallwahrscheinlichkeit* die Wahrscheinlichkeit dafür, daß u_o innerhalb der Grenzen a und b liegt. Dafür gilt

$$P(a < u_O \leq b) = \int_{a}^{b} f(u)\, du = F(b) - F(a). \qquad (2.1.6)$$

Zur Berechnung der Wahrscheinlichkeitsdichte f(u) eines Zufallsprozesses wird eine konkrete Aufzeichnung des Prozesses, also eine Stichprobe, herangezogen. Sie beschreibt die Zeitgeschichte des Prozesses u(t) für vergangene Zeiten bis zur Gegenwart. Unter der Voraussetzung, daß sich die statistischen Kennwerte des Pro-

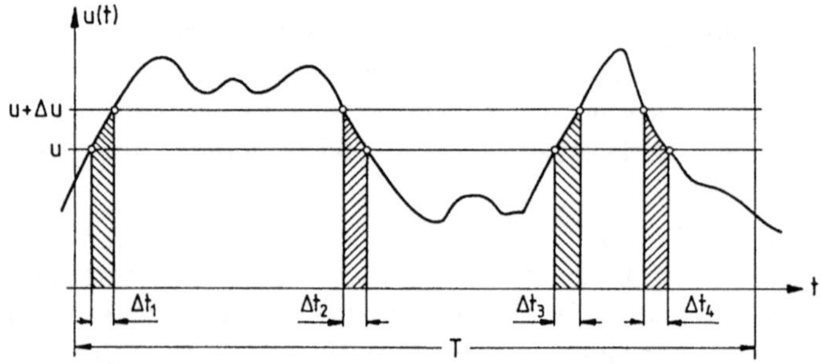

Abb. 2.1.2 Berechnung der Wahrscheinlichkeitsdichte

zesses mit der Zeit nicht ändern, können diese aus der Aufzeichnung berechnet werden und gelten dann auch für die Zukunft des Zufallsprozesses u(t).

Nach Abb. 2.1.2 kann für die im Zeitintervall T ermittelte Aufzeichnung als Intervallwahrscheinlichkeit dafür, daß der Zufallsprozeß u(t) innerhalb der Grenzen u und $u+\Delta u$ liegt, die Summe der Zeitintervalle Δt_i bezogen auf die Gesamtzeit T festgestellt werden. Es gilt also nach Gl. (2.1.6)

$$\int_u^{u+\Delta u} f(\xi)\,d\xi = \frac{\sum_{(i)} \Delta t_i}{T} \approx f(u)\,\Delta u, \tag{2.1.7}$$

wobei im Hinblick auf das ≈- Zeichen das Niveau $u+\Delta u$ nur wenig oberhalb des Niveaus u liegt. Mathematisch streng gilt dies nur, wenn T gegen unendlich und gleichzeitig Δu gegen Null streben. In diesem Sinne ergibt sich aus Gl. (2.1.7) die Wahrscheinlichkeitsdichte f(u) durch die Grenzübergänge

$$f(u) = \lim_{\Delta u \to 0} \lim_{T \to \infty} \frac{\sum_{(i)} \Delta t_i}{\Delta u\, T} = \lim_{T \to \infty} \frac{\sum_{(i)} dt_i}{du\, T} = \lim_{T \to \infty} \left(\frac{1}{T}\frac{dt}{du}\right) \tag{2.1.8}$$

mit $\sum dt_i := dt$. Man kann diese Gleichung auch in der Form

$$f(u)\,du = \lim_{T \to \infty} \frac{dt}{T} \tag{2.1.9}$$

schreiben.

Dies sind theoretische Ergebnisse. Es ist nicht möglich, mit ihnen etwa einen mathematischen Ausdruck für die Wahrscheinlichkeitsdichte eines Zufallsprozesses zu gewinnen. Zum einen sind wir bei der Analyse ingenieurwissenschaftlicher Zufallsprozesse selbstverständlich auf endliche Aufzeichnungszeiten T angewiesen, zum anderen kann die Auswertung einer konkreten Aufzeichnung nur über ihre Diskretisierung erfolgen.

Dazu wird nach Abb. 2.1.3 die Zeitachse innerhalb des Zeitintervalls T in N äquidistante Zeitschritte zerlegt. Die Anzahl der u-Werte zu diesen Zeitpunkten ist also N. Dieser Zahl ins Verhältnis gesetzt wird die Anzahl n_i derjenigen u-Werte, die zu diesen Zeitpunkten innerhalb eines Bandes $u_i \pm \Delta u/2$ liegen. Ist Δu genügend klein und T genügend groß, folgt für die Wahrscheinlichkeitsdichte des Zufallsprozesses entsprechend Gl. (2.1.7) mit ausreichender Genauigkeit

$$f_i := f(u_i) \approx \frac{1}{\Delta u}\frac{n_i}{N}. \tag{2.1.10}$$

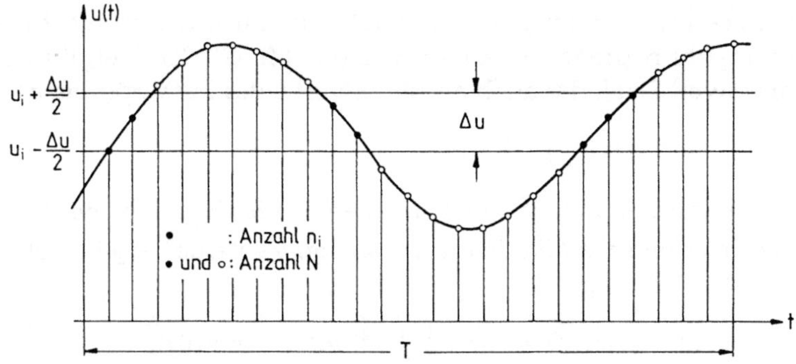

Abb. 2.1.3 Diskretisierung einer Aufzeichnung

wobei der Reihe nach sämtliche diskreten Niveaus u_i erfaßt werden, für die Schnittpunkte n_i existieren.

Die Wahrscheinlichkeitsverteilung ergibt sich daraus durch numerische Integration, etwa mit Hilfe der Trapezregel

$$F_i := F(u_i) \approx \frac{\Delta u}{2} \sum_{j=1}^{i} (f_{j-1} + f_j) \,. \quad (2.1.11)$$

Auf diese Weise findet man die Wahrscheinlichkeitsdichte f(u) und die Wahrscheinlichkeitsverteilung F(u), wie sie prinzipiell in Abb. 2.1.4 dargestellt sind. F(u) an der Stelle u ist gleich der schraffierten Fläche unter der von $-\infty$ bis u erstreckten Kurve f(u). So gewonnene Ergebnisse können anschließend mehr oder weniger gut durch analytische Ausdrücke approximiert werden.

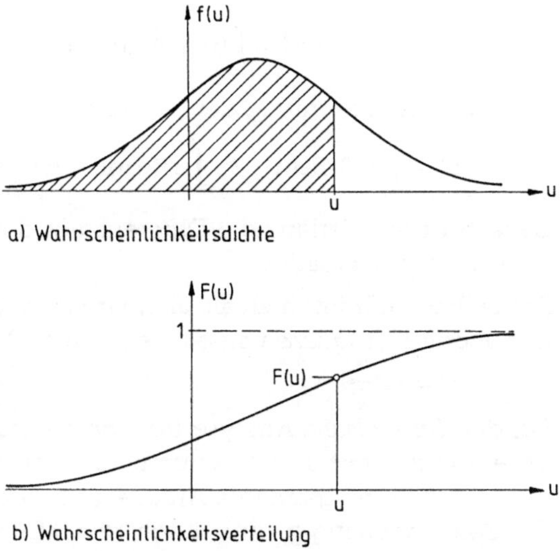

Abb. 2.1.4 Wahrscheinlichkeitsdichte und Wahrscheinlichkeitsverteilung eines Zufallsprozesses

2.2 Mittelwerte, statistische Erwartung

Die Wahrscheinlichkeitsdichte f(u) eines Zufallsprozesses u(t) sei bekannt. Sie wird im folgenden dazu verwendet, um gewisse statistische Kenngrößen des Prozesses zu berechnen.

Man bezeichnet mit E[u] den (statistischen) *Mittelwert* (*mean value*) des Zufallsprozesses u(t). E ist die *statistische Erwartung* (*statistical expectation*) oder der *Erwartungswert* der Zufallsvariablen $u(t_o)$ zu einer bestimmten Zeit t_o. Unter gewissen Voraussetzungen (vergl. Abschnitt 2.10) kann der Erwartungswert E[u] als *zeitlicher* Mittelwert einer Aufzeichnung u(t) (Stichprobe)

$$\overline{u(t)} := \lim_{T \to \infty} \frac{1}{T} \int_0^T u(t)\,dt \quad (2.2.1)$$

bestimmt werden. Es ist also $E[u] = \overline{u(t)}$. Man kann dt/T nach Abb. 2.1.2 als dasjenige relative Zeitintervall interpretieren, für das sich u(t) innerhalb des durch u und u+du begrenzten Bandes befindet. Mit Gl. (2.1.9) ergibt sich dann der Erwartungswert E[u], der auch als Mittelwert μ des Zufallsprozesses bezeichnet wird, zu

$$\mu := E[u] = \int_{-\infty}^{\infty} u\, f(u)\, du. \tag{2.2.2}$$

Dieses Integral mit u^1 heißt "Moment *erster* Ordnung" der Dichtefunktion f(u).

Der *quadratische Mittelwert* (*mean square value*) ergibt sich analog als "Moment *zweiter* Ordnung"

$$E[u^2] = \overline{u^2(t)} = \lim_{T\to\infty} \frac{1}{T} \int_0^T u^2(t)\, dt = \int_{-\infty}^{\infty} u^2 f(u)\, du. \tag{2.2.3}$$

Man bezeichnet als *Varianz* (*variance*) oder *Dispersion* des Zufallsprozesses

$$\sigma^2 := E[(u-\mu)^2] = \int_{-\infty}^{\infty} (u-\mu)^2 f(u)\, du, \tag{2.2.4}$$

die sich unter Beachtung der Gln. (2.2.3), (2.2.2) und (2.1.4) wie folgt ausrechnen läßt:

$$\sigma^2 = \int_{-\infty}^{\infty} u^2 f(u)\, du - 2\mu \int_{-\infty}^{\infty} u\, f(u)\, du + \mu^2 \int_{-\infty}^{\infty} f(u)\, du = E[u^2] - \mu^2. \tag{2.2.5}$$

Danach ist die Varianz die Differenz aus dem quadratischen Mittelwert und dem Mittelwert zum Quadrat.

Schließlich definiert man als *Standardabweichung* oder *Streuung* (*standard deviation, root mean square value*) die positive Wurzel aus der Varianz, d.h.

$$\sigma := +\sqrt{\sigma^2}. \tag{2.2.6}$$

Für die *dynamische* Analyse irgendeines stochastischen physikalischen Vorgangs ist sein Mittelwert μ nicht wesentlich. Man zerlegt die Aufzeichnung des Zufallsprozesses in zwei getrennte Anteile, und zwar α) in den stationären Anteil, der von der Zeit unabhängig und durch den Mittelwert μ definiert ist, und β) in den dynamischen Anteil, der durch die Streuung σ um den Mittelwert $\mu = 0$ bestimmt ist. Für den stationären Anteil wird eine übliche statische Analyse durchgeführt. Die dynamische Analyse erstreckt sich dann auf einen sogenannten *zentrierten* Zufallsprozeß (also mit dem Mittelwert Null), für den dann der quadratische Mittelwert gleich der Varianz ist.

Die Erwartungswertbildung bezog sich bisher lediglich auf den Zufallsprozeß u(t) selbst sowie auf sein Quadrat $u^2(t)$. Man kann dieses Vorgehen verallgemeinern. Wendet man eine deterministische Funktion g auf den Zufallsprozeß u(t) an, entsteht ein neuer Zufallsprozeß $v(t) := g[u(t)]$. Dessen zeitlicher Mittelwert - gebildet mit Hilfe einer konkreten Aufzeichnung u(t) - ist

$$\overline{v(t)} \equiv \overline{g[u(t)]} = \lim_{T\to\infty} \int_0^T g[u(t)]\, dt. \tag{2.2.7}$$

Die Transformation des Zeitintegrals mit Hilfe der Wahrscheinlichkeitsdichte f(u) nach Gl. (2.1.9) führt unter der Annahme, daß der zeitliche Mittelwert gleich dem statistischen Erwartungswert ist, auf

$$E[g(u)] = \int_{-\infty}^{\infty} g(u)\, f(u)\, du. \tag{2.2.8}$$

Für $g(u) = u$ bzw. $g(u) = u^2$ ergeben sich die Spezialfälle Gln. (2.2.2) und (2.2.3).

Daß für die Erwartungswertbildung das distributive Gesetz $E[g_1+g_2] = E[g_1] + E[g_2]$ gilt, kann unmittelbar an Gl. (2.2.8) abgelesen werden. Dagegen gilt i.a. $E[g_1 g_2] \neq E[g_1]E[g_2]$.

Beispiel 2.2.1: Wahrscheinlichkeitsdichte einer Sinuswelle

Es wird ein deterministischer, also ein nicht-zufälliger Zeitverlauf einer Variablen u in Form einer regelmäßigen Sinuswelle betrachtet. Mit der Periode T, der Kreisfrequenz $\omega = 2\pi/T$ und der Amplitude a_1 gilt dafür $u(t) = a_1 \sin\omega t$ (Abb.2.2.1).

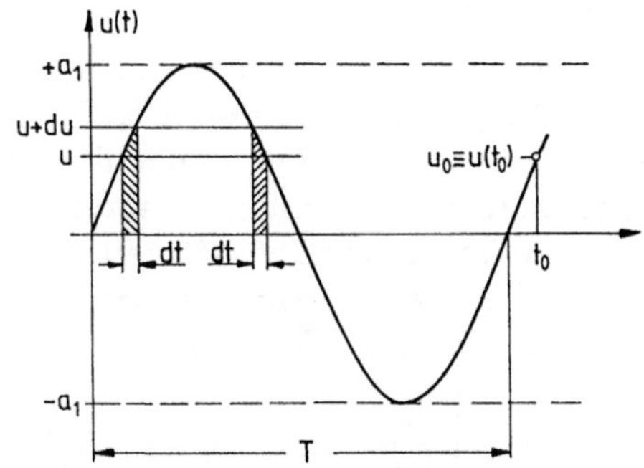

Abb. 2.2.1 Zeitverlauf von u(t)

Für diesen Prozeß kann zu jeder Zeit t_o der wahre Wert von $u(t_o) \equiv u_o$ angegeben werden. Es kann auch - anders als in Abschnitt 2.1 ausgeführt - der Zeitanteil 2dt exakt berechnet werden, für den u(t) zwischen den Niveaus u und u+du liegt. Es gilt nämlich $du = a_1 \omega \cos\omega t$, und für das in Abb. 2.2.1 eingezeichnete Zeitdifferential folgt

$$dt = \frac{du}{a_1 \omega \cos\omega t} = \frac{du}{a_1 \omega \sqrt{1-\sin^2\omega t}} = \frac{du}{\omega\sqrt{a_1^2-u^2}}$$

und damit

$$\frac{2\,dt}{T} = \frac{du}{\pi\sqrt{a_1^2-u^2}}.$$

Dies Ergebnis gilt für jede Zeitdauer von u(t), wenn die Zyklen vollständig durchfahren werden, also die Gesamtdauer ein ganzes Vielfaches der Periode T ist.

Trotz des angenommenen deterministischen Zeitverlaufs wird u(t) ein Zufallsprozeß, wenn man die Zeit als Zufallsvariable einführt. Ist also t_o nicht eine fest vorgebbare sondern eine sich zufällig einstellende Zeit, kann nicht mehr festgestellt, ob u(t) sich innerhalb oder außerhalb des Bandes du befindet. Es kann lediglich die Wahrscheinlichkeit für das Eintreten dieser Ereignisse angegeben werden. Sind alle Zeiten innerhalb T gleich wahrscheinlich, so ist nach Gl. (2.1.6) die Intervallwahrscheinlichkeit dafür, daß $u(t_o) \equiv u_o$ innerhalb der Grenzen u und u+du liegt,

$$P(u < u_o \le u+du) = f(u)\,du = \frac{2\,dt}{T} = \frac{du}{\pi\sqrt{a_1^2-u^2}}$$

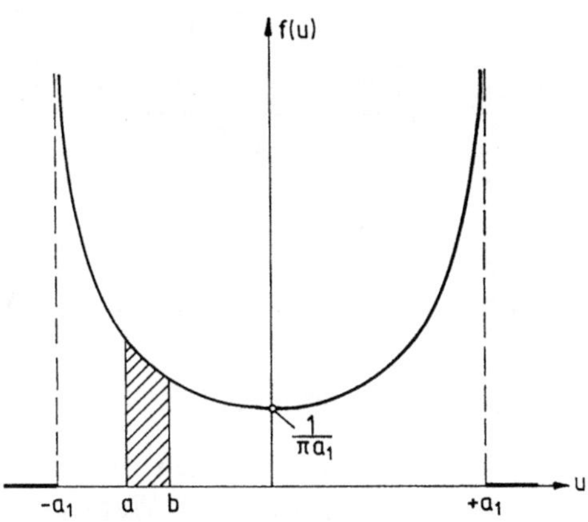

Abb. 2.2.2 Wahrscheinlichkeitsdichte f(u)

und die Wahrscheinlichkeit dafür, daß u_o außerhalb der Grenzen $-a_1$ und $+a_1$ liegt, als unmögliches Ereignis Null. Es ist also die Wahrscheinlichkeitsdichte dieses Zufallsprozesses

$$f(u) = \begin{cases} \dfrac{1}{\pi\sqrt{a_1^2-u^2}} & |u| \le a_1 \\ 0 & |u| > a_1 \end{cases},$$

die in Abb. 2.2.2 grafisch dargestellt ist.

Die Wahrscheinlichkeit dafür, daß u_o zwischen a und b liegt, ergibt sich aus der schraffierten Fläche unterhalb der f(u)-Kurve der Abb. 2.2.2:

$$P(a<u_o \leq b) = \int_a^b f(u)du = \frac{1}{\pi}(\arctan\frac{b}{a_1} - \arctan\frac{a}{a_1})$$

So ist sie z.B. für $b=a_1$ und $a=a_1/2$: $P=0{,}3333$, und für $b=a_1$ und $a=-a_1$: $P=1$. Daß u_o innerhalb der Grenzen $-a_1$ und $+a_1$ liegt, ist also sicher.

Es ist der Mittelwert Gl.(2.2.2) $\mu=0$ und die Varianz Gl. (2.2.4) $\sigma^2=a_1^2/2$.

2.3 Spezielle Wahrscheinlichkeitsverteilungen

2.3.1 Die Gleichverteilung

Die Gleichverteilung ist dadurch gekennzeichnet, daß die Zufallsvariable $u_o \equiv u(t_o)$ innerhalb gewisser Grenzen a und b für ein differentielles Intervall du stets dieselbe (Intervall-) Wahrscheinlichkeit besitzt. Die Wahrscheinlichkeitsdichte f(u) besitzt dort einen konstanten endlichen Wert und ist außerhalb dieser Grenzen Null. Die Wahrscheinlichkeitsverteilung F(u) als Integral über f(u) ist dann innerhalb dieser Grenzen eine Gerade, die an den Grenzen die Werte Null und Eins annimmt (Abb. 2.3.1). Es ist also

$$f(u) = \frac{dF}{du} = \begin{cases} 0 & \text{für } u<a \\ \frac{1}{b-a} & \text{für } a<u<b \\ 0 & \text{für } b<u \end{cases} \tag{2.3.1}$$

und

$$F(u) = \begin{cases} 0 & \text{für } u\leq a \\ \frac{u-a}{b-a} & \text{für } a\leq u\leq b \\ 1 & \text{für } b\leq u \end{cases} \tag{2.3.2}$$

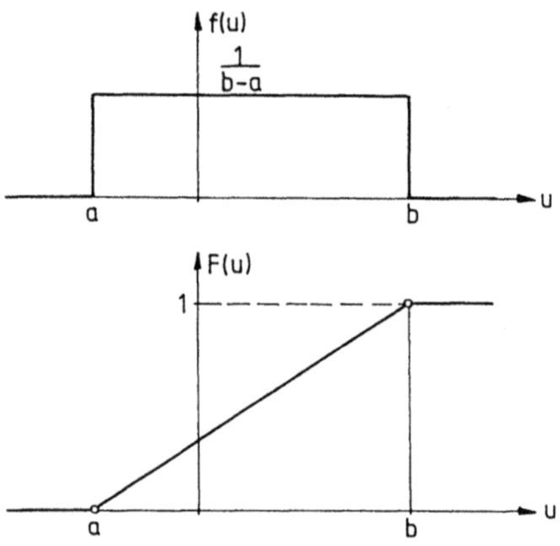

Abb. 2.3.1 Wahrscheinlichkeitsdichte f(u) und -verteilung F(u) für die Gleichverteilung

2.3.2 Die Normalverteilung

Sehr viele Zufallsprozesse der Ingenieurwissenschaft besitzen eine *Gauß*sche[1] oder Normalverteilung mit einer Wahrscheinlichkeitsdichte in Gestalt einer Glockenkurve

$$f(u) = \frac{1}{\sqrt{2\pi}\,\sigma} \exp\left[-\frac{(u-\mu)^2}{2\sigma^2}\right]. \tag{2.3.3}$$

Es ist μ der Mittelwert und σ^2 die Varianz des *Gauß*schen Zufallsprozesses. Die Abb. 2.3.2 zeigt eine qualitative Darstellung dieser Kurve. Sie besitzt ihr Maximum an der Stelle $u = \mu$, und zwar von der Größe $f(\mu) = (\sqrt{2\pi}\,\sigma)^{-1}$. Die Kurve ist bezüglich $u=\mu$ symmetrisch. Für kleine Streuung σ hat sie ein scharf ausgeprägtes, für große σ

1) *Carl Friedrich Gauß* (1777-1855), Mathematiker, Physiker und Astronom, entdeckte das Fehlergesetz, nach dem die Wahrscheinlichkeit für das Auftreten eines Fehlers einer Meßgröße die nach ihm benannte Verteilung besitzt.

ein flaches Maximum. Die Wendepunkte der Kurve liegen bei $u = \mu \pm \sigma$. Für einen zentrierten Prozeß mit $\mu = 0$ ist die Kurve symmetrisch zur f(u)-Achse.

Es werden Erwartungswerte berechnet. Zunächst ist

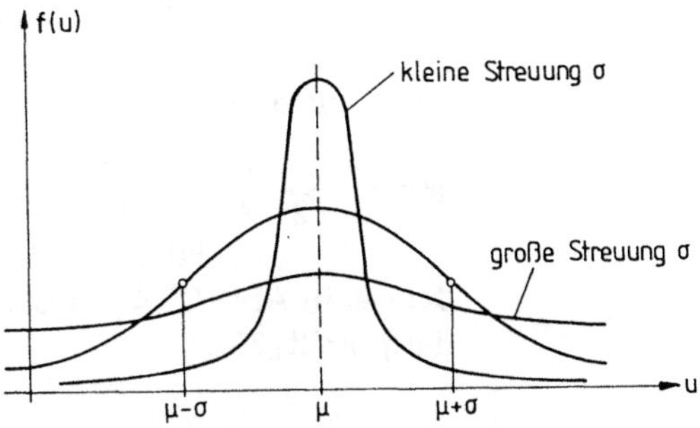

Abb. 2.3.2 ***Gauß*****sche Wahrscheinlichkeitsdichte**

$$E[u] = \int_{-\infty}^{\infty} u\, f(u)\, du = \frac{1}{\sqrt{2\pi}\,\sigma} \int_{-\infty}^{\infty} u \exp\left[-\frac{(u-\mu)^2}{2\sigma^2}\right] du$$

bzw. nach der Substitution $\xi = u - \mu$, $d\xi = du$

$$E[u] = \frac{1}{\sqrt{2\pi}\,\sigma} \int_{-\infty}^{\infty} (\xi + \mu) \exp\left(-\frac{\xi^2}{2\sigma^2}\right) d\xi .$$

Das Integral über $\exp[-\xi^2/(2\sigma^2)]$ besitzt den Wert $\sqrt{2\pi}\,\sigma$ und das über $\xi \exp[\ldots]$ den Wert Null. Damit ist das Ergebnis (2.2.2) $E[u] = \mu$ bestätigt.

Ebenso berechnet man

$$E[u^2] = \int_{-\infty}^{\infty} u^2 f(u)\, du = \frac{1}{\sqrt{2\pi}\,\sigma} \int_{-\infty}^{\infty} (\xi + \mu)^2 \exp\left(-\frac{\xi^2}{2\sigma^2}\right) d\xi .$$

Das Integral über $\xi^2 \exp[\ldots]$ besitzt den Wert $\sqrt{2\pi}\,\sigma^3$, und mit den beiden bereits oben genannten Integralwerten wird das Ergebnis (2.2.5) $E[u^2] = \sigma^2 + \mu^2$ bestätigt.

Für die Analyse eines dynamischen Vorgangs ist dessen Mittelwert nicht wesentlich. Es genügt deshalb, den zentrierten Prozeß mit der Wahrscheinlichkeitsdichte

$$f(u) = \frac{1}{\sqrt{2\pi}\,\sigma} \exp\left(-\frac{u^2}{2\sigma^2}\right) \tag{2.3.4}$$

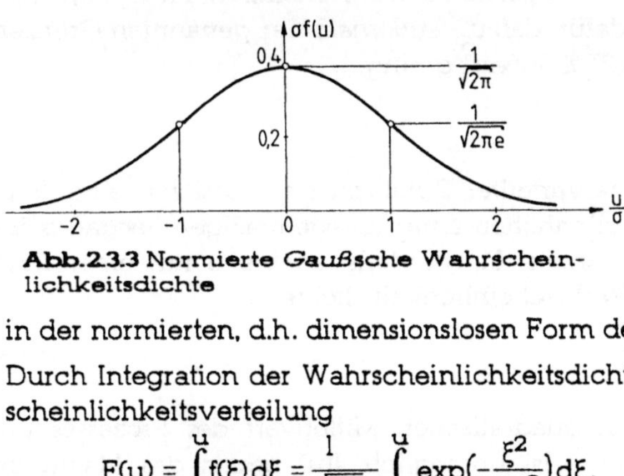

Abb. 2.3.3 Normierte ***Gauß*****sche Wahrscheinlichkeitsdichte**

zu betrachten. Der Zufallsprozeß u(t) besitzt dieselbe Dimension wie seine Standardabweichung σ, seine Wahrscheinlichkeitsdichte dieselbe wie $1/\sigma$, so daß sich die Wahrscheinlichkeitsdichte in der normierten, d.h. dimensionslosen Form der Abb. 2.3.3 darstellen läßt.

Durch Integration der Wahrscheinlichkeitsdichte ergibt sich die *Gauß*sche Wahrscheinlichkeitsverteilung

$$F(u) = \int_{-\infty}^{u} f(\xi)\, d\xi = \frac{1}{\sqrt{2\pi}\,\sigma} \int_{-\infty}^{u} \exp\left(-\frac{\xi^2}{2\sigma^2}\right) d\xi , \tag{2.3.5}$$

die für $u = -\infty$ den Wert Null und für $u = \infty$ Eins annimmt. Dieses Integral kann nicht geschlossen gelöst werden. Es kann lediglich auf die tabellierte Fehlerfunktion $\Phi(x)$ zurückgeführt werden.

Die Fehlerfunktion ist durch das Integral

$$\Phi(x) := \frac{1}{\sqrt{2\pi}} \int_{-\infty}^{x} \exp\left(-\frac{z^2}{2}\right) dz \tag{2.3.6}$$

definiert. Es ist $\Phi(0) = 1/2$ und $\Phi(\infty) = 1$. Es gilt die Funktionalgleichung

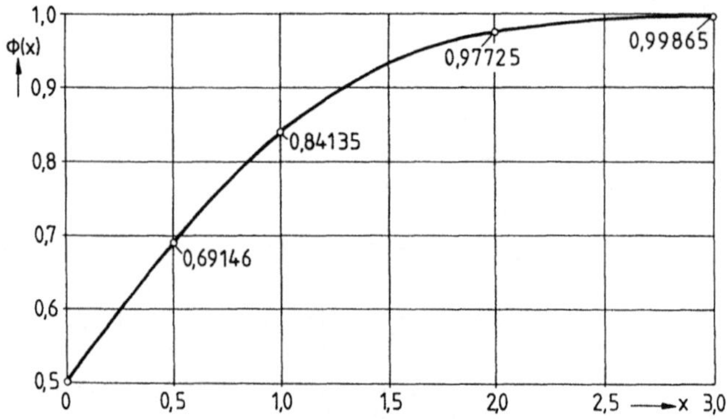

Abb. 2.3.4 Fehlerfunktion $\Phi(x)$

$$\Phi(x) + \Phi(-x) = 1, \quad (2.3.7)$$

mit der Funktionswerte negativer Argumente auf solche mit positiven zurückgeführt werden. Außerdem gilt für große x die asymptotische Darstellung

$$\Phi(x) \sim 1 - \frac{1}{\sqrt{2\pi}} \frac{1}{x} \exp(-\frac{x^2}{2}). \quad |x| \gg 1 \quad (2.3.8)$$

$\Phi(x)$ ist in Abb. 2.3.4 grafisch dargestellt [39].

Um die *Gauß*sche Wahrscheinlichkeitsverteilung F(u) durch die Fehlerfunktion $\Phi(x)$ auszudrücken, wird die Substitution $z = \xi/\sigma$, $dz = d\xi/\sigma$ durchgeführt. Damit folgt aus Gl. (2.3.5)

$$F(u) = \frac{1}{\sqrt{2\pi}} \int_{-\infty}^{u/\sigma} \exp(-\frac{z^2}{2}) dz = \Phi(\frac{u}{\sigma}). \quad (2.3.9)$$

Sucht man beispielsweise die Intervallwahrscheinlichkeit dafür, daß eine normalverteilte Zufallsvariable u_o innerhalb der $\pm 3\sigma$-Grenzen liegt, rechnet man nach Gl. (2.1.6) $P(-3\sigma < u_o \leq 3\sigma) = F(3\sigma) - F(-3\sigma) = \Phi(3) - \Phi(-3) = \Phi(3) - [1 - \Phi(3)] = 2\Phi(3) - 1$. Es ist $\Phi(3) = 0{,}99865$, und es folgt für die gesuchte Wahrscheinlichkeit P = 0,9973 = = 99,73 %. Die Wahrscheinlichkeit dafür, daß u_o *außerhalb* der genannten Grenzen liegt, ist mit 1 - 0,9973 = 0,0027 = 0,27 % äußerst gering.

2.3.3 Die Rayleigh-Verteilung

Die *Maximalwerte* gewisser normalverteilter Zufallsprozesse besitzen eine *Rayleigh* - Verteilung, wie z.B. die Wellenhöhen eines unregelmäßigen Seegangs innerhalb eines Kurzzeitseegangszustandes. Eine Zufallsvariable u mit einer *Rayleigh* - Verteilung [67] besitzt die Wahrscheinlichkeitsdichte

$$f(u) = \frac{u}{m_o} \exp(-\frac{u^2}{2m_o}), \quad u \geq 0 \quad (2.3.10)$$

in der die Größe m_o dem halben quadratischen Mittelwert des Prozesses u(t) gleich ist. Das Auftreten negativer u ist unmöglich. f(u) besitzt das Maximum $1/\sqrt{m_o e}$ an der Stelle $u = \sqrt{m_o}$.

Durch Integration der Wahrscheinlichkeitsdichte f(u) ergibt sich die Wahrscheinlichkeitsverteilung

$$F(u) = \int_0^u f(\xi) d\xi = 1 - \exp(-\frac{u^2}{2m_o}). \quad (2.3.11)$$

Wahrscheinlichkeitsdichte f(u) und - verteilung F(u) sind in Abb. 2.3.5 grafisch in dimensionsloser Auftragung dargestellt.

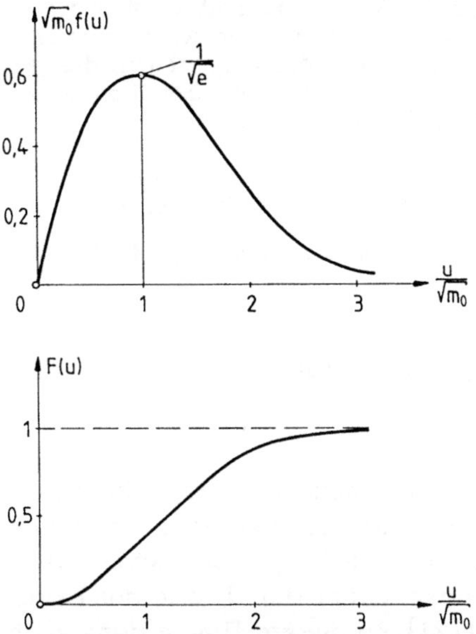

Es werden die Erwartungswerte für u und u^2 berechnet. Zunächst ist der Mittelwert des Prozesses u

$$E[u]=\int_0^\infty u\,f(u)\,du = \frac{1}{m_o}\int_0^\infty u^2 \exp(-\frac{u^2}{2m_o})du.$$

Das Integral besitzt den Wert $\sqrt{\pi/2}\,m_o\sqrt{m_o}$. Somit ist der Mittelwert des Zufallsprozesses

$$\mu = E[u] = \sqrt{\frac{\pi}{2}m_o}\,. \qquad (2.3.12)$$

Weiter wird der quadratische Mittelwert

$$E[u^2]=\int_0^\infty u^2 f(u)du=\frac{1}{m_o}\int_0^\infty u^3\exp(-\frac{u^2}{2m_o})du$$

gebildet. Dieses Integral besitzt den Wert $2m_o^2$, und für die Varianz des Prozesses folgt

$$\sigma^2 = E[u^2] - \mu^2 = (2-\frac{\pi}{2})m_o. \qquad (2.3.13)$$

Abb. 2.3.5 *Rayleigh*sche Wahrscheinlichkeitsdichte f(u) und -verteilung F(u)

In der folgenden Aufgabe geht es um die Berechnung des sogenannten ***signifikanten*** Wertes der Zufallsvariablen u mit einer *Rayleigh*-Verteilung. Dieser ist das Mittel $u_{1/3}$ der 1/3 größten Werte von u. Die Wahrscheinlichkeitsverteilung F(u) Gl. (2.3.11) ist noch einmal in Abb. 2.3.6 dargestellt. Trennt man den Wahrscheinlichkeitsbereich bei $F(u_1)=2/3$, so liegen oberhalb dieser Grenze u-Werte, die insgesamt mit der Wahrscheinlichkeit von 1/3 auftreten, und sie liegen sämtlich oberhalb von u_1, sind also die 1/3 größten Werte. Das Mittel $u_{1/3}$ dieser Werte teilt den oberen Wahrscheinlichkeitsbereich derart, daß die in Abb. 2.3.6 gekennzeichneten Flächen A_1 und A_2 einander gleich sind. Mit $F(u_1)=2/3$ ergibt sich zunächst die u-Grenze $u_1=\sqrt{2m_o\ln 3}$. Damit ist die Fläche

$$A_1=\int_{u_1}^{u_{1/3}} F(u)du-\frac{2}{3}(u_{1/3}-u_1)$$

und die Fläche

$$A_2=\int_{u_{1/3}}^{\infty}[1-F(u)]du.$$

Aus $A_1=A_2$ folgt

$$u_{1/3}=u_1+3\int_{u_1}^{\infty}[1-F(u)]du=u_1+3\int_{u_1}^{\infty}\exp(-\frac{u^2}{2m_o})du.$$

Mit der Substitution $u=\sqrt{m_o}\,z$ wird das Integral auf die Fehlerfunktion Φ Gl. (2.3.6) zurückgeführt:

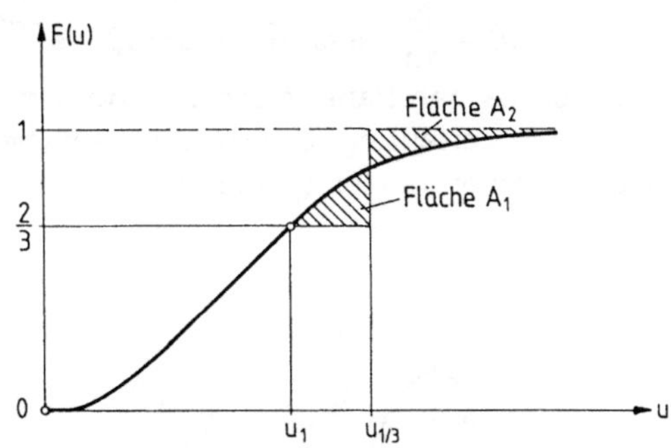

Abb. 2.3.6 Wahrscheinlichkeitsverteilung F(u)

$$\frac{u_{1/3}}{\sqrt{m_o}}=\sqrt{2\ln 3}+3\int_{\sqrt{2\ln 3}}^{\infty}\exp(-\frac{z^2}{2})dz=\sqrt{2\ln 3}+3\sqrt{2\pi}\,[\Phi(\infty)-\Phi(\sqrt{2\ln 3})].$$

Mit $\Phi(\infty)=1$ und $\Phi(\sqrt{2\ln 3})=0{,}931$ folgt das bemerkenswerte Ergebnis $u_{1/3}=2{,}00\sqrt{m_o}$. Dies ist der gesuchte signifikante Wert der Zufallsvariablen u. Er wird uns später im Abschnitt 2.20.5 über die 1/n-höchsten Maximalwerte eines Prozesses und speziell im Zusammenhang mit Seegängen als signifikante Wellenhöhe wieder begegnen.

Dieselbe Aufgabe kann man auch wie folgt lösen: Es sei die Anzahl der 1/3 größten u-Werte $n_o/3$. Die Intervallwahrscheinlichkeit dafür, daß u-Werte innerhalb eines durch u_i und $u_i+\Delta u$ begrenzten Bandes liegen, ist $P(u_i<u\leq u_i+\Delta u)\approx f(u_i)\Delta u$. Die wahrscheinliche Zahl dieser u_i - Werte ist demnach $n_i=n_o P=n_o f(u_i)\Delta u$. Die Größe $u_{1/3}$ ist nun das gewichtete arithmetische Mittel sämtlicher u_i- Werte im Bereich von u_1 bis unendlich, wobei die Wichtungsfaktoren die Anzahl der jeweiligen u_i-Werte sind und die Bezugsmenge $n_o/3$ ist, d.h.

$$u_{1/3}=\frac{3}{n_o}\sum_{(i)} n_i u_i=3\sum_{(i)} u_i f(u_i)\Delta u \quad \text{bzw. nach dem Grenzübergang } \Delta u\to 0 \quad u_{1/3}=3\int_{u_1}^{\infty} u f(u)du.$$

Mit der Wahrscheinlichkeitsdichte f(u) (2.3.10) sowie der Substitution $u=\sqrt{m_o}\,z$ folgt

$$\frac{u_{1/3}}{\sqrt{m_o}}=3\int_{\sqrt{2\ln 3}}^{\infty} z^2\exp\left(-\frac{z^2}{2}\right)dz.$$

Nach partieller Integration erhält man dasselbe Ergebnis wie oben.

2.3.4 Die Gumbel - Verteilung

Für gewisse Zufallsprozesse kann die Verteilung ihrer Maximalwerte nicht ausreichend genau durch eine *Rayleigh*-Verteilung beschrieben werden. Eine andere Maximalwertverteilung ist die doppelte Exponentialverteilung nach *Fisher-Tippett* (Typ I) [19]. Sie wird auch nach *Gumbel*[1)] benannt., der die Theorie der Extremalwertverteilungen umfassend dargestellt hat [24]. Zu diesem Thema siehe auch *Bolotin* [4]! Beispielsweise gehorchen die jährlich beobachteten Maximalgeschwindigkeiten des natürlichen Windes in Böen weitgehend der *Gumbel*-Verteilung.

Eine Zufallsvariable u mit einer *Gumbel*-Verteilung besitzt die Wahrscheinlichkeitsverteilung

$$F(u)=\exp[-e^{-\alpha(u-u_o)}] \tag{2.3.14}$$

und die Wahrscheinlichkeitsdichte

$$f(u)=\frac{dF}{du}=\alpha\exp[-\alpha(u-u_o)-e^{-\alpha(u-u_o)}] \tag{2.3.15}$$

mit den beiden Parametern u_o und α der Verteilung (Abb.2.3.7). u_o heißt *Modalwert* der Verteilung. Der Formparameter α ist ein Maß für die Streuung der Zufallsvariablen u. $1/(\alpha u_o)$ nennt man *Variationsmaß*.

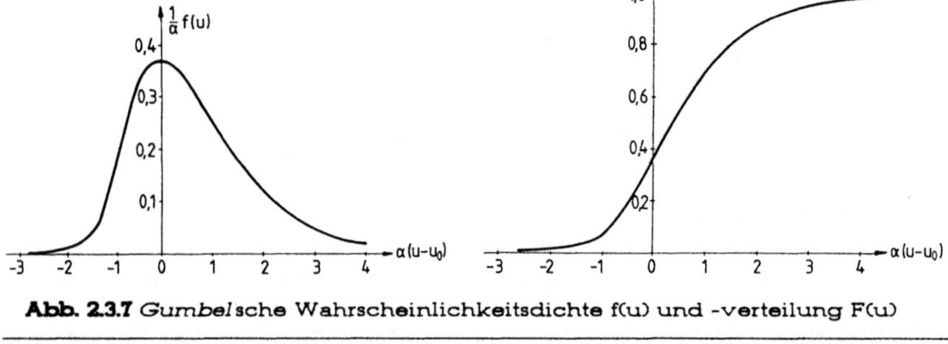

Abb. 2.3.7 *Gumbel*sche Wahrscheinlichkeitsdichte f(u) und -verteilung F(u)

1) *Emil J. Gumbel* (1891-1966), deutscher Mathematiker und Hochschullehrer

u_0 und α hängen mit Mittelwert μ und Streuung σ der Zufallsvariablen über

$$\mu = u_0 + \frac{C}{\alpha}, \tag{2.3.16}$$

$$\sigma = \frac{\pi}{\sqrt{6}\,\alpha} \tag{2.3.17}$$

zusammen. Es ist dabei C = 0,5772156 die *Euler*sche Konstante. Wie man Abb. 2.3.7 entnehmen kann, ergeben sich die am häufigsten auftretenden u-Werte gerade für den Modalwert u_0. Dort besitzt die Wahrscheinlichkeitsdichte ihr Maximum α/e.

2.3.5 Die Weibull-Verteilung

Eine weitere Extremwertverteilung, und zwar bezogen auf die *Minima* eines Zufallsprozesses, ist die *Weibull*-Verteilung[1] (auch *Fisher-Tippett*-Verteilung, Typ III). Von besonderer Bedeutung ist sie im Zusammenhang mit Lebensdauerberechnungen von Konstruktionen bzw. Konstruktionsteilen, die infolge Werkstoffermüdung versagen. *Weibull* hat sie auschließlich auf empirischem Wege entwickelt [88]. Ihre große Anwendungsbreite verdankt sie der Tatsache, daß sie durch Verändern ihrer Parameter an sehr viele unterschiedliche beobachtete Verteilungen angepaßt werden kann.

Eine Zufallsvariable u mit einer *Weibull*-Verteilung besitzt die Wahrscheinlichkeitsverteilung

$$F(u) = 1 - \exp[-(\tfrac{u}{c})^{\alpha}],\quad u \geq 0 \tag{2.3.18}$$

und die Wahrscheinlichkeitsdichte

$$f(u) = \frac{dF}{du} = \frac{\alpha}{c}(\tfrac{u}{c})^{\alpha-1}\exp[-(\tfrac{u}{c})^{\alpha}] \tag{2.3.19}$$

(Abb. 2.3.8). Die beiden Parameter der Verteilung c, bei Lebensdaueruntersuchungen *charakteristische Lebensdauer* genannt, und α, dort als *Ausfallsteilheit* bezeichnet, ermöglichen eine weitgehende Veränderung der *Weibull*-Verteilung. So entsteht für $\alpha = 1$ die Exponentialverteilung sowie für $\alpha = 2$ und $c = \sqrt{2m_0}$ die *Rayleigh*-Verteilung.

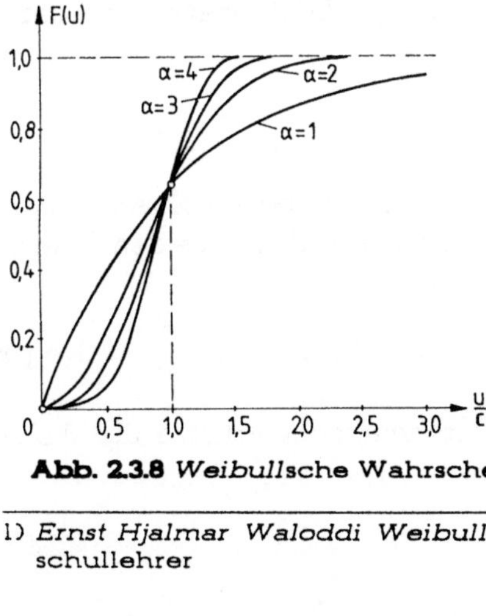

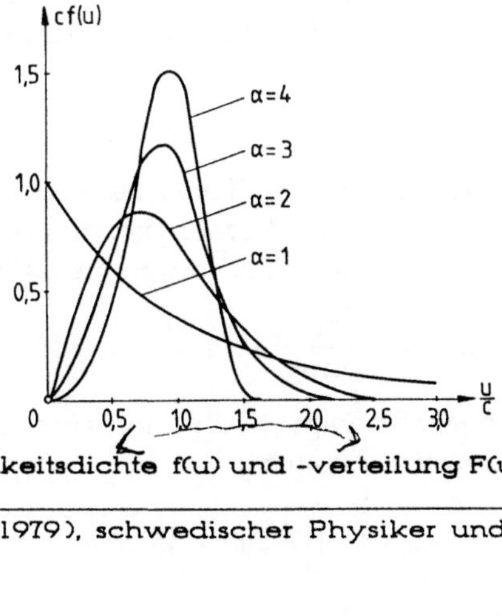

Abb. 2.3.8 *Weibull*sche Wahrscheinlichkeitsdichte f(u) und -verteilung F(u)

---

1) *Ernst Hjalmar Waloddi Weibull* (1887-1979), schwedischer Physiker und Hochschullehrer

Die *Weibull*-Verteilung wird an konkrete beobachtete Verteilungen durch Wahl der beiden Parameter c und α angepaßt. Dazu führt man im doppelt-logarithmischen Maßstab eine lineare Regression (vergl. Abschnitt 2.5) durch. Zweimaliges Logarithmieren der Gl. (2.3.18) liefert nämlich

$$\frac{1}{\alpha}\ln[-\ln(1-F)] = \ln u - \ln c, \tag{2.3.20}$$

also eine Geradengleichung für die beiden Variablen $\ln[-\ln(1-F)]$ und $\ln u$. Der Parameter c wird aus dem Achsenabschnitt der bis $\ln[-\ln(1-F)] = 0$ extrapolierten Geraden und der Parameter α aus deren Anstieg ermittelt.

Der Modalwert u_o ist wieder der wahrscheinlichste, also der, der sich an der Stelle des Maximums von f(u) ergibt. Man findet ihn aus df/du = 0 zu

$$u_o = c(1 - \frac{1}{\alpha})^{1/\alpha}. \tag{2.3.21}$$

Schließlich werden noch Mittelwert μ und Varianz σ^2 der *Weibull*-Verteilung angegeben. Mit der Gammafunktion

$$\Gamma(z) := \int_0^\infty e^{-t} t^{z-1} dz \tag{2.3.22}$$

erhält man dafür

$$\mu = c\,\Gamma(1 + \frac{1}{\alpha}), \tag{2.3.23}$$

$$\sigma^2 = c^2[\Gamma(1 + \frac{2}{\alpha}) - \Gamma^2(1 + \frac{1}{\alpha})]. \tag{2.3.24}$$

Die Gammafunktion ist z.B. in [39] tabelliert. Faßt man sie als Verallgemeinerung der Fakultät auf, dann schreibt man(auch für nicht natürliche Zahlen) $\Gamma(z) = (z-1)!$.

2.4 Zweidimensionale Wahrscheinlichkeit, Kovarianz

Es werden zwei Zufallsprozesse u(t) und v(t) betrachtet. Zu einer bestimmten Zeit $t = t_o$ ergeben sich die Zufallsvariablen $u_o \equiv u(t_o)$ und $v_o \equiv v(t_o)$. Die Wahrscheinlichkeit dafür, daß u_o nicht größer als ein Wert u und gleichzeitig v_o nicht größer als ein Wert v ist, wird mit $P(u_o \leq u, v_o \leq v)$ bezeichnet.

Die *zweidimensionale Wahrscheinlichkeitsverteilung* (*Joint* oder *second-order probability distribution function*) wird definiert durch

$$F(u,v) := P(u_o \leq u, v_o \leq v)\ , \tag{2.4.1}$$

wobei wieder F = 1 das sichere und F = 0 das unmögliche Ereignis anzeigen.

Die *zweidimensionale Wahrscheinlichkeitsdichte* oder *Verbundwahrscheinlichkeit* (*Joint* oder *second-order probability density function*) dieser beiden Zufallsprozesse ergibt sich daraus durch die Differentiation

$$f(u,v) := \frac{\partial^2 F(u,v)}{\partial u\,\partial v}\ , \tag{2.4.2}$$

oder umgekehrt folgt durch Integration der Wahrscheinlichkeitsdichte die Wahrscheinlichkeitsverteilung

$$F(u,v) = \int_{-\infty}^{u}\int_{-\infty}^{v} f(\xi,\eta)\,d\xi\,d\eta. \tag{2.4.3}$$

$u = \infty$ und gleichzeitig $v = \infty$ gilt für das sichere Ereignis, für das sich die Bedingung

$$\int_{-\infty}^{\infty}\int_{-\infty}^{\infty} f(u,v)\,du\,dv = 1 \qquad (2.4.4)$$

einstellt. $u = -\infty$ *oder* $v = -\infty$ liefert ein unmögliches Ereignis $F = 0$.

Folgend werden die sogenannten Randverteilungen der zweidimensionalen Wahrscheinlichkeit berechnet. Das bedeutet, die Intervallwahrscheinlichkeit dafür zu ermitteln, mit der z.B. u_o innerhalb eines durch u und u+du begrenzten Bandes liegt, und zwar unabhängig davon, welche Werte v_o dabei annimmt. Nach Gl. (2.1.6) gilt für diese mit der eindimensionalen Wahrscheinlichkeitsdichte $f_u(u)$

$$P(u < u_o \le u+du) = f_u(u)\,du. \qquad (2.4.5)$$

Dasselbe Resultat muß sich aus der zweidimensionalen Wahrscheinlichkeitsdichte ergeben, wenn dabei alle Werte von v_o zugelassen werden, d.h. für $-\infty < v_o < \infty$:

$$P(u < u_o \le u+du, -\infty < v_o < +\infty) = du \int_{-\infty}^{\infty} f(u,v)\,dv. \qquad (2.4.6)$$

Der Vergleich mit Gl. (2.4.5) liefert $f_u(u)$ und eine analoge Betrachtung $f_v(v)$:

$$\left.\begin{aligned} f_u(u) &= \int_{-\infty}^{\infty} f(u,v)\,dv, \\ f_v(v) &= \int_{-\infty}^{\infty} f(u,v)\,du. \end{aligned}\right\} \qquad (2.4.7)$$

Dies sind die Randverteilungen der zweidimensionalen Wahrscheinlichkeitsdichte.

Einen ähnlichen Vergleich stellt man mit der Wahrscheinlichkeitsverteilung an. Im eindimensionalen Fall ist die Wahrscheinlichkeit dafür, daß u_o kleiner oder höchstens gleich u ist, nach Gl. (2.1.1) $P(u_o \le u) = F_u(u)$ und im zweidimensionalen Fall, wenn sämtliche Werte für v_o erlaubt sind, $P(u_o \le u, v_o \le \infty) = F(u,\infty)$. Es gilt also für die Randverteilungen der zweidimensionalen Wahrscheinlichkeitsverteilung

$$\left.\begin{aligned} F_u(u) &= F(u,\infty), \\ F_v(v) &= F(\infty,v). \end{aligned}\right\} \qquad (2.4.8)$$

Beziehungen zwischen den Randverteilungen gewinnt man z.B. wie folgt:

$$f_u(u) = \frac{dF_u}{du} = \int_{-\infty}^{\infty} f(u,v)\,dv = \int_{-\infty}^{\infty} \frac{\partial^2 F}{\partial u\,\partial v}\,dv = \frac{\partial F}{\partial u}(u,\infty) - \frac{\partial F}{\partial u}(u,-\infty) = \frac{\partial F}{\partial u}(u,\infty).$$

Dabei ist zu beachten, daß für das unmögliche Ereignis $F(u,-\infty) = 0$ gilt, und somit auch $\partial F/\partial u = 0$ für $v = -\infty$.

Eine zweidimensionale Wahrscheinlichkeit kann auch an ein und demselben Zufallsprozeß u(t) definiert werden, wenn man ihn zu zwei verschiedenen Zeiten $t = t_1$ und $t = t_2$ betrachtet. Man erhält die beiden Zufallsvariablen $u(t_1)$ und $u(t_2)$. Die Wahrscheinlichkeit dafür, daß $u(t_1)$ nicht größer als ein Wert u_1 und dabei $u(t_2)$ nicht größer als u_2 ist, wird nach Gl. (2.4.1)

$$P(u(t_1) \le u_1, u(t_2) \le u_2) = F(u_1, u_2), \qquad (2.4.9)$$

und die zweidimensionale Wahrscheinlichkeitsdichte ergibt sich zu

$$f(u_1,u_2) = \frac{\partial^2 F}{\partial u_1 \partial u_2}. \tag{2.4.10}$$

Die zweidimensionale Wahrscheinlichkeitsdichte f(u,v) wird in Anlehnung an die in Abschnitt 2.1 beschriebene Vorgehensweise berechnet. Liegen konkrete Aufzeichnungen der beiden Zufallsprozesse u(t) und v(t) vor, kann sie aus der Summe der Zeitintervalle Δt_i, für die u(t) zwischen u und u+Δu und gleichzeitig v(t) zwischen v und v+Δv liegt, bezogen auf die Beobachtungszeit T ermittelt werden.

Die (Intervall-) Wahrscheinlichkeit dafür, daß dieses Ereignis eintritt, ist

$$\int_u^{u+\Delta u} \int_v^{v+\Delta v} f(\xi,\eta)\, d\xi\, d\eta = \frac{\sum_{(i)} \Delta t_i}{T} \approx f(u,v)\, \Delta u\, \Delta v. \tag{2.4.11}$$

Analog zu den Gln. (2.1.8) und (2.1.9) ergibt sich hier für die zweidimensionale Wahrscheinlichkeitsdichte

$$f(u,v) = \lim_{\substack{\Delta u \to 0 \\ \Delta v \to 0}} \lim_{T \to \infty} \frac{\sum_{(i)} \Delta t_i}{\Delta u \Delta v T} = \lim_{T \to \infty} \left(\frac{1}{T} \frac{dt}{du dv}\right) \tag{2.4.12}$$

oder

$$f(u,v)\, du\, dv = \lim_{T \to \infty} \frac{dt}{T}. \tag{2.4.13}$$

Wir wenden uns der Bildung des Erwartungswertes zu. Ist g eine deterministische Funktion zweier Variabler, die auf die Zufallsprozesse u(t) und v(t) angewendet wird, dann ist der zeitliche Mittelwert des neuen Zufallsprozesses g[u(t),v(t)]

$$\overline{g} = \lim_{T \to \infty} \frac{1}{T} \int_0^T g\, dt, \tag{2.4.14}$$

der unter bestimmten Voraussetzungen gleich dem gesuchten Erwartungswert ist. Man führt mittels Gl. (2.4.13) die zweidimensionale Wahrscheinlichkeitsdichte ein, und erhält

$$E[g(u,v)] = \int_{-\infty}^{\infty} \int_{-\infty}^{\infty} g(u,v)\, f(u,v)\, du\, dv. \tag{2.4.15}$$

Danach werden die Wahrscheinlichkeiten dafür, daß die Zufallsvariable $u_o \equiv u(t_o)$ innerhalb eines durch u und u+du sowie gleichzeitig die Zufallsvariable $v_o \equiv v(t_o)$ innerhalb eines durch v und v+dv begrenzten Bandes liegt, mit den Werten der Funktion g für diese u und v multipliziert und über sämtliche u und v integriert.

Als Beispiel für die Funktion g wird die Produktbildung der beiden *zentrierten* Zufallsprozesse $u(t)-\mu_u$ und $v(t)-\mu_v$ mit den in Gl. (2.2.2) definierten Mittelwerten μ_u und μ_v der beiden Zufallsprozesse u(t) und v(t) gewählt. Es ist dann

$$E[(u-\mu_u)(v-\mu_v)] = \int_{-\infty}^{\infty} \int_{-\infty}^{\infty} (u-\mu_u)(v-\mu_v) f(u,v)\, du\, dv = \int_{-\infty}^{\infty} \int_{-\infty}^{\infty} u v f\, du\, dv -$$

$$-\mu_v \int_{-\infty}^{\infty} u \left[\int_{-\infty}^{\infty} f\, dv\right] du - \mu_u \int_{-\infty}^{\infty} v \left[\int_{-\infty}^{\infty} f\, du\right] dv + \mu_u \mu_v \int_{-\infty}^{\infty} \int_{-\infty}^{\infty} f\, du\, dv.$$

Die Integrale in den eckigen Klammern sind die Randverteilungen der zweidimensionalen Wahrscheinlichkeitsdichte (2.4.7); das letzte Integral besitzt nach Gl. (2.4.4) den Wert Eins. Mit der Definitionsgleichung (2.2.2) für den Mittelwert μ ergibt sich für den *Kovarianz (covariance)* genannten Ausdruck

$$\sigma_{uv} := E[(u-\mu_u)(v-\mu_v)] = E[uv] - E[u]E[v]. \tag{2.4.16}$$

Die Kovarianz ist ein Maß für die gemeinsame Streuung der beiden Zufallsprozesse um ihre Mittelwerte und damit für ihre gegenseitige statistische Abhängigkeit, die *Korrelation*. Sind beide Prozesse vollkommen unabhängig voneinander, dann sind sie unkorreliert: es gibt keine gemeinsame Schwankung, und die Kovarianz ist Null. Für zwei voneinander unabhängige Zufallsprozesse gilt also $\sigma_{uv} = 0$ und damit

$$E[uv] = E[u]E[v]. \tag{2.4.17}$$

Nach Gl. (2.4.15) wird dies ermöglicht, wenn die gemeinsame Wahrscheinlichkeitsdichte in ein Produkt aus den einzelnen Wahrscheinlichkeitsdichten

$$f(u,v) = f_u(u) f_v(v) \tag{2.4.18}$$

zerfällt. Aus dem Verschwinden von σ_{uv} kann jedoch nicht umgekehrt auf statistische Unabhängigkeit geschlossen werden!

Sind beide Zufallsprozesse identisch $u \equiv v$, dann ergibt sich unter Beachtung von Gl. (2.2.5) für die Kovarianz

$$\sigma_{uv} = E[u^2] - E^2[u] = \sigma_u^2, \tag{2.4.19}$$

also die Varianz des Prozesses u(t).

Man definiert die *normierte Kovarianz* oder den *Korrelationskoeffizienten*

$$\rho_{uv} := \frac{\sigma_{uv}}{\sigma_u \sigma_v}. \tag{2.4.20}$$

Man kann zeigen, daß der Korrelationskoeffizient stets zwischen -1 und +1 liegt. Man wählt dazu eine Funktion $g_1(u) = \alpha(u-\mu_u)$ mit einer reellen Zahl α und eine andere Funktion $g_2(v) = v - \mu_v$ und bildet mit ihnen den Erwartungswert

$$E[(g_1-g_2)^2] = E[g_1^2 - 2g_1g_2 + g_2^2] = \alpha^2\sigma_u^2 - 2\alpha\sigma_{uv} + \sigma_v^2 = \frac{1}{\sigma_u^2}[(\alpha\sigma_u^2 - \sigma_{uv})^2 + \sigma_u^2\sigma_v^2 - \sigma_{uv}^2] \geq 0,$$

der wegen $(g_1-g_2)^2 \geq 0$ nicht negativ werden kann. Wählt man nun $\alpha = \sigma_{uv}/\sigma_u^2$, kann die Ungleichung nur erfüllt werden, wenn für die Diskriminante des in α quadratischen Ausdrucks die Ungleichung $\sigma_u^2\sigma_v^2 - \sigma_{uv}^2 \geq 0$ gilt. Damit ist $\rho_{uv}^2 = \sigma_{uv}^2/(\sigma_u^2\sigma_v^2) \leq 1$.

Als Ergebnis obiger Rechnung findet man also

$$-1 \leq \rho_{uv} \leq 1. \tag{2.4.21}$$

Sind die beiden Zufallsprozesse u und v unkorreliert, also statistisch vollkommen voneinander unabhängig, gilt nicht umkehrbar $\rho_{uv} = 0$, sind sie dagegen vollständig korreliert, d.h. voneinander linear abhängig, ist $\rho_{uv} = +1$ oder $\rho_{uv} = -1$.

Als Beispiel sei die zweidimensionale *Gauß*sche oder Normalverteilung genannt. Sie besitzt die Wahrscheinlichkeitsdichte

$$f(u,v) = \frac{1}{2\pi\sigma_u\sigma_v\sqrt{1-\rho_{uv}^2}} \exp\left\{-\frac{1}{2(1-\rho_{uv}^2)}\left[\frac{(u-\mu_u)^2}{\sigma_u^2} + \frac{(v-\mu_v)^2}{\sigma_v^2} - \frac{2\rho_{uv}(u-\mu_u)(v-\mu_v)}{\sigma_u\sigma_v}\right]\right\} \tag{2.4.22}$$

mit den Mittelwerten μ_u, μ_v und den Standardabweichungen σ_u, σ_v der Prozesse u(t) und v(t). Der Korrelationskoeffizient ρ_{uv} ist ein Maß für die gegenseitige statistische Abhängigkeit beider Prozesse. So folgt für $\rho_{uv} = 0$ aus Gl. (2.4.22)

$$f(u,v) = \frac{1}{\sqrt{2\pi}\,\sigma_u} \exp\left[-\frac{(u-\mu_u)^2}{2\sigma_u^2}\right] \frac{1}{\sqrt{2\pi}\,\sigma_v} \exp\left[-\frac{(v-\mu_v)^2}{2\sigma_v^2}\right] \qquad (2.4.23)$$

und damit das Produkt der beiden *Gauß*schen Wahrscheinlichkeitsdichten $f_u(u)$ und $f_v(v)$, womit Gl. (2.4.18) für statistische Unabhängigkeit beider Prozesse bestätigt ist.

Sinngemäß können auch Verteilungen mit mehr als zwei Dimensionen formuliert werden. Ein anschauliches Beispiel für die Bedeutung der Kovarianz bietet die lineare Regression (siehe Abschnitt 2.5).

Beipiel 2.4.1: Kovarianz zweier Zufallsprozesse

Zwei Zufallsprozesse u(t) und v(t) besitzen für $u,v \in (0,1)$ die Wahrscheinlichkeitsdichte $f(u,v) = (a+buv)^2$ mit der Nebenbedingung $a^2 + ab/2 + b^2/9 = 1$ für die beiden reellen Zahlen a und b. Außerhalb des Bereiches ist $f(u,v) \equiv 0$. Es soll die Kovarianz berechnet werden.

Nach Gl.(2.4.15) ist der Erwartungswert für das Produkt beider Prozesse

$$E[uv] = \int_0^1\int_0^1 uvf(u,v)\,du\,dv.$$

Die Integrationen sind leicht durchführbar, und man erhält

$$E[uv] = \frac{1}{144}(36a^2 + 32ab + 9b^2).$$

Die Wahrscheinlichkeitsdichte des Prozesses u(t) ergibt sich nach Gl.(2.4.7) als Randverteilung der zweidimensionalen Wahrscheinlichkeitsdichte zu

$$f_u(u) = \int_0^1 f(u,v)\,dv = a^2 + abu + \frac{1}{3}b^2u^2$$

und damit sein Mittelwert

$$\mu_u = E[u] = \int_0^1 uf_u(u)\,du = \frac{1}{12}(6a^2 + 2ab + b^2).$$

Da sich f(u,v) durch Vertauschen von u mit v nicht ändert, gilt dieses Ergebnis auch für den Mittelwert μ_v des Prozesses v(t). Damit ist nach Gl.(2.4.16) die Kovarianz

$$\sigma_{uv} = E[uv] - \mu_u\mu_v = \frac{1}{144}[36a^2 + 32ab + 9b^2 - (6a^2 + 2ab + b^2)^2].$$

Für $a=0$, $b=\pm 3$ oder für $a=\pm 1$, $b=0$ gilt $f(u,v) = f_u(u)f_v(v)$, was statistische Unabhängigkeit anzeigt. Somit folgt dafür in der Tat $\sigma_{uv}=0$. Für $a=1$, $b=-9/2$ folgt: $\mu_u = 23/16$, $E[uv] = 33/64$ und $\sigma_{uv} = -1{,}552$.

Beispiel 2.4.2: Varianz eines Zufallsprozesses

Amplitude x und Phasenwinkel α des Zufallsprozesses $u(t) = x\cos(\omega t + \alpha)$ sind voneinander unabhängige Zufallsvariable. α ist im Intervall $(0, 2\pi)$ gleichverteilt, x besitzt eine *Rayleigh*- Verteilung mit dem quadratischen Mittelwert $E[x^2] = 2$. Das heißt

$$f_\alpha(\alpha) = \begin{cases} 1/(2\pi) & 0<\alpha<2\pi \\ 0 & \text{sonst} \end{cases}$$

$$f_x(x) = \begin{cases} x\exp(-x^2/2) & x \geq 0 \\ 0 & x \leq 0 \end{cases}$$

Es ist die Varianz des Prozesses u(t) zu berechnen. Zunächst ist sein Mittelwert

$$\mu_u = E[u] = \int_{-\infty}^{\infty}\int_{-\infty}^{\infty} uf(x,\alpha)\,dx\,d\alpha = \int_0^{\infty} xf_x\,dx \int_0^{2\pi} \cos(\omega t + \alpha) f_\alpha\,d\alpha = 0,$$

weil das Integral über die Kosinusfunktion verschwindet. Deshalb ist die Varianz gleich dem quadratischen Mittelwert

$$E[u^2] = \int_0^{\infty} x^3 \exp(-\frac{x^2}{2})\,dx \,\frac{1}{2\pi}\int_0^{2\pi} \cos^2(\omega t + \alpha)\,d\alpha.$$

Das erste Integral besitzt den Wert 2, das zweite den Wert π. Somit ist die gesuchte Varianz $\sigma_u^2 = 1$.

2.5 Lineare Regression

Gegeben sind N fehlerbehaftete Wertepaare u_i, v_i, für die eine gegenseitige lineare Abhängigkeit in Form der Geradengleichung $v(u) = A\,u + B$ mit unbekanntem Anstieg A und unbekanntem Achsenabschnitt B unterstellt wird (Abb.2.5.1). Für die Werte u_i ergeben sich die auf der Geraden gelegenen Werte $v(u_i) = Au_i + B$. Die vorliegenden Werte v_i besitzen demgegenüber die Abstandsfehler $e_i := v(u_i) - v_i$. Es wird die "beste" Gerade gesucht. D.h. A und B werden so bestimmt, daß die Summe der Quadratfehler ihr Minimum annimmt, also

$$\sum_{i=1}^{N} e_i^2 \equiv \sum_{i=1}^{N} (Au_i + B - v_i)^2 = \text{Min.} \tag{2.5.1}$$

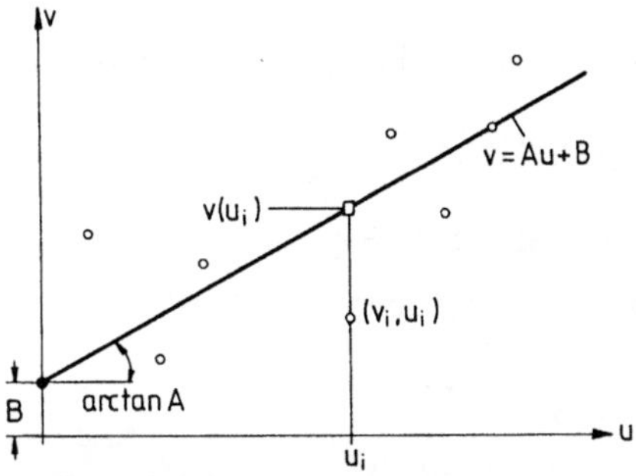

Abb. 2.5.1 Lineare Regression

Die partiellen Ableitungen nach A und B müssen dann verschwinden, woraus die Bestimmungsgleichungen

$$\left.\begin{aligned} A\sum_{i=1}^{N} u_i + BN &= \sum_{i=1}^{N} v_i, \\ A\sum_{i=1}^{N} u_i^2 + B\sum_{i=1}^{N} u_i &= \sum_{i=1}^{N} u_i v_i \end{aligned}\right\} \tag{2.5.2}$$

für die gesuchten Konstanten A und B folgen. Führt man die vier Erwartungswerte $E[u] = \frac{1}{N}\sum u_i$, $E[v] = \frac{1}{N}\sum v_i$, $E[u^2] = \frac{1}{N}\sum u_i^2$ und $E[uv] = \frac{1}{N}\sum u_i v_i$ ein und löst das Gleichungssystem auf, dann erhält man

$$\left.\begin{aligned} A &= \frac{E[uv] - E[u]E[v]}{E[u^2] - E^2[u]}, \\ B &= \frac{E[v]E[u^2] - E[u]E[uv]}{E[u^2] - E^2[u]}. \end{aligned}\right\} \tag{2.5.3}$$

Mit den Mittelwerten μ_u und μ_v nach Gl. (2.2.2), der Varianz σ_u^2 nach Gl. (2.2.5) sowie der Kovarianz nach Gl. (2.4.16) kann man auch

$$\left.\begin{aligned} A &= \frac{\sigma_{uv}}{\sigma_u^2}, \\ B &= \mu_v - \mu_u \frac{\sigma_{uv}}{\sigma_u^2} = \mu_v - \mu_u A \end{aligned}\right\} \tag{2.5.4}$$

schreiben. Die die Wertepaare u_i, v_i im Sinne der Fehlerquadratminimierung beste approximierende Gerade ist damit gefunden.

Als Maß für die Güte dieser Approximation bietet sich die durch die Gesamtzahl N dividierte Fehlerquadratsumme an. Es ist nach Gl. (2.5.1)

$$\frac{1}{N}\sum_{i=1}^{N} e_i^2 = \frac{1}{N}\sum_{i=1}^{N} (Au_i + B - v_i)^2 = A^2(\sigma_u^2 + \mu_u^2) + 2AB\mu_u - 2A(\sigma_{uv} + \mu_u\mu_v) + B^2 - 2B\mu_v + \sigma_v^2 + \mu_v^2.$$

Ersetzt man A und B mit Hilfe der Gln. (2.5.4), erhält man

$$\frac{1}{N}\sum_{i=1}^{N} e_i^2 = \sigma_v^2\left(1 - \frac{\sigma_{uv}^2}{\sigma_u^2\sigma_v^2}\right) = \sigma_v^2(1 - \rho_{uv}^2) \tag{2.5.5}$$

mit dem durch Gl. (2.4.20) definierten Korrelationskoeffizienten ρ_{uv}.

Das absolut beste Ergebnis wird offensichtlich mit $|\rho_{uv}|=1$ erreicht. Die Fehlerquadratsumme ist dann Null. Die Wertepaare u_i, v_i liegen sämtlich genau auf der Geraden. Es besteht vollständige lineare Abhängigkeit der v_i-Werte von den u_i-Werten, sie sind vollkommen miteinander korreliert. Auf der anderen Seite wird das schlechteste Ergebnis erzielt, wenn $\rho_{uv}= 0$. Die Wertepaare liegen vollständig regellos in der u,v-Ebene verstreut, sie sind unkorreliert. Für $\rho_{uv}=0$ ergibt sich eine horizontale Gerade in Höhe des Mittelwerts μ_v. Zu $\rho_{uv}>0$ gehören Geraden mit positivem, zu $\rho_{uv}<0$ mit negativem Anstieg.

Beispiel 2.5.1: Lineare Regression

In einem Festigkeitsversuch werden für $N=5$ Laststufen F_i Spannungen σ_i gemessen. Es sollen die Regressionsgerade und der Korrelationskoeffizient bestimmt werden.

Auswertetabelle:

i	F_i [N]	σ_i [N/mm²]	F_i^2 $\cdot 10^5$	σ_i^2 $\cdot 10^3$	$F_i\sigma_i$ $\cdot 10^4$
1	105	6,0	0,1103	0,0360	0,0630
2	205	14,0	0,4203	0,1960	0,2870
3	303	21,0	0,9181	0,4410	0,6363
4	399	27,6	1,5920	0,7618	1,1012
5	495	34,2	2,4503	1,1696	1,6929
$\sum$	1507	102,8	5,4909	2,6044	3,7804
E[]	301,4	20,56	1,0982	0,52088	0,75609

Gl. (2.2.2): $\mu_F = E[F] = 301{,}40$

$\mu_\sigma = E[\sigma] = 20{,}560$

Gl. (2.2.5): $\sigma_F^2 = E[F^2] - \mu_F^2 = 1{,}8978 \cdot 10^4$

Gl. (2.4.16): $\sigma_{F\sigma} = E[F\sigma] - \mu_F\mu_\sigma = 1{,}3641 \cdot 10^3$

Anstieg Gl. (2.5.4): $A = \dfrac{\sigma_{F\sigma}}{\sigma_F^2} = 7{,}188 \cdot 10^{-2}$

Abschnitt Gl.(2.5.4): $B = \mu_\sigma - \mu_F A = -1{,}104$

Korrelationskoeffizient Gl.(2.4.20):

$$\rho_{F\sigma} = \frac{\sigma_{F\sigma}}{\sigma_F \sigma_\sigma} = 0{,}9994$$

Der Korrelationskoeffizient liegt nahe bei Eins. Es besteht sehr gute lineare Abhängigkeit der gemessenen Spannungswerte von der Belastungsgröße. Als linearer Schätzwert der Spannung für $F = 500$ N folgt $\sigma = AF+B = 34{,}8$ N/mm², oder falls eine korrigierende Nullpunktsverschiebung erfolgen muß, $\sigma = AF = 35{,}9$ N/mm².

2.6 Die charakteristische Funktion

Die *charakteristische* oder *erzeugende Funktion* wird als Erwartungswert der Exponentialfunktion $g(u) = \exp(i\lambda u)$ für einen Zufallsprozeß u mit der Wahrscheinlichkeitsdichte f(u) definiert und wird mit $r(\lambda)$ bezeichnet. Es gilt nach GL. (2.2.8)

$$r(\lambda) := E[g(u)] = \int_{-\infty}^{\infty} e^{i\lambda u} f(u)\,du. \tag{2.6.1}$$

λ ist eine willkürliche reelle Variable. Die charakteristische Funktion (2.6.1) kann man auch als *Fourier*- Transformierte der Wahrscheinlichkeitsdichte interpretieren (vergl. Abschnitt 2.13). Die Bedeutung der charakteristischen Funktion besteht darin, daß man durch wiederholtes Differenzieren nach λ die *Momente n. Ordnung* der Wahrscheinlichkeitsdichte

$$E[u^n] = \int_{-\infty}^{\infty} u^n f(u)\,du, \quad n = 0, 1, 2, \ldots \tag{2.6.2}$$

erzeugen kann. Dies wird sofort deutlich, wenn die Exponentialfunktion unter dem Integral (2.6.1) in die *Taylor*-Reihe

$$e^{i\lambda u} = 1 + i\lambda u + \frac{i^2}{2!}\lambda^2 u^2 + \frac{i^2}{3!}\lambda^3 u^3 + \ldots \tag{2.6.3}$$

entwickelt wird. Man erhält

$$E[u^n] = i^{-n}\, r^{(n)}(0) \tag{2.6.4}$$

mit der n. Ableitung von $r(\lambda)$ an der Stelle $\lambda = 0$.

Folgend soll ein *standardisierter Gauß*scher Zufallsprozeß betrachtet werden. Dieser ist durch Mittelwert Null und Varianz Eins gekennzeichnet. Die charakteristische Funktion ist in diesem Fall

$$r(\lambda) = \frac{1}{\sqrt{2\pi}} \int_{-\infty}^{\infty} \exp\left(-\frac{u^2}{2} + i\lambda u\right) du. \tag{2.6.5}$$

Ergänzt man das Argument der Exponentialfunktion zu einem vollständigen Quadrat und führt die neue Variable $\xi = u - i\lambda$ ein, dann folgt

$$r(\lambda) = \exp\left(-\frac{\lambda^2}{2}\right) \frac{1}{\sqrt{2\pi}} \int_{-\infty}^{\infty} \exp\left(-\frac{\xi^2}{2}\right) d\xi.$$

Das Integral besitzt den Wert $\sqrt{2\pi}$. Für einen standardisierten normalverteilten Zufallsprozeß ergibt sich also die charakteristische Funktion

$$r(\lambda) = \exp\left(-\frac{\lambda^2}{2}\right). \tag{2.6.6}$$

Diese Aussage ist umkehrbar: Besitzt die charakteristische Funktion $r(\lambda)$ die Form (2.6.6), dann ist der betrachtete Zufallsprozeß ein *Gauß*scher.

Als Zufallsprozeß wird jetzt der summierte Prozeß $u = \frac{1}{\lambda} \sum_{n=1}^{N} \lambda_n u_n$ gewählt. Die u_n sind voneinander statistisch unabhängige, nicht notwendig normalverteilte Zufallsprozesse mit den Wahrscheinlichkeitsdichten $f_1(u_1), f_2(u_2), \ldots f_n(u_n), \ldots f_N(u_N)$. Die N-dimensionale Wahrscheinlichkeitsdichte zerfällt in ein Produkt aus N Faktoren von Wahrscheinlichkeitsdichten f_n. Die λ_n sind beliebige reelle Variable. Mit

$$g(u) = \exp(i\lambda u) = \exp\left(i \sum_{n=1}^{N} \lambda_n u_n\right) \tag{2.6.7}$$

ergibt sich aus Gl. (2.6.1) die charakteristische Funktion

$$r(\lambda) = \int_{-\infty}^{\infty} \exp(i\lambda_1 u_1) f_1(u_1)\, du_1 \int_{-\infty}^{\infty} \exp(i\lambda_2 u_2) f_2(u_2)\, du_2 \int_{-\infty}^{\infty} \exp(i\lambda_3 u_3) f_3(u_3)\, du_3 \ldots$$

als Produkt von N charakteristischen Funktionen r_n. Es gilt also

$$r(\lambda) = \prod_{n=1}^{N} r_n(\lambda_n). \tag{2.6.8}$$

Der Index n von r_n bringt zum Ausdruck, daß die charakteristischen Funktionen mit *unterschiedlichen* Wahrscheinlichkeitsdichten f_n gebildet wurden.

Besitzen die u_n speziell standardisierte *Gauß*verteilungen, dann gilt für jedes r_n die Gl. (2.6.6), und man erhält

$$r(\lambda) = \prod_{n=1}^{N} \exp\left(-\frac{\lambda_n^2}{2}\right) = \exp\left(-\frac{1}{2} \sum_{n=1}^{N} \lambda_n^2\right). \tag{2.6.9}$$

Der Vergleich dieser Ergebnisse mit Gl. (2.6.6) zeigt, daß der aus voneinander unabhängigen normalverteilten Zufallsprozessen summierte Prozeß wiederum normalverteilt ist, falls nur $\lambda^2 = \sum \lambda_n^2$. Dies läßt sich aber leicht zeigen. Dazu bildet man den quadratischen Mittelwert

$$E[u^2] = \frac{1}{\lambda^2} E\left[\left(\sum_{n=1}^{N} \lambda_n u_n\right)^2\right] = \frac{1}{\lambda^2} \sum_{n=1}^{N} \sum_{m=1}^{N} \lambda_n \lambda_m E[u_n u_m]. \qquad (2.6.10)$$

Da die u_n voneinander statistisch unabhängig und zentriert vorausgesetzt wurden, verschwinden die Kovarianzen der Prozesse bzw. $E[u_n u_m]$ für $m \neq n$. Es folgt

$$E[u^2] = \frac{1}{\lambda^2} \sum_{n=1}^{N} \lambda_n^2 [u_n^2]. \qquad (2.6.11)$$

Da für standardisierte *Gauß*prozesse die Varianzen Eins sind, folgt hieraus die oben genannte Beziehung zwischen λ und den λ_n.

Daß allgemein ein aus *unendlich* vielen, auch nicht normalverteilten Zufallsprozessen summierter Prozeß eine *Gauß*sche Wahrscheinlichkeitsverteilung besitzt, ist Aussage des sogenannten *zentralen Grenzwertsatzes* (vergl. Abschnitt 2.9).

Beispiel 2.6.1: charakteristische Funktion

Die Zeit $t \in (-T/2, +T/2)$ sei eine gleichverteilte Zufallsvariable, und gegeben sei die Funktion $u(t) = -a \ln(1-2|t|/T) \operatorname{sgn} t$. Löst man diese Funktion für $t>0$ nach t auf, erhält man

$$\frac{t}{T} = \frac{1}{2}[1-\exp(-\frac{u}{a})] \text{ bzw. } \frac{dt}{T} = \frac{1}{2a}\exp(-\frac{u}{a})du.$$

dt/T ist die Intervallwahrscheinlichkeit dafür, daß der zu einer Zufallszeit t_o gehörende Funktionswert u_o innerhalb des durch u und $u+du$ begrenzten Bandes liegt, falls T die Gesamtdauer des Prozesses $u(t)$ ist. Die Wahrscheinlichkeitsdichte von $u(t)$ ist also $\exp(-u/a)/(2a)$ für sämtliche zu $0 \le t \le T/2$ gehörende $u(t) \ge 0$. Dieselbe Rechnung wird für $t<0$ wiederholt, und man erhält zusammenfassend die in u symmetrische Wahrscheinlichkeitsdichte

$$f(u) = \frac{1}{2a}\exp(-\frac{|u|}{a}).$$

Nach Gl. (2.6.1) ist dafür die charakteristische Funktion

$$r(\lambda) = \int_{-\infty}^{\infty} \cos \lambda u\, f(u)\, du + i \int_{-\infty}^{\infty} \sin \lambda u\, f(u)\, du.$$

Da $f(u) = f(-u)$, verschwindet der Imaginärteil von $r(\lambda)$, und man erhält

$$r(\lambda) = 2\int_0^{\infty} \cos \lambda u\, f(u)\, du = \frac{1}{a}\int_0^{\infty} \cos \lambda u \exp(-\frac{u}{a})du.$$

Der Wert dieses Integrals ist bekannt. Damit ist

$$r = \frac{1}{1+a^2\lambda^2}, \quad r' = -\frac{2a^2\lambda}{(1+a^2\lambda^2)^2}, \quad r'' = -2a^2\frac{1-3a^2\lambda^2}{(1+a^2\lambda^2)^3}.$$

Daraus folgen nach Gl. (2.6.4) z.B. der Mittelwert und der qudratische Mittelwert

$$\mu = E[u] = i^{-1} r'(0) = 0 \text{ und } \sigma^2 = E[u^2] = i^{-2} r''(0) = 2a^2.$$

2.7 Bedingte Wahrscheinlichkeit

Ausgang der folgenden Betrachtung sind zwei Zufallsprozesse $u(t)$ und $v(t)$ mit ihrer zweidimensionalen Wahrscheinlichkeitsdichte $f(u,v)$, die nach Abb.2.7.1 eine Fläche über der u,v-Fläche darstellt. Die eindimensionale Wahrscheinlichkeit z.B. für den Prozeß $v(t)$ gewinnt man nach Gl. (2.4.7) als Randverteilung

$$f_v(v) = \int_{-\infty}^{\infty} f(u,v)\, du.$$

Diese mit dv multipliziert ist in der Abb. 2.7.1 als Volumen der schraffierten Elementarscheibe von der Breite dv kenntlich gemacht. Dieses Volumen ist ein Maß für die Wahrscheinlichkeit, mit der $v_o \equiv v(t_o)$ innerhalb des durch v und $v+dv$ begrenzten Bandes liegt, wobei gleichzeitig für $u(t)$ sämtliche Werte von $-\infty$ bis $+\infty$

zugelassen werden.

Dagegen entspricht das Volumen des Elementarquaders $f(u,v)\,du\,dv$ der Wahrscheinlichkeit, mit der $u_o \equiv u(t_o)$ innerhalb des durch u und u+du begrenzten und *gleichzeitig* $v_o \equiv v(t_o)$ innerhalb des durch v und v+dv begrenzten Bandes liegen.

Gesucht wird nunmehr als *bedingte Wahrscheinlichkeit* (*conditional probability*) für den Zufallsprozeß u(t) diejenige Wahrscheinlichkeit, mit der u_o innerhalb des durch u und u+du begrenzten Bandes liegt, wobei v(t) *unabhängig von der Zeit* nur Werte zwischen v und v+dv annehmen darf. Die Wahrscheinlichkeitsdichte des Zufallsprozesses u(t) mit der Nebenbedingung für den Zufallsprozeß v(t) wird als *bedingte Wahrscheinlichkeitsdichte* $f(u|v)$ bezeichnet. Sie ergibt sich nach Abb.2.7.1 aus

$$f(u|v)\,du = \frac{\text{Volumen des Elementarquaders}}{\text{Volumen der Elementarscheibe}} = \frac{f(u,v)\,du\,dv}{dv\int_{-\infty}^{\infty} f(u,v)\,du}$$

zu

$$f(u|v) := \frac{f(u,v)}{f_v(v)}\,, \quad (2.7.1)$$

und die entsprechende *bedingte Wahrscheinlichkeitsverteilung* ist

$$F(u|v) := \frac{F(u,v)}{F_v(v)}\,. \quad (2.7.2)$$

Stellt nun das Ereignis v überhaupt keine Einschränkung für u(t) dar, entfällt also die Bedingung, so muß

$$f(u|v) = f_u(u) \qquad (2.7.3)$$

gelten. Aus Gl. (2.7.1) folgt damit für zwei voneinander statistisch unabhängige Zufallsprozesse u(t) und v(t) die bereits an anderer Stelle mit Gl. (2.4.18) formulierte Bedingung $f(u,v) = f_u(u)f_v(v)$ für statistische Unabhängigkeit.

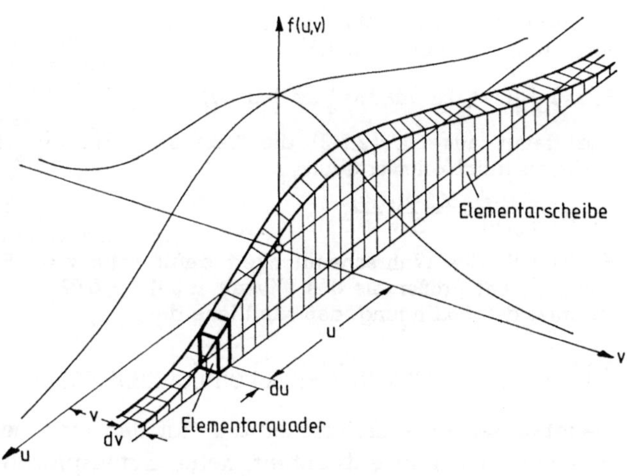

Abb. 2.7.1 Bedingte Wahrscheinlichkeit

Schließlich kann man aus der Beziehung (2.7.1) nach Umstellung und Integration die eindimensionale Wahrscheinlichkeitsdichte für den Prozeß u(t) in der Form

$$f_u(u) = \int_{-\infty}^{\infty} f(u,v)\,dv = \int_{-\infty}^{\infty} f_v(v)\,f(u|v)\,dv \qquad (2.7.4)$$

gewinnen.

Ist nun g(u,v) eine deterministische Funktion der beiden Zufallsvariablen u und v, dann ist die statistische Erwartung für diese Funktion unter der Nebenbedingung, daß für v ein bestimmtes Ereignis eintritt, der bedingte Erwartungswert also,

$$E[g(u,v)|v] = \int_{-\infty}^{\infty} g(u,v)\,f(u|v)\,du\,. \qquad (2.7.5)$$

Beispiel 2.7.1: Bedingte Wahrscheinlichkeit

Zwei Zufallsprozesse u(t) und v(t) besitzen für $u,v\in(0,1)$ die zweidimensionale Wahrscheinlichkeitsdichte $f(u,v)=1+u-2uv$, andernfalls ist $f(u,v)\equiv 0$. Die eindimensionalen Wahrscheinlichkeitsdichten ergeben sich daraus mit Gl. (2.4.7) zu

$$f_u(u)=\int_0^1(1+u-2uv)dv=1,$$

$$f_v(v)=\int_0^1(1+u-2uv)du=\frac{3}{2}-v$$

und damit die eindimensionalen Wahrscheinlichkeitsverteilungen durch Integration

$$F_u(u)=\int_0^u f_u(\xi)d\xi=u,$$

$$F_v(v)=\int_0^v f_v(\eta)d\eta=\frac{1}{2}v(3-v).$$

Die zweidimensionale Wahrscheinlichkeitsverteilung folgt aus Gl.(2.4.3)

$$F(u,v)=\int_0^u\int_0^v(1+\xi-2\xi\eta)d\xi d\eta=\frac{1}{2}uv(2+u-uv)$$

und damit aus Gl. (2.7.2) die bedingte Wahrscheinlichkeitsverteilung

$$F(u|v)=\frac{F(u,v)}{F_v(v)}=\frac{u(2+u-uv)}{3-v}.$$

Es ist z.B. die Wahrscheinlichkeit dafür, daß u_o nicht größer als das Niveau $u=0.4$ ist unter der Bedingung, daß sämtliche dabei auftretenden v_o gleich dem Niveau $v=1$ sind, $P(u_o\le 0.4|v_o=1)=F(0.4|1)=0.4$ und dafür, daß $v_o=0.5$, $P(u_o\le 0.4|v_o=0.5)=F(0.4|0.5)=0.352$ und dafür, daß $v_o=0$, $P=F(0.4|0)=0.32$.

Im Vergleich dazu ist die Wahrscheinlichkeit dafür, daß u_o nicht größer als das Niveau $u=0.4$ und v_o nicht größer als das Niveau $v=1$ ist, $P(u_o\le 0.4, v_o\le 1)=F(0.4,1)=F_u(0.4)=0.4$, stimmt also mit $F(0.4|1)$ überein. Stattdessen ist $P(u_o\le 0.4, v_o\le 0.5)=F(0.4,0.5)=0.22$ und $P(u_o\le 0.4, v_o=0)=F(0.4,0)=0$.

Die bedingte Wahrscheinlichkeitsdichte ergibt sich nach Gl. (2.7.1) zu

$$f(u|v)=\frac{f(u,v)}{f_v(v)}=\frac{2(1+u-2uv)}{3-2v}.$$

Damit kann der Erwartungswert der Zufallsvariablen u unter der Bedingung des auftretenden Ereignisses $v_o=v$ zu

$$E[u|v]=\int_{-\infty}^{\infty}u f(u|v)du=\frac{2}{3-2v}\int_0^1(u+u^2-2u^2v)du=\frac{1}{3}\frac{5-4v}{3-2v}$$

errechnet werden. Er ist für $v=1$ $E[u|1]=1/3$, für $v=0.5$ $E[u|0.5]=1/2$ und für $v=0$ $E[u|0]=5/9$.

2.8 Transformation von Wahrscheinlichkeitsdichten

Gegeben sei ein Zufallsprozeß u(t), auf den eine deterministische Funktion g angewendet wird. Es entsteht ein neuer Zufallsprozeß $x(t):=g[u(t)]$. Es stellt sich die Frage, wie sich die Wahrscheinlichkeitsdichte $f_u(u)$ von u(t) auf die Wahrscheinlichkeitsdichte $f_x(x)$ von x(t) transformiert. Dabei wird Stetigkeit der Funktion g selbst und deren Ableitung vorausgesetzt.

Zunächst wird darüber hinaus angenommen, daß die inverse Funktion g^{-1} eindeutig ist, was bedeutet, daß zu jedem x-Wert nur ein u-Wert existiert. Diese Einschränkung erlaubt also z.B. nicht die Funktion $x=u^2$, weil etwa $u=-1$ und $u=+1$ denselben Wert x erzeugen. Mit der Eindeutigkeit ist dann die Intervallwahrscheinlichkeit dafür, daß $u_o\equiv u(t_o)$ innerhalb eines durch u und u+du begrenzten Bandes liegt, genau so groß wie die Intervallwahrscheinlichkeit dafür, daß $x_o\equiv x(t_o)$ innerhalb des durch $x=g(u)$ und $x+dx=g(u+du)$ begrenzten Bandes liegt. Es gilt also $P(x<x_o\le x+dx)=P(u<u_o\le u+du)$, wobei nach Definition $du>0$ und $dx>0$ zu beachten sind. Für die Wahrscheinlichkeitsdichten gilt demnach die Beziehung $f_x(x)dx=f_u(u)du$. Berechnet man den Differentialquotienten dx/du aus der Beziehung $x=g(u):=x(u)$, erhält man schließlich als Transformationsgleichung für die Wahrscheinlichkeitsdichten

$$f_x(x) = \frac{f_u(u)}{\left|\frac{dx}{du}\right|}, \tag{2.8.1}$$

wobei auf der rechten Seite der Gleichung $u=g^{-1}(x)$ einzusetzen ist. Das Betragszeichen stellt sicher, daß die Wahrscheinlichkeitsdichten positiv sind.

Liegt nun eine mehrdeutige Funktion g^{-1} vor, so werden Intervalle derart definiert, daß sie in jedem dieser Intervalle eindeutig ist. Die Ergebnisse für die einzelnen Intervalle nach Gl. (2.8.1) sind dann zur Gesamtwahrscheinlichkeitsdichte $f_x(x)$ zu summieren. Nimmt man z.B. die zweideutige Funktion $u=\sqrt{x}$, so kann für den Fall, daß x_o innerhalb von x und x+dx liegt, ein zugehöriges u_o innerhalb von u und u+du *oder* innerhalb von −u und −(u+du) liegen. Für x bedeutet das eine Verdoppelung der Wahrscheinlichkeit: $f_x(x)\,dx = f_u(u)\,du + f_u(-u)\,du$. Es ist also

$$f_x(x) = \frac{f_u(u) + f_u(-u)}{\left|\frac{dx}{du}\right|}. \tag{2.8.2}$$

Mit $u=\sqrt{x}$ und $du/dx = (2\sqrt{x})^{-1}$ folgt

$$f_x(x) = \begin{cases} \dfrac{f_u(\sqrt{x}) + f_u(-\sqrt{x})}{2\sqrt{x}} & \text{für } x > 0, \\ 0 & \text{für } x < 0. \end{cases}$$

Die bisherigen Ergebnisse werden im folgenden auf zweidimensionale Wahrscheinlichkeiten erweitert. u(t) und v(t) seien zwei Zufallsprozesse mit der zweidimensionalen Wahrscheinlichkeitsdichte $f_{uv}(u,v)$. Es werde eine umkehrbar eindeutige, stetig differenzierbare, deterministische vektorielle Funktion **g** auf diese Prozesse angewendet, so daß die beiden neuen Zufallsprozesse

$$\left.\begin{aligned} x &= g_1[u(t),v(t)] := x(u,v), \\ y &= g_2[u(t),v(t)] := y(u,v) \end{aligned}\right\} \tag{2.8.3}$$

entstehen, deren zweidimensionale Wahrscheinlichkeitsdichte $f_{xy}(x,y)$ gesucht ist. Es ist

$$\left.\begin{aligned} u &= u(x,y), \\ v &= v(x,y) \end{aligned}\right\} \tag{2.8.4}$$

die Umkehrung zu Gl. (2.8.3).

Entsprechend Abb. 2.7.1 ist die Wahrscheinlichkeit dafür, daß u_o innerhalb eines durch u und u+du begrenzten und v_o *gleichzeitig* innerhalb eines durch v und v+dv begrenzten Bandes liegen, gleich dem über dem Flächenelement du dv durch die Fläche $f_{uv}(u,v)$ gebildeten Volumen des Elementarquaders. Wegen der Eindeutigkeit der Abbildung (2.8.3) ergibt sich im transformierten Bereich dieselbe Wahrscheinlichkeit, so daß

$$f_{xy}(x,y)\,dx\,dy = f_{uv}(u,v)\,du\,dv \tag{2.8.5}$$

gilt. Sämtliche Differentiale sind positiv einzusetzen. Die Transformation des Flächenelements du dv auf das Flächenelement dx dy erfolgt nach denselben Regeln wie bei Gebietsintegralen. Dazu wird die Funktionaldeterminante von u,v nach x,y

$$\Delta = \begin{vmatrix} \frac{\partial u}{\partial x} & \frac{\partial u}{\partial y} \\ \frac{\partial v}{\partial x} & \frac{\partial v}{\partial y} \end{vmatrix} \tag{2.8.6}$$

gebildet, mit der $du\,dv = |\Delta|\,dx\,dy$ gilt. Als Ergebnis für die gesuchte Wahrscheinlichkeitsdichte erhält man damit

$$f_{xy}(x,y) = |\Delta|\, f_{uv}(u,v). \tag{2.8.7}$$

Dabei sind in die rechte Seite u und v nach Gl. (2.8.4) einzusetzen. Man kann diese Transformationsgleichung mit der Funktionaldeterminanten x,y nach u,v

$$D = \begin{vmatrix} \frac{\partial x}{\partial u} & \frac{\partial x}{\partial v} \\ \frac{\partial y}{\partial u} & \frac{\partial y}{\partial v} \end{vmatrix} \tag{2.8.8}$$

auch in der Form

$$|D|\, f_{xy}(x,y) = f_{uv}(u,v) \tag{2.8.9}$$

schreiben. Es gilt $D\,\Delta = 1$.

Die Transformation des Flächenelements $du\,dv$ auf die krummlinigen Koordinaten x,y wird an Hand der Abb. 2.8.1 besprochen. Mit Gl. (2.8.4) geht das rechteckige Element $du\,dv$ in das in der Abb. schraffierte Parallelogramm über. Dessen Eckpunkte besitzen die folgenden Koordinaten:

Punkt 1:	Punkt 2:	Punkt 3:
$u_1 = u_1(x,y)$	$u_2 = u_1 + \frac{\partial u}{\partial y} dy$	$u_3 = u_1 + \frac{\partial u}{\partial x} dx$
$v_1 = v_1(x,y)$	$v_2 = v_1 + \frac{\partial v}{\partial y} dy$	$v_3 = v_1 + \frac{\partial v}{\partial x} dx$

Mittels der Dreiecksformel der analytischen Geometrie erhält man für den Flächeninhalt des Parallelogramms

$$du\,dv = |u_1(v_2 - v_3) + u_2(v_3 - v_1) + u_3(v_1 - v_2)|.$$

Setzt man die Koordinaten der drei Punkte 1, 2 und 3 ein, so folgt die verwendete Transformationsgleichung

$$du\,dv = \left|-\frac{\partial u}{\partial x}\frac{\partial v}{\partial y} + \frac{\partial u}{\partial y}\frac{\partial v}{\partial x}\right| dx\,dy = |\Delta|\,dx\,dy.$$

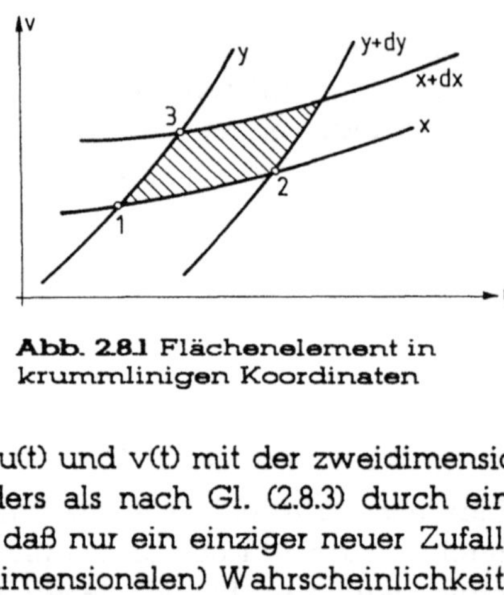

Abb. 2.8.1 Flächenelement in krummlinigen Koordinaten

In vielen Fällen werden zwei Zufallsprozesse u(t) und v(t) mit der zweidimensionalen Wahrscheinlichkeitsdichte $f_{uv}(u,v)$ anders als nach Gl. (2.8.3) durch eine deterministische Funktion g derart verknüpft, daß nur ein einziger neuer Zufallsprozeß $x = x(u,v)$ entsteht. Es ist nach der (eindimensionalen) Wahrscheinlichkeitsdichte $f_x(x)$ dieses Prozesses gefragt. Zur Lösung dieser Aufgabe führt man einen vierten Zufallsprozeß y(t) ein und setzt z.B. $y = v$. Es gilt also

$$\left.\begin{aligned} x &= x(u,v), \\ y &= v \quad , \end{aligned}\right\} \tag{2.8.10}$$

bzw. die Umkehrung

$$\left.\begin{aligned} u &= u(x,y), \\ v &= y \quad . \end{aligned}\right\} \tag{2.8.11}$$

Die Funktionaldeterminante Δ (2.8.6) kann jetzt gebildet werden. Mit $\partial v/\partial x = 0$ und

$\partial v/\partial y = 1$ ist sie einfach

$$\Delta = \frac{\partial u}{\partial x}. \tag{2.8.12}$$

Nun wendet man die Gl. (2.8.7) für jene x bzw. u an, für die das Ereignis $y = v =$ = konstant eintritt, das heißt, man schreibt sie für *bedingte* Wahrscheinlichkeiten auf und erhält

$$f_{xy}(x|v) = |\Delta| f_{uv}(u|v). \tag{2.8.13}$$

Diese Gleichung multipliziert man mit $f_v(v)$ und integriert sie über den gesamten v-Bereich bzw. wegen $y = v$ auch über den y-Bereich mit dem Ergebnis

$$\int_{-\infty}^{\infty} f_{xy}(x|v) f_v(v)\,dv = \int_{-\infty}^{\infty} |\Delta| f_{uv}(u|v) f_v(v)\,dy.$$

Das Integral der linken Seite ist nach Gl. (2.7.4) $f_x(x)$, und der Integrand des rechten Integrals wird nach Gl. (2.7.1) durch $f_{uv}(u,v)$ ersetzt, womit die gesuchte Transformationsgleichung

$$f_x(x) = \int_{-\infty}^{\infty} |\Delta| f_{uv}(u,v)\,dy \tag{2.8.14a}$$

folgt. Darin ist nach Gl. (2.8.11) $u = u(x,y)$ und $v = y$ zu setzen.

Ist z.B. $x = u + v$, dann ist bei $y = v$ $\Delta = 1$. Gl. (2.8.14a) lautet somit

$$f_x(x) = \int_{-\infty}^{\infty} f_{uv}(x-y,y)\,dy. \tag{2.8.15}$$

Sind darüberhinaus u(t) und v(t) voneinander statistisch unabhängig, dann ergibt sich $f_x(x)$ des summierten Prozesses als Faltungsprodukt der beiden Wahrscheinlichkeitsdichten f_u und f_v (vergl. Abschnitt 2.13.3).

Da das Ergebnis der Transformation (2.8.14a) nicht von dem willkürlich eingeführten Prozeß y(t) abhängen darf, kann man, falls das als zweckmäßig erscheint, auch Kombinationen der Zufallsprozesse u(t) und v(t) als neuen Prozeß $y = y(u,v)$ einführen. Die zweidimensionale Wahrscheinlichkeitsdichte der beiden Prozesse x(t) und y(t) ergibt sich nach Gl. (2.8.7). Durch Integration über y gewinnt man daraus entsprechend Gl. (2.4.7) die eindimensionale Wahrscheinlichkeitsdichte als Randverteilung, nämlich

$$f_x(x) = \int_{-\infty}^{\infty} f_{xy}(x,y)\,dy = \int_{-\infty}^{\infty} |\Delta| f_{uv}(u,v)\,dy. \tag{2.8.14b}$$

Im Integranden ist $u = u(x,y)$ und $v = v(x,y)$ zu setzen. Formal stimmt die Gleichung mit Gl. (2.8.14a) überein.

Eine interessante Anwendung ergibt sich für einen Zufallsprozeß $u(t) = x\cos(\omega t + \alpha)$ in Form eines deterministischen harmonischen Zeitverlaufs, der durch die Kreisfrequenz ω bestimmt ist. Amplitude x und Phase α sind voneinander unabhängige Zufallsvariable, und zwar besitzt x eine *Rayleigh* - Verteilung, und α ist innerhalb $(0,2\pi)$ gleichverteilt. Es gilt

$$f_x(x) = \begin{cases} \frac{x}{m_o}\exp(-\frac{x^2}{2m_o}) & x \geq 0 \\ 0 & x \leq 0 \end{cases} \qquad f_\alpha(\alpha) = \begin{cases} \frac{1}{2\pi} & 0 < \alpha < 2\pi \\ 0 & \text{sonst.} \end{cases}$$

Als weiterer, willkürlicher Prozeß wird $v(t) = x\sin(\omega t + \alpha)$ gewählt. Dies ist zweckmäßig, weil er die einfache Umkehrung $x = \sqrt{u^2+v^2}$, $\alpha = \arctan(v/u) - \omega t$ ermöglicht.

Bequemer als die Funktionaldeterminante $\triangle$ errechnet man D nach Gl. (2.8.8). Die dafür benötigten Ableitungen sind

$$\frac{\partial u}{\partial x}=\cos(\omega t+\alpha),\quad \frac{\partial u}{\partial \alpha}=x\cos(\omega t+\alpha),\quad \frac{\partial v}{\partial x}=\sin(\omega t+\alpha),\quad \frac{\partial v}{\partial \alpha}=x\cos(\omega t+\alpha).$$

Damit ist $D=x\cos^2()+x\sin^2()=x$ und wegen $D\triangle=1$ $\triangle=1/x$. Nun wird die Transformationsgleichung (2.8.14b) betrachtet. Zunächst ist

$$f_u(u)=\int_{-\infty}^{\infty}\frac{1}{|x|}f_x(x)f_\alpha(\alpha)dv.$$

Ist die Zufallsamplitude $x\geq 0$ und liegt die Zufallsphase α innerhalb $(0,2\pi)$, dann ist dort $|x|=x$ und $f_\alpha(\alpha)=1/(2\pi)$, und die Integrationsvariable $v=x\sin(\omega t+\alpha)$ durchläuft den Integrationsbereich von $-\infty$ bis $+\infty$. $f_x(x)$ eingesetzt liefert

$$f_u(u)=\frac{1}{2\pi m_o}\int_{-\infty}^{\infty}\exp(-\frac{x^2}{2m_o})dv \quad \text{bzw. mit } x^2=u^2+v^2 \quad f_u(u)=\frac{\exp(-\frac{u^2}{2m_o})}{2\pi m_o}\int_{-\infty}^{\infty}\exp(-\frac{v^2}{2m_o})dv.$$

Mit dem Integralwert $\sqrt{2\pi m_o}$ ist das Endergebnis die *Gauß*sche Verteilung

$$f_u(u)=\frac{1}{\sqrt{2\pi m_o}}\exp(-\frac{u^2}{2m_o}) \quad , \; -\infty<u<+\infty .$$

Das ist bemerkenswert. Das Ergebnis besagt, daß gewisse, nämlich sogenannte schmalbandige (vergl. Abschnitt 2.18) *Gauß*prozesse u(t) Amplituden x mit einer *Rayleigh*-Verteilung besitzen. Dies trifft z.B. weitgehend auf die Wellenhöhen eines unregelmäßigen Seegangs zu.

Beispiel 2.8.1: Transformation von Wahrscheinlichkeiten

Gegeben sind zwei statistisch voneinander unabhängige Zufallsprozesse $u(t)\geq 0$ und $v(t)\geq 0$ mit ihren Wahrscheinlichkeitsdichten $f_u(u)=a\exp(-au)$ und $f_v(v)=b\exp(-bv)$. Es soll die Wahrscheinlichkeitsdichte $f_x(x)$ für den Zufallsprozeß $x=u+v$ auf zwei Wegen berechnet werden.

α) Es wird $y=v$ gesetzt: Gl. (2.8.15) liefert

$$f_x(x)=\int_{-\infty}^{\infty}f_u(x-y)f_v(y)dy.$$

Für $x\geq 0$ wird der Integrationsbereich in die Teilbereiche $(-\infty,0)$, $(0,x)$ und (x,∞) zerlegt. Das erste Teilintegral verschwindet wegen $f_v(y)=0$ für $y<0$, das dritte wegen $f_u(x-y)=0$ für $y>x$. Es ist also für $x\geq 0$

$$f_x(x)=ab\,e^{-ax}\int_0^x e^{(a-b)y}dy=\frac{ab}{a-b}(e^{-bx}-e^{-ax}).$$

Für $x\leq 0$ wird der Integrationsbereich in die Teilbereiche $(-\infty,0)$ und $(0,\infty)$ zerlegt. Im ersten Bereich ist $f_v=0$ und im zweiten $f_u=0$. Somit gilt $f_x(x)\equiv 0$ für $x\leq 0$.

β) Es wird $y=u-v$ gesetzt: Die Umkehrung liefert $u=(x+y)/2$ und $v=(x-y)/2$. Die Funktionaldeterminante u,v nach x,y nach Gl. (2.8.6) ist $\triangle=-1/2$. Gl. (2.8.14b) liefert

$$f_x(x)=\frac{1}{2}\int_{-\infty}^{\infty}f_u(\frac{x+y}{2})f_v(\frac{x-y}{2})dy.$$

Der Integrationsbereich wird in die drei Teilbereiche $(-\infty,-x)$, $(-x,x)$ und (x,∞) zerlegt. Das erste Teilintegral verschwindet wegen $f_u=0$ für $-\infty<y\leq -x$, das dritte wegen $f_v=0$ für $x\leq y<\infty$, und es entsteht für $x\geq 0$

$$f_x(x)=\frac{1}{2}ab\exp(-\frac{a+b}{2}x)\int_{-x}^{x}\exp(\frac{a-b}{2}y)dy$$

mit demselben Ergebnis wie oben. Speziell für $a=b$ folgt $f_x(x)=a^2x\exp(-ax)$.

2.9 Der zentrale Grenzwertsatz

Nach Abb. 2.9.1 werden N voneinander statistisch unabhängige Zufallsprozesse $u_1(t), u_2(t), \ldots u_n(t), \ldots u_N(t)$ betrachtet, die synchron ablaufen. Zu einer festen Zeit t_o ergeben sich die N Zufallsvariablen $u_1, u_2, \ldots u_n, \ldots u_N$. Jede von ihnen besitze ihre eigene, nicht notwendig eine *Gauß*sche Wahrscheinlichkeitsverteilung mit dem Mittelwert μ_n und der Varianz σ_n^2. Die einzelnen Zufallsvariablen u_n werden zu der neuen Zufallsvariablen

$$u = \sum_{n=1}^{N} u_n \tag{2.9.1}$$

summiert. Da für die Erwartungswertbildung das distributive Gesetz gilt, ist der Mittelwert der neuen Variablen

$$\mu = E[u] = \sum_{n=1}^{N} \mu_n \tag{2.9.2}$$

und ihre Varianz

$$\sigma^2 = E[u^2] - \mu^2 = \sum_{n=1}^{N} \sigma_n^2. \tag{2.9.3}$$

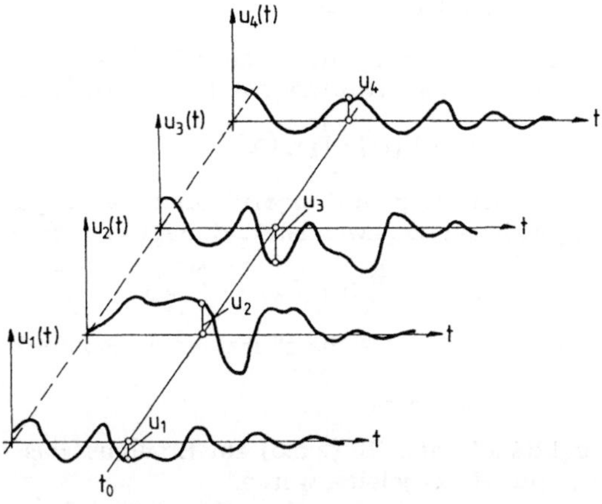

Abb. 2.9.1 Zeitgleiche Zufallsprozesse

Unter bestimmten Voraussetzungen, die gemeinhin als erfüllt anzusehen sind, sagt der *zentrale Grenzwertsatz* (*central limit theorem*) nun aus, daß für den Grenzübergang $N \to \infty$ die summierte Zufallsvariable u normalverteilt ist, unabhängig davon, welche Wahrscheinlichkeitsverteilung die einzelnen Zufallsvariablen u_n besitzen. Es gilt also

$$\mu = \lim_{N \to \infty} \sum_{n=1}^{N} \mu_n = \int_{-\infty}^{\infty} u f_u(u) du, \tag{2.9.4}$$

$$\sigma^2 = \lim_{N \to \infty} \sum_{n=1}^{N} \sigma_n^2 = \int_{-\infty}^{\infty} u^2 f_u(u) du - \mu^2 \tag{2.9.5}$$

mit der *Gauß*schen Wahrscheinlichkeitsdichte (2.3.3)

Man braucht zum Verständnis des zentralen Grenzwertsatzes nur an das Beispiel des Würfelns zu denken. Beim Werfen mit *einem* Würfel ist das Erscheinen der Augen von eins bis sechs gleichwahrscheinlich. Beim Werfen mit sehr vielen Würfeln verteilen sich die Augen entsprechend der *Gauß*schen Glockenkurve.

In voller Allgemeinheit ist der Beweis dieses Satzes recht umständlich und soll deshalb hier nur unter vereinfachenden Annahmen geführt werden, nämlich: Sämtliche u_n besitzen *dieselbe zentrierte* Wahrscheinlichkeitsverteilung, so daß

$$\mu = N\mu_n = 0, \quad \sigma^2 = N\sigma_n^2 \tag{2.9.6}$$

gilt.

Für die Beweisführung wird die in Abschnitt 2.6 eingeführte charakteristische Funktion $r(\lambda)$ benutzt. Ziel ist es zu zeigen, daß die summierte Zufallsvariable u für $N \to \infty$ eine charakteristische Funktion (2.6.6) besitzt, die für eine *Gauß*sche Verteilung gilt.

Dazu wird in einem ersten Schritt die Zufallsvariable u_n/σ betrachtet und das asymptotische Verhalten derer charakteristischen Funktion $r_n(\lambda)$ für $N \to \infty$ untersucht. Nach Gl. (2.6.1) und der Reihenentwicklung (2.6.3) für die Exponentialfunktion ist

$$r_n(\lambda) = E[\exp(i\lambda\frac{u_n}{\sigma})] = 1 + i\frac{\lambda}{\sigma}E[u_n] + \frac{i^2}{2!}(\frac{\lambda}{\sigma})^2 E[u_n^2] + \frac{i^3}{3!}(\frac{\lambda}{\sigma})^3 E[u_n^3] + \ldots$$

Mit Gl. (2.9.6) folgt hieraus für große N das asymptotische Verhalten für die charakteristische Funktion selbst

$$r_n(\lambda) = 1 + \frac{i^2}{2!}\frac{\lambda^2}{N} + \frac{i^3}{3!}\frac{\lambda^2}{N\sqrt{N}}\frac{E[u_n^3]}{\sigma_n^3} + \ldots \sim 1 - \frac{\lambda^2}{2N}$$

oder für deren Logarithmus unter Beachtung von $\ln(1-\varepsilon) \approx -\varepsilon$ für $|\varepsilon| \ll 1$

$$\ln r_n(\lambda) \sim -\frac{\lambda^2}{2N}. \tag{2.9.7}$$

Im zweiten Schritt wird die nach Gl. (2.9.1) summierte standardisierte Zufallsvariable u/σ betrachtet. Der Erwartungswert von $g = \exp(i\lambda u/\sigma)$ ist nach Gl. (2.6.8) für $\lambda_n = \lambda =$ konstant

$$r(\lambda) = E[g] = \prod_{n=1}^{N} r_n(\lambda).$$

Diese Gleichung wird logarithmiert, der Logarithmus des Produktes in eine Summe von Logarithmen umgewandelt und $\ln r_n(\lambda)$ nach Gl. (2.9.7) ersetzt:

$$\ln r(\lambda) = \sum_{n=1}^{N} \ln r_n(\lambda) \sim -\sum_{n=1}^{N}\frac{\lambda^2}{2N} = -\frac{\lambda^2}{2}.$$

Also folgt für $N \to \infty$ die charakteristische Funktion

$$r(\lambda) = \exp(-\frac{\lambda^2}{2}), \tag{2.9.8}$$

und damit nach Gl. (2.6.6) ein Ergebnis, das für einen standardisierten *Gauß*schen Zufallsprozeß hergeleitet wurde.

Abschließend wird nun für *nicht* standardisierte Zufallsvariable u einfach eine Transformation nach den Regeln des Abschnitts 2.8 durchgeführt. Für die standardisierte Variable $v = u/\sigma$ wurde gezeigt, daß sie die *Gauß*sche Wahrscheinlichkeitsdichte

$$f_v(v) = \frac{1}{\sqrt{2\pi}}\exp(-\frac{v^2}{2})$$

besitzt. Nach Gl. (2.8.1) erhält man daraus

$$f_u(u) = \frac{f_v(v)}{\left|\frac{du}{dv}\right|} = \frac{1}{\sigma}f_v[v(u)] = \frac{1}{\sqrt{2\pi}\,\sigma}\exp(-\frac{u^2}{2\sigma^2}),$$

also eine *Gauß*sche Verteilung für eine Zufallsvariable mit dem Mittelwert Null und der Varianz σ^2. Der zentrale Grenzwertsatz ist damit für die genannten Einschränkungen bewiesen. Genaueres kann man darüber z.B. in [32] finden.

2.10 Ensemble-Mittelung

Bei den bisherigen Betrachtungen eines Zufallsprozesses u(t) wurde zur Ermittlung seiner statistischen Kennwerte als *Stichprobe* (*sample*) lediglich seine Zeitgeschichte in Form einer konkreten zeitlichen Aufzeichnung verwendet. Jetzt werden die Zeitgeschichten mehrerer solcher Aufzeichnungen - anders als in Abb. 2.9.1 - *desselben* Zufallsprozeses betrachtet. Diese Aufzeichnungen z.B. nach Abb. 2.10.1 $u_1(t)$, $u_2(t)$, $u_3(t)$ usw. werden aus verschiedenen Experimenten gewonnen. Es handelt sich dabei z.B. um die gemessenen Zufallsschwingungen einer Bohrplattform zu verschiedenen Zeiten bei denselben Umweltbedingungen (Seegang, Wind) oder um die mehrerer gleichartiger Plattformen zur selben Zeit und im selben Seegebiet. Diese Aufzeichnungen zusammengenommen heißen das *Ensemble*. Darunter versteht man die Gesamtheit der Werte, die die Zufallsvariable u etwa zur Zeit $t=t_1$ annehmen kann.

Bisher wurden die statistischen Kennwerte des betrachteten Zufallsprozesses entlang einer konkreten Aufzeichnung als zeitliche Mittelung gewonnen, z.B. nach Gl. (2.2.3) der quadratische Mittelwert

$$\overline{u^2(t)} = \lim_{T \to \infty} \frac{1}{T} \int_0^\infty u_1^2(t)\,dt .$$

Demgegenüber steht die Ensemble - Mittelung

$$E[u^2] = \int_{-\infty}^{\infty} u^2(t_1)\, f(u,t_1)\, du ,$$

bei der zur Zeit t_1 über das Ensemble hinweg gemittelt wird. Liegen zur Zeit $t=t_1$ genügend viele Aufzeichnungen vor, so kann man mit den Zufallsvariablen $u_1(t_1)$, $u_2(t_1)$, . . . die Wahrscheinlichkeitsdichte $f(u,t_1)$ des Zufallsprozesses $u(t)$ zur Zeit t_1 berechnen. Zu einer anderen Zeit t_2 ergibt sich im allgemeinen ein anderes Ensemble-Mittel, also auch eine andere Wahrscheinlichkeitsdichte $f(u,t_2)$.

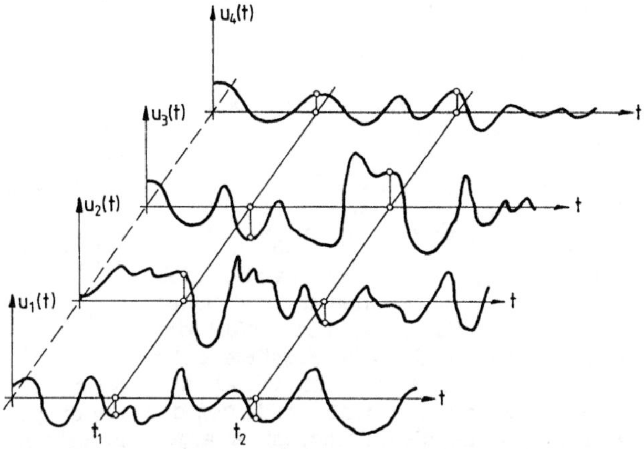

Abb. 2.10.1 Ensemble eines Zufallsprozesse u(t)

Die in Abschnitt 2.2 stillschweigend unterstellte Gleichheit des zeitlichen und des Ensemble-Mittels setzt also zunächst einen *stationären* Zufallsprozeß voraus. Seine als Ensemble-Mittelung gewonnene Wahrscheinlichkeitsverteilung hängt nicht von der Zeit t ab. Jede endliche Zeitverschiebung $u(t) \to u(t+\tau)$ ändert die statistischen Kennwerte des Zufallsprozesses nicht. So gilt dann z.B. für die Wahrscheinlichkeitsdichte $f(u,t_1) = f(u,t_2) := f(u)$. Technische Zufallsprozesse besitzen stets Anfang und Ende. Für die Lebensdauer einer Konstruktion z.B. kann Stationarität der auf sie einwirkenden Zufallsprozesse nur näherungsweise angenommen werden, oder die Lebensdauer muß in mehrere Lebensabschnitte unterteilt werden, für deren jede dann Stationarität angenommen werden darf.

Da bei der in Abschnitt 2.2 ausgenutzten Gleichheit von zeitlichem und Ensemble-Mittel nichts darüber ausgesagt wurde, welche der Aufzeichnungen $u_1(t)$, $u_2(t)$, . . von Abb. 2.10.1 für das Zeitmittel zu verwenden ist, muß zusätzlich ein *ergodischer* Zufallsprozeß vorausgesetzt werden. Bei diesem liefert die zeitliche Mittelung entlang *jeder* Aufzeichnung dieselben statistischen Kennwerte. Jeder ergodische Zufallsprozeß ist zugleich stationär, jedoch ist nicht jeder stationäre Zufallsprozeß ergodisch. Da in technischen Anwendungen zumeist kein Ensemble mit ausreichend großer Zahl von Aufzeichnungen für eine statistisch gesicherte Ensemble - Mittelung beschafft werden kann, stellt das Vorliegen von Ergodizität eine große Erleichterung dar. Dann nämlich können die statistischen Kennwerte des Prozesses entlang einer einzigen Aufzeichnung ermittelt werden.

In diesem Sinne wurden bisher und werden weiterhin nur ergodische Zufallsprozesse betrachtet.

Beispiel 2.10.1: Stationarität und Ergodizität

Es werde der Zufallsprozeß $x(t)=u\cos t+v\sin t$ betrachtet. u und v seien zwei voneinander statistisch unabhängige Zufallsvariable mit Mittelwert Null und derselben Varianz σ^2. Die zweidimensionale Wahrscheinlichkeitsdichte ist also $f(u,v)=f_u(u)\cdot f_v(v)$.

Das Ensemble-Mittel der Zufallsvariablen x berechnet sich wie folgt

$$E[x]=\iint_{-\infty}^{\infty} x f\,du\,dv=\iint_{-\infty}^{\infty} x f_u f_v\,du\,dv=$$

$$=\cos t\int_{-\infty}^{\infty} u f_u\,du\int_{-\infty}^{\infty} f_v\,dv+\sin t\int_{-\infty}^{\infty} f_u\,du\int_{-\infty}^{\infty} v f_v\,dv.$$

Im ersten Summanden verschwindet das Integral über u, im zweiten über v. Somit gilt $E[x]=0$. Im Vergleich dazu liefert die zeitliche Mittelung dasselbe Ergebnis $\overline{x(t)}=0$. Da die Mittel nicht von der Zeit abhängen, ist der Prozeß x stationär *im Mittel*, da sie untereinander gleich sind, ist er ergodisch im Mittel.

Folgend werden die quadratischen Mittel berechnet. Es ist das Ensemble-Mittel

$$E[x^2]=\iint_{-\infty}^{\infty} x^2 f\,du\,dv=\iint_{-\infty}^{\infty} x^2 f_u f_v\,du\,dv=$$

$$=\cos^2 t\int_{-\infty}^{\infty} u^2 f_u\,du\int_{-\infty}^{\infty} f_v\,dv+\sin^2 t\int_{-\infty}^{\infty} f_u\,du\int_{-\infty}^{\infty} v^2 f_v\,dv+$$

$$+2\cos t\sin t\int_{-\infty}^{\infty} u f_u\,du\int_{-\infty}^{\infty} v f_v\,dv.$$

Hierin sind die quadratischen Mittel σ^2, die Mittel Null und die Integrale über die Wahrscheinlichkeitsdichten Eins, so daß

$$E[x^2]=\cos^2 t\cdot\sigma^2+\sin^2 t\cdot\sigma^2=\sigma^2$$

folgt. Wieder im Vergleich dazu liefert das zeitliche Mittel

$$\overline{x^2(t)}=\lim_{T\to\infty}\frac{1}{T}\int_{-\infty}^{\infty} x^2\,dt=\lim_{T\to\infty}\frac{1}{T}\Big[u^2\Big(\frac{T}{2}+\frac{\sin 2T}{4}\Big)+$$

$$+v^2\Big(\frac{T}{2}-\frac{\sin 2T}{4}\Big)-uv\Big(\frac{\cos 2T}{2}-1\Big)\Big].$$

Nach Ausführung des Grenzübergangs bleibt als Ergebnis $\overline{x^2(t)}=(u^2+v^2)/2$. Die berechneten quadratischen Mittel sind zeitunabhängig. Der Prozeß x(t) ist deshalb stationär *im quadratischen Mittel*. Da zeitliches und Ensemble-Mittel nicht übereinstimmen, ist der Prozeß im quadratischen Mittel nicht-ergodisch.

2.11 Autokorrelationsfunktion

Es werde das Ensemble eines (ergodischen) Zufallsprozesses u(t) nach Abb. 2.10.1 betrachtet. Die Zeit t_1 sei ein beliebiger Zeitpunkt, der von der Zeit t_2 stets den festen Zeitabstand τ besitzen möge, so daß $t_1=t$ und $t_2=t+\tau$ gesetzt werden können. Unter der *Autokorrelationsfunktion* (*autocorrelation function*) versteht man den Erwartungswert für das Produkt der beiden Zufallsvariablen $u(t_1)$ und $u(t_2)$, also den über das Ensemble hinweg gemittelten Wert $E[u(t)u(t+\tau)]$.

Da der Prozeß stationär ist, hängt der Erwartungswert E[ ] nicht von der absoluten Zeit t sondern lediglich vom Zeitabstand τ ab. Da der Prozeß ergodisch ist, kann der Erwartungswert E[ ] an einer einzigen Stichprobe (Aufzeichnung) als zeitliches Mittel berechnet werden.

Als Ensemble-Mittel geschrieben ist die Autokorrelationsfunktion

$$K_{uu}(\tau):=E[u(t_1)u(t_2)]=E[u(t)u(t+\tau)] \tag{2.11.1}$$

und als zeitliches Mittel formuliert

$$K_{uu}(\tau)=\overline{u(t)u(t+\tau)}=\lim_{T\to\infty}\frac{1}{T}\int_0^T u(t)u(t+\tau)\,dt. \tag{2.11.2}$$

Mit der zweidimensionalen Wahrscheinlichkeitsdichte (2.4.13) $f(u_1,u_2)du_1du_2=\lim_{T\to\infty}(dt/T)$ gilt für die Autokorrelationsfunktion entsprechend Gl. (2.4.15) mit $u_1\equiv u(t_1)$ und $u_2\equiv u(t_2)$ auch

$$K_{uu}(\tau) = \int_{-\infty}^{\infty}\int_{-\infty}^{\infty} u_1 u_2 f(u_1,u_2)\, du_1\, du_2 \quad . \tag{2.11.3}$$

Die Autokorrelationsfunktion ist ein Maß für die statistische Abhängigkeit desselben Zufallsprozesses zu zwei verschiedenen Zeiten. Die statistische Abhängigkeit oder Wechselbeziehung, eben Korrelation, ist bereits im Abschnitt 2.4 im Zusammenhang mit der Kovarianz *zweier* verschiedener Zufallsprozesse besprochen worden. Hier geht es darum festzustellen, in welchem Maße *einem* Zufallsprozeß zeitliche "Erhaltungstendenzen" innewohnen. Ein stark regelloser Zufallsprozeß wird eine geringe Korrelation bedingen. Auf der anderen Seite werden in dem Zufallsprozeß verborgene periodische Komponenten durch eine entsprechend große Korrelation zu Tage treten. Im allgemeinen nimmt die Autokorrelation eines Zufallsprozesses mit wachsendem Zeitabstand τ monoton ab.

Im folgenden werden einige wichtige Eigenschaften der Autokorrelationsfunktion genannt:

α) Für $\tau \to \infty$ sind u(t) und u(t+τ) unkorreliert, d.h. voneinander statistisch vollständig unabhängig. Jede der beiden Zufallsvariablen verteilt sich gleichmäßig um den Mittelwert μ des Prozesses u(t). Es gilt

$$K_{uu}(\infty) = \lim_{\tau\to\infty} E[u(t)u(t+\tau)] = \lim_{\tau\to\infty} \{E[u(t)]E[u(t+\tau)]\} = \mu^2 . \tag{2.11.4}$$

β) Die Autokorrelationsfunktion ist für $\tau = 0$ gleich dem quadratischen Mittelwert, also gleich der Summe aus der Varianz und dem Mittelwertquadrat.

$$K_{uu}(0) = E[u^2(t)] = \sigma^2 + \mu^2 . \tag{2.11.5}$$

γ) Die Autokorrelationsfunktion besitzt für $\tau = 0$ ihr Maximum, es gilt also

$$K_{uu}(0) \geq |K_{uu}(\tau)| . \tag{2.11.6}$$

Zum Beweis dieser Eigenschaft betrachtet man $E[\{u(t)\pm u(t+\tau)\}^2] \geq 0$. Wegen des Quadrats kann E[ ] nicht negativ werden. Das obere Vorzeichen gilt für $K_{uu}(\tau)<0$, das untere für $K_{uu}(\tau)>0$. Nach Ausquadrieren erhält man $E[u^2(t)]+E[u^2(t+\tau)] \geq \mp 2E[u(t)u(t+\tau)]$. Bei stationären Prozessen ist der quadratische Mittelwert unabhängig von der Zeit. Nach Gl. (2.11.5) steht daher auf der linken Seite der Ungleichung $2\cdot K_{uu}(0)$, und auf der rechten Seite ist nach Gl. (2.11.1) der Erwartungswert gleich $K_{uu}(\tau)$. Damit ist $K_{uu}(0) \geq \mp K_{uu}(\tau)$, und unter Berücksichtigung der eingangs definierten Vorzeichen kann dies Ergebnis zur Ungleichung (2.11.6) zusammengefaßt werden.

δ) Die Autokorrelationsfunktion ist in τ symmetrisch. Es gilt also

$$K_{uu}(\tau) = K_{uu}(-\tau). \tag{2.11.7}$$

Um dies zu zeigen, bildet man nach Gl. (2.11.1) $K_{uu}(-\tau) = E[u(t)u(t-\tau)]$, substituiert $t-\tau \to t$ und erhält $K_{uu}(-\tau) = E[u(t+\tau)u(t)] = K_{uu}(\tau)$.

Eine typische Autokorrelationsfunktion zeigt Abb. 2.11.1 . Sie gilt für einen nicht zentrierten Zufallsprozeß u(t), bei dem für $\tau \to \infty$ die Autokorrelationsfunktion gegen μ^2 strebt und für $\tau = 0$ den Wert $\sigma^2 + \mu^2$ annimmt. Das Oszillieren der Autokorrelationsfunktion um μ^2 bzw. bei einem zentrierten Prozeß um Null gibt Aufschluß über die statistische Abhängigkeit der Zufallsvariablen u(t) von u(t+τ).

Um dies deutlich zu machen, werden zwei verschiedene (zentrierte) Prozesse u(t)

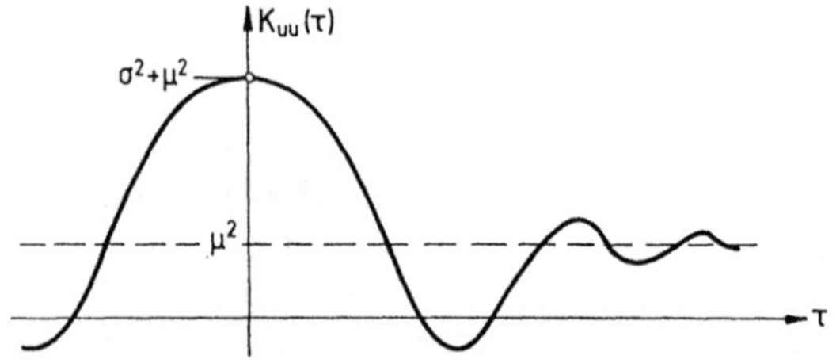

Abb. 2.11.1 Typischer Verlauf einer Autokorrelationsfunktion

betrachtet. Abb. 2.11.2 a) beschreibt einen Zufallsprozeß mit einer großen "Plötzlichkeit" seiner zeitlichen Schwankungen. Zur Zeit $t+\tau$ "weiß" dieser Zufallsprozeß nur noch wenig von seiner Vorgeschichte zur Zeit t. Der Prozeß ist deshalb gering korreliert. Die zugehörige Autokorrelationsfunktion zeigt mit wachsendem τ einen starken Abfall gegen Null bei verhältnismäßig geringem Oszillieren. Demgegenüber steht nach Abb. 2.11.2 b) ein Prozeß u(t) mit langsamer zeitlicher Schwankung, der möglicherweise sogar periodische Komponenten enthält. Der Prozeß ist dann stark korreliert. Die zugehörige Autokorrelationsfunktion zeichnet sich durch langes Oszillieren bei geringer Abnahme aus. Fortdauerndes Oszillieren der Autokorrelationsfunktion läßt periodische (und damit deterministische) Anteile des Zufallsprozesses u(t) erkennbar werden.

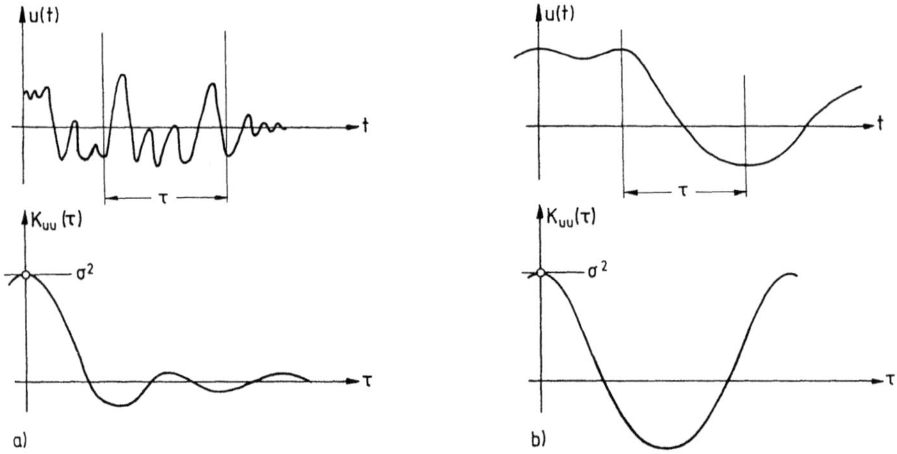

Abb. 2.11.2 a) gering und b) stark korrelierter Zufallsprozeß u(t) mit zugehöriger Autokorrelationsfunktion $K_{uu}(\tau)$

Als Maß für die Abklinggeschwindigkeit der Autokorrelationsfunktion dient die Korrelationszeit

$$\tau_{korr} := \frac{1}{\sigma^2+\mu^2} \int_0^\infty |K_{uu}(\tau)| \, d\tau \,. \tag{2.11.8}$$

Für $\tau \gg \tau_{korr}$ kann die Autokorrelation des Prozesses vernachlässigt werden.

Beispiel 2.11.1: Autokorrelation einer Sägezahnkurve

Gegeben ist eine deterministische, mit T periodische Sägezahnkurve der Amplitude a nach Abb. 2.11.3. Faßt man die Zeit $t_1 = t$ als Zufallsvariable auf, dann kann diese Sägezahnkurve als konkrete Aufzeichnung eines Zufallsprozesses u(t) interpretiert

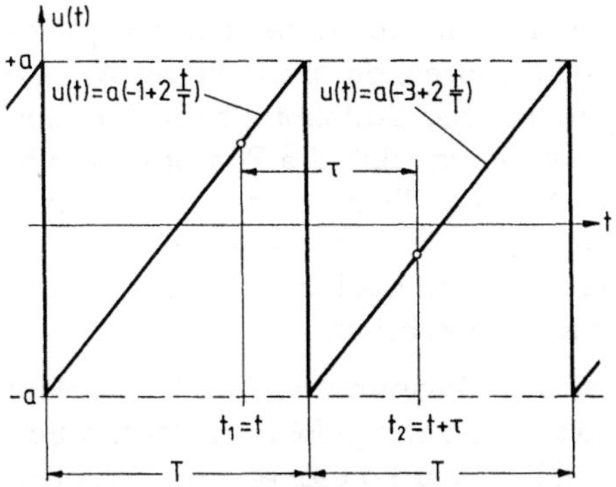

Abb. 2.11.3: Sägezahnkurve als Stichprobe eines Zufallsprozesses u(t)

werden. Jede Zeit t_1 innerhalb der Periode T ist gleichwahrscheinlich, so daß für deren Wahrscheinlichkeitsdichte $f(t) = 1/T$ für $t \in (0,T)$ und $f(t) \equiv 0$ für alle anderen t gilt.

Die Autokorrelationsfunktion dieses Prozesses als Ensemble-Mittel ist nach Gl. (2.11.1) damit

$$K_{uu}(\tau) = \int_{-\infty}^{\infty} u(t)\,u(t+\tau) f(t)\,dt = \frac{1}{T}\int_0^T u(t)\,u(t+\tau)\,dt.$$

Dasselbe Ergebnis erhält man, wenn man das zeitliche Mittel Gl. (2.11.2) bildet. Da u(t) periodisch ist, kann man als Auswertezeit die Periode T wählen. Damit entfällt dann der Grenzübergang $T \to \infty$.

Es wird zunächst $\tau \in (0,T)$ eingeschränkt. Wegen der Unstetigkeit von u(t) an der Stelle $t = T$ muß sodann das Integral in die beiden Teilintegrale

$$K_{uu}(\tau) = \frac{1}{T}\int_0^{T-\tau} u(t)\,u(t+\tau)\,dt + \frac{1}{T}\int_{T-\tau}^{T} u(t)\,u(t+\tau)\,dt$$

zerlegt werden. Damit ist sichergestellt, daß beide Funktionen im Integranden des ersten Teilintegrals in $t \in (0,T)$ liegen, wogegen unter dem zweiten Teilintegral dies lediglich für u(t) zutrifft, jedoch $u(t+\tau)$ in $t \in (T,2T)$ liegt. Es folgt also

$$K_{uu}(\tau) = \frac{a^2}{T}\int_0^{T-\tau}\left(-1+2\frac{t}{T}\right)^2 dt + \frac{a^2}{T}\int_{T-\tau}^{T}\left(1-2\frac{t}{T}\right)\left(3-2\frac{t}{T}\right)dt.$$

Nach Ausrechnung der Integrale erhält man

$$K_{uu}(\tau) = \frac{1}{3}a^2\left(1 - 6\frac{\tau}{T} + 6\frac{\tau^2}{T^2}\right),\ t \in (0,T).$$

Für $\tau \in (T, 2T)$ wird die Rechnung lediglich mit der Zeitverschiebung $t+T \to t$ wiederholt und führt auf dasselbe Ergebnis. Die Autokorrelationsfunktion ist wie der Zufallsprozeß selbst mit T periodisch. Sie ist in Abb. 2.11.4 in Abhängigkeit von τ grafisch dargestellt.

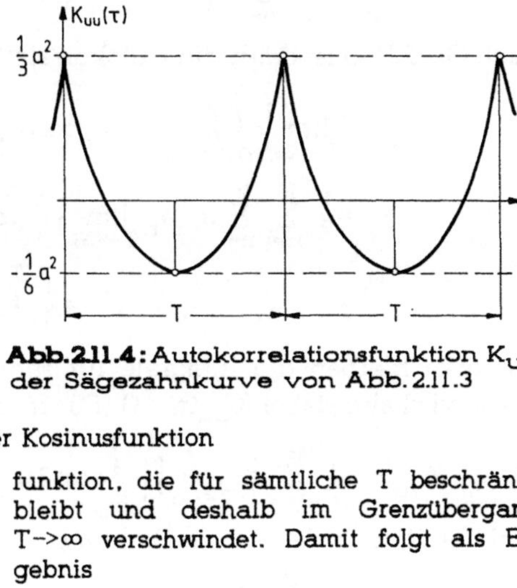

Abb. 2.11.4: Autokorrelationsfunktion K_{uu} der Sägezahnkurve von Abb. 2.11.3

Beispiel 2.11.2: Autokorrelationsfunktion einer Kosinusfunktion

Es werde ein Zufallsprozeß mit der periodischen Aufzeichnung $u(t) = a\cos(\omega t + \alpha)$ betrachtet. Amplitude a und Frequenz ω sind deterministische Konstanten. Die Phase α ist im Bereich 0 bis 2π eine gleichverteilte Zufallsvariable; sie besitzt dort die Wahrscheinlichkeitsdichte $f(\alpha) = 1/(2\pi)$ und ansonsten Null. Nach Gl. (2.11.2) ist die Autokorrelationsfunktion als zeitliches Mittel

$$K_{uu}(\tau) = a^2 \lim_{T\to\infty} \frac{1}{T}\int_0^T \cos(\omega t+\alpha)\cos(\omega t+\alpha+\omega\tau)\,dt.$$

Den Integranden formt man mittels der Beziehung $2\cos\alpha\cos\beta = \cos(\alpha+\beta) + \cos(\alpha-\beta)$ in

$$K_{uu}(\tau) = \frac{a^2}{2}\lim_{T\to\infty}\frac{1}{T}\left[\int_0^T \cos(2\omega t + 2\alpha + \omega\tau)\,dt + \cos\omega\tau \int_0^T dt\right]$$

um. Das erste Integral liefert eine Sinusfunktion, die für sämtliche T beschränkt bleibt und deshalb im Grenzübergang $T \to \infty$ verschwindet. Damit folgt als Ergebnis

$$K_{uu}(\tau) = \frac{1}{2}a^2\cos\omega\tau. \tag{2.11.9}$$

Dasselbe Ergebnis erhält man nach Gl. (2.11.1) auch als Ensemble-Mittel

$$K_{uu}(\tau) = \int_{-\infty}^{\infty} u(t)\,u(t+\tau) f(\alpha)\,d\alpha = \frac{1}{2\pi}a^2\int_0^{2\pi}\cos(\omega t+\alpha)\cos(\omega t+\alpha+\omega\tau)\,d\alpha$$

unter Verwendung derselben Umformung wie oben.

Der Prozeß heißt deshalb ergodisch *in Korrelation.*

Beide Beispiele haben gezeigt, daß eine periodische Funktion eine ebenfalls periodische Autokorrelationsfunktion besitzt. Ein Zufallsprozeß, der periodische Anteile enthält, ist an seiner für $\tau \to \infty$ fortdauernden periodischen Autokorrelationsfunktion erkennbar. Am zweiten Beispiel wurde weiter deutlich, daß die Phasenverschiebung α keinen Einfluß auf die Korrelationsfunktion hat. Daß bei der Berechnung der Autokorrelationsfunktion jegliche Informationen über Phasenlagen verloren gehen, ist allgemeingültig. Da diese somit weniger Informationen enthält als der Zufallsprozeß selbst, ist die Berechnung auch nicht umkehrbar.

Ein echter Zufallsprozeß besitzt keine zeitperiodische Realisierung. Der Zeitverlauf u(t) einer konkreten Aufzeichnung von t = 0 bis t = T kann jedoch vielfach durch eine Überlagerung einer genügend großen Zahl zeitharmonischer Komponenten approximiert werden. Dabei handelt es sich dann letztlich um die Entwicklung der außerhalb $t \in (0,T)$ periodisch fortgesetzten Aufzeichnung in eine *Fourier*-Reihe, deren Reihengliedern Zufallsphasen zugewiesen werden. Es gelte mit deterministischen Frequenzen ω_n und Amplituden a_n sowie mit in $(0, 2\pi)$ gleichverteilten Zufallsphasen α_n bei endlicher Reihengliederzahl k genügend genau

$$u(t) = \sum_{n=1}^{k} u_n = \sum_{n=1}^{k} a_n \cos(\omega_n t + \alpha_n), \quad t \in (0,T). \tag{2.11.10}$$

Nach Gl. (2.11.2) ist dafür die Autokorrelationsfunktion

$$K_{uu}(\tau) = \lim_{T\to\infty} \frac{1}{T} \int_0^T \sum_{m=1}^{k} \sum_{n=1}^{k} a_m a_n \cos(\omega_m t + \alpha_m) \cos(\omega_n t + \alpha_n + \omega_n \tau)\, dt =$$

$$= \frac{1}{2} \sum_{m=1}^{k} \sum_{n=1}^{k} a_m a_n \lim_{T\to\infty} \left\{ \frac{1}{T} \int_0^T \cos[(\omega_m + \omega_n)t + \alpha_m + \alpha_n + \omega_n \tau]\, dt + \right.$$

$$\left. + \frac{1}{T} \int_0^T \cos[(\omega_m - \omega_n)t + \alpha_m - \alpha_n - \omega_n \tau]\, dt \right\}.$$

Für $m \neq n$ bleiben die Integrale für sämtliche T beschränkt, im Grenzübergang $T \to \infty$ wird also dabei $K_{uu}(\tau) = 0$. Für m=n folgt dagegen

$$K_{uu}(\tau) = \frac{1}{2} \sum_{n=1}^{k} a_n^2 \lim_{T\to\infty} \left\{ \frac{1}{T} \int_0^T \cos(2\omega_n t + 2\alpha_n + \omega_n \tau)\, dt + \cos \omega_n \tau \frac{1}{T} \int_0^T dt \right\}$$

und damit nach dem Grenzübergang $T \to \infty$

$$K_{uu}(\tau) = \frac{1}{2} \sum_{n=1}^{k} a_n^2 \cos \omega_n \tau. \tag{2.11.11}$$

Für eine Funktion u(t) (2.11.10) folgt also die Eigenschaft

$$K_{uu}(\tau) = E\Big[\sum_{n=1}^{k} u_n(t) \sum_{n=1}^{k} u_n(t+\tau)\Big] = \sum_{n=1}^{k} E[u_n(t) u_n(t+\tau)]. \tag{2.11.12}$$

Die Autokorrelationsfunktion (2.11.11) ist für den Spezialfall $a_n = a_o$ = konstant und $\omega_n = n\omega_o$ für verschiedene Reihengliederzahlen k in Abb. 2.11.5 grafisch dargestellt. Da die Aufzeichnung des Zufallsprozesses u(t) nach Gl. (2.11.10) bei $t = 2\pi/\omega_o$ periodisch fortgesetzt wurde, wiederholt sich bei $\omega_o\tau = 2\pi$ auch die Autokorrelationsfunktion. Für $\omega_o\tau \ll 2\pi$ zeigt sie jedoch durchaus für Zufallsprozesse übliche Verläufe.

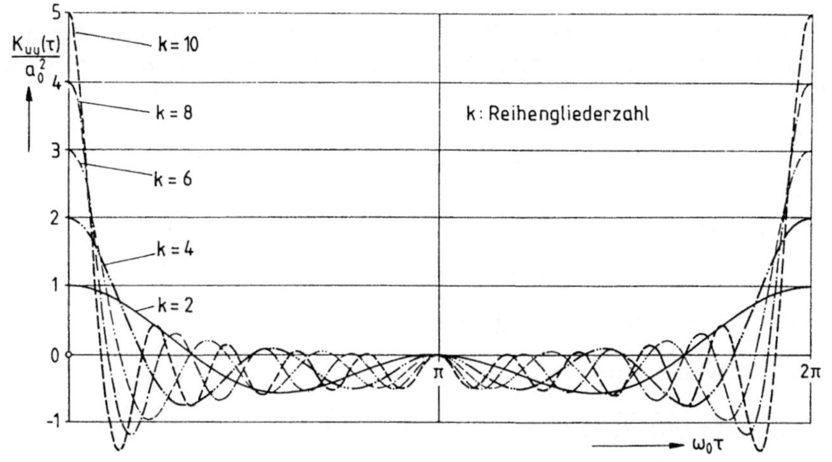

Abb. 2.11.5 Autokorrelationsfunktion (2.11.11) für $a_n = a_0$ = konstant und $\omega_n = n\omega_0$

Abschließend noch einige ergänzende Bemerkungen zur Autokorrelationsfunktion als Ensemble-Mittel (2.11.3) ! Dieses setzt natürlich die Kenntnis der zweidimensionalen Wahrscheinlichkeitsdichte $f(u_1, u_2)$ der beiden Zufallsvariablen u_1 und u_2 des Zufallsprozesses $u(t)$ zu den beiden Zeiten $t_1 = t$ und $t_2 = t+\tau$ voraus. Für bestimmte Anwendungen sind jedoch auch Fälle zu berücksichtigen, bei denen u_1 und u_2 deterministische Funktionen anderer Zufallsvariablen sind. Sind z.B. x und y zwei Zufallsvariable mit bekannter zweidimensionaler Wahrscheinlichkeitsdichte $f_{xy}(x,y)$ und gilt $u_1 = u_1(x,y)$, $u_2 = u_2(x,y)$, dann ist die zweidimensionale Wahrscheinlichkeitsdichte $f(u_1, u_2)$ nach den Regeln des Abschnitts 2.8 zu transformieren. Nach Gl. (2.8.5) gilt $f_{xy}(x,y)\,dx\,dy = f(u_1,u_2)\,du_1\,du_2$, und das Ensemble-Mittel (2.11.3) geht in

$$K_{uu}(\tau) = \int_{-\infty}^{\infty}\int_{-\infty}^{\infty} u_1(x,y)\,u_2(x,y)\,f_{xy}(x,y)\,dx\,dy \tag{2.11.13}$$

über.

Sind speziell u_1 und u_2 Funktionen nur einer Zufallsvariablen x, wird daraus zunächst

$$K_{uu}(\tau) = \int_{-\infty}^{\infty} u_1(x)\,u_2(x) \int_{-\infty}^{\infty} f_{xy}(x,y)\,dy\,dx,$$

wobei das Integral der zweidimensionalen Wahrscheinlichkeitsdichte als Randverteilung die eindimensionale Wahrscheinlichkeitsdichte f(x) ergibt. Damit folgt für diesen Fall

$$K_{uu}(\tau) = \int_{-\infty}^{\infty} u_1(x)\,u_2(x)\,f(x)\,dx. \tag{2.11.14}$$

Man betrachte nach diesen Ergänzungen noch einmal das in Beispiel 2.11.2 gebildete Ensemble-Mittel.

2.12 Kreuzkorrelationsfunktion

Die Betrachtungen des Abschnitts 2.11 werden jetzt auf zwei (ergodische) Zufallsprozesse u(t) und v(t) erweitert. Als *Kreuzkorrelationsfunktion (cross-correlation function)* wird der Erwartungswert für das Produkt beider Zufallsvariablen zu unterschiedlichen Zeiten $t_1=t$ und $t_2=t+\tau$ definiert. Auch dabei hängt wegen der Stationarität beider Prozesse das Ergebnis nicht von der absoluten Zeit t sondern lediglich von der Zeitdifferenz τ ab.

Die Kreuzkorrelationsfunktionen als Ensemble-Mittel sind danach

$$K_{uv}(\tau) := E[u(t_1)\,v(t_2)] = E[u(t)\,v(t+\tau)]\,, \tag{2.12.1}$$

$$K_{vu}(\tau) := E[v(t_1)u(t_2)] = E[v(t)u(t+\tau)]\,. \tag{2.12.2}$$

Als zeitliches Mittel ergibt sich z.B.

$$K_{uv}(\tau) = \overline{u(t)\,v(t+\tau)} = \lim_{T\to\infty} \frac{1}{T}\int_0^T u(t)\,v(t+\tau)\,dt \tag{2.12.3}$$

bzw. mit der zweidimensionalen Wahrscheinlichkeitsdichte f(u,v) nach Gl. (2.4.13)

$$K_{uv}(\tau) = \int_{-\infty}^{\infty}\int_{-\infty}^{\infty} u\,v\,f(u,v)\,du\,dv\,. \tag{2.12.4}$$

Die Kreuzkorrelationsfunktion ist ein Maß für die gegenseitige statistische Abhängigkeit zweier verschiedener Zufallsprozesse, die - anders als bei der Kovarianz σ_{uv}[1] nach Gl. (2.4.16) - voneinander einen festen Zeitabstand τ besitzen.

Folgend werden einige wichtige Eigenschaften der Kreuzkorrelationsfunktion aufgeführt:

α) Für $\tau\to\infty$ sind u(t) und $v(t+\tau)$ vollständig unkorreliert. Jeder der beiden Prozesse verteilt sich gleichmäßig um seinen Mittelwert. Es gilt also

$$K_{uv}(\infty) = \lim_{\tau\to\infty}\{E[u(t)\,v(t+\tau)]\} = \lim_{\tau\to\infty}\{E[u(t)]\,E[v(t+\tau)]\} = \mu_u\mu_v\,. \tag{2.12.5}$$

β) Die Kreuzkorrelationsfunktion für den Zeitabstand $\tau = 0$ ist nach Gl. (2.4.16) gleich der Summe aus der Kovarianz und dem Produkt beider Mittelwerte

$$K_{uv}(0) = E[u(t)\,v(t)] = \sigma_{uv} + \mu_u\mu_v\,. \tag{2.12.6}$$

γ) Es gilt die Ungleichung

$$K_{uv}^2(\tau) \le K_{uu}(0)K_{vv}(0) = (\sigma_u^2 + \mu_u^2)(\sigma_v^2 + \mu_v^2)\,. \tag{2.12.7}$$

Zum Beweis dieser Eigenschaft wird für eine beliebige deterministische Funktion $\alpha(\tau)$ der Erwartungswert $E[\{\alpha u(t) \pm v(t+\tau)\}^2] \ge 0$ gebildet, der wegen des Quadrats nicht negativ werden kann. Man erhält nach Ausquadrieren $\alpha^2 E[u^2(t)] \pm 2\alpha E[u(t)v(t+\tau)] + E[v^2(t+\tau)] \ge 0$. Im ersten und dritten Summanden stehen die quadratischen Mittelwerte beider Prozesse, die nach Gl. (2.11.5) gleich der jeweiligen Autokorrelationsfunktion für $\tau=0$ sind, im mittleren Summanden erkennt man die Kreuzkorrelationsfunktion. Somit gilt $\alpha^2 K_{uu}(o) \pm 2\alpha K_{uv}(\tau) + K_{vv}(o) \ge 0$. Multipliziert man diese Ungleichung mit $K_{uu}(0) \ge 0$, bildet als Funktion von α ein vollständiges Quadrat, dann erhält man $[\alpha K_{uu}(0) \pm K_{uv}(\tau)]^2 \ge K_{uv}^2(\tau) - K_{uu}(0)K_{vv}(0)$. Nun wählt man $\alpha(\tau)$ so, daß auf der linken Seite der Ungleichung der

1) Man findet in der Literatur als Definition für die Kovarianz jedoch auch $\sigma_{uv}(\tau) = E[\{u(t)-\mu_u\}\{v(t+\tau)-\mu_v\}]$. Der Korrelationskoeffizient ρ_{uv} wird damit ebenfalls Funktion von τ. Für zentrierte Prozesse gilt dann $\sigma_{uv}(\tau) = K_{uv}(\tau)$.

kleinstmögliche Wert, nämlich Null steht. Die auf der rechten Seite stehende Diskriminante des in α quadratischen Ausdrucks darf also nicht positiv werden, womit die Ungleichung (2.12.7) bewiesen ist.

δ) Eine i.a. schärfere Abschätzung als die Ungleichung (2.12.7) ist

$$-\sigma_u\sigma_v + \mu_u\mu_v \le K_{uv}(\tau) \le \sigma_u\sigma_v + \mu_u\mu_v. \qquad (2.12.8)$$

Der Beweis läuft wie bei γ). Die Bildung des Erwartungswertes bezieht sich hier auf die beiden *zentrierten* Prozesse $u(t)-\mu_u$ und $v(t+\tau)-\mu_v$. Der in α quadratische Ausdruck lautet dann $\alpha^2\sigma_u^2 \pm 2\alpha[K_{uv}(\tau)-\mu_u\mu_v]+\sigma_v^2 \ge 0$, und für die Diskriminante gilt $[K_{uv}(\tau)-\mu_u\mu_v]^2-\sigma_u^2\sigma_v^2 \le 0$, woraus unmittelbar die Ungleichung (2.12.8) folgt.

ε) Die Kreuzkorrelationsfunktion ist nicht wie die Autokorrelationsfunktion in τ symmetrisch, sondern es gilt

$$K_{uv}(\tau) = K_{vu}(-\tau). \qquad (2.12.9)$$

Um dies zu zeigen, bildet man nach Gl. (2.12.1) $K_{uv}(\tau) = E[u(t)\,v(t+\tau)]$, substituiert $t+\tau \to t$, erhält damit $K_{uv}(\tau) = E[u(t-\tau)\,v(t)] = E[v(t)\,u(t-\tau)]$ und findet durch Vergleich mit Gl. (2.12.2) die oben behauptete Eigenschaft.

Eine typische Kreuzkorrelationsfunktion zeigt die Abb. 2.12.1

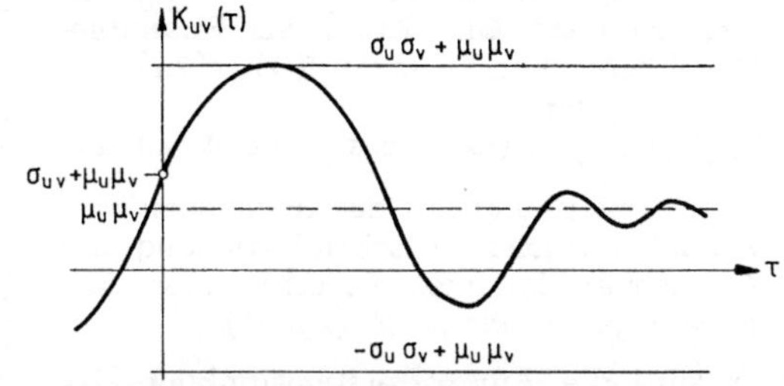

Abb. 2.12.1 Typischer Verlauf einer Kreuzkorrelationsfunktion

Aus den beiden Zufallsprozessen u(t) und v(t) wird jetzt der summierte Zufallsprozeß $x(t) = u(t) + v(t)$ gebildet. Für dessen Autokorrelationsfunktion berechnet man $K_{xx}(\tau) = E[x(t)\,x(t+\tau)] = E[\{u(t)+v(t)\}\{u(t+\tau)+v(t+\tau)\}] = E[u(t)u(t+\tau)]+E[u(t)v(t+\tau)]+E[v(t)u(t+\tau)]+E[v(t)v(t+\tau)]$. Die Erwartungswerte E[ ] sind nach den Definitionsgleichungen (2.11.1), (2.12.1) und (2.12.2) Auto- und Kreuzkorrelationsfunktionen der beiden Prozesse u(t) und v(t). Somit gilt für den summierten Prozeß x(t)

$$K_{xx}(\tau) = K_{uu}(\tau) + K_{uv}(\tau) + K_{vu}(\tau) + K_{vv}(\tau). \qquad (2.12.10)$$

Beispiel 2.12.1: Kreuzkorrelation zweier Kosinusfunktionen

Zwei zentrierte Zufallsprozesse besitzen die beiden periodischen Realisierungen $u(t) = a\cos(\omega t+\alpha)$ und $v(t) = b\cos(\omega t+\alpha+\Phi)$. Die Amplituden a und b, die für beide Prozesse gleiche Frequenz ω sowie die Phasenverschiebung Φ sind deterministische Konstanten. Der Phasenwinkel α ist im Bereich $(0,2\pi)$ eine gleichverteilte Zufallsvariable mit der Wahrscheinlichkeitsdichte $f(\alpha) = 1/(2\pi)$. Es wird die Kreuzkorrelationsfunktion (2.12.3) als zeitliches Mittel berechnet:

$$K_{uv}(\tau) = ab \lim_{T\to\infty} \frac{1}{T}\int_0^T \cos(\omega t+\alpha)\cos(\omega t+\alpha+\Phi+\omega\tau)\,dt.$$

Mit der trigonometrischen Beziehung $2\cos\alpha\cos\beta = \cos(\alpha+\beta) + \cos(\alpha-\beta)$ folgt daraus

$$K_{uv}(\tau) = \frac{ab}{2} \lim_{T\to\infty}\Big[\frac{1}{T}\int_0^T \cos(2\omega t+2\alpha+\omega\tau+\Phi)\,dt + \cos(\omega\tau+\Phi)\frac{1}{T}\int_0^T dt\Big].$$

Das erste Integral ist für sämtliche T beschränkt und verschwindet daher beim Grenzübergang $T\to\infty$. Als Ergebnis erhält man

$$K_{uv}(\tau) = \frac{1}{2}ab\cos(\omega\tau+\Phi) \qquad (2.12.11)$$

und mittels Gl. (2.12.9)

$$K_{vu}(\tau) = K_{uv}(-\tau) = \frac{1}{2}ab\cos(\omega\tau-\Phi). \qquad (2.12.12)$$

$K_{uv}(\tau)$ ist in Abb. 2.12.2 grafisch dargestellt.

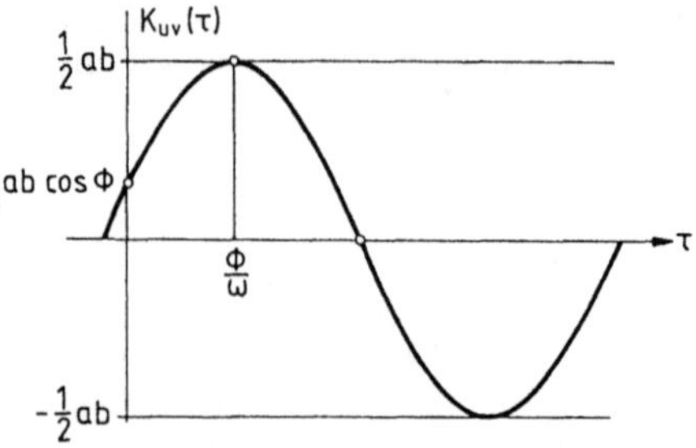

Abb. 2.12.2: Kreuzkorrelationsfunktion zweier Kosinusfunktionen

Zum Vergleich wird die Kreuzkorrelationsfunktion nach Gl. (2.12.1) als Ensemble-Mittel berechnet. Es ist mit $f(\alpha)=1/(2\pi)$

$$K_{uv}(\tau)=\frac{ab}{2\pi}\int_0^{2\pi}\cos(\omega t+\alpha)\cos(\omega t+\alpha+\Phi+\omega\tau)d\alpha.$$

Nach Umformung mit der auch oben verwendeten trigonometrischen Beziehung und Ausrechnen der Integrale erhält man dasselbe Ergebnis wie in Gl. (2.12.11).

Es wird die Autokorrelationsfunktion des summierten Prozesses $x(t)=u(t)+v(t)$ berechnet. Die Autokorrelationsfunktion des Prozesses u(t) ist nach Gl. (2.11.9) $K_{uu}(\tau)=a^2\cos\omega\tau/2$, die des Prozesses v(t) analog $K_{vv}(\tau)=b^2\cos\omega\tau/2$. Nach Gl. (2.12.10) gilt dann

$$K_{xx}(\tau)=\frac{a^2}{2}\cos\omega\tau+\frac{ab}{2}\cos(\omega\tau+\Phi)+$$
$$+\frac{ab}{2}\cos(\omega\tau-\Phi)+\frac{b^2}{2}\cos\omega\tau,$$

was sich zum Ergebnis

$$K_{xx}(\tau)=\frac{1}{2}(a^2+2ab\cos\Phi+b^2)\cos\omega\tau \tag{2.12.13}$$

zusammenfassen läßt.

Daß dabei mit dem Glied $2ab\cos\Phi$ die Kreuzkorrelierten auftreten, ist dadurch begründet, daß die Frequenzen beider Prozesse übereinstimmen. Bei Prozessen verschiedener Frequenzen ist die Autokorrelationsfunktion des summierten Prozesses gleich der Summe der Autokorrelationsfunktionen der einzelnen Prozesse (vergl. die Gln. (2.11.11) und (2.11.12) sowie das Beispiel 2.12.3).

Beispiel 2.12.2: Kreuzkorrelation zweier Kosinusfunktionen

Die beiden Zufallsprozesse von Beispiel 2.12.1 erhalten jeder für sich einen in $(0,2\pi)$ gleichverteilten Zufallsphasenwinkel. Es ist $u(t)=a\cos(\omega t+\alpha)$ und $v(t)=b\cos(\omega t+\beta)$ mit den Wahrscheinlichkeitsdichten $f(\alpha)=f(\beta)=1/(2\pi)$.

Die Kreuzkorrelationsfunktion als zeitliches Mittel wird analog dem Beispiel 2.12.1 berechnet. Man kann das Ergebnis (2.12.11) benutzen, wenn man dort Φ durch $\beta-\alpha$ ersetzt. Es ist

$$K_{uv}(\tau)=\frac{1}{2}ab\cos(\omega\tau+\beta-\alpha). \tag{2.12.14}$$

Die entlang einer Stichprobe u(t) und v(t) gebildete Kreuzkorrelationsfunktion enthält im Gegensatz zu Gl. (2.12.11) die beiden Zufallsphasen α und β, die sich über das Ensemble von Stichproben hinweg zufällig ändern. Dies deutet bereits darauf hin, daß bezüglich der Kreuzkorrelation beider Prozesse keine Ergodizität vorliegt, obwohl jeder Prozeß für sich im Mittel, im quadratischen Mittel und in Korrelation (vergl. Beispiel 2.11.2) ergodisch ist. Bestätigt wird dies, wenn man das Ensemble-Mittel

$$K_{uv}(\tau)=\int\int_{-\infty}^{\infty}u(t)v(t+\tau)f(\alpha)f(\beta)d\alpha\, d\beta=$$
$$=\frac{ab}{4\pi^2}\int_0^{2\pi}\cos(\omega t+\alpha)d\alpha\int_0^{2\pi}\cos(\omega t+\beta+\omega\tau)d\beta$$

betrachtet. Da sich beide Integrale über eine volle Periode erstrecken, ergibt sich hier im Gegensatz zu Gl. (2.12.14)

$$K_{uv}(\tau)\equiv 0. \tag{2.12.15}$$

Beispiel 2.12.3: Kreuzkorrelation zweier Kosinusfunktionen

Es werden die beiden Stichproben $u(t)=a_1\cos(\omega_1 t+\alpha_1)$ und $v(t)=a_2\cos(\omega_2 t+\alpha_2)$ zweier Zufallsprozesse u(t) und v(t) betrachtet. Die Amplituden a_1 und a_2 und die Frequenzen ω_1 und ω_2 mit $\omega_1\neq\omega_2$ sind deterministische Konstanten. Die Zufallsphasen α_1 und α_2 sind in $(0,2\pi)$ gleichverteilt.

Es ist die Kreuzkorrelationsfunktion

$$K_{uv}(\tau)=\lim_{T\to\infty}\frac{1}{T}\int_0^T u(t)v(t+\tau)dt=$$
$$=\frac{1}{2}a_1a_2\lim_{T\to\infty}\left\{\frac{1}{T}\int_0^T\cos[(\omega_1+\omega_2)t+\alpha_1+\alpha_2]dt+\right.$$
$$\left.\frac{1}{T}\int_0^T\cos[(\omega_1-\omega_2)t+\alpha_1-\alpha_2]dt\right\}$$

die im Grenzübergang $T \to \infty$ verschwindet. Es ist also

$$K_{uv}(\tau) \equiv 0, \qquad (2.12.16)$$

wenn zwei harmonische Zeitfunktionen unterschiedlicher Frequenz miteinander korreliert werden.

Diese Eigenschaft kann man ausnutzen, um die einem Zufallsprozeß u(t) innewohnenden, verborgenen harmonischen Anteile aufzuspüren. Man korreliert dazu den Prozeß u(t) der Reihe nach mit harmonischen Probefunktionen unterschiedlicher Frequenz. Solange dabei die Kreuzkorrelationsfunktion Null ergibt, ist ein harmonischer Anteil der jeweils verwendeten Frequenz in u(t) nicht enthalten.

Für die Autokorrelationsfunktion des summierten Prozesses $x(t) = u(t) + v(t)$ gilt nach den Gln. (2.12.10) und (2.11.9)

$$K_{xx}(\tau) = \frac{1}{2} a_1 \cos \omega_1 \tau + \frac{1}{2} a_2 \cos \omega_2 \tau . \qquad (2.12.17)$$

Die Verallgemeinerung dieser Aussage für einen aus k harmonischen Komponenten summierten Prozeß wurde bereits mit Gl. (2.11.11) genannt.

2.13 Fourier - Analyse

Die bisherigen Betrachtungen von Zufallsprozessen bezogen sich weitgehend auf ihre Eigenschaften in Abhängigkeit von der Zeit t. Wichtigstes Ergebnis dieser Analysen im sogenanten *Zeitbereich* war die Wahrscheinlichkeitsdichte. Jedoch wurde auch bereits darauf hingewiesen, daß in Zufallsprozessen enthaltene periodische Komponenten bestimmter Frequenz ω in besonderer Weise auf Auto- und Kreuzkorrelationsfunktion durchschlagen. Sinnvoll ist deshalb auch eine Analyse von Zufallsprozessen im *Frequenzbereich*, um deren einzelne Frequenzanteile zu bestimmen. Wichtigstes Ergebnis der Frequenzanalyse wird dann in Abschnitt 2.14. die Spektraldichte von Zufallsprozessen sein.

Zunächst muß jedoch die Technik der *Fourier*-Analyse besprochen werden. Im Hinblick auf die technischen Anwendungen beschränken wir uns auf reelle Zeitfunktionen, obwohl sowohl *Fourier*-Reihe als auch *Fourier*-Integral auch von komplexen Funktionen gebildet werden können.

2.13.1 Fourier - Reihen

f(t) sei nach Abb. 2.13.1 eine periodische, mindestens stückweise stetige (reelle) Funktion. Die Periode ist T. Periodisch heißt, daß die Eigenschaft $f(t) = f(t+nT)$, $n = 0, 1, 2, \ldots$ gilt. Eine solche Funktion kann als unendliche trigonometrische oder *Fourier - Reihe*[1)]

$$f(t) = \alpha_0 + \sum_{n=1}^{\infty} \alpha_n \cos n\omega_0 t + \sum_{n=1}^{\infty} \beta_n \sin n\omega_0 t \qquad (2.13.1)$$

dargestellt werden. Es ist $\omega_0 = 2\pi/T$ die Grundfrequenz. Die Koeffizienten α_n und β_n werden nach dem Prinzip der Fehlerquadratminimierung bestimmt. Genauer: Das über eine Periode T gemittelte Quadrat des Abstandes der gegebenen Funktion f(t) von ihrer trigonometrischen Entwicklung (2.13.1) wird mi-

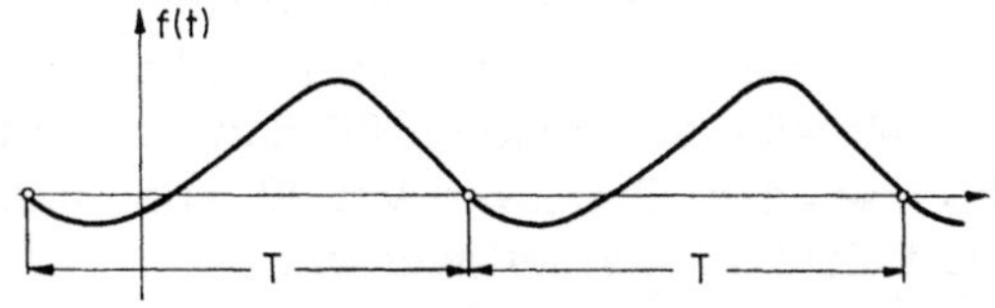

Abb. 2.13.1 Periodische Funktion

1) *Jean-Baptiste Joseph* Baron *de Fourier* (1768-1830), franz. Mathematiker und Physiker, benutzte in seinen Arbeiten über die Wärmeausbreitung die schon länger bekannten trigonometrischen Reihen.

nimiert. Das heißt

$$\frac{1}{T}\int_{-T/2}^{T/2}[f(t)-\alpha_0-\sum_{n=1}^{\infty}\alpha_n\cos n\omega_0 t-\sum_{n=1}^{\infty}\beta_n\sin n\omega_0 t]^2\,dt = \text{Min.} \tag{2.13.2}$$

Diese Minimalforderung wird erfüllt, wenn sämtliche Ableitungen nach den Koeffizienten α_n und β_n verschwinden, z.B. die Ableitung nach α_m

$$\int_{-T/2}^{T/2}[f(t)-\alpha_0-\sum_{n=1}^{\infty}\alpha_n\cos n\omega_0 t-\sum_{n=1}^{\infty}\beta_n\sin n\omega_0 t]\cos m\omega_0 t\,dt = 0. \tag{2.13.3}$$

Nach Vertauschen von Summation mit Integration erhält man

$$\int_{-T/2}^{T/2} f\cos m\omega_0 t\,dt-\alpha_0\int_{-T/2}^{T/2}\cos m\omega_0 t\,dt-\sum_{n=1}^{\infty}\alpha_n\int_{-T/2}^{T/2}\cos n\omega_0 t\cos m\omega_0 t\,dt-\sum_{n=1}^{\infty}\beta_n\int_{-T/2}^{T/2}\sin n\omega_0 t\cos m\omega_0 t\,dt=0.$$

Das zweite und das letzte Integral sind stets Null. Das dritte Integral verschwindet für sämtliche $n \neq m$, und von der Summe bleibt nur das Glied $n = m$, für das das Integral den Wert $T/2$ liefert, übrig. Damit hat man eine Bestimmungsgleichung für die gesuchten Entwicklungskoeffizienten α_n und in analoger Weise für die β_n. Das zusammengefaßte Ergebnis für diese *Fourier*-Koeffizienten lautet

$$\left.\begin{aligned}
\alpha_0 &= \frac{1}{T}\int_{-T/2}^{T/2} f(t)\,dt, \\
\alpha_n &= \frac{2}{T}\int_{-T/2}^{T/2} f(t)\cos n\omega_0 t\,dt, \quad n = 1, 2, 3, \ldots \\
\beta_n &= \frac{2}{T}\int_{-T/2}^{T/2} f(t)\sin n\omega_0 t\,dt, \quad n = 1, 2, 3, \ldots
\end{aligned}\right\} \tag{2.13.4}$$

Für die vorausgesetzte reelle Funktion f(t) sind diese ebenfalls reell. Damit ist auch die *Fourier*-Reihe (2.13.1) reell. Ist f(t) eine symmetrische Funktion, gilt also $f(t) = f(-t)$, dann folgt aus Symmetriegründen $\beta_n = 0$. Ist umgekehrt f(t) eine antimetrische Funktion, also mit $f(t) = -f(-t)$, folgt $\alpha_o = \alpha_n = 0$. Die Integration für die jeweils verbleibenden Koeffizienten kann dann auf den Bereich $t \in (0, T/2)$ beschränkt werden, wobei dann die Ergebnisse zu verdoppeln sind.

Die Konvergenz der *Fourier*-Reihe ist in praktisch allen ingenieurmäßigen Fällen gesichert. Wichtig zu wissen ist lediglich, daß die *Fourier*-Reihe an einer Unstetigkeitsstelle der Funktion f(t) dort den arithmetischen Mittelwert aus links- und rechtseitigem Grenzwert von f(t) annimmt. Eine solche *Fourier*-Reihe kann dann dort nicht differenziert werden.

Eine wichtige Eigenschaft der *Fourier*-Reihen ist das Theorem von *Parseval* [1], nach dem für das zeitliche quadratische Mittel gilt

$$\overline{f^2(t)} := \frac{1}{T}\int_{-T/2}^{T/2} f^2(t)\,dt = \alpha_0^2 + \sum_{n=1}^{\infty}(\alpha_n^2+\beta_n^2). \tag{2.13.5}$$

1) *Marc Antoine Parseval des Chênes* (1755-1836), franz. Mathematiker, veröffentlichte 1805 das nach ihm benannte Theorem über die *Fourier*-Koeffizienten

Das Theorem von *Parseval* beweist man durch Ausrechnen. Man setzt in Gl. (2.13.5) die *Fourier* - Reihe (2.13.1) ein, bildet das Quadrat und erhält

$$\overline{f^2(t)} = \frac{\alpha_0^2}{T}\int_{-T/2}^{T/2} dt + \frac{\alpha_0}{T}\sum_{m=1}^{\infty}\alpha_m\int_{-T/2}^{T/2}\cos m\omega_0 t\,dt + \frac{\alpha_0}{T}\sum_{m=1}^{\infty}\beta_m\int_{-T/2}^{T/2}\sin m\omega_0 t\,dt + \frac{\alpha_0}{T}\sum_{n=1}^{\infty}\alpha_n\int_{-T/2}^{T/2}\cos n\omega_0 t\,dt +$$

$$+\frac{1}{T}\sum_{n=1}^{\infty}\sum_{m=1}^{\infty}\alpha_n\alpha_m\int_{-T/2}^{T/2}\cos n\omega_0 t\cos m\omega_0 t\,dt + \frac{1}{T}\sum_{n=1}^{\infty}\sum_{m=1}^{\infty}\alpha_n\beta_m\int_{-T/2}^{T/2}\cos n\omega_0 t\sin m\omega_0 t\,dt +$$

$$+\frac{a_0}{T}\sum_{n=1}^{\infty}\beta_n\int_{-T/2}^{T/2}\sin n\omega_0 t\,dt + \frac{1}{T}\sum_{n=1}^{\infty}\sum_{m=1}^{\infty}\beta_n\alpha_m\int_{-T/2}^{T/2}\sin n\omega_0 t\cos m\omega_0 t\,dt +$$

$$+\frac{1}{T}\sum_{n=1}^{\infty}\sum_{m=1}^{\infty}\beta_n\beta_m\int_{-T/2}^{T/2}\sin n\omega_0 t\sin m\omega_0 t\,dt .$$

Die Integrale im zweiten bis vierten und sechsten bis achten Summanden sind stets Null. Die Integrale im fünften und achten Summanden liefern nur für $m = n$ einen Wert, und zwar $T/2$. Somit ist

$$\overline{f^2(t)} = \frac{\alpha_0^2}{T}T + \frac{1}{T}\sum_{n=1}^{\infty}\alpha_n^2\frac{T}{2} + \frac{1}{T}\sum_{n=1}^{\infty}\beta_n^2\frac{T}{2},$$

womit Gl. (2.13.5) bestätigt ist.

Folgend wird die *Fourier*-Reihe in komplexer Darstellung gewonnen. Dazu werden die aus der *Euler*schen Formel resultierenden Beziehungen

$$\left.\begin{aligned}\cos n\omega_0 t &= \frac{1}{2}[\exp(in\omega_0 t) + \exp(-in\omega_0 t)],\\ \sin n\omega_0 t &= \frac{1}{2i}[\exp(in\omega_0 t) - \exp(-in\omega_0 t)]\end{aligned}\right\} \qquad (2.13.6)$$

in die *Fourier*-Reihe (2.13.1) eingesetzt, und man erhält

$$f(t) = \alpha_0 + \frac{1}{2}\sum_{n=1}^{\infty}[(\alpha_n - i\beta_n)\exp(in\omega_0 t) + (\alpha_n + i\beta_n)\exp(-in\omega_0 t)]. \qquad (2.13.7)$$

Hier werden nun neue Koeffizienten

$$a_0 := \alpha_0, \quad a_n := \frac{1}{2}(\alpha_n - i\beta_n), \quad b_n := \frac{1}{2}(\alpha_n + i\beta_n) \qquad (2.13.8)$$

definiert. Da nach Gl. (2.13.4) $\alpha_n = \alpha_{-n}$ und $\beta_n = -\beta_{-n}$, folgt hier $b_n = a_{-n}$. Dehnt man in Gl. (2.13.7) die Summation auf die negativen ganzen Zahlen aus, erhält man die komplexe *Fourier*-Reihe

$$f(t) = \sum_{n=-\infty}^{\infty} a_n \exp(in\omega_0 t) \qquad (2.13.9)$$

mit den (komplexen) *Fourier*-Koeffizienten a_n, die entweder aus Gl. (2.13.8) oder neu wieder nach dem Prinzip der Fehlerquadratminimierung zu bestimmen sind. Im zweiten Fall multipliziert man beide Seiten der Gl. (2.13.9) mit $\exp(-im\omega_0 t)$ und integriert sie anschließend über die Periode T. Dieses Vorgehen ist der partiellen Differentiation des Fehlerquadrats nach a_m äquivalent. Auf diesem Wege ist

$$\int_{-T/2}^{T/2} f(t)\exp(-im\omega_0 t)\,dt = \sum_{n=-\infty}^{\infty} a_n \int_{-T/2}^{T/2}\exp[i(n-m)\omega_0 t]\,dt. \qquad (2.13.10)$$

Das Integral über die Exponentialfunktion verschwindet für sämtliche $n \neq m$ und ergibt für $n = m$ den Wert T. Die gesuchten *Fourier*-Koeffizienten sind schließlich

$$a_n = \frac{1}{T}\int_{-T/2}^{T/2} f(t)\exp(-in\omega_0 t)\,dt, \quad n = 0, \pm 1, \pm 2, \ldots \qquad (2.13.11)$$

Ersetzt man n durch −n, dann entsteht die konjugiert Komplexe a_n^*, so daß $a_{-n} = a_n^*$ gilt. Ist f(t) eine symmetrische Funktion, so daß f(t) = f(−t) gilt, dann sind die *Fourier*-Koeffizienten reell, und es gilt $a_n = a_{-n}$. Ist f(t) eine antimetrische Funktion, so daß f(t) = −f(−t) gilt, dann sind die a_n imaginär mit $a_n = -a_{-n}$. Schließlich geht das Theorem von *Parseval* (2.13.5) mit Gl. (2.13.8) und mit $b_n = a_{-n}$ in die Form

$$\overline{f^2(t)} := \frac{1}{T}\int_{-T/2}^{T/2} f^2(t)\,dt = \sum_{n=-\infty}^{\infty} |a_n|^2 \tag{2.13.12}$$

über. Danach ist also der quadratische Mittelwert der Funktion f(t) als zeitliches Mittel über die Periode T gleich der Quadratsumme ihrer *Fourier*-Koeffizienten.

Beispiel 2.13.1: *Fourier*-Entwicklung einer Sprungfunktion

Gegeben ist die periodische Sprungfunktion der Amplitude a und der Periode T nach Abb. 2.13.2. Aus Gl. (2.13.11) folgt

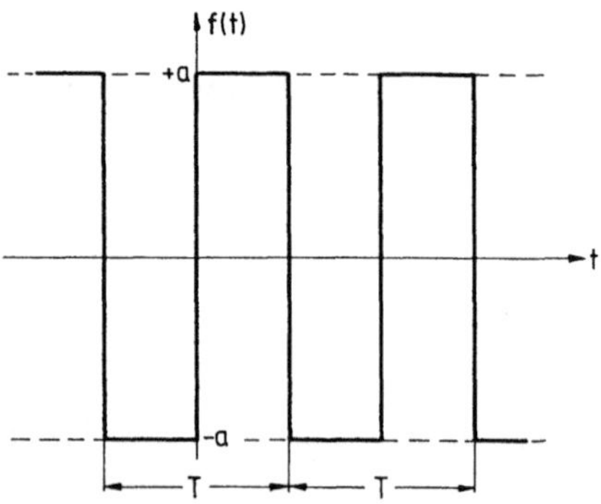

Abb. 2.13.2 Periodische Sprungfunktion

$$a_n = \frac{1}{T}\int_{-T/2}^{0}(-a)\exp(-in\omega_0 t)\,dt + \frac{1}{T}\int_{0}^{T/2} a\exp(-in\omega_0 t)\,dt.$$

Mit der Substitution t→−t für das erste Teilintegral erhält man

$$a_n = -\frac{a}{T}\int_0^{T/2}\left[\exp(in\omega_0 t) - \exp(-in\omega_0 t)\right]dt =$$

$$= -2i\frac{a}{T}\int_0^{T/2}\sin n\omega_0 t\,dt = \frac{2ia}{n\omega_0 T}\left(\cos n\omega_0\frac{T}{2} - 1\right).$$

Für die Grundfrequenz gilt $\omega_0 = 2\pi/T$, so daß die runde Klammer für gerade n verschwindet und für ungerade den Wert -2 liefert. Somit sind die *Fourier*-Koeffizienten

$$a_n = -\frac{2ia}{\pi n}, \quad n = \pm 1, \pm 3, \pm 5, \ldots$$

Dies Ergebnis wird am Theorem von *Parseval* geprüft. Es ist

$$\overline{f^2(t)} = \frac{4a^2}{\pi^2}\sum_{-\infty}^{\infty}\frac{1}{n^2} = \frac{8a^2}{\pi^2}\sum_{1}^{\infty}\frac{1}{n^2} = \frac{8a^2}{\pi^2}\left(1 + \frac{1}{3^2} + \frac{1}{5^2} + \ldots\right).$$

Die Reihe besitzt den Summenwert $\pi^2/8$, so daß auf der rechten Seite das Ergebnis a^2 entsteht. Daß dies auf der anderen Seite der quadratische Mittelwert der Sprungfunktion f(t) ist, ist sofort einsehbar.

Die *Fourier*-Reihe selbst folgt aus Gl. (2.13.9) zu

$$f(t) = -\frac{2ia}{\pi}\sum_{-\infty}^{\infty}\frac{1}{n}\exp(in\omega_0 t) =$$

$$= -\frac{2ia}{\pi}\sum_{1}^{\infty}\frac{1}{n}\left[\exp(in\omega_0 t) - \exp(-in\omega_0 t)\right] =$$

$$= \frac{4}{\pi}a\sum_{1}^{\infty}\frac{1}{n}\sin n\omega_0 t.$$

An der Sprungstelle t = 0 folgt f(t) = 0; die *Fourier*-Reihe nimmt dort den arithmetischen Mittelwert von a und -a an. Dieselben Ergebnisse erhält man selbstverständlich, wenn man von der reellen Darstellung der *Fourier*-Reihe (2.13.1) mit den Koeffizienten (2.13.4) ausgeht.

2.13.2 Fourier-Integral

Eine nicht-periodische Funktion f(t), die im unendlichen Intervall $-\infty < t < \infty$ definiert ist und die der Bedingung

$$\int_{-\infty}^{\infty}|f(t)|\,dt < \infty \tag{2.13.13}$$

genügt, also absolut integrierbar ist, kann durch ihr *Fourier-Integral* dargestellt werden. Man gewinnt es aus der *Fourier*-Reihe, indem man die Periode T über alle Grenzen wachsen läßt. Dazu schreibt man zunächst die (komplexe) *Fourier*-

Reihe (2.13.9) mit den *Fourier*-Koeffizienten (2.13.11) auf, wobei man $\omega_n := n\omega_o$, $\Delta\omega := \omega_n - \omega_{n-1} = \omega_o$ und $T = 2\pi/\omega_o = 2\pi/\Delta\omega$ einführt,

$$f(t) = \frac{1}{2\pi} \sum_{n=-\infty}^{\infty} e^{i\omega_n t} \, \Delta\omega \int_{-T/2}^{T/2} f(t) e^{-i\omega_n t} dt,$$

und führt anschließend den Grenzübergang $T \to \infty$ durch. Dabei muß die Differenz $\Delta\omega$ immer kleiner werden und schließlich in das Differential $d\omega$ übergehen. Damit verbunden rücken die diskreten Werte ω_n immer dichter zusammen, bis sie sämtliche Werte kontinuierlich von $-\infty$ bis $+\infty$ umfassen, wobei die Summe in ein Integral übergeht. Man erhält somit

$$f(t) = \frac{1}{2\pi} \int_{-\infty}^{\infty} e^{i\omega t} d\omega \int_{-\infty}^{\infty} f(t) e^{-i\omega t} dt. \tag{2.13.14}$$

Für $\omega = 0$ existiert das zweite Integral wegen Gl. (2.13.13), für $\omega \neq 0$ dann erst recht. Die Bedingung (2.13.13) erfordert in der strengen mathematischen Theorie, daß die Funktion f(t) für $|t| \to \infty$ gegen Null strebt. Jedoch zeigen konkrete Anwendungen, daß diese Einschränkung in besonderen Fällen auch fallengelassen werden kann.

Definiert man nun mit

$$F(\omega) := \frac{1}{2\pi} \int_{-\infty}^{\infty} f(t) e^{-i\omega t} dt \tag{2.13.15}$$

die (komplexe) *Fourier-Transformierte* von f(t), dann folgt aus Gl. (2.13.14) die Darstellung der Funktion f(t) in Gestalt des *Fourier*-Integrals

$$f(t) = \int_{-\infty}^{\infty} F(\omega) e^{i\omega t} d\omega. \tag{2.13.16}$$

Man nennt Gl. (2.13.15) die *Fourier-Transformation*, mit der ein physikalischer Vorgang im Zeitbereich in den Frequenzbereich transformiert wird. Gl. (2.13.16) ist die *inverse Fourier-Transformation*, mit der derselbe Vorgang rücktransformiert wird. f(t) ist dann die Rücktransformierte von F(ω). Die Zuordnung des Faktors $(2\pi)^{-1}$ zur Gl. (2.13.15) ist willkürlich. Man findet in der Literatur ebenso die Zuordnung dieses Faktors zur Gl. (2.13.16) sowie die des Faktors $(2\pi)^{-1/2}$ zu beiden Gleichungen.

Wie bei der *Fourier*-Reihe nimmt das -Integral (2.13.16) an einer Unstetigkeitsstelle der gegebenen Funktion f(t) den arithmetischen Mittelwert aus links- und rechtsseitigem Grenzwert an.

Das Theorem von *Parseval* für die *Fourier*-Transformation lautet

$$\frac{1}{2\pi} \int_{-\infty}^{\infty} f^2(t) dt = \int_{-\infty}^{\infty} |F(\omega)|^2 d\omega. \tag{2.13.17}$$

Den Beweis führt man wieder durch Ausrechnen. Man schreibt $f^2(t) = f(t)f(t)$, ersetzt einen Faktor durch das *Fourier*-Integral (2.13.16) und vertauscht beide Integrationen:

$$\int_{-\infty}^{\infty} f^2(t)dt = \int_{-\infty}^{\infty} f(t)\left[\int_{-\infty}^{\infty} F(\omega)e^{i\omega t}d\omega\right]dt = \int_{-\infty}^{\infty} F(\omega)\left[\int_{-\infty}^{\infty} f(t)e^{i\omega t}dt\right]d\omega.$$

Im zweiten Integral erkennt man das 2π-fache der konjugiert Komplexen $F^*(\omega)$ nach Gl. (2.13.15). Somit folgt

$$\int_{-\infty}^{\infty} f^2(t)dt = 2\pi \int_{-\infty}^{\infty} F(\omega)F^*(\omega)d\omega = 2\pi \int_{-\infty}^{\infty} |F(\omega)|^2 d\omega,$$

was zu beweisen war.

Mit der *Fourier*-Transformation ist es möglich, den Frequenzinhalt einer nicht-periodischen Funktion zu bestimmen, wobei anders als bei den *Fourier*-Reihen das gesamte Frequenzspektrum als Kontinuum erfaßt wird. Bei der Analyse eines Zufallsprozesses u(t) benötigt man sie insbesondere, um den Frequenzinhalt seiner Autokorrelationsfunktion $K_{uu}(\tau)$ zu ermitteln. Diese ist ja bei einem echten Zufallsprozeß eine nicht-periodische Zeitfunktion.

Ersetzt man in Gl. (2.13.15) ω durch −ω, dann erhält man die konjugiert Komplexe $F^*(\omega)$, so daß $F(-\omega) = F^*(\omega)$ gilt. Ist f(t) eine symmetrische Funktion, für die also $f(t) = f(-t)$ gilt, dann ist F(ω) ebenfalls eine symmetrische und außerdem wie f(t) auch eine reelle Funktion. Die Integraltransformation (2.13.15) und (2.13.16) geht dann in die *Fourier-Kosinus-Transformation* und ihre Inverse

$$\left.\begin{aligned} F(\omega) &= \frac{1}{\pi}\int_0^\infty f(t)\cos\omega t\,dt\,, \\ f(t) &= 2\int_0^\infty F(\omega)\cos\omega t\,d\omega \end{aligned}\right\} \qquad (2.13.18)$$

über. Für antimetrische Funktionen wird analog die *Fourier-Sinus-Transformation* hergeleitet.

Als Bedingung für die Existenz der *Fourier*-Transformierten F(ω) wurde mit Gl. (2.13.13) die absolute Integrierbarkeit der Funktion f(t) in $(-\infty,\infty)$ formuliert. Diese Bedingung ist für sämtliche Funktionen erfüllt, die innerhalb eines endlichen Zeitintervalls beschränkt und außerhalb des Intervalls Null sind. Sie ist auch erfüllt für beschränkte Funktionen, die für $|t|\to\infty$ mindestens mit $\exp(-|\alpha t|)$ gegen Null streben. Es handelt sich um eine hinreichende jedoch nicht notwendige Bedingung. D.h. eine *Fourier*-Transformierte kann in gewissen Fällen berechnet werden, obwohl f(t) nicht absolut integrierbar ist.

Die *Fourier*-Transformation wird jetzt auf den Rechteckimpuls nach Abb. 2.13.3 angewendet. Für ihn gilt

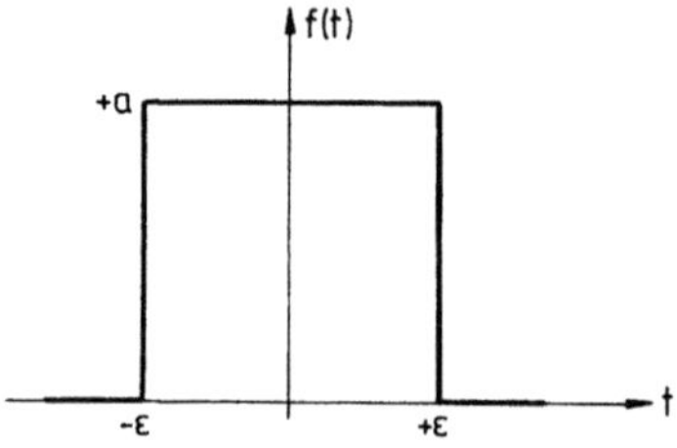

Abb. 2.13.3 Rechteckimpuls f(t)

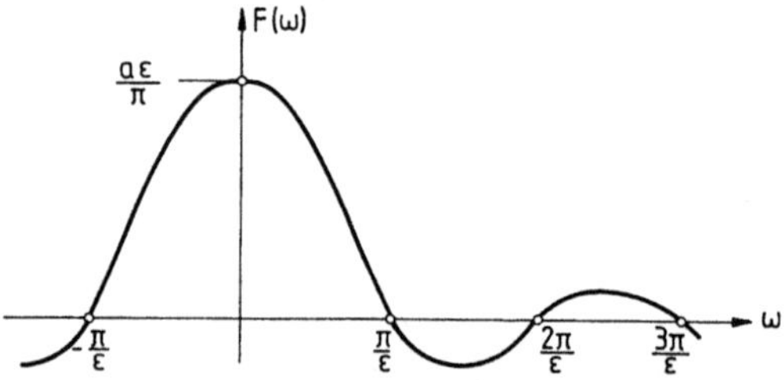

Abb. 2.13.4 *Fourier*-Transformierte von f(t)

$$f(t) = \begin{cases} a & \text{für } -\varepsilon < t < \varepsilon\,, \\ 0 & \text{sonst}\,. \end{cases} \qquad (2.13.19)$$

Der Rechteckimpuls ist damit als symmetrische Funktion erklärt. Es kann deshalb die *Fourier*-Kosinus-Transformation angewendet werden. Nach Gl. (2.13.18) ist die in Abb. 2.13.4 dargestellte *Fourier*-Transformierte

$$F(\omega) = \frac{1}{\pi}\int_0^\infty f(t)\cos\omega t\,dt = \frac{a}{\pi}\int_0^\varepsilon \cos\omega t\,dt = \frac{a\varepsilon}{\pi}\,\frac{\sin\omega\varepsilon}{\omega\varepsilon}\,. \qquad (2.13.20)$$

Durch den Grenzübergang $\varepsilon \to 0$ bei konstant gehaltenem Flächeninhalt $2a\varepsilon = 1$ gewinnt man aus dem Rechteckimpuls die *Impulsfunktion* oder *Stoßfunktion*. Sie wird auch als *Diracsche*[1] *Deltafunktion* $\delta(t)$ bezeichnet. Sie ist eine extrem unstetige Funktion, die durch die beiden Gleichungen

$$\delta(t) := \begin{cases} \infty & \text{für } t = 0, \\ 0 & \text{für } t \neq 0, \end{cases} \tag{2.13.21}$$

$$\int_{-\infty}^{\infty} \delta(t)\, dt := 1 \tag{2.13.22}$$

definiert wird. Die *Fourier*-Transformierte der Impulsfunktion folgt aus Gl. (2.13.20) durch den genannten Grenzübergang

$$F(\omega) = \lim_{\varepsilon \to 0}^{2a\varepsilon=1} \frac{a\varepsilon}{\pi} \frac{\sin \omega\varepsilon}{\omega\varepsilon} = \frac{1}{2\pi},$$

ist also von ω nicht abhängig. Damit ist das *Fourier*-Integral der Impulsfunktion nach Gl. (2.13.16) bzw. (2.13.18)

$$\delta(t) = \frac{1}{2\pi} \int_{-\infty}^{\infty} e^{i\omega t}\, d\omega = \frac{1}{\pi} \int_{0}^{\infty} \cos \omega t\, d\omega, \tag{2.13.23}$$

und aus Gl. (2.13.15) für die *Fourier*-Transformierte folgt

$$1 = \int_{-\infty}^{\infty} \delta(t)\, e^{-i\omega t}\, dt. \tag{2.13.24}$$

Die Impulsfunktion spielt in der *Fourier*-Analyse eine wichtige Rolle, da man mit ihrer Hilfe die Bereiche der *Fourier*-Transformation erheblich erweitern kann. So ist mit Gl. (2.13.23) bereits auch *die Fourier-Transformation* einer *nicht* absolut integrierbaren Funktion, nämlich der Kosinusfunktion, gelungen.

Um dies zu zeigen, werde die Funktion

$$f(t) = a \cos \Omega t \tag{2.13.25}$$

mit einer festen Frequenz Ω betrachtet. Für sie kann die Bedingung (2.13.13) nicht erfüllt werden. Trotzdem soll die *Fourier*-Transformierte dieser symmetrischen Funktion nach Gl. (2.13.18) berechnet werden. Man erhält unter Verwendung der trigonometrischen Beziehung $2\cos\alpha\cos\beta = \cos(\alpha+\beta) + \cos(\alpha-\beta)$

$$F(\omega) = \frac{a}{\pi} \int_{0}^{\infty} \cos \Omega t \cos \omega t\, dt = \frac{a}{2\pi} \left[\int_{0}^{\infty} \cos(\omega+\Omega)t\, dt + \int_{0}^{\infty} \cos(\omega-\Omega)t\, dt \right].$$

Die auftretenden Integrale können durch die *Dirac*sche Deltafunktion ausgedrückt werden. Es wird in Gl. (2.13.23) zunächst ω mit t vertauscht, wobei

$$\delta(\omega) = \frac{1}{\pi} \int_{0}^{\infty} \cos \omega t\, dt \tag{2.13.26}$$

entsteht. Für das erste Integral von $F(\omega)$ muß dann ω durch $\omega+\Omega$, für das zweite durch $\omega-\Omega$ ersetzt werden. Damit folgt

$$F(\omega) = \frac{a}{2}\,\delta(\omega+\Omega) + \frac{a}{2}\,\delta(\omega-\Omega) = \frac{a}{2}\,\delta(|\omega| - \Omega). \tag{2.13.27}$$

---

1) *Paul Adrian Maurice Dirac* (1902-1984), engl. Atomphysiker und Hochschullehrer, definierte als δ-Funktion die bereits 1912 von dem deutschen Physiker *Arnold Sommerfeld* (1868-1951) eingeführte "Zackenfunktion"

Damit besitzt die *Fourier*-Transformierte $F(\omega)$ einer Kosinusfunktion mit der Frequenz Ω zwei Spektrallinien bei $\omega = \pm\Omega$. Die Abb. 2.13.5 veranschaulicht diese Zusammenhänge.

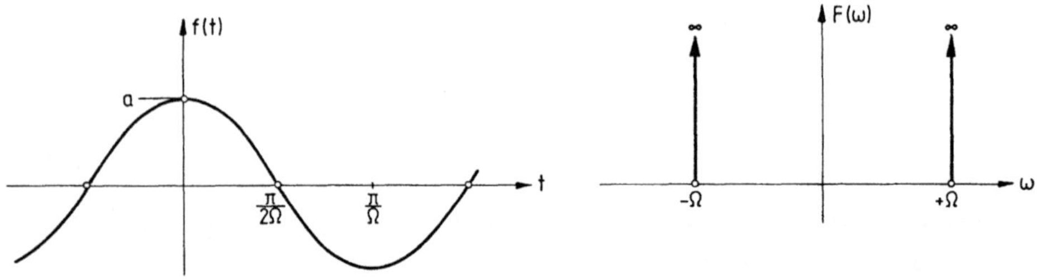

Abb. 2.13.5 Kosinusfunktion $f(t) = a\cos\Omega t$ und ihre *Fourier*-Transformierte $F(\omega)$

Die *Dirac*sche Deltafunktion $\delta(t)$ hängt eng mit der *Einheitssprungfunktion* (*unit step function*)

$$\mathbf{1}(t) := \left\{ \begin{array}{ll} 0 \text{ für } t < 0, \\ 1 \text{ für } t \geq 0 \end{array} \right\} \qquad (2.13.28)$$

zusammen (Abb.2.13.6). Sie ist im gesamten Zeitbereich konstant mit Ausnahme des Zeitpunktes $t = 0$, zu dem sie einen Sprung von der Größe Eins besitzt. Die zeitliche Ableitung der Einheitssprungfunktion ist also für sämtliche $t \neq 0$ Null und für $t = 0$ Unendlich. Dies aber sind gerade die Eigenschaften der *Dirac*schen Deltafunktion. Somit gilt

$$\frac{d}{dt}\mathbf{1}(t) = \delta(t). \qquad (2.13.29)$$

Setzt man $\delta(t)$ nach Gl. (2.13.23) ein und integriert über die Zeit t, erhält man das *Fourier*-Integral von $\mathbf{1}(t)$

$$\mathbf{1}(t) = \frac{1}{2\pi i}\int_{-\infty}^{\infty}\frac{e^{i\omega t}}{\omega}d\omega = \frac{1}{\pi}\int_{0}^{\infty}\frac{\sin\omega t}{\omega}d\omega \quad . (2.13.30)$$

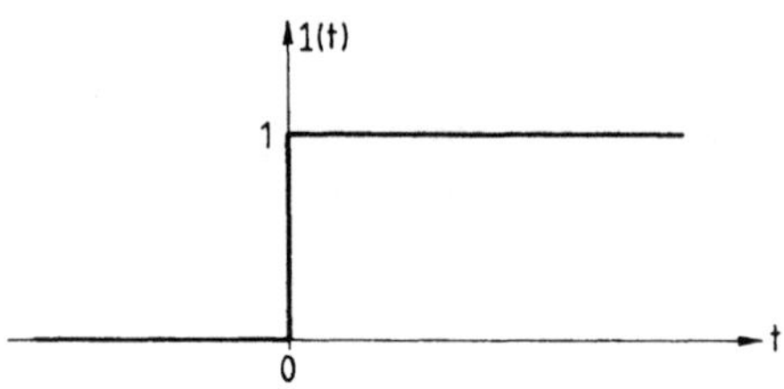

Abb. 2.13.6 Einheitssprungfunktion $\mathbf{1}(t)$

Mit der Einheitssprungfunktion $\mathbf{1}(t)$ kann man die folgende wichtige Integraleigenschaft der *Dirac*schen Deltafunktion nachweisen. Ist $f(t)$ eine zur Zeit $t = t_o$ stetige Funktion, dann gilt

$$\int_{t_1}^{t_2} f(t)\,\delta(t-t_o)\,dt = \left\{ \begin{array}{ll} f(t_o) & t_1 < t_o \leq t_2 \\ 0 & \text{sonst.} \end{array} \right\} \qquad (2.13.31)$$

Daß das Integral verschwindet, wenn t_o außerhalb des Integrationsbereichs liegt, leuchtet unmittelbar ein, weil dann die *Dirac*sche Deltafunktion identisch Null ist. Im anderen Fall, also für $t_o \in (t_1, t_2)$, wählt man für den Zeitpunkt t_o eine ε-Umgebung, in der $f(t)$ stetig ist. Der Integrationsbereich des Integrals I (2.13.31) wird dann in die drei Teilbereiche $(t_1, t_o-\varepsilon)$, $(t_o-\varepsilon, t_o+\varepsilon)$ und $(t_o+\varepsilon, t_2)$ zerlegt. Die äußeren Teilintegrale verschwinden, weil t_o außerhalb des jeweiligen Integrationsbereichs liegt und damit wieder $\delta(t-t_o) \equiv 0$ gilt. Das innere Teilintegral wird partiell integriert, indem $f(t)$ differenziert und $\delta(t-t_o)$ nach Gl. (2.13.29) zur Einheitssprungfunktion $\mathbf{1}(t-t_o)$ integriert wird. Damit ist

$$I = \int_{t_o-\varepsilon}^{t_o+\varepsilon} f(t)\,\delta(t-t_o)dt = [f(t)\mathbf{1}(t-t_o)]_{t_o-\varepsilon}^{t_o+\varepsilon} - \int_{t_o-\varepsilon}^{t_o+\varepsilon}\dot{f}(t)\,\mathbf{1}(t-t_o)dt = f(t_o+\varepsilon) - \int_{t_o}^{t_o+\varepsilon}\dot{f}(t)dt = f(t_o+\varepsilon) - [f(t)]_{t_o}^{t_o+\varepsilon} = f(t_o)$$

unter Beachtung, daß $\mathbf{1}(t-t_o) = 0$ für $t < t_o$. Damit ist Gl. (2.13.31) bewiesen.

Beispiel 2.13.2: *Fourier*-Transformation einer amplitudenmodulierten Kosinusfunktion

Gegeben ist die für $|t| \to \infty$ abklingende Kosinusfunktion

$$f(t) = a e^{-\alpha|t|} \cos \Omega t, \quad \alpha > 0.$$

Die *Fourier*-Transformierte dieser symmetrischen Funktion folgt aus Gl. (2.13.18) zu

$$F(\omega) = \frac{a}{\pi} \int_0^\infty e^{-\alpha t} \cos \Omega t \cos \omega t \, dt =$$

$$= \frac{a}{2\pi} \left[\int_0^\infty e^{-\alpha t} \cos(\omega+\Omega)t \, dt + \int_0^\infty e^{-\alpha t} \cos(\omega-\Omega)t \, dt \right] =$$

$$= \frac{a\alpha}{2\pi} \left[\frac{1}{\alpha^2+(\omega+\Omega)^2} + \frac{1}{\alpha^2+(\omega-\Omega)^2} \right].$$

$f(t)$ und $F(\omega)$ sind in Abb. 2.13.7 qualitativ dargestellt. Die Spitzen der *Fourier*-Transformierten bei $|\omega| = \Omega$ werden um so schärfer und höher, je kleiner die Abklingkonstante α wird. Im Grenzübergang $\alpha \to 0$ entartet $F(\omega)$ zu einem Paar von *Dirac*schen Deltafunktionen. Im Grenzfall einer Kosinusfunktion mit konstanter Amplitude a entsteht also, wie bereits auf anderem Weg gezeigt, für die *Fourier*-Transformierte ein Paar von Spektrallinien bei $|\omega| = \Omega$ (vergl. Abb. 2.13.5).

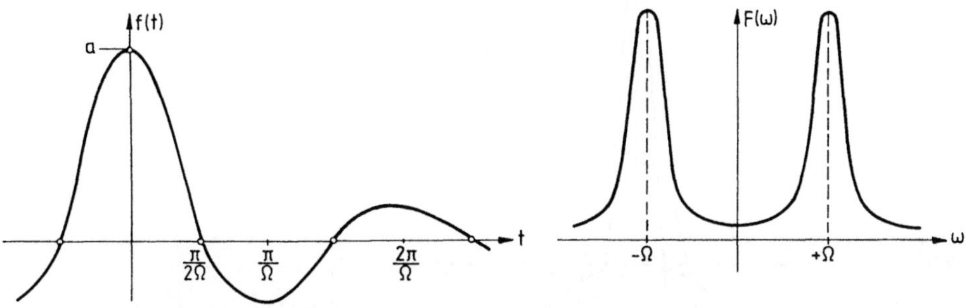

Abb. 2.13.7 Amplitudenmodulierte Kosinusfunktion f(t) und ihre *Fourier*-Transformierte F(ω)

Wir wenden uns noch einmal der nicht absolut integrierbaren Funktion $f(t) = a \cos \Omega t$ zu, für die in der strengen Theorie eine *Fourier*-Transformierte nicht notwendig existiert. Ausgehend vom Rechteckimpuls der Abb. 2.13.3 konnte durch einen Grenzübergang zur *Dirac*schen Deltafunktion formal eine *Fourier*-Transformierte in Form zweier Spektrallinien gewonnen werden. Es sind vielerlei Grenzübergänge denkbar, wie für die Kosinusfunktion (oder eine andere nicht absolut integrierbare Funktion) die *Fourier*-Transformierte gefunden werden kann. So wurde mit Beispiel 2.13.2 eine weitere dieser Möglichkeiten gezeigt.

Bei der *Fourier*-Transformation von Zufallsprozessen geht man dazu häufig von einem bei $t = \pm T/2$ "abgeschnittenen" (*truncated* = gestutzten, verstümmelten) Prozeß aus und führt dann den Grenzübergang $T \to \infty$ aus. Für die abgeschnittene Kosinusfunktion nach Abb. 2.13.8 gilt dann

$$f_T(t) = \begin{cases} a \cos \Omega t & \text{für } |t| \le T/2, \\ 0 & \text{für } |t| > T/2. \end{cases} \tag{2.13.32}$$

Für diese Funktion ist natürlich die absolute Integrierbarkeit Gl. (2.13.13) gesichert. Es ist dann nach Gl. (2.13.18) die *Fourier*-Transformierte der abgeschnittenen Funktion

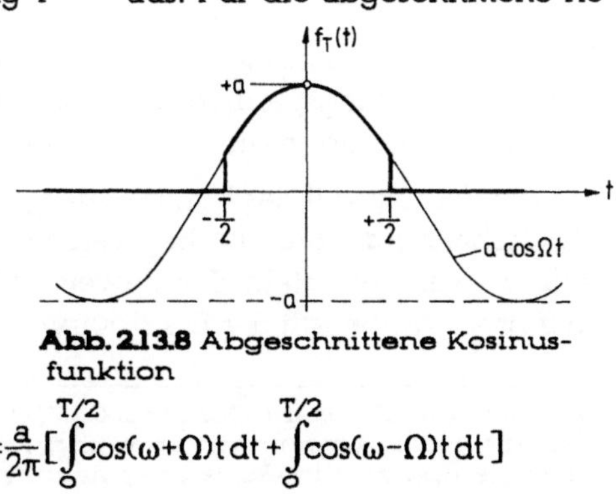

Abb. 2.13.8 Abgeschnittene Kosinusfunktion

$$F_T(\omega) = \frac{1}{\pi} \int_0^\infty f_T(t) \cos \omega t \, dt = \frac{a}{\pi} \int_0^{T/2} \cos \Omega t \cos \omega t \, dt = \frac{a}{2\pi} \left[\int_0^{T/2} \cos(\omega+\Omega)t \, dt + \int_0^{T/2} \cos(\omega-\Omega)t \, dt \right]$$

und nach Ausführung der Integrationen

$$F_T(\omega) = \frac{a}{2\pi}\left[\frac{\sin(\omega+\Omega)\frac{T}{2}}{\omega+\Omega} + \frac{\sin(\omega-\Omega)\frac{T}{2}}{\omega-\Omega}\right]. \tag{2.13.33}$$

Diese *Fourier*-Transformierte ist in Abb. 2.13.9 für schrittweise vergrößerte Zeiten $T = 2\pi n/\Omega$ mit $n = 1, 2, 4$ und 8 grafisch dargestellt. Für $\omega = \Omega$ folgt unter Beachtung des unbestimmten Ausdrucks [0/0] das Maximum $F_T(\Omega) = na/(2\Omega)$, welches mit wachsender Zeit T bzw. wachsendem n immer höher und spitzer wird, bis es im Grenzübergang $T \to \infty$ wieder - wie in Beispiel 2.13.2 - zu einer *Dirac*schen Deltafunktion entartet.

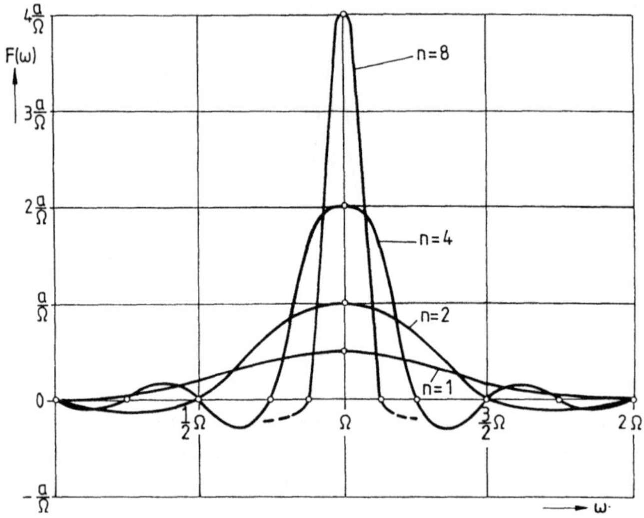

Abb. 2.13.9 *Fourier*-Transformierte der abgeschnittenen Kosinusfunktion

2.13.3 Der Faltungssatz

Unter *Faltungsprodukt* oder kurz *Faltung* (*convolution*) zweier Funktionen f(t) und p(t) versteht man das Integral

$$g(t) := (f * p)(t) := \int_{-\infty}^{\infty} f(\tau)\, p(t-\tau)\, d\tau . \tag{2.13.34}$$

Das Symbol $*$ kennzeichnet das Faltungsprodukt. Man spricht "f(t) gefaltet mit p(t)". Das Faltungsprodukt (2.13.34) wird auch *Duhamel*[1]-*Integral* genannt. p(t) wird als Gewichtsfunktion bezeichnet.

Für die Faltung gilt das Kommutativgesetz $f * p = p * f$, was besagt, daß das Ergebnis unabhängig davon ist, bei welcher der beiden Funktionen des Integranden $t-\tau$ und bei welcher τ steht. Der Beweis ist leicht mit der Substitution $t-\tau \to \tau$, $d\tau \to -d\tau$ zu führen. Weiter gilt das Distributivgesetz $(f + p) * g = f * g + p * g$.

1) *Jean-Marie-Constant Duhamel* (1797-1872), franz. Mathematiker, gab 1833 eine Lösung für die Temperaturverteilung in einem festen Körper mit zeitveränderlicher Randtemperatur in Gestalt des nach ihm benannten Integrals an

Die vielfältigen Anwendungen der *Fourier*-Transformation zur Lösung physikalischer Probleme, etwa bei der Filterung in Nachrichten- und Regelungstechnik, bei der Lösung von Randwertproblemen oder bei der Untersuchung von Zufallsschwingungen, beruhen zum großen Teil auf dem *Faltungssatz*. Er besagt, daß die *Fourier*-Transformierte des Faltungsprodukts zweier Funktionen gleich dem 2π-fachen Produkt der *Fourier*-Transformierten beider Funktionen ist. Sind $F(\omega)$, $P(\omega)$ und $G(\omega)$ die *Fourier*-Transformierten der gegebenen Funktionen $f(t)$ und $p(t)$ sowie des Faltungsprodukts $g(t)$ beider Funktionen, dann gilt also

$$G(\omega) = 2\pi\, F(\omega)\, P(\omega). \tag{2.13.35}$$

Das Faltungsprodukt zweier Funktionen im Zeitbereich geht im Frequenzbereich in das einfache Produkt ihrer *Fourier*-Transformierten über.

Zum Beweis des Faltungssatzes setzt man die *Fourier*-Transformierten (2.13.15) ein:

$$\int_{-\infty}^{\infty} g(t)e^{-i\omega t}dt = \int_{-\infty}^{\infty} f(t)e^{-i\omega t}dt \int_{-\infty}^{\infty} p(t)e^{-i\omega t}dt .$$

Das Faltungsprodukt $g=f*p$ wird durch das Integral (2.13.34) ersetzt, und die rechte Seite wird unter Umbenennung einer der beiden Integrationsvariablen in ein Doppelintegral umgeschrieben. Es folgt

$$\iint_{-\infty}^{\infty} f(\tau)p(t-\tau)e^{-i\omega t}d\tau\, dt = \iint_{-\infty}^{\infty} f(\tau)p(t)e^{-i\omega(t+\tau)}d\tau\, dt .$$

Mit der Substitution $t+\tau \to t$, $dt \to dt$ auf der rechten Seite erkennt man die Identität beider Doppelintegrale, womit der Faltungssatz bewiesen ist.

Gelegentlich wird die *Fourier*-Transformation durch das Symbol o—● gekennzeichnet. Damit kann man den Faltungssatz durch das folgende Schema beschreiben :

Zeitbereich		Frequenzbereich
f(t)	o—●	F(ω)
*		·
p(t)	o—●	P(ω)
=		=
g(t)	o—●	G(ω)

Dabei wurde der Faktor 2π weggelassen. Er hängt ohnehin davon ab, mit welchem Zahlenfaktor die *Fourier*-Transformierte (2.13.15) definiert wurde, ob mit $(2\pi)^{-1}$, mit $(2\pi)^{-1/2}$ oder mit dem Faktor Eins.

Beispiel 2.13.3 : *Fourier*-Transformation und Faltungssatz

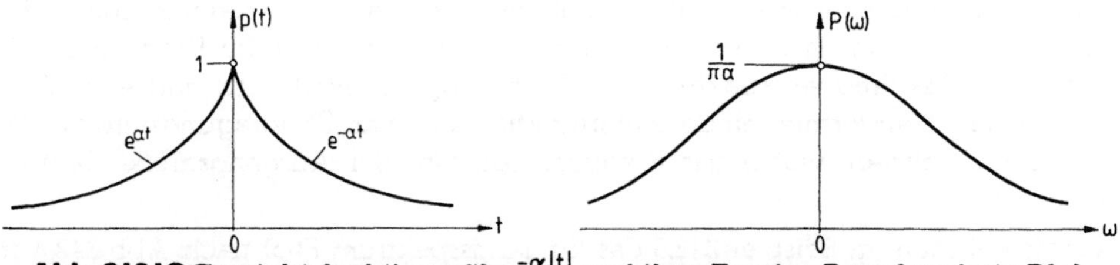

Abb. 2.13.10 Gewichtsfunktion $p(t)=e^{-\alpha|t|}$ und ihre *Fourier*-Transformierte $P(\omega)$

Als Funktion $f(t)$ wird der Rechteckimpuls (2.13.19) mit der *Fourier*-Transformierten $F(\omega)$ (2.13.20) (vergl. Abb. 2.13.3 und 2.13.4) und als Gewichtsfunktion wird $p(t)=\exp(-\alpha|t|)$ gewählt. Die *Fourier*-Transformierte von $p(t)$ ergibt sich aus Gl. (2.13.18) zu (Abb. 2.13.10)

$$P(\omega) = \frac{1}{\pi}\int_0^{\infty} e^{-\alpha t}\cos\omega t\, dt = \frac{1}{\pi}\frac{\alpha}{\alpha^2+\omega^2} .$$

Nach dem Faltungssatz (2.12.35) ist die *Fourier*-Transformierte $G(\omega)$ des Faltungsprodukts $g=f*p$

$$G(\omega)=2\pi F(\omega)P(\omega)=\frac{2}{\pi}a\frac{\alpha\sin\omega\varepsilon}{\omega(\alpha^2+\omega^2)}.$$

Das Faltungsprodukt (2.13.34) selbst wird wie folgt berechnet. Es ist zunächst

$$g(t)=\int_{-\infty}^{\infty} f(\tau)p(t-\tau)d\tau = a\int_{-\varepsilon}^{\varepsilon} p(t-\tau)d\tau = a\int_{t-\varepsilon}^{t+\varepsilon} p(\tau)d\tau,$$

wobei das letzte Integral durch die Substitution $t-\tau \rightarrow \tau$ entsteht. Die Integration ist in drei Teilbereichen durchzuführen:

α) $t\geq\varepsilon$: $t-\varepsilon\geq 0$, damit auch $\tau\geq 0$,

$$g(t)=a\int_{t-\varepsilon}^{t+\varepsilon} e^{-\alpha\tau}d\tau = 2\frac{a}{\alpha}\sinh\alpha\varepsilon\, e^{-\alpha t},$$

β) $-\varepsilon\leq t\leq\varepsilon$: $t-\varepsilon\leq 0$, $\tau\leq 0$ und $t+\varepsilon\geq 0$, $\tau\geq 0$,

$$g(t)=a\int_{t-\varepsilon}^{0} e^{\alpha\tau}d\tau + a\int_{0}^{t+\varepsilon} e^{-\alpha\tau}d\tau = 2\frac{a}{\alpha}(1-e^{-\alpha\varepsilon}\cosh\alpha t),$$

γ) $t\leq\varepsilon$: Da g(t) symmetrisch sein muß, folgt dem Ergebnis unter α) entsprechend

$$g(t)=2\frac{a}{\alpha}\sinh\alpha\varepsilon\, e^{\alpha t}.$$

Um das Ergebnis nach dem Faltungssatz zu bestätigen, wird nun die *Fourier*-Transformierte des Faltungsprodukts g(t) berechnet:

$$G(\omega)=\frac{1}{\pi}\int_{0}^{\infty} g(t)\cos\omega t\, dt =$$
$$=\frac{2a}{\pi\alpha}\Big[\int_{0}^{\varepsilon}(1-e^{-\alpha t}\cosh\alpha t)\cos\omega t\, dt +$$
$$+\sinh\alpha\varepsilon\int_{\varepsilon}^{\infty} e^{-\alpha t}\cos\omega t\, dt\Big].$$

Integrationen über Produkte aus Hyperbel- bzw. Exponentialfunktionen und trigonometrischen Funktionen können geschlossen ausgeführt werden. Es folgt

$$G(\omega)=\frac{2a}{\pi\alpha}\Big\{\frac{1}{\omega}\big[\sin\omega t\big]_{0}^{\varepsilon} -$$
$$-\frac{e^{-\alpha\varepsilon}}{\alpha^2+\omega^2}\big[\alpha\cos\omega t\sinh\alpha t+\omega\sin\omega t\cosh\alpha t\big]_{0}^{\varepsilon}+$$
$$+\frac{\sinh\alpha\varepsilon}{\alpha^2+\omega^2}\big[e^{-\alpha t}(-\alpha\cos\omega t+\omega\sin\omega t)\big]_{\varepsilon}^{\infty}\Big\}.$$

Setzt man die Integrationsgrenzen ein und beachtet, daß $\cosh\alpha\varepsilon+\sinh\alpha\varepsilon=e^{\alpha\varepsilon}$ ist, dann kann das kompliziert erscheinende Ergebnis in der Tat zu

$$G(\omega)=\frac{2}{\pi}a\frac{\alpha\sin\omega\varepsilon}{\omega(\alpha^2+\omega^2)}$$

zusammengefaßt werden, was mit dem über den Faltungssatz gewonnenen übereinstimmt.

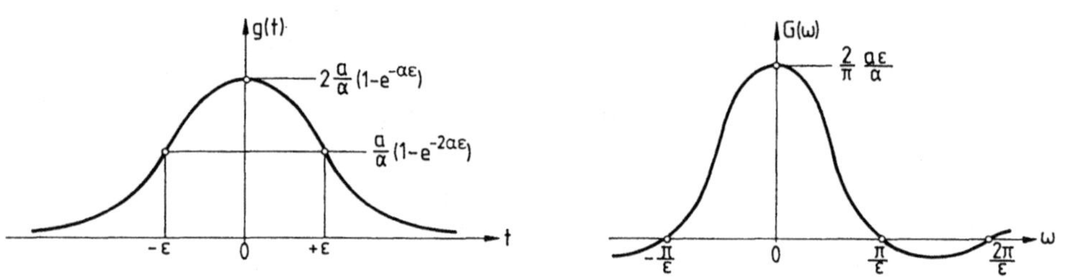

Abb.2.13.11 Faltungsprodukt $g=f*p$ und seine *Fourier*-Transformierte

Interpretiert man f(t) als zeitlichen Verlauf einer Eingangsgröße eines physikalischen Systems und g(t) als dessen Ausgangsgröße, dann stellt p(t) als Systemeigenschaft die Verknüpfung von Eingang und Ausgang dar. Die Eingangsgröße wird in bestimmter Weise mittels p(t) gefiltert. Man nennt p(t) deshalb auch Filterfunktion. Die Wirkungsweise von Filtern läßt sich am besten im Frequenzbereich erkennen. Das Frequenzspektrum der Eingangsgröße F(ω) wird dort einfach mit der *Fourier*-Transformierten der Filterfunktion, die man Übertragungsfunktion P(ω) nennt, multipliziert, wobei das Frequenzspektrum der Ausgangsgröße G(ω) entsteht.

Vergleicht man im Beispiel 2.13.3 das Eingangsspektrum F(ω) nach Abb.2.13.4 mit dem Ausgangsspektrum G(ω) nach Abb.2.13.11, dann erkennt man, daß die Spektralkomponenten für niedrige Frequenzen $|\omega|<\pi/\varepsilon$ (bei hinreichend kleinem α) verstärkt, die von hohen Frequenzen $|\omega|>\pi/\varepsilon$ jedoch weitgehend unterdrückt werden. Filter dieser Eigenschaft nennt man Tiefpaßfilter. Ausführliches über die Wirkungsweise der verschiedenen Filter findet man in [73].

2.13.4 Mehrdimensionale Fourier-Transformation

Eine von der Ortskoordinaten x und von der Zeit t abhängende nicht-periodische Funktion f(x,t) soll in Gestalt des zweidimensionalen *Fourier*-Integrals

$$f(x,t) = \int_{-\infty}^{\infty}\int_{-\infty}^{\infty} F(k,\omega)\, e^{i(kx-\omega t)}\, dk\, d\omega \tag{2.13.36}$$

dargestellt werden. Die Existenz der von der Ortsfrequenz k und der Zeitfrequenz ω abhängenden *Fourier*-Transformierten F(k,ω) ist sicher, wenn mit

$$\int_{-\infty}^{\infty}\int_{-\infty}^{\infty} |f(x,t)|\, dx\, dt < \infty \tag{2.13.37}$$

die gegebene Funktion f(x,t) in $x,t \in (-\infty,\infty)$ absolut integrabel ist.

Zur Ermittlung von F(k,ω) multipliziert man Gl. (2.13.36) mit $e^{-i(Kx-\Omega t)}$, wobei K und Ω feste Frequenzen sind, und integriert über sämtliche x und t. Man erhält

$$I := \int_{-\infty}^{\infty}\int_{-\infty}^{\infty} f(x,t) e^{-i(Kx-\Omega t)} dx\, dt = \int_{-\infty}^{\infty}\int_{-\infty}^{\infty} F(k,\omega)\Big[\int_{-\infty}^{\infty} e^{i(k-K)x} dx \int_{-\infty}^{\infty} e^{-i(\omega-\Omega)t} dt\Big] dk\, d\omega .$$

Setzt man $e^{\pm\alpha} = \cos\alpha \pm i\sin\alpha$, dann fallen bei der Integration aus Symmetriegründen die Imaginärteile heraus, und die Integrale über die Kosinusfunktionen ergeben mit Gl. (2.13.26) *Dirac*sche Deltafunktionen, d.h.

$$I = 4\int_{-\infty}^{\infty}\int_{-\infty}^{\infty} F(k,\omega)\Big[\int_{0}^{\infty} \cos(k-K)x\, dx \int_{0}^{\infty} \cos(\omega-\Omega)t\, dt\Big] dk\, d\omega = 4\pi^2 \int_{-\infty}^{\infty}\int_{-\infty}^{\infty} F(k,\omega)\, \delta(k-K)\, \delta(\omega-\Omega)\, dk\, d\omega .$$

Betrachtet man nun die Integraleigenschaft (2.13.31) der *Dirac*schen Deltafunktion, so findet man als Ergebnis für die rechte Seite dieser Gleichung $4\pi^2 F(K,\Omega)$. Ersetzt man dann K durch k und Ω durch ω, so gilt mit dem Integral I der linken Seite für die gesuchte *Fourier*-Transformierte

$$F(k,\omega) = \frac{1}{4\pi^2} \int_{-\infty}^{\infty}\int_{-\infty}^{\infty} f(x,t)\, e^{-i(kx-\omega t)}\, dx\, dt . \tag{2.13.38}$$

Ist f(x,y,t) eine dreidimensionale Funktion, dann sind analog die Gleichungen der dreidimensionalen *Fourier*-Transformation

$$\left.\begin{aligned} f(x,y,t) &= \int_{-\infty}^{\infty}\int_{-\infty}^{\infty}\int_{-\infty}^{\infty} F(k_x,k_y,\omega)\, e^{i(k_x x + k_y y - \omega t)}\, dk_x\, dk_y\, d\omega ,\\ F(k_x,k_y,\omega) &= \frac{1}{8\pi^3} \int_{-\infty}^{\infty}\int_{-\infty}^{\infty}\int_{-\infty}^{\infty} f(x,y,t)\, e^{-i(k_x x + k_y y - \omega t)}\, dx\, dy\, dt , \end{aligned}\right\} \tag{2.13.39}$$

wobei k_x und k_y die Ortsfrequenzen in Richtung x bzw. y bedeuten.

2.14 Spektraldichte

Ausgang der Betrachtung ist ein zentrierter Zufallsprozeß u(t), für den eine Stichprobe in Gestalt einer zeitlichen Aufzeichnung vorliegt. Diese Zeitgeschiche wird mit einer gewählten Zeit T bei t = ±T/2 begrenzt. Es wird also der "abgeschnittene" Prozeß

$$u_T(t) := \begin{cases} u(t) & \text{für } |t| \le T/2, \\ 0 & \text{für } |t| > T/2 \end{cases} \tag{2.14.1}$$

entsprechend Abb. 2.14.1 betrachtet. Für $u_T(t)$ ist dann aber die Bedingung (2.13.13) der absoluten Integrierbarkeit erfüllt, und es kann daher die *Fourier*-Transformation durchgeführt werden. Nach Gl. (2.13.15) ist die *Fourier*-Transformierte des abgeschnittenen Prozesses

$$U_T(\omega)=\frac{1}{2\pi}\int_{-\infty}^{\infty}u_T(t)\,e^{-i\omega t}\,dt=\frac{1}{2\pi}\int_{-T/2}^{T/2}u_T(t)\,e^{-i\omega t}\,dt \qquad (2.14.2)$$

und nach Gl. (2.13.16) die Rücktransformierte

$$u_T(t)=\int_{-\infty}^{\infty}U_T(\omega)\,e^{i\omega t}\,d\omega=\int_{-\infty}^{\infty}U_T^*(\omega)\,e^{-i\omega t}\,dt. \qquad (2.14.3)$$

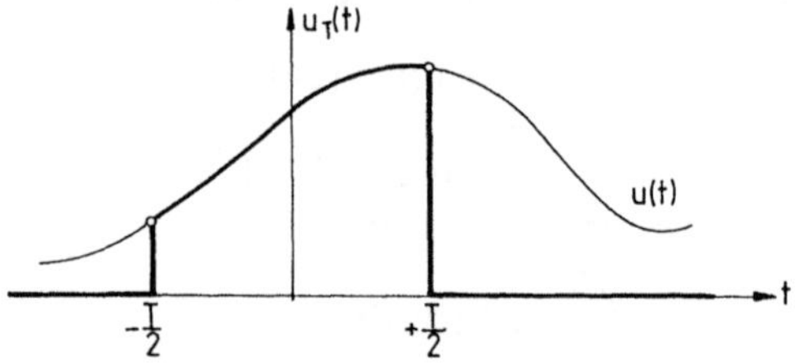

Abb. 2.14.1 Abgeschnittener Zufallsprozeß

Da $u_T(t)$ eine reelle Funktion ist, ändert sich der Wert des Integrals nicht, wenn i durch $-i$ ersetzt wird. Es ist dann $U_T(\omega)$ durch ihre konjugiert Komplexe $U_T^*(\omega)$ zu ersetzen.

Es wird nun der quadratische Mittelwert des Prozesses u(t) als zeitliches Mittel

$$E[u^2]=\lim_{T\to\infty}\frac{1}{T}\int_{-T/2}^{T/2}u^2(t)\,dt=\lim_{T\to\infty}\frac{1}{T}\int_{-T/2}^{T/2}u_T^2(t)\,dt, \qquad (2.14.4)$$

berechnet. Dies kann man nach dem Theorem von *Parseval* (2.13.17) mit der *Fourier*-Transformierten $U_T(\omega)$ des abgeschnittenen Prozesses auch in der Form

$$E[u^2]=2\pi\lim_{T\to\infty}\frac{1}{T}\int_{-\infty}^{\infty}|U_T(\omega)|^2\,d\omega \qquad (2.14.5)$$

schreiben.

Die *Spektraldichte* (*spectral density*) oder kurz das *Spektrum* des Zufallsprozesses u(t) wird in der Literatur auf zweierlei Weise definiert. Nach α) wird angenommen, daß Limesbildung und Integration in Gl. (2.14.5) vertauschbar sind, womit

$$E[u^2]=2\pi\int_{-\infty}^{\infty}\lim_{T\to\infty}\frac{1}{T}|U_T(\omega)|^2\,d\omega \qquad (2.14.6)$$

entsteht. Unter der Voraussetzung, daß der Grenzwert für $T\to\infty$ existiert, definiert man den Integranden als die Spektraldichte

$$S_{uu}(\omega):=\lim_{T\to\infty}\frac{2\pi}{T}|U_T(\omega)|^2 \qquad (2.14.7)$$

des Prozesses u(t), und damit gilt für dessen quadratischen Mittelwert

$$E[u^2]=\int_{-\infty}^{\infty}S_{uu}(\omega)\,d\omega. \qquad (2.14.8)$$

Zwar hängt die Existenz der Spektraldichte nicht von der Konvergenz des Ausdrucks $|U_T(\omega)|^2/T$ für $T\to\infty$ ab, doch kann sie bei fehlender Konvergenz nicht mittels Gl. (2.14.7) berechnet werden.

Die Definitionsmöglichkeit nach β) beruht auf einem Satz von *Wiener* und *Chintschin*. Dieser besagt, daß sich die Autokorrelationsfunktion $K_{uu}(\tau)$ eines stetigen stationären Zufallsprozesses u(t) als *Fourier*-Rücktransformierte einer bestimmten Frequenzfunktion, die eben Spektraldichte genannt wird, darstellen läßt.

Somit gilt für die Spektraldichte $S_{uu}(\omega)$ und die Autokorrelationsfunktion $K_{uu}(\tau)$ eines Zufallsprozesses u(t) das Gleichungspaar (2.13.15) und (2.13.16) der *Fourier*-Transformation

$$\left.\begin{aligned} S_{uu}(\omega) &= \frac{1}{2\pi}\int_{-\infty}^{\infty} K_{uu}(\tau)e^{-i\omega\tau}d\tau , \\ K_{uu}(\tau) &:= \int_{-\infty}^{\infty} S_{uu}(\omega)e^{i\omega\tau}d\omega . \end{aligned}\right\} \qquad (2.14.9)$$

Beide Gleichungen sind als *Wiener-Chintschin-Relationen*[1] bekannt.

Man kann auch einfach empirisch feststellen, daß die Autokorrelationsfunktion eines echten stochastischen Prozesses derart schnell mit wachsender Zeit τ abklingt, daß die Bedingung ihrer absoluten Integrierbarkeit erfüllt und somit die Existenz der Spektraldichte als ihre *Fourier*-Transformierte gesichert ist. Selbst für eine über alle Zeiten τ periodisch andauernde Korrelationsfunktion, wie sie für einen Zufallsprozeß mit periodischen Komponenten entsteht, ist die Berechnung der Spektraldichte möglich. Da ein harmonischer Prozeß der Frequenz Ω eine *Fourier*-Transformierte mit Spektrallinien bei $\omega = \pm\Omega$ besitzt - wie in Abschnitt 2.13.2 gezeigt wurde - und zu einer ebenfalls harmonischen Autokorrelationsfunktion derselben Frequenz Ω führt, besteht die Spektraldichte aus einem Paar von *Dirac*schen Deltafunktionen, die bei $\omega = \pm\Omega$ unendlich werden.

Im Grenzfall des zeitlich konstanten Prozesses existiert die Spektraldichte in der Form $\delta(t)$, wie sich unmittelbar aus dem harmonischen Prozeß für unendlich große Perioden, also für den Grenzübergang $\Omega \to 0$, ergibt. Auf der anderen Seite steht als Grenzfall der vollständig unkorrelierte Prozeß, dessen Autokorrelationsfunktion gleich $\delta(t)$ ist. Die *Fourier*-Transformierte ist dann - wie ebenfalls in Abschnitt 2.13.2 gezeigt wurde - über alle Frequenzen konstant. Ein vollständig unkorrelierter Zufallsprozeß besitzt also eine konstante Spektraldichte.

Die *Wiener-Chintschin*-Relationen sagen aus, daß ein Zufallsprozeß u(t) entweder im Zeitbereich τ durch seine Autokorrelationsfunktion oder im Frequenzbereich ω durch seine Spektraldichte dargestellt werden kann und daß beide Darstellungen über die *Fourier*-Transformation zusammenhängen. Nach Gl. (2.14.8) beschreibt die Spektraldichte die Zusammensetzung des quadratischen Mittelwerts eines Zufallsprozesses aus seinen einzelnen Frequenzanteilen.

Daß beide Definitionsgleichungen (2.14.7) und (2.14.9) ineinander übergeführt werden können, zeigt man durch Umwandeln der Autokorrelationsfunktion, die nach Gl. (2.11.2) mit dem abgeschnittenen Prozeß $u_T(t)$ nach Abb. 2.14.1 zunächst

$$K_{uu}(\tau) = \lim_{T\to\infty}\frac{1}{T}\int_{-T/2}^{T/2} u(t)u(t+\tau)dt = \lim_{T\to\infty}\frac{1}{T}\int_{-T/2}^{T/2} u_T(t)u_T(t+\tau)dt$$

[1] *Aleksandr Jakavlevič Chintschin* auch *Khintchine* (1894-1959), sowjetischer Mathematiker, formulierte und bewies 1933 [40] den Satz: " Damit die Funktion R(t) die Korrelationsfunktion eines stetigen stationären stochastischen Prozesses ist, ist notwendig und hinreichend, daß sie sich in der Form $R(t) = \int_{-\infty}^{\infty} \cos tx \, dF(x)$ darstellen läßt, wo F(x) eine gewisse Verteilungsfunktion bedeutet." Die aus diesem Satz herrührenden Beziehungen sind bereits enthalten in einer früheren Arbeit [92] von *Norbert Wiener* (1894-1964), amerikanischer Mathematiker, Begründer der Kybernetik

liefet. $u_T(t+\tau)$ wird durch die *Fourier*-Transformierte $U_T(\omega)$ nach Gl. (2.14.2) und darin t durch $t+\tau$ ersetzt, und man erhält nach Vertauschen der Integrationsreihenfolge

$$K_{uu}(\tau)=\lim_{T\to\infty}\frac{1}{T}\int_{-T/2}^{T/2}u_T(t)\Big[\int_{-\infty}^{\infty}U_T(\omega)e^{i\omega(t+\tau)}d\omega\Big]dt=\lim_{T\to\infty}\frac{1}{T}\int_{-\infty}^{\infty}U_T(\omega)\Big[\int_{-T/2}^{T/2}u_T(t)e^{i\omega t}dt\Big]e^{i\omega\tau}d\omega.$$

Das zweite Integral ist bis auf den Faktor 2π entsprechend Gl. (2.14.2) die konjugiert Komplexe der *Fourier*-Transformierten. Damit folgt

$$K_{uu}(\tau)=\lim_{T\to\infty}\frac{2\pi}{T}\int_{-\infty}^{\infty}U_T(\omega)\,U_T^*(\omega)e^{i\omega\tau}d\omega=\lim_{T\to\infty}\frac{2\pi}{T}\int_{-\infty}^{\infty}|U_T(\omega)|^2e^{i\omega\tau}d\omega$$

und weiter nach Vertauschen von Limesbildung und Integration mit Gl. (2.14.7)

$$K_{uu}(\tau)=\int_{-\infty}^{\infty}S_{uu}(\omega)e^{i\omega\tau}d\omega,$$

was zu zeigen war.

Für die Spektraldichte werden folgend einige wichtige Eigenschaften aufgeführt:

α) Die Spektraldichte ist wie die Autokorrelationsfunktion eine symmetrische (und damit eine reelle) Funktion. Es gilt also

$$S_{uu}(\omega)=S_{uu}(-\omega). \tag{2.14.10}$$

Zum Beweis schreibt man mittels der *Wiener-Chintschin*-Relationen die Spektraldichte für $\omega<0$ hin, also

$$S_{uu}(-\omega)=\frac{1}{2\pi}\int_{-\infty}^{\infty}K_{uu}(\tau)e^{i\omega\tau}d\tau,$$

substituiert $\tau\to-\tau$ und erhält mit der Symmetrieeigenschaft $K_{uu}(-\tau)=K_{uu}(\tau)$

$$S_{uu}(-\omega)=\frac{1}{2\pi}\int_{-\infty}^{\infty}K_{uu}(-\tau)e^{-i\omega\tau}d\tau=\frac{1}{2\pi}\int_{-\infty}^{\infty}K_{uu}(\tau)e^{-i\omega\tau}d\tau=S_{uu}(\omega),$$

was zu zeigen war.

β) Da also $S_{uu}(\omega)$ und $K_{uu}(\tau)$ beides symmetrische Funktionen sind, lassen sich die *Wiener-Chintschin*-Relationen (2.14.9) auch reell schreiben. Setzt man nämlich $\exp(\pm i\omega\tau)=\cos\omega\tau\pm i\sin\omega\tau$, dann verschwinden die Integrale über den jeweiligen Imaginärteil aus Symmetriegründen. Man erhält

$$\left.\begin{aligned}S_{uu}(\omega)&=\frac{1}{\pi}\int_0^{\infty}K_{uu}(\tau)\cos\omega\tau\,d\tau,\\K_{uu}(\tau)&=2\int_0^{\infty}S_{uu}(\omega)\cos\omega\tau\,d\omega.\end{aligned}\right\} \tag{2.14.11}$$

γ) Eine dritte Eigenschaft wurde bereits mit Gl. (2.14.8) formuliert. Für $\tau=0$ ist nach Gl. (2.14.11)

$$K_{uu}(0)=2\int_0^{\infty}S_{uu}(\omega)d\omega=E[u^2].$$

Die Fläche unter der Spektraldichte-Kurve ist also gleich dem quadratischen Mittelwert des betrachteten Zufallsprozesses

δ) Die Spektraldichte kann nicht negativ werden:

$$S_{uu}(\omega)\geq 0. \tag{2.14.12}$$

An Stelle der für $\omega\in(-\infty,\infty)$ definierten *zweiseitigen* Spektraldichte $S_{uu}(\omega)$ wird in den physikalischen Anwendungen die *einseitige* Spektraldichte $\Phi_{uu}(\omega)$ verwendet, die mittels

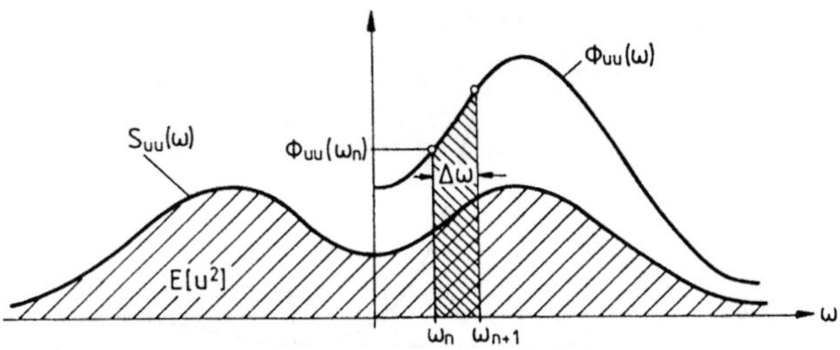

Abb. 2.14.2 Zweiseitige und einseitige Spektraldichte und ihre Diskretisierung

$$\Phi_{uu}(\omega) := \begin{cases} 2S_{uu}(\omega) & \text{für } \omega \geq 0, \\ 0 & \text{für } \omega < 0 \end{cases} \tag{2.14.13}$$

definiert wird (Abb. 2.14.2).

Φ_{uu} ist diejenige Spektraldichte, die aus der Beobachtung *realer* stochastischer Prozesse folgt, weil negative Frequenzen physikalisch sinnlos sind. Der quadratische Mittelwert $E[u^2]$ ergibt sich nun als Flächeninhalt unter der Φ_{uu}-Kurve.

Wir betrachten - wie bereits in Abschnitt 2.11 - einen Zufallsprozeß u(t) als Überlagerung harmonischer Komponenten der Amplituden a_n und der Frequenzen ω_n mit in $(0,2\pi)$ gleichverteilten Zufallsphasen α_n

$$u(t) = \sum_{n=1}^{\infty} a_n \cos(\omega_n t + \alpha_n), \tag{2.14.14}$$

dessen Autokorrelationsfunktion sich nach Gl. (2.11.11) zu

$$K_{uu}(\tau) = \frac{1}{2} \sum_{n=1}^{\infty} a_n^2 \cos \omega_n \tau \tag{2.14.15}$$

ergeben hatte. Die Darstellung eines echten Zufallsprozesses mittels Gl. (2.14.14) ist natürlich nur approximativ zu verstehen, weil sich für eine so mittels der *Wiener-Chintschin*-Relation berechnete Spektraldichte kein kontinuierliches Spektrum sondern lediglich eine Menge von Spektrallinien an den Stellen $\omega = \omega_n$ ergeben würde.

Geht man andererseits nach Abb. 2.14.2 von einer kontinuierlichen Spektraldichte $\Phi_{uu}(\omega)$ aus, diskretisiert sie in gleichen Frequenzschritten $\Delta\omega = \omega_n/n$, $n = 0, 1, 2, \ldots$, dann kann man in Gl. (2.14.11) das Integral näherungsweise durch die Summe

$$K_{uu}(\tau) = \sum_{n=1}^{\infty} \Phi_{uu}(\omega_n) \cos \omega_n \tau \, \Delta\omega \tag{2.14.16}$$

ersetzen. Der Vergleich mit Gl. (2.14.15) ergibt einen Zusammenhang zwischen den Amplituden a_n der einzelnen harmonischen Anteile und den Werten der Spektraldichte für bestimmte Frequenzen ω_n, nämlich

$$a_n = \sqrt{2\,\Phi_{uu}(\omega_n)\,\Delta\omega}\,. \tag{2.14.17}$$

Die Approximation eines seiner Natur nach nicht-periodischen Zufallsprozesses durch eine trigonometrische Reihe (2.14.14) kann diesen immer nur in einem begrenzten Zeitbereich beschreiben. Es entstehen stets periodische Wiederholungen. Oder anders ausgedrückt: Würde man an Hand einer konkreten zeitlichen Registrierung eines Zufallsprozesses eine *Fourier*-Analyse durchführen, dann kann dies natürlich stets nur für den mit dem endlichen Zeitabstand T abgeschnittenen Prozeß geschehen. Die sich für $t \in (0,T)$ daraus ergebende trigonometrische Reihe (2.14.14) würde sich für größere t stets mit der Periode T wiederholen.

Beispiel 2.14.1: *Wiener-Chintschin*-Relationen

Ein Zufallsprozeß u besitze die Spektraldichte $\Phi_{uu}(\omega) = \Phi_o \omega T e^{1-\omega T}$ mit zwei Parametern $\Phi_o > 0$ und $T > 0$ (Abb. 2.14.3). Die Autokorrelationsfunktion ergibt sich mit Hilfe der *Wie-*

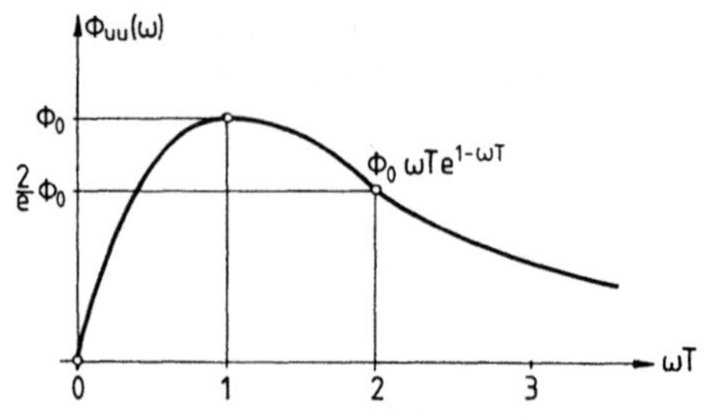

Abb. 2.14.3 Spektraldichte Φ_{uu}

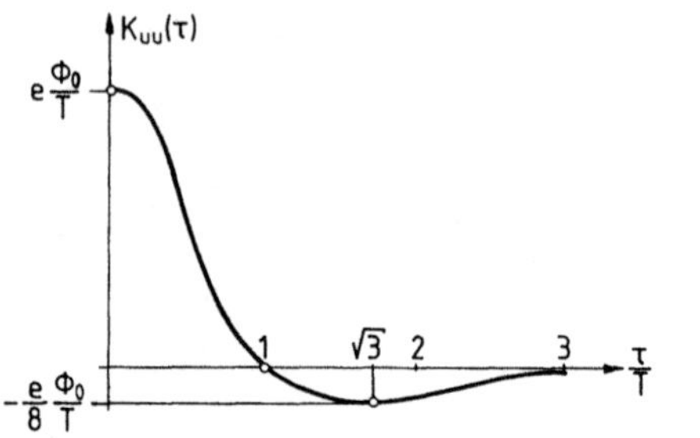

Abb. 2.14.4 Autokorrelationsfunktion K_{uu}

ner-Chintschin-Relationen (2.14.11) mit $2S_{uu}(\omega) = \Phi_{uu}(\omega)$ zu

$$K_{uu}(\tau) = \int_0^\infty \Phi_{uu}(\omega)\cos\omega\tau\, d\omega = e\,\Phi_0 T\int_0^\infty \omega e^{-\omega T}\cos\omega\tau\, d\omega = e\,\Phi_0 T\frac{T^2-\tau^2}{(T^2+\tau^2)^2}\,.$$

Sie ist in Abb. 2.14.4 als Funktion von τ grafisch dargestellt und zeigt einen für vergleichsweise gering korrelierte Zufallsprozesse typischen Verlauf. Sie fällt ausgehend von ihrem Maximalwert bei $\tau = 0$ sehr schnell auf Null, erreicht für $\tau > T$ negative Werte und strebt für $\tau \to \infty$ mit $1/\tau^2$ gegen Null.

Im Vergleich dazu soll die Autokorrelationsfunktion über eine Diskretisierung der Spektraldichte berechnet werden. Dazu werden Frequenzabstände $\Delta\omega = k/T$ mit einer festen Zahl $k \in (0,1)$ gewählt, so daß die Spektraldichte für die diskreten Frequenzen $\omega_n = n\Delta\omega = nk/T$, $n = 0, 1, 2, \ldots$, die Werte $\Phi_{uu}(\omega_n) = e\,\Phi_0 k n e^{-kn}$ annimmt. Nach Gl.(2.14.16) ist damit die Autokorrelationsfunktion näherungsweise

$$\tilde{K}_{uu}(\tau) = \sum_{n=1}^{\infty}\Phi_{uu}(\omega_n)\cos\omega_n\tau\,\Delta\omega = e k^2\frac{\Phi_0}{T}\sum_{n=1}^{\infty} n e^{-kn}\cos nk\frac{\tau}{T} = \frac{e k^2\Phi_0}{2T}\,\frac{\cosh k\cos k\frac{\tau}{T} - 1}{(\cosh k - \cos k\frac{\tau}{T})^2}\ (k>0).$$

Die verwendete Summenformel findet man in [71]. Diese Funktion ist in Abb. 2.14.5 als Funktion von τ für den gewählten Wert $k = 1/4$ grafisch dargestellt. Für kleine τ bis etwa $\tau/T = 12$ herrscht gute Übereinstimmung dieser Kurve mit der von Abb. 2.14.4. Für $\tau = 0$ entsteht der Näherungswert $\tilde{K}_{uu}(0) = 0{,}995\,e\Phi_0/T$ anstelle des exakten Ergebnisses $e\Phi_0/T$. Die Diskretisierung der Spektraldichte führt jedoch abweichend von der tatsächlichen Natur der Autokorrelationsfunktion zum *periodischen* Auftreten dieses Größtwerts. Die Periode der Autokorrelationsfunktion beträgt $\Delta\tau = 2\pi T/k$; der Zeitabstand der in Abb. 2.14.5 gezeichneten beiden Maxima wird für kleiner werdendes k immer größer. Für sehr kleine k setzt man $\cosh k \approx 1 + k^2/2$ und $\cos(k\tau/T) \approx 1 - (k\tau/T)^2/2$ und erhält

$$\lim_{k\to 0}\tilde{K}_{uu}(\tau) = \frac{e\Phi_0}{2T}\lim_{k\to 0}\frac{k^2[(1+\frac{k^2}{2})(1-\frac{k^2\tau^2}{2T^2})-1]}{(\frac{k^2}{2}+\frac{k^2\tau^2}{2T^2})^2} = K_{uu}(\tau)$$

in Übereinstimmung zum ersten Ergebnis.

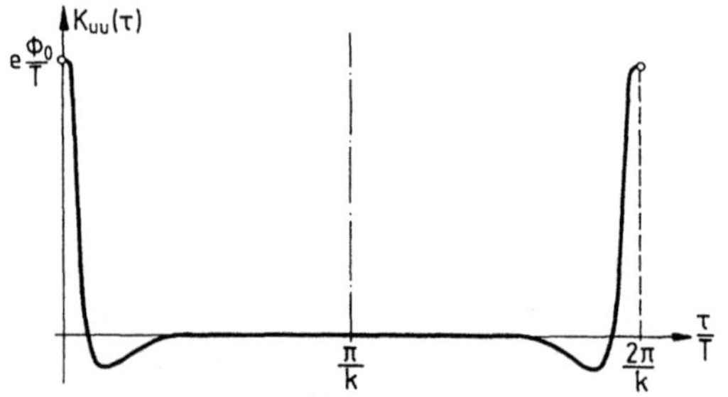

Abb. 2.14.5 Autokorrelationsfunktion $\tilde{K}_{uu}$ für $k = 1/4$

Beispiel 2.14.2: Autokorrelationsfunktion eines unregelmäßigen Seegangs

Als konkreter Zufallsprozeß soll die Wellenerhebung $\zeta(t)$ eines kurzzeitig herrschenden unregelmäßigen Seegangs betrachtet werden. Der Seegang ist durch seine Spektraldichte, hier speziell Wellenenergiespektrum genannt, gekennzeichnet, für die die auf *Pierson* und *Moskowitz* [65] zurückgehende empirische Formel (4.1.47)

$$\Phi_{\zeta\zeta}(\omega) = \frac{A}{\omega^5}\exp\left(-\frac{B}{\omega^4}\right)\quad\text{mit } A = 173\,\frac{h_{1/3}^2}{T_1^4}\ \text{und}\ B = \frac{691}{T_1^4}$$

verwendet werden soll. Es wird ein Seegangszustand gewählt, der durch eine Wellenhöhe der 1/3 höchsten Wellen von $h_{1/3} = 8$ m und eine charakteristische Wellenperiode von $T_1 = 16$ s gekennzeichnet ist. Damit sind $A = 0{,}1689\ m^2s^{-4}$ und $B = 0{,}01054\ s^{-4}$. Das zugehörige Wellenenergiespektrum ist in Abb. 2.14.6 in Abhängigkeit von der Wellenfrequenz ω grafisch dargestellt.

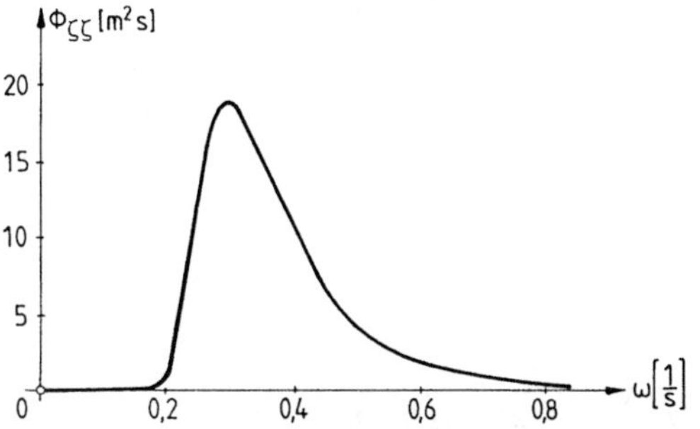

Abb. 2.14.6 Wellenenergiespektrum

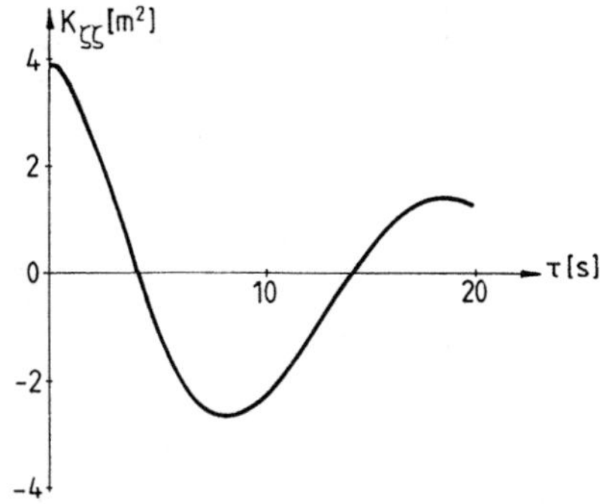

Abb. 2.14.7 Seegangs-Autokorrelationsfunktion

Longuet-Higgins [51] hat vorgeschlagen, die unregelmäßige Meeresoberfläche als Überlagerung einer großen Zahl von regelmäßigen harmonischen Wellen unterschiedlicher Wellenamplituden a_n und -frequenzen ω_n sowie mit in $(0,2\pi)$ gleichverteilten Zufallsphasen α_n darzustellen, d.h. in der Gestalt $\zeta(t) = \sum a_n \cos(\omega_n t + \alpha_n)$. Die Amplituden a_n werden nach Gl. (2.14.17) berechnet. Dazu wird das Wellenenergiespektrum mit Frequenzschritten $\Delta\omega = 0{,}1\ s^{-1}$ diskretisiert. Für die Frequenzen $\omega_n = n\,\Delta\omega$ mit $n = 0, 1, 2, \dots 10$ werden die Spektralwerte $\Phi_{\zeta\zeta}(\omega_n)$ berechnet, z.B. für $\omega_3 = 0{,}3\ s^{-1}$ $\Phi_{\zeta\zeta} = 18{,}92\ m^2s$, und mit diesen die Wellenamplituden a_n, z.B. $a_3 = 1{,}95$ m. Frequenzanteile oberhalb von $1{,}0\ s^{-1}$ werden vernachlässigt.

Die Autokorrelationsfunktion $K_{\zeta\zeta}(\tau)$ des Seegangs nach Gl. (2.14.15) ist in Abb.2.14.7 in Abhängigkeit von der Zeit τ grafisch dargestellt. Als Maximalwert bei $\tau = 0$ errechnet man $K_{\zeta\zeta}(0) = 3{,}92\ m^2$. Im Gegensatz zum Beispiel 2.14.1 deutet hier die Autokorrelationsfunktion auf einen verhältnismäßig stark korrelierten Prozeß hin. Dies drückt sich bereits durch das Wellenenergiespektrum mit einem ausgeprägten scharfen Maximum bei der Frequenz von ca. $0{,}3\ s^{-1}$ aus. Die Wellenkomponente mit dieser Frequenz beherrscht überwiegend den unregelmäßigen Seegang; ihre Periode von $T = 2\pi/\omega \approx 20$ s drückt sich deshalb im Verlauf der Autokorrelationsfunktion deutlich aus.

Es wird der quadratische Mittelwert (2.14.8) der Wellenerhebung ζ unter Verwendung der Substitution $\omega^2 = 1/x$, $\omega\,d\omega = -dx/(2x^2)$ berechnet:

$$E[\zeta^2] = \int_0^\infty \Phi_{\zeta\zeta}(\omega)\,d\omega = \frac{A}{2}\int_0^\infty x\exp(-Bx^2)\,dx = -\frac{A}{4B}\left[-\exp(-Bx^2)\right]_0^\infty = \frac{A}{4B} = 4{,}01\ m^2 .$$

Die Abweichung dieses Werts von $K_{\zeta\zeta}(0) = 3{,}92\ m^2$ ist einerseits auf den Abbruch des Wellenenergiespektrums bei $\omega = 1{,}0\ s^{-1}$ und andererseits auf dessen Diskretisierung zurückzuführen. Multipliziert man $E[\zeta^2]$ mit der Dichte ρ von Wasser sowie mit der Erdbeschleunigung g, erhält man die auf die Einheitsfläche bezogene gesamte Wellenenergie.

Folgend werden acht synthetische Stichproben als Aufzeichnungen $\zeta(t)$ des betrachteten Seegangs in Abb. 2.14.8 vorgestellt. Für die 11 berücksichtigten Wellenkomponenten mit den gewählten Freqenzen ω_n und den dazu berechneten Wellenamplituden a_n wurden die Phasenverschiebungen α_n mittels eines Zufallsgenerators erzeugt. In diesen Aufzeichnungen kann man nun sämtliche auftretenden Wellenhöhen ausmessen. Unter Wellenhöhe h verstehen wir dabei den jeweiligen vertikalen Abstand eines relativen Maximums vom zeitlich unmittelbar folgenden relativen Minimum. Es ergeben sich sich die in der folgenden Tabelle zusammengestellten 39 Wellenhöhen h. Die 1/3 größten Höhen sind unterstrichen. Ihr arithmetischer Mittelwert beträgt $h_{1/3} = 7{,}50$ m und stimmt im Rahmen der hier vorgenomenen Diskretisierung ausreichend gut mit dem eingangs gewählten signifikanten Wellenwert $h_{1/3} = 8$ m überein.

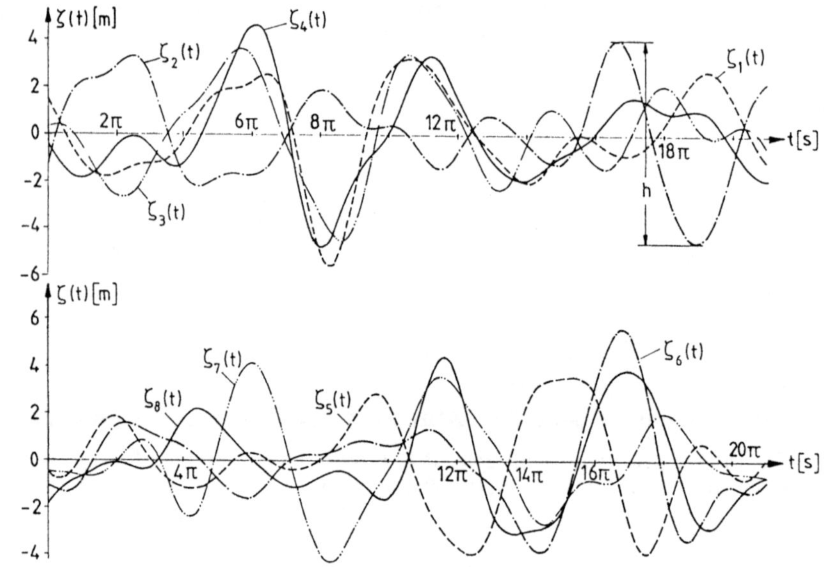

Abb. 2.14.8 Acht synthetische Aufzeichnungen der Wellenerhebung $\zeta(t)$

ζ_1	ζ_2	ζ_3	ζ_4	ζ_5	ζ_6	ζ_7	ζ_8
8,0	5,5	3,1	1,3	3,0	3,2	3,2	0,3
5,2	1,6	8,1	9,4	0,7	0,2	8,4	3,3
0,9	1,8	5,7	5,2	6,8	5,2	6,2	1,2
4,5	2,0	2,5	0,7	7,5	9,0	0,1	7,5
	8,6	2,3	2,9	1,5	0,2	2,7	6,7

Wellenhöhen h[m] für die Wellenerhebungen $\zeta_1(t)$ bis $\zeta_8(t)$ nach Abb. 2.14.8

2.15 Kreuzspektraldichte

Analog zur Definition der Spektraldichte mittels der Autokorrelationsfunktion ergibt sich die *Kreuzspektraldichte* (*cross-spectral density*) als *Fourier*-Transformierte der Kreuzkorrelationsfunktion zweier (zentrierter) Zufallsprozesse u(t) und v(t), also

$$S_{uv}(\omega) := \frac{1}{2\pi}\int_{-\infty}^{\infty} K_{uv}(\tau)e^{-i\omega\tau}\,d\tau \tag{2.15.1}$$

und

$$S_{vu}(\omega) := \frac{1}{2\pi}\int_{-\infty}^{\infty} K_{vu}(\tau)e^{-i\omega\tau}\,d\tau\,. \tag{2.15.2}$$

Zwei echte Zufallsprozesse u(t) und v(t+τ) sind für $\tau \to \infty$ sicher unkorreliert. Die Kreuzkorrelationsfunktion $K_{uv}(\tau)$ strebt dabei derart schnell gegen Null, daß von ihrer absoluten Integrierbarkeit

$$\int_{-\infty}^{\infty} |K_{uv}(\tau)|\,d\tau < \infty$$

ausgegangen werden kann. Nach den Gesetzen der *Fourier*-Transformation ist dann auch die Existenz der Kreuzspektraldichte gesichert.

Die Rücktransformierte ist dann die Kreuzkorrelationsfunktion

$$K_{uv}(\tau) = \int_{-\infty}^{\infty} S_{uv}(\omega) e^{i\omega\tau} d\omega \tag{2.15.3}$$

bzw.

$$K_{vu}(\tau) = \int_{-\infty}^{\infty} S_{vu}(\omega) e^{i\omega\tau} d\omega \,. \tag{2.15.4}$$

Die Kreuzspektraldichte ist selbst bei hier vorausgesetzten reellen Prozessen mit dann ebenfalls reellen Kreuzkorrelationsfunktionen i.allg. eine komplexe Funktion, für die

$$S_{uv}(\omega) = S^*_{vu}(\omega) = S_{vu}(-\omega) \tag{2.15.5}$$

gilt. Das kann man unmittelbar an den Definitionsgleichungen (2.15.1) und (2.15.2) ablesen, wenn man τ durch $-\tau$ ersetzt und $K_{uv}(\tau) = K_{vu}(-\tau)$ beachtet.

Folgend wird die Kreuzspektraldichte $S_{uv}(\omega)$ mittels der *Euler*schen Formel $e^{-i\alpha} = \cos\alpha - i \sin\alpha$ in ihren Real- und Imaginärteil zerlegt. Man erhält

$$S_{uv}(\omega) = \frac{1}{2\pi} \int_{-\infty}^{\infty} K_{uv}(\tau) \cos\omega\tau \, d\tau - \frac{i}{2\pi} \int_{-\infty}^{\infty} K_{uv}(\tau) \sin\omega\tau \, d\tau \,.$$

Das Integrationsintervall $(-\infty, \infty)$ zerlegt man in die beiden Intervalle $(-\infty, 0)$ und $(0, \infty)$, ersetzt im ersten Intervall τ durch $-\tau$ sowie $K_{uv}(-\tau)$ durch $K_{vu}(\tau)$ und findet für den Realteil

$$C_{uv}(\omega) := \frac{1}{2\pi} \int_{0}^{\infty} [K_{uv}(\tau) + K_{vu}(\tau)] \cos\omega\tau \, d\tau \tag{2.15.6}$$

sowie für den Imaginärteil

$$Q_{uv}(\omega) := \frac{1}{2\pi} \int_{0}^{\infty} [K_{uv}(\tau) - K_{vu}(\tau)] \sin\omega\tau \, d\tau \,. \tag{2.15.7}$$

Man nennt C_{uv} das *Co-Spektrum* und Q_{uv} das *Quadratur-Spektrum* [66]. Mit diesen reellen Spektren kann dann die Kreuzspektraldichte in der Form

$$\left.\begin{aligned} S_{uv}(\omega) &= C_{uv}(\omega) - i\, Q_{uv}(\omega) = |S_{uv}\omega)| \exp[i \arg S_{uv}(\omega)] , \\ |S_{uv}(\omega)| &= \sqrt{C^2_{uv}(\omega) + Q^2_{uv}(\omega)} \, , \ \arg S_{uv}(\omega) = - \arctan \frac{Q_{uv}(\omega)}{C_{uv}(\omega)} \end{aligned}\right\} \tag{2.15.8}$$

dargestellt werden.

Das Co-Spektrum ist eine symmetrische, das Quadratur-Spektrum eine antimetrische Funktion. Es folgt nämlich unmittelbar aus den Definitionsgleichungen (2.15.6) und (2.15.7)

$$C_{uv}(\omega) = C_{uv}(-\omega), \qquad Q_{uv}(\omega) = -Q_{uv}(-\omega). \tag{2.15.9}$$

Ebenso leicht findet man die Beziehungen

$$C_{uv}(\omega) = C_{vu}(\omega), \qquad Q_{uv}(\omega) = -Q_{vu}(\omega), \tag{2.15.10}$$

wenn man u und v miteinander vertauscht.

Mit den neu eingeführten reellen Spektren C_{uv} und Q_{uv} können dann auch die Gln. (2.15.3) und (2.15.4) reell geschrieben werden. Mit der *Euler*schen Formel sowie mit Gl. (2.15.8) folgt

$$K_{uv}(\tau) = \int_{-\infty}^{\infty}(C_{uv}\cos\omega\tau + Q_{uv}\sin\omega\tau)\,d\omega + i\int_{-\infty}^{\infty}(C_{uv}\sin\omega\tau - Q_{uv}\cos\omega\tau)\,d\omega,$$

wobei der erste Integrand in ω symmetrisch und der zweite antimetrisch ist. Somit ist

$$K_{uv}(\tau) = 2\int_{-\infty}^{\infty}[C_{uv}(\omega)\cos\omega\tau + Q_{uv}(\omega)\sin\omega\tau]\,d\omega. \tag{2.15.11}$$

Ersetzt man τ durch $-\tau$, erhält man eine ähnliche Gleichung für die andere Kreuzkorrelationsfunktion.

Ebenso wie bei der Spektraldichte führt man neben der *zweiseitigen* auch die *einseitige* Kreuzspektraldichte mittels

$$\Phi_{uv}(\omega) := \left\{\begin{array}{ll} 2S_{uv}(\omega) & \text{für } \omega \geq 0, \\ 0 & \text{für } \omega < 0 \end{array}\right\} \tag{2.15.12}$$

ein. Für diese gelten dann im Bereich $\omega \geq 0$ die Beziehungen

$$\left.\begin{array}{l} \Phi_{uv}(\omega) = 2S_{uv}(\omega) = 2C_{uv}(\omega) - 2iQ_{uv}(\omega), \\ \Phi_{uv}(\omega) = 2S_{vu}(\omega) = 2C_{uv}(\omega) + 2iQ_{uv}(\omega) \end{array}\right\} \tag{2.15.13}$$

bzw.

$$\left.\begin{array}{r} \Phi_{uv}(\omega) + \Phi_{vu}(\omega) = 4C_{uv}(\omega), \\ i[\Phi_{uv}(\omega) - \Phi_{vu}(\omega)] = 4Q_{uv}(\omega). \end{array}\right\} \tag{2.15.14}$$

Es wird folgend die Spektraldichte $S_{xx}(\omega)$ des summierten Zufallsprozesses $x(t) = u(t) + v(t)$ berechnet. Nach den *Wiener-Chintschin*-Relationen (2.14.9) gilt dafür

$$S_{xx}(\omega) = \frac{1}{2\pi}\int_{-\infty}^{\infty}K_{xx}(\tau)e^{-i\omega\tau}\,d\tau$$

mit der Autokorrelationsfunktion des summierten Prozesses, die mit Gl. (2.12.10) zu $K_{xx} = K_{uu} + K_{uv} + K_{vu} + K_{vv}$ gefunden wurde. Mit den Definitionsgleichungen für Spektral- und Kreuzspektraldichte erhält man also

$$S_{xx}(\omega) = S_{uu}(\omega) + S_{uv}(\omega) + S_{vu}(\omega) + S_{vv}(\omega). \tag{2.15.15}$$

Die Spektraldichte des summierten Prozesses setzt sich i. allg. aus den Spektraldichten der einzelnen Prozesse aber auch aus ihren beiden Kreuzspektraldichten zusammen. Sind beide Prozesse voneinander statistisch unabhängig, sind ihre Kreuzkorrelationsfunktionen Null, die Prozesse sind unkorreliert. Damit gilt auch für die Kreuzspektraldichten $S_{uv}(\omega) \equiv S_{vu}(\omega) \equiv 0$; die Prozesse sind *inkohärent*. Gl. (2.15.15) geht in $S_{xx} = S_{uu} + S_{vv}$ über. Man kann jedoch nicht umgekehrt aus dieser Tatsache auf inkohärente Prozesse schließen. Nach den Gln. (2.15.8) und (2.15.10) gilt nämlich $S_{uv}(\omega) + S_{vu}(\omega) = 2C_{uv}(\omega)$. Es sind kohärente Prozesse denkbar, für die lediglich das Co-Spektrum C_{uv} für einzelne oder sogar sämtliche Frequenzen verschwindet, jedoch nicht das Quadraturspektrum Q_{uv}.

Um die Frage nach der zwischen zwei Prozessen bestehenden Kohärenz besser quantitativ beantworten zu können, definiert man die dimensionslose (reelle) *Kohärenzfunktion (coherence function)* $\gamma_{uv}(\omega)$, die eine gewisse Ähnlichkeit mit dem Korrelationskoeffizienten ρ_{uv} besitzt und wie dieser betragsmäßig nur Werte zwischen Null und Eins annehmen kann. Für sie gilt

$$\gamma_{uv}^2(\omega) := \frac{|S_{uv}(\omega)|^2}{S_{uu}(\omega)S_{vv}(\omega)} = \frac{C_{uv}^2(\omega)+Q_{uv}^2(\omega)}{S_{uu}(\omega)S_{vv}(\omega)} \le 1. \qquad (2.15.16)$$

Ist $\gamma_{uv}(\omega) \equiv 0$ für sämtliche Frequenzen ω, dann sind die beiden Prozesse voneinander statistisch unabhängig. Ist $\gamma_{uv}(\omega) = 0$ für eine bestimmte Frequenz, dann sind die beiden Prozesse für diese Frequenz inkohärent, falls aber $\gamma_{uv}^2(\omega) \equiv 1$ für sämtliche Frequenzen, dann sind sie voll kohärent, d.h. innerlich zusammenhängend.

So sind z.B. $u(t)$ und $v(t) := u(t+T)$ mit einem festen Zeitabstand T voll kohärente Zufallsprozesse. Solche Prozesse treten bei der Bewegung eines zweiachsigen Fahrzeugs mit konstanter Geschwindigkeit auf einer Fahrbahn mit stochastischen Unebenheiten auf. Auf Vorder- und Hinterrad einer Fahrzeugseite wirkt dann dasselbe Zufallssignal, lediglich in Abhängigkeit von Achsabstand und Fahrzeuggeschwindigkeit zeitversetzt. Die Kreuzkorrelationsfunktionen für diese beiden Prozesse sind

$$K_{uv}(\tau) = E[u(t)v(t+\tau)] = E[u(t)u(t+\tau+T)] = K_{uu}(\tau+T),$$

$$K_{vu}(\tau) = K_{uv}(-\tau) = K_{uu}(-\tau+T) = K_{uu}(\tau-T).$$

Nach Gl. (2.15.6) ist das Co-Spektrum

$$C_{uv}(\omega) = \frac{1}{2\pi}\int_0^\infty [K_{uu}(\tau+T) + K_{uu}(\tau-T)]\cos\omega\tau\, d\tau.$$

Mit der Substitution $\tau+T \to \tau$ bzw. $\tau-T \to \tau$ sowie dem Additionstheorem für die Kosinusfunktion erhält man daraus

$$C_{uv}(\omega) = \frac{1}{\pi}\cos\omega T\int_0^\infty K_{uu}(\tau)\cos\omega\tau\, d\tau. \qquad (2.15.17)$$

Terme mit $\sin\omega T$ heben sich dabei gegenseitig auf. Das verbleibende Integral ist nach den *Wiener-Chintschin*-Relationen (2.14.11) die Spektraldichte des Zufallsprozesses $u(t)$. Man erhält also für das Co-Spektrum sowie in analoger Weise für das Quadraturspektrum

$$\left.\begin{aligned} C_{uv}(\omega) &= \cos\omega T\, S_{uu}(\omega), \\ Q_{uv}(\omega) &= -\sin\omega T\, S_{uu}(\omega). \end{aligned}\right\} \qquad (2.15.18)$$

Nach Gl. (2.15.8) findet man für Betrag und Argument der Kreuzspektraldichte

$$|S_{uv}| = \sqrt{C_{uv}^2 + Q_{uv}^2} = S_{uu}, \qquad \arg S_{uv} = -\arctan\frac{Q_{uv}}{C_{uv}} = \omega T,$$

sowie unter Beachtung $S_{vv} \equiv S_{uu}$ für die Kohärenzfunktion (2.15.16) $\gamma_{uv}^2 \equiv 1$ als Kennzeichen für voll kohärente Prozesse. Man erkennt aber an diesem Beispiel, daß trotz vollkommener Kohärenz für bestimmte Frequenzen, nämlich für $\omega = n\pi/(2T)$, $n = 1, 3, 5, \ldots$, das Co-Spektrum Null ist und für diese dann $S_{xx} = S_{uu} + S_{vv}$ gilt.

2.16 Momente des Spektrums

Aus der Spektraldichte $S_{uu}(\omega)$ eines Zufallsprozesses u(t) können die Spektraldichten der Geschwindigkeit $\dot{u} := du/dt$ und der Beschleunigung $\ddot{u} := d^2u/dt^2$ berechnet werden. Ausgang der Betrachtung ist die Autokorrelationsfunktion $K_{uu}(\tau)$ des Prozesses, die über die *Wiener - Chintschin* - Relationen (2.14.9)

$$K_{uu}(\tau) = \lim_{T \to \infty} \frac{1}{T} \int_0^T u(t)\, u(t+\tau)\, dt = \int_{-\infty}^{\infty} S_{uu}(\omega)\, e^{i\omega\tau}\, d\omega \qquad (2.16.1)$$

mit der Spektraldichte $S_{uu}(\omega)$ verbunden ist. Ebenso erhält man für die Geschwindigkeit $\dot{u}$

$$K_{\dot{u}\dot{u}}(\tau) = \lim_{T \to \infty} \frac{1}{T} \int_0^T \dot{u}(t)\, \dot{u}(t+\tau)\, dt = \int_{-\infty}^{\infty} S_{\dot{u}\dot{u}}(\omega)\, e^{i\omega\tau}\, d\omega\,. \qquad (2.16.2)$$

Nun differenziert man Gl. (2.16.1) nach τ, wobei $\frac{du(t+\tau)}{d\tau} = \frac{du(t+\tau)}{d(t+\tau)} \frac{d(t+\tau)}{d\tau} = \dot{u}(t+\tau)$ gilt:

$$\frac{dK_{uu}}{d\tau} = \lim_{T \to \infty} \frac{1}{T} \int_0^T u(t)\, \dot{u}(t+\tau)\, dt = i \int_{-\infty}^{\infty} \omega\, S_{uu}(\omega)\, e^{i\omega\tau}\, d\omega\,. \qquad (2.16.3)$$

Mit der Substitution $t+\tau \to t$, $dt \to dt$ erhält man

$$\frac{dK_{uu}}{d\tau} = \lim_{T \to \infty} \frac{1}{T} \int_\tau^{T+\tau} u(t-\tau)\, \dot{u}(t)\, dt = \lim_{T \to \infty} \frac{1}{T} \int_0^T u(t-\tau)\, \dot{u}(t)\, dt = i \int_{-\infty}^{\infty} \omega\, S_{uu}(\omega)\, e^{i\omega\tau}\, d\omega\,. \qquad (2.16.4)$$

Diese Gleichung wird ein weiteres mal nach τ differenziert. Mit $\frac{du(t-\tau)}{d\tau} = -\dot{u}(t-\tau)$ und anschließender Rücktransformation $t-\tau \to t$, $dt \to dt$ folgt

$$\frac{d^2K_{uu}}{d\tau^2} = -\lim_{T \to \infty} \frac{1}{T} \int_0^T \dot{u}(t)\, \dot{u}(t+\tau)\, dt = -\int_{-\infty}^{\infty} \omega^2 S_{uu}(\omega)\, e^{i\omega\tau}\, d\omega\,. \qquad (2.16.5)$$

Vergleicht man dieses Ergebnis mit Gl. (2.16.2), so muß

$$K_{\dot{u}\dot{u}}(\tau) = -\frac{d^2K_{uu}(\tau)}{d\tau^2} \qquad (2.16.6)$$

und

$$S_{\dot{u}\dot{u}}(\omega) = \omega^2 S_{uu}(\omega) \qquad (2.16.7)$$

gelten. Für die Autokorrelationsfunktion der Geschwindigkeit $\dot{u}$ hat man damit schließlich die Beziehung

$$K_{\dot{u}\dot{u}}(\tau) = \int_{-\infty}^{\infty} \omega^2 S_{uu}(\omega)\, e^{i\omega\tau}\, d\omega\,. \qquad (2.16.8)$$

Wiederholt man dieselbe Rechnung mit der Beschleunigung $\ddot{u}$ an Stelle der Geschwindigkeit $\dot{u}$, erhält man

$$S_{\ddot{u}\ddot{u}}(\omega) = \omega^4 S_{uu}(\omega) \qquad (2.16.9)$$

und

$$K_{\ddot{u}\ddot{u}}(\tau) = \int_{-\infty}^{\infty} \omega^4 S_{uu}(\omega)\, e^{i\omega\tau}\, d\omega\,. \qquad (2.16.10)$$

Weiterhin betrachten wir die Kreuzkorrelationsfunktion der beiden Prozesse u(t) und $\dot{u}(t)$. Nach Gl. (2.16.4) gilt

$$\frac{dK_{uu}}{d\tau} = K_{u\dot{u}}(\tau) = i \int_{-\infty}^{\infty} \omega\, S_{uu}(\omega)\, e^{i\omega\tau}\, d\omega\,, \qquad (2.16.11)$$

und da die Spektraldichte $S_{uu}(\omega)$ eine symmetrische und damit $\omega S_{uu}(\omega)$ eine antimetrische Funktion ist, verschwindet das Integral für $\tau = 0$. Der Prozeß u(t) und seine Geschwindigkeit $\dot{u}(t)$ sind zur Zeit $\tau = 0$ vollständig unkorreliert. Es gilt also

$$K_{u\dot{u}}(0) = 0 . \tag{2.16.12}$$

Dagegen erhält man für die Kreuzkorrelationsfunktion des Prozesses u(t) und seiner Beschleunigung $\ddot{u}(t)$ ausgehend von der nach τ differenzierten Gl. (2.16.3)

$$\frac{d^2K_{uu}}{d\tau^2} = \lim_{T\to\infty}\frac{1}{T}\int_0^T u(t)\frac{d^2u(t+\tau)}{d\tau^2}dt = K_{u\ddot{u}}(\tau) = -\int_{-\infty}^{\infty}\omega^2 S_{uu}(\omega)e^{i\omega\tau}d\omega \tag{2.16.13}$$

durch Vergleich mit Gl. (2.16.5)

$$K_{u\ddot{u}}(\tau) = -\ K_{\dot{u}\dot{u}}(\tau) = -\int_{-\infty}^{\infty}\omega^2 S_{uu}(\omega)e^{i\omega\tau}d\omega . \tag{2.16.14}$$

Die Kreuzkorrelationsfunktion des Prozesses u(t) und seiner Beschleunigung $\ddot{u}(t)$ ist gleich der negativen Autokorrelationsfunktion seiner Geschwindigkeit $\dot{u}(t)$.

Zusammenfassend stellt man fest, daß Auto- und Kreuzkorrelationsfunktionen der Prozesse u, $\dot{u}$ und $\ddot{u}$ für die Zeit $\tau = 0$ sämtlich als Integrale über $\omega^n S_{uu}(\omega)$ mit $n = 0$, 2 und 4 dargestellt werden können. Man definiert dazu für ganzzahlige positive n allgemein die *Momente* des Spektrums

$$m_n := \int_{-\infty}^{\infty}\omega^n S_{uu}(\omega)d\omega . \tag{2.16.15}$$

Mit diesen sind die Erwartungswerte dieser (zentrierten) Prozesse (wobei die Tatsache festzuhalten ist, daß bei stationären Prozessen $\dot{u}$ und $\ddot{u}$ selbst dann zentriert sind, wenn u selbst nicht zentriert sein sollte)

$$\left.\begin{aligned}
E[u^2] &= \sigma_u^2 = K_{uu}(0) = \int_{-\infty}^{\infty} S_{uu}(\omega)d\omega = m_0 , & E[u\dot{u}] &= K_{u\dot{u}}(0) = 0 ,\\
E[\dot{u}^2] &= \sigma_{\dot{u}}^2 = K_{\dot{u}\dot{u}}(0) = \int_{-\infty}^{\infty}\omega^2 S_{uu}(\omega)d\omega = m_2 , & E[u\ddot{u}] &= K_{u\ddot{u}}(0) = -K_{\dot{u}\dot{u}}(0) = -m_2\\
E[\ddot{u}^2] &= \sigma_{\ddot{u}}^2 = K_{\ddot{u}\ddot{u}}(0) = \int_{-\infty}^{\infty}\omega^4 S_{uu}(\omega)d\omega = m_4 , & E[\dot{u}\ddot{u}] &= K_{\dot{u}\ddot{u}}(0) = 0 .
\end{aligned}\right] \tag{2.16.16}$$

Ein wichtiger Parameter zur Kennzeichnung der Spektraldichte $S_{uu}(\omega)$ ist der Bandbreitenparameter

$$\varepsilon := \sqrt{1 - \frac{m_2^2}{m_0 m_4}} , \tag{2.16.17}$$

der, wie der Name bereits aussagt, ein Maß für die Breite des Spektrums über der Frequenz ω ist. So gilt $\varepsilon = 0$ für das unendliche Schmalband. Als Spektralkurve ergeben sich lediglich zwei senkrechte Linien von bestimmter Frequenz $\pm\omega$. $\varepsilon = 1$ kennzeichnet das unendliche Breitband. Die Spektralkurve erstreckt sich über sämtliche Frequenzen $-\infty < \omega < \infty$. Beides sind ideale Grenzfälle. Bandbreitenparameter realer Zufallsprozesse liegen zwischen diesen Grenzwerten.

Abb. 2.16.1 zeigt eine qualitative Darstellung des Zeitverlaufs eines Zufallsprozesses u(t), des Zeitverlaufs seiner Autokorrelationsfunktion $K_{uu}(\tau)$ und seiner Spektraldichte $S_{uu}(\omega)$ in Abhängigkeit von der Frequenz ω, und zwar für einen typischen

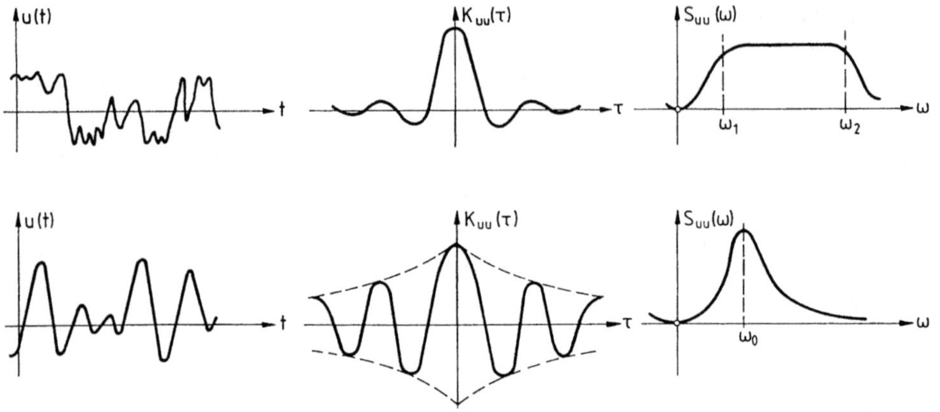

Abb. 2.16.1 Aufzeichnung u(t), Autokorrelationsfunktion $K_{uu}(\tau)$ und Spektraldichte $S_{uu}(\omega)$ für einen Breitband- (oben) und einen Schmalbandprozeß

Breitband- und einen typischen Schmalbandprozeß. Eine Aufzeichnung eines zentrierten schmalbandigen Zufallsprozesses zeichnet sich dadurch aus, daß sie weder negative Maxima noch positive Minima besitzt.

Zum Beweis dafür, daß ε stets zwischen Null und Eins liegt, geht man von dem Integral

$$\int_0^\infty (\alpha + \omega^2)^2 \, \Phi_{uu}(\omega)\, d\omega \geq 0$$

aus, welches wegen $\Phi_{uu}(\omega) \geq 0$ nicht negativ werden kann. α ist eine beliebige reelle Zahl. Quadriert man aus und führt die Momente des Spektrums (2.16.15) ein, erhält man $\alpha^2 m_o + 2\alpha m_2 + m_4 \geq 0$. Damit dieser in α quadratische Ausdruck nicht negativ wird, muß für dessen Diskriminante $m_o m_4 - m_2^2 \geq 0$ gelten (*Schwarz*sche Ungleichung). Somit gilt $m_o m_4 \geq m_2^2 \geq 0$ oder

$$1 \geq \frac{m_2^2}{m_o m_4} \geq 0 ,$$

was für ε den behaupteten Gültigkeitsbereich liefert.

2.17 Breitbandprozeß

Ein *Breitbandprozeß* (*wide-band, broad-band spectra*) ist durch eine Spektraldichte gekennzeichnet, die sich über einen relativ großen Frequenzbereich erstreckt (Abb. 2.16.1 oben). Grenzfall ist ein idealisierter Zufallsprozeß, dessen Spektraldichte im gesamten Frequenzbereich $|\omega| < \infty$ einen konstanten Wert besitzt (Abb. 2.17.1). Einen solchen Prozeß nennt man *weißes Rauschen* (*white noise*) in Anlehnung an den in der Optik verwendeten Begriff des "weißen" Lichts, welches sämtliche Frequenzanteile enthält. Ein solcher Prozeß ist physikalisch nicht realisierbar. Sein quadratischer Mittelwert ist unendlich groß.

Für die Analyse von Zufallsprozessen genügt an Stelle des weißen Rauschens meist die Betrachtung des *bandbegrenzten weißen Rauschens* (*band-limited white noise*). Dies ist ein Zufallsprozeß, dessen Spektraldichte zwischen zwei genügend weit auseinanderliegenden Frequenzen konstant und außerhalb dieser Frequenzen Null ist (Abb. 2.17.2). Liegt die untere Frequenzgrenze bei $\omega_1 = 0$, spricht man von *abgebrochenem weißen Rauschen*.

Bei bekannter Spektraldichte errechnet man die Autokorrelationsfunktion mittels der *Wiener-Chintschin*-Relationen (2.14.11), z.B. für das bandbegrenzte weiße Rauschen nach Abb. 2.17.2

$$K_{uu}(\tau)=2\int_0^\infty S_{uu}(\omega)\cos\omega\tau\,d\omega=2S_0\int_{\omega_1}^{\omega_2}\cos\omega\tau\,d\omega=2S_0\frac{\sin\omega_2\tau-\sin\omega_1\tau}{\tau}, \qquad (2.17.1)$$

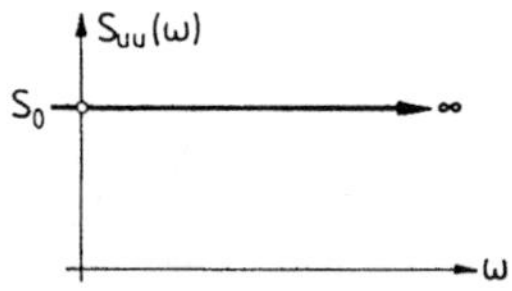

Abb. 2.17.1 Spektraldichte für weißes Rauschen

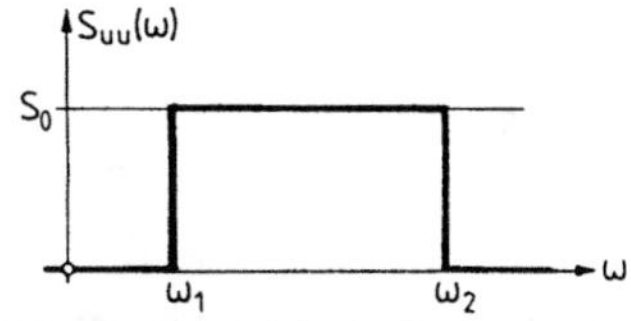

Abb. 2.17.2 Spektraldichte für bandbegrenztes weißes Rauschen

bzw. mit $\omega_1=0$ für das abgebrochene weiße Rauschen

$$K_{uu}(\tau)=2S_0\omega_2\frac{\sin\omega_2\tau}{\tau}. \qquad (2.17.2)$$

In Abb. 2.17.3 sind $S_{uu}(\omega)$ und $K_{uu}(\tau)$ für das abgebrochene weiße Rauschen dargestellt.

Für das abgebrochene weiße Rauschen können die Momente des Spektrums (2.16.15) besonders leicht berechnet werden. Es sind der Reihe nach

$$\left.\begin{aligned} m_0&=2S_0\int_0^{\omega_2}d\omega=2S_0\omega_2,\\ m_2&=2S_0\int_0^{\omega_2}\omega^2d\omega=\tfrac{2}{3}S_0\omega_2^3,\\ m_4&=2S_0\int_0^{\omega_2}\omega^4d\omega=\tfrac{2}{5}S_0\omega_2^5.\end{aligned}\right] \qquad (2.17.3)$$

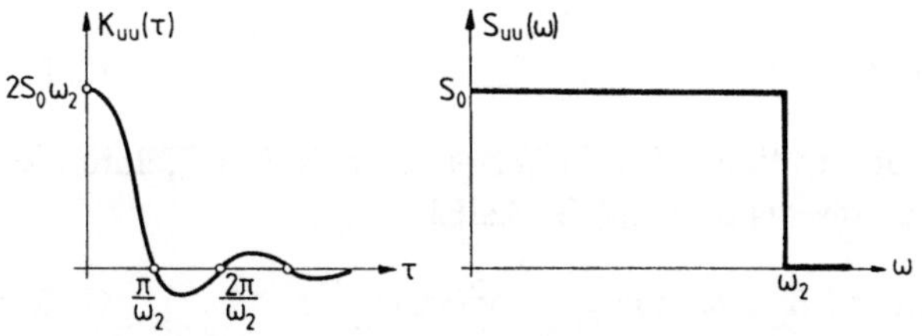

Abb. 2.17.3 Spektraldichte $S_{uu}(\omega)$ und Autokorrelationsfunktion $K_{uu}(\tau)$ für abgebrochenes weißes Rauschen

Damit ergibt sich der Bandbreitenparameter (2.16.17) zu $\varepsilon=2/3$ und von ω_2 unabhängig.

Die Autokorrelationsfunktion (2.17.2) klingt mit wachsender Zeit τ um so schneller ab, je größer die Frequenz ω_2 ist. Dabei wächst gleichzeitig der Wert $K_{uu}(0)=$ $=2S_0\omega_2$ an. Im Grenzübergang $\omega_2\to\infty$ entsteht das weiße Rauschen. Die zugehörige Autokorrelationsfunktion ergibt sich unter Beachtung der Gl. (2.13.23) zu

$$K_{uu}(\tau)=2S_0\int_0^\infty\cos\omega\tau\,d\omega= =2\pi S_0\,\delta(\tau), \qquad (2.17.4)$$

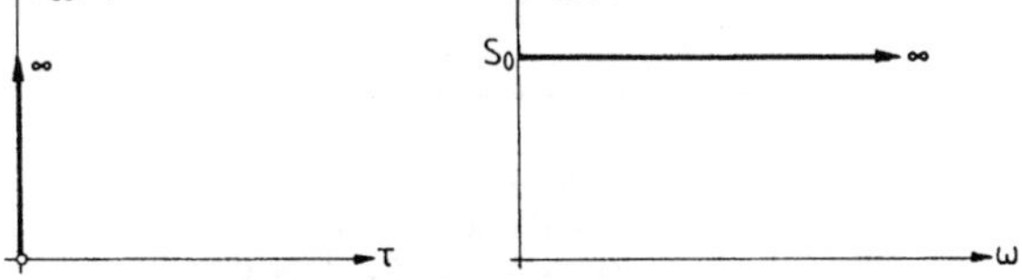

Abb. 2.17.4 Spektraldichte $S_{uu}(\omega)$ und Autokorrelationsfunktion $K_{uu}(\tau)$ für weißes Rauschen

also in Gestalt einer *Dirac*schen Deltafunktion. Spektraldichte und Autokorrelationsfunktion sind in Abb. 2.17.4 dargestellt.

2.18 Schmalbandprozeß

Ein *Schmalbandprozeß* (*narrow band spectra*) ist dadurch gekennzeichnet, daß sich seine Spektraldichte nur über einen kleinen Frequenzbereich erstreckt und die für eine bestimmte Frequenz ω_0 ein deutliches Maximum besitzt (Abb. 2.18.1a). Diese Frequenz bzw. die zugehörige Periode $T_0=2\pi/\omega_0$ beherrscht dann auch jede Realisierung u(t) des Prozesses. Es könnte sich bei u(t) z.B. um eine amplituden- und dabei relativ gering frequenzmodulierte Welle ohne negative Maxima und

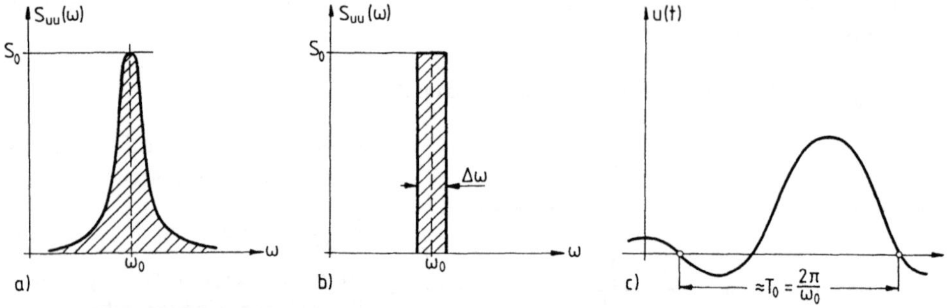

Abb. 2.18.1 a) Spektraldichte $S_{uu}(\omega)$ eines schmalbandigen Zufallsprozesses, b) ihre Idealisierung und c) eine Realisierung u(t)

ohne positive Minima handeln

Die Spektraldichtekurve kann man nach Abb. 2.18.1 b) durch ein flächengleiches Rechteck idealisieren. Der Maximalwert S_o ist in einem schmalen Band $\Delta\omega$ um ω_o konstant, so daß

$$2S_o\,\Delta\omega = \int_{-\infty}^{\infty} S_{uu}(\omega)\,d\omega = E[u^2] = \sigma^2 \tag{2.18.1}$$

gilt. Die Autokorrelationsfunktion mittels der *Wiener-Chintschin*-Relationen (2.14.11) ist für den Grenzübergang $\Delta\omega \to 0$ und mit Gl. (2.18.1)

$$K_{uu}(\tau) = 2\int_{0}^{\infty} S_{uu}(\omega)\cos\omega\tau\,d\omega = 2S_o\,\Delta\omega\cos\omega_o\tau = \sigma^2\cos\omega_o\tau. \tag{2.18.2}$$

Für dieses *unendliche Schmalband* $\Delta\omega \to 0$ ist die Autokorrelationsfunktion also eine harmonische Funktion der Frequenz ω_o und die Spektraldichte ein Paar *Dirac*scher Deltafunktionen (Abb. 2.18.2). Eine Aufzeichnung eines solchen Prozesses ist ebenfalls harmonisch.

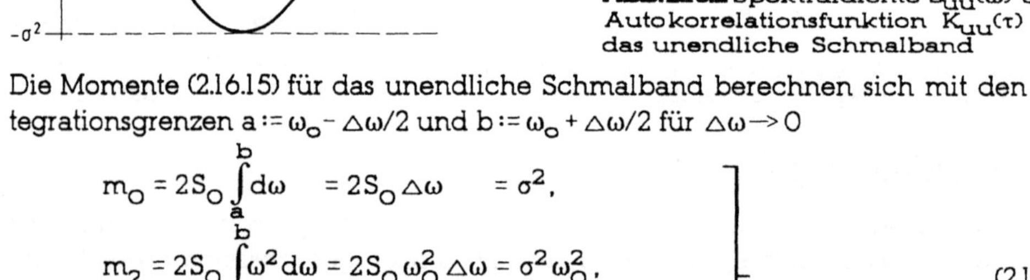

Abb. 2.18.2 Spektraldichte $S_{uu}(\omega)$ und Autokorrelationsfunktion $K_{uu}(\tau)$ für das unendliche Schmalband

Die Momente (2.16.15) für das unendliche Schmalband berechnen sich mit den Integrationsgrenzen $a := \omega_o - \Delta\omega/2$ und $b := \omega_o + \Delta\omega/2$ für $\Delta\omega \to 0$

$$\left.\begin{aligned} m_o &= 2S_o\int_a^b d\omega = 2S_o\,\Delta\omega = \sigma^2, \\ m_2 &= 2S_o\int_a^b \omega^2\,d\omega = 2S_o\,\omega_o^2\,\Delta\omega = \sigma^2\omega_o^2, \\ m_4 &= 2S_o\int_a^b \omega^4\,d\omega = 2S_o\,\omega_o^4\,\Delta\omega = \sigma^2\omega_o^4. \end{aligned}\right\} \tag{2.18.3}$$

Der Bandbreitenparameter (2.16.17) ergibt sich damit zu $\varepsilon = 0$.

Sind die beiden Momente m_o und m_2 einer schmalbandigen Spektraldichte bekannt, dann folgt die vorherrschende Frequenz ω_o des Prozesses u(t) aus Gl. (2.18.3)

$$\omega_o = \sqrt{\frac{m_2}{m_o}} \tag{2.18.4}$$

bzw. dessen Periode zu

$$T_o = \frac{2\pi}{\omega_o} = 2\pi\sqrt{\frac{m_o}{m_2}}. \tag{2.18.5}$$

Enthält ein Zufallsprozeß x(t) periodische Komponenten bestimmter Frequenzen, dann wird dies an der zugehörigen Spektraldichtekurve durch ausgeprägte Spitzen an diesen Frequenzstellen wie etwa in Abb. 2.18.3 dargestellt sichtbar. Diese Spektraldichte S_{xx} enthält einen Schmalbandanteil infolge des periodischen Prozesses u(t) sowie einen im Vergleich dazu breitbandigen Anteil infolge des Zufallsprozesses v(t). Untersucht man die Autokorrelationsfunktion des summierten Prozesses x(t) = u(t) + v(t), so gilt zunächst $K_{xx} = K_{uu} + K_{uv} + K_{vu} + K_{vv}$, jedoch sind beide Anteile voneinander statistisch unabhängig, so daß ihre Kreuzkorrelierten verschwinden. Der in Abb. 2.18.3 qualitativ dargestellte Verlauf von $K_{xx}(\tau)$ entsteht durch Superposition einer periodischen Autokorrelationsfunktion $K_{uu}(\tau)$ und einer schnell abklingenden Autokorrelationsfunktion $K_{vv}(\tau)$.

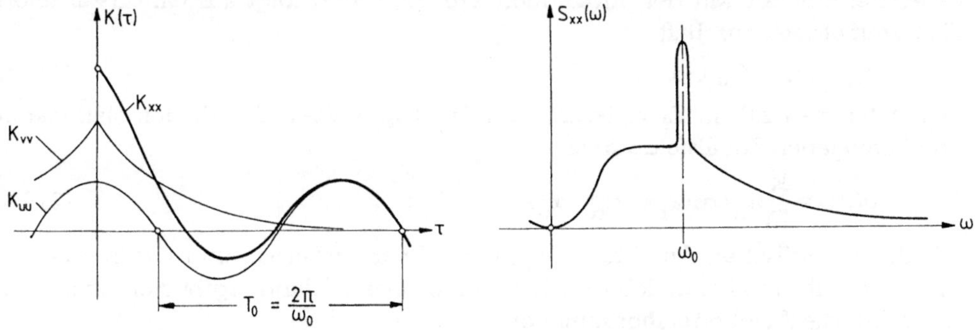

Abb. 2.18.3 Autokorrelationsfunktion $K_{xx}(\tau)$ und Spektraldichte $S_{xx}(\omega)$ bei der Überlagerung eines Schmalband- und eines Breitbandprozesses

2.19 Zufallsfeldprozeß

Für die Zufallsschwingungen mechanischer Systeme können neben stochastisch von der Zeit abhängenden Einflüsse auch solche von Bedeutung sein, die zufällig von den Ortskoordinaten abhängen. Auch die Belastungen räumlich erstreckter meerestechnischer Konstruktionen ändern sich nicht nur zufällig mit der Zeit sondern auch mit dem Ort. Solche Prozesse u(x,y,z,t) nennt man *Zufallsfeldprozesse*. Belastungen infolger turbulenter Windeinwirkung oder infolge unregelmäßigen Seegangs sind Zufallsfeldprozesse.

Es wird folgend der von den Ortskoordinaten eindimensional abhängende Zufallsfeldprozeß u(x,t) betrachtet und für diesen die Autokorrelationsfunktion definiert. Sie ist der statistische Erwartungswert aus dem Produkt der beiden Zufallsvariablen u einmal am Ort x_1 zur Zeit t_1 und zum anderen am Ort x_2 zur Zeit t_2, also

$$K_{uu}(x_1,x_2,t_1,t_2) := E[u(x_1,t_1)u(x_2,t_2)]. \tag{2.19.1}$$

Es war stets Stationarität vorausgesetzt, so daß die Autokorrelationsfunktion nicht von den einzelnen Zeiten t_1 und t_2 abhängt, sondern nur vom Zeitabstand $\tau := t_2-t_1$. Für einen *stationären* Zufallsfeldprozeß gilt also

$$K_{uu}(x_1,x_2,\tau) := E[u(x_1,t)u(x_2,t+\tau)]. \tag{2.19.2}$$

Wählt man eine feste Zeit t, dann entsteht aus dem Zufallsfeldprozeß ein *Zufallsfeld*. Man nennt ein Zufallsfeld *homogen*, wenn seine statistischen Eigenschaften invariant gegenüber einer Parallelverschiebung des Ortskoordinatensystems sind. Dann hängt auch die Autokorrelationsfunktion nicht mehr von den einzelnen Orten x_1 und x_2 ab, sondern lediglich vom Ortsabstand $\rho := x_2 - x_1$. Die Autokorrelationsfunktion eines stationären und homogenen Zufallsfeldprozesses ist somit

$$K_{uu}(\rho,\tau) := E[u(x,t)u(x+\rho,t+\tau)]. \tag{2.19.3}$$

Für eine zweidimensionale Aufzeichnung u(x,t) der Ortslänge λ und der Zeitdauer T kann die Autokorrelationsfunktion auch als örtliches und zeitliches Mittel

$$K_{uu}(\rho,\tau) = \lim_{\substack{T\to\infty\\ \lambda\to\infty}} \frac{1}{\lambda T}\int_0^T\int_0^\lambda u(x,t)\,u(x+\rho,t+\tau)\,dx\,dt \tag{2.19.4}$$

berechnet werden. Mit der Substitution $x+\rho\to x$, $t+\tau\to t$ folgt aus Gl. (2.19.3) sofort die Symmetrieeigenschaft

$$K_{uu}(\rho,\tau) = K_{uu}(-\rho,-\tau). \tag{2.19.5}$$

Betrachtet man z.B. in Erweiterung des Zufallsprozesses (2.11.10) den stationären und homogenen Zufallsfeldprozeß

$$u(x,t) = \sum_{n=1}^{k} a_n \cos(k_n x - \omega_n t + \alpha_n) \tag{2.19.6}$$

mit deterministischen Amplituden a_n, (Zeit-)Frequenzen ω_n und Ortsfrequenzen k_n sowie mit in $(0,2\pi)$ gleichverteilten Zufallsphasen, dann ergibt sich analog zu Gl. (2.11.11) die Autokorrelationsfunktion

$$K_{uu}(\rho,\tau) = \frac{1}{2}\sum_{n=1}^{k} a_n^2 \cos(k_n\rho - \omega_n\tau). \tag{2.19.7}$$

Die Symmetrieeigenschaft (2.19.5) wird durch dieses Beispiel bestätigt.

Zur Herleitung der Spektraldichte eines stationären und homogenen Zufallsfeldprozesses u(x,t) gehen wir von einem sowohl im Zeitbereich bei $t=\pm T/2$ als auch im Ortsbereich bei $x=\pm\lambda/2$ abgeschnittenen Prozeß

$$u_T(x,t) = \begin{cases} u(x,t) & \text{für } |x|\le\lambda/2 \text{ und } |t|\le T/2, \\ 0 & \text{sonst} \end{cases} \tag{2.19.8}$$

aus. Ist u(x,t) eine konkrete Aufzeichnung des Zufallsfeldprozesses, dann ist $u_T(x,t)$ absolut integrierbar, und es existieren die *Fourier*-Transformierte $U_T(k,\omega)$ und die Rücktransformierte $u_T(x,t)$ entsprechend dem Gleichungspaar (2.13.38) und (2.13.36), nämlich mit Ortsfrequenz k und Zeitfrequenz ω

$$U_T(k,\omega) = \frac{1}{4\pi^2}\int_{-\infty}^{\infty}\int_{-\infty}^{\infty} u_T(x,t)\,e^{-i(kx-\omega t)}\,dx\,dt = \frac{1}{4\pi^2}\int_{-\lambda/2}^{\lambda/2}\int_{-T/2}^{T/2} u_T(x,t)\,e^{-i(kx-\omega t)}\,dx\,dt \tag{2.19.9}$$

und

$$u_T(x,t) = \int_{-\infty}^{\infty}\int_{-\infty}^{\infty} U_T(k,\omega)\, e^{i(kx-\omega t)}\, dk\, d\omega. \qquad (2.19.10)$$

Der quadratische Mittelwert des Prozesses u(x,t) ergibt sich aus dem abgeschnittenen Prozeß u_T durch den Grenzübergang $\lambda \to \infty$ und $T \to \infty$

$$E[u^2] = \lim_{\substack{T\to\infty \\ \lambda\to\infty}} \frac{1}{\lambda T} \int_{-\lambda/2}^{\lambda/2}\int_{-T/2}^{T/2} u_T^2\, dx\, dt = \lim_{\substack{T\to\infty \\ \lambda\to\infty}} \frac{1}{\lambda T} \int_{-\lambda/2}^{\lambda/2}\int_{-T/2}^{T/2} u_T \Big[\int_{-\infty}^{\infty}\int_{-\infty}^{\infty} U_T e^{i(kx-\omega t)} dk\, d\omega\Big] dx\, dt,$$

wobei ein Faktor u_T durch seine *Fourier*-Transformierte U_T nach Gl. (2.19.10) ersetzt wurde. Nach Vertauschen der Integrationsreihenfolge führt man die konjugiert Komplexe U_T^* der *Fourier*-Transformierten (2.19.9) ein, d.h.

$$E[u^2] = \lim_{\substack{T\to\infty \\ \lambda\to\infty}} \frac{1}{\lambda T} \int_{-\infty}^{\infty}\int_{-\infty}^{\infty} U_T \Big[\int_{-\lambda/2}^{\lambda/2}\int_{-T/2}^{T/2} u_T e^{i(kx-\omega t)} dx\, dt\Big] dk\, d\omega = \lim_{\substack{T\to\infty \\ \lambda\to\infty}} \frac{4\pi^2}{\lambda T} \int_{-\infty}^{\infty}\int_{-\infty}^{\infty} U_T U_T^*\, dk\, d\omega,$$

$$E[u^2] = \lim_{\substack{T\to\infty \\ \lambda\to\infty}} \frac{4\pi^2}{\lambda T} \int_{-\infty}^{\infty}\int_{-\infty}^{\infty} |U_T(k,\omega)|^2\, dk\, d\omega. \qquad (2.19.11)$$

Unter der Annahme, daß Integration und Limesbildung vertauschbar sind, kann man als zweidimensionale Spektraldichte

$$S_{uu}(k,\omega) := 4\pi^2 \lim_{\substack{T\to\infty \\ \lambda\to\infty}} \frac{1}{\lambda T} |U_T(k,\omega)|^2 \qquad (2.19.12)$$

definieren, so daß sich für den quadratischen Mittelwert

$$E[u^2] = \int_{-\infty}^{\infty}\int_{-\infty}^{\infty} S_{uu}(k,\omega)\, dk\, d\omega \qquad (2.19.13)$$

ergibt.

Die Autokorrelationsfunktion (2.19.4) des Zufallsfeldprozesses u(x,t) ist

$$K_{uu}(\rho,\tau) = \lim_{\substack{T\to\infty \\ \lambda\to\infty}} \frac{1}{\lambda T} \int_{-\lambda/2}^{\lambda/2}\int_{-T/2}^{T/2} u_T(x,t)\, u_T(x+\rho, t+\tau)\, dx\, dt.$$

Ersetzt man $u_T(x+\rho,t+\tau)$ durch das *Fourier*-Integral (2.19.10), erhält man zunächst

$$K_{uu}(\rho,\tau) = \lim_{\substack{T\to\infty \\ \lambda\to\infty}} \frac{1}{\lambda T} \int_{-\lambda/2}^{\lambda/2}\int_{-T/2}^{T/2} u_T(x,t) \Big[\int_{-\infty}^{\infty}\int_{-\infty}^{\infty} U_T(k,\omega)\, e^{i(kx-\omega t)}\, e^{i(k\rho-\omega\tau)}\, dk\, d\omega\Big] dx\, dt$$

und nach Vertauschen der Integrationsreihenfolge

$$K_{uu}(\rho,\tau) = \lim_{\substack{T\to\infty \\ \lambda\to\infty}} \frac{1}{\lambda T} \int_{-\infty}^{\infty}\int_{-\infty}^{\infty} U_T(k,\omega)\, e^{i(k\rho-\omega\tau)} \Big[\int_{-\lambda/2}^{\lambda/2}\int_{-T/2}^{T/2} u_T(x,t)\, e^{i(kx-\omega t)}\, dx\, dt\Big] dk\, d\omega.$$

Es wird die konjugiert Komplexe U_T^* nach Gl. (2.19.9) und nach Vertauschen von Integration und Limesbildung die Spektraldiche $S_{uu}(k,\omega)$ (2.19.12) eingeführt, womit schließlich die Autokorrelationsfunktion

$$K_{uu}(\rho,\tau) = \int_{-\infty}^{\infty}\int_{-\infty}^{\infty} S_{uu}(k,\omega)\, e^{i(k\rho-\omega\tau)}\, dk\, d\omega \qquad (2.19.14)$$

entsteht. Nach den Regeln der zweidimensionalen *Fourier*-Transformation gilt weiter

$$S_{uu}(k,\omega) = \frac{1}{4\pi^2} \int_{-\infty}^{\infty}\int_{-\infty}^{\infty} K_{uu}(\rho,\tau)\, e^{-i(k\rho-\omega\tau)}\, d\rho\, d\tau. \qquad (2.19.15)$$

Die beiden letzten Gleichungen sind die auf den zweidimensionalen Zufallsfeldprozeß übertragenen *Wiener - Chintschin* - Relationen.

Substituiert man in Gl. (2.19.15) $\rho \to -\rho$, $\tau \to -\tau$, $k \to -k$ und $\omega \to -\omega$, dann erhält man

$$S_{uu}(-k,-\omega) = \frac{1}{4\pi^2}\int_{-\infty}^{\infty}\int_{-\infty}^{\infty} K_{uu}(-\rho,-\tau)\, e^{-i(k\rho-\omega\tau)}\, d\rho\, d\tau,$$

woraus mit Gl. (2.19.5) für die Spektraldichte die Symmetrieeigenschaft

$$S_{uu}(k,\omega) = S_{uu}(-k,-\omega) \tag{2.19.16}$$

folgt.

Für den dreidimensionalen Prozeß $u(x,y,t)$ lauten die Gleichungen analog

$$\left.\begin{aligned} K_{uu}(\rho_x,\rho_y,\tau) &= \int_{-\infty}^{\infty}\int_{-\infty}^{\infty}\int_{-\infty}^{\infty} S_{uu}(k_x,k_y,\omega)\, e^{i(k_x\rho_x+k_y\rho_y-\omega\tau)}\, dk_x\, dk_y\, d\omega, \\ S_{uu}(k_x,k_y,\omega) &= \frac{1}{8\pi^3}\int_{-\infty}^{\infty}\int_{-\infty}^{\infty}\int_{-\infty}^{\infty} K_{uu}(\rho_x,\rho_y,\tau)\, e^{-i(k_x\rho_x+k_y\rho_y-\omega\tau}\, d\rho_x\, d\rho_y\, d\tau. \end{aligned}\right\} \tag{2.19.17}$$

Der zweidimensionale homogene und stationäre Zufallsfeldprozeß $u(x,t)$ wird jetzt an zwei festen Orten $x = x_1$ und $x = x_2$ betrachtet, die voneinander den Abstand $\rho := x_2 - x_1$ besitzen. Wir erhalten die beiden stationären Zufallsprozesse $v(t) := u(x_1,t)$ und $w(t) := u(x_2,t)$. Für diese Zufallsprozesse werden die Kreuzkorrelationsfunktionen

$$\left.\begin{aligned} K_{vw}(\tau) &= E[v(t)\,w(t+\tau)] = E[u(x_1,t)\,u(x_1+\rho,t+\rho)] = K_{uu}(\rho,\tau), \\ K_{wv}(\tau) &= E[w(t)\,v(t+\tau)] = E[u(x_1+\rho,t)\,u(x_1,t+\rho)] = K_{uu}(\rho,-\tau) \end{aligned}\right\} \tag{2.19.18}$$

berechnet. Nach den Gln. (2.15.6) und (2.15.7) ergeben sich damit Real- und Imaginärteil der Kreuzspektraldichte für die beiden Prozesse, nämlich das Co-Spektrum und das Quadratur-Spektrum

$$C_{vw}(\rho,\omega) = \frac{1}{2\pi}\int_{0}^{\infty}[K_{uu}(\rho,\tau) + K_{uu}(\rho,-\tau)]\cos\omega\tau\, d\tau, \tag{2.19.19}$$

$$Q_{vw}(\rho,\omega) = \frac{1}{2\pi}\int_{0}^{\infty}[K_{uu}(\rho,\tau) - K_{uu}(\rho,-\tau)]\sin\omega\tau\, d\tau. \tag{2.19.20}$$

Es wird jeweils im zweiten Teil der beiden Integrale die Substitution $\tau \to -\tau$, $d\tau \to -d\tau$ durchgeführt. Die Integrale erstrecken sich dann dort von 0 bis $-\infty$ und lassen sich mit den ersten Teilintegralen zu

$$\left.\begin{aligned} C_{vw}(\rho,\omega) &= \frac{1}{2\pi}\int_{-\infty}^{\infty} K_{uu}(\rho,\tau)\cos\omega\tau\, d\tau, \\ Q_{vw}(\rho,\omega) &= \frac{1}{2\pi}\int_{-\infty}^{\infty} K_{uu}(\rho,\tau)\sin\omega\tau\, d\tau \end{aligned}\right\} \tag{2.19.21}$$

zusammenfügen. Damit ist die Kreuzspektraldichte $S_{vw} = C_{vw} - iQ_{vw}$.

Wir nehmen jetzt weiter einschränkend an, daß der Zufallsfeldprozeß $u(x,t)$ isotrop und stationär ist. Ein Zufallsfeld heißt *isotrop*, wenn seine Wahrscheinlichkeitseigenschaften invariant gegenüber Drehungen und Spiegelungen des Koordinatensystems sind. Isotropie soll hier stets Homogenität einschließen. Die Autokorrelationsfunktion eines solchen Prozesses hängt dann nur noch vom Betrag des Ortsabstandes $|\rho| := |x_2 - x_1|$ ab. Für einen isotropen und stationären Zufallsfeldprozeß gilt

$$K_{uu}(|\rho|,\tau) = E[u(x,t)\,u(x+\rho,t+\tau)] = E[u(x,t)u(x-\rho,t+\tau)]. \tag{2.19.22}$$

Mit der Substitution $t+\tau \to t$, $x+\rho \to x$ findet man hier die Symmetriebedingung

$$K_{uu}(|\rho|,\tau) = K_{uu}(|\rho|,-\tau); \tag{2.19.23}$$

die Autokorrelationsfunktion ist also sowohl in τ als auch in ρ symmetrisch. Sie ist gegenüber einer *Spiegelung* an $x = 0$ invariant. Damit ist auch

$$S_{uu}(k,\omega) = S_{uu}(k,-\omega) = S_{uu}(-k,\omega). \tag{2.19.24}$$

Aus Gl. (2.19.23) folgt, daß das Quadratur-Spektrum Q_{uv} (2.19.21) eines an zwei verschiedenen Orten betrachteten isotropen und stationären Zufallsfeldprozesses verschwindet: Die Kreuzspektraldichte der beiden Prozesse $v(t) := u(x_1,t)$ und $w(t) := u(x_2,t)$ ist reell. Selbst wenn der Zufallsfeldprozeß nicht isotrop und stationär sondern nur homogen und stationär ist und falls der Ortsabstand ρ hinreichend klein ist, wird die Autokorrelationsfunktion fast symmetrisch in ρ sein. Der Imaginärteil $Q_{uv}(\rho,\omega)$ wird dann zwar nicht Null, jedoch immerhin deutlich kleiner als der Realteil $C_{uv}(\rho,\omega)$ und damit vernachlässigbar sein. Von dieser Näherung wird in technischen Anwendungen Gebrauch gemacht, so auch bei Zufallsschwingungen von Konstruktionen unter turbulenter Windbelastung (vergl. Abschnitt 5.2.2).

Mit den für isotrope und stationäre Zufallsfeldprozesse gültigen Symmetriebedingungen (2.19.23) und (2.19.24) können die *Wiener-Chintschin*-Relationen (2.19.14) und (2.19.15) wie folgt reell geschrieben werden:

$$\left.\begin{aligned} K_{uu}(\rho,\tau) &= 4\int_0^\infty\!\!\int_0^\infty S_{uu}(k,\omega)\cos(k\rho-\omega\tau)\,dk\,d\omega,\\ S_{uu}(k,\omega) &= \frac{1}{\pi^2}\int_0^\infty\!\!\int_0^\infty K_{uu}(\rho,\tau)\cos(k\rho-\omega\tau)\,d\rho\,d\tau. \end{aligned}\right\} \tag{2.19.25}$$

Für die *einseitige* zweidimensionale Spektraldichte gilt

$$\Phi_{uu}(k,\omega) := \begin{cases} 4\,S_{uu}(k,\omega) & \text{für } k,\omega \ge 0,\\ 0 & \text{sonst.} \end{cases} \tag{2.19.26}$$

Die analogen Gleichungen für den dreidimensionalen Prozeß lauten

$$\left.\begin{aligned} K_{uu}(\rho_x,\rho_y,\tau) &= 8\int_0^\infty\!\!\int_0^\infty\!\!\int_0^\infty S_{uu}(k_x,k_y,\omega)\cos(k_x\rho_x+k_y\rho_y-\omega\tau)\,dk_x\,dk_y\,d\omega,\\ S_{uu}(k_x,k_y,\omega) &= \frac{1}{\pi^3}\int_0^\infty\!\!\int_0^\infty\!\!\int_0^\infty K_{uu}(\rho_x,\rho_y,\tau)\cos(k_x\rho_x+k_y\rho_y-\omega\tau)\,d\rho_x\,d\rho_y\,d\tau, \end{aligned}\right\} \tag{2.19.27}$$

$$\Phi_{uu}(k_x,k_y,\omega) := \begin{cases} 8\,S_{uu}(k_x,k_y,\omega) & \text{für } k_x,k_y,\omega \ge 0,\\ 0 & \text{sonst.} \end{cases} \tag{2.19.28}$$

Die Invarianz eines isotropen Zufallsfeldes gegenüber einer *Drehung* des Koordinatensystems hat selbstverständlich nur bei einem mindestens zweidimensionalen Feld Bedeutung. Die statistischen Eigenschaften sind dann *richtungsunabhängig*, insbesondere auch Autokorrelationsfunktion und Spektraldichte. Die *Wiener-Chintschin*-Relationen (2.19.17) für einen im Ortsbereich zweidimensionalen homogenen und stationären Zufallsfeldprozeß können bei Vorliegen von Isotropie auf Polarkoordinaten der x,y-Ebene transformiert werden. Dazu setzt man nach Abb. 2.19.1 für die Ortsabstände in x- und in y-Richtung

$$\rho_x = \rho\cos\Theta\,,\quad \rho_y = \rho\sin\Theta\,. \tag{2.19.29}$$

Darin ist unter der schrägen Richtung Θ der Abstand des Punktes P vom Koordinatenursprung $\rho \geq 0$. Die Funktionaldeterminante von ρ_x, ρ_y nach ρ, Θ ist

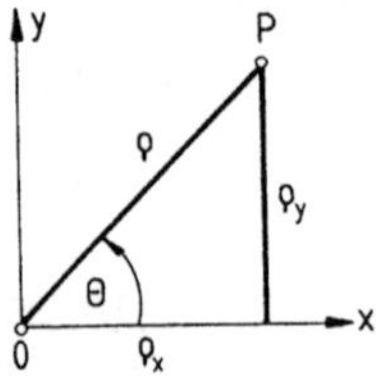

Abb. 2.19.1 Koordinatentransformation

$$\Delta_1 = \begin{vmatrix} \frac{\partial\rho_x}{\partial\rho} & \frac{\partial\rho_x}{\partial\Theta} \\ \frac{\partial\rho_y}{\partial\rho} & \frac{\partial\rho_y}{\partial\Theta} \end{vmatrix} = \begin{vmatrix} \cos\Theta & -\rho\sin\Theta \\ \sin\Theta & \rho\cos\Theta \end{vmatrix} = \rho\,.$$

Entsprechend werden die Ortsfrequenzen k_x und k_y transformiert. Es ist

$$\left.\begin{aligned} k_x &= k\cos\mu\,, \\ k_y &= k\sin\mu\,, \end{aligned}\right\} \tag{2.19.30}$$

und die Funktionaldeterminante k_x, k_y nach k, μ wird $\Delta_2 = k \geq 0$.

Diese Transformation wird auf die Gln. (2.19.17) angewendet, wobei die transformierte Autokorrelationsfunktion bei Isotropie nicht mehr von Θ, die transformierte Spektraldichte nicht mehr von μ abhängen darf. Man erhält mit $dk_x dk_y = |\Delta_2|\,dk\,d\mu = k\,dk\,d\mu$ und mit $d\rho_x d\rho_y = |\Delta_1|\,d\rho\,d\Theta = \rho\,d\rho\,d\Theta$

$$\left.\begin{aligned} K_{uu}(\rho,\tau) &= \int_0^\infty \int_0^{2\pi} \int_{-\infty}^\infty S_{uu}(k,\omega)\exp[ik\rho\cos(\Theta-\mu)]\,e^{-i\omega\tau}\,k\,dk\,d\mu\,d\omega\,, \\ S_{uu}(k,\omega) &= \frac{1}{8\pi^3}\int_0^\infty \int_0^{2\pi} \int_{-\infty}^\infty K_{uu}(\rho,\tau)\exp[-ik\rho\cos(\Theta-\mu)]\,e^{i\omega\tau}\,\rho\,d\rho\,d\Theta\,d\tau\,. \end{aligned}\right\} \tag{2.19.31}$$

In diesen transformierten Gleichungen können die Integrationen über μ bzw. Θ ausgeführt werden. Die für K_{uu} und S_{uu} behauptete Richtungsunabhängigkeit bestätigt sich, wenn das Ergebnis der Integration über μ nicht mehr von Θ und das der Integration über Θ nicht mehr von μ abhängt. Dies ist aber der Fall, denn es ist nach *Poisson*[1] z.B. das Integral [87]

$$\int_0^{2\pi} \exp[-ik\rho\cos(\Theta-\mu)]\,d\Theta = 2\pi J_o(k\rho) \tag{2.19.32}$$

mit der *Bessel*-Funktion J_o nullter Ordnung von μ unabhängig. Damit folgt schließlich

$$\left.\begin{aligned} K_{uu}(\rho,\tau) &= 2\pi \int_0^\infty \int_{-\infty}^\infty S_{uu}(k,\omega) J_o(k\rho)\,e^{-i\omega\tau}\,k\,dk\,d\omega\,, \\ S_{uu}(k,\omega) &= \frac{1}{4\pi^2}\int_0^\infty \int_{-\infty}^\infty K_{uu}(\rho,\tau) J_o(k\rho)\,e^{i\omega\tau}\,\rho\,d\rho\,d\tau\,. \end{aligned}\right\} \tag{2.19.33}$$

Dies sind die Gleichungen der sogenannten *Fourier-Bessel-Transformation* [4].

Gilt für die Spektraldichte z.B. die separierte Exponentialdarstellung

$$S_{uu}(k,\omega) = S_o\,e^{-(\alpha k + \beta|\omega|)}\,,\quad k \geq 0 \tag{2.19.34}$$

dann ergibt sich für die Autokorelationsfunktion zunächst

$$K_{uu}(\rho,\tau) = 2\pi S_o \int_0^\infty e^{-\alpha k} J_o(k\rho)\,k\,dk \int_{-\infty}^\infty e^{-\beta|\omega|}\,e^{-i\omega\tau}\,d\omega\,.$$

Das erste Integral liefert den Wert $\alpha(\alpha^2+\rho^2)^{-3/2}$, das zweite nach Benutzung von $e^{-i\omega\tau} = \cos\omega\tau - i\sin\omega\tau$ und Ausnutzung der Symmetrieeigenschaften des Integranden den Wert $2\beta(\beta^2+\tau^2)^{-1}$. Damit folgt das Ergebenis

$$K_{uu}(\rho,\tau) = 4\pi S_o \frac{\alpha\beta}{(\alpha^2+\rho^2)^{3/2}(\beta^2+\tau^2)}\,. \tag{2.19.35}$$

Hier bestätigen sich die für Isotropie gültigen Symmetriebedingungen (2.19.23) $K_{uu}(\rho,\tau) = K_{uu}(\rho,-\tau)$ sowie $K_{uu}(-\rho,\tau) = K_{uu}(\rho,\tau)$.

1) *Siméon-Denis Poisson* (1781 - 1840), franz. Mathematiker und Physiker, als einer der ersten Lehrer an der École Polytechnique in Paris Mitbegründer der Technischen Mechanik

2.20 Niveaukreuzungen und Maximalwertverteilungen

Für die dynamische stochastische Analyse einer Konstruktion ist i.a. nicht die Wahrscheinlichkeitsverteilung des Zufallsprozesses selbst, also etwa die der Wellenerhebung $\zeta(t)$ eines unregelmäßigen Seegangs, von Bedeutung. Wichtiger ist die Kenntnis über die Verteilung seiner Extremwerte, also etwa die der Wellenhöhen des Seegangs und damit über die *Maxima* der Wellenbelastungen und die der daraus resultierenden Bauteilspannungen oder bei Problemen von Ermüdungslebensdauerberechnungen auch die Verteilung der *Minima* von Bauteilfestigkeiten.

Die Wahrscheinlichkeitsdichte $f_x(x)$ für die Maximalwerte x eines Zufallsprozesses u(t) kann aus der statistisch zu erwartenden Anzahl der ein bestimmtes Niveau $u(t)=a$ übersteigenden bzw. aus der Anzahl der innerhalb eines durch $u(t)=a$ und $u(t)=a+\Delta a$ begrenzten Bandes gelegenen Maxima ermittelt werden. Diese wiederum ist eng verknüpft mit der Anzahl von Kreuzungen, die u(t) mit dem Niveau a besitzt.

Verhältnismäßig einfach ist die Berechnung der Maximalwertverteilung für *schmalbandige* Zufallsprozesse, die also weder negative Maxima noch posive Minima besitzen. Bei diesen stimmt die Gesamtzahl der Maxima mit der der aufwärtsgerichteten Kreuzungen des Niveaus $u(t)=0$ überein. Dieser spezielle Fall wird deshalb in Abschnitt 2.20.2 vorab behandelt, wogegen der allgemeine Fall später in den Abschnitten 2.20.3 und 2.20.4 betrachtet wird.

Im weiteren Verlauf des Kapitels geht es dann um die statistisch zu erwartende Größe von Maximalwerten in Abhängigkeit von der Anzahl N auftretender Maxima bzw. von der Wirkungsdauer T des Prozesses und um die damit eng zusammenhängende Frage nach der mittleren Wartezeit bis zur Wiederkehr eines bestimmten Maximalereignisses.

2.20.1 Anzahl der Niveaukreuzungen

Es werde ein zentrierter und ergodischer Zufallsprozeß betrachtet, für den als Stichprobe eine Zeitaufzeichnung u(t) vorliegt. u(t) sei wie üblich stetig und differenzierbar. Die Auswertung der Realisierung u(t) liefert die folgend als bekannt vorausgesetzte Wahrscheinlichkeitsdichte f(u) bzw. Wahrscheinlichkeitsverteilung F(u). Damit ist beispielsweise nach Gl. (2.1.6) die Wahrscheinlichkeit $P(a<u(t)<\infty) = F(\infty)-F(a) = 1-F(a)$ dafür bekannt, daß der Zufallsprozeß u(t) zu einer beliebigen Zeit t ein vorgegebenes deterministisches Niveau a übersteigt

Eine ganz andere wichtige Frage ist, wie groß die statistisch zu erwartende Anzahl von *Niveaukreuzungen* (*crossings at a level*) ist. Es muß dazu an Hand der vorliegenden Aufzeichnung abgezählt werden, wie oft innerhalb der beiden Zeitpunkte $t=t_1$ und $t=t_2=t_1+T$ für einen fest vorgegebenen Zeitabstand T der Prozeß u(t) ein gewähltes Niveau a von oben und von unten her kreuzt. Gleichbedeutend ist die Frage danach, wie *oft* (nicht wie *lange*!) der Zufallsprozeß u(t) innnerhalb des Zeitabstandes T oberhalb des Niveaus a liegt. Für die in der Abb. 2.20.1 a) gezeichnete Realisierung u(t) ist das dreimal der Fall, woraus sich die Anzahl der Niveaukreuzungen zu sechs ergibt.

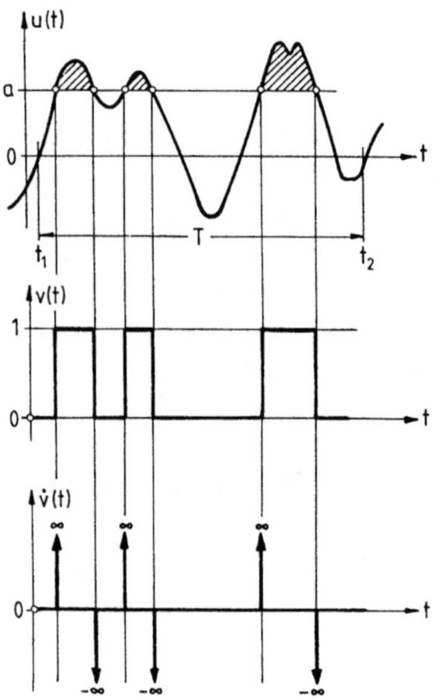

a) Innerhalb des schraffierten Zeitbereichs liegt die Aufzeichnung u(t) eines Zufallsprozesses oberhalb des Niveaus u = a.

b) Der Zufallsprozeß v(t) ist Null, solange u(t) kleiner als das Niveau a ist, andernfalls ist er Eins.

c) Die zeitliche Ableitung $\dot{v}(t)$ ergibt *Dirac*-sche Deltafunktionen, die an den Stellen von Kreuzungen des Prozesses u(t) mit dem Niveau a unendlich werden

Abb. 2.20.1 Bestimmung der Anzahl von Niveaukreuzungen

Diese Eigenschaft läßt sich mittels der Einheitssprungfunktion $\mathbf{1}(t)$ (2.13.28) beschreiben. Dazu definiert man den neuen Zufallsprozeß

$$v(t) := \mathbf{1}(u(t)-a) = \begin{cases} 1 \text{ für } u(t) \geq a, \\ 0 \text{ sonst.} \end{cases} \tag{2.20.1}$$

Dieser hat also stets den Wert Eins, wenn u(t) das Niveau a erreicht oder überschreitet, andernfalls den Wert Null, vergl. Abb. 2.20.1 b). Für die zeitliche Ableitung von v(t) ergibt sich unter Beachtung von Gl. (2.13.29)

$$\dot{v}(t) \equiv \frac{dv}{dt} = \frac{d\mathbf{1}(u-a)}{d(u-a)} \frac{d(u-a)}{dt} = \delta(u(t)-a)\,\dot{u}(t) \tag{2.20.2}$$

bzw.

$$dv(t) = \dot{u}(t)\,\delta(u(t)-a)\,dt. \tag{2.20.3}$$

Durchstößt der Prozeß u(t) von unten her kommend das Niveau a, dann ist die Neigung der Aufzeichnung positiv. Es ist also an der Kreuzungsstelle $\dot{u} > 0$ und wegen der *Dirac*schen Deltafunktion damit $\dot{v} = +\infty$ bzw. der Zuwachs $dv = +1$, vergl. Abb. 2.20.1 c). Bei negativer Neigung $\dot{u} < 0$ ist $dv = -1$. Außerhalb von Kreuzungsstellen ist $dv = 0$. Zusammengefaßt heißt das

$$|dv(t)| = |\dot{u}(t)|\,\delta(u(t)-a)\,dt = \begin{cases} 1 \text{ für } u(t) = a \text{ und } \dot{u} \lessgtr 0, \\ 0 \text{ sonst.} \end{cases} \tag{2.20.4}$$

$|dv|$ ist damit offensichtlich ein geeignetes Maß zum Zählen derjenigen Zeitpunkte, für die der Zufallsprozeß gerade den Wert a besitzt. Man nennt $|dv|$ *Zählfunktional*. Werden sämtliche $|dv|$ innerhalb T summiert und wird anschließend das Ergebnis durch T dividiert, erhält man die auf die Zeiteinheit bezogene Anzahl der Niveaukreuzungen N(a) mit der Dimension 1/s, die selbstverständlich Funktion des gewählten Niveaus a ist. Für die betrachtete Aufzeichnung kann man also

$$E[N(a)] = \frac{1}{T}\int_{t_1}^{t_1+T} |dv| = \frac{1}{T}\int_{t_1}^{t_1+T} |\dot{u}(t)|\,\delta(u(t)-a)\,dt \tag{2.20.5}$$

schreiben. Es handelt sich dabei um einen zeitlichen Mittelwert. Da v(t) einen Zufallsprozeß beschreibt, und zwar in Abhängigkeit von den beiden Zufallsvariablen u und $\dot{u}$, ergibt sich diese Anzahl bei genügend großem Zeitabstand T lediglich als statistischer Erwartungswert E[N(a)]. Für stationäre Prozesse ist er unabhängig vom gewählten Zeitpunkt t_1. Für diese liefern außerdem zeitliche und Ensemble-Mittelung dieselben Ergebnisse, so daß man mit der zweidimensionalen Wahrscheinlichkeitsdichte $f(u,\dot{u})$ an Stelle von Gl. (2.20.5) auch

$$E[N(a)] = \int_{-\infty}^{\infty}\int_{-\infty}^{\infty} |\dot{u}|\,\delta(u-a)\,f(u,\dot{u})\,du\,d\dot{u} \tag{2.20.6}$$

schreiben kann.

Mit Hilfe der Integraleigenschaft (2.13.31) für die *Dirac*sche Deltafunktion kann die Integration über u ausgeführt werden, und man erhält

$$E[N(a)] = \int_{-\infty}^{\infty} |\dot{u}|\left[\int_{-\infty}^{\infty} \delta(u-a)\,f(u,\dot{u})\,du\right]d\dot{u} = \int_{-\infty}^{\infty} |\dot{u}|\,f(a,\dot{u})\,d\dot{u}\,. \tag{2.20.7}$$

In Abschnitt 2.16 wurde gezeigt, daß ein Zufallsprozeß u(t) und seine Geschwindigkeit $\dot{u}(t)$ vollständig unkorrelierte Prozesse sind, so daß nach Gl. (2.4.18) $f(a,\dot{u}) = f_u(a)\,f_{\dot{u}}(\dot{u})$ gilt. Es ist dann

$$E[N(a)] = f_u(a)\int_{-\infty}^{\infty} |\dot{u}|\,f_{\dot{u}}(\dot{u})\,d\dot{u}\,. \tag{2.20.8}$$

Bis hierhin gelten die Überlegungen für Zufallsprozesse mit beliebiger Wahrscheinlichkeitsverteilung. Für *Gauß*prozesse können nun die Wahrscheinlichkeitsdichten $f_u(a)$ und $f_{\dot{u}}(\dot{u})$ nach Gl. (2.3.4) eingesetzt werden. Mit den Varianzen σ_u^2 und $\sigma_{\dot{u}}^2$ für u(t) bzw. $\dot{u}(t)$ ist dann weiter

$$E[N(a)] = \frac{1}{2\pi\,\sigma_u\sigma_{\dot{u}}}\exp\left(-\frac{a^2}{2\sigma_u^2}\right)\int_{-\infty}^{\infty} |\dot{u}|\exp\left(-\frac{\dot{u}^2}{2\sigma_{\dot{u}}^2}\right)d\dot{u}$$

oder, weil der Integrand in $\dot{u}$ symmetrisch ist,

$$E[N(a)] = \frac{1}{\pi\,\sigma_u\sigma_{\dot{u}}}\exp\left(-\frac{a^2}{2\sigma_u^2}\right)\int_{0}^{\infty} \dot{u}\exp\left(-\frac{\dot{u}^2}{2\sigma_{\dot{u}}^2}\right)d\dot{u}\,.$$

Das Integral ist geschlossen lösbar und liefert die Varianz $\sigma_{\dot{u}}^2$. Mit den Momenten des Spektrums m_o und m_2 nach Gl. (2.16.15) ist schließlich die statistisch zu erwartende Anzahl von Kreuzungen des Niveaus a für *Gauß*prozesse

$$E[N(a)] = \frac{1}{\pi}\sqrt{\frac{m_2}{m_o}}\exp\left(-\frac{a^2}{2m_o}\right). \tag{2.20.9}$$

Die Zahl der nur *aufwärts* gerichteteten Niveaukreuzungen ist halb so groß:

$$E[N_+(a)] = \frac{1}{2\pi}\sqrt{\frac{m_2}{m_o}}\exp\left(-\frac{a^2}{2m_o}\right). \tag{2.20.10}$$

Diese wichtige Formel ist 1945 von *Rice* [68] veröffentlicht worden. Danach kann allein aus der Kenntnis der Spektraldichte $S_{uu}(\omega)$ eines normalverteilten Zufallsprozesses u(t) zu jedem gewählten Niveau a die sekundlich zu erwartende Anzahl von aufwärtsgerichteten Niveaukreuzungen $N_+(a)$ berechnet werden.

Speziell gilt für die *aufwärtsgerichteten Nulldurchgänge* oder *Aufwärtsnullstellen* (*zero up crossings*) mit a = 0

$$E[N_+(0)] = \frac{1}{2\pi}\sqrt{\frac{m_2}{m_o}}\,. \tag{2.20.11}$$

Handelt es sich um einen *Gauß*prozeß mit unendlichem Schmalband, so gilt mit Gl. (2.18.5)

$$E[N_+(0)] = \frac{1}{T_o}\,. \tag{2.20.12}$$

Die Anzahl der Aufwärtsnullstellen ist also einfach dem Reziprokwert der Schwingungsdauer T_o gleich.

Beispiel 2.20.1: Niveaukreuzungen eines unregelmäßigen Seegangs

Es werde als Zufallsprozeß die Wellenerhebung $\zeta(t)$ von Beispiel 2.14.2 betrachtet. Es handelt sich dabei um einen zentrierten *Gauß*prozeß, für den die (einseitige) Spektraldichte $\Phi_{\zeta\zeta}(\omega) = A\omega^{-5}\exp(-B\omega^{-4})$ mit $A = 0{,}1689\,m^2 s^{-4}$ und $B = 0{,}01054\ s^{-4}$ angenommen wurde.

Es ergeben sich nach Gl. (2.16.16) mit der Substitution $\omega^2 = 1/x$, $\omega d\omega = -dx/(2x^2)$ die Momente des Spektrums

$$m_o = \frac{A}{2}\int_0^\infty x\exp(-Bx^2)dx = \frac{A}{4B} = 4{,}01\ m^2\,,$$

$$m_2 = \frac{A}{2}\int_0^\infty \exp(-Bx^2)dx = \frac{\sqrt{\pi}A}{4\sqrt{B}} = 0{,}7290\,\frac{m^2}{s^2}\,.$$

Nach Gl. (2.20.11) ist die Zahl der Aufwärtsnullstellen

$$E[N_+(0)] = \frac{1}{2\pi}\sqrt{\frac{m_2}{m_o}} = 0{,}0679\,\frac{1}{s}$$

und damit die mittlere Periode $T = 1/E[N_+(0)] = 14{,}7$ s. An Hand der synthetischen Aufzeichnung $\zeta_1(t)$ bis $\zeta_8(t)$ in Abb. 2.14.8 zählt man für den Zeitabstand $T = 8\cdot 20\pi$ s = 502,7 s 31 Aufwärtsnullstellen, was im Vergleich eine mittlere Periodendauer von $T_o = T/31 = 16{,}2$ s ergibt.

Die sekundlich zu erwartende Zahl aufwärtsgerichteter Kreuzungen des Niveaus $\zeta_o = 5$ m beträgt nach Gl. (2.20.10)

$$E[N_+(\zeta_o)] = E[N_+(0)]\exp(-\frac{\zeta_o^2}{2m_o}) = 0{,}0030\,\frac{1}{s}\,.$$

Für T = 502,7 s ist also mit einer oder zwei Wellenüberschreitungen dieses Niveaus zu rechnen.

2.20.2 Maximalwertverteilung schmalbandiger Zufallsprozesse

Für den zuvor behandelten Zufallsprozeß u(t) geht es hier um die Frage, mit welcher Wahrscheinlichkeit seine relativen *Maxima* oder seine Spitzenwerte, auch *Peaks* genannt, von bestimmter Größe auftreten werden. Für einen schmalbandigen Zufallsprozeß, der hier zunächst einschränkend vorausgesetzt wird, ist die Beantwortung dieser Frage relativ einfach, weil für diesen die innerhalb eines Zeitintervalls T zu erwartende Anzahl *sämtlicher* Peaks so vorhergesagt werden kann: Da ein Schmalbandprozeß keine negativen Maxima und keine positiven Minima besitzt, ist diese Anzahl gleich der aufwärts (oder abwärts) gerichteten Nulldurchgänge.

Abb. 2.20.2 zeigt eine typische Aufzeichnung u(t) eines schmalbandigen Zufallsprozesses. Innerhalb des Zeitintervalls T besitzt er acht aufwärts gerichtete Nulldurchgänge ○ und damit ebensoviele Peaks sowie drei Peaks ⊙, die innerhalb des durch u und u + Δu begrenzten Niveaubandes liegen.

Ist $f_u(u)$ die Wahrscheinlichkeitsdichte des Zufallsprozesses u(t), dann kann selbstverständlich mit Gl. (2.1.6) die *zeitdauer*bezogene Wahrscheinlichkeit

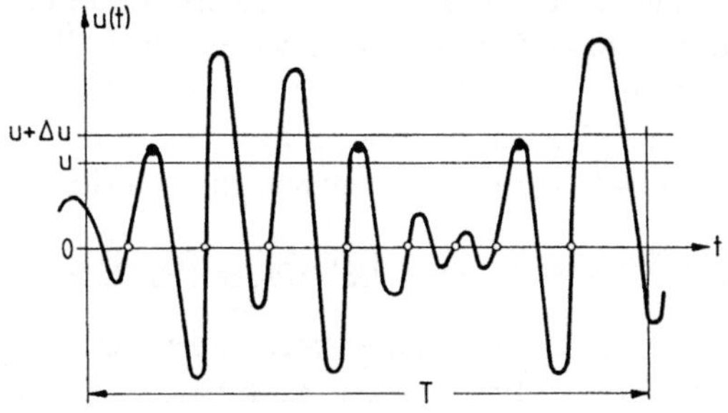

Abb. 2.20.2 Maxima ⊙ eines Schmalbandprozesses u(t) innerhalb des Bandes u und u+Δu

$$P(u<u_0 \leq u+\Delta u) = \int_u^{u+\Delta u} f_u(\xi)\,d\xi \approx f_u(u)\,\Delta u \tag{2.20.13}$$

dafür angegeben werden daß $u(t_0) \equiv u_0$ überhaupt innerhalb des Bandes u und u+Δu liegt. Die *anzahl*bezogene Wahrscheinlichkeit dafür, daß es sich bei solchen u-Werten gerade um relative Maxima handelt, ist selbstverständlich eine andere. Nennt man die relativen Maxima von u(t) x und ist $f_x(x)$ die gesuchte Wahrscheinlichkeitsdichte für deren Verteilung, gilt analog zu Gl. (2.20.13)

$$P(u<x \leq u+\Delta u) = \int_u^{u+\Delta u} f_x(\xi)\,d\xi \approx f_x(u)\,\Delta u\,. \tag{2.20.14}$$

Auf der anderen Seite werden die Erwartungswerte von Niveaukreuzungen betrachtet. $E[N_+(u)]$ ist die erwartete Anzahl von Aufwärtskreuzungen des Niveaus u (in Abb. 2.20.2: sechs) und $E[N_+(u+\Delta u)]$ die des Niveaus u+Δu (in Abb. 2.20.2: drei). Die Diferenz $E[N_+(u)] - E[N_+(u+\Delta u)]$ ist somit die Anzahl der Peaks innerhalb des durch u und u+Δu begrenzten Bandes. Bezieht man diese auf die erwartete Gesamtzahl von Peaks, also auf die erwartete Anzahl von aufwärtgerichten Nulldurchgängen $E[N_+(0)]$, dann erhält man die Wahrscheinlichkeit

$$P(u<x \leq u+\Delta u) = \frac{E[N_+(u)] - E[N_+(u+\Delta u)]}{E[N_+(0)]} \tag{2.20.15}$$

dafür, daß Peaks innerhalb des betrachteten Bandes liegen.

Aus den Gln. (2.20.14) und (2.20.15) folgt die gesuchte Wahrscheinlichkeitsdichte $f_x(x)$ im Grenzübergang $\Delta u \to 0$ und $u \to x$

$$f_x(x) = -\lim_{\substack{\Delta u \to 0 \\ u \to x}} \frac{E[N_+(u+\Delta u)] - E[N_+(u)]}{E[N_+(0)]\,\Delta u} = -\frac{1}{E[N_+(0)]}\,\frac{dE[N_+(x)]}{dx}\,. \tag{2.20.16}$$

Betrachtet man nun wieder speziell die wichtige Klasse der *Gauß*prozesse mit den Erwartungswerten (2.20.10) und (2.20.11), so folgt für diese nach Ausführung der Differentiation mit

$$f_x(x) = \frac{x}{m_0} \exp\left(-\frac{x^2}{2m_0}\right), \; x \geq 0 \tag{2.20.17}$$

die bereits in Abschnitt 2.3.3 besprochene *Rayleigh*-Verteilung. Daß die Maximalwerte x eines schmalbandigen *Gauß*prozesses u(t) eine Wahrscheinlichkeitsdichte $f_x(x)$ (2.20.17) besitzen, wurde von *Rayleigh* [67] entdeckt. Vergleiche auch die Herleitung auf anderem Wege in Abschnitt 2.8. Es ist in Gl. (2.20.17) zu beachten, daß das Moment des Spektrums m_0 sich auf die Spektraldichte $S_{uu}(\omega)$ des Prozesses u(t) bezieht. Auftreten negativer x ist unmöglich, weshalb $f_x(x)$ nur für $x \geq 0$ gültig ist.

Die *Rayleigh*-Verteilung besagt, daß sowohl das Auftreten sehr kleiner Peaks als auch das sehr großer mit vergleichsweise geringer Wahrscheinlichkeit zu erwarten ist. Streng genommen gilt sie nur für den *Gauß*prozeß mit ideal unendlichem Schmalband. Für reale schmalbandige Prozesse folgen die Maxima der *Rayleigh*-Verteilung nur näherungsweise, weshalb in der Praxis zur Beschreibung von Maximalwertverteilungen in gewissen Fällen auch besser geeignete Wahrscheinlichkeitsverteilungen, so z.B. die *Gumbel*-Verteilung, verwendet werden.

2.20.3 Niveauüberschreitende Maxima von Zufallsprozessen beliebiger Bandbreite

Wir betrachten im folgenden einen stetigen und zweimal differenzierbaren Zufallsprozeß u(t) mit der dreidimensionalen Wahrscheinlichkeitsdichte $f(u,\dot{u},\ddot{u})$ für den Prozeß u, seine Geschwindigkeit $\dot{u}$ und seine Beschleunigung $\ddot{u}$. Der Zufallsprozeß sei jetzt nicht speziell schmalbandig, besitzt also i.allg. positive Minima und negative Maxima, vergl. Abb. 2.20.3a). Es soll geklärt werden, wieviele Maxima des Zufallsprozesses innerhalb eines Zeitintervalls T, die oberhalb eines gewählten deterministischen Niveaus a liegen, statistisch zu erwarten sind. Für die Aufzeichnung u(t) dieses Zufallsprozesses in Abb. 2.20.3a) sind das die beiden in dem schraffierten Bereich gelegenen Peaks ⊚.

Bedingung für die Existenz von Peaks überhaupt ist $\dot{u}(t)=0$ und gleichzeitig $\ddot{u}(t)<0$. D.h. nach Abb. 2.20.3b), daß u(t) an den Stellen der Maxima von *oben* kommend die Nullinie kreuzt. Die Einheitssprungfunktion $\mathbf{1}(\dot{u}(t))$ besitzt nach Abb. 2.20.3c) an *jeder* Stelle $\dot{u}(t)=0$ einen Einheitssprung, und zwar für Maxima ($\ddot{u}(t)<0$) nach unten und für Minima ($\ddot{u}(t)>0$) nach oben. Die zeitliche Ableitung dieser Funktion ist unter Beachtung von Gl. (2.13.29)

$$\frac{d\mathbf{1}(\dot{u}(t))}{dt} = \frac{d\mathbf{1}(\dot{u}(t))}{d\dot{u}}\frac{d\dot{u}}{dt} = \ddot{u}(t)\,\delta(\dot{u}(t)).$$

Dieser Ausdruck liefert wegen der *Dirac*schen Deltafunktion an Stellen von Maxima wegen $\ddot{u}(t)<0$ $-\infty$ und an Stellen von Minima wegen $\ddot{u}(t)>0$ $+\infty$. Mit dt multipliziert heißt das

$$\ddot{u}(t)\,\delta(\dot{u}(t))\,dt = \left\{\begin{array}{l} +1 \text{ für } \dot{u}(t)=0 \text{ und } \ddot{u}(t)>0 \text{ (Minima)}, \\ -1 \text{ für } \dot{u}(t)=0 \text{ und } \ddot{u}(t)<0 \text{ (Maxima)}, \\ 0 \text{ sonst}. \end{array}\right\} \qquad (2.20.18)$$

Dieser Ausdruck stellt offensichtlich ein geeignetes Zählfunktional zur Bestimmung *sämtlicher* Peaks in einem Zeitintervall T dar.

Um aus sämtlichen Peaks diejenigen zu eliminieren, die *oberhalb* des gewählten Niveaus a liegen, wird die Einheitssprungfunktion $\mathbf{1}(u(t)-a)$ gebildet. Sie ist Eins, wenn u(t) a erreicht oder überschreitet, und andernfalls Null, vergl. Abb. 2.20.3e). Es wird ein neuer Zufallsprozeß $\dot{v}(t)$ definiert, indem man diese Einheitssprungfunktion mit Gl. (2.20.18) sowie mit −1 multipliziert. Man erhält

$$\dot{v}(t) := -\ddot{u}(t)\,\delta(\dot{u}(t))\,\mathbf{1}(u(t)-a). \qquad (2.20.19)$$

$\dot{v}(t)$ ergibt $+\infty$ oder $-\infty$ nur für diejenigen Extremwerte, die oberhalb a liegen, vergl. Abb. 2.20.3f). Als *Zählfunktional* für niveauüberschreitende Extremwerte ergibt sich daher

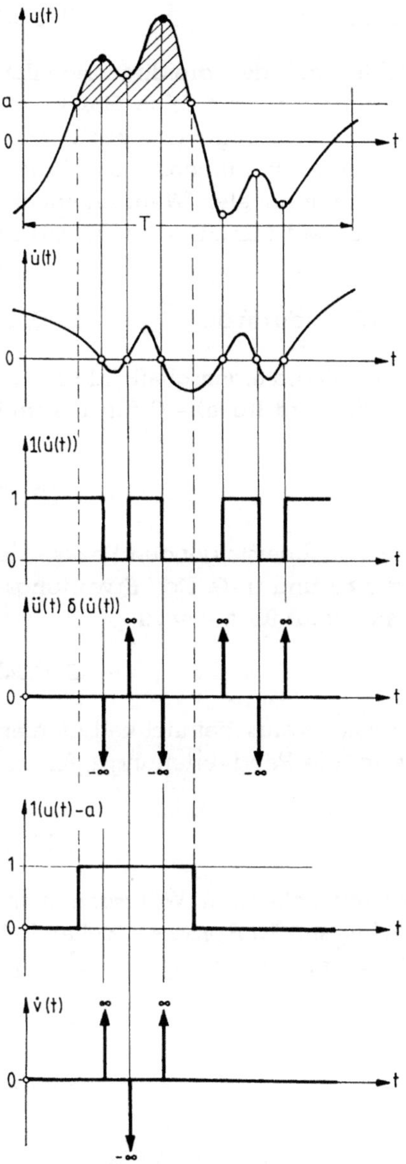

a) Die Aufzeichnung u(t) eines Zufallsprozesses besitzt innerhalb des Zeitintervalls T zwei Peaks ⊚, die oberhalb des Niveaus a liegen.

b) Die Geschwindigkeit $\dot{u}(t)$ ist an Stellen von Extremwerten Null und schneidet die Nullinie bei Maxima von oben her, bei Minima von unten her kommend.

c) Die Einheitssprungfunktion angewendet auf die Geschwindigkeit $\dot{u}$ ergibt an den Stellen von Extremwerten Einheitsprünge, für Maxima nach unten, für Minima nach oben.

d) Die *Dirac*sche Deltafunktion ergibt für Maxima ($\ddot{u}(t)<0$) $-\infty$ und für Minima ($\ddot{u}(t)>0$) $+\infty$.

e) Die Einheitsprungfunktion angewendet auf u(t)−a ergibt den Wert Null, solange u(t) unterhalb a liegt, andernfalls den Wert Eins.

f) Das negative Produkt der Funktionen nach d) und e) ergibt $\dot{v}(t)$ und kennzeichnet mit $\pm\infty$ Extremwerte, die oberhalb a liegen.

Abb. 2.20.3 Bestimmung der Anzahl von niveauüberschreitenden Maxima

$$dv = -\ddot{u}(t)\,\delta(\dot{u}(t))\,\mathbf{1}(u(t)-a)\,dt = \begin{cases} 1 \text{ für } \dot{u}(t)=0 \text{ und } u(t)\geq a \text{ und } \ddot{u}(t)<0, \\ -1 \text{ für } \dot{u}(t)=0 \text{ und } u(t)\geq a \text{ und } \ddot{u}(t)>0, \\ 0 \text{ sonst}. \end{cases} \quad (2.20.20)$$

Der statistische Erwartungswert für die sekundliche Anzahl von Werten u, die das Niveau a überschreiten, die Geschwindigkeit $\dot{u}=0$ besitzen und der Nebenbedingung $\ddot{u}<0$ genügen, also für die niveauüberschreitenden Peaks, ist damit als zeitliches Mittel

$$E[N(a,0)] = \frac{1}{T}\int_0^T dv = -\frac{1}{T}\int_0^T \ddot{u}(t)\,\delta(\dot{u}(t))\,\mathbf{1}(u(t)-a)\,dt\,,\ \ddot{u}<0\,. \tag{2.20.21}$$

Dasselbe Ergebnis erhält man als Ensemble-Mittel mit der dreidimensionalen Wahrscheinlichkeitsdichte $f(u,\dot{u},\ddot{u})$. Da der Zufallsprozeß u und seine Geschwindigkeit $\dot{u}$ sowie die Geschwindigkeit $\dot{u}$ und die Beschleunigung $\ddot{u}$ zueinander vollkommen unkorrelierte Prozesse sind, zerfällt die dreidimensionale Wahrscheinlichkeitsdichte in ein Produkt aus einer eindimensionalen Wahrscheinlichkeitsdichte $f_{\dot{u}}(\dot{u})$ und einer zweidimensionalen $f(u,\ddot{u})$. Mit $f(u,\dot{u},\ddot{u}) = f_{\dot{u}}(\dot{u})\,f(u,\ddot{u})$ ist das Ensemble-Mittel

$$E[N(a,0)] = -\int_{\ddot{u}=-\infty}^{0}\int_{\dot{u}=-\infty}^{\infty}\int_{u=-\infty}^{\infty} \ddot{u}\,\delta(\dot{u})\,\mathbf{1}(u-a)\,f_{\dot{u}}(\dot{u})\,f(u,\ddot{u})\,du\,d\dot{u}\,d\ddot{u}\,. \tag{2.20.22}$$

Die Integration über $\dot{u}$ wird unter Beachtung der Integraleigenschaft (2.13.31) für die *Dirac*sche Deltafunktion ausgeführt. Gleichzeitig wird $\mathbf{1}(u-a) = 0$ für $u<a$ und $\mathbf{1}(u-a) = 1$ für $u \geq a$ gesetzt. Man erhält mit

$$E[N(a,0)] = -f_{\dot{u}}(0)\int_{\ddot{u}=-\infty}^{0}\ddot{u}\int_{u=a}^{\infty} f(u,\ddot{u})\,du\,d\ddot{u} \tag{2.20.23}$$

den Erwartungswert für die Anzahl von das Niveau a übersteigenden Peaks. Die Schreibweise $N(a,0)$ kennzeichnet die Bedingung $u \geq a$ und $\dot{u}=0$. Den Erwartungswert für die Anzahl sämtlicher Maxima erhält man daraus für $a=-\infty$ zu

$$E[N(-\infty,0)] = -f_{\dot{u}}(0)\int_{\ddot{u}=-\infty}^{0}\ddot{u}\int_{u=-\infty}^{\infty} f(u,\ddot{u})\,du\,d\ddot{u}\,. \tag{2.20.24}$$

Nach den Regeln (2.4.7) über die zweidimensionale Wahrscheinlichkeitsdichten ergibt das Integral über sämtliche u von $-\infty$ bis $+\infty$ die Randverteilung $f_{\ddot{u}}(\ddot{u})$ mit dem Ergebnis

$$E[N(-\infty,0)] = -f_{\dot{u}}(0)\int_{\ddot{u}=-\infty}^{0}\ddot{u}\,f_{\ddot{u}}(\ddot{u})\,d\ddot{u}\,. \tag{2.20.25}$$

Soweit gelten die Ergebnisse für Zufallsprozesse mit beliebiger Wahrscheinlichkeitsverteilung. Folgend werden wieder die wichtigen *Gauß*prozesse behandelt. Für deren Wahrscheinlichkeitsdichten nach Gl.(2.3.4) gilt mit $\sigma_{\dot{u}}^2 = m_2$ und $\sigma_{\ddot{u}}^2 = m_4$

$$f_{\ddot{u}}(\ddot{u}) = \frac{1}{\sqrt{2\pi m_4}}\exp\left(-\frac{\ddot{u}^2}{2m_4}\right), \tag{2.20.26}$$

$$f_{\dot{u}}(0) = \frac{1}{\sqrt{2\pi m_2}}\,. \tag{2.20.27}$$

Aus Gl. (2.20.25) folgt damit

$$E[N(-\infty,0)] = -\frac{1}{2\pi\sqrt{m_2 m_4}}\int_{-\infty}^{0}\ddot{u}\exp\left(-\frac{\ddot{u}^2}{2m_4}\right)d\ddot{u} = \frac{1}{2\pi}\sqrt{\frac{m_4}{m_2}}\left[\exp\left(-\frac{\ddot{u}^2}{2m_4}\right)\right]_{-\infty}^{0}.$$

Es ist also die erwartete Anzahl sämtlicher Maxima eines stationären und normalverteilten Zufallsprozesses beliebiger Bandbreite ε je Zeiteinheit

$$E[N(-\infty,0)] = \frac{1}{2\pi}\sqrt{\frac{m_4}{m_2}}\,. \tag{2.20.28}$$

Setzt man die erwartete Zahl der Aufwärtsnullstellen $E[N_+(0)]$ (2.20.11) und $E[N(-\infty,0)]$ zueinander ins Verhältnis, erhält man ein Maß für die Bandbreite ε

des Zufallsprozesses nach Gl. (2.16.17), nämlich

$$\frac{E[N_+(0)]}{E[N(-\infty,0)]} = \frac{m_2}{\sqrt{m_0 m_4}} = \sqrt{1-\varepsilon^2}\,. \qquad (2.20.29)$$

Hieraus ist sofort die im Abschnitt 2.20.2 ausgenutzte Tatsache ablesbar, daß für das unendliche Schmalband mit $\varepsilon = 0$ die Zahl sämtlicher Maxima gleich der Zahl der aufwärtsgerichteten Nulldurchgänge ist.

Liegt für einen *Gauß*prozeß beliebiger Bandbreite eine Aufzeichnung $u(t)$ vor, werden in einem gewählten Zeitintervall T einerseits die relativen Maxima und andererseits die aufwärtsgerichteten Nulldurchgänge gezählt. Aus Gl. (2.20.29) kann man mit beiden Zahlen den Bandbreitenparameter ε bestimmen. Führt man die mittlere Periodendauer

$$T_o = \frac{1}{E[N_+(0)]} \qquad (2.20.30)$$

der aufwärtsgerichteten Nulldurchgänge und die sämtlicher Maxima

$$T_m = \frac{1}{E[N(-\infty,0)]} \qquad (2.20.31)$$

ein, dann erhält man für den Bandbreitenparameter auch

$$\varepsilon = \sqrt{1 - \left(\frac{T_m}{T_o}\right)^2}\,. \qquad (2.20.32)$$

Die Berechnung des Erwartungswertes $E[N(a,0)]$ für niveauüberschreitende Maxima normalverteilter Zufallsprozesse nach Gl. (2.20.23) stößt wegen der beliebigen unteren Grenze a auf Schwierigkeiten. Eine ähnlich geschlossene Lösung wie die oben für $E[N(-\infty,0)]$ gezeigte ist nicht möglich.

2.20.4 Maximalwertverteilung von Zufallsprozessen beliebiger Bandbreite

Nennt man wieder die relativen Maxima des Zufallsprozesses $u(t)$ x und $f_x(x)$ die gesuchte Wahrscheinlichkeitsdichte für deren Verteilung, dann ist die Wahrscheinlichkeit dafür, daß Maxima x innerhalb eines durch u und $u+\Delta u$ begrenzten Bandes liegen,

$$P(u < x \le u+\Delta u) = \int_u^{u+\Delta u} f_x(\xi)\,d\xi \approx f_x(u)\,\Delta u\,. \qquad (2.20.33)$$

Diese Wahrscheinlichkeit kann ebenso durch die für ein bestimmtes Zeitintervall T erwartete Anzahl von Peaks, die innerhalb des Bandes liegen, bezogen auf die erwartete Gesamtzahl von Peaks angegeben werden. Der Erwartungswert für Peaks x oberhalb u ist $E[N(u,0)]$, für Peaks oberhalb $u+\Delta u$ $E[N(u+\Delta u,0)]$ und der für sämtliche Peaks $E[N(-\infty,0)]$. Somit ist

$$P(u < x \le u+\Delta u) = \frac{E[N(u,0)] - E[N(u+\Delta u,0)]}{E[N(-\infty,0)]}\,. \qquad (2.20.34)$$

Durch Vergleich mit Gl. (2.20.33) findet man im Grenzübergang $\Delta u \to 0$ und $u \to x$ die Wahrscheinlichkeitsdichte

$$f_x(x) = -\lim_{\substack{\Delta u \to 0 \\ u \to x}} \frac{E[N(u+\Delta u,0)] - E[N(u,0)]}{E[N(-\infty,0)]\,\Delta u} = -\frac{1}{E[N(-\infty,0)]}\frac{dE[N(x,0)]}{dx}\,. \qquad (2.20.35)$$

Die Darstellung von $f_x(x)$ als Differentialquotient dE/dx besitzt lediglich theoretische Bedeutung. $f_x(x)$ kann an Hand einer konkreten Aufzeichnung u(t) eines Zufallsprozesses hieraus ebensowenig bestimmt werden wie f(u) nach Gl. (2.1.9). Soll $f_x(x)$ durch Abzählen der bestimmte Niveaus überschreitenden Peaks ermittelt werden, ist Gl. (2.20.35) in der diskretisierten Form als Differenzenquotient mit endlicher Bandbreite Δu auszuwerten.

Gl. (2.20.35) als Differentialquotient geschrieben setzt für E[N(x,0)] Stetigkeit und mindestens stückweise Differenzierbarkeit voraus. Diese Schreibweise kann jedoch auch für unstetige E[N(x,0)] beibehalten werden, wenn man Einheitssprungfunktion und *Dirac*sche Deltafunktion zuläßt. Gedacht ist dabei z.B. an den Prozeß $u(t)=a\cos\omega t$, für den sämtliche Peaks auf dem Niveau $u=a$ liegen. Für diesen gilt daher $E[N(x,0)]=0$ für $x>a$ und $E[N(x,0)]=E[N(-\infty,0)]$ für $x\le a$. Mit der Einheitssprungfunktion kann man also $E[N(x,0)]/E[N(-\infty,0)]=\mathbf{1}(a-x)$ schreiben. Die Ausführung der Differentiation in Gl. (2.20.35) ergibt unter Beachtung von Gl. (2.13.29) für

$$f_x(x) = -\frac{d\mathbf{1}(a-x)}{dx} = -\frac{d\mathbf{1}(a-x)}{d(a-x)}\frac{d(a-x)}{dx} = \delta(a-x)$$

wegen der *Dirac*schen Deltafunktion eine extrem unstetige Wahrscheinlichkeitsdichte mit $f_x(a)=\infty$ und $f_x(x)=0$ für $x \neq a$.

Zwecks Berechnung der Wahrscheinlichkeitsdichte (2.20.35) betrachten wir den Erwartungswert E[N(x,0)] nach Gl. (2.20.23), indem man a durch x ersetzt. Es ist dann nach der erweiterten *Leibniz*schen Regel der Differentialquotient

$$\frac{dE[N(x,0)]}{dx} = f_{\dot{u}}(0)\int_{-\infty}^{0}\ddot{u}\, f(x,\ddot{u})\, d\ddot{u}. \qquad (2.20.36)$$

Mit $E[N(-\infty,0)]$ nach Gl. (2.20.25) findet man schließlich die gesuchte Wahrscheinlichkeitsdichte für die Verteilung der Maximalwerte in der Form

$$f_x(x) = \frac{\int_{-\infty}^{0}\ddot{u}\, f(x,\ddot{u})\, d\ddot{u}}{\int_{-\infty}^{0}\ddot{u}\, f_{\ddot{u}}(\ddot{u})\, d\ddot{u}}. \qquad (2.20.37)$$

Die weiteren Ausführungen gelten nun wieder einschränkend für normalverteilte Zufallsprozesse. Für diese ist die zweidimensionale Wahrscheinlichkeit zwischen u und ü nach Gl. (2.4.22)

$$f(u,\ddot{u}) = \frac{1}{2\pi\sqrt{m_o m_4(1-\rho_{u\ddot{u}}^2)}}\exp\left[-\frac{1}{2(1-\rho_{u\ddot{u}}^2)}\left(\frac{u^2}{m_o}+\frac{\ddot{u}^2}{m_4}-\frac{2\rho_{u\ddot{u}}u\ddot{u}}{\sqrt{m_o m_4}}\right)\right]. \qquad (2.20.38)$$

Darin sind die Varianzen $\sigma_u^2=m_o$ und $\sigma_{\ddot{u}}^2=m_4$. Der Korrelationskoeffizient (2.4.20) wird nach Gl. (2.16.17) durch den Bandbreitenparameter ε ersetzt:

$$\rho_{u\ddot{u}} = \frac{\sigma_{u\ddot{u}}}{\sigma_u\sigma_{\ddot{u}}} = \frac{E[u\ddot{u}]}{\sigma_u\sigma_{\ddot{u}}} = -\frac{m_2}{\sqrt{m_o m_4}} = -\sqrt{1-\varepsilon^2}.$$

Es ist dann

$$f(u,\ddot{u}) = \frac{1}{2\pi\varepsilon\sqrt{m_o m_4}}\exp\left[-\frac{1}{2\varepsilon^2}\left(\frac{u^2}{m_o}+\frac{\ddot{u}^2}{m_4}-\frac{2\sqrt{1-\varepsilon^2}\,u\ddot{u}}{\sqrt{m_o m_4}}\right)\right]. \qquad (2.20.39)$$

Zwecks Lösung des Zählerintegrals I_1 von Gl. (2.20.37) wird die quadratische Ergänzung für ü im Argument der Exponentialfunktion gebildet, und man erhält für $u=x$

$$f(x,\ddot{u})=\frac{1}{2\pi\varepsilon\sqrt{m_o m_4}}\exp\left(-\frac{x^2}{2m_o}\right)\exp\left[-\frac{1}{2\varepsilon^2}\left(\frac{\ddot{u}}{\sqrt{m_4}}+\frac{\sqrt{1-\varepsilon^2}\,x}{\sqrt{m_o}}\right)^2\right]. \qquad (2.20.40)$$

Mit der Substitution

$$z(\ddot{u})=\frac{1}{\varepsilon}\left(\frac{\ddot{u}}{\sqrt{m_4}}+\frac{\sqrt{1-\varepsilon^2}\,x}{\sqrt{m_o}}\right),\ z(-\infty)=-\infty,\ z(0):=z_o=\frac{\sqrt{1-\varepsilon^2}\,x}{\varepsilon\sqrt{m_o}}$$

$$\ddot{u}(z)=\varepsilon\sqrt{m_4}\,z-\sqrt{\frac{m_4(1-\varepsilon^2)}{m_o}}\,x,\quad d\ddot{u}=\varepsilon\sqrt{m_4}\,dz$$

wird das Zählerintegral

$$I_1:=\int_{-\infty}^{0}\ddot{u}\,f(x,\ddot{u})\,d\ddot{u}=\frac{\sqrt{m_4}}{2\pi m_o}\exp\left(-\frac{x^2}{2m_o}\right)\left[\varepsilon\sqrt{m_o}\int_{-\infty}^{z_o}z\exp\left(-\frac{z^2}{2}\right)dz-\sqrt{1-\varepsilon^2}\,x\int_{-\infty}^{z_o}\exp\left(-\frac{z^2}{2}\right)dz\right].$$

Das erste Integral ergibt $-\exp(-z_o^2/2)$, das zweite die Fehlerfunktion $\Phi(z_o)$ (2.3.6). Wird z_o wieder durch x ersetzt, erhält man für das Zählerintegral

$$I_1=-\frac{\sqrt{m_4}}{2\pi m_o}\left[\varepsilon\sqrt{m_o}\exp\left(-\frac{x^2}{2\varepsilon^2 m_o}\right)+\sqrt{2\pi}\,\sqrt{1-\varepsilon^2}\,x\exp\left(-\frac{x^2}{2m_o}\right)\Phi\left(\frac{\sqrt{1-\varepsilon^2}\,x}{\varepsilon\sqrt{m_o}}\right)\right].$$

Für das Nennerintegral I_2 gilt mit den Ergebnissen (2.20.25), (2.20.27) und (2.20.28)

$$I_2:=\int_{-\infty}^{0}\ddot{u}\,f_{\ddot{u}}(\ddot{u})\,d\ddot{u}=-\frac{1}{f_{\dot{u}}(0)}E[N(-\infty,0)]=-\sqrt{\frac{m_4}{2\pi}}.$$

Die Wahrscheinlichkeitsdichte für die Verteilung der Maxima von *Gauß*prozessen u(t) der Bandbreite ε ist mit I_1/I_2 schließlich

$$f_x(x)=\frac{\varepsilon}{\sqrt{2\pi m_o}}\exp\left(-\frac{x^2}{2\varepsilon^2 m_o}\right)+\frac{\sqrt{1-\varepsilon^2}}{m_o}\,x\exp\left(-\frac{x^2}{2m_o}\right)\Phi\left(\frac{\sqrt{1-\varepsilon^2}\,x}{\varepsilon\sqrt{m_o}}\right)\Big]. \qquad (2.20.41)$$

Auch dieses Ergebnis wurde erstmals von *Rice* [68] veröffentlicht und ausführlich von *Cartwright* und *Longuet-Higgins* [9] speziell bezogen auf Meereswellen diskutiert. So kann man für einen Zufallsprozeß, dessen Spektraldichte ein unendliches Schmalband ist, das zuvor in Abschnitt 2.20.2 gefundene Ergebnis bestätigen: Für $\varepsilon=0$ erhält man wegen $\Phi(\infty)=1$ die *Rayleigh*-Verteilung (2.20.17). Der andere Grenzfall ist das weiße Rauschen mit dem Bandbreitenparameter $\varepsilon=1$. Dafür erhält man die *Gauß*-Verteilung

$$f_x(x)=\frac{1}{\sqrt{2\pi m_o}}\exp\left(-\frac{x^2}{2m_o}\right).$$

In Abb. 2.20.4 sind die Wahrscheinlichkeitsdichten $f_x(x)$ nach Gl. (2.20.41) über x für verschiedene Bandbreitenparameter ε grafisch dargestellt. An dieser Abbildung kann man ablesen, daß für ε von 0 bis etwa 0,6 $f_x(x)$ verhältnismäßig wenig von der *Rayleigh*-Verteilung abweicht. Diese Erkenntnis ist gerade im Hinblick auf Meereswellen bedeutsam. Voll entwickelte Seegänge besitzen Bandbreiten, für die die Extremwertverteilungen ausreichend gut an die *Rayleigh*-Verteilung angepaßt werden können, wie in [9] durch Vergleich mit gemessenen Wellenhöhen nachgewiesen wurde.

Integriert man die Wahrscheinlichkeitsdichte $f_x(x)$ mit variabler oberer Grenze, erhält man nach Gl. (2.1.3) die Wahrscheinlichkeitsverteilung

$$F_x(x) = \int_{-\infty}^{x} f_x(\xi)\, d\xi ,$$

mit der unmittelbar angegeben werden kann, mit welcher Wahrscheinlichkeit Peaks ein Niveau x übersteigen. Das Integral über $x \exp()\Phi()$ wird mit

$$u := \Phi\left(\frac{\sqrt{1-\varepsilon^2}\,\xi}{\varepsilon\sqrt{m_o}}\right),$$

$$u' = \frac{\sqrt{1-\varepsilon^2}}{\varepsilon\sqrt{m_o}}\,\Phi' = \frac{\sqrt{1-\varepsilon^2}}{\varepsilon\sqrt{2\pi m_o}} \exp\left(-\frac{(1-\varepsilon^2)\xi^2}{2\varepsilon^2 m_o}\right),$$

$$v' := \xi \exp\left(-\frac{\xi^2}{2m_o}\right),$$

$$v = -m_o \exp\left(-\frac{\xi^2}{2m_o}\right)$$

partiell integriert zu

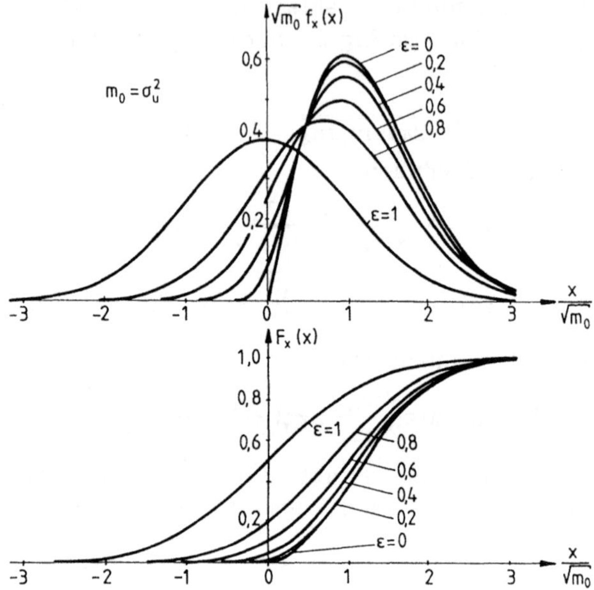

Abb. 2.20.4 Wahrscheinlichkeitsdichte $f_x(x)$ und -verteilung $F_x(x)$ für die Maximalwerte x von *Gauß*-Prozessen für verschiedene Bandbreiten ε (nach[9])

$$F_x(x) = \frac{\varepsilon}{\sqrt{2\pi m_o}} \int_{-\infty}^{x} \exp\left(-\frac{\xi^2}{2\varepsilon^2 m_o}\right) d\xi - \sqrt{1-\varepsilon^2}\left[\exp\left(-\frac{\xi^2}{2m_o}\right)\Phi\left(\frac{\sqrt{1-\varepsilon^2}\,\xi}{\varepsilon\sqrt{m_o}}\right)\right]_{-\infty}^{x} +$$

$$+ \frac{1-\varepsilon^2}{\varepsilon\sqrt{2\pi m_o}} \int_{-\infty}^{x} \exp\left(-\frac{\xi^2}{2\varepsilon^2 m_o}\right) d\xi .$$

Die beiden verbleibenden Integrale ergeben zusammengefaßt mit der Substitution

$$z(\xi) = \frac{\xi}{\varepsilon\sqrt{m_o}},\ d\xi = \varepsilon\sqrt{m_o}\,dz,\ z(-\infty) = -\infty,\ z(x) = \frac{x}{\varepsilon\sqrt{m_o}}$$

die Fehlerfunktion $\Phi(z(x))$. Nach Einsetzen der Grenzen $-\infty$ und x im ausintegrierten Term folgt als Ergebnis für die Wahrscheinlichkeitsverteilung der Maxima von *Gauß*-Prozessen

$$F_x(x) = \Phi\left(\frac{x}{\varepsilon\sqrt{m_o}}\right) - \sqrt{1-\varepsilon^2} \exp\left(-\frac{x^2}{2m_o}\right)\Phi\left(\frac{\sqrt{1-\varepsilon^2}\,x}{\varepsilon\sqrt{m_o}}\right). \tag{2.20.42}$$

Diese Kurven sind ebenfalls in Abb. 2.20.4 dargestellt. Für das unendliche Schmalband ε = 0 erhält man die *Rayleigh*-Verteilung (2.3.11) $F_x(x) = 1 - \exp[-x^2/(2m_o)]$ und für weißes Rauschen mit ε = 1 die *Gauß*sche Verteilung (2.3.9) $F_x(x) = \Phi(x/\sqrt{m_o})$.

Beispiel 2.20.2: Maximalwertverteilung des bandbegrenzten weißen Rauschens

Gegeben ist ein normalverteilter Zufallsprozeß, dessen einseitige Spektraldichte $\Phi_{uu}(\omega)$ in Gestalt des bandbegrenzten weißen Rauschens nach Abb. 2.17.2 durch die Frequenzen $\omega_1 = 0{,}2$ 1/s und $\omega_2 = 0{,}6$ 1/s sowie durch den Wert $\Phi_o = 10{,}025\,m^2s$ bestimmt ist.

α) Momente des Spektrums (2.16.15):

$m_o = \Phi_o(\omega_2 - \omega_1) = 4{,}01\ m^2$,

$m_2 = \frac{1}{3}\Phi_o(\omega_2^3 - \omega_1^3) = 0{,}6951\ m^2s^{-2}$,

$m_4 = \frac{1}{5}\Phi_o(\omega_2^5 - \omega_1^5) = 0{,}1553\ m^2s^{-4}$.

β) Anzahl der Aufwärtsnullstellen (2.20.11):
$E[N_+(0)] = \frac{1}{2\pi}\sqrt{m_2/m_o} = 0{,}0663\ s^{-1}$,
mittlere Periodendauer:
$T_o = 1/E[N_+(0)] = 15{,}09\ s$.

γ) Anzahl sämtlicher Maxima (2.20.28):
$E[N(-\infty,0)] = \frac{1}{2\pi}\sqrt{m_4/m_2} = 0{,}0752\ s^{-1}$,
mittlere Periode sämtlicher Maxima:
$T_m = 1/E[N(-\infty,0)] = 13{,}29\ s$,
Bandbreitenparameter (2.16.17), (2.20.32):

$$\varepsilon = \sqrt{1-\frac{m_2^2}{m_o m_4}} = \sqrt{1-\left(\frac{T_m}{T_o}\right)^2} = 0{,}473.$$

δ) Berechnung der Wahrscheinlichkeit dafür, daß sich Maxima oberhalb des Niveaus $x_o = 2\sqrt{m_o} = 4$ m befinden. Dazu Wahrscheinlichkeitsverteilung (2.20.42):

$$F_x(x_o) = \Phi(\tfrac{2}{\varepsilon}) - \sqrt{1-\varepsilon^2}\exp(-2)\,\Phi(\tfrac{2\sqrt{1-\varepsilon^2}}{\varepsilon}) =$$
$$= \Phi(4{,}23) - 0{,}1192\,\Phi(3{,}73).$$

Fehlerfunktion nach asymptotischer Darstellung (2.3.8) $\Phi(4{,}23)\approx 1$ und $\Phi(3{,}73)\approx$ $\approx 0{,}9999$. Somit $F_x(x_o) = 0{,}8808$. Gesuchte Wahrscheinlichkeit:
$P(x_o<x) = 1 - F_x(x_o) = 0{,}1192 = 11{,}92$ %.

D.h. 11,92 % sämtlicher Maxima x liegen oberhalb des Niveaus $x_o = 4$ m.

ε) Berechnung der Wahrscheinlichkeit dafür, daß sich der Prozeß u(t) oberhalb des Niveaus $u_o = 2\sqrt{m_o} = 2\sigma_u = 4$ m befindet. Dazu Wahrscheinlichkeitsverteilung (2.3.9) für *Gauß*-Prozesse $F(u_o) = \Phi(2) = 0{,}97725$. Wahrscheinlichkeit $P(u_o<u) = 1 - F(u_o) = 0{,}0228 =$ $= 2{,}28$ %. D.h. 2,28 % der Gesamtzeit befindet sich der Prozeß u(t) oberhalb des Niveaus $u_o = 4$ m.

ζ) Berechnung der Wahrscheinlichkeit dafür, daß negative Maxima auftreten. Wahrscheinlichkeitsverteilung (2.20.42) $F_x(0) =$ $= \Phi(0) - \sqrt{1-\varepsilon^2}\,\Phi(0) = (1-\sqrt{1-\varepsilon^2})/2$. Für $\varepsilon = 0$ (unendliches Schmalband) ist $F_x = 0$, d.h. es gibt keine negativen Maxima. Für $\varepsilon = 1$ (weißes Rauschen) ist $F_x = 1/2$, d.h. 50 % der Maxima liegen unterhalb Null. Für $\varepsilon = 0{,}473$ ist $F_x = 0{,}0595$, d.h. 5,95 % der Maxima besitzen negative Werte.

Sämtliche Ergebnisse mit Ausnahme jener unter α) hängen nicht von dem Wert Φ_o ab.

2.20.5 Die 1/n-höchsten Maximalwerte

Wir betrachten die Aufzeichnung u(t) eines Zufallsprozesses nach Abb. 2.20.5 innerhalb des Zeitintervalls T. Die sekundlich zu erwartende Anzahl sämtlicher Peaks wird wieder $E[N(-\infty,0)]$ genannt. Im Zeitintervall T ergeben sich statistisch gesehen also $T\,E[N(-\infty,0)]$ Peaks, in der Abb. 2.20.5 z.B. neun. Der Erwartungswert für die Anzahl der ein gewähltes Niveau a sekundlich übersteigenden Peaks ist nach Abschnitt 2.20.3 $E[N(a,0)]$ bzw. auf das Zeitintervall T bezogen $T\,E[N(a,0)]$. Macht diese einen definierten Bruchteil 1/n (n = 1, 2, 3, ...) der Gesamtzahl aus, gilt also

$$\frac{E[N(a,0)]}{E[N(-\infty,0)]} = \frac{1}{n}, \qquad (2.20.43)$$

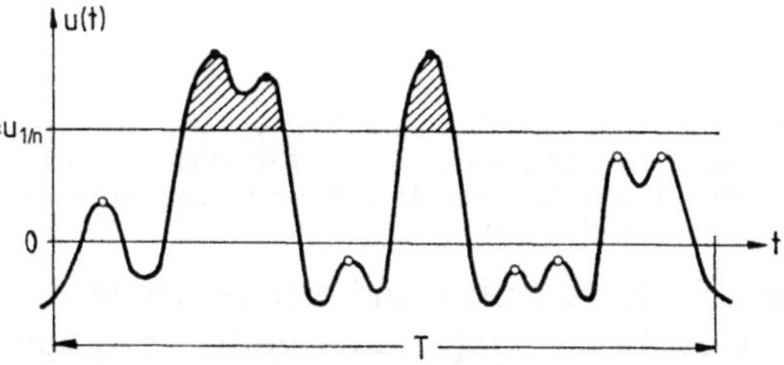

Abb. 2.20.5 Zufallsprozeß u(t) mit dem Niveau $a=u_{1/n}$, welches von dem Bruchteil 1/n sämtlicher Maxima überschritten wird

nennt man das zugehörige Niveau $a=u_{1/n}$. In der Abb. 2.20.5 übersteigen drei Peaks ⊚ das Niveau a. Also ist $E[N(a,0)]/E[N(-\infty,0)] = 3/9 = 1/3$, d.h. n = 3, und das Niveau heißt $u_{1/3}$.

Im folgenden werden zwei Fragen untersucht. Zunächst wird geklärt werden, wie hoch das Niveau $u_{1/n}$ liegt, wenn es von einem gewählten Bruchteil 1/n sämtlicher Peaks überschritten werden soll. Und anschließend wird festgestellt, wie groß das statistische Mittel dieser das Niveau $u_{1/n}$ übersteigenden Peaks ist.

Zur Beantwortung der ersten Frage wird die Wahrscheinlichkeit dafür formuliert, daß Peaks der Größe x das Niveau $u_{1/n}$ übersteigen. Diese Wahrscheinlichkeit ist einerseits durch das Verhältnis 1/n nach Gl. (2.20.43) und andererseits durch die Wahrscheinlichkeitsdichte $f_x(x)$ bzw. - verteilung $F_x(x)$ der Maximalwerte bestimmt, so daß

$$P(u_{1/n} < x) = \int_{u_{1/n}}^{\infty} f_x(x)\,dx = 1 - F_x(u_{1/n}) = \frac{E[N(u_{1/n},0)]}{E[N(-\infty,0)]} = \frac{1}{n} \qquad (2.20.44)$$

geschrieben werden kann. Die Wahrscheinlichkeit P wird selbstverständlich umso geringer, je kleiner der Bruchteil der Peaks wird, die das Niveau $u_{1/n}$ übersteigen, bzw. je höher dieses Niveau liegt. Mit wachsendem n verschiebt sich $u_{1/n}$ zu höheren Werten. Für bekannte Maximalwertverteilung $f_x(x)$ bzw. $F_x(x)$ ist Gl. (2.20.44) eine Bestimmungsgleichung für das gesuchte Niveau $u_{1/n}$.

Maximalwerte x normalverteilter Zufallsprozesse u(t) der Bandbreite ε besitzen die Wahrscheinlichkeitsverteilung (2.20.42). Für solche gilt also

$$\Phi\left(\frac{u_{1/n}}{\varepsilon\sqrt{m_o}}\right) - \sqrt{1-\varepsilon^2}\exp\left(-\frac{u_{1/n}^2}{2m_o}\right)\Phi\left(\frac{\sqrt{1-\varepsilon^2}\,u_{1/n}}{\varepsilon\sqrt{m_o}}\right) = 1 - \frac{1}{n}\,. \qquad (2.20.45)$$

Mit Tafelwerten der Fehlerfunktion Φ(x) [39] kann diese Gleichung numerisch ausgewertet werden. In Abb. 2.20.6 ist $u_{1/n}$ in Abhängigkeit vom Bandbreitenparameter ε für n = 2, 3, 5 und 10 grafisch dargestellt. Auffällig an diesen Kurven ist,

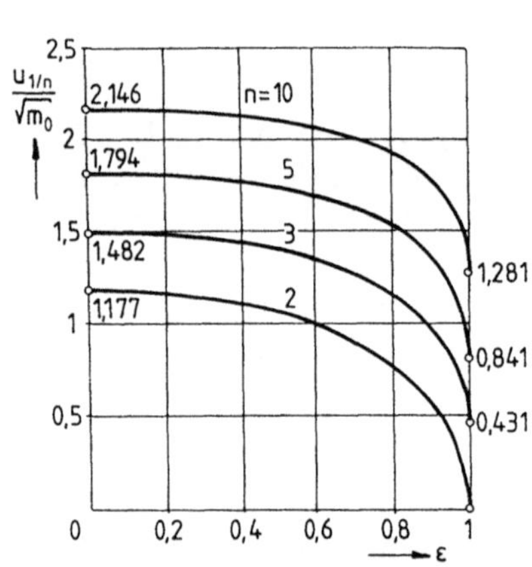

Abb. 2.20.6 Niveau $u_{1/n}$, welches von dem Bruchteil 1/n sämtlicher Maxima eines *Gauß*prozesses überschritten wird, als Funktion des Bandbreitenparameters ε

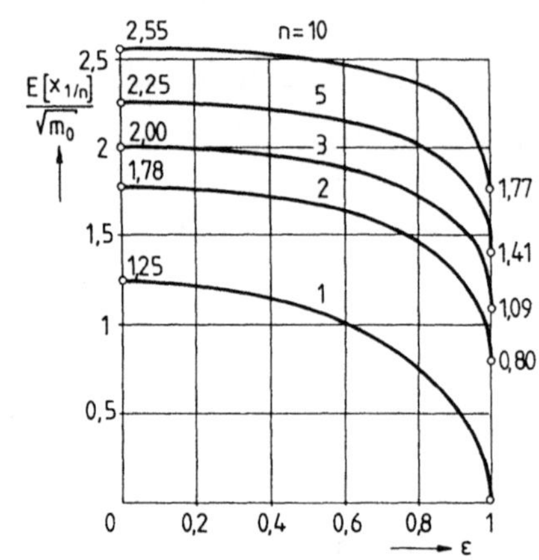

Abb. 2.20.8 Mittel $E[x_{1/n}]$ der 1/n-höchsten Maxima eines *Gauß*prozesses als Funktion des Bandbreitenparameters ε (nach [9])

daß sie für kleine ε bis etwa ε = 0,6 sehr flach verlaufen und erst bei Annäherung an ε = 1 einen steilen Abfall und an der Stelle ε = 1 sogar eine vertikale Tangente aufweisen. Man erhält für die beiden Grenzfälle ε = 0 (unendliches Schmalband)

$$u_{1/n} = \sqrt{2m_o \ln n} \qquad (2.20.46)$$

und ε = 1 (weißes Rauschen)

$$\Phi\left(\frac{u_{1/n}}{\sqrt{m_o}}\right) = 1 - \frac{1}{n}\,. \qquad (2.20.47)$$

Im Hinblick auf die zweite Frage sei Abb. 2.20.7 betrachtet, die qualitativ die Wahrscheinlichkeitsdichte *sämtlicher* Peaks zeigt, was bedeutet, daß der Flächeninhalt unter dieser von $-\infty$ bis $+\infty$ erstreckten $f_x(x)$-Kurve den Wert Eins besitzt. Es werden jetzt jedoch lediglich die $1/n$ Peaks betrachtet, die oberhalb $u_{1/n}$ liegen. Die durch $u_{1/n}$ begrenzte Teilfläche (in Abb. 2.20.7 schraffiert) besitzt also nur den Inhalt $1/n$. Das ist auch die Aussage der Gl. (2.20.44). Für die so begrenzte Zahl von Peaks definiert man eine neue Wahrscheinlichkeitsdichte $f_{1/n}(x)$ derart, daß für *diese allein* die unter der von $u_{1/n}$ bis $+\infty$ erstreckten $f_{1/n}(x)$-Kurve gelegene Fläche wieder den Wert Eins besitzt. Es gilt also $f_{1/n}(x) = n\, f_x(x)$. Die Wahrscheinlichkeitsdichte der $1/n$-höchsten Maximalwerte ist n mal so groß wie die sämtlicher Maxima. Das heißt, der Erwartungswert für das Mittel der $1/n$-höchsten Peaks ist als Ensemble-Mittel formuliert

$$E[x_{1/n}] = n \int_{u_{1/n}}^{\infty} x\, f_x(x)\, dx. \tag{2.20.48}$$

Geometrisch an Hand der Abb. 2.20.7 gedeutet heißt das, daß $E[x_{1/n}]$ den senkrechten Abstand des Schwerpunkts der schraffierten Fläche von der Achse $x=0$ angibt. Dies ergibt sich sofort aus dem Momentengleichgewicht der Fläche um die Achse $x=0$:

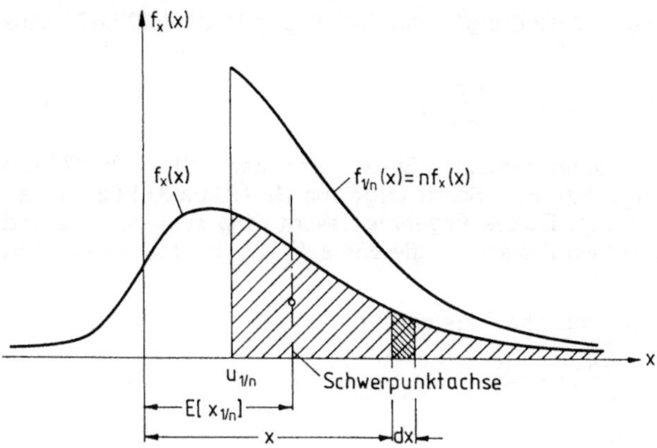

Abb. 2.20.7 Mittelbildung der $1/n$-höchsten Maxima x eines Zufallsprozesses u(t)

$$\int_{u_{1/n}}^{\infty} x\, f_x(x)\, dx = E[x_{1/n}] \int_{u_{1/n}}^{\infty} f_x(x)\, dx = $$

$$= E[x_{1/n}]\frac{1}{n}.$$

Gl. (2.20.48) wird partiell integriert, indem man $u = x$, $u' = 1$ und $v' = f_x(x)$, $v = F_x(x) - 1$ setzt, wobei zunächst

$$E[x_{1/n}] = n\left[x(F_x(x)-1)\right]_{u_{1/n}}^{\infty} - $$

$$-n\int_{u_{1/n}}^{\infty} (F_x(x)-1)\, dx$$

entsteht. Unter Beachtung von $F_x(u_{1/n}) = 1 - 1/n$ nach Gl. (2.20.44) sowie von $F_x(\infty) = 1$ erhält man

$$E[x_{1/n}] = u_{1/n} + n \int_{u_{1/n}}^{\infty} [1 - F_x(x)]\, dx. \tag{2.20.49}$$

Ist die Wahrscheinlichkeitsverteilung $F_x(x)$ für Peaks eines Zufallsprozesses u(t) bekannt, berechnet man für ein gewähltes n aus Gl. (2.20.44) zunächst das zugehörige Niveau $u_{1/n}$ und mit diesem aus Gl. (2.20.49) das gesuchte Mittel $E[x_{1/n}]$ der $1/n$.-höchsten Peaks.

Für normalverteilte Zufallsprozesse mit $F_x(x)$ nach Gl. (2.20.42) sind die numerisch berechneten Werte für $E[x_{1/n}]$ in Abb. 2.20.8 in Abhängigkeit vom Bandbreitenparameter ε für n = 1, 2, 3, 5 und 10 grafisch dargestellt. Über den Verlauf dieser Kurven gilt ähnliches wie für den nach Abb. 2.20.6. Für die beiden Grenzfälle $\varepsilon = 0$ und $\varepsilon = 1$ können die Ergebnisse wie folgt auch explizit gewonnen werden:

α) Fall $\varepsilon = 0$:
Es ist $F_x(x) = 1 - \exp[-x^2/(2m_o)]$ und $u_{1/n} = \sqrt{2m_o \ln n}$. Mit der Substitution $x = \sqrt{m_o}\, z$ folgt

$$\frac{E[x_{1/n}]}{\sqrt{m_o}} = \sqrt{2\ln n} + n\int_{\sqrt{2\ln n}}^{\infty} \exp(-\frac{z^2}{2})dz = \sqrt{2\ln n} + \sqrt{2\pi}\, n[1 - \Phi(\sqrt{2\ln n})] \qquad (2.20.50)$$

mit der Fehlerfunktion $\Phi(x)$ (2.3.6)

Für $n = 3$ ergibt sich der sogenannte *signifikante* Wert, der für $\varepsilon = 0$ $E[x_{1/3}] = 2{,}00\sqrt{m_o}$ beträgt und der bereits in Abschnitt 2.3.3 auf kürzerem Wege hergeleitet und dort an Stelle von $E[u_{1/3}]$ kurz $u_{1/3}$ genannt wurde.

Für $n = 1$ ergibt sich das Mittel sämtlicher Peaks

$$E[x] = \sqrt{\frac{\pi}{2} m_o} \quad \text{für } n = 1, \qquad (2.20.51)$$

das selbstverständlich dem Mittelwert (2.3.12) der *Rayleigh*-Verteilung gleich ist.

Für $n \to \infty$ erhält man auf der anderen Seite den für ein hinreichend großes Zeitintervall T überhaupt größten zu erwartenden Wert $E[x_m]$. Mit der asymptotischen Darstellung (2.3.8) für die Fehlerfunktion $\Phi(x)$ gilt für diesen

$$E[x_m] \sim [\sqrt{2\ln n} + \frac{1}{\sqrt{2\ln n}}]\sqrt{m_o} \quad \text{für } n \to \infty. \qquad (2.20.52)$$

Für beliebige Bandbreitenparameter ε ist die Ermittlung des zu erwartenden Maximalwertes $E[x_{1/n}]$ Gegenstand des nächsten Abschnitts 2.20.6.

β) Fall $\varepsilon = 1$:
Es ist $f_x(x) = \exp(-\frac{x^2}{2m_o}) / \sqrt{2\pi m_o}$ (*Gauß*-Verteilung), und für $u_{1/n}$ gilt Gl. (2.20.47). Aus Gl. (2.20.48) folgt dafür

$$\frac{E[x_{1/n}]}{\sqrt{m_o}} = \frac{n}{\sqrt{2\pi}\, m_o}\int_{u_{1/n}}^{\infty} x \exp(-\frac{x^2}{2m_o})dx = \frac{n}{\sqrt{2\pi}} \exp(-\frac{u_{1/n}^2}{2m_o}). \qquad (2.20.53)$$

Für $n = 1$ folgt wieder das Mittel sämtlicher Maxima. Es ist dann nach Gl. (2.20.47) die Fehlerfunktion Null, ihr Argument $u_{1/1}$ also $-\infty$. Somit folgt aus Gl. (2.20.53) $E[x] = 0$, also das Mittel der *Gauß*schen Verteilung. Dieses Ergebnis besagt, daß sich positive und negative Maxima eines *Gauß*schen weißen Rauschens gleichmäßig um den Mittelwert Null verteilen.

Für $n \to \infty$ bzw. $u_{1/n} \to \infty$ gilt die asymptotische Darstellung

$$\Phi(\frac{u_{1/n}}{\sqrt{m_o}}) \sim 1 - \frac{\sqrt{m_o}}{\sqrt{2\pi}\, u_{1/n}} \exp(-\frac{u_{1/n}^2}{2m_o}) = 1 - \frac{1}{n}.$$

Damit folgt aus Gl. (2.20.53) $E[x_m] \sim u_{1/n}$.

Beispiel 2.20.3: Maximalwert eines *Gauß*schen Zufallsprozesses mit $\varepsilon = 0$

Ein *Gauß*scher Zufallsprozeß u(t) mit dem Bandbreitenparameter $\varepsilon = 0$ besitze die Varianzen $\sigma_u^2 = m_o = 4\ m^2$ und $\sigma_{\dot u}^2 = m_2 = 1\ m^2 s^{-2}$. Die je Sekunde erwartete Anzahl sämtlicher Peaks ist für $\varepsilon = 0$ gleich der der aufwärts gerichteten Nulldurchgänge, also nach Gl. (2.20.11)

$$E[N_+(0)] = \frac{1}{2\pi}\sqrt{\frac{m_2}{m_o}} = 0{,}07958\ s^{-1}.$$

Für eine stationäre Wirkungsdauer des Prozesses von 12 h = 43200 s ergeben sich somit statistisch 3438 Peaks unterschiedlicher Größe x. Wenn der größte dieser Werte gesucht wird, ist in Gl. (2.20.52) $n = 3438$ einzusetzen. Das ergibt

$$E[x_m] \sim (4{,}04 + 0{,}25)\sqrt{4}\ m = 8{,}58\ m.$$

Beispiel 2.20.4: Maximalwerte einer amplitudenmodulierten Schwingung [51]

Zwei deterministische harmonische Wellen gleicher Amplitude a und mit nur gering verschiedenen Frequenzen ω_1 und ω_2 addieren sich zu einer Schwebung, d.h. zu der amplitudenmodulierten Schwingung

$$u(t) = a(\cos\omega_1 t + \cos\omega_2 t) = 2a \cos\frac{\Sigma}{2}t \cos\frac{\Delta}{2}t$$

mit $\Sigma = \omega_1 + \omega_2$ und $\Delta = \omega_1 - \omega_2$. Es gilt $|\Delta| \ll |\Sigma|$.

Die Funktion $2a\cos\frac{\Delta}{2}t$ ist die Einhüllende der Schwebung, auf der näherungsweise die Extrema von u(t) liegen, vergl. Abb. 2.20.9. Die Einhüllende ist somit ein Maß für die Amplitudenmodulation.

Wir betrachten ein charakteristisches Zeitintervall $0 \le t \le \pi/\Delta$. Dieses möge n Wellen enthalten. Die 1/n-höchsten Wellen liegen dann im Zeitintervall $0 \le t \le T := \pi/(\Delta n)$. Der Mittelwert aus den 1/n-höchsten Wellen wird als zeitliches Mittel der Einhüllenden berechnet. Damit ist

$$x_{1/n} = \frac{1}{T}\int_0^T 2a\cos\frac{\Delta}{2}t\,dt = \frac{4}{\pi}an\sin\frac{\pi}{2n}\,.$$

Der quadratische Mittelwert $E[u^2] = \sigma^2 = m_o$ ist nach Gl. (2.11.5) gleich der Autokorrelationsfunktion $K_{uu}(0)$ zur Zeit $\tau = 0$ und somit für die Überlagerung zweier harmonischer Funktionen nach Gl. (2.11.11) derselben Amplitude a $m_o = K_{uu}(0) = a^2$. Damit ist das Mittel der 1/n-höchsten Maxima in dimensionsloser Schreibweise

$$\frac{x_{1/n}}{\sqrt{m_o}} = \frac{4}{\pi}n\sin\frac{\pi}{2n}\,,$$

also z.B. mit den Werten $4/\pi = 1{,}273$ für n=1, $6/\pi = 1{,}910$ für n=3 und 2 für den Grenzübergang $n \to \infty$.

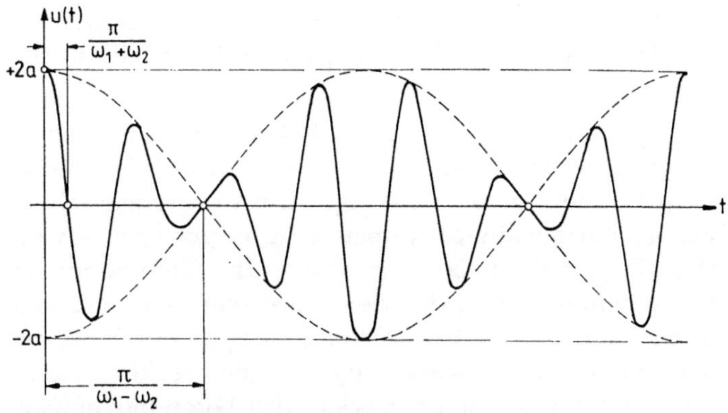

Abb. 2.20.9 Amplitudenmodulierte harmonische Schwingung

2.20.6 Erwarteter Maximalwert

Wir betrachten nach Abb. 2.20.10 ein aus N Stichproben $u_1(t)$, $u_2(t)$, $\ldots u_i(t), \ldots u_N(t)$ bestehendes Ensemble eines Zufallsprozesses innerhalb eines festen Zeitintervalls T, für das sämtliche auftretenden Peaks markiert sind. In jeder Stichprobe werden die Peaks zu der aufsteigenden Wertefolge $x_{i1} \le x_{i2} \le x_{i3} \le \ldots \le x_{ik} := x_{im}$ sortiert. Die

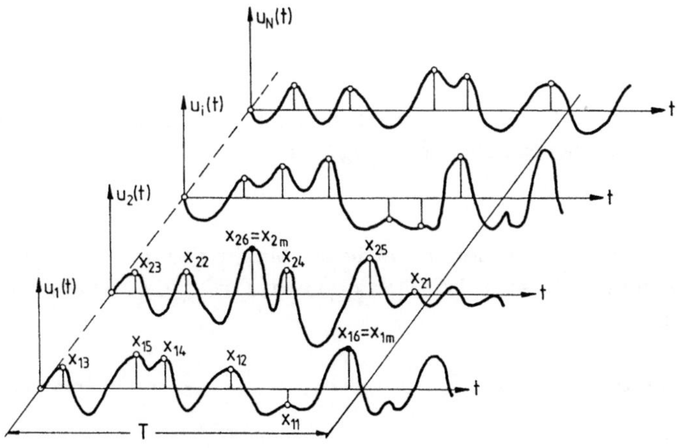

Abb. 2.20.10 Ensemble von Stichproben $u_i(t)$

für jede Stichprobe herausgegriffenen Maximalwerte x_{im} ergeben über das Ensemble hinweg eine Stichprobe von N Maximalwerten. Es wird als statistisch erwarteter Maximalwert $E[x_m]$ das Mittel aus diesen N Werten x_{im} gesucht.

Das in Abschnitt 2.20.5 berechnete Mittel der 1/n-höchsten Maximalwerte ist, wenn man n gleich N setzt, dafür lediglich ein Näherungswert. Dieses wurde ja an einer einzigen zeitlich hinreichend langen Stichprobe gewonnen, wie man sie gedanklich durch Zusammenfügen der N Stichproben von Abb. 2.20.10 erhalten kann. Nimmt man für dieses Gedankenexperiment an, daß jede Stichprobe $u_i(t)$ dieselbe Anzahl k Peaks enthält, dann besitzt die *eine* zusammengesetzte Stichprobe kN Peaks. Betrachtet man in dieser die Menge der 1/k-höchsten, also ebenfalls N Peaks, dann enthält sie nicht notwendig sämtliche höchsten Peaks x_{im} der einzelnen Stichproben $u_i(t)$, weil z.B. in einer Stichprobe der zweithöchste Peak größer sein kann als der höchste in einer anderen Stichprobe. Deshalb muß der erwartete Maximalwert $E[x_m]$ kleiner als das Mittel $E[x_{1/N}]$ der 1/N-höchsten Maximalwerte sein.

Zur Berechnung von $E[x_m]$ gehen wir von der als bekannt vorausgesetzten Wahrscheinlichkeitsverteilung $F_x(x)$ für die Maximalwerte x des Zufallsprozesses u(t) aus. Für die Stichprobe $u_1(t)$ ist der höchste Peak x_{1m}. Die Wahrscheinlichkeit dafür, daß x_{1m} nicht größer als ein gewähltes Niveau x ist, ergibt sich aus der Definitionsgleichung (2.1.1) zu $P(x_{1m} \le x) = F_x(x)$. Nimmt man die Stichprobe $u_2(t)$ hinzu, dann ist die Wahrscheinlichkeit dafür, daß deren höchster Peak x_{2m} *und* wie zuvor x_{1m} nicht größer als x sind, nach Gl. (2.4.1) $P(x_{1m} \le x, x_{2m} \le x) = F(x,x)$ mit der zweidimensionalen Wahrscheinlichkeitsverteilung für die Peaks in zwei Stichproben. Die Berechnung dieser Wahrscheinlichkeit wird besonders einfach, wenn die Maximalwertverteilungen der einzelnen Stichproben voneinander statistisch unabhängig sind. Dann zerfällt die zweidimensionale Wahrscheinlichkeitsverteilung in $F(x,x) = F_x(x) F_x(x) = F_x^2(x) = P(x_{1m} \le x) P(x_{2m} \le x)$. Das ist übrigens die Aussage des sogenannten *Multiplikationssatzes* für unabhängige Wahrscheinlichkeiten. Erweitert man diese Überlegung auf N Stichproben, so ist die Wahrscheinlichkeit dafür, daß die größten Peaks x_{im} sämtlicher Stichproben nicht größer als x sind,

$$\prod_{i=1}^{N} P(x_{im} \le x) = F_x^N(x). \tag{2.20.54}$$

Daraus folgt die Wahrscheinlichkeit dafür, daß ein einziger Peak, nämlich der absolut höchste x_m des Ensembles, das Niveau *übersteigt*, zu

$$P(x < x_m) = 1 - F_x^N(x). \tag{2.20.55}$$

Die Wahrscheinlichkeitsdichte f_{x_m} für den erwarteten Maximalwert x_m ergibt sich aus der Intervallwahrscheinlichkeit (2.1.6) $P(x < x_m \le x+dx) := f_{x_m} dx = P(x < x_m) -$ $- P(x+dx < x_m) = d[F_x^N(x)]$ zu

$$f_{x_m}(x) := \frac{d[F_x^N(x)]}{dx} = N F_x^{N-1}(x) f_x(x). \tag{2.20.56}$$

Der Erwartungswert für das absolut höchste Maximum ist dann als Ensemble-Mittel

$$E[x_m] = \int_{-\infty}^{\infty} x\, f_{x_m}(x)\, dx \tag{2.20.57}$$

bzw. nach Aufspaltung des Integrationsbereichs

$$E[x_m] = \int_{-\infty}^{0} x\, f_{x_m}(x)\, dx + \int_{0}^{\infty} x\, f_{x_m}(x)\, dx. \tag{2.20.58}$$

Bei der nun folgenden partiellen Integration integriert man nach Gl. (2.20.56) $f_{x_m}(x)$ im Integrationsbereich $-\infty < x \le 0$ zu $F_x^N(x)$ und im Integrationsbereich $0 \le x < \infty$ zu $F_x^N(x) - 1$, so daß die ausintegrierten Terme an den Integrationsgrenzen $-\infty$ bzw. $+\infty$ wie auch bei $x = 0$ verschwinden. Man erhält die für die weitere Auswertung zweckmäßige Darstellung

$$E[x_m] = -\int_{-\infty}^{0} F_x^N(x)\, dx + \int_{0}^{\infty} [1 - F_x^N(x)]\, dx. \tag{2.20.59}$$

Für *Gauß*sche Zufallsprozesse beliebiger Bandbreite ε mit der Maximalwertverteilung $F_x(x)$ nach Gl. (2.20.42) ist $E[x_m]$ von *Cartwright* und *Longuet-Higgens* [9] 1956 berechnet worden, für $\varepsilon = 0$ bereits 1952 von letzterem allein [51]. Danach gelten, solange ε nicht zu dicht bei Eins liegt, die folgenden Ergebnisse

$$\frac{E[x_m]}{\sqrt{m_o}} = \sqrt{\frac{\pi}{2}} \sum_{n=1}^{N} \binom{N}{n} (-1)^{n+1} \sqrt{(1-\varepsilon^2)^n}\, \frac{1}{\sqrt{n}} \quad \text{für kleine } N \text{ (bis } N \approx 20) \text{ und } \varepsilon \neq 1, \tag{2.20.60}$$

$$\frac{E[x_m]}{\sqrt{m_o}} = \sqrt{2 \ln(N\sqrt{1-\varepsilon^2})} + \frac{C}{\sqrt{2 \ln(N\sqrt{1-\varepsilon^2})}} \quad \text{für große } N \text{ (ab } N \approx 10) \text{ und } \varepsilon \neq 1. \tag{2.20.61}$$

Es ist $C = 0{,}57722$ die *Euler*sche Konstante.

Die numerische Berechnung von $E[x_m]$ nach Gl. (2.20.60) scheitert für größere N daran, daß für diese die Binomialkoeffizienten sehr groß werden. In der folgenden Tabelle sind berechnete Werte $E[x_m]$ für N = 1, 2, 5, 10 und 20 für verschiedene Bandbreitenparameter ε zusammengestellt.

Der Vergleich dieser Werte mit jenen der Abb.2.20.8 zeigt in der Tat, daß $E[x_m] < E[x_{1/N}]$ gilt. Für sehr große N kann der zweite Summand in Gl. (2.20.61) vernachlässigt werden. $E[x_m]$ nähert sich somit für $N \to \infty$ asymptotisch von unten $E[x_{1/N}]$, wie der Vergleich mit Gl. (2.20.52) z.B. für $\varepsilon = 0$ beweist. In der Abb. 2.20.11 sind berechnete Werte $E[x_m]$ für zwei Bandbreitenparameter grafisch über N dargestellt. Diese Abb. zeigt, daß die nach den Gln. (2.20.60) und (2.20.61) einmal für kleine und einmal für große N berechneten Werte ausreichend genau aneinander anschließen und daß die Abhängigkeit von ε besonders für große N gering ist.

	$E[x_m]/\sqrt{m_o}$ für				
N	ε=0	ε=0,2	ε=0,4	ε=0,6	ε=0,8
1	1,253	1,228	1,149	1,003	0,752
2	1,620	1,605	1,553	1,438	1,185
5	2,068	2,057	2,022	1,947	1,770
10	2,370	2,361	2,331	2,269	2,130
20	2,644	2,636	2,610	2,556	2,436

Tabelle 2.20.1 Erwarteter absoluter Maximalwert $E[x_m]$ für *Gauß*prozesse der Bandbreite ε für eine Stichprobe von N Maximalwerten

Die Näherungsformeln (2.20.60) und (2.20.61) für den erwarteten Maximalwert $E[x_m]$ *Gauß*scher Zufallsprozesse ergeben sich nach [9] im einzelnen folgendermaßen:

In Abb. 2.20.4 erkennt man, daß die Wahrscheinlichkeitsverteilung $F_x(x)$ für die Maximalwerte *Gauß*scher Prozesse im Bereich $x \leq 0$ für sämtliche ε nicht größer als 0,5 und bei Beschränkung auf $\varepsilon \leq 0{,}6$ sogar nicht größer als 0,1 ist. Damit ist für $N>1$ $F_x^N(x)$ so klein, daß das erste Integral in Gl. (2.20.59) vernachlässigt werden kann. Für den Integrationsbereich $x \geq 0$ des zweiten Integrals wird die Wahrscheinlichkeitsverteilung (2.20.42) durch

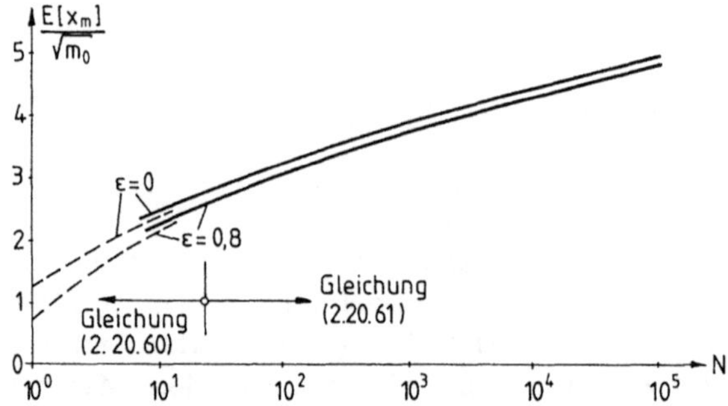

Abb. 2.20.11 Erwarteter absoluter Maximalwert $E[x_m]$ für *Gauß*prozesse der Bandbreiten $\varepsilon = 0$ und $\varepsilon = 0{,}8$ für eine Stichprobe von N Maximalwerten

$$F_x(x) = 1 - \sqrt{1-\varepsilon^2}\,\exp\left(\frac{-x^2}{2m_o}\right) \qquad (2.20.62)$$

angenähert. Dabei wurde also die Fehlerfunktion Φ durch Eins ersetzt, was offensichtlich für große x/ε zulässig ist. Für $\varepsilon=0$ ist diese Näherung exakt, nämlich die *Rayleigh*-Verteilung, und für $\varepsilon=1$ versagt sie vollständig. Es ist also nach Gl. (2.20.59)

$$E[x_m] = \int_0^\infty \left\{1 - \left[1 - \sqrt{1-\varepsilon^2}\,\exp\left(\frac{-x^2}{2m_o}\right)\right]^N\right\} dx \qquad (2.20.63)$$

zu berechnen, und zwar unter α) für kleine und unter β) für große N.

α) kleine N: Die eckige Klammer wird mittels des binomischen Lehrsatzes

$$(a+b)^N = \sum_{n=0}^{N} \binom{N}{n} a^{N-n} b^n$$

in eine Reihe entwickelt, und man erhält

$$E[x_m] = -\sum_{n=1}^{N} \binom{N}{n} (-1)^n \sqrt{(1-\varepsilon^2)^n} \int_0^\infty \exp\left(\frac{-nx^2}{2m_o}\right) dx. \qquad (2.20.64)$$

Das Integral besitzt den Wert $\sqrt{\pi m_o/(2n)}$, womit unmittelbar Gl. (2.20.60) folgt.

β) große N: Zur Abkürzung wird $\eta = \ln(N\sqrt{1-\varepsilon^2})$ gesetzt und die Substitution

$$z = \exp\left(\eta - \frac{x^2}{2m_o}\right),\ z(0) = e^\eta,\ z(\infty) = 0,\ dx = -\sqrt{\frac{m_o}{2}}\,\frac{dz}{z\sqrt{\eta - \ln z}}$$

durchgeführt. Aus Gl. (2.20.63) folgt damit

$$E[x_m] = \sqrt{\frac{m_o}{2}} \int_0^{e^\eta} \left[1 - \left(1 - \frac{z}{N}\right)^N\right] \frac{dz}{z\sqrt{\eta - \ln z}}\,. \qquad (2.20.65)$$

Mit dem bekannten Grenzübergang

$$\lim_{N\to\infty} \left(1 + \frac{x}{N}\right)^N = e^x$$

erhält man für große N näherungsweise

$$E[x_m] = \sqrt{\frac{m_o}{2}} \int_0^{e^\eta} \frac{1-e^{-z}}{z\sqrt{\eta - \ln z}}\, dz, \qquad (2.20.66)$$

bzw. nach Aufspaltung des Integrationsbereichs

$$E[x_m] = \sqrt{\frac{m_o}{2}} \left[\int_1^{e^\eta} \frac{dz}{z\sqrt{\eta - \ln z}} - \int_1^{e^\eta} \frac{e^{-z}}{z\sqrt{\eta - \ln z}}\, dz + \int_0^1 \frac{1-e^{-z}}{z\sqrt{\eta - \ln z}}\, dz\right]. \qquad (2.20.67)$$

Im Integrationsbereich $1 \leq z \leq e^\eta$ liefert das erste Integral den wesentlichen Beitrag. Dieses Integral ist geschlossen lösbar, man erhält $-2\sqrt{\eta - \ln z}$, d.h. nach Einsetzen der Grenzen den Wert $2\sqrt{\eta}$. Demgegenüber liefert das zweite Integral nur eine Korrektur. Deshalb kann für große N und $\varepsilon \neq 1$ hier die obere Integrationsgrenze $e^\eta = N\sqrt{1-\varepsilon^2}$ ohne großen Fehler für das Gesamtergebnis durch ∞ ersetzt werden. Weiter wird die z-Abhängigkeit der Integranden im zweiten und dritten Integral ganz überwiegend durch die Exponentialfunktion bestimmt, und die Wurzel im Nenner wird deshalb durch den konstanten Wert $\sqrt{\eta}$ ersetzt. Mit diesen Überlegungen erhält man

$$E[x_m] = \sqrt{\frac{m_o}{2}}\left[2\sqrt{\eta} - \frac{1}{\sqrt{\eta}}\int_1^{\infty}\frac{e^{-z}}{z}dz + \frac{1}{\sqrt{\eta}}\int_0^1\frac{1-e^{-z}}{z}dz\right] = \sqrt{\frac{m_o}{2}}\left[2\sqrt{\eta} + \frac{1}{\sqrt{\eta}}\left(\int_0^1\frac{dz}{z} - \int_0^{\infty}\frac{e^{-z}}{z}dz\right)\right]. \quad (2.20.68)$$

Das erste Integral liefert lnz, das zweite die Integralexponentielle

$$Ei(-x) := \int_{-\infty}^{-x}\frac{e^z}{z}dz, \; Ei(-\infty) = 0,$$

so daß

$$E[x_m] = \sqrt{\frac{m_o}{2}}\left\{2\sqrt{\eta} - \frac{1}{\sqrt{\eta}}\left[\ln z - Ei(-z)\right]_{z=0}\right\} \quad (2.20.69)$$

folgt. Sowohl lnz als auch Ei(−z) streben für $z \to 0$ nach Unendlich. Die Differenz beider Funktionen bleibt jedoch endlich. Dazu betrachtet man die Reihenentwicklung [39]

$$Ei(-z) = C + \ln z + \sum_{n=1}^{\infty}(-1)^n\frac{z^n}{n n!} \quad |z| \ll 1,$$

aus der für $z \to 0$ $Ei(-z) - \ln z = C$, also die *Euler*sche Konstante folgt. Aus Gl. (2.20.69) ergibt sich damit das Endergebnis

$$E[x_m] = \sqrt{m_o}\left(\sqrt{2\eta} + \frac{C}{\sqrt{2\eta}}\right),$$

welches mit Gl.(2.20.61) übereinstimmt.

2.20.7 Rückkehrperiode eines Maximalereignisses

Für einen Zufallsprozeß u(t) werden je Sekunde E[N(x,0)] das Niveau x übersteigende Peaks und je Sekunde E[N(−∞,0)] Peaks insgesamt erwartet. Die Wahrscheinlichkeitsdichte $f_x(x)$ der Peaks ist dann nach Gl. (2.20.35)

$$f_x(x) = -\frac{1}{E[N(-\infty,0)]}\,\frac{dE[N(x,0)]}{dx}.$$

Integriert man $f_x(x)$, so findet man die Wahrscheinlichkeitsverteilung

$$F_x(x) = \int_{-\infty}^{x} f_x(\xi)\,d\xi = 1 - \frac{E[N(x,0)]}{E[N(-\infty,0)]}. \quad (2.20.70)$$

Sie gibt die Wahrscheinlichkeit dafür an, daß Peaks das Niveau x *nicht* übersteigen. Ist $x=-\infty$, so folgt mit $F_x(-\infty)=0$ das unmögliche Ereignis, denn das Niveau $-\infty$ müssen selbstverständlich sämtliche Peaks übersteigen. Umgekehrt tritt für $x=\infty$ $N(\infty,0)=0$ und damit für $F_x(\infty)=1$ das sichere Ereignis ein: kein Peak übersteigt das Niveau ∞.

Die Wahrscheinlichkeit dafür, daß Peaks das Niveau x *überschreiten*, also die Überschreitenswahrscheinlichkeit, ist dann

$$1 - F_x(x) = \frac{E[N(x,0)]}{E[N(-\infty,0)]}. \quad (2.20.71)$$

Diese auf Anzahlen N bezogene Überschreitenswahrscheinlichkeit kann auch zeitbezogen formuliert werden. Ist T ein gewähltes Zeitintervall und T_R als ein Vielfaches von T die durchschnittliche Wartezeit bis zur Wiederkehr eines Peaks, welches das Niveau x erreicht oder überschreitet, dann definiert man als zeitbezogene Überschreitenswahrscheinlichkeit

$$1 - F_x(x) := \frac{T}{T_R}. \quad (2.20.72)$$

Die mittlere Wartezeit nennt man auch *Rückkehrperiode* (*return period*) des betrachteten Maximalereignisses. Als Funktion der Überschreitenswahrscheinlichkeit geschrieben ist sie

$$\frac{T_R}{T} = \frac{1}{1-F_x(x)}. \tag{2.20.73}$$

Meist wird als Bezugszeit T eine Einheitszeit von z.B. einer Stunde oder einem Jahr gewählt und damit T in Gl. (2.70.73) Eins gesetzt. T_R versteht sich dann als Vielfaches von T. Ist $F_x(x)$ die Wahrscheinlichkeitsverteilung für die *jährlich* auftretenden Peaks, dann ist T_R die in Jahren gemessene Rückkehrperiode des Maximalereignisses x. Letzteres ist dann das R-Jahresereignis. Wird die Größe x so bestimmt, daß sich für T_R 100 Jahre ergeben, spricht man von dem 100-Jahresereignis x bzw. von einer 100-Jahre-Rückkehrperiode. $F_x(x)$ muß dann 0,99 betragen. Die Rückkehrperiode T_R ist statistisch gesehen ein Mittelwert. Selbst bei einer 100-Jahre-Rückkehrperiode kann das 100-Jahresereignis bereits in dem dem Ereignisjahr folgenden Jahr oder gar in demselben Jahr zweimal oder erst nach 200 Jahren wieder auftreten.

Ist $R = T_R/T$ die Anzahl der Jahre, die statistisch bis zur Wiederkehr eines Maximalereignisses verstreichen, dann ist die Wahrscheinlichkeit dafür, daß ein Peak x_m in N *aufeinanderfolgenden* Jahren das Niveau x nur einmal übersteigt, nach dem Multiplikationssatz für statistisch unabhängige Wahrscheinlichkeiten (vergl. Abschnitt 2.20.6, dort speziell die Gln. (2.20.54) und (2.20.55))

$$P(x<x_m) = 1 - F_x^N(x) = 1 - (1 - \frac{1}{R})^N. \tag{2.20.74}$$

Man kann leicht zu der fehlerhaften Schlußfolgerung gelangen, man müsse die Rückkehrperiode T_R und damit R nur genügend groß wählen, um die Überschreitenswahrscheinlichkeit für das Zeitintervall T_R möglichst klein zu halten. Bekanntlich ergibt sich jedoch bei $N=R \rightarrow \infty$ für $(1-1/R)^R$ der Grenzwert 1/e, so daß bei $T_R \rightarrow \infty$ und *ebensolanger* Beobachtungszeit eine Restüberschreitenswahrscheinlichkeit von $P(x<x_m) = 1 - 1/e = 0{,}632$ bestehen bleibt. Erst, wenn die Rückkehrperiode T_R sehr viel größer als die Beobachtungszeit - meist die Nutzungsdauer einer Konstruktion- gewählt wird, kann die Überschreitenswahrscheinlichkeit innerhalb der Beobachtungszeit herabgedrückt werden. So ergibt sich für das 100-Jahresereignis (R=100) und eine konzipierte Nutzungsdauer eines Bauwerks von 25 Jahren (N=25) eine Überschreitenswahrscheinlichkeit von $P(x<x_m) = 0{,}222$ innerhalb der Nutzungsdauer.

Beispiel 2.20.5: Maximalereignisse des bandbegrenzten weißen Rauschens

Es wird das Beispiel 2.20.2 weitergeführt. Für den dort behandelten *Gauß*prozeß ergaben sich Moment des Spektrums $m_o = 4{,}01\,m^2$, Bandbreitenparameter $\varepsilon = 0{,}473$, Zahl der aufwärts gerichteten Nulldurchgänge $E[N_+(0)] = 0{,}0663\ s^{-1}$ und Zahl sämtlicher Maxima $E[N(-\infty,0)] = 0{,}0752\ s^{-1}$.

α) Ermittlung des signifikanten Werts oder des Erwartungswerts für das Mittel der 1/3-höchsten Maxima aus Abb. 2.20.8 für $\varepsilon = 0{,}473$ und $n = 3$:

$$E[x_{1/3}] = 1{,}93\sqrt{m_o} = 3{,}86\ \text{m}.$$

β) Berechnung des Erwartungswerts für das absolute Maximum innerhalb einer Prozeßwirkungsdauer von $T = 1h = 3600$ s nach Gl. (2.20.61) mit der Anzahl sämtlicher Peaks $N = T\,E[N(-\infty,0)] = 271$:

$E[x_m] = 2{,}003\,(3{,}31 + 0{,}57722/3{,}31) = 6{,}98\,m$.

γ) Wahrscheinlichkeitsverteilung für Niveau $x = 6\,m$ nach Gl. (2.20.42):

$F_x(x) \approx 1 - \sqrt{1-\varepsilon^2}\,\exp(\frac{-x^2}{2m_o}) = 1 - 0{,}0020 = 0{,}9980$.

Wahrscheinlichkeit dafür, daß ein auftretendes Maximum x_m größer als x ist: $P(x<x_m) = 1 - F_x(x) = 0{,}002 = 0{,}2\,\%$. Wahrscheinlichkeit dafür, daß eines von N *aufeinanderfolgenden* Maxima x_m größer als x ist, nach Gl. (2.20.55): $P(x<x_m) = 1 - F_x^N(x) = 1 - 0{,}9980^{271} = 0{,}4187 = 41{,}9\,\%$.

δ) Berechnung der erwarteten Anzahl von Peaks, die das Niveau $x = 6\,m$ übersteigen, nach Gl. (2.20.71):

$E[N(x,0)] = [1 - F_x(x)]\,E[N(-\infty,0)] = 0{,}00015\,s^{-1}$,

$T\,E[N(x,0)] = 3600 \cdot 0.0015 = 0{,}54$,

d.h. im Mittel ungefähr alle zwei Stunden eine Überschreitung.

ε) Berechnung der Rückkehrperiode für ein Ereignis $x_m \geq 6m$: Dafür zunächst mittlere Periodendauer sämtlicher Peaks nach Gl. (2.20.31) $T_m = 1/0{,}0752 = 13{,}3\,s$; d.h. im Mittel alle 13,3 s stellt sich ein Maximum ein. Mit $x = 6\,m$ nach Gl. (2.20.73) Rückkehrperiode

$T_R = \frac{1}{1-F_x(x)}\,T_m = 13{,}3/0{,}002 = 6650\,s = 1{,}85\,h$

in Übereinstimmung mit dem Ergebnis nach δ).

ζ) Wahrscheinlichkeit dafür, daß Peak x_m innerhalb einer Minute das Niveau $x = 6\,m$ einmal übersteigt, nach Gl. (2.20.74) mit $R = T_R/T_m = 500$ und $N = 60/T_m = 4{,}51$:

$P(x<x_m) = 1 - (1 - 1/500)^{4{,}51} = 0{,}009 = 0{,}9\,\%$,

desgl. für eine Stunde mit $N = 270{,}7$: 41,8 %,
desgl. für einen Tag mit $N = 6496$: 100,0 %.

Beispiel 2.20.6: 100-Jahreswindgeschwindigkeit

Die an einer Meßstelle jährlich *einmal* auftretenden maximalen Windgeschwindigkeiten x besitzen über mehrere Jahre hinweg eine *Gumbel*-Verteilung mit dem Modalwert $x_o = 26\,m/s$ und dem Variationsmaß $1/(\alpha x_o) = 0{,}12$. Gesucht ist die 100-Jahreswindgeschwindigkeit.

Da lediglich die innerhalb eines Jahres absolut größte Windgeschwindigkeit für die Ermittlung der Wahrscheinlichkeitsverteilung $F_x(x)$ herangezogen wird, beträgt die Periode T für diese Maximalereignisse ein Jahr, und aus Gl. (2.70.73) folgt für die Rückkehrperiode $T_R = 100$ Jahre die dafür verlangte Wahrscheinlichkeitsverteilung von $F_x(x) = 0{,}99$.

Die *Gumbel*-Verteilung (2.3.14) wird für die maximale Windgeschwindigkeit x formuliert und nach x aufgelöst. Man erhält mit

$x = x_o[1 - \frac{1}{\alpha x_o}\ln(-\ln F_x)] = 40{,}4\,\frac{m}{s}$

die 100-Jahreswindgeschwindigkeit.

Übungsaufgaben zu Kapitel 2

2.1 Die Zeit t sei innerhalb des Zeitintervalls (0,T) eine gleichverteilte Zufallsvariable und $u(t)=a\sqrt{-\ln(t/T)}\geq 0$ eine deterministische Funktion der Variablen t. Man berechne die Wahrscheinlichkeitsdichte f(u) des Zufallsprozesses u(t), seinen Mittelwert μ, seinen quadratischen Mittelwert $E[u^2]$ und seine Varianz σ^2, wenn T die Dauer des Prozesses ist.

2.2 Eine Zufallsvariable u besitzt für $0\leq u\leq 2$ die Wahrscheinlichkeitsdichte $f(u)=u/2$ und außerhalb dieses Bereichs Null. Man berechne Mittelwert, quadratischen Mittelwert und Standardabweichung.

2.3 Zwei Zufallsprozesse u(t) und v(t) besitzen für $u,v\in(-1,+1)$ die zweidimensionale Wahrscheinlichkeitsdichte $f(u,v)=(1-2|u|-\sqrt{2}\,v)^2/4$. Außerhalb des Bereichs gilt $f(u,v)\equiv 0$. Man berechne die Varianz für den Prozeß u(t) und für den Prozeß v(t) sowie die Kovarianz beider Prozesse. Wie groß ist der Erwartungswert für u^2v?

2.4 Im kartesischen Koordinatensystem sind die drei Punkte $P_1(0,0)$, $P_2(2,1)$ und $P_3(4,3)$ gegeben. Wie lautet die Regressionsgerade, und wie groß ist der Korrelationskoeffizient?

2.5 Gegeben ist ein in $u\in(0,\varepsilon)$ gleichverteilter Zufallsprozeß u(t). Man berechne die charakteristische Funktion für den Grenzübergang $\varepsilon\to 0$.

2.6 Zwei Zufallsprozesse u(t) und v(t) besitzen die zweidimensionale Wahrscheinlichkeitsdichte $f(u,v)=(1+2|u|+2uv)/8$ für $u,v\in(-1,+1)$, ansonsten Null. Wie groß ist die Wahrscheinlichkeit dafür, daß u_o nicht größer als das Niveau $u=0$ *und* v_o nicht größer als das Niveau $v=0$ ist? Wie groß ist die Wahrscheinlichkeit dafür, daß v_o nicht größer als $v=0$ ist, unter der Bedingung, daß $u_o=u=0$ ist?

2.7 Zwei statistisch unabhängige Zufallsprozesse u(t) und v(t) besitzen die Wahrscheinlichkeitsdichten $f_u(u)=u/2$ für $0\leq u\leq 2$ und $f_v(v)=1/2$ für $1\leq v\leq 3$, ansonsten Null. Man berechne die Wahrscheinlichkeitsdichte $f_x(x)$ für den summierten Prozeß $x=u+v$.

2.8 Zwei statistisch unabhängige Zufallsprozesse u(t) und v(t) besitzen die Wahrscheinlichkeitsdichten $f_u(u)=1/2$ für $0\leq u\leq 2$ und $f_v(v)=1$ für $0\leq v\leq 1$, ansonsten Null. Man berechne die Wahrscheinlichkeitsdichte $f_x(x)$ für den Prozeß $x=u/v$.

2.9 Ein zentrierter *Gauß*scher Zufallsprozeß u(t) besitzt die Varianz σ^2. Man berechne die Wahrscheinlichkeitsdichte für den Prozeß $x=\sqrt{u}$.

2.10 u(t) und v(t) sind Zufallsprozesse mit der zweidimensionalen Wahrscheinlichkeitsdichte $f(u,v)=(2\pi)^{-1}\exp[-(u^2+v^2)/2]$. Es ist weiter $x=\sqrt{u^2+v^2}$ $(x\geq 0)$. Wie groß ist der bedingte Erwartungswert $E[u|x]$?
Hinweis: Man führe eine Zufallsvariable y ein, die den Bedingungen $u=x\cos y$ und $v=x\sin y$ genügt.

2.11 Gegeben ist eine deterministische Sägezahnkurve g(t) der Amplitude Eins und der Periode T. Für einen Zufallsprozeß u(t) ist ein Ensemble von Stichproben $u(t)=a\,g(t+\tau)$ gegeben. Jede Stichprobe besitzt eine konstante Amplitude a und eine feste Zeitverschiebung τ. Über das Ensemble hinweg sind a und τ statistisch unabhängige Zufallsvariable mit den Wahrscheinlichkeitsdichten

$$f_a(a)=\frac{a}{m_o}\exp\left(\frac{-a^2}{2m_o}\right),\ a\geq 0$$

und $f_\tau(\tau)=1/T$ für $0\leq\tau\leq T$, sonst Null. Ist u(t) ein stationärer, ein ergodischer Prozeß?

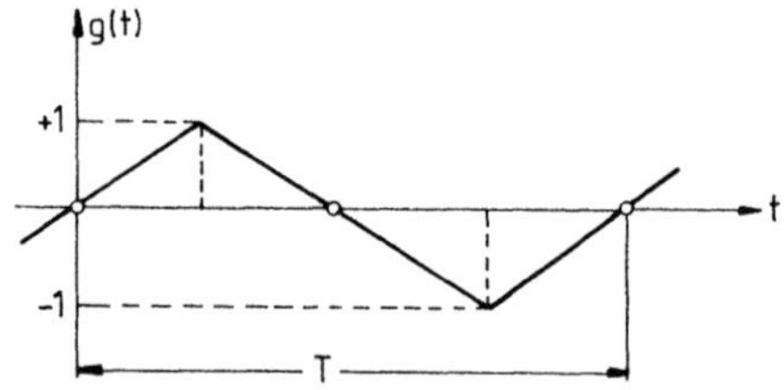

2.12 Man entwickle die Sägezahnkurve $u(t)=a\,g(t)$ aus Aufgabe 2.11 in eine *Fourier*-Reihe und berechne aus dieser die Autokorrelationsfunktion $K_{uu}(\tau)$. Unter Verwendung des Theorems von *Parseval* sowie der Formel

$$\sum_{n=0}^{\infty}\frac{\sin(2n+1)x}{(2n+1)^3}=\frac{1}{8}(\pi^2x-\pi x^2),\ 0\leq x\leq\pi$$

soll $K_{uu}(\tau)$ zu einem Polynom in τ summiert werden.

2.13 Die Funktion $f(t)=a(1-|t|/T)$ für $|t|\le T$, $f(t)=0$ für $|t|\ge T$ wird mit der Funktion $p(t)=\delta(t)-(2\varepsilon)^{-1}$ für $t<\varepsilon$, $p(t)=0$ für $t>\varepsilon$ gefaltet. $\delta(t)$ ist die *Dirac*sche Deltafunktion. Wie lautet das Faltungsprodukt $f*p$?

2.14 Für einen Zufallsprozeß liegt ein Ensemble von Stichproben $u(t)=a\cos(\omega t+\alpha)$ vor. Die Amplitude a ist eine deterministische Konstante, ω und α sind unabhängige Zufallsvariable mit den Wahrscheinlichkeitsdichten $f(\omega)=(2\Omega)^{-1}$ für $|\omega|\le\Omega$ und $f(\alpha)=(2\pi)^{-1}$ für $0\le\alpha\le2\pi$, ansonsten Null. Man berechne die Autokorrelationsfunktion $K_{uu}(\tau)$ und die Spektraldichte $S_{uu}(\omega)$ für den Prozeß u(t).

2.15 Ein stationärer Zufallsprozeß u(t) besitzt die Autokorrelationsfunktion

$$K_{uu}(\tau)=K_0 T\exp\left(-\frac{|\tau|}{T}\right)\frac{\sin(\tau/T)}{\tau}.$$

Man berechne die Spektraldichte $S_{uu}(\omega)$.

2.16 Gegeben ist für den Zufallsprozeß u(t) die Autokorrelationsfunktion $K_{uu}(\tau)=K_0e^{-\lambda|\tau|}$ mit positiven reellen Zahlen K_0 und λ. Ein zweiter Zufallsprozeß ist durch $v(t):=u(t+T)-u(t-T)$ mit einer festen Zeit T definiert. Man berechne das Co-Spektrum C_{uv}, das Quadratur-Spektrum Q_{uv} und die Kohärenzfunktion γ^2_{uv}.

2.17 Wie groß ist für das (einseitige) *Neumann*-Wellenspektrum $\Phi_{\zeta\zeta}(\omega)=AB\omega^{-6}\exp(-B\omega^{-2})$ (A,B konstant) der Bandbreitenparameter ε?
Hinweis: Man substituiere $1/\omega=x$.

2.18 Ein stationärer stetiger Zufallsprozeß u(t) besitzt mit den beiden deterministischen positiven Konstanten a_1 und T die zweidimensionale Wahrscheinlichkeitsdichte

$$f(u,\dot{u})=\frac{4a_1(1-|u|/a_1)}{T|\dot{u}|^3}\quad\text{für } |u|\le a_1 \text{ und } |\dot{u}|\ge\frac{2a_1}{T},$$

ansonsten Null.
α) Man berechne die statistisch zu erwartende Anzahl der aufwärtsgerichteten Kreuzungen des Niveaus a.
β) Man suche eine mit T periodische deterministische Realisierung u(t), für die sich zu einer zufällig gewählten Zeit t die Wahrscheinlichkeitsdichte $f_u(u)$ des Zufallsprozesses ergibt, wenn alle Zeiten gleichwahrscheinlich sind. Hinweis: Es wird willkürlich $u(0)=0$ gesetzt und Stetigkeit für u(t) vorausgesetzt.
γ) Man berechne aus u(t) nach β) die Geschwindigkeit $\dot{u}(t)$.

2.19 Ein stationärer stetiger schmalbandiger Zufallsprozeß u(t) besitzt die zweidimensionale Wahrscheinlichkeitsdichte $f(u,\dot{u})=3(1-u^2)(1-|\dot{u}|)/4$ für $|u|,|\dot{u}|\le1$, ansonsten Null. Man berechne die Wahrscheinlichkeitsdichte $f_x(x)$ für die Maximalwerte $x\ge0$ des Prozesses.

2.20 Für die Maximalwerte x eines Zufallsprozesses u(t) gelte die Wahrscheinlichkeitsdichte $f_x(x)=2x$ für $0\le x\le1$, ansonsten Null. Man berechne α) das Mittel der 1/n-höchsten Maximalwerte, speziell das Mittel sämtlicher, das Mittel der 1/3-höchsten sowie den erwarteten Maximalwert aus einer sehr großen Anzahl von Peaks, und β) den erwarteten Maximalwert $E[x_m]$ in Abhängigkeit von der Anzahl N aufeinanderfolgender Peaks, speziell für eine Wirkungsdauer des Prozesses von $T=24$s.

2.21 Gegeben ist ein schmalbandiger stationärer Zufallsprozeß u(t) mit der zweidimensionalen Wahrscheinlichkeitsdichte

$$f(u,\dot{u})=\frac{1}{4}\varkappa\lambda e^{-\lambda|u|}e^{-\varkappa|\dot{u}|},\quad \varkappa,\lambda>0.$$

Man berechne die mittlere Anzahl der aufwärts gerichteten Überschreitungen des Niveaus $u=a\ge0$ und die Wahrscheinlichkeitsdichte für die Maxima x des Zufallsprozesses u(t).

3 Zufallsschwingungen linearer Systeme

3.1 Eingangs-Ausgangs-Beschreibung

Wir betrachten ein schwingungsfähiges mechanisches System, welches von einer Zeit t_o an durch einen Zufallsprozeß u(t) zur Ausführung von Bewegungen angeregt wird, z.B. eine Bohrinsel, die durch Wellenkräfte aus einem unregelmäßigen Seegang herrührend belastet wird. u(t) nennt man den *Eingang* (*input*) des Systems. Die Reaktion des Systems v(t), z.B. die Auslenkung der Bohrplattform, ist wieder ein Zufallsprozeß und wird der *Ausgang* (*output*) des Systems genannt. Zwischen Eingang und Ausgang besteht eine Operatorbeziehung

$$v(t) = G[u(t)] \tag{3.1.1}$$

mit einem Operator G, der durch die mechanischen Eigenschaften des betrachteten Systems - das sind im verallgemeinerten Sinne Masse, Steifigkeit und Dämpfung - bestimmt ist. Diese Operatorbeziehung ist in Abb. 3.1.1 bildlich dargestellt. Dabei handelt es sich um einen deterministischen Operator, was besagt, daß ein deterministischer Eingang u(t) zu einem wieder deterministischen Ausgang v(t) umgewandelt wird. Zufallsoperatoren dagegen transformieren eine deterministische Funktion u(t) in eine Zufallsfunktion v(t).

Es werden lineare und zeitinvariante Systeme vorausgesetzt. Für lineare Systeme gilt mit zwei beliebigen Konstanten λ_1 und λ_2

$$G[\lambda_1 u_1(t) + \lambda_2 u_2(t)] = \lambda_1 G[u_1(t)] + \lambda_2 G[u_2(t)]. \tag{3.1.2}$$

Das bedeutet z.B., daß eine Verdoppelung der Amplitude am Eingang zu einer Verdoppelung der Amplitude am Ausgang führt. Ein System ist zeitinvariant, wenn für eine beliebige Zeit T

$$G[u(t+T)] = v(t+T) \tag{3.1.3}$$

gilt. Die Antwort eines linearen zeitinvarianten Systems auf z.B. einen Stoß in Gestalt einer *Dirac*schen Deltafunktion hängt danach nur von dem Zeitabstand zwischen der Stoßwirkung und dem Beobachtungszeitpunkt ab. Ein lineares zeitinvariantes System besitzt einen Operator, der z.B. durch eine lineare Differentialgleichung mit zeitunabhängigen Koeffizienten beschrieben wird.

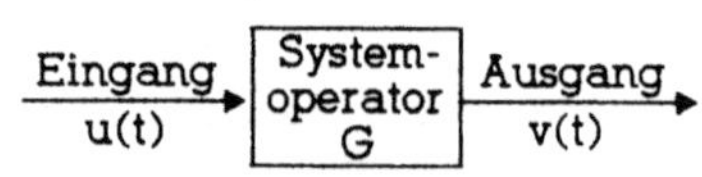

Abb. 3.1.1 Eingangs-Ausgangs-Beschreibung

In den folgenden Abschnitten geht es um die Ermittlung der Zusammenhänge, insbesondere der statistischen, die zwischen Eingang und Ausgang des betrachteten Systems bestehen.

3.2 Impuls- und Sprungeingang

Unter einem *Impulseingang* oder einem *Einheitsimpuls* (*unit impuls input*) versteht man einen Stoß in Gestalt der *Dirac*schen Deltafunktion $\delta(t)$ (2.13.21). Die Antwort des Systems auf diesen Stoß heißt *Impulsantwort* oder *Impulsreaktion* h(t) (*unit impulse response*) mit den Anfangsbedingungen $h(0) = h_o$ und $\dot{h}(0) = \dot{h}_o$. h_o

ist die Anfangsauslenkung, $\dot{h}_o$ die Anfangsgeschwindigkeit, vergl. Abb. 3.2.1. Da nach dem Kausalitätsprinzip die Wirkung nicht zeitlich vor der Ursache liegen kann, muß für die Impulsantwort $h(t) \equiv 0$ für $t<0$ gelten.

Ähnliches gilt für den *Sprungeingang* oder den *Einheitssprung* (*step input*), der die Gestalt der Einheitsprungfunktion $\mathbf{1}(t)$ (2.13.28) besitzt. Die Antwort des Systems heißt *Sprungantwortfunktion* $g(t)$ (*step response*) mit den Anfangsbedingungen $g(0) = g_o$ und $\dot{g}_o(0) = \dot{g}_o$, vergl. Abb. 3.2.2. Auch hier gilt $g(t) \equiv 0$ für $t<0$.

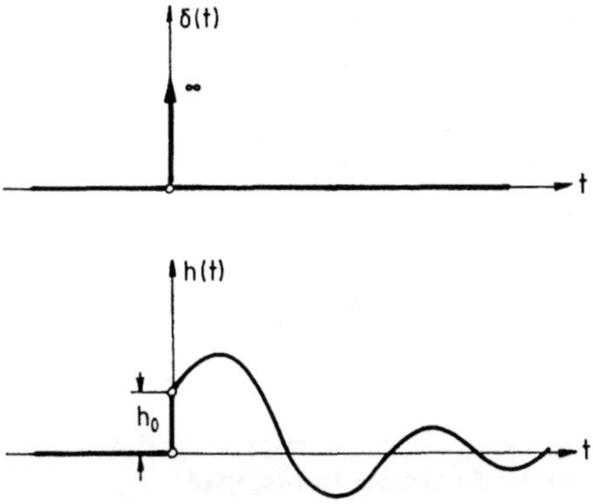

Abb. 3.2.1 Einheitsimpuls $\delta(t)$ und Impulsantwort $h(t)$

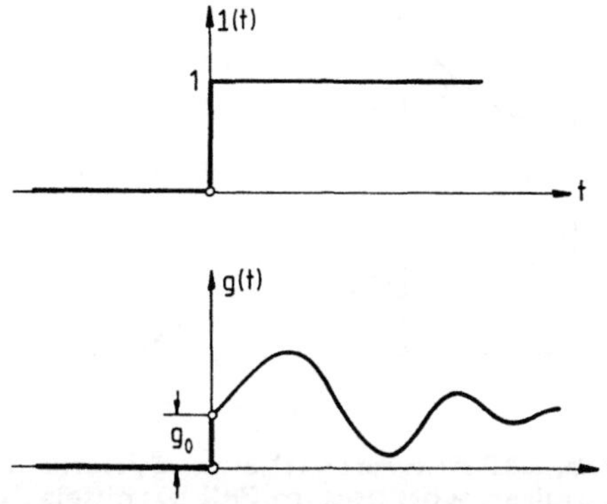

Abb. 3.2.2 Einheitssprung $\mathbf{1}(t)$ und Sprungantwortfunktion $g(t)$

Beide Antwortfunktionen $h(t)$ und $g(t)$ stehen in Beziehung zueinander, die folgend hergeleitet wird. Dazu betrachten wir einen stetigen und differenzierbaren, ansonsten beliebigen deterministischen Eingang $u(t)$ entsprechend Abb. 3.2.3, der zur Zeit $t = t_o$ beginnt. Diese Zeitfunktion $u(t)$ kann man sich einerseits nach Abb. 3.2.3 a) aus Einheitsimpulsen oder andererseits nach Abb. 3.2.3 b) aus Einheitssprüngen zusammengesetzt denken.

Im Fall a) greifen wir zur Zeit $t = \tau$ den schraffierten differentiellen Stoß $u(\tau)\,d\tau$ heraus. Ist $h(t-\tau)$ die Antwort auf den Einheitsimpuls zur Zeit $t = \tau$, dann lautet die differentielle Antwort auf den differentiellen Stoß $u(\tau)d\tau$ $dv = u(\tau)\,d\tau\, h(t-\tau)$, vergl. Abb. 3.2.3 a). Für einen differentiellen Stoß zu einer anderen Zeit ergibt sich eine ähnliche differentielle Antwort dv. Für lineare Systeme können sämtliche Antworten zur Gesamtantwort auf den Eingang $u(t)$ superponiert werden. Mit den differentiellen Antworten dv im Zeitbereich $t_o \le \tau \le t$ führt das zu dem Integral

$$v(t) = \int_{t_o}^{t} h(t-\tau)\, u(\tau)\, d\tau, \tag{3.2.1}$$

bzw. nach der Substitution $t-\tau \text{—>} \tau$ zu

$$v(t) = \int_{o}^{t-t_o} h(\tau)\, u(t-\tau)\, d\tau. \tag{3.2.2}$$

Da $u(t) \equiv 0$ für $t<t_o$, also auch $u(t-\tau) \equiv 0$ für $t-\tau<t_o$, sowie wegen des Kausalitätsprinzips $h(\tau) \equiv 0$ für $\tau<0$ gilt, können die Integrationsgrenzen in Gl. (3.2.2) auch $+\infty$ bzw. $-\infty$ gesetzt werden, ohne daß sich das Ergebnis ändert. Damit erhält man das bereits im Abschnitt 2.13.3 mit Gl. (2.13.34) eingeführte *Duhamel*-Integral

$$v(t) = \int_{-\infty}^{\infty} h(\tau)\,u(t-\tau)\,d\tau . \qquad (3.2.3)$$

Die Antwort v(t) eines linearen zeitinvarianten Systems ergibt sich danach als Faltung der Impulsantwort h(t) mit der Eingangsfunktion u(t), also als Faltungsprodukt $(h*u)(t)$.

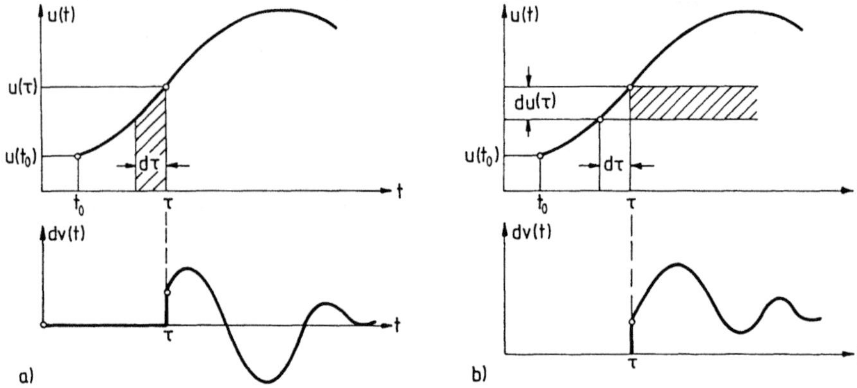

Abb. 3.2.3 Antwort v(t) eines Systems mit dem Eingang u(t), im Fall a) mittels Impulsantwort und im Fall b) mittels Sprungantwortfunktion berechnet

Dasselbe Ergebnis folgt, wenn man im Fall b) zur Zeit $t=\tau$ den in Abb. 3.2.3b) schraffierten differentiellen Sprung $du(\tau)$ betrachtet. Ist $g(t-\tau)$ die Antwort auf den Einheitssprung zur Zeit $t=\tau$, dann ist die differentielle Antwort auf den betrachteten Sprung $du(\tau)$ $dv = du(\tau)\,g(t-\tau) = \dot{u}(\tau)\,g(t-\tau)\,d\tau$. Die Superposition sämtlicher differentieller Antworten dv auf die differentiellen Sprünge, in die der Eingang u(t) zerlegt wird, ergibt dann unter Berücksichtigung des endlichen Anfangssprungs $u(t_o)$ zur Zeit $t=t_o$ die Gesamtantwort

$$v(t) = g(t-t_o)\,u(t_o) + \int_{t_o}^{t} g(t-\tau)\,\dot{u}(\tau)\,d\tau , \qquad (3.2.4)$$

oder auch hier mit der Substitution $t-\tau \to \tau$

$$v(t) = g(t-t_o)\,u(t_o) + \int_{0}^{t-t_o} g(\tau)\,\dot{u}(t-\tau)\,d\tau . \qquad (3.2.5)$$

Mit partieller Integration findet man

$$v(t) = g(t-t_o)\,u(t_o) + \left[-g(\tau)\,u(t-\tau)\right]_0^{t-t_o} + \int_{0}^{t-t_o} \dot{g}(\tau)\,u(t-\tau)\,d\tau$$

und nach Einsetzen der Integrationsgrenzen

$$v(t) = g(0)\,u(t) + \int_{0}^{t-t_o} \dot{g}(\tau)\,u(t-\tau)\,d\tau . \qquad (3.2.6)$$

Es gilt $g(\tau)\equiv 0$ und damit $\dot{g}(\tau)\equiv 0$ für $\tau<0$ sowie $u(t)\equiv 0$ für $t<t_o$, also auch $u(t-\tau)\equiv 0$ für $t-\tau<0$ bzw. für $\tau>t-t_o$, so daß auch hier der Integrationsbereich auf $(-\infty,+\infty)$ ausgedehnt werden darf, womit das Ergebnis

$$v(t) = g(0)\,u(t) + \int_{-\infty}^{\infty} \dot{g}(\tau)\,u(t-\tau)\,d\tau \qquad (3.2.7)$$

folgt. Hier ergibt sich die Antwort v(t) des Systems als Faltung der zeitlichen Ableitung der Sprungantwortfunktion $\dot{g}(t)$ mit der Eingangsfunktion u(t).

Setzen wir für die Fälle a) und b) dieselbe Eingangsfunktion u(t) voraus, dann müssen auch die Antworten in beiden Fällen übereinstimmen. Aus den Gln. (3.2.3) und (3.2.7) folgt somit

$$\int_{-\infty}^{\infty} h(\tau)\, u(t-\tau)\, d\tau = g(0)\, u(t) + \int_{-\infty}^{\infty} \dot{g}(\tau)\, u(t-\tau)\, d\tau \,. \qquad (3.2.8)$$

Hier kann man u(t) mit Hilfe der *Dirac*schen Deltafunktion δ(t) und ihrer Integraleigenschaft (2.13.31) auch in Gestalt des Integrals

$$u(t) = \int_{-\infty}^{\infty} u(t-\tau)\, \delta(\tau)\, d\tau \qquad (3.2.9)$$

schreiben. Der Vergleich der Integranden in den Gln. (3.2.8) und (3.2.9) liefert schließlich die gesuchte Beziehung

$$h(t) = g(0)\, \delta(t) + \dot{g}(t) \qquad (3.2.10)$$

zwischen der Impulsantwort h(t) und der Sprungantwortfunktion g(t).

3.3 Impulsantwort, Übertragungsfunktion und Systemantwort

Das betrachtete lineare zeitinvariante mechanische System sei stabil. Das bedeutet, daß die Systemantwort v(t) auf eine Erregung u(t) mit der Zeit t nicht unbegrenzt anwächst, daß insbesondere das System auf einen deterministischen harmonischen Eingang mit einem ebenfalls harmonischen Ausgang antwortet.

Die Systemantwort v(t) auf einen deterministischen Eingang u(t) erhält man mit der Impulsantwort h(t) in Gestalt des *Duhamel*schen Integrals (3.2.3). Es soll der von den zur Zeit $t=t_o$ herrschenden Anfangsbedingungen unbeeinflußte, also der eingeschwungene Zustand v(t) der Systemreaktion auf eine harmonische Erregung $u(t)=\exp(i\omega t)$ ermittelt werden. Wirkt u(t) von $t_o=-\infty$ an, ergibt sich dieser aus dem *Duhamel*-Integral zu

$$v(t) = e^{i\omega t} \int_{-\infty}^{\infty} h(\tau)\, e^{-i\omega\tau} d\tau \,. \qquad (3.3.1)$$

Die *Fourier*-Transformierte der Impulsantwort h(t) definiert man als (komplexe) Übertragungsfunktion

$$H(\omega) := \int_{-\infty}^{\infty} h(t)\, e^{-i\omega t} dt \,, \qquad (3.3.2)$$

die bereits in Abschnitt 1.1.3 speziell für den Einmassenschwinger eingeführt worden war. Entgegen der Darstellung der *Fourier*-Transformation in Abschnitt 2.13.2 wird hier der Faktor 1/(2π) der Rücktransformierten, also der Impulsantwort

$$h(t) = \frac{1}{2\pi} \int_{-\infty}^{\infty} H(\omega)\, e^{i\omega t} d\omega \,, \qquad (3.3.3)$$

zugeordnet.

Setzt man die Übertragungsfunktion (3.3.2) in Gl. (3.3.1) ein, erhält man die Systemantwort

$$v(t) = H(\omega)\,e^{i\omega t} = |H(\omega)|\,e^{i[\omega t-\psi(\omega)]} \tag{3.3.4}$$

mit Betrag $|H(\omega)|$ und Argument $\arg H(\omega) = -\psi(\omega)$. Dies ist das erwartete Ergebnis, nach dem die Systemantwort $v(t)$ auf eine harmonische Erregung $u(t)$ ebenfalls harmonisch ist, sie ist lediglich zeitlich phasenverschoben und besitzt eine geänderte Amplitude. Die Impulsantwort $h(t)$ beschreibt das Übertragungsverhalten des betrachteten Systems im Zeitbereich t, die Übertragungsfunktion $H(\omega)$ im Frequenzbereich ω.

Die Impulsantwort $h(t)$ ist die Antwort des Systems auf einen Einheitsimpuls zur Zeit $t=0$, es gilt also aus Kausalitätsgründen $h(t)\equiv 0$ für $t<0$. Gl. (3.3.2) kann daher auch in der Form

$$H(\omega) = \int_0^{\infty} h(t)\,e^{-i\omega t}\,dt \tag{3.3.5}$$

geschrieben werden. Mit der *Euler*schen Formel $\exp(-i\omega t) = \cos\omega t - i\sin\omega t$ und der Zerlegung der Übertragungsfunktion in ihren Realteil $\mathrm{Re}[H]$ und ihren Imaginärteil $\mathrm{Im}[H]$ folgt daraus

$$\left.\begin{aligned} \mathrm{Re}[H(\omega)] &= \int_0^{\infty} h(t)\cos\omega t\,dt\,, \\ \mathrm{Im}[H(\omega)] &= -\int_0^{\infty} h(t)\sin\omega t\,dt\,. \end{aligned}\right\} \tag{3.3.6}$$

$\mathrm{Re}[H]$ ist eine in ω symmetrische, $\mathrm{Im}[H]$ eine antimetrische Funktion. Mit diesen Eigenschaften ergibt sich aus Gl. (3.3.3) die notwendig reelle Impulsantwort zu

$$h(t) = \frac{1}{\pi}\int_0^{\infty} \left(\mathrm{Re}[H(\omega)]\cos\omega t - \mathrm{Im}[H(\omega)]\sin\omega t\right) d\omega\,, \tag{3.3.7}$$

oder, wenn man t duch $-t$ ersetzt,

$$h(-t) = \frac{1}{\pi}\int_0^{\infty} \left(\mathrm{Re}[H(\omega)]\cos\omega t + \mathrm{Im}[H(\omega)]\sin\omega t\right) d\omega\,. \tag{3.3.8}$$

Die Gln. (3.3.7) und (3.3.8) werden nacheinander addiert und voneinander subtrahiert, und man erhält

$$h(t) + h(-t) = \frac{2}{\pi}\int_0^{\infty} \mathrm{Re}[H(\omega)]\cos\omega t\,d\omega \quad \text{und} \quad h(t) - h(-t) = -\frac{2}{\pi}\int_0^{\infty} \mathrm{Im}[H(\omega)]\sin\omega t\,d\omega\,.$$

Für $t>0$ ist jedoch wegen des Kausalitätsprinzips $h(-t)\equiv 0$, so daß zur Berechnung der Impulsantwort bei bekannter Übertragungsfunktion alternativ die beiden Gleichungen

$$h(t) = \frac{2}{\pi}\int_0^{\infty} \mathrm{Re}[H(\omega)]\cos\omega t\,d\omega = -\frac{2}{\pi}\int_0^{\infty} \mathrm{Im}[H(\omega)]\sin\omega t\,d\omega \tag{3.3.9}$$

zur Verfügung stehen.

Da hiernach $h(t)$ sowohl aus dem Realteil als auch aus dem Imaginärteil der Übertragungsfunktion berechnet werden kann, muß es möglich sein, jeweils den einen Teil durch den anderen auszudrücken. Um dies zu zeigen, gehen wir von dem Integral

$$\int_{-\infty}^{\infty} \frac{e^{-ixt}}{x}\,dx = -i\pi\,, \quad t>0$$

aus und erweitern damit die rechte Seite von Gl. (3.3.5):

$$H(\omega) = -\frac{1}{i\pi}\int_0^{\infty} h(t)\, e^{-i\omega t}\, dt \int_{-\infty}^{\infty} \frac{e^{-ixt}}{x}\, dx = -\frac{1}{i\pi}\int_{t=0}^{\infty}\int_{x=-\infty}^{\infty} h(t)\frac{e^{-i(\omega+x)t}}{x}\, dx\, dt. \qquad (3.3.10)$$

Mit der Substitution $\omega + x \rightarrow x$ erhält man

$$H(\omega) = -\frac{1}{i\pi}\int_{t=0}^{\infty}\int_{x=-\infty}^{\infty} h(t)\frac{e^{-ixt}}{x-\omega}\, dx\, dt = -\frac{1}{i\pi}\int_{-\infty}^{\infty}\frac{dx}{x-\omega}\int_0^{\infty} h(t)\, e^{-ixt}\, dt. \qquad (3.3.11)$$

Nach Gl. (3.3.5) ist das zweite Integral gerade wieder die Übertragungsfunktion $H(x)$, womit die bemerkenswerte Transformationseigenschaft

$$H(\omega) = \frac{i}{\pi}\int_{-\infty}^{\infty}\frac{H(x)}{x-\omega}\, dx \qquad (3.3.12)$$

folgt. Setzt man $H = \mathrm{Re}[H] + i\,\mathrm{Im}[H]$, zerfällt diese komplexe Gleichung in das Paar reeller Transformationsgleichungen

$$\left.\begin{aligned} \mathrm{Re}[H(\omega)] &= -\frac{1}{\pi}\int_{-\infty}^{\infty}\frac{\mathrm{Im}[H(x)]}{x-\omega}\, dx, \\ \mathrm{Im}[H(\omega)] &= \frac{1}{\pi}\int_{-\infty}^{\infty}\frac{\mathrm{Re}[H(x)]}{x-\omega}\, dx. \end{aligned}\right\} \qquad (3.3.13)$$

Für die betrachtete Impulsantwort $h(t)$ ist der Realteil ihrer *Fourier*-Transformierten eindeutig durch deren Imaginärteil bestimmt und umgekehrt. Diese Aussage ist allgemein gültig für die *Fourier*-Transformation jeder *kausalen* Zeitfunktion, die also für $t<0$ identisch Null ist. Bei solchen ist die *Fourier*-Transformierte allein durch ihren Realteil oder durch ihren Imaginärteil bestimmt, weshalb es ja möglich ist, nach Gl. (3.3.9) $h(t)$ entweder mittels $\mathrm{Re}[H(\omega)]$ oder mittels $\mathrm{Im}[H(\omega)]$ zu berechnen. Die Gln. (3.3.13) heißen in ihrer allgemeinen Form *Hilbert*[1]*-Transformation.*

Beispiel 3.3.1: *Hilbert*-Transformation

Ein einfaches Beispiel ergibt sich für die Impulsantwort $h(t) = \sin\Omega t/t$ für $t \geq 0$. Nach Gl. (3.3.6) ist der Realteil der Übertragungsfunktion

$$\mathrm{Re}[H(\omega)] = \int_0^{\infty}\frac{\sin\Omega t\cos\omega t}{t}\, dt = \begin{cases} \pi/2 & \text{für } |\omega| < \Omega \\ \pi/4 & \text{für } |\omega| = \Omega \\ 0 & \text{für } |\omega| > \Omega \end{cases}$$

und nach Gl. (3.3.13) der Imaginärteil

$$\mathrm{Im}[H(\omega)] = \frac{1}{\pi}\int_{-\Omega}^{\Omega}\frac{\pi/2}{x-\omega}\, dx = \frac{1}{2}\ln\left|\frac{\omega-\Omega}{\omega+\Omega}\right|,$$

vergl. Abb. 3.3.1.

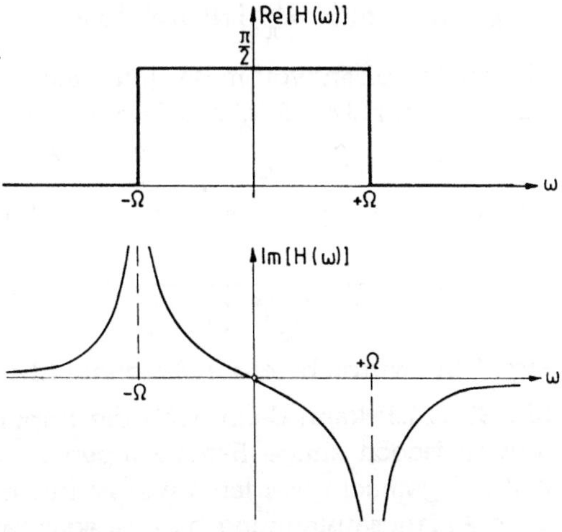

Abb. 3.3.1 *Hilbert*-Transformation

1) *David Hilbert* (1862-1943), deutscher Mathematiker, wirkte in Königsberg und Göttingen u.a. mit richtungsweisenden Arbeiten zur Theorie der Integralgleichungen und der Variationsrechnung

3.4 Impulsantwort und Übertragungsfunktion des Einmassenschwingers

Wir betrachten wieder das einfachste Modell einer meerestechnischen Konstruktion, das Pfahl-Plattform-System als Einmassenschwinger nach Abb. 1.1.1. Mit der Massenkraft $F_M = M\ddot{u}$, der Dämpfungskraft $F_D = C\dot{u}$, der Federkraft $F_K = Ku$ und der Erregerkraft $F(t)$ liefert das *Newton*sche Grundgesetz die Bewegungsdifferentialgleichung (1.1.5) $M\ddot{u} + C\dot{u} + Ku = F(t)$ mit den Systemparametern Masse M, Dämpfungskonstante C und Federkonstante K zur Berechnung der Plattformauslenkung u. Nach Division der Differentialgleichung durch M und Einführung der Eigenfrequenz $\omega_o = \sqrt{K/M}$ sowie des Dämpfungsparameters $\xi = C/(2M\omega_o)$ ergibt sich die Differentialgleichung in der Form

$$\ddot{u} + 2\xi\omega_o\dot{u} + \omega_o^2 u = \omega_o^2 \frac{F(t)}{K}. \tag{3.4.1}$$

Eingang dieses Systems ist die durch die Federkonstante K dividierte Erregerkraft $F(t)/K$. Dieser Eingang ist übrigens gleich dem Ausgang des Systems, wenn Massen- und Dämpfungskraft vernachlässigt werden können, wenn also die Bewegung der Plattform so langsam erfolgt, daß quasistatisch gerechnet werden kann. Ausgang des Sytems ist die Auslenkung $u(t)$. Und der Operator des Einmassenschwingers ergibt als Differentialoperator G aus

$$G^{-1} := \frac{d^2}{dt^2} + 2\xi\omega_o \frac{d}{dt} + \omega_o^2 \frac{d^o}{dt^o}.$$

Um die Impulsantwort $h(t)$ und die Übertragungsfunktion $H(\omega)$ des Einmassenschwingers zu ermitteln, wird als Eingang der Einheitsimpuls $\delta(t)$ als *Fourier*-Integral (2.13.23)

$$\frac{F(t)}{K} \equiv \delta(t) = \frac{1}{2\pi}\int_{-\infty}^{\infty} e^{i\omega t}\, d\omega \tag{3.4.2}$$

angesetzt. Der Ausgang des Systems ist dann

$$u(t) \equiv h(t) = \frac{1}{2\pi}\int_{-\infty}^{\infty} H(\omega)\, e^{i\omega t}\, d\omega, \tag{3.4.3}$$

also die Impulsantwort in der Integraldarstellung (3.3.3). Eingesetzt in die Differentialgleichung (3.4.1) folgt aus dem Vergleich sämtlicher Integranden die Beziehung

$$H(\omega)\,(-\omega^2 + 2i\xi\omega_o\omega + \omega_o^2) = \omega_o^2,$$

aus der sich die gesuchte Übertragungsfunktion des Einmassenschwingers

$$H(\omega) = \frac{1}{1 - \left(\frac{\omega}{\omega_o}\right)^2 + 2i\xi\frac{\omega}{\omega_o}} \tag{3.4.4}$$

ergibt. Sie wurde bereits in Abschnitt 1.1.3 mit Gl. (1.1.35) definiert.

Mit Gl. (3.4.3) kann dann auch die Impulsantwort $h(t)$ berechnet werden. Zuvor müssen jedoch einige Bemerkungen zu den Anfangsbedingungen von $h(t)$ zur Zeit $t=0$ gemacht werden. Zwar ist in Abb. 3.2.1 ganz allgemein von einer endlichen Anfangsauslenkung h_o ausgegangen worden, doch kann für ein massebehaftetes System als physikalisch sinnvoll nur eine Bewegung angesehen werden, die vom Zeitpunkt des Einheitsimpulses an aus der Ruhelage $h(0)=h_o=0$ heraus ausgeführt wird. h(t) muß also stetig angenommen werden. Auf der anderen Seite wird dem System zur Zeit t=0 eine endliche Anfangsgeschwindigkeit $\dot{h}_o$ aufgezwungen. Diese kann nicht frei gewählt werden, sondern ist systembedingt. Zu ihrer Berechnung integriert man die Differentialgleichung (3.4.1) mit $u \equiv h(t)$ und $F/K \equiv \delta(t)$ von $t=-\varepsilon$ bis $t=+\varepsilon$

$$\int_{-\varepsilon}^{\varepsilon}(\ddot{h} + 2\xi\omega_o\dot{h} + \omega_o^2 h)\,dt = \omega_o^2\int_{-\varepsilon}^{\varepsilon}\delta(t)\,dt\,,$$

$$\dot{h}(\varepsilon) - \dot{h}(-\varepsilon) + 2\xi\omega_o[h(\varepsilon) - h(-\varepsilon)] + \omega_o^2\int_{-\varepsilon}^{\varepsilon}h\,dt = \omega_o^2\int_{-\varepsilon}^{\varepsilon}\delta(t)\,dt\,.$$

Das Integral über die *Dirac*sche Deltafunktion ist unabhängig von ε gleich Eins. Im Grenzübergang $\varepsilon \to 0$ verschwindet das Integral über h(t) als auch, da h(t) stetige Funktion ist, $h(\varepsilon)-h(-\varepsilon)$. Außerdem ist $\dot{h}(-\varepsilon)=0$. Somit ergibt sich die Anfangsgeschwindigkeit

$$\lim_{\varepsilon \to 0}\dot{h}(\varepsilon) = \dot{h}_o = \omega_o^2\,. \qquad (3.4.5)$$

Die Impulsantwort selbst ist dann

$$h(t) = \frac{1}{2\pi}\int_{-\infty}^{\infty}H(\omega)e^{i\omega t}d\omega =$$

$$= \frac{1}{2\pi}\int_{-\infty}^{\infty}\frac{e^{i\omega t}}{1-\left(\frac{\omega}{\omega_o}\right)^2+2i\xi\frac{\omega}{\omega_o}}d\omega =$$

$$= \begin{cases} 0, & t \le 0 \\ \frac{\omega_o^2}{\Omega}e^{-\xi\omega_o t}\sin\Omega t, & t \ge 0 \end{cases} \qquad (3.4.6)$$

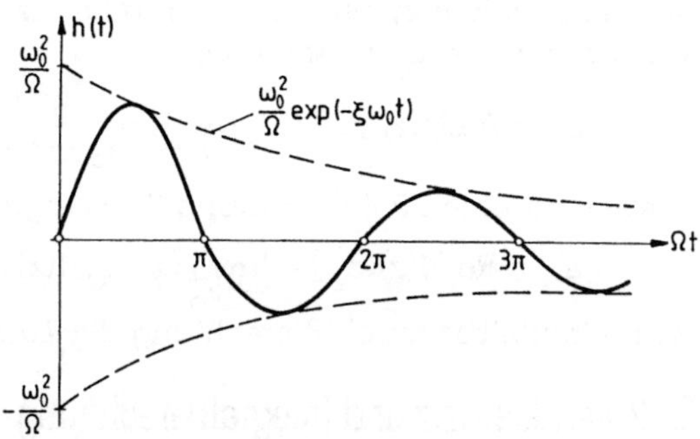

Abb. 3.4.1 Impulsantwort h(t) des gedämpften Einmassenschwingers

mit $\Omega = \sqrt{1-\xi^2}\,\omega_o$, der Kreisfrequenz einer gedämpften Schwingung, vergl. Abschnitt 1.1.2. Die Impulsanwort h(t) ergibt sich also als freie gedämpfte Schwingung mit der Anfangsauslenkung h(0)=0 und der Anfangsgeschwindigkeit $\dot{h}(0)=\omega_o^2$. Man überzeugt sich am Ergebnis (3.4.6) durch Ausrechnen, daß diese Anfangsbedingungen herrschen. Abb. 3.4.1 zeigt einen qualitativen Zeitverlauf der Impulsantwort.

Die Berechnung des Integrals in Gl. (3.4.6) wird zweckmäßig mit Hilfe des Residuensatzes der Funktionentheorie durchgeführt. Darauf wird im nächsten Abschnitt eingegangen.

3.5 Residuensatz

3.5.1 Laurentreihe und Residuen

Wir betrachten eine Funktion f(z) der komplexen Variablen z=x+iy. Die Funktion f(z) sei innerhalb eines bestimmten Gebietes der komplexen Zahlenebene in der Umgebung eines Punktes $z=z_o$ *holomorph* (regulär), jedoch nicht im Punkt $z=z_o$. Holomorphie bedeutet, daß die Funktion f(z) eindeutig ist und eine stetige Ableitung f'(z) besitzt.

Es existiert dann eine eindeutige Potenzreihenentwicklung, die dadurch gekennzeichnet ist, daß Glieder mit negativen Potenzen auftreten. Diese Potenzreihe heißt

Laurent[1] *Reihe*:

$$f(z)=\sum_{n=-k}^{\infty} a_n (z-z_0)^n \ , \ k \geq 0 . \tag{3.5.1}$$

$z=z_0$ ist also ein singulärer Punkt.

Ist $k=\infty$, existieren also unendlich viele Glieder mit negativen Potenzen, liegt eine wesentliche Singularität vor. Für die hier vorkommenden Anwendungen spielt dieser Fall jedoch keine Rolle. Bei einer endlichen Zahl k ist der Punkt z_0 ein Pol der Ordnung k. Meist wird es sich um einen Pol 1. Ordnung handeln, und die *Laurent*-Reihe beginnt mit dem Glied $a_{-1}(z-z_0)^{-1}$. Für $k=0$ geht die *Laurent*-Reihe in die *Taylor*[2]-Reihe über. Gilt dann $f(z_0)=a_0$ (hebbare Singularität), so ist f(z) auch im Punkt z_0 holomorph.

Den Koeffizienten a_{-1} der Potenz $(z-z_0)^{-1}$ in der *Laurent*-Reihe nennt man das *Residuum* der holomorphen Funktion f(z) an der Stelle $z=z_0$. Es läßt sich für einen Pol k. Ordnung wie folgt berechnen:

$$a_{-1} := \text{Res}[f(z), z_0] = \frac{1}{(k-1)!} \lim_{z \to z_0} \frac{d^{k-1}}{dz^{k-1}} [(z-z_0)^k f(z)]. \tag{3.5.2}$$

Speziell für einen Pol 1. Ordnung (k=1) ergibt sich daraus

$$a_{-1} = \text{Res}[f(z), z_0] = \lim_{z \to z_0} [(z-z_0) f(z)], \tag{3.5.3}$$

was unmittelbar durch Betrachtung der *Laurent*-Reihe (3.5.1) folgt.

3.5.2 Residuensatz und Integralberechnung

Ist f(z) innerhalb eines Gebietes G mit Ausnahme endlich vieler Punkte z_0, $z_1, \dots z_n, \dots z_N$ holomorph, dann ist das Integral dieser Funktion längs einer geschlossenen Kurve C, die innerhalb G liegt und die singulären Punkte z_n umschließt, gleich der $2\pi i$-fachen Summe der Residuen in diesen Punkten. Es gilt also

$$\frac{1}{2\pi i} \oint_C f(z)\, dz = \sum_{n=1}^{N} \text{Res}[f(z), z_n]. \tag{3.5.4}$$

Den Beweis dieses Satzes führt man in der Funktionentheorie mit der Integralformel von *Cauchy*[3].

Eine wichtige Anwendungsmöglichkeit liegt in der Berechnung verschiedener uneigentlicher Integrale von Funktionen reeller Variabler. Liegen in der oberen Halbebene der komplexen Zahlenebene endlich viele singuläre Punkte z_n, $n=0, 1, \dots N$, einer dort einschließlich der reellen Achse jedoch mit Ausnahme der Punkte $z=z_n$ holomorphen Funktion f(z) und besitzt f(z) für $z=\infty$ eine mindestens zweifache Nullstelle, dann wählt man als Gebiet G die gesamte obere Halbebene, und der Rand C dieses Gebiets ist dann die reelle Achse von $x=-\infty$ bis $x=+\infty$. Gl. (3.5.4) besitzt dann die Gestalt

$$\int_{-\infty}^{\infty} f(x)\, dx = 2\pi i \sum_{n=1}^{N} \text{Res}[f(z), z_n]. \tag{3.5.5}$$

1) *Pierre Alphonse Laurent* (1813-1854), franz. Mathematiker
2) *Brook Taylor* (1685-1731), engl. Mathematiker
3) *Augustin Louis Cauchy* (1789-1857), franz. Mathematiker, Begründer der Funktionentheorie

Als Beispiel wird der Residuensatz zur Berechnung der Impulsantwort (3.4.6) verwendet. Vor das Integral zieht man zur Vereinfachung der Schreibweise den Faktor $-\omega_o^2/i$ und erhält

$$h(t) = -\omega_o^2 \frac{1}{2\pi i}\int_{-\infty}^{\infty}\frac{i\,e^{i\omega t}\,d\omega}{\omega^2-\omega_o^2-2i\xi\omega_o\omega} = -\omega_o^2\frac{1}{2\pi i}\int_{-\infty}^{\infty} f(\omega)\,d\omega. \qquad (3.5.6)$$

Die Nullstellen im Nenner des Integranden $f(\omega)$ findet man durch Auflösen der in ω quadratischen Gleichung zu $z_1 = \Omega + i\xi\omega_o$ und $z_2 = -\Omega + i\xi\omega_o$ mit der Kreisfrequenz der gedämpften Schwingung $\Omega = \sqrt{1-\xi^2}\,\omega_o$. Es ist dann

$$f(z) = \frac{i\,e^{izt}}{(z-z_1)(z-z_2)}$$

eine in der oberen komplexen Ebene holomorphe Funktion mit Ausnahme der beiden Punkte z_1 und z_2, die beide einen Pol 1. Ordnung darstellen, vergl. Abb. 3.5.1. Nach Gl. (3.5.3) sind dann die Residuen

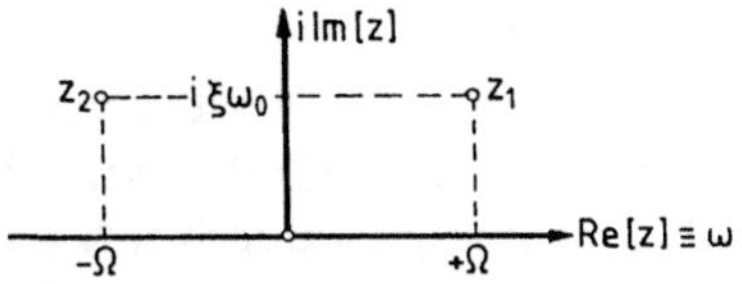

Abb. 3.5.1 Pole z_1 und z_2 der Übertragungsfunktion $H(z)$

$$\left.\begin{aligned} \mathrm{Res}[f(z), z_1] &= \lim_{z\to z_1}[(z-z_1)f(z)] = \frac{i\,e^{iz_1t}}{z_1-z_2} = \frac{i}{2\Omega}e^{i\Omega t}e^{-\xi\omega_o t},\\ \mathrm{Res}[f(z), z_2] &= \lim_{z\to z_2}[(z-z_2)f(z)] = \frac{i\,e^{iz_2t}}{z_2-z_1} = -\frac{i}{2\Omega}e^{-i\Omega t}e^{-\xi\omega_o t}.\end{aligned}\right\} \qquad (3.5.8)$$

Mit dem Residuensatz (3.5.5) ist dann die Impulsantwort

$$h(t) = -\omega_o^2\sum_{n=1}^{2}\mathrm{Res}[f(z), z_n] = -\frac{i\omega_o^2}{2\Omega}e^{-\xi\omega_o t}(e^{i\Omega t}-e^{-i\Omega t}). \qquad (3.5.9)$$

Unter Verwendung der *Euler*schen Formel folgt dann das mit Gl. (3.4.6) bereits im vorigen Abschnitt vorangestellte Ergebnis.

3.6 Eingangs-Ausgangs-Beziehungen für Zufallsprozesse

Eingang eines Systems sei der Zufallsprozeß $u(t)$, dessen Statistik im Zeitbereich durch die Autokorrelationsfunktion $K_{uu}(\tau)$ oder im Frequenzbereich durch die Spektraldichte $S_{uu}(\omega)$, die beide über die *Wiener-Chintschin*- Relationen (2.14.9) miteinander verbunden sind, gekennzeichnet ist. Durch den deterministischen Systemoperator G in Abb. 3.1.1 wird $u(t)$ in bestimmter Weise in den Ausgang $v(t)$ transformiert, der ebenfalls ein Zufallsprozeß ist. Ziel dieses Abschnitts ist es, Autokorrelationsfunktion $K_{vv}(\tau)$ und Spektraldichte $S_{vv}(\omega)$ des Ausgangs in Abhängigkeit von entsprechenden Größen des Eingangs herzuleiten.

Eingang und Ausgang stehen grundsätzlich über das *Duhamel*-Integral (3.2.3) miteinander in Beziehung, nur daß wegen des Zufallscharakters beider Prozesse $u(t)$ und $v(t)$ lediglich etwas über die statistische Erwartung des Ausgangs $v(t)$ ausgesagt werden kann. Es ist also

$$E[v(t)] = E[\int_{-\infty}^{\infty} h(\tau)\,u(t-\tau)\,d\tau]. \qquad (3.6.1)$$

Erwartungswertbildung und Integration dürfen vertauscht werden. Die Impulsantwort $h(\tau)$ ist Eigenschaft des betrachteten Systems, damit eine deterministische Funktion und kann vor die Erwartungswertbildung gezogen werden. Und der Erwartungswert $E[u(t-\tau)]$ hängt bei stationären Prozessen nicht von der Zeit ab und wird vor das Integral gezogen. Unter Beachtung der Definitionsgleichung (3.3.2) für die Übertragungsfunktion $H(\omega)$ erhält man auf diese Weise

$$E[v(t)] = \int_{-\infty}^{\infty} h(\tau)\, E[u(t-\tau)]\, d\tau = E[u(t)] \int_{-\infty}^{\infty} h(\tau)\, d\tau = H(0)\, E[u(t)]. \tag{3.6.2}$$

Die Erwartungswerte beider Prozesse, das sind bei ergodischen Prozessen auch die zeitlichen Mittelwerte, werden danach mit der Übertragungsfunktion für $\omega=0$ miteinander verknüpft. Ist der Eingangsprozeß zentriert mit $E[u(t)]=0$, dann auch der Ausgangsprozeß.

Nächster Schritt ist die Berechnung der Autokorrelationsfunktion für den Prozeß $v(t)$ mittels der Definitionsgleichung (2.11.1). Dabei wird $v(t)$ wieder mittels des *Duhamel*-Integrals durch $u(t)$ ausgedrückt. Es ist dann

$$K_{vv}(\tau) = E[v(t)\, v(t+\tau)] = E[\int_{-\infty}^{\infty} h(\tau_1)\, u(t-\tau_1)\, d\tau_1 \int_{-\infty}^{\infty} h(\tau_2)\, u(t+\tau-\tau_2)\, d\tau_2] =$$

$$= \int_{-\infty}^{\infty}\int_{-\infty}^{\infty} h(\tau_1)\, h(\tau_2)\, E[u(t-\tau_1)\, u(t+\tau-\tau_2)]\, d\tau_1\, d\tau_2 .$$

Als Erwartungswert unter dem Integral erkennt man die Autokorrelationsfunktion des Prozesses $u(t)$ zur Zeit $(t+\tau-\tau_2) - (t-\tau_1) = \tau+\tau_1-\tau_2$, und es folgt die Beziehung

$$K_{vv}(\tau) = \int_{-\infty}^{\infty}\int_{-\infty}^{\infty} h(\tau_1)\, h(\tau_2)\, K_{uu}(\tau+\tau_1-\tau_2)\, d\tau_1\, d\tau_2 \tag{3.6.3}$$

zwischen den Autokorrelationsfunktionen des Eingangs und Ausgangs.

Weiterer Schritt ist die Berechnung der Spektraldichte für den Ausgang, die mittels der *Wiener-Chintschin*-Relation

$$S_{vv}(\omega) = \frac{1}{2\pi} \int_{-\infty}^{\infty} K_{vv}(\tau)\, e^{-i\omega\tau}\, d\tau$$

erfolgt. Man setzt hier $K_{vv}(\tau)$ nach Gl. (3.6.3) ein und erhält

$$S_{vv}(\omega) = \frac{1}{2\pi} \int_{-\infty}^{\infty}\int_{-\infty}^{\infty}\int_{-\infty}^{\infty} h(\tau_1)\, h(\tau_2)\, K_{uu}(\tau+\tau_1-\tau_2)\, e^{-i\omega\tau}\, d\tau_1\, d\tau_2\, d\tau =$$

$$= \frac{1}{2\pi} \int_{-\infty}^{\infty}\int_{-\infty}^{\infty} h(\tau_1)\, h(\tau_2) [\int_{-\infty}^{\infty} K_{uu}(\tau+\tau_1-\tau_2)\, e^{-i\omega\tau}\, d\tau]\, d\tau_1\, d\tau_2 .$$

Für den innen stehenden Integranden wird die Substitution $\tau+\tau_1-\tau_2 \to \tau$ durchgeführt. Danach können die Integrale separiert werden:

$$S_{vv}(\omega) = \frac{1}{2\pi} \int_{-\infty}^{\infty} h(\tau_1)\, e^{i\omega\tau_1}\, d\tau_1 \int_{-\infty}^{\infty} h(\tau_2)\, e^{-i\omega\tau_2}\, d\tau_2 \int_{-\infty}^{\infty} K_{uu}(\tau)\, e^{-i\omega\tau}\, d\tau .$$

Das letzte Integral ist das 2π-fache der Spektraldichte $S_{uu}(\omega)$ des Eingangs $u(t)$, das zweite Integral nach Gl. (3.3.2) die Übertragungsfunktion $H(\omega)$ des Systems und das erste Integral, bei dem gegenüber dem zweiten lediglich i durch $-i$ ersetzt ist, die konjugiert Komplexe $H^*(\omega)$. Also gilt zwischen den Spektraldichten des Ein- und Ausgangs

$$S_{vv}(\omega) = H(\omega)\, H^*(\omega)\, S_{uu}(\omega) = |H(\omega)|^2 S_{uu}(\omega) . \tag{3.6.4}$$

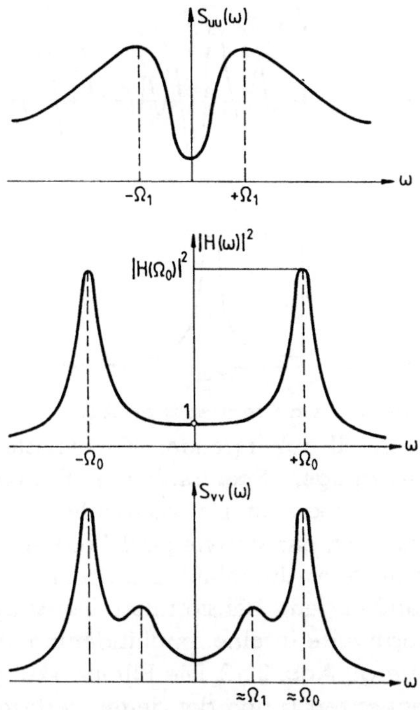

a) Spektraldichte $S_{uu}(\omega)$ des Eingangsprozesses $u(t)$

b) Amplitudengang $|H(\omega)|^2$ des Einmassenschwingers

c) Spektraldichte $S_{vv}(\omega)$ des Ausgangsprozesses $v(t)$

Abb. 3.6.1 Übertragungsverhalten des Einmassenschwingers im Frequenzbereich

Diese wichtige Beziehung für die stochastische Analyse dynamischer Systeme beschreibt das Übertragungsverhalten des Systems im Frequenzbereich. In Abb. 3.6.1 ist es für den Einmassenschwinger qualitativ beschrieben.

In Abb. 3.6.1 a) ist die Spektraldichte $S_{uu}(\omega)$ des Eingangs in Abhängigkeit von der Frequenz ω dargestellt. Für meerestechnische Konstruktionen wird es sich dabei zumeist um die Spektraldichte der Erregerkräfte aus der unregelmäßigen Wellenbelastung handeln. Für eine "echte" Zufallsbelastung wird diese Spektraldichte verhältnismäßig breitbandig sein, was sich durch eine völlige Spektraldichtekurve ausdrückt. Das bei realen Prozessen stets vorhandene Maximum der Spektraldichte liege bei der Frequenz Ω_1.

Die Abb. 3.6.1 b) darunter zeigt das Quadrat des Amplitudengangs oder der Vergrößerungsfunktion $V(\omega) = |H(\omega)|$ für den Einmassenschwinger nach Gl. (1.1.39). An der Stelle $\Omega_o = \sqrt{1-\xi^2}\,\omega_o$, für kleine Dämpfungen $\xi \ll 1$ also an der Stelle der Eigenfrequenz $\Omega_o \approx \omega_o$, besitzt $|H(\omega)|$ ein Maximum, und zwar von der Größe $|H(\Omega_o)| = (2\xi\sqrt{1-\xi^2})^{-1}$, für kleine Dämpfungen $|H(\Omega_o)| \approx (2\xi)^{-1}$.

Schließlich ist in Abb. 3.6.1 c) das Ergebnis der Übertragung dargestellt. Die Spektraldichte $S_{vv}(\omega)$ des Ausgangs entsteht durch Multiplikation der beiden Kurven aus a) und b). Bei meerestechnischen Konstruktionen handelt es sich z.B. um die Spektraldichte der Plattformauslenkung oder um die der Materialspannung an der höchst beanspruchten Stelle eines Pfahls. Sowohl das Maximum der Eingangsspektraldichte als auch das Maximum der Amplitudenvergrößerungsfunktion drücken sich im Verlauf der Ausgangsspektraldichte aus. Dabei führt die Charakteristik der Amplitudenvergrößerungsfunktion mit für kleine Dämpfungsparame-

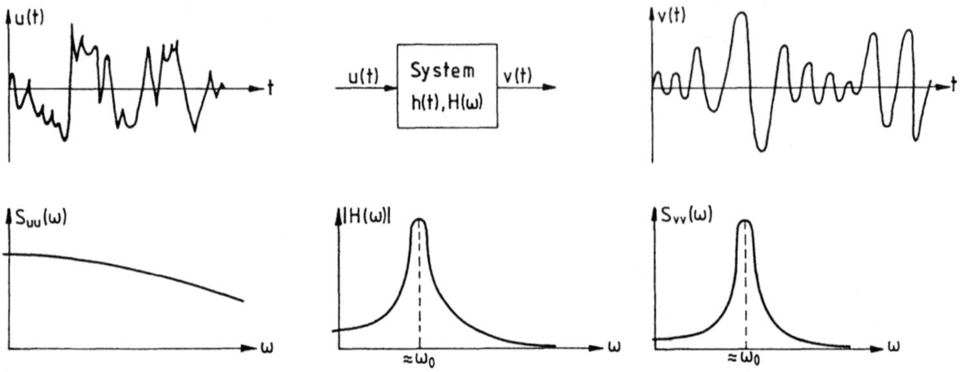

Abb. 3.6.2 Übertragungsverhalten im Zeit- und im Frequenzbereich

ter ξ in der Nähe von Ω_o nach beiden Seiten schnell abklingenden Kurvenästen zu einer im Vergleich zum Eingang schmalbandigen Spektraldichte. $S_{vv}(\omega)$ überstreicht einen verhältnismäßig kleinen Frequenzbereich. Das betrachtete mechanische System wirkt danach als *Schmalbandfilter*, das vorwiegend Frequenzanteile in der Nähe von Eigenfrequenzen des Systems durchläßt. Ein Breitband-Rauschen als Eingang wird zu einem Schmalbandausgang transformiert. Der stark unkorrelierte Eingangsprozeß u(t) geht näherungsweise in eine amplitudenmodulierte Kosinusfunktion v(t) am Ausgang über, vergl. Abb. 3.6.2. Die Filterwirkung des Systems führt insbesondere bei großen Frequenzen ω und der damit verbundenen großen Massenträgheit dazu, daß eine Antwort auf die Erregung am Eingang praktisch nicht mehr feststellbar ist. Für Erregerfrequenzen des Eingangs, die in der Nähe von Eigenfrequenzen liegen, antwortet das System dagegen mit stark überhöhten Ausgangsamplituden.

Abschließend werden Kreuzkorrelationsfunktion und Kreuzspektraldichte zwischen Eingang und Ausgang berechnet. Zunächst wird in der Kreuzkorrelationsfunktion $K_{uv}(\tau)=E[u(t)v(t+\tau)]$ die Systemantwort v(t) mittels des *Duhamel*schen Integrals (3.6.1) durch den Eingangsprozeß u(t) ersetzt. Man erhält

$$K_{uv}(\tau) = E[u(t)\int_{-\infty}^{\infty} h(\tau_2)\,u(t+\tau-\tau_2)\,d\tau_2\,] = \int_{-\infty}^{\infty} h(\tau_2)\,E[u(t)\,u(t+\tau-\tau_2)]\,d\tau_2 .$$

Der Erwartungswert unter dem Integral ist die Autokorrelationsfunktion des Prozesses u(t) zur Zeit $(t+\tau-\tau_2)-t=\tau-\tau_2$, womit das Ergebnis

$$K_{uv}(\tau) = \int_{-\infty}^{\infty} h(\tau_2)\,K_{uu}(\tau-\tau_2)\,d\tau_2 \qquad (3.6.5)$$

folgt. Man erkennt, daß die Kreuzkorrelationsfunktion $K_{uv}(\tau)$ durch Faltung der Impulsantwort $h(\tau)$ mit der Autokorrelationsfunktion $K_{uu}(\tau)$ entsteht. Man kann also auch $K_{uv}(\tau)=(h*K_{uu})(\tau)$ schreiben.

Entsprechend der Aussage des Faltungssatzes (2.13.35) ist damit bereits auch bekannt, welcher Zusammenhang zwischen Kreuzspektraldichte $S_{uv}(\omega)$ und Spektraldichte $S_{uu}(\omega)$ besteht. Da beide die *Fourier*-Transformierten der jeweiligen Korrelationsfunktionen sind und außerdem die *Fourier*-Transformierte der Impulsantwort die Übertragungsfunktion ist, gilt $S_{uv}(\omega)=H(\omega)S_{uu}(\omega)$. Dies Ergebnis soll folgend noch einmal ausgerechnet werden. Man geht von der Definitionsgleichung (2.15.1) für die Kreuzspektraldichte $S_{uv}(\omega)$ aus, ersetzt die Kreuzkorrelationsfunktion $K_{uv}(\tau)$ nach Gl. (3.6.5) durch die Autokorrelationsfunktion $K_{uu}(\tau)$ und substituiert $\tau-\tau_2 \to \tau$. Damit erhält man zunächst

$$S_{uv}(\omega) = \frac{1}{2\pi}\int_{-\infty}^{\infty} K_{uv}(\tau)\, e^{-i\omega\tau}\, d\tau = \frac{1}{2\pi}\int_{-\infty}^{\infty}\int_{-\infty}^{\infty} h(\tau_2)\, K_{uu}(\tau-\tau_2)\, e^{-i\omega\tau}\, d\tau_2\, d\tau =$$

$$= \frac{1}{2\pi}\int_{-\infty}^{\infty} h(\tau_2)\, d\tau_2 \int_{-\infty}^{\infty} K_{uu}(\tau-\tau_2)\, e^{-i\omega\tau}\, d\tau = \frac{1}{2\pi}\int_{-\infty}^{\infty} h(\tau_2)\, e^{-i\omega\tau_2}\, d\tau_2 \int_{-\infty}^{\infty} K_{uu}(\tau)\, e^{-i\omega\tau}\, d\tau .$$

Das erste Integral ist die Übertragungsfunktion (3.3.5) und das zweite das 2π-fache der Spektraldichte $S_{uu}(\omega)$. Somit ist das vorausgesagte Ergebnis

$$S_{uv}(\omega) = H(\omega)\, S_{uu}(\omega). \tag{3.6.6}$$

Daß entgegen dem Faltungssatz hierin der Faktor 2π fehlt, liegt daran, daß bei der *Fourier*-Transformation der Impulsantwort $h(t)$ der Faktor $(2\pi)^{-1}$ willkürlich der Rücktransformierten zugewiesen wurde.

Mittels der Beziehung (2.15.5) $S_{uv}(\omega) = S^*_{vu}(\omega)$ findet man weiter

$$S_{vu}(\omega) = H^*(\omega)\, S_{uu}(\omega). \tag{3.6.7}$$

Eine Aussage darüber, ob das untersuchte System linear ist oder ob zusätzliche, nicht erfaßte Eingangsstörungen als Erregung auf das System einwirken, liefert die Kohärenzfunktion (2.15.16). Für die hier behandelten linearen Systeme ohne solche Störungen liefert sie mit den Gln. (3.6.4) und (3.6.7)

$$\gamma^2_{uv}(\omega) = \frac{|S_{uv}(\omega)|^2}{S_{uu}(\omega)\, S_{vv}(\omega)} = 1$$

als Kennzeichen vollständiger Kohärenz zwischen Eingangsprozeß $u(t)$ und Ausgangsprozeß $v(t)$. Andernfalls ergeben sich Werte kleiner als Eins.

Als Anwendung der oben beschriebenen Zusammenhänge betrachten wir wieder den Einmassenschwinger mit der Differentialgleichung (3.4.1). Die Erregerkraft $F(t)$ sei ein (zentrierter) *Gauß*scher Zufallsprozeß, für den weißes Rauschen mit der Spektraldichte $S_{FF}(\omega) = S_o$ = konstant angenommen wird. Die Übertragungsfunktion $H(\omega)$ nach Gl. (3.4.4) gilt für einen Eingangsprozeß $F(t)/K$. Zwischen diesem und dem eigentlichen Eingang $F(t)$ liegt also der zusätzliche Übertragungsfaktor $1/K$, so daß die Übertragungsfunktion zwischen Eingang $F(t)$ und Ausgang $u(t)$ $H(\omega)/K$ ist. Nach Gl. (3.6.4) ist damit die Spektraldichte für die Auslenkung des Einmassenschwingers

$$S_{uu}(\omega) = \frac{|H(\omega)|^2}{K^2}\, S_{FF}(\omega) = \frac{1}{\left[1-\left(\frac{\omega}{\omega_o}\right)^2\right]^2 + 4\xi^2\left(\frac{\omega}{\omega_o}\right)^2}\, \frac{S_o}{K^2}. \tag{3.6.8}$$

Für $\omega = 0$ und $\omega = \omega_o$ folgen die Werte $S_{uu}(0) = S_o/K^2$ und $S_{uu}(\omega_o) = S_o/(4\xi^2K^2)$. Für kleine Dämpfungen ist letzterer näherungsweise das Maximum der Spektraldichtekurve. Diese Zusammenhänge sind in Abb. 3.6.3 veranschaulicht.

Für kleine Dämpfungsparameter ξ konzentriert sich $S_{uu}(\omega)$ in der Nähe der Eigenfrequenz ω_o. $u(t)$ ist trotz des Breitbandrauschens am Eingang ein Schmalbandprozeß. So ist die Spektraldichte $S_{uu}(\omega)$ an den Stellen $\omega = \omega_o \pm \xi\omega_o$ bereits auf die Hälfte ihres Maximalwerts abgefallen. Es werden im wesentlichen vom System nur Frequenzen, die im Bereich von $(1-\xi)\omega_o$ bis $(1+\xi)\omega_o$ liegen, durchgelassen. Das System wirkt als Schmalbandfilter mit der Halbwertbreite $\Delta\omega=2\xi\omega_o$.

Man kann auch umgekehrt folgende Aussage treffen : Ist die Antwort eines Systems wegen kleiner Dämpfung schmalbandig, kann die Eingangsspektraldichte unabhängig von ihrem tatsächlichen Verlauf durch weißes Rauschen angenähert werden. Sie hat außerhalb des Frequenzbandes $\Delta\omega$ nur einen geringen Einfluß auf die Bauwerksreaktion.

Es werden die Momente (2.16.15) der Ausgangsspektraldichte berechnet. Es ist mit der Substitution $\omega=\omega_o x$

$$m_o = \int_{-\infty}^{\infty} S_{uu}(\omega)\,d\omega = \frac{S_o\omega_o}{K^2}\int_{-\infty}^{\infty}\frac{dx}{(1-x^2)^2+4\xi^2x^2} :=$$

$$:= \frac{S_o\omega_o}{K^2}\int_{-\infty}^{\infty} f_o(x)\,dx. \qquad (3.6.9)$$

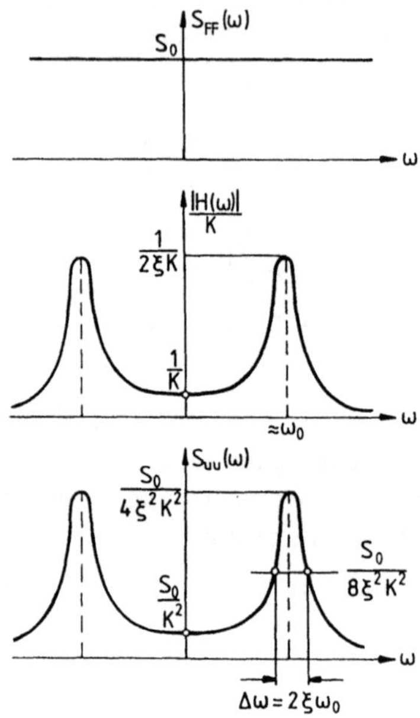

Abb.3.6.3 Übertragungsverhalten bei konstanter Eingangsspektraldichte und kleiner Dämpfung

Der Integrand $f_o(z)$ wird als Funktion der komplexen Variablen $z=x+iy$ aufgefaßt. $f_o(z)$ besitzt vier Pole 1. Ordnung, und zwar $z_{1,2,3,4}=\pm\sqrt{1-\xi^2}\pm i\xi$, von denen z_1 und z_2 mit $+i\xi$ in der oberen komplexen Halbebene liegen. Die beiden Residuen sind

$$\mathrm{Res}[f_o(z),z_1]=\lim_{z\to z_1}[(z-z_1)f_o(z)]=\frac{1}{8i\xi\sqrt{1-\xi^2}(\sqrt{1-\xi^2}+i\xi)} \quad \text{und}$$

$$\mathrm{Res}[f_o(z),z_2]=\lim_{z\to z_2}[(z-z_2)f_o(z)]=\frac{1}{8i\xi\sqrt{1-\xi^2}(\sqrt{1-\xi^2}-i\xi)}\,.$$

und nach Gl. (3.5.5) ist das Moment

$$m_o=\frac{S_o\omega_o}{K^2}2\pi i\sum_{n=1}^{2}\mathrm{Res}[f_o(z),z_n]=\frac{\pi}{2}\frac{S_o\omega_o}{K^2\xi}. \qquad (3.6.10)$$

Es ist

$$m_2=\int_{-\infty}^{\infty}\omega^2 S_{uu}(\omega)\,d\omega=\frac{S_o\omega_o^3}{K^2}\int_{-\infty}^{\infty}x^2 f_o(x)\,dx := \frac{S_o\omega_o^3}{K^2}\int_{-\infty}^{\infty}f_2(x)\,dx. \qquad (3.6.11)$$

Die Residuen von $f_2(z)$ in der oberen Halbebene sind

$$\mathrm{Res}[f_2(z),z_1]=\lim_{z\to z_1}[(z-z_1)f_2(z)]=\frac{\sqrt{1-\xi^2}+i\xi}{8i\xi\sqrt{1-\xi^2}} \quad \text{und}$$

$$\mathrm{Res}[f_2(z),z_2]=\lim_{z\to z_2}[(z-z_2)f_2(z)]=\frac{\sqrt{1-\xi^2}-i\xi}{8i\xi\sqrt{1-\xi^2}}\,.$$

Damit ist

$$m_2 = \frac{S_o\omega_o^3}{K^2}\, 2\pi i \sum_{n=1}^{2} \mathrm{Res}[f_2(z), z_n] = \frac{\pi}{2}\frac{S_o\omega_o^3}{K^2\xi} = \omega_o^2 m_o . \tag{3.6.12}$$

Damit bestätigt sich hier die für Schmalbandprozesse gültige Eigenschaft (2.18.4). Die mittlere Frequenz der Zufallsschwingung ist der Eigenfrequenz ω_o des Systems gleich.

Andererseits divergiert das Integral zur Berechnung des Momentes m_4. Der Bandbreitenparameter ε nach Gl. (2.16.17) wird dann Eins, was Kennzeichen für ein unendliches Breitband wäre. Nur muß dabei bedacht werden, daß das angenommene weiße Rauschen für den Eingangsprozeß ein idealer Grenzfall ist, der für wirkliche Prozesse nicht realisierbar ist. Der Wirklichkeit näher kommt man mit der Annahme eines abgebrochenen weißen Rauschens nach Abb. 2.17.3 mit einer Abbruchsfrequenz ω_2, die gegenüber der Eigenfrequenz ω_o ausreichend groß ist. Dann ändern sich die mit den Gln. (3.6.10) und (3.6.12) berechneten Momente m_o und m_2 wegen der für $\omega \to \infty$ guten Konvergenz der entsprechenden Integrale nur unerheblich, aber das Moment m_4 bleibt jetzt endlich. Es gilt mit der Substitution $\omega = \omega_o x$, $\omega_2 = \omega_o x_2$

$$m_4 = 2\int_0^{\omega_2} \omega^4 S_{uu}(\omega)\, d\omega = \frac{2S_o\omega_o^5}{K^2}\int_0^{x_2} \frac{x^4\, dx}{(1-x^2)^2 + 4\xi^2 x^2} .$$

Auch dieses Integral ist geschlossen lösbar [15], und es folgt für $x_2 > 1$

$$m_4 = \frac{2S_o\omega_o^5}{K^2}\left[x_2 - \frac{3-4\xi^2}{8\sqrt{1-\xi^2}} \ln\frac{x_2^2 + 2x_2\sqrt{1-\xi^2}+1}{x_2^2 - 2x_2\sqrt{1-\xi^2}+1} + \frac{1-4\xi^2}{4\xi}\left(\pi + \arctan\frac{2\xi x_2}{1-x_2^2}\right)\right], \tag{3.6.13}$$

oder für sehr kleine Dämpfungsparameter mit $\xi \ll 1$ und $\arctan \approx 0$

$$m_4 = \frac{\pi}{2}\frac{S_o\omega_o^5}{K^2\xi}\left[1 + \frac{4}{\pi}\xi\left(x_2 - \frac{3}{4}\ln\frac{x_2+1}{x_2-1}\right)\right]. \tag{3.6.14}$$

Die Autokorrelationsfunktion des Ausgangsprozesses wird mit Hilfe der *Wiener-Chintschin*-Relation (2.14.9) und mit $S_{uu}(\omega)$ (3.6.8) berechnet:

$$K_{uu}(\tau) = \int_{-\infty}^{\infty} S_{uu}(\omega)\, e^{i\omega\tau}\, d\omega = \frac{S_o\omega_o}{K^2}\int_{-\infty}^{\infty} e^{ix\omega_o\tau} f_o(x)\, dx := \frac{S_o\omega_o}{K^2}\int_{-\infty}^{\infty} f(x)\, dx. \tag{3.6.15}$$

Pole 1. Ordnung der Funktion $f(z)$ sind wie bei der Funktion $f_o(z)$ wieder z_1 und z_2, so daß sich mit der Frequenz $\Omega = \sqrt{1-\xi^2}\,\omega_o$ der freien gedämpften Schwingung die Residuen

$$\mathrm{Res}[f(z), z_1] = \frac{\exp(i\Omega\tau)\exp(-\xi\omega_o\tau)}{8i\xi\sqrt{1-\xi^2}\,(\sqrt{1-\xi^2}+i\xi)} \quad \text{und}$$

$$\mathrm{Res}[f(z), z_2] = \frac{\exp(-i\Omega\tau)\exp(-\xi\omega_o\tau)}{8i\xi\sqrt{1-\xi^2}\,(\sqrt{1-\xi^2}-i\xi)}$$

ergeben. Nach dem Residuensatz ist dann die Autokorrelationsfunktion

$$K_{uu}(\tau) = \frac{\pi}{4}\frac{S_o\omega_o}{K^2\xi}\left[e^{i\Omega\tau} + e^{-i\Omega\tau} - i\frac{\xi}{\sqrt{1-\xi^2}}\left(e^{i\Omega\tau} - e^{-i\Omega\tau}\right)\right] e^{-\xi\omega_o\tau}$$

und unter Verwendung der *Euler*schen Formel

$$K_{uu}(\tau) = \frac{\pi}{2}\frac{S_o\omega_o}{K^2\xi} e^{-\xi\omega_o\tau}\left(\cos\Omega\tau + \xi\frac{\omega_o}{\Omega}\sin\Omega\tau\right), \ \tau \ge 0. \tag{3.6.16}$$

Der Vergleich dieser Ergebnisse mit Gl. (1.1.19) und Abb. 1.1.3 zeigt, daß die Autokorrelationsfunktion den Zeitverlauf der freien gedämpften Schwingung des Einmassenschwingers besitzt. Für $\tau=0$ bestätigt man das bereits berechnete Moment $m_o = K_{uu}(0)$.

Beispiel 3.6.1: Hubinsel unter turbulenter Windeinwirkung

Die Hubinsel nach Abb. 1.4.3 unterliege in Höhe des Pontons turbulenter Windeinwirkung. Die über die Wirkzeit gemittelte Windkraft ist $\overline{F}$. Der zeitlich schwankende Anteil der Windkraft F(t) ist ein (zentrierter) *Gauß*scher Zufallsprozeß, dessen Spektraldichte durch bei $\omega=\omega_2$ abgebrochenes weißes Rauschen approximiert wird. Es ist also $S_{FF}(\omega)=S_o$=konstant für $|\omega|<\omega_2$, ansonsten Null. Im Sinne der Modalanalyse wird eine Bewegung der Hubinsel in ihrer ersten Eigenschwingungsform, für die näherungsweise $\Phi_1=\sin[\pi z/(2l)]$ gesetzt wird, angenommen. Dem Beispiel 1.4.3 entnimmt man dafür die generalisierte Masse M_1, die generalisierte Steifigkeit K_1 und die Grundfrequenz ω_1.

Last- und Dämpfungsannahmen:

Windkraft (je Bein):	$\overline{F}=247{,}5$ kN
Kraftspektraldichte (je Bein):	$S_o=694{,}4$ kN^{2}s
Abbruchsfrequenz:	$\omega_2=3\ s^{-1}$
Dämpfungsparameter:	$\xi_1=0{,}02$

α) Spektraldichte der Pontonauslenkung für $\omega=0$ und $\omega=\omega_1$ nach Gl. (3.6.8):

$$S_{uu}(0)=\frac{S_o}{K_1^2}=1{,}374\cdot10^{-4}\,m^2s,$$

$$S_{uu}(\omega_1)=\frac{S_{uu}(0)}{4\xi_1^2}=8{,}588\cdot10^{-2}\,m^2s$$

β) Momente des Spektrums (3.6.10), (3.6.12) und (3.6.14), Standardabweichung und Bandbreitenparameter (2.16.17) für die Pontonauslenkung u(t):

$$m_o=\frac{\pi}{2}\frac{S_o\omega_1}{K_1^2\xi_1}=1{,}061\cdot10^{-2}\,m^2,\quad \sigma_u=\sqrt{m_o}=0{,}103\,m$$

$$m_2=\omega_1^2 m_o=1{,}025\cdot10^{-2}m^2s^{-2},\quad \sigma_{\dot u}=\sqrt{m_2}=0{,}101\,\frac{m}{s}$$

$$x_2=\frac{\omega_2}{\omega_1}=3{,}052$$

$$m_4=\omega_1^4 m_o\left[1+\frac{4}{\pi}\xi_1\left(x_2-\frac{3}{4}\ln\frac{x_2+1}{x_2-1}\right)\right]=$$

$$=1{,}055\cdot10^{-2}\,m^2s^{-4},\quad \sigma_{\ddot u}=\sqrt{m_4}=0{,}103\,ms^{-2}$$

$$\varepsilon=\sqrt{1-\frac{m_2^2}{m_o m_4}}=0{,}248$$

Der Eingangsprozeß besitzt im Vergleich dazu den Bandbreitenparameter $\varepsilon=2/3$.

γ) statische Auslenkung:

$$\overline{u}=\frac{\overline{F}}{K_1}=0{,}110\,m$$

δ) Wahrscheinlichkeit dafür, daß u(t) den zweifachen Wert der Standardabweichung σ_u übersteigt, mit *Gauß*scher Wahrscheinlichkeitsverteilung F_u und Fehlerfunktion Φ:

$$P(2\sigma_u<u)=1-F_u(2\sigma_u)=1-\Phi(2)=0{,}0228=2{,}28\,\%$$

Unter Hinzunahme des statischen Anteils $\overline{u}$ wird das Niveau $u_o=\overline{u}+2\sigma_u=0{,}316$ m mit der Wahrscheinlichkeit von 2,28 %, bei einer Sturmdauer von 1 h also für 82 s, überschritten.

Anzahl der aufwärts gerichteten Kreuzungen des Niveaus u_o nach Gl. (2.20.10) sowie Anzahl sämtlicher Maxima nach Gl. (2.20.28):

$$E[N_+(0)]=\frac{1}{2\pi}\sqrt{\frac{m_2}{m_o}}=\frac{\omega_1}{2\pi}=0{,}156\,\frac{1}{s},$$

$$E[N_+(2\sigma_u)]=\frac{\omega_1}{2\pi}\exp\left(-\frac{4\sigma_u^2}{2m_o}\right)=0{,}0212\,\frac{1}{s}$$

Bei einer Sturmdauer von 1 h gibt es $0{,}156\cdot60^2=562$ Zufallsschwingungen. Von ihnen übersteigen $0{,}0212\cdot60^2=76$ Schwingungen (das sind 13,5 %) das Niveau $u_o=0{,}316$ m.

$$E[N(-\infty,0)]=\frac{1}{2\pi}\sqrt{\frac{m_4}{m_2}}=0{,}162\,\frac{1}{s},$$

also innerhalb 1 Stunde 581 Maxima

Wahrscheinlichkeit dafür, daß Maximalwerte x der Plattformauslenkung oberhalb des Niveaus u_o liegen, mit Wahrscheinlichkeitsverteilung F_x nach Gl. (2.20.42) für $x=2\sqrt{m_o}$:

$$P(2\sigma_u\le x)=1-F_x(2\sigma_u)=0{,}1311=13{,}1\,\%.$$

Bei einer Gesamtzahl der Maxima von 581 innerhalb einer Stunde liegen somit 76 Maxima oberhalb des Niveaus u_o. Der Prozeß u(t) ist so schmalbandig, daß zu jeder Niveaukreuzung auch ein Maximum gehört.

ε) erwarteter Maximalwert für eine Sturmdauer von 1 h nach Gl. (2.20.61) mit N=581 und $\varepsilon=0{,}248$:

$E[x_m]=0{,}383$ m bzw

$E[u_{max}]=E[x_m]+\overline{u}=0{,}493$ m.

Die beschriebenen Eingangs-Ausgangs-Beziehungen für Zufallsprozesse sind abschließend in der schematischen Darstellung der Abb. 3.6.4 zusammengefaßt. Darin wird für das Faltungsprodukt das Symbol $*$ entsprechend

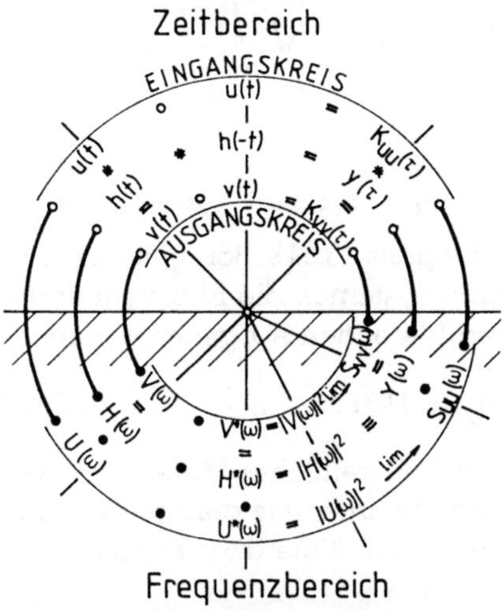

Abb. 3.6.4 Schematische Darstellung der Eingangs-Ausgangsbeziehungen für Zufallsprozesse

$$u*v = \int_{-\infty}^{\infty} u(\tau)\, v(t-\tau)\, d\tau,$$

für die Korrelation das Symbol $\circ$ entsprechend

$$u \circ v = \lim_{T\to\infty} \frac{1}{T} \int_{0}^{T} u(t)\, v(t+\tau)\, dt,$$

für das einfache Produkt das Symbol $\cdot$ und für die *Fourier*-Transformation das Symbol $\circ\!\!-\!\!\!-\!\!\circ$ verwendet.

Im äußeren Kreis stehen die Eingangsgrößen, nämlich Zufallsprozeß $u(t)$, dessen *Fourier*-Transformierte $U(\omega)$, Autokorrelationsfunktion $K_{uu}(\tau)$ und Spektraldichte $S_{uu}(\omega)$, im inneren Kreis die entsprechenden Ausgangsgrößen und im mittleren Kreis die beide verbindenden Größen wie Impulsantwort $h(t)$, die Übertragungsfunktion $H(\omega)$ sowie eine Funktion $y(\tau)$ und deren *Fourier*-Transformierte $Y(\omega)$. Dabei entsteht y durch Faltung der Impulsantwort mit einer Gewichtsfunktion, die gleich der bei $t=0$ gespiegelten Impulsantwort ist, also

$$y(t) := h(t)*h(-t) = \int_{-\infty}^{\infty} h(\tau)\, h(\tau-t)\, d\tau.$$

Das in den Kreisen aufgeführte Symbol $\xrightarrow{\lim}$ ist im Sinne der Definitionsgleichung (2.14.7) für die Spektraldichte zu verstehen. Die obere Halbebene beschreibt die Verhältnisse im Zeitbereich, die untere im Frequenzbereich.

3.7 Eingangs-Ausgangs-Beziehungen für Zufallsprozesse mit zwei Eingängen

Betrachtet man eine meerestechnische Konstruktion unter gleichzeitiger Einwirkung von turbulentem Wind und von unregelmäßigem Seegang oder unter Einwirkung des unregelmäßigen Seegangs allein auf zwei Beine der Konstruktion, liegt nach Abb. 3.7.1 ein System mit zwei stochastischen Eingängen $u_1(t)$ und $u_2(t)$ vor. $h_1(t)$ und $h_2(t)$ sind die Impulsantworten auf Einheitsimpulse $\delta(t)$, die am Eingang 1 bzw. am Eingang 2 auf das System einwirken. Sie kennzeichnen das Übertragungsverhalten des Systems im Zeitbereich. Das Übertragungsverhalten im Frequenzbereich wird durch die beiden Übertragungsfunktionen $H_1(\omega)$ und $H_2(\omega)$ beschrieben. Sie ergeben sich als *Fourier*- Transformierte der Impulsantworten, wenn man zunächst den Eingang $u_2(t) \equiv 0$ und anschließend den Eingang $u_1(t) \equiv 0$ setzt. So erhält man

$$H_1(\omega) = \int_{-\infty}^{\infty} h_1(t)\, e^{-i\omega t}\, dt \text{ für } u_2(t) \equiv 0, \quad H_2(\omega) = \int_{-\infty}^{\infty} h_2(t)\, e^{-i\omega t}\, dt \text{ für } u_1(t) \equiv 0. \tag{3.7.1}$$

Der Erwartungswert der Systemantwort $v(t)$ besteht für jeden der Zufallseingänge

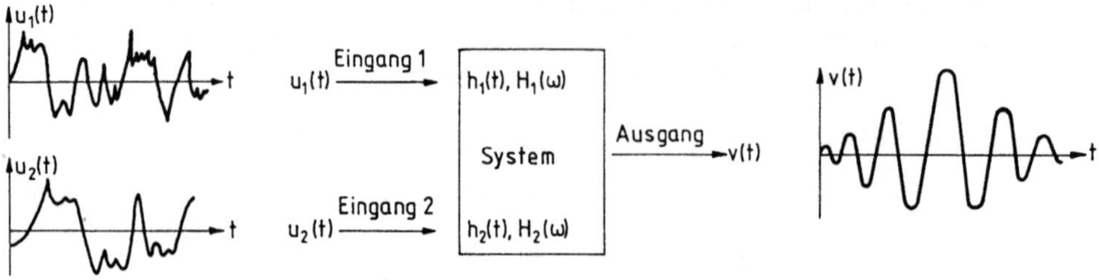

Abb. 3.7.1 System mit zwei Eingängen $u_1(t)$ und $u_2(t)$ und dem Ausgang $v(t)$

$u_1(t)$ und $u_2(t)$ in Gestalt des *Duhamel*schen Integrals (3.6.1). Bei gleichzeitiger Wirkung der beiden Eingänge können bei linearen Systemen die Einzelantworten superponiert werden. Der Erwartungswert des resultierenden Ausgangs ist damit

$$E[v(t)] = \int_{-\infty}^{\infty} h_1(\tau)\, E[u_1(t-\tau)]\, d\tau + \int_{-\infty}^{\infty} h_2(\tau)\, E[u_2(t-\tau)]\, d\tau \,. \tag{3.7.2}$$

Bei stationären Prozessen hängt der Erwartungswert als zeitliches Mittel nicht von der Zeit ab. Die Erwartungswerte können somit vor die Integrale gezogen werden, und die dann verbleibenden Integrale sind nach Gl. (3.7.1) die Übertragungsfunktionen für $\omega=0$. Es gilt also

$$E[v(t)] = H_1(0)\, E[u_1(t)] + H_2(0)\, E[u_2(t)]. \tag{3.7.3}$$

Folgend wird die Autokorrelationsfunktion $K_{vv}(\tau) = E[v(t)\, v(t+\tau)]$ des Ausgangs $v(t)$ berechnet. Dazu ersetzt man $v(t)$ und $v(t+\tau)$ entsprechend Gl. (3.7.2) durch die *Duhamel*schen Integrale, und nach Ausmultiplikation erhält man zunächst

$$K_{vv}(\tau) = \int_{-\infty}^{\infty}\int_{-\infty}^{\infty} \{h_1(\tau_1)h_1(\tau_2)E[u_1(t-\tau_1)u_1(t-\tau_2+\tau)] + h_1(\tau_1)h_2(\tau_2)E[u_1(t-\tau_1)u_2(t-\tau_2+\tau)] +$$
$$+ h_2(\tau_1)h_1(\tau_2)E[u_2(t-\tau_1)u_1(t-\tau_2+\tau)] + h_2(\tau_1)h_2(\tau_2)E[u_2(t-\tau_1)u_2(t-\tau_2+\tau)]\}\, d\tau_1\, d\tau_2 .$$

Darin sind die Erwartungswerte die Auto- und Kreuzkorrelationsfunktionen der beiden Eingangsprozesse $u_1(t)$ und $u_2(t)$, die zwecks Vermeidung von Doppelindizes an Stelle von $K_{u_i u_j}(\tau)$ kurz mit $K_{ij}(\tau)$ bezeichnet werden. Als Ergebnis für die Autokorrelationsfunktion des Ausgangsprozesses folgt damit

$$K_{vv}(\tau) = \int_{-\infty}^{\infty}\int_{-\infty}^{\infty} \{h_1(\tau_1)h_1(\tau_2)K_{11}(\tau+\tau_1-\tau_2) + h_1(\tau_1)h_2(\tau_2)K_{12}(\tau+\tau_1-\tau_2) +$$
$$+ h_2(\tau_1)h_1(\tau_2)K_{21}(\tau+\tau_1-\tau_2) + h_2(\tau_1)h_2(\tau_2)K_{22}(\tau+\tau_1-\tau_2)\}\, d\tau_1\, d\tau_2 \,. \tag{3.7.4}$$

Die Spektraldichte des Ausgangsprozesses wird wieder mittels der *Wiener-Chintschin-* Relation

$$S_{vv}(\omega) = \frac{1}{2\pi}\int_{-\infty}^{\infty} K_{vv}(\tau)\, e^{-i\omega\tau}\, d\tau$$

berechnet. Dazu wird die Autokorrelationsfunktion (3.7.4) eingesetzt. Von den dabei entstehenden vier Dreifachintegralen über Korrelationsfunktionen wird beispielhaft folgend das zweite behandelt. Mit der Substitution $\tau+\tau_1-\tau_2 \to \tau$ ist dieses

$$I_2 := \frac{1}{2\pi}\int_{-\infty}^{\infty} e^{-i\omega\tau}\, d\tau \int_{-\infty}^{\infty}\int_{-\infty}^{\infty} h_1(\tau_1)h_2(\tau_2)K_{12}(\tau+\tau_1-\tau_2)\, d\tau_1\, d\tau_2 =$$

$$=\frac{1}{2\pi}\int_{-\infty}^{\infty}h_1(\tau_1)e^{i\omega\tau_1}d\tau_1\int_{-\infty}^{\infty}h_2(\tau_2)e^{-i\omega\tau_2}d\tau_2\int_{-\infty}^{\infty}K_{12}(\tau)e^{-i\omega\tau}d\tau.$$

Durch diese Substitution zerfällt das Dreifachintegral in das Produkt dreier Einfachintegrale, von denen die beiden ersten durch die Übertragungsfunktion (3.7.1) und das letzte durch die Kreuzspektraldichte (2.15.1) der beiden Eingangsprozesse $u_1(t)$ und $u_2(t)$ ausgedrückt werden können. Es wird auch hier an Stelle von $S_{u_iu_j}(\omega)$ kurz $S_{ij}(\omega)$ geschrieben. Somit ist $I_2=H_1^*(\omega)H_2(\omega)S_{12}(\omega)$. Für $u_1=u_2$ folgt gleichzeitig das Ergebnis $I_1=H_1^*(\omega)H_1(\omega)S_{11}(\omega)=|H_1(\omega)|^2S_{11}(\omega)$ für das erste Dreifachintegral, und analog ergeben sich die beiden restlichen Ergebnisse. Zusammengefaßt ist damit die gesuchte Spektraldichte

$$S_{vv}(\omega)=|H_1(\omega)|^2S_{11}(\omega)+H_1^*(\omega)H_2(\omega)S_{12}(\omega)+H_2^*(\omega)H_1(\omega)S_{21}(\omega)+|H_2(\omega)|^2S_{22}(\omega). \quad (3.7.5)$$

Sind die beiden Eingangsprozesse zueinander vollständig unkorreliert, sind die Kreuzspektraldichten Null, und aus Gl. (3.7.5) folgt

$$S_{vv}(\omega)=|H_1(\omega)|^2S_{11}(\omega)+|H_2(\omega)|^2S_{22}(\omega). \quad (3.7.6)$$

Wirken die beiden Eingangsprozesse an demselben Ort auf das System ein, sind Impulsantworten und Übertragungsfunktionen beider Eingänge identisch, also $H_1(\omega)=H_2(\omega)=H(\omega)$. In Gl. (3.7.5) erscheint dann die Spektraldichte $S_{xx}(\omega)=$ $=S_{11}(\omega)+S_{12}(\omega)+S_{21}(\omega)+S_{22}(\omega)$ des summierten Prozesses $x(t)=u_1(t)+u_2(t)$, siehe Gl. (2.15.15). Dann ist

$$S_{vv}(\omega)=|H(\omega)|^2S_{xx}(\omega). \quad (3.7.7)$$

Das Ergebnis von Gl. (3.7.5) läßt sich leicht auf ein System mit N Eingängen erweitern:

$$S_{vv}(\omega)=\sum_{i=1}^{N}\sum_{j=1}^{N}H_i^*(\omega)H_j(\omega)S_{ij}(\omega). \quad (3.7.8)$$

Und bei N unkorrelierten Eingängen ergibt sich entsprechend Gl. (3.7.6)

$$S_{vv}(\omega)=\sum_{i=1}^{N}|H_i(\omega)|^2S_{ii}(\omega). \quad (3.7.9)$$

Beispiel 3.7.1: Einmassenschwinger mit zwei Eingängen

Das einfache Pfahl-Plattform-System nach Abb. 3.7.2 werde als Einmassenschwinger in den Höhen l und c über der Einspannung durch die beiden stochastischen Kräfte $F_1(t)$ und $F_2(t)$ belastet. Die Kraft F_1 sei ein weißes Rauschen mit der Spektraldichte $S_{F_1F_1}(\omega)\equiv S_{11}(\omega)=S_0=$ konstant. Beide Kräfte sind durch die Beziehung $F_2(t)=F_1(t+T)$ mit einem festen Zeitabstand T zueinander voll kohärente Zufallsprozesse.

Mit der Plattformmasse M, der viskosen Dämpfungskonstanten C und der Steifigkeit $K=3EI/l^3$ des masselosen Pfahls ist die Differentialgleichung für die Horizontalbewegung u(t) der Plattform

$$M\ddot{u}+C\dot{u}+Ku=F_1(t)+\mu F_2(t).$$

Es ist $\mu=\mu(c/l)$ ein dimensionsloser Höhenparameter mit den Grenzwerten $\mu=1$ für $c=l$ und $\mu=0$ für $c=0$.

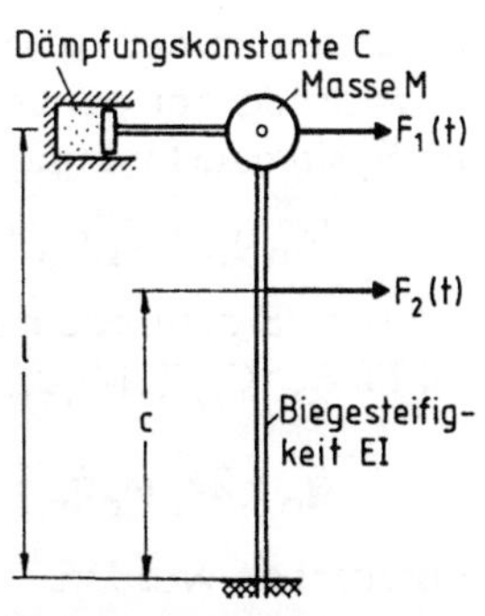

Abb. 3.7.2 Pfahl-Plattform-System mit zwei Eingängen

Mit den Ansätzen $F_1 = \exp(i\omega t)$, $F_2 = 0$, $u = H_1 \exp(i\omega t)$ bzw. $F_1 = 0$, $F_2 = \exp(i\omega t)$, $u = H_2 \exp(i\omega t)$ erhält man die Übertragungsfunktionen $H_1(\omega) = H(\omega)/K$ und $H_2(\omega) = \mu H(\omega)/K$ mit $H(\omega)$ nach Gl. (1.1.35).

Nach Gl. (3.7.5) ist dann die Spektraldichte der stochastischen Plattformauslenkung u(t)

$$S_{uu} = \frac{|H|^2}{K^2}[S_{11} + \mu(S_{12}+S_{21}) + \mu^2 S_{22}].$$

Die Summe der Kreuzspektraldichten ist gleich dem doppelten Co-Spektrum C_{12}. Für stochastische Eingänge mit einem festen Zeitabstand T ergab sich mit Gl. (2.15.18) dafür $C_{12} = S_{11} \cos\omega T$. Mit $S_{11} = S_{22} = S_o$ folgt also

$$S_{uu}(\omega) = \frac{S_o}{K^2}|H(\omega)|^2 \,(1+2\mu\cos\omega T + \mu^2).$$

In Abb. 3.7.3 ist das Übertragungsverhalten im Frequenzbereich anschaulich dargestellt. Man erkennt, daß die für kleine Dämpfungsparameter ξ ausgeprägte Spitze der Amplitudenvergrößerungsfunktion $|H(\omega)|$ in Abhängigkeit vom Zeitabstand T durch die Funktion $f(\omega)$ nach Abb. 3.7.3 c) mehr oder weniger herabgedrückt wird. Das bedeutet, daß sich die Kräfte F_1 und F_2 in ihrer Wirkung teilweise kompensieren. Für $\mu = 1$ und $T = n\pi/\omega_o$ $(n = 1, 3, 5, \ldots)$ erzielt man für die Ausgangsspektraldichte S_{uu} an der Stelle der Eigenfrequenz $\omega = \omega_o$ sogar den Wert Null.

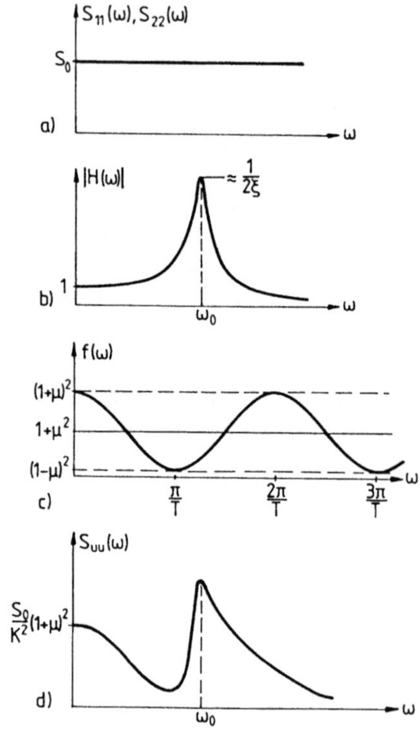

Abb. 3.7.3 Übertragungsverhalten eines Einmassenschwingers mit zwei voll kohärenten Eingängen. a) Eingangs-Spektraldichten $S_{11}(\omega)$ und $S_{22}(\omega)$, b) Amplitudenvergrößerungsfunktion $|H(\omega)|$ des Einmassenschwingers, c) Funktion $f(\omega) := 1 + 2\mu\cos\omega T + \mu^2$, d) Ausgangs-Spektraldichte $S_{uu}(\omega)$.

3.8 Impulsantwort und Übertragungsfunktion eines Kontinuums

Es werden die Ergebnisse aus Abschnitt 1.4.3 für das Kontinuum, also eines Systems mit unendlich vielen Freiheitsgraden, aufgegriffen. Für ein System mit den generalisierten Massen M_n, den generalisierten Dämpfungen C_n (als Diagonalmatrix angenommen) und den generalisierten Steifigkeiten K_n ergeben sich unter der Einwirkung der generalisierten Kräfte $F_n(t)$ die generalisierten Koordinaten $q_n(t)$ der Systemauslenkung aus der Differentialgleichung (1.4.71)

$$M_n \ddot{q}_n + C_n \dot{q}_n + K_n q_n = F_n(t), \quad n = 1, 2, 3, \ldots. \tag{3.8.1}$$

Mit den Eigenfrequenzen (1.4.72) $\omega_n = \sqrt{K_n/M_n}$ und den Dämpfungsparametern (1.4.73) $\xi_n = C_n/(2M_n\omega_n)$ kann sie auch in der Form

$$\ddot{q}_n + 2\xi_n\omega_n\dot{q}_n + \omega_n^2 q_n = \omega_n^2 \frac{F_n(t)}{K_n} \tag{3.8.2}$$

geschrieben werden.

Eingangsgrößen des Systems sind die generalisierten Kräfte, Ausgangsgößen die generalisierten Koordinaten. Zur Berechnung der Übertragungsfunktion $H_n(\omega)$ für den Schwingungsgrad n werden die Ansätze

$$F_n(t) = e^{i\omega t} \tag{3.8.3}$$

und

$$q_n(t) = H_n(\omega)\, e^{i\omega t} \tag{3.8.4}$$

gewählt. Aus Gl. (3.8.2) folgt also unmittelbar die Übertragungsfunktion

$$H_n(\omega) := \frac{1}{1-\left(\frac{\omega}{\omega_n}\right)^2 + 2i\xi_n \frac{\omega}{\omega_n}} \cdot \frac{1}{K_n}, \tag{3.8.5}$$

die das Übertragungsverhalten des betrachteten Systems im Frequenzbereich beschreibt, und zwar zwischen der *Kraft* als Eingang und der Auslenkung als Ausgang. Deshalb unterscheidet sie sich durch den Faktor $1/K_n$ von der Übertragungsfunktion (1.4.77), bei der als Eingang die statische *Auslenkung* gewählt wurde.

Der Betrag der Übertragungsfunktion

$$|H_n(\omega)| = \frac{1}{\sqrt{\left[1-\left(\frac{\omega}{\omega_n}\right)^2\right]^2 + 4\xi_n^2\left(\frac{\omega}{\omega_n}\right)^2}} \cdot \frac{1}{K_n} \tag{3.8.6}$$

ist in Abb. 3.8.1 qualitativ für verschiedene n dargestellt. Für $\omega=0$ ergeben sich die statischen generalisierten Koordinaten $q_{n,stat} := |H_n(0)| = 1/K_n$. Die Steifigkeit K_n nimmt mit wachsendem Schwingungsgrad n stark zu, für einen Biegebalken z.B. proportional n^4, so daß $H_n(0)$ mit wachsendem n sehr schnell gegen Null strebt. Bei $\omega=\omega_n$ liegen die Resonanzstellen des Systems. Dort gilt $|H_n(\omega_n)| = (2\xi_n K_n)^{-1}$. Da die Dämpfungsparameter ξ_n bei viskoser Dämpfung mit wachsendem n ebenfalls zunehmen bzw. bei hydrodynamischer oder bei Hysterese-Dämpfung allenfalls ungefähr konstant bleiben, nehmen die Resonanzpeaks in ihrer Größe mit wachsendem Schwingungsgrad n ab.

Die Impulsantwort $h_n(t)$ folgt aus Gl. (3.3.3) als *Fourier*-Rücktransformierte der Übertragungsfunktion

$$h_n(t) = \frac{1}{2\pi}\int_{-\infty}^{\infty} H_n(\omega)\, e^{i\omega t} d\omega = \frac{1}{K_n}\cdot\frac{1}{2\pi}\int_{-\infty}^{\infty} \frac{e^{i\omega t}}{1-\left(\frac{\omega}{\omega_n}\right)^2 + 2i\xi_n\frac{\omega}{\omega_n}}\, d\omega. \tag{3.8.7}$$

Die Integration kann wie beim Einmassenschwinger mit Hilfe des Residuensatzes ausgeführt werden. In Anlehnung an das Ergebnis (3.4.6) erhält man unter Beachtung von $K_n = \omega_n^2 M_n$

$$h_n(t) = \left\{ \begin{array}{ll} 0, & t \le 0, \\ \frac{1}{M_n \Omega_n} \exp(-\xi_n \omega_n t) \sin \Omega_n t, & t \ge 0. \end{array} \right\} \tag{3.8.8}$$

Darin ist

$$\Omega_n := \sqrt{1-\xi_n^2}\; \omega_n \tag{3.8.9}$$

die Frequenz der gedämpften Schwingung in der Eigenschwingungsform Φ_n.

Die Impulsantwort $h_n(t)$ beschreibt das Übertragungsverhalten des betrachteten

Systems im Zeitbereich. Mit ihr wird über das *Duhamel*sche Integral (3.2.3) die Systemantwort berechnet. Handelt es sich zunächst um einen deterministischen Krafteingang $F_n(t)$, sind die generalisierten Koordinaten

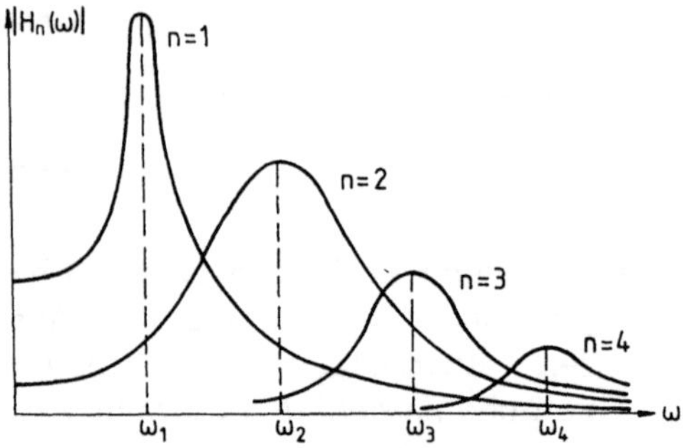

Abb. 3.8.1 Betrag der Übertragungsfunktion $|H_n(\omega)|$ für verschiedene Schwingungsgrade

$$q_n(t) = \int_{-\infty}^{\infty} h_n(\tau) F_n(t-\tau)\, d\tau, \qquad (3.8.10)$$

aus denen die resultierende Systemantwort im Sinne des Modalansatzes (1.4.62)

$$u(z,t) = \sum_{n=1}^{\infty} \Phi_n(z) q_n(t) =$$

$$= \sum_{n=1}^{\infty} \Phi_n(z) \int_{-\infty}^{\infty} h_n(\tau) F_n(t-\tau)\, d\tau \qquad (3.8.11)$$

zusammengefügt wird.

Verwendet man das *Duhamel*sche Integral (3.2.1), lautet dasselbe Ergebnis

$$u(z,t) = \sum_{n=1}^{\infty} \Phi_n(z) \int_{t_0}^{t} h_n(t-\tau) F_n(\tau)\, d\tau. \qquad (3.8.12)$$

Darin ist t_0 der Zeitpunkt für den Beginn der Krafteinwirkung, es gilt also $F_n(t) \equiv 0$ für $t < t_0$.

Wählt man speziell harmonische Erregerkräfte $F_n(t) = F_{o,n} \exp(i\omega t)$, so folgt aus Gl. (3.8.11) zunächst

$$u(z,t) = e^{i\omega t} \sum_{n=1}^{\infty} \Phi_n(z) F_{o,n} \int_{-\infty}^{\infty} h_n(\tau) e^{-i\omega\tau}\, d\tau.$$

Die *Fourier*-Transformierte der Impulsantwort ist nach Gl. (3.3.2) die Übertragungsfunktion, so daß sich in Übereinstimmung mit dem früheren Ergebnis (1.4.80)

$$u(z,t) = e^{i\omega t} \sum_{n=1}^{\infty} \Phi_n(z) F_{o,n} H_n(\omega) \qquad (3.8.13)$$

ergibt. Beim Vergleich der Ergebnisse ist die unterschiedliche Definition der Übertragungsfunktion zu beachten, dort mit der statischen Auslenkung und hier mit der Kraft als Eingang.

Beispiel 3.8.1: Biegebalken mit sprunghafter Streckenbelastung

Der Balken nach Abb. 3.8.2 besitzt die Länge l, die konstante Biegesteifigkeit EI, Massenverteilung m und viskose Dämpfung c. Er wird durch die Streckenlast

$$q(z,t) \equiv q(t) = \begin{cases} 0 & \text{für } t < 0, \\ q_o & \text{für } t \geq 0 \end{cases}$$

belastet. Die Eigenschwingungsanalyse an Hand von Gl. (1.4.11) liefert bei vernachlässigbarem Eigengewicht des Balkens die Eigenfrequenzen $\omega_n = n^2 \omega_o$ $(n = 1, 2, 3, \ldots)$ mit $\omega_o = (\pi/l)^2 \sqrt{EI/m}$ und die Eigenschwingungsformen $\Phi_n(z) = \sin(n\pi z/l)$. Damit sind

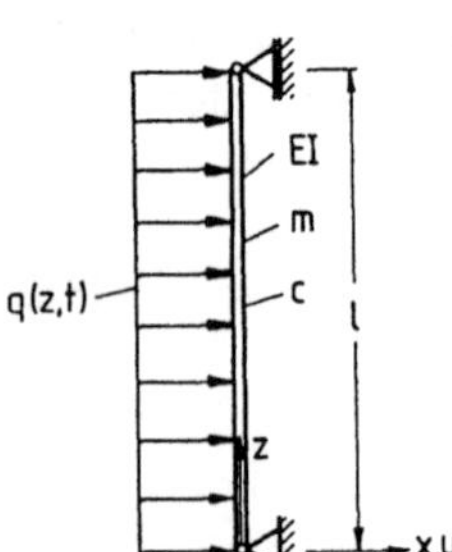

Abb. 3.8.2 Balken mit Streckenlast

generalisierte Masse (1.4.65) $\quad M_n = \frac{1}{2} ml$,

generalisierte Dämpfung (1.4.70) $\quad C_n = \frac{1}{2} cl$,

generalisierte Kraft (1.4.66) $\quad F_n = q(t) \frac{2l}{\pi n}$, $n = 1, 3, 5, \ldots$

Dämpfungsparameter (1.4.73) $\xi_n = \frac{c}{2\omega_o m n^2}$.

Balkenauslenkung (3.8.12):

$$u(z,t) = \frac{2}{\pi} q_o l \sum_{n=1}^{\infty} \frac{1}{n} \Phi_n(z) \int_0^t h_n(t-\tau)\,d\tau,$$

und nach Substitution $t-\tau \to \tau$ und mit Impulsantwort $h_n(t)$ (3.8.8)

$$u(z,t) = \frac{2}{\pi} q_o l \sum_{n=1}^{\infty} \frac{1}{n} \Phi_n(z) \int_0^t h_n(\tau)\,d\tau =$$

$$= \frac{2}{\pi} q_o l \sum_{n=1}^{\infty} \frac{\Phi_n(z)}{n M_n \Omega_n} \int_0^t \exp(-\xi_n \omega_n \tau) \sin \Omega_n \tau \, d\tau.$$

Das Integral wird durch zweimalige partielle Integration gelöst:

$$\int_0^t e^{-ax} \sin bx\,dx = \frac{b}{a^2+b^2}[1 - e^{-at}(\frac{a}{b} \sin bt + \cos bt)].$$

Damit ist das Endergebnis

$$u(z,t) = \frac{4}{\pi} \frac{q_o}{m} \sum_{n=1}^{\infty} \frac{\sin n\pi \frac{z}{l}}{n \omega_n^2} \times$$

$$\times \left[1 - \exp(-\frac{c}{2m} t)\left(\frac{\xi_n}{\sqrt{1-\xi_n^2}} \sin \Omega_n t + \cos \Omega_n t\right)\right].$$

Zur Kontrolle wird die Balkendurchbiegung für $t = \infty$ berechnet. Bei $c \neq 0$ ist dann die Exponentialfunktion auf Null abgeklungen, und man erhält mit $\omega_n = n^2 \omega_o$

$$u(z,\infty) = \frac{4}{\pi^5} \frac{q_o l^4}{EI} \sum_{n=1}^{\infty} \frac{1}{n^5} \sin n\pi \frac{z}{l}.$$

Die trigonometrische Reihe kann geschlossen summiert werden, vergl. Übungsaufgabe 1.7, und es folgt

$$u(z,\infty) = \frac{1}{24} \frac{q_o l^4}{EI} \left[\frac{z}{l} - 2\left(\frac{z}{l}\right)^3 + \left(\frac{z}{l}\right)^4\right].$$

Der dynamische Einfluß ist auf Null abgeklungen. Es entsteht für $t = \infty$ die statische Durchbiegung eines Balkens unter der konstanten Streckenlast q_o.

3.9 Eingangs-Ausgangs-Beziehungen für ein Kontinuum unter Zufallsbelastung

Das dynamische Verhalten eines mechanischen Systems mit den Freiheitsgraden $n = 1, 2, 3, \ldots$ wird durch das Differentialgleichungssystem (3.8.2) für die generalisierten Koordinaten $q_n(t)$ beschrieben und ist im Frequenzbereich für jeden Schwingungsgrad n durch die Übertragungsfunktionen $H_n(\omega)$ (3.8.5) gekennzeichnet. Im Gegensatz zu Abschnitt 3.8 sind hier die generalisierten Kräfte $F_n(t)$ als stochastische Eingänge des Systems aufzufassen. Die statistischen Merkmale dieser Eingänge, insbesondere Spektral- und Kreuzspektraldichten $S_{F_m F_n}(\omega)$, sind als bekannt anzusehen. Auf ihre Berechnung wird später eingegangen.

Das Übertragungsverhalten des Systems ist in Abb. 3.9.1 veranschaulicht. Es erfolgt in zwei Schritten. Im ersten Schritt ergibt sich für jeden Krafteingang $F_n(t)$ mit der Übertragungsfunktion $H_n(\omega)$ eine generalisierte Koordinate $q_n(t)$ und aus dieser in einem zweiten Schritt mit der Eigenschwingungsform $\Phi_n(z)$ ein Beitrag zur Systemauslenkung $u(z,t)$.

α) erster Schritt:

Die Kreuzkorrelationsfunktionen der generalisierten Koordinaten q_n sind nach der Definitionsgleichung (2.12.1)

$$K_{q_m q_n}(\tau) = E[q_m(t)\, q_n(t+\tau)] \tag{3.9.1}$$

Die generalisierten Koordinaten werden darin mittels des *Duhamel*schen Integrals (3.8.10) durch die generalisierten Kräfte ausgedrückt. Es ist dann

$$K_{q_m q_n}(\tau) = \int_{-\infty}^{\infty} \int_{-\infty}^{\infty} h_m(\tau_1)\, h_n(\tau_2) E[F_m(t-\tau_1)\, F_n(t+\tau-\tau_2)]\, d\tau_1\, d\tau_2.$$

Die Erwartungswerte unter dem Integral sind die Kreuzkorrelationsfunktionen der generalisierten Kräfte zur Zeit $(t+\tau-\tau_2)-(t-\tau_1) = \tau+\tau_1-\tau_2$. Es folgt mit der Gleichung

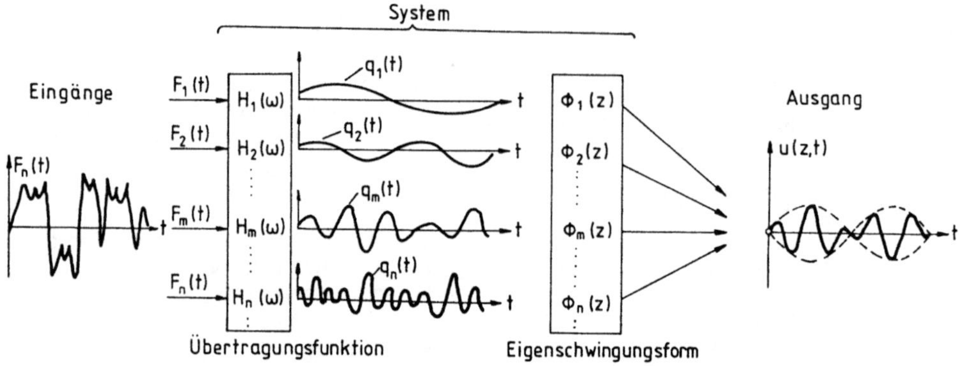

Abb. 3.9.1 Kontinuum unter Zufallsbelastung

$$K_{q_m q_n}(\tau) = \int_{-\infty}^{\infty}\int_{-\infty}^{\infty} h_m(\tau_1)\, h_n(\tau_2) K_{F_m F_n}(\tau+\tau_1-\tau_2)\, d\tau_1\, d\tau_2 \tag{3.9.2}$$

der Zusammenhang zwischen den Kreuzkorrelationsfunktionen der generalisierten Kräfte und den der generalisierten Koordinaten.

Es wird weiter die *Fourier*-Transformation (2.15.1)

$$S_{q_m q_n}(\omega) = \frac{1}{2\pi}\int_{-\infty}^{\infty} K_{q_m q_n}(\tau)\, e^{-i\omega\tau}\, d\tau \tag{3.9.3}$$

durchgeführt und dabei $K_{q_m q_n}(\tau)$ nach Gl. (3.9.2) ersetzt. Nach der Substitution $\tau+\tau_1-\tau_2 \rightarrow \tau$ erscheinen die Kreuzspektraldichten als Produkt dreier Integrale

$$S_{q_m q_n}(\omega) = \int_{-\infty}^{\infty} h_m(\tau_1)\, e^{i\omega\tau_1}\, d\tau_1 \cdot \int_{-\infty}^{\infty} h_n(\tau_2)\, e^{-i\omega\tau_2}\, d\tau_2 \cdot \frac{1}{2\pi}\int_{-\infty}^{\infty} K_{F_m F_n}(\tau)\, e^{-i\omega\tau}\, d\tau ,$$

wobei die beiden ersten Integrale entsprechend Gl. (3.3.2) die Übertragungsfunktion bzw. ihre konjugiert Komplexe und das letzte das 2π-fache der Kreuzspektraldichten $S_{F_m F_n}(\omega)$ der generalisierten Kräfte darstellen. Es gilt also die Beziehung

$$S_{q_m q_n}(\omega) = H_m^*(\omega)\, H_n(\omega)\, S_{F_m F_n}(\omega) \tag{3.9.4}$$

zwischen den Kreuzspektraldichten der generalisierten Kräfte und den der generalisierten Koordinaten.

β) zweiter Schritt:

Das betrachtete System führt unter Einwirkung der stochastischen Kräfte Zufallsschwingungen u(z,t) aus, jedoch haben diese lediglich als Funktion der Zeit t Zufallscharakter, wogegen ihre Ortsabhängigkeit deterministischer Natur ist. u(z,t) ist also ein Zufallsprozeß und nicht etwa ein Zufallsfeldprozeß.

Die Autokorrelationsfunktion der Systemauslenkung an einer Stelle z ist laut Definitionsgleichung (2.11.1)

$$K_{uu}(z,\tau) = E[u(z,t)\, u(z,t+\tau)] . \tag{3.9.5}$$

Darin wird u mittels des Modalansatzes (3.8.11) über die Eigenschwingungsformen $\Phi_n(z)$ durch die generalisierten Koordinaten $q_n(t)$ ausgedrückt. Es folgt

$$K_{uu}(z,\tau) = \sum_{m=1}^{\infty}\sum_{n=1}^{\infty} \Phi_m(z)\,\Phi_n(z)\,E[q_m(t)\,q_n(t+\tau)].$$

Die Erwartungswerte unter der Doppelsumme sind die Kreuzkorrelationsfunktionen (3.9.1) der generalisierten Koordinaten. Damit gilt

$$K_{uu}(z,\tau) = \sum_{m=1}^{\infty}\sum_{n=1}^{\infty} \Phi_m(z)\,\Phi_n(z)\,K_{q_m q_n}(\tau). \tag{3.9.6}$$

Aus dieser Beziehung zwischen den Korrelationsfunktionen folgt nach Anwendung der *Wiener-Chintschin*-Relation (2.14.9) zunächst

$$S_{uu}(z,\omega) = \frac{1}{2\pi}\int_{-\infty}^{\infty} K_{uu}(z,\tau)\,e^{-i\omega\tau}\,d\tau = \sum_{m=1}^{\infty}\sum_{n=1}^{\infty} \Phi_m(z)\,\Phi_n(z)\,\frac{1}{2\pi}\int_{-\infty}^{\infty} K_{q_m q_n}(\tau)\,e^{-i\omega\tau}\,d\tau.$$

Das Integral über die Kreuzkorrelationsfunktionen wird durch die Kreuzspektraldichten (3.9.3) ersetzt, und man erhält die Beziehung

$$S_{uu}(z,\omega) = \sum_{m=1}^{\infty}\sum_{n=1}^{\infty} \Phi_m(z)\,\Phi_n(z)\,S_{q_m q_n}(\omega) \tag{3.9.7}$$

zwischen den Spektraldichten der generalisierten Koordinaten und denen der Systemauslenkung. (Ende des zweiten Schritts)

Faßt man nun beide Schritte zusammen, indem man $S_{q_m q_n}(\omega)$ durch $S_{F_m F_n}(\omega)$ nach Gl. (3.9.4) ersetzt, folgt schließlich die Beziehung

$$S_{uu}(z,\omega) = \sum_{m=1}^{\infty}\sum_{n=1}^{\infty} \Phi_m(z)\,\Phi_n(z)\,H_m^*(\omega)\,H_n(\omega)\,S_{F_m F_n}(\omega) \tag{3.9.8}$$

zwischen den Spektraldichten am Eingang und denen am Ausgang des Systems. Die Zufallsschwingung des Systems ist durch die Angabe ihrer Spektraldichte $S_{uu}(z,\omega)$ charakterisiert. Die zu ihrer Berechnung benötigten Eigenschwingungsformen $\Phi_n(z)$ und Übertragungsfunktionen $H_n(\omega)$ ergeben sich nach den klassischen Methoden der deterministischen dynamischen Analyse. Lediglich in die Kreuzspektraldichten $S_{F_m F_n}(\omega)$ fließt der Zufallscharakter der Systembelastung ein.

Bauwerke, die aus schlanken stabförmigen Bauteilen bestehen, sind zumeist so schwach gedämpft, daß sie an ihren Eigenfrequenzen wie Schmalbandfilter wirken. Dann kann die Kreuzkorrelation zwischen verschiedenen Eigenschwingungen in Gl. (3.9.8) vernachlässigt werden, und man erhält

$$S_{uu}(z,\omega) = \sum_{n=1}^{\infty} \Phi_n^2(z)\,|H_n(\omega)|^2\,S_{F_n F_n}(\omega). \tag{3.9.9}$$

Die Varianz der Systemantwort an der Stelle z des schwach gedämpften Systems ist

$$\sigma_u^2(z) = \int_{-\infty}^{\infty} S_{uu}(z,\omega)\,d\omega = \sum_{n=1}^{\infty} \Phi_n^2(z)\int_{-\infty}^{\infty} |H_n(\omega)|^2\,S_{F_n F_n}(\omega)\,d\omega. \tag{3.9.10}$$

Unter Beachtung von Gl. (3.9.4) sind die Frequenzintegrale die Varianzen $\sigma_{q_n}^2$ der generalisierten Koordinaten, so daß Gl. (3.9.10) auch in der Form

$$\sigma_u^2(z) = \sum_{n=1}^{\infty} \Phi_n^2(z)\,\sigma_{q_n}^2 \tag{3.9.11}$$

geschrieben werden kann.

Es bleibt die Frage zu klären, welcher statistische Zusammenhang zwischen der

Systembelastung $q(z,t)$ als Zufallsfeldprozeß und den generalisierten Kräften besteht. Dazu gehen wir von der Definitionsgleichung (1.4.66)

$$F_n(t) = \int_0^1 q(z,t)\,\Phi_n(z)\,dz$$

aus und bilden die Kreuzkorrelationsfunktionen

$$K_{F_mF_n}(\tau) = E[F_m(t)F_n(t+\tau)] = \int_0^1\int_0^1 \Phi_m(z_1)\,\Phi_n(z_2)\,E[q(z_1,t)\,q(z_2,t+\tau)]\,dz_1\,dz_2.$$

Der Erwartungswert unter dem Doppelintegral ist die Autokorrelationsfunktion $K_{qq}(z_1,z_2,\tau)$ (2.19.2) der stochastischen Belastung. Sie hängt für die hier vorausgesetzten stationären Prozesse nicht von der absoluten Zeit t ab. Für homogene Prozesse speziell ist sie außerdem nur Funktion des Ortsabstandes $\rho := z_2 - z_1$. Für die Korrelationsfunktionen von Belastung und generalisierten Kräften gilt also der Zusammenhang

$$K_{F_mF_n}(\tau) = \int_0^1\int_0^1 \Phi_m(z_1)\,\Phi_n(z_2)\,K_{qq}(z_1,z_2,\tau)\,dz_1\,dz_2. \tag{3.9.12}$$

Die *Fourier*-Transformation liefert die Kreuzspektraldichten

$$S_{F_mF_n}(\omega) = \frac{1}{2\pi}\int_{-\infty}^{\infty} K_{F_mF_n}(\tau)\,e^{-i\omega\tau}\,d\tau = \int_0^1\int_0^1 \Phi_m(z_1)\,\Phi_n(z_2)\cdot\frac{1}{2\pi}\int_{-\infty}^{\infty} K_{qq}(z_1,z_2,\tau)\,e^{-i\omega\tau}\,d\tau\,dz_1\,dz_2.$$

Das letzte Integral ist das 2π-fache der Spektraldichte $S_{qq}(z_1,z_2,\omega)$, und damit folgt der gesuchte Zusammenhang zwischen den Spektraldichten der Belastung $q(z,t)$ und denen der generalisierten Kräfte $F_n(t)$ in der Form

$$S_{F_mF_n}(\omega) = \int_0^1\int_0^1 \Phi_m(z_1)\,\Phi_n(z_2)\,S_{qq}(z_1,z_2,\omega)\,dz_1\,dz_2. \tag{3.9.13}$$

In dieser Gleichung bringt die Spektraldichte $S_{qq}(z_1,z_2,\omega)$ mit ihrer Abhängigkeit von den Orten z_1 und z_2 zum Ausdruck, daß die Zufallsfeldbelastung $q(z,t)$ an zwei voneinander entfernten Orten des Systems nicht simultan abläuft, daß sie sich bei Bauwerken mit großer räumlicher Erstreckung statistisch gesehen damit teilweise kompensiert. Oder anders ausgedrückt: Das System wird an zwei unterschiedlichen Orten zu einem festen Zeitpunkt nicht mit derselben Frequenz und nicht mit derselben Größe belastet.

Häufig wird diese Tatsache durch Einführung der dimensionslosen Kohärenzfunktion, für die dann empirische Werte vorliegen müssen, zum Ausdruck gebracht. Dazu interpretiert man die Spektraldichte $S_{qq}(z_1,z_2,\omega)$ als Kreuzspektraldichte $S_{q_1q_2}(\omega)$ der beiden Belastungen $q_1(t) := q(z_1,t)$ und $q_2(t) := q(z_2,t)$ an den Orten $z=z_1$ und $z=z_2$. Diese neue Indizierung der Streckenbelastung q darf natürlich nicht zur Verwechselung mit den generalisierten Koordinaten q_n führen! Sinngemäß gilt weiter $S_{q_1q_1}(\omega) := S_{qq}(z_1,z_1,\omega)$ und $S_{q_2q_2}(\omega) := S_{qq}(z_2,z_2,\omega)$, und für die Kohärenzfunktion (2.15.16) folgt

$$\gamma^2_{q_1q_2}(\omega) = \frac{|S_{q_1q_2}(\omega)|^2}{S_{q_1q_1}(\omega)\,S_{q_2q_2}(\omega)} = \frac{|S_{qq}(z_1,z_2,\omega)|^2}{S_{qq}(z_1,z_1,\omega)\,S_{qq}(z_2,z_2,\omega)} := \gamma^2_{qq}(z_1,z_2,\omega). \tag{3.9.14}$$

Wie in Abschnitt 2.15 gezeigt wurde, ist die Kreuzspektraldichte zweier Prozesse im allgemeinen eine komplexe Funktion mit dem Co-Spektrum als Real- und dem Quadratur- Spektrum als Imaginärteil. Ist die Belastung q(z,t) ein *isotroper* stationärer Prozeß, sind Korrelationsfunktion und Spektraldichte richtungsunabhängig. Die Korrelationsfunktion K_{qq} hängt nicht von den absoluten Koordinaten z_1 und z_2 sondern lediglich vom Betrag des Ortsabstandes $|\rho| := |z_2 - z_1|$ ab. Nach Abschnitt 2.19 verschwindet das Quadraturspektrum $Q_{q_1q_2}(\omega) := Q_{qq}(z_1,z_2,\omega)$. Es ist also $S_{qq}(z_1,z_2,\omega)$ in Gl. (3.9.14) eine reelle Funktion, und man darf das Betragszeichen weglassen.

Für isotrope Prozesse folgt also mit $S_{qq}(z_1,z_2,\omega) := S_{qq}(|\rho|,\omega)$ demnach für die Wurzel aus der Kohärenzfunktion

$$\gamma_{qq}(|\rho|,\omega) = \frac{S_{qq}(|\rho|,\omega)}{S_{qq}(0,\omega)}. \tag{3.9.15}$$

Isotropie ist bei konkreten Anwendungen nicht immer streng erfüllt. Jedoch wird vielfach auch in solchen Fällen der Imaginärteil von $S_{q_1q_2}(\omega)$ vernachlässigt, und man setzt näherungsweise nach Gl. (3.9.14)

$$S_{qq}(z_1,z_2,\omega) \approx \sqrt{S_{qq}(z_1,\omega)\,S_{qq}(z_2,\omega)}\;\gamma_{qq}(z_1,z_2,\omega). \tag{3.9.16}$$

Dabei ist kurz $S_{qq}(z_i,z_i,\omega) := S_{qq}(z_i,\omega)$ geschrieben worden.

Die Kreuzspektraldichten der generalisierten Kräfte nach Gl. (3.9.13) können damit in der Form

$$S_{F_mF_n}(\omega) = \int_0^1\!\!\int_0^1 \Phi_m(z_1)\,\Phi_n(z_2)\sqrt{S_{qq}(z_1,\omega)\,S_{qq}(z_2,\omega)}\;\gamma_{qq}(z_1,z_2,\omega)\,dz_1\,dz_2 \tag{3.9.17}$$

geschrieben werden.

Folgend werden die Ergebnisse für eine Belastung q(z,t) hergeleitet, deren Verteilung in Abhängigkeit vom Ort z deterministischer Natur ist und die lediglich stochastische Amplituden besitzt. Es gilt also

$$q(z,t) = a(t)\,q(z) \tag{3.9.18}$$

mit einem stationären Zufallsprozeß a(t) und einer deterministischen Funktion q(z). Belastungen ähnlicher Art treten z.B. bei senkrechten Pfählen im unregelmäßigen Seegang auf. Dabei hat lediglich die Wellenerhebung an der Meeresoberfläche Zufallscharakter, jedoch folgt zu einer festen Zeit t die Druckverteilung auf den Pfahl vom Meeresboden bis zur Meeresoberfläche deterministischen Gesetzen.

Es ist dann die Autokorrelationsfunktion der Belastung (3.9.18) an jeder Stelle z in Abhängigkeit vom Zeitabstand τ zweier Beobachtungen

$$K_{qq}(z,\tau) = E[q(z,t)\,q(z,t+\tau)] = q^2(z)\,E[a(t)\,a(t+\tau)],$$

bzw. nach Einführung der Autokorrelationsfunktion $K_{aa}(\tau)$ der Amplitude a(t)

$$K_{qq}(z,\tau) = q^2(z)\,K_{aa}(\tau). \tag{3.9.19}$$

Die Spektraldichte als *Fourier*-Transformierte dieser Funktion ist

$$S_{qq}(z,\omega) = \frac{1}{2\pi}\int_{-\infty}^{\infty} K_{qq}(z,\tau)\,e^{-i\omega\tau}\,d\tau = q^2(z)\cdot\frac{1}{2\pi}\int_{-\infty}^{\infty} K_{aa}(\tau)\,e^{-i\omega\tau}\,d\tau,$$

bzw. mit der Spektraldichte $S_{aa}(\omega)$ der Amplitude a(t)

$$S_{qq}(z,\omega) = q^2(z)\, S_{aa}(\omega), \tag{3.9.20}$$

übrigens auch hier wie bei isotropen Zufallsfeldprozessen eine reelle Funktion. Ausgehend von der Definitionsgleichung (1.4.66) für die generalisierten Kräfte

$$F_n(t) = \int_0^l q(z,t)\, \Phi_n(z)\, dz = a(t) \int_0^l q(z)\, \Phi_n(z)\, dz$$

werden deren Kreuzkorrelationsfunktionen und Kreuzspektraldichten berechnet. Erstere sind

$$K_{F_mF_n}(\tau) = E[F_m(t)\, F_n(t+\tau)] = E[a(t)\, a(t+\tau)] \int_0^l q(z)\, \Phi_m(z)\, dz \int_0^l q(z)\, \Phi_n(z)\, dz,$$

bzw. mit der Autokorrelationsfunktion $K_{aa}(\tau)$ der Amplitude a(t)

$$K_{F_mF_n}(\tau) = K_{aa}(\tau) \int_0^l q(z)\, \Phi_m(z)\, dz \int_0^l q(z)\, \Phi_n(z)\, dz. \tag{3.9.21}$$

Die Kreuzspektraldichten ergeben sich daraus wieder als *Fourier*-Transformierte zu

$$S_{F_mF_n}(\omega) = \frac{1}{2\pi} \int_{-\infty}^{\infty} K_{F_mF_n}(\tau)\, e^{-i\omega\tau}\, d\tau = \frac{1}{2\pi} \int_{-\infty}^{\infty} K_{aa}(\tau)\, e^{-i\omega\tau}\, d\tau \int_0^l q(z)\, \Phi_m(z)\, dz \int_0^l q(z)\, \Phi_n(z)\, dz,$$

bzw. mit der Spektraldichte $S_{aa}(\omega)$ der Amplitude a(t)

$$S_{F_mF_n}(\omega) = S_{aa}(\omega) \int_0^l q(z)\, \Phi_m(z)\, dz \int_0^l q(z)\, \Phi_n(z)\, dz. \tag{3.9.22}$$

Zur Berechnung der Spektraldichte S_{uu} der Systemantwort nach Gl. (3.9.9) benötigt man bei kleinen Dämpfungen wegen des Schmalbandcharakters des betrachteten mechanischen Systems meist nur die Spektraldichten

$$S_{F_nF_n}(\omega) = S_{aa}(\omega) \left[\int_0^l q(z)\, \Phi_n(z)\, dz \right]^2. \tag{3.9.23}$$

der generalisierten Kräfte.

Beispiel 3.9.1: Balken mit stochastischer Streckenbelastung

Ein Balken der Länge l, konstanter Massenverteilung m, konstanter Dämpfungsverteilung c und konstanter Biegesteifigkeit EI ist beidseitig gelenkig gelagert und wird mit einer sinusförmigen Streckenlast $q(z,t) = a(t)\sin(\pi z/l)$ belastet. Die Amplitude a(t) dieser Belastung ist ein ortsinvariantes *Gauß*sches weißes Rauschen mit der Spektraldichte S_o. Es soll die Standardabweichung der Balkenauslenkung an der Stelle $z = l/2$ berechnet werden.

gegebene Zahlenwerte:
$m = 26000\ \mathrm{kgm^{-1}}$,
$c = 53\ \mathrm{kNsm^{-2}}$,
$l = 65\ \mathrm{m}$,
$S_o = 500\ \mathrm{kN^2sm^{-2}}$,
$EI = 2{,}2\cdot 10^8\ \mathrm{kNm^2}$.

Eigenfrequenzen und Eigenschwingungsformen wie in Beispiel 3.8.1.

Kreuzspektraldichten der generalisierten Kräfte nach Gl. (3.9.22) mit $S_{aa}(\omega) = S_o$:

$$S_{F_mF_n}(\omega) = S_o \int_0^l \sin\frac{m\pi z}{l} \sin\frac{\pi z}{l}\, dz \int_0^l \sin\frac{n\pi z}{l} \sin\frac{\pi z}{l}\, dz =$$

$$= \begin{cases} \frac{1}{4} S_o l^2 & \text{für } m = n = 1, \\ 0 & \text{sonst.} \end{cases}$$

Spektraldichte der Balkenauslenkung (3.9.8):

$$S_{uu}(\omega) = \Phi_1^2(z)\, |H_1(\omega)|^2\, S_{F_1F_1}(\omega) =$$

$$= \frac{1}{4} S_o l^2\, |H_1(\omega)|^2 \sin^2\frac{\pi z}{l}$$

Damit ist die Varianz der Balkenauslenkung mit dem Betrag der Übertragungsfunktion nach Gl. (3.8.6):

$$\sigma_u^2(z) = \int_{-\infty}^{\infty} S_{uu}(z,\omega)\,d\omega = \frac{1}{4} S_o l^2 \sin^2\frac{\pi z}{l} \int_{-\infty}^{\infty} |H_1(\omega)|^2 d\omega = \frac{\pi}{8}\frac{S_o l^2 \omega_1}{K_1^2 \xi_1} \sin^2\frac{\pi z}{l}\,.$$

Den Integralwert $\pi\omega_1/(2K_1^2\,\xi_1)$ kann man dem Ergebnis (3.6.10) entnehmen. Mit $K_1 = \omega_1^2 M_1$, $\xi_1 = C_1/(2M_1\omega_1)$, $M_1 = ml/2$ und $C_1 = cl/2$ (vergl. Beispiel 3.8.1) folgt die gesuchte Standardabweichung bei $z = l/2$:

$$\sigma_u(\tfrac{l}{2}) = \sqrt{\frac{\pi S_o}{\omega_1^2 mc}} = \sqrt{\frac{S_o l^4}{\pi^3 EIc}} = 0{,}157 \text{ m}.$$

Mit der *Gauß*schen Wahrscheinlichkeitsverteilung $F(u)$ ist damit z.B. die Überschreitenswahrscheinlichkeit $P(3\sigma_u < u) = 1 - F(3\sigma_u) = 1 - \Phi(3) = 0{,}135$ %.

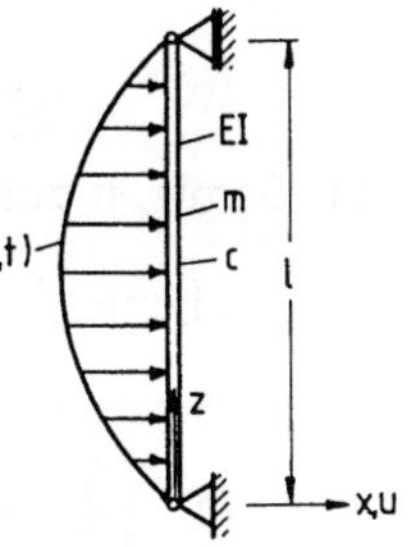

Abb. 3.9.2 Balken mit stochastischer Sinus-Last

3.10 Nichtlinearer Einmassenschwinger unter Zufallsbelastung

Die wichtigste Nichtlinearität bei der dynamischen Analyse meerestechnischer Konstruktionen ist die hydrodynamische Dämpfung. Im Ruhigwasser ist sie betragsmäßig dem Quadrat der Konstruktionsgeschwindigkeit proportional. Es gilt wie bei der deterministischen Betrachtung im Abschnitt 1.2.1 die nichtlineare Differentialgleichung

$$M\ddot{u} + B\dot{u}|\dot{u}| + Ku = F(t), \tag{3.10.1}$$

wobei hier jedoch unter $F(t)$ ein stochastischer Krafteingang zu verstehen ist.

Allgemein übliche Methode zur Lösung dieser Differentialgleichung im Frequenzbereich ist die äquivalente Linearisierung der hydrodynamischen Widerstandskraft $F_D = B\dot{u}|\dot{u}|$, weshalb dieser Fall mit unter dem Kapitel 3, welches nur lineare Systeme behandelt, beschrieben werden soll. Die Widerstandskraft wird auf der Grundlage der Fehlerquadratminimierung durch die dabei bestmögliche viskose Dämpfungskraft $\tilde{F}_D = C\dot{u}$ ersetzt. Es ist der Fehler

$$e(C,t) := \tilde{F}_D - F_D = C\dot{u} - B\dot{u}|\dot{u}| \tag{3.10.2}$$

in Abhängigkeit von der Zeit t ein Zufallsprozeß. Die statistische Erwartung des Fehlerquadrats wird zu einem Minimum gemacht. Es wird also

$$E[e^2] = \text{Min} \tag{3.10.3}$$

in Abhängigkeit von der deterministischen Dämpfungskonstanten C gefordert. Es gilt daher

$$\frac{d}{dC}E[e^2] = E[\frac{\partial(e^2)}{\partial C}] = 2E[e\frac{\partial e}{\partial C}] = 0. \tag{3.10.4}$$

Setzt man e nach Gl. (3.10.2) ein, erhält man die gesuchte Dämpfungskonstante

$$C = B\frac{E[\dot{u}^2|\dot{u}|]}{E[\dot{u}^2]}. \tag{3.10.5}$$

Der quadratische Mittelwert im Nenner ist, weil der Zufallsprozeß $\dot{u}(t)$ zentriert ist, gleich der Varianz $\sigma_{\dot{u}}^2$ der Geschwindigkeit. Für die Berechnung des Erwartungswerts im Zähler muß die Wahrscheinlichkeitsdichte bekannt sein. Nun kann die Geschwindigkeit $\dot{u}$ als *Gauß*scher Zufallsprozeß angenommen werden, für den dann die Wahrscheinlichkeitsdichte (2.3.4)

$$f(\dot{u}) = \frac{1}{\sqrt{2\pi}\,\sigma_{\dot{u}}} \exp\left(-\frac{\dot{u}^2}{2\sigma_{\dot{u}}^2}\right) \tag{3.10.6}$$

gilt. Damit ist der Erwartungswert

$$E[\dot{u}^2|\dot{u}|] = \int_{-\infty}^{\infty} \dot{u}^2 |\dot{u}| f(\dot{u})\, d\dot{u} = 2\int_0^{\infty} \dot{u}^3 f(\dot{u})\, d\dot{u} = \sqrt{\frac{8}{\pi}}\, \sigma_{\dot{u}}^3, \tag{3.10.7}$$

und als äquivalente Dämpfungskonstante folgt

$$C = \sqrt{\frac{8}{\pi}}\, B\, \sigma_{\dot{u}}. \tag{3.10.8}$$

Es werden der dimensionslose Dämpfungsparameter (1.1.13) $\xi = C/(2M\omega_o)$ und der dimensionslose Widerstandsparameter (1.2.5) $\beta = \pi B f_o/(4M)$ eingeführt. An Stelle der statischen Auslenkung $f_o = F_o/K$ bei der deterministischen Analyse kann man hier als Vergleichsauslenkung mit der Standardabweichung σ_F der Zufallsbelastung $F(t)$

$$f_o := \frac{\sigma_F}{K} \tag{3.10.9}$$

wählen. Aus Gl. (3.10.8) ergibt sich so

$$\xi = \frac{2}{\pi}\sqrt{\frac{8}{\pi}}\, \frac{\sigma_{\dot{u}}}{f_o \omega_o}\, \beta. \tag{3.10.10}$$

Ebenso wie bei der deterministischen Behandlung ist auch hier im allgemeinen eine iterative Berechnung erforderlich, weil der Dämpfungsparameter ξ von der Standardabweichung $\sigma_{\dot{u}}$ der Geschwindigkeit, also vom Ergebnis der dynamischen Analyse, abhängt. Für eine solche iterative Behandlung wählt man einen geeigneten Startwert ξ als Näherung und findet mit der Übertragungsfunktion $H(\omega)$ (3.4.4) die Eingangs-Ausgangs-Beziehung (3.6.8)

$$S_{uu}(\omega) = \frac{|H(\omega)|^2}{K^2}\, S_{FF}(\omega) \tag{3.10.11}$$

zwischen der Kraftspektraldichte $S_{FF}(\omega)$ und der Spektraldichte $S_{uu}(\omega)$ für die Auslenkung $u(t)$. Einerseits ergibt sich für den Eingang die Varianz der stochastischen Belastung

$$\sigma_F^2 = \int_{-\infty}^{\infty} S_{FF}(\omega)\, d\omega, \tag{3.10.12}$$

und damit f_o (3.10.9) sowie der Widerstandsparameter β (1.2.5) und andererseits für den Ausgang die Varianz der Geschwindigkeit

$$\sigma_{\dot{u}}^2 = \int_{-\infty}^{\infty} \omega^2 S_{uu}(\omega)\, d\omega = \frac{1}{K^2}\int_{-\infty}^{\infty} \omega^2 |H(\omega)|^2 S_{FF}(\omega)\, d\omega. \tag{3.10.13}$$

Gl. (3.10.10) liefert dann einen verbesserten Wert für ξ, mit dem gegebenenfalls die Rechnung zu wiederholen ist.

Ist die Dämpfung ξ so klein, daß der Ausgangsprozeß schmalbandig ist, kann nach Abschnitts 3.6 das Integral in Gl. (3.10.13) näherungsweise berechnet werden. Dann erhält man den Dämpfungsparameter in der expliziten Form

$$\xi = 2\sqrt[3]{\frac{2\omega_o S_{FF}(\omega_o)}{\pi^2 \sigma_F^2}\, \beta^2}\,. \tag{3.10.14}$$

Übungsaufgaben zu Kapitel 3

3.1 Gegeben ist der Realteil $\mathrm{Re}[H(\omega)] = \cos \omega T$ $(T>0)$ einer Übertragungsfunktion $H(\omega)$. Man berechne α) den Imaginärteil, den Betrag und den Phasengang der Übertragungsfunktion und β) die Impulsantwort $h(t)$.

Hinweis: für $a>0$, $\mu>0$ gilt

$$\int_0^\infty \frac{\cos \mu x}{a+x} dx = -\cos \mu a \, \mathrm{Ci}(\mu a) + \sin \mu a \left[\frac{\pi}{2} - \mathrm{Si}(\mu a)\right], \quad \int_0^\infty \frac{\cos \mu x}{a-x} dx = \cos \mu a \, \mathrm{Ci}(\mu a) + \sin \mu a \left[\frac{\pi}{2} + \mathrm{Si}(\mu a)\right]$$

mit $\mathrm{Ci}(x) := -\int_x^\infty \frac{\cos t}{t} dt$ (Integralkosinus) und $\mathrm{Si}(x) := \int_0^x \frac{\sin t}{t} dt$ (Integralsinus).

3.2 Ein masseloser Pfahl der Länge l und der Biegesteifigkeit EI trägt am oberen Ende eine Plattform der Masse M (Abb. a). In Höhe c oberhalb der Einspannung wird der Pfahl durch eine Kraft $F(t)$ belastet. Man berechne α) die Eigenfrequenz ω_o, β) die Übertragungsfunktion $H(\omega)$ und γ) die Impulsantwort $h(t)$.

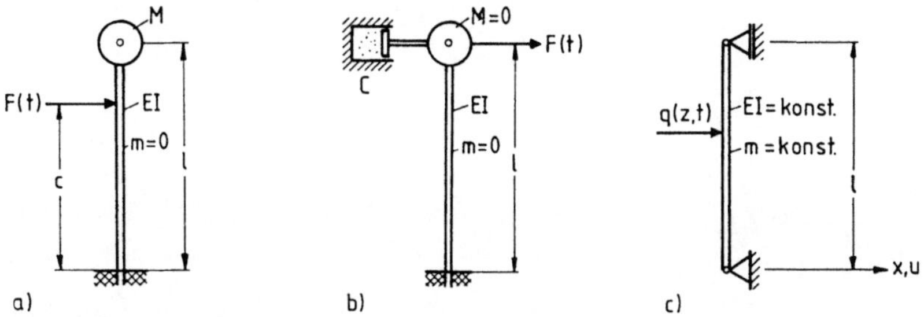

3.3 Ein masseloser Pfahl der Länge l und der Biegesteifigkeit EI trägt am oberen Ende eine Plattform mit vernachlässigbarer Masse (Abb. b). Die Plattformbewegung unter Wirkung der stochastischen Kraft $F(t)$ mit der Kraftspektraldichte

$$S_{FF}(\omega) = \frac{S_o}{1+\omega^2 T^2} \quad (S_o > 0,\ T > 0)$$

wird viskos mit der Konstanten C gedämpft. Man berechne α) die Übertragungsfunktion $H(\omega)$, β) die Impulsantwort $h(t)$, γ) die Spektraldichte $S_{uu}(\omega)$ der Systemauslenkung $u(t)$, δ) die Autokorrelationsfunktion $K_{uu}(\tau)$, insbesondere auch für $C = KT$ (K ist die Systemsteifigkeit) und ε) die Momente m_o, m_2 und m_4 des Ausgangsspektrums.

3.4 Ein Zufallsprozeß $u(t)$ besitzt die Autokorrelationsfunktion $K_{uu}(\tau) = K_o e^{-\alpha|\tau|}$ $(K_o > 0,$ $\alpha > 0,\ -\infty < \tau < \infty)$ und wird mit der Impulsantwort $h(t) = e^{-\varkappa t}$ $(\varkappa > 0)$ für $t \geq 0$ und $h(t) \equiv 0$ für $t < 0$ gefaltet. Man berechne die Autokorrelationsfunktion des Faltungsprodukts $v(t) = (u*h)(t)$, speziell auch für $\varkappa = \alpha$.

3.5 Ein in z-Richtung erstreckter Stab der Länge l besitzt die Eigenschwingungsformen $\Phi_n(z) = \sin(n\pi z/l)$ $(n = 1, 2, 3, \ldots)$ sowie die Eigenfrequenzen $\omega_n = n\,\omega_o$ mit der Grundfrequenz ω_o. Die generalisierten Massen M_n seien von n unabhängig und gleich der Masse M. Die Übertragungsfunktionen des Stabes gehorchen mit den generalisierten Steifigkeiten K_n dem Gesetz

$$|H_n(\omega)|^2 = \frac{\omega_o}{K_n^2}\,\delta(|\omega| - \omega_o) \quad (\delta(\omega) \text{ ist die } \textit{Dirac}\text{sche Deltafunktion}).$$

Die Streckenbelastung $q(z,t)$ des Stabes ist ein örtlich inkohärentes weißes Rauschen mit der Spektraldichte $S_{qq}(z_1, z_2, \omega) = l\,S_o\,\delta(z_1 - z_2)$ $(S_o > 0)$. Man berechne die Standardabweichung σ_u der Stabauslenkung als Funktion von z und in Abhängigkeit von den gegebenen Größen l, M, ω_o und S_o.

Hinweis: $\displaystyle\sum_{n=1}^{\infty} \frac{\cos nx}{n^4} = \frac{1}{720}\left(-15x^4 + 60\pi x^3 - 60\pi^2 x^2 + 8\pi^4\right)$

3.6 Ein beidseitig gelenkig gelagerter Stab der Länge l, der Massenverteilung m und der Biegesteifigkeit EI unterliegt der isotropen Zufallsbelastung q(z,t) als weißes Rauschen mit der von z unabhängigen Spektraldichte S_o(Abb. c). Die Wurzel aus der Kohärenzfunktion der Belastung ist $\gamma_{qq}(z_1,z_2,\omega) = 1 - \alpha|z_1-z_2|$ $(0 \leq \alpha \leq l^{-1})$. Man berechne die 5x5-Matrix der Kraftspektraldichte $S_{F_mF_n}$ für die beiden Fälle α) $\alpha = 0$ und β) $\alpha = l^{-1}$.

3.7 Gegeben ist als Eingang ein Zufallsprozeß u(t) mit der Autokorrelationsfunktion $K_{uu}(\tau)$. Mit der Impulsantwort h(t) folgt der Ausgang

$v(t) = \int_{-\infty}^{\infty} h(\tau)u(t-\tau)\,d\tau$. Man berechne das Faltungsprodukt $(K_{uu} * y)(\tau)$ mit $y(\tau) = \int_{-\infty}^{\infty} h(t)h(t-\tau)\,dt$.

4 Meerestechnische Konstruktionen unter Wellenbelastung

Meerestechnische Konstruktionen unterliegen einer Vielzahl verschiedener Umwelteinflüsse wie Stürmen mit entsprechenden Wind- und Wellenwirkungen, Gezeiten- und Meeresströmungen, Eisgang, Gründungsveränderungen, Erdbeben u.a. Zweifellos stellen die durch Stürme hervorgerufenen Wellen den wichtigsten Umwelteinfluß dar. Aus vorliegenden ozeanischen Informationen müssen die für eine Strukturananalyse maßgeblichen Seegangsbelastungen ermittelt werden. Man unterscheidet in dieser Hinsicht zwei grundsätzlich unterschiedliche Methoden der Strukturanalyse, und zwar das Entwurfswellenkonzept und das vom Wellenenergiespektrum ausgehende wahrscheinlichkeitstheoretische Konzept.

Beim Entwurfwellenkonzept wird eine Welle bestimmter Höhe und Frequenz vorgegeben, von der eine extreme Beanspruchung der Konstruktion erwartet wird. Die Wellenhöhe wird dabei meist an Hand der Langzeitstatistik des Seegangs für eine Welle mit einer nach Jahren gemessenen Rückkehrperiode ausgewählt, z.B. die Höhe der 100-Jahreswelle. Die Zuordnung einer dazu passenden Wellenfrequenz ist bereits mehr oder weniger willkürlich vorzunehmen. Das Entwurfswellenkonzept ist vollständig deterministisch: Man gewinnt an jedem Ort der Konstruktion in Abhängigkeit von der Zeit einen Maximalwert für die Materialanstrengung oder Vergleichsspannung, die mit einem gewählten Sicherheitsabstand unterhalb eines bestimmten Werkstoffkennwerts, meist der Materialstreckgrenze, liegen muß. Eine Welle mit niedrigerer Höhe jedoch mit einer Frequenz, die dichter an einer Eigenfrequenz der Konstruktion liegt, kann größere Spannungen erzielen. Auch die Durchrechnung für mehrere Entwurfswellen unterschiedlicher Höhen und Frequenzen führt nicht grundsätzlich zu Verbesserungen. Besonders bei der Berechnung der zu erwartenden Lebensdauer einer Konstruktion kommt es auf eine möglichst genaue Erfassung der Zeitgeschichte der Seegangsbelastung nach Zahl der Lastwechsel und nach Höhe der Belastungsausschläge und damit nach Zahl und Art der Wellen eines Kurzzeitseegangszustandes und der Zeitdauer verschiedener Kurzzeitseegänge innerhalb eines Jahres an.

Zuverlässiger ist demgegenüber das stochastische Konzept, das vom Zufallscharakter eines Kurzzeitseegangszustandes, der durch sein Wellenenergiespektrum gekennzeichnet ist, ausgeht. Ergebnis einer solchen auf wahrscheinlichkeitstheoretischen Methoden basierenden Analyse ist an jedem Ort der Konstruktion die Standardabweichung der Materialspannung, also ein Spannungswert, der mit einer bestimmten Wahrscheinlichkeit auftritt oder, anders formuliert, innerhalb eines gewissen Vertrauensbereich liegt. Vorteil dieses stochastischen Konzepts ist darüber hinaus, daß Fehler, die ihre Ursache in der Linearisierung nichtlinearer Effekte haben, nicht so stark auf das Ergebnis der dynamischen Analyse durchschlagen wie bei einer deterministischen Rechnung. Es ist deshalb im allgemeinen die Kenntnis der *linearen* Wellentheorie vollkommen ausreichend, um die auf eine Konstruktion einwirkenden Wellenkräfte zu berechnen.

4.1 Meereswellen und Seegang

4.1.1 Lineare Wellentheorie

Die vom Wind angefachten Oberflächenwellen der Meere sind Schwerewellen. Die durch Windströmungen aus ihrem Ruhigwasser-Gleichgewicht gebrachten Wasserpartikel erfahren infolge ihrer rückstellenden Schwerewirkung Bewegungen, die im Idealfall harmonische fortschreitende Wellen darstellen. Zur Beschreibung der *Kinematik* ozeanischer Oberflächenwellen ist die Annahme einer wirbelfreien, inkompressiblen und reibungsfreien Flüssigkeit zulässig. Die mit diesen Annahmen begründeten (linearen und nichtlinearen) Wellentheorien erlauben auch die Berechnung von *Trägheitskräften*, die infolge beschleunigter oder verzögerter Wasserpartikelbewegung auf Offshore-Strukturen ausgeübt werden. Jedoch können natürlich nicht mit Hilfe solcher Theorien die reibungsbedingten *Widerstandskräfte* ermittelt werden. Dafür ist ergänzend eine empirische Widerstandsformel heranzuziehen.

Für hydrodynamisch durchlässige Strukturen werden Trägheits- und Widerstandskräfte in der sogenannten *Morison*-Formel [56] zusammengefaßt. Bei solchen Strukturen sind die von Wellen getroffenen Bauteildurchmesser im Vergleich zur Wellenlänge so klein, daß eine Störung der einfallenden Welle durch Wellenbrechung vernachlässigt werden kann. Diese Annahme trifft im allgemeinen auf Stahlplattformen vom Typ Jacket zu.

Den hydrodynamisch durchlässigen stehen die hydrodynamisch kompakten Strukturen gegenüber. Dazu gehören die Schwerkraft-Plattformen - die Gravities - mit Durchmessern in der Größenordnung der Wellenlänge. Die durch reflektierende Wellen bedingten Störungen des einfallenden Wellenfeldes werden hier bei der Berechnung der Trägheitskräfte mittels der Diffraktionstheorie berücksichtigt. Dafür können bei solchen Strukturen die Widerstandskräfte vernachlässigt werden.

Für die folgende Formulierung einer Wellentheorie betrachten wir nach Abb. 4.1.1 eine ebene Welle mit der zunächst unbekannten von der Zeit t und vom Ort x abhängenden Wellenerhebung $z = \zeta(x,t)$. Der Ruhigwasserspiegel sei die Ebene $z = 0$. Der dazu parallele Meeresboden befinde sich in der Tiefe $z = -d$. Ein Wasserpartikel an der Stelle (x,z) führe abhängig von der Zeit t in Richtung x die Verschiebung u(t) und in Richtung z die Verschiebung w(t) aus und besitzt somit die Geschwindigkeitskomponenten $\dot{u} \equiv \partial u/\partial t$ und $\dot{w} \equiv \partial w/\partial t$.

Grundgleichungen sind die *Kontinuitätsgleichung* und die *Eulerschen Bewegungsgleichungen*[1]. Erstere ist für eine inkompressible Flüssigkeit nach Einführung des *Geschwindigkeitspotentials* $\Phi(x,z,t)$ die Potentialgleichung

$$\Delta\Phi \equiv \frac{\partial^2\Phi}{\partial x^2} + \frac{\partial^2\Phi}{\partial z^2} = 0, \tag{4.1.1}$$

1) Sie wurden von dem genialen, in Berlin und Petersburg wirkenden Mathematiker *Leonhard Euler* (1707-1783) in den Berichten der Königlichen Akademie zu Berlin im Jahre 1755 veröffentlicht. Eine spezielle Form dieser Gleichungen hatte bereits im Jahre 1738 der Gelehrte *Daniel Bernoulli* (1700-1782) in seinem in Straßburg herausgegebenen Werk Hydrodynamica aufgestellt.

und die allgemeinen *Euler*schen Bewegungsgleichungen gehen für eine wirbelfreie Flüssigkeit in die spezielle instationäre *Bernoulli*-Gleichung

$$\frac{\partial \Phi}{\partial t} + \frac{1}{2}(\operatorname{grad}\Phi)^2 + \frac{p}{\rho} + gz = 0 \tag{4.1.2}$$

über, aus der bei bekanntem Φ und mit der Erdbeschleunigung g die hydrodynamische Druckverteilung p(x,z,t) berechnet wird.

Das Geschwindigkeitspotential Φ ergibt sich durch Integration der Potentialgleichung (4.1.1) unter Beachtung der Randbedingungen am Meeresboden und an der freien Meeresoberfläche, womit per definitionem das Geschwindigkeitsfeld

$$\left.\begin{aligned}\dot{u} &:= \frac{\partial \Phi}{\partial x} = \frac{dx}{dt},\\ \dot{w} &:= \frac{\partial \Phi}{\partial z} = \frac{dz}{dt}\end{aligned}\right\} \tag{4.1.3}$$

der Wasserpartikel bekannt ist.

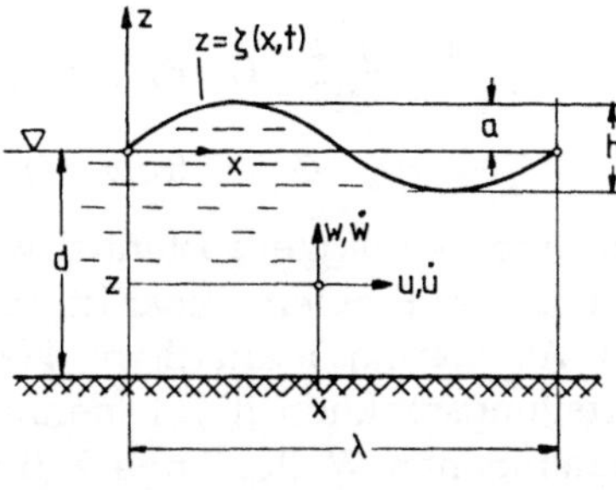

Abb. 4.1.1 Ebene Schwerewelle ζ(x,t)

Zur Lösung des so skizzierten Problems müssen die drei folgenden Randbedingungen berücksichtigt werden:

a) Am Meeresboden z = −d ist die Geschwindigkeit der Wasserpartikel senkrecht zum Meeresboden Null. Es gilt also

$$\dot{w} = \frac{\partial \Phi}{\partial z} = 0 \quad \text{für } z = -d. \tag{4.1.4}$$

b) An der freien Oberfläche z = ζ(x,t) ergibt sich für dieselbe Geschwindigkeitskomponente

$$\dot{w} = \frac{\partial \Phi}{\partial z} = \frac{dz}{dt} = \frac{\partial \zeta}{\partial x}\frac{dx}{dt} + \frac{\partial \zeta}{\partial t} = \dot{u}\frac{\partial \zeta}{\partial x} + \frac{\partial \zeta}{\partial t} \quad \text{für } z = \zeta(x,t). \tag{4.1.5}$$

c) An der freien Oberfläche z = ζ(x,t) ist der Druck p konstant. Setzt man den dort herrschenden athmosphärischen Druck willkürlich Null, so gilt nach Gl. (4.1.2)

$$\frac{\partial \Phi}{\partial t} + \frac{1}{2}(\operatorname{grad}\Phi)^2 + g\zeta = 0 \quad \text{für } z = \zeta(x,t). \tag{4.1.6}$$

Wegen des Gliedes $\dot{u}\,\partial\zeta/\partial x$ in Gl. (4.1.5) sowie des Gliedes $(\operatorname{grad}\Phi)^2$ in den Gln. (4.1.2) und (4.1.6) ist das Problem *nichtlinear*. Eine geschlossene Lösung existiert in dieser Allgemeinheit nicht. Die bekannteste Näherungslösung, mit der das Wellenprofil in Gestalt einer endlichen trigonometrischen Reihe dargestellt wird, geht auf *Stokes* [1] zurück. Bezüglich solcher nichtlinearer Wellentheorien wird auf die Literatur [10, 47, 81, 41, 89] verwiesen.

In der *linearen* Wellentheorie, die auf die sogenannte *Airy* [2]-Welle führt, werden unter der Annahme, daß die Wellenerhebung ζ(x,t) klein gegenüber der Meerestiefe d ist, die nichtlinearen Glieder gegenüber den linearen vernachlässigt. Aus Gl. (4.1.6) folgt nämlich, daß Φ und somit auch $\dot{u}$ und $\dot{w}$ die Größenordnung von ζ besitzen. Somit können die Glieder $\dot{u}\,\partial\zeta/\partial x$ und $(\operatorname{grad}\Phi)^2 = \dot{u}^2 + \dot{w}^2$ als Produkte kleiner Größen gegenüber den linearen Gliedern gestrichen werden. Außerdem kann

1) Sir *George Gabriel Stokes* (1819-1903), engl. Physiker und Mathematiker
2) Sir *Georg Bidell Airy* (1801-1892), engl. Mathematiker

in den Randbedingungen (4.1.5) und (4.1.6) an Stelle des Wellenprofils $z=\zeta(x,t)$ vereinfacht $z=0$ gesetzt werden.

Aus den Gln. (4.1.5) und (4.1.6) ergeben sich so zunächst an der Oberfläche $z=0$ die Beziehungen $\partial\Phi/\partial z=\partial\zeta/\partial t$ und $\partial\Phi/\partial t+g\zeta=0$, mit denen die drei genannten Randbedingungen wie folgt geschrieben werden können:

a) $$\frac{\partial\Phi}{\partial z}=0 \qquad \text{für } z=-d, \tag{4.1.7}$$

b) $$g\frac{\partial\Phi}{\partial z}+\frac{\partial^2\Phi}{\partial t^2}=0 \qquad \text{für } z=0, \tag{4.1.8}$$

c) $$\frac{\partial\Phi}{\partial t}+g\zeta=0 \qquad \text{für } z=0. \tag{4.1.9}$$

Das Geschwindigkeitspotential wird sowohl in x als auch in t harmonisch angesetzt. Da das Problem linear ist, kann der Ansatz in komplexer Schreibweise erfolgen. Als Lösungsansatz dient $\Phi(x,z,t)=f(z)\exp[-i(kx-\omega t)]$ mit einer unbekannten Verteilungsfunktion $f(z)$. k nennt man die Wellenzahl, die mit der in Abb. 4.1.1 eingetragenen Wellenlänge λ über $k=2\pi/\lambda$ zusammenhängt. ω ist die Kreisfrequenz der Welle, die mit der Wellenperiode T über $\omega=2\pi/T$ verbunden ist. Mit dem genannten Ansatz für Φ folgt dann aus der Potentialgleichung (4.1.1) die gewöhnliche Differentialgleichung $f''-k^2f=0$ mit der einfachen Lösung $f(z)=$ $=A\cosh(kz+B)$. Die Integrationskonstanten A und B ergeben sich aus den Randbedingungen a) und c). Zunächst ist nach Gl. (4.1.7) $f(-d)=A\,k\sinh(-kd+B)=0$, was $B=kd$ erfordert. Und aus Gl. (4.1.9) folgt das Wellenprofil

$$\zeta(x,t)=-\frac{1}{g}\frac{\partial\Phi}{\partial t}(x,0,t)=-\frac{iA\omega}{g}\cosh kd\, e^{-i(kx-\omega t)},$$

woraus mit der in Abb. 4.1.1 gegebenen Wellenamplitude a die zweite Konstante $A=iga/(\omega\cosh kd)$ folgt.

Zusammenfassend ergeben sich als Lösung der Potentialgleichung mit den Randbedingungen a) und c) für die lineare Wellentheorie das (komplexe) Geschwindigkeitspotential

$$\Phi(x,z,t)=i\frac{ag}{\omega}\frac{\cosh k(z+d)}{\cosh kd}\,e^{-i(kx-\omega t)} \tag{4.1.10}$$

und die in Richtung x und mit der Zeit t fortschreitende *Airy*-Welle

$$\zeta(x,t)=a\,e^{-i(kx-\omega t)}. \tag{4.1.11}$$

Die noch nicht ausgenützte Randbedingung b) führt auf die Gleichung $gf'(0)-\omega^2f(0)=A(gk\sinh kd-\omega^2\cosh kd)=0$ und damit auf die sogenannte Dispersionsgleichung

$$\omega^2=gk\tanh kd \tag{4.1.12}$$

zwischen Wellenfrequenz ω, Wellenzahl k und Meerestiefe d, die für sehr tiefes Wasser $d\to\infty$ die Form $\omega^2=gk$ annimmt.

Die Wellen- oder Phasengeschwindigkeit

$$c=\frac{\lambda}{T} \tag{4.1.13}$$

ist die Geschwindigkeit, mit der sich die Welle vorwärtsbewegt. Dagegen ergeben sich die Geschwindigkeitskomponenten der Wasserpartikel aus Gl. (4.1.3) mit dem Potential Φ (4.1.10) und der Wellenerhebung ζ (4.1.11) zu

$$\left.\begin{aligned}\dot{u} &= \frac{agk}{\omega}\frac{\cosh k(z+d)}{\cosh kd}\,e^{-i(kx-\omega t)} = \frac{gk}{\omega}\frac{\cosh k(z+d)}{\cosh kd}\,\zeta(x,t),\\ \dot{w} &= i\,\frac{agk}{\omega}\frac{\sinh k(z+d)}{\cosh kd}\,e^{-i(kx-\omega t)} = i\,\frac{gk}{\omega}\frac{\sinh k(z+d)}{\cosh kd}\,\zeta(x,t),\end{aligned}\right\} \qquad (4.1.14)$$

sowie die Beschleunigungskomponenten

$$\left.\begin{aligned}\ddot{u} &= iagk\,\frac{\cosh k(z+d)}{\cosh kd}\,e^{-i(kx-\omega t)} = igk\,\frac{\cosh k(z+d)}{\cosh kd}\,\zeta(x,t),\\ \ddot{w} &= -agk\,\frac{\sinh k(z+d)}{\cosh kd}\,e^{-i(kx-\omega t)} = -gk\,\frac{\sinh k(z+d)}{\cosh kd}\,\zeta(x,t).\end{aligned}\right\} \qquad (4.1.15)$$

Man kann auch die Bahnkurven der einzelnen Wasserpartikel durch Integration der Gl. (4.1.14) gewinnen. Es folgt

$$\left.\begin{aligned}u &= -i\,\frac{agk}{\omega^2}\frac{\cosh k(z+d)}{\cosh kd}\,e^{-i(kx-\omega t)} = -i\,\frac{gk}{\omega^2}\frac{\cosh k(z+d)}{\cosh kd}\,\zeta(x,t),\\ w &= \frac{agk}{\omega^2}\frac{\sinh k(z+d)}{\cosh kd}\,e^{-i(kx-\omega t)} = \frac{gk}{\omega^2}\frac{\sinh k(z+d)}{\cosh kd}\,\zeta(x,t).\end{aligned}\right\} \qquad (4.1.16)$$

Der Realteil von u ist proportional $\sin(kx-\omega t)$, der von w proportional $\cos(kx-\omega t)$. Somit sind die Bahnkurven Ellipsen mit den Halbachsen

$$\frac{agk}{\omega^2}\frac{\cosh k(z+d)}{\cosh kd} \text{ in x-Richtung und } \frac{agk}{\omega^2}\frac{\sinh k(z+d)}{\cosh kd} \text{ in z-Richtung.}$$

Beide Halbachsen nehmen ausgehend von der Meeresoberfläche $z=0$ nach unten hin den Hyperbelfunktionen entsprechend ab, und zwar die Halbachse in z-Richtung bis auf Null am Meeresboden $z=-d$, so daß sich dort die Wasserpartikel, wie es die Randbedingung verlangt, auf horizontalen Geraden hin- und herbewegen. Bei tiefem Wasser, wenn $\tanh kd$ genügend genau durch den Wert Eins ersetzt werden kann, beschreiben die Wasserpartikel Kreisbahnen, deren Durchmesser mit wachsender Tiefe exponentiell abklingen. Dies gilt bereits von Tiefen größer als die halbe Wellenlänge an. Abb. 4.1.2 veranschaulicht die Partikelbewegung für eine Tief- und für eine Flachwasserwelle.

Für die Tiefwasserwelle kann $\cos kd \approx e^{kd}/2$ und $\cosh k(z+d) \approx \sinh k(z+d) \approx \approx e^{k(z+d)}/2$ gesetzt werden. Für die Geschwindigkeits-, Beschleunigungs- und Wegkomponenten der Wasserpartikelbewegung folgt damit aus den Gln. (4.1.14) bis (4.1.16) jetzt in reeller Schreibweise

$$\left.\begin{aligned}\dot{u} &= a\omega e^{kz}\cos(kx-\omega t),\\ \dot{w} &= a\omega e^{kz}\sin(kx-\omega t),\end{aligned}\right\} \qquad (4.1.17)$$

$$\left.\begin{aligned}\ddot{u} &= a\omega^2 e^{kz}\sin(kx-\omega t),\\ \ddot{w} &= -a\omega^2 e^{kz}\cos(kx-\omega t),\end{aligned}\right\} \qquad (4.1.18)$$

$$\left.\begin{aligned}u &= -a\,e^{kz}\sin(kx-\omega t),\\ w &= a\,e^{kz}\cos(kx-\omega t).\end{aligned}\right\} \qquad (4.1.19)$$

Die erste der Grundgleichungen, die Potentialgleichung, ist damit ausgenutzt. Die noch verbleibende zweite Gleichung, die *Bernoulli*-Gleichung (4.1.2), dient nach

Linearisierung der Berechnung der Druckverteilung im Wasser. Aus $p = -\rho g z - \rho\,\partial\Phi/\partial t$ folgt mit Φ und ζ

$$p(x,z,t) = -\rho g z + a\rho g \frac{\cosh k(z+d)}{\cosh kd}\, e^{-i(kx-\omega t)} =$$

$$= -\rho g z + \rho g \frac{\cosh k(z+d)}{\cosh kd}\, \zeta(x,t). \quad (4.1.20)$$

Der erste Term beschreibt den *hydrostatischen* Druck, der mit der Tiefe linear zunimmt. Der zweite Term ergibt den *dynamischen* Druckanteil aus der Wellenbewegung, der mit wachsender Tiefe der Hyperbelfunktion entsprechend abklingt. Damit ergibt sich je nach Lage der Welle die qualitative Druckverteilung der Abb. 4.1.3. Die Änderung der hydrostatischen Druckverteilung $-\rho g z$ durch die Wellenbewegung wird *Smith*-Effekt [79] genannt.

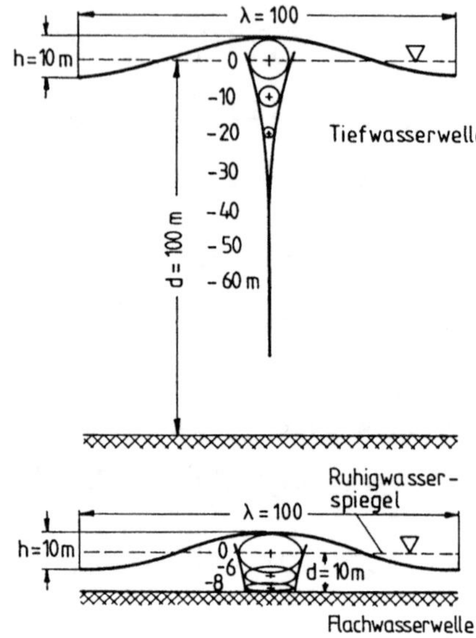

Abb. 4.1.2 Bahnkurven der Wasserpartikel für eine Tief- und für eine Flachwasserwelle

Abschließend wird noch die Gleichung der *Airy*-Welle für eine schräge Laufrichtung angegeben. Besitzt die Wellenfortschrittsrichtung nach Abb. 4.1.4 gegenüber der x-Richtung den Neigungswinkel μ, so folgt mit den einfachen geometrischen Beziehungen $k_x = k\cos\mu$ und $k_y = k\sin\mu$

$$\zeta(x,y,t) = a\exp[-i(k_x x + k_y y - \omega t)]. \quad (4.1.21)$$

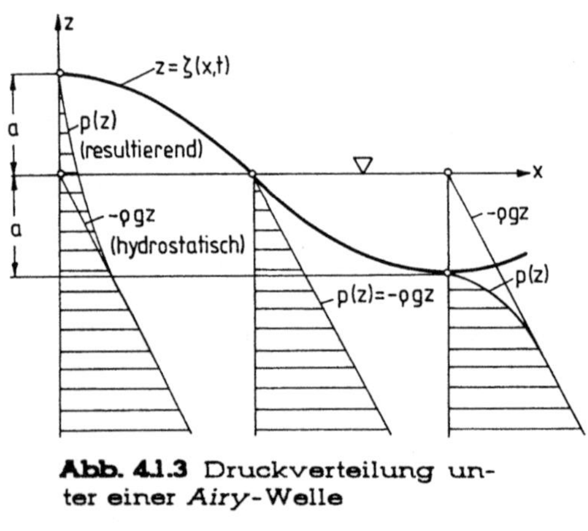

Abb. 4.1.3 Druckverteilung unter einer *Airy*-Welle

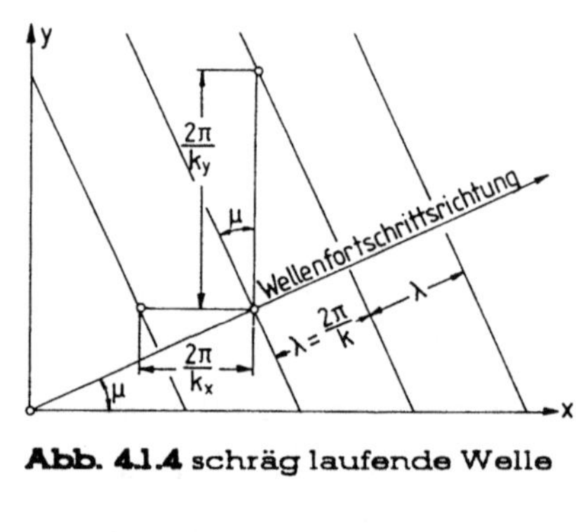

Abb. 4.1.4 schräg laufende Welle

4.1.2 Wellenenergie

Die Gesamtenergie einer Welle setzt sich aus ihrer kinetischen und ihrer potentiellen Energie zusammen. Zu deren Berechnung wird ein Flüsigkeitsvolumen betrachtet, das in der x,z-Ebene nach Abb. 4.1.1 durch $x=0$ und $x=\lambda$ sowie durch $z=\zeta(x,t)$ und $z=-d$ begrenzt ist und in y-Richtung die Breite Eins besitzt.

Für die kinetische Energie T gilt mit dem Geschwindigkeitspotential Φ

$$T = \frac{1}{2}\rho \int_{(A)} (\dot{u}^2 + \dot{w}^2)\, dA = \frac{1}{2}\rho \int_{(A)} (\operatorname{grad}\Phi)^2\, dA\,, \tag{4.1.22}$$

wobei die Integration über die oben definierte Fläche A der x,z-Ebene erfolgt. Das Flächenintegral wird mittels der *Green*schen Formel für die Ebene (vergl. z.B. [78], [6])

$$\int_{(A)} \operatorname{grad} U \operatorname{grad} V\, dA = \oint U \frac{\partial V}{\partial n} ds - \int_{(A)} U \,\Delta V\, dA$$

in ein Randintegral umgewandelt. Dazu setzt man $U = V = \Phi$, beachtet $\Delta\Phi = 0$ und erhält

$$\int_{(A)} (\operatorname{grad}\Phi)^2\, dA = \oint \Phi \frac{\partial \Phi}{\partial n} ds.$$

Die Randlinienkoordinate s besteht aus den beiden vertikalen Begrenzungslinien $x=0$ und $x=\lambda$, aus der horizontalen Begrenzungslinie $z=-d$ und der Wellenkontur $z=\zeta(x,t)$. n ist die äußere Normale auf dieser Randlinie s. Am Meeresboden gilt $\dot{w} = \partial\Phi/\partial z = -\partial\Phi/\partial n = 0$. Bei $x=0$ und $x=\lambda$ sind die Integranden $\Phi\, \partial\Phi/\partial n$ dem Betrage nach gleich, besitzen jedoch unterschiedliche Vorzeichen, so daß sich ihre Anteile bei der Integration gegenseitig aufheben. Somit ist lediglich über die Wellenkontur zu integrieren.

Nun gilt in der *linearen* Wellentheorie nach den Gln. (4.1.10) und (4.1.11) an der Oberfläche $z=0$

$$\Phi(x,0,t) = i\frac{ag}{\omega} e^{-i(kx-\omega t)} = i\frac{g}{\omega}\zeta(x,t)$$

und nach Gl. (4.1.8)

$$\frac{\partial \Phi}{\partial z}(x,0,t) = -\frac{1}{g}\frac{\partial^2 \Phi}{\partial t^2}(x,0,t) = i a \omega\, e^{-i(kx-\omega t)} = i\omega\zeta(x,t).$$

Die kinetische Energie (4.1.22) ist dann mit den Realteilen von Φ und $\partial\Phi/\partial z$

$$T = \frac{1}{2}\rho \int_{x=0}^{\lambda} \Phi(x,0,t)\frac{\partial \Phi}{\partial z}(x,0,t)\, dx = \frac{1}{2}\rho g \int_{x=0}^{\lambda} \zeta^2\, dx.$$

Das Integral über das Quadrat der Sinus-Funktion mit der Amplitude a besitzt den Wert $a^2\lambda/2$ und damit die kinetische Energie das Ergebnis

$$T = \frac{1}{4}\rho g a^2 \lambda. \tag{4.1.23}$$

Die potentielle Energie U ergibt sich aus

$$U = \rho g \int_{(A)} z\, dA = \frac{1}{2}\rho g \int_{(A)} \frac{d(z^2)}{dz} dA. \tag{4.1.24}$$

Auch hier wird das Flächenintegral in ein Linienintegral und zwar mittels der Integralformel von *Gauß* für die Ebene [6]

$$\int_{(A)} \left(\frac{\partial Q}{\partial x} - \frac{\partial P}{\partial y}\right) dA = \oint (P\, dx + Q\, dy)$$

umgeformt. Dazu wählt man $Q=0$, $P=z^2$, $y=z$. Es folgt

$$U = -\frac{1}{2}\rho g \oint z^2 dx.$$

Längs der vertikalen Begrenzungslinien x=0 und x=λ ist dx=0. Die Integration ist also lediglich längs z=−d und z=ζ(x,t) auszuführen, d.h. in der *linearen* Theorie

$$U = -\frac{1}{2}\rho g\int_0^\lambda d^2\,dx + \frac{1}{2}\rho g\int_0^\lambda \zeta^2\,dx = -\frac{1}{2}\rho g d^2\lambda + \frac{1}{4}\rho g a^2\lambda\,.$$

Der erste Summand ergibt die potentielle Energie des Ruhigwassers, erkenntlich daran, daß in ihm die Wellenamplitude a nicht enthalten ist. Als unwesentliche Konstante kann dieser Energieanteil weggelassen werden. Die potentielle Energie einer Welle der Amplitude a und der Wellenlänge λ ist somit

$$U = \frac{1}{4}\rho g a^2 \lambda \qquad (4.1.25)$$

und damit gerade so groß wie die kinetische Energie (4.1.23).

Die Summe aus T und U ergibt die gesamte Wellenenergie. Sie wird durch die Wellenlänge λ dividiert und ist dann die auf die horizontale Einheitsfläche bezogene Wellenenergie. Sie besitzt also den Wert

$$E := \frac{T+U}{\lambda} = \frac{1}{2}\rho g a^2 \qquad (4.1.26)$$

mit der Dimension Nm/m^2. Sie gilt so lange wie $a \ll d$.

4.1.3 Unregelmäßiger Seegang

Meereswellen entstehen in erster Linie durch Windeinwirkung. Streicht Luft gleichmäßig an der zunächst ruhigen Meeresoberfläche entlang, wird die oberste Wasserschicht infolge der Reibungswirkung zwischen Luft und Wasser mitgenommen. Es kommt dadurch zu einer Wellenanfachung. In der Anfangsphase entstehen kleine, d.h. niedrige und kurze, Wellen. Mit dem Anwachsen des Windes vergrößern sich diese Wellen. Gleichzeitig entstehen weiter immer neue kleine Wellen, die sich den bereits ausgeprägten größeren Wellen überlagern. Diese Überlagerung vieler Wellen unterschiedlicher Höhe und Länge gibt schließlich der Meeresoberfläche das ausgesprochen rauhe Aussehen, welches besonders in der Entwicklungsphase eines Seegangs zu beobachten ist. Weitere Einflüsse, die entstehende Wellen in ihrer Bewegung verändern, sind das Kreuzen von Wellensystemen unterschiedlicher Richtung, die Änderung des Windes nach Richtung und Stärke, die Änderung der Meerestiefe, die Form und die Rauhigkeit von Uferlinien und des Meeresbodens, die Einwirkung von Gezeiten- und Meeresströmungen u.a.

Je länger ein Wind konstanter Stärke und Richtung einwirkt und Wellen anfacht, um so ausgeprägter wird der Seegang. Er ist dadurch gekennzeichnet, daß sich charakteristische, d.h. zum entsprechenden Wind nach Höhe und Länge gehörende, langkämmige Wellen deutlich durchsetzen. Man spricht von einem ausgereiften Seegang. Auf der anderen Seite sind bei großen Windstärken Windeinwirkungszeit und -streichlänge häufig nicht groß genug, um ausgereifte Seegänge überhaupt entstehen zu lassen.

Die beschriebene Nutur der durch Wind angefachten Schwerewellen führt dazu, den unregelmäßigen Seegang als Zufallsfeldprozeß aufzufassen. Eine große Zahl harmonischer Wellen unterschiedlicher Amplituden a_n, unterschiedlicher Frequenzen ω_n, unterschiedlicher Wellenzahlen k_{xn} in x-Richtung und k_{yn} in y-Richtung (damit unterschiedlicher Laufrichtung) überlagern sich, wobei ihre Phasenverschiebungen α_n gegeneinander im Winkelbereich von 0 bis 2π gleichverteilte Zufallsvariable sind.

Die Wellenerhebung $\zeta(x,y,t)$ kann dann als Summe über k harmonische Komponenten $\zeta_n(x,y,t)$ geschrieben werden [51]. Für den Idealfall $k=\infty$ heißt das

$$\zeta(x,y,t) := \sum_{n=1}^{\infty} \zeta_n(x,y,t) = \sum_{n=1}^{\infty} a_n \exp[-i(k_{xn}x + k_{yn}y - \omega_n t + \alpha_n)]. \qquad (4.1.27)$$

Die Zufallsphasen α_n der einzelnen Komponenten sind voneinander statistisch unabhängig. Für jede von ihnen gilt die Gleichverteilung nach Abschnitt 2.3.1 mit der Wahrscheinlichkeitsdichte $f_\alpha = (2\pi)^{-1}$. Da damit die einzelnen Wellenkomponenten ζ_n voneinander statistisch unabhängig sind, besitzt die resultierende Wellenerhebung entsprechend der Aussage des zentralen Grenzwertsatzes (vergl. Abschnitt 2.9) die *Gauß*sche Wahrscheinlichkeitsdichte (2.3.4)

$$f_\zeta(\zeta) = \frac{1}{\sqrt{2\pi m_o}} \exp\left(-\frac{\zeta^2}{2m_o}\right). \qquad (4.1.28)$$

Da ζ vom Ruhigwasserspiegel aus gemessen wird, handelt es sich um einen zentrierten Prozeß mit dem Mittelwert $E[\zeta]=\mu_\zeta=0$. Der quadratische Mittelwert ist gleich der Varianz bzw. gleich dem Moment m_o nach Gl. (2.16.15), also $E[\zeta^2] = \sigma_\zeta^2 = m_o$. Die Spektraldichte zur Berechnung von m_o heißt hier speziell Wellenenergiespektrum (vergl. Abschnitt 4.1.4).

Seegangsbeobachtungen haben eine *Gauß*sche Wahrscheinlichkeitsdichte für die Wellenerhebung weitgehend bestätigt. Sie gilt nicht z.B. für Kräuselwellen, die nicht von der in Abschnitt 4.1.1 besprochenen Natur sind. Sie sind keine Schwerewellen, sondern bei ihnen sind Oberflächenspannungen die vorherrschenden Effekte. Kräuselwellen sind für die Belastungen von Offshore-Strukturen unbedeutend. Auch Flutwellen infolge entfernter Erdbeben oder Vulkanausbrüche, sogenannte Tsunamis, fallen nicht in diese Betrachtungsweise. Sie können jedoch rein deterministisch behandelt werden, weil die Wellenlängen solcher Fluten so groß sind, daß sie als zeitlich konstante Strömung aufgefaßt werden können. Über weitere Klassifikation von Wellen vergl. z.B. [66].

Voll ausgereifte Seegänge enthalten vorherrschend Wellenkomponenten, deren Frequenzen im Bereich von $\omega=0{,}3$ 1/s bis $\omega=2{,}5$ 1/s liegen. Das Wellenenergiespektrum zeigt deshalb den typischen Schmalbandcharakter der Abb. 2.18.1 a). Vergleiche dazu auch das Beispiel 2.14.2. Der Bandbreitenparameter ε für nahezu sämtliche Seegangsspektren liegt im Bereich von $\varepsilon=0$ bis $\varepsilon=0{,}8$. In diesem Bereich kann jeder Seegang durch einen Seegang mit unendlichem Schmalband $\varepsilon=0$ approximiert werden, wie in den Abschnitten 2.20.4 bis 2.20.6 gezeigt wurde. Insbesondere gehorchen die Wellenamplituden bzw. die Wellenhöhen des betrachteten Seegangs näherungsweise einer *Rayleigh*-Verteilung. Auch diese *Rayleigh*-Verteilung für die Wellenamplituden als den Maximalwerten für den Zufallsprozeß $\zeta(t)$ an einem festen Ort (x,y) ist durch Wellenbeobachtungen weitgehend bestätigt worden [9].

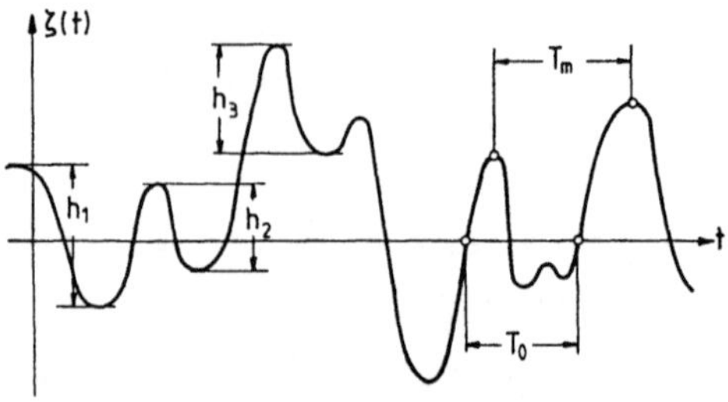

Abb. 4.1.5 Aufzeichnung einer Wellenerhebung ζ(t) als Zufallsprozeß

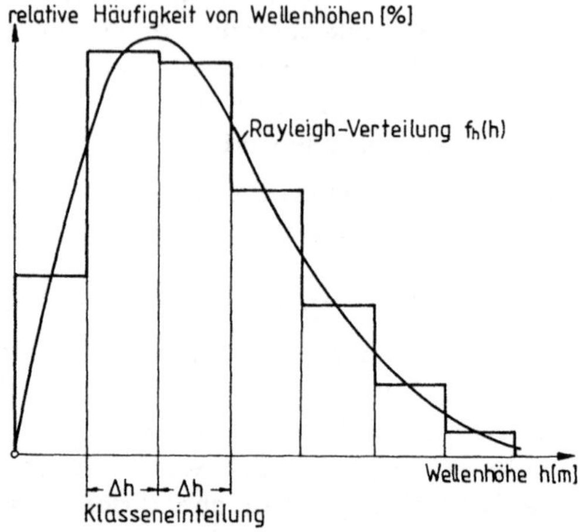

Abb. 4.1.6 Wellenhöhenhistogramm

Damit ein Kurzzeitseegangszustand charakterisiert werden kann, werden z.B. an Hand einer zeitlichen Seegangsregistrierung nach Abb. 4.1.5 die unterschiedlichen Wellenhöhen und -perioden ausgemessen. Dabei mißt man als Wellenhöhe h_n (n=1, 2, 3,...) den vertikalen Abstand eines Wellenscheitels bis zum folgenden Wellental, wie es bereits im Beispiel 2.14.2 besprochen wurde. Die gemessenen Wellenhöhen werden bestimmten Wellenhöhenklassen zugeteilt, z.B. Klassen 0 bis 0,5 m, 0,5 bis 1 m, 1 bis 1,5 m usw., und ihre relative Häufigkeit in den einzelnen Klassen in Form eines Histogramms nach Abb. 4.1.6 dargestellt. Diese relative Wellenhöhenverteilung kann dann meist durch eine *Rayleigh*-Verteilung approximiert werden. Und zwar gilt bezüglich der Wellenamplituden a als den Maximalwerten der Wellenerhebung ζ nach Gl. (2.20.17)

$$f_a(a) = \frac{a}{m_o} \exp\left(-\frac{a^2}{2m_o}\right), \; a \geq 0 \tag{4.1.29}$$

und bezüglich der Wellenhöhen h=2a entsprechend der Transformationsgleichung (2.8.1) für Wahrscheinlichkeitsdichten

$$f_h(h) = \frac{f_a(a)}{\left|\frac{dh}{da}\right|} = \frac{h}{4m_o} \exp\left(-\frac{h^2}{8m_o}\right), \; h \geq 0. \tag{4.1.30}$$

Darin ist - wie bereits oben erwähnt - das Moment m_o des Wellenenergiespektrums gleich der Varianz σ_ζ^2 des (zentrierten) *Gauß*schen Seegangs ζ(t) am Beobachtungsort (x,y) und wird durch Anpassung der *Rayleigh*-Verteilung (4.1.30) an das Histogramm der Wellenhöhenverteilung gefunden.

Nach den Ergebnissen des Abschnitts 2.20.5 über die 1/n-höchsten Maximalwerte von *Gauß*schen Zufallsprozessen der Bandbreite ε=0 erhält man über die Beobachtungszeit als Mittel sämtlicher (n=1) Wellenhöhen $h_o := E[h_{1/1}] = 2\cdot 1{,}25\sqrt{m_o} = 2{,}5\sqrt{m_o}$, als Mittel der 1/3-höchsten (n=3) die sogenannte signifikante Wellenhöhe $h_s \equiv h_{1/3} := E[h_{1/3}] = 2\cdot 2{,}00\sqrt{m_o} = 4{,}00\sqrt{m_o}$ und als Mittel der 1/10-höchsten (n=10) Wellen die Wellenhöhe $h_{1/10} := E[h_{1/10}] = 2\cdot 2{,}55\sqrt{m_o} = 5{,}1\sqrt{m_o}$ (vergl. Abb. 2.20.8). Die signifikante Wellenhöhe h_s hat in den Wellenaufzeichnungen eine besondere Bedeutung. Es hat sich nämlich gezeigt, daß sie bei rein visuellen Beobachtungen als die mittlere Wellenhöhe geschätzt wird.

Aus der Wellenaufzeichnung $\zeta(t)$ in der Abb. 4.1.5 findet man neben den Wellenhöhen als mittleren Zeitabstand aufeinanderfolgender Aufwärtsnullstellen die Periodenzeit T_o (*zero up crossing period*) und dem aufeinanderfolgender Maxima die Periodenzeit T_m. Nach den Gln. (2.20.11) und (2.20.28) hängen diese Zeiten mit den Momenten m_o, m_2 und m_4 des Wellenenergiespektrums über

$$T_o = \frac{1}{E[N_+(0)]} = 2\pi\sqrt{\frac{m_o}{m_2}} \tag{4.1.31}$$

und

$$T_m = \frac{1}{E[N(-\infty,0)]} = 2\pi\sqrt{\frac{m_2}{m_4}} \tag{4.1.32}$$

zusammen.

Ist das Moment m_o aus der Wellenhöhenmessung bestimmt worden, folgen aus den gemessenen Zeiten T_o und T_m die beiden restlichen Momente m_2 und m_4 und nach Gl. (2.20.32) der Bandbreitenparameter $\varepsilon = \sqrt{1 - T_m^2/T_o^2}$ des beobachteten Seegangs.

Ist T die Beobachtungszeit für die Wellenaufzeichnung $\zeta(t)$ nach Abb. 4.1.5, dann ist die Gesamtzahl der Maxima in dieser Zeit $N = T/T_m$, und die während dieser Zeit statistisch erwartete größte Wellenhöhe ist nach Gl. (2.20.61)

$$E[h_m] = 2\sqrt{m_o}\left[\sqrt{2\ln(N\sqrt{1-\varepsilon^2})} + \frac{0{,}57722}{\sqrt{2\ln(N\sqrt{1-\varepsilon^2})}}\right], \tag{4.1.33}$$

wobei selbstverständlich für die Dauer T der Beobachtung Stationarität des Seegangs vorausgesetzt wird. So ist z.B. für N=1000 (entspricht einer Wirkungsdauer von ungefähr fünf Stunden) und $\varepsilon = 0$ diese Wellenhöhe $E[h_m] = 7{,}74\sqrt{m_o}$ und damit ungefähr doppelt so groß wie die signifikante Wellenhöhe.

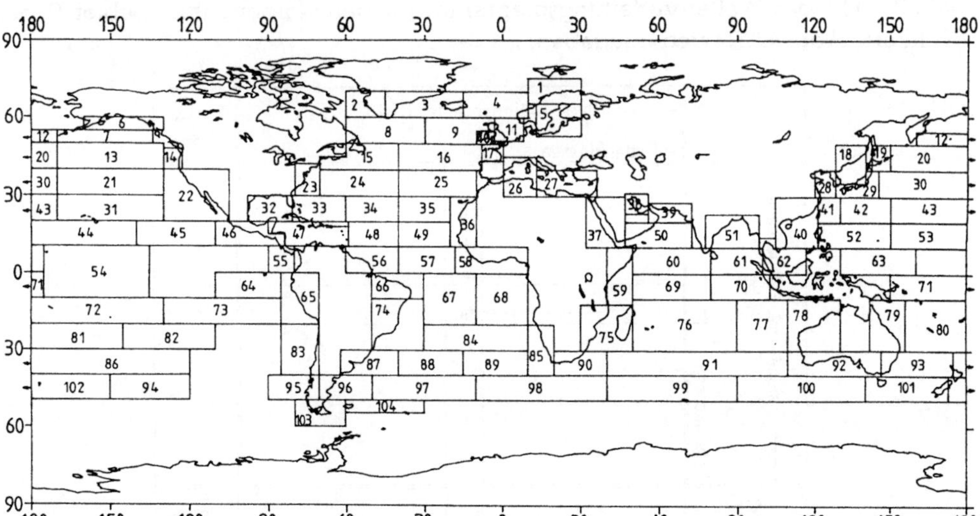

Abb. 4.1.7 Weltkarte der in [35] bearbeiteten Seegebiete

Von über 1,75 Millionen von Schiffen und festen Stationen in den Jahren 1953 bis 1961 beobachteten Wellendaten sind über eine Million von *Hogben* und *Lumb* [34] verarbeitet worden. Dazu wurden die Weltmeere zunächst in 50 verschiedene Seegebiete unterteilt. Für jedes Seegebiet ist für mehrere Wellenrichtungsklassen für jede Kombination von Wellenhöhen in 0,5 m-Klassen und Wellenperioden in 2 s-Klassen die Anzahl der herrschenden Seegänge - charakterisiert durch ihre signifikante Wellenhöhe h_s und ihre mittlere Wellenperiode T_o - bestimmt und mit ihrer relativen Häufigkeit in Wellenverteilungsdiagrammen eingetragen worden. Die Richtungsklassen werden mit k, die Höhenklassen mit i, die Periodenklassen mit j und die relative Häufigkeit eines Seegangs der Klasse (i,j,k) mit H_{ijk} bezeichnet. Diese auf die Gesamt*zahl* beobachteter Kurzzeitseegänge bezogene Häufigkeit H_{ijk} darf nicht als *zeit*bezogene Wahrscheinlichkeit P_{ijk} gedeutet werden, mit der ein bestimmter Seegang innerhalb eines längeren Zeitraums T auftritt.

Faßt man die Ergebnisse eines Seegebiets für sämtliche Wellenrichtungsklassen k zusammen, ergibt sich das *Wellenverteilungsdiagramm* (*wave-scatter-diagram*) nach Abb. 4.1.8. Die Häufigkeit eines Seegangs der Klasse (i,j) ist dann $H_{ij} = \sum_{(k)} H_{ijk}$ und ist in [%] für die entsprechende Klassenkombination eingetragen. Außerdem ist das Diagramm mit Summenspalte und -zeile versehen. In ihnen stehen mit $H_j = \sum_{(i)} H_{ij}$ die relative Häufigkeit von Seegängen der Periodenklasse j unabhängig von der Wellenhöhe (und -richtung) und mit $H_i = \sum_{(j)} H_{ij}$ die der Wellenhöhenklasse i unabhängig von der Wellenperiode.

Hogben u.a. haben unter Hinzunahme einer Fülle weiterer Daten die Bearbeitung auf die 104 Seegebiete der Abb. 4.1.7 ausgedehnt [35]. Hier liegen jetzt für jedes dieser Seegebiete Wellenverteilungsdiagramme in 1 m-Höhenklassen und 1 s-Periodenklassen vor, und zwar jeweils für acht Richtungsklassen und für jeweils vier Jahreszeiten. Diese Wellendaten füllen allein 520 Druckseiten. Als Beispiel ist in Tabelle 4.1.1 das Wellenverteilungsdiagramm für den Nordatlantik (Gebiet 9 der Weltkarte Abb. 4.1.7) wiedergegeben.

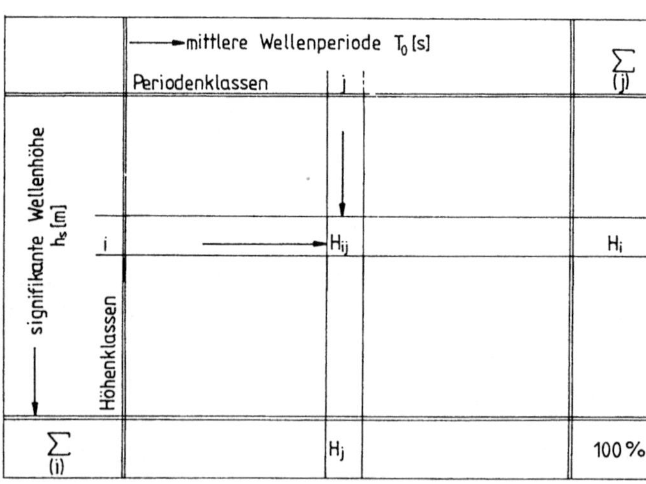

Abb. 4.1.8 Prinzip eines Wellenverteilungsdiagramms

Wellenhöhe h_s[m]	Wellenperiode T_o[s] <4	4-5	5-6	6-7	7-8	8-9	9-10	10-11	11-12	12-13	>13	Summe
0- 1		2	11	20	13	4	1					51
1- 2			9	48	73	48	17	4	1			200
2- 3			3	28	75	80	45	15	4	1		251
3- 4			1	12	45	67	50	22	7	2		205
4- 5				4	21	40	37	21	8	2		133
5- 6				1	9	20	22	15	6	2	1	76
6- 7				1	3	9	12	9	4	2	1	40
7- 8					1	4	6	5	3	1		21
8- 9					1	2	3	3	2	1		11
9-10						1	2	2	1	1		6
10-11							1	1	1			3
11-12								1				2
12-13												1
13-14												1
>14												1
Summe		2	25	113	241	275	196	97	36	11	4	1000

Tabelle 4.1.1 Wellenverteilungsdiagramm für den Nordatlantik (Gebiet 9 der Abb. 4.1.7) summiert über sämtliche Richtungen und Jahreszeiten

Es muß in diesem Zusammenhang betont werden, daß sich die neuen Wellendaten auch in ihrer Größe entscheidend verändert haben. Dies trifft im besonderen Maße auf die Wellenperioden zu. Es hat sich nämlich gezeigt, daß die älteren, von visuellen Beobachtungen abgeleiteten Wellenperioden sehr unzuverlässig und irreführend sind. So ergibt sich z.B. die Höhe der Einjahreswelle für die Nordsee nach den neuen Daten um ca. 2 m größer.

Es gibt weitere Wellenverteilungsdiagramme, z.B. die sehr ausführlichen für den Nordpazifik nebst einer Fülle von statistischen Windangaben [84].

4.1.4 Wellenenergiespektrum

Die Wellenerhebung $\zeta(x,y,t)$ (4.1.27) ist im zweidimensionalen Ortsbereich x,y ein homogener und im Zeitbereich t ein stationärer Zufallsfeldprozeß. Die dreidimensionalen *Wiener-Chintschin*-Relationen (2.19.17) lauten dafür

$$\left.\begin{aligned} K_{\zeta\zeta}(\rho_x,\rho_y,\tau) &= \int_{-\infty}^{\infty}\int_{-\infty}^{\infty}\int_{-\infty}^{\infty} S_{\zeta\zeta}(k_x,k_y,\omega)\, e^{i(k_x\rho_x+k_y\rho_y-\omega\tau)}\, dk_x\, dk_y\, d\omega, \\ S_{\zeta\zeta}(k_x,k_y,\omega) &= \frac{1}{8\pi^3}\int_{-\infty}^{\infty}\int_{-\infty}^{\infty}\int_{-\infty}^{\infty} K_{\zeta\zeta}(\rho_x,\rho_y,\tau)\, e^{-i(k_x\rho_x+k_y\rho_y-\omega\tau)}\, d\rho_x\, d\rho_y\, d\tau. \end{aligned}\right\} \tag{4.1.34}$$

Die dreidimensionale Spektraldichte $S_{\zeta\zeta}$ ist ein Maß für die Energie von Wellenkomponenten, deren Ortsfrequenzen - hier Wellenzahlen genannt - in x-Richtung zwischen k_x und k_x+dk_x, in y-Richtung zwischen k_y und k_y+dk_y und deren (Zeit-) Frequenzen zwischen ω und $\omega+d\omega$ liegen. Die Energie der Wellenkomponente n mit der Amplitude a_n ist je Einheitsfläche des Ruhigwasserspiegels nach Gl. (4.1.26) $E_n=\rho g a_n^2/2$ und damit die Gesamtenergie unendlich vieler Wellenkomponenten

$$E = \frac{1}{2}\rho g \sum_{n=1}^{\infty} a_n^2. \tag{4.1.35}$$

Diese aber ist nach Gl. (2.19.7) proportional der Autokorrelationsfunktion $K_{\zeta\zeta}$ des Seegangs für $\rho_x = \rho_y = \tau = 0$. Es gilt also zusammen mit Gl. (4.1.34)

$$E = \rho g K_{\zeta\zeta}(0,0,0) = \rho g \int_{-\infty}^{\infty}\int_{-\infty}^{\infty}\int_{-\infty}^{\infty} S_{\zeta\zeta}(k_x, k_y, \omega)\, dk_x\, dk_y\, d\omega. \tag{4.1.36}$$

Das mit der Dichte ρ und der Erdbeschleunigung g multiplizierte Dreifachintegral der dreidimensionalen Spektraldichte über sämtliche Wellenzahlen k_x und k_y und über sämtliche Frequenzen ω liefert den gesamten Energieinhalt des unregelmäßigen Seegangs. $S_{\zeta\zeta}(k_x, k_y, \omega)$ wird deshalb das dreidimensionale *Wellenenergiespektrum* (*wave energy spectrum*) genannt.

Die Handhabung des Wellenenergiespektrums in dieser allgemeinen Form wäre sehr umständlich, ist jedoch auch nicht erforderlich, weil die Wellenzahlen k_x und k_y ihrerseits über die Dispersionsgleichung (4.1.12) Funktion der Frequenz ω sind. Um die Seegangscharakteristika zu bestimmen, genügt deshalb die Betrachtung einer Momentaufnahme des Seegangs, d.h. des Seegangs als zweidimensionales Zufallsfeld mit den Wellenzahlen k_x und k_y. Die *Wiener-Chintschin*-Relationen (4.1.34) lauten dann mit dem *Wellenzahlenergiespektrum* $\hat{S}_{\zeta\zeta}$

$$\left.\begin{aligned} \hat{K}_{\zeta\zeta}(\rho_x, \rho_y) &= \int_{-\infty}^{\infty}\int_{-\infty}^{\infty} \hat{S}_{\zeta\zeta}(k_x, k_y)\, e^{i(k_x\rho_x + k_y\rho_y)}\, dk_x\, dk_y \,, \\ \hat{S}_{\zeta\zeta}(k_x, k_y) &= \frac{1}{4\pi^2}\int_{-\infty}^{\infty}\int_{-\infty}^{\infty} \hat{K}_{\zeta\zeta}(\rho_x, \rho_y)\, e^{-i(k_x\rho_x + k_y\rho_y)}\, d\rho_x\, d\rho_y . \end{aligned}\right\} \tag{4.1.37}$$

Die Energie (4.1.36) des Seegangs ist nun

$$E = \rho g \int_{-\infty}^{\infty}\int_{-\infty}^{\infty} \hat{S}_{\zeta\zeta}(k_x, k_y)\, dk_x\, dk_y . \tag{4.1.38}$$

Eine zweckmäßigere Darstellung erhält man mit der Variablentransformation (2.19.30) $k_x = k\cos\mu$ und $k_y = k\sin\mu$. Hier überstreicht die Wellenfortschrittsrichtung μ den Winkelbereich von $-\pi/2$ bis $\pi/2$. Es ist die Funktionaldeterminante von k_x, k_y nach k, μ (vergl. dazu die Abschnitte 2.8 und 2.19) gleich k. Damit ist die Energie zunächst

$$E = \rho g \int_{-\infty}^{\infty}\int_{-\pi/2}^{\pi/2} \hat{S}_{\zeta\zeta}(k\cos\mu, k\sin\mu)\, |k|\, dk\, d\mu .$$

Unter Beachtung der für homogene Felder entsprechend Gl. (2.19.16) gültigen Symmetriebedingung $S_{\zeta\zeta}(k_x, k_y) = S_{\zeta\zeta}(-k_x, -k_y)$ erkennt man, daß ein Vorzeichenwechsel von k den Wert des Integranden nicht ändert. Man kann also auch

$$E = 2\rho g \int_{0}^{\infty}\int_{-\pi/2}^{\pi/2} \hat{S}_{\zeta\zeta}(k\cos\mu, k\sin\mu)\, k\, dk\, d\mu \tag{4.1.39}$$

schreiben. Mit Hilfe der für tiefes Wasser gültigen Dispersionsgleichung (4.1.12) $k = \omega^2/g$ führt man wieder die Wellenfrequenz ω ein. Mit der Funktionaldeterminanten von k nach ω $\Delta = 2\omega/g$ ist jetzt die Energie

$$E = 2\rho g \int_{0}^{\infty}\int_{-\pi/2}^{\pi/2} \hat{S}_{\zeta\zeta}\left(\frac{\omega^2}{g}\cos\mu, \frac{\omega^2}{g}\sin\mu\right) \frac{\omega^2}{g}\, |\Delta|\, d\omega\, d\mu . \tag{4.1.40}$$

Den neuen Integranden

$$S_{\zeta\zeta}(\omega,\mu) := \hat{S}_{\zeta\zeta}\left(\frac{\omega^2}{g}\cos\mu,\ \frac{\omega^2}{g}\sin\mu\right)\frac{\omega^2}{g}|\Delta| = 2\frac{|\omega^3|}{g^2}\hat{S}_{\zeta\zeta}(\omega,\mu) \qquad (4.1.41)$$

nennt man das *gerichtete Wellenenergiespektrum* (*directional wave spectrum*). Hier erkennt man, daß ein Vorzeichenwechsel von ω den Wert von $S_{\zeta\zeta}$ nicht ändert. $S_{\zeta\zeta}$ ist also in ω eine symmetrische Funktion: $S_{\zeta\zeta}(-\omega,\mu) = S_{\zeta\zeta}(\omega,\mu)$. Da negative Frequenzen ohnehin physikalisch sinnlos sind, führt man entsprechend Gl. (2.14.13) das *einseitige gerichtete Wellenenergiespektrum* $\Phi_{\zeta\zeta}$ ein, für das dann $\Phi_{\zeta\zeta}(\omega,\mu) := 2S_{\zeta\zeta}(\omega,\mu)$ für $\omega \geq 0$ und $\Phi_{\zeta\zeta}(\omega,\mu) :\equiv 0$ für $\omega < 0$ gilt. Die Energie des unregelmäßigen Seegangs ist somit

$$E = \rho g \int_0^{\infty}\int_{-\pi/2}^{\pi/2} \Phi_{\zeta\zeta}(\omega,\mu)\, d\omega\, d\mu. \qquad (4.1.42)$$

Der Richtungswinkel μ des gerichteten Spektrums wird auf die Hauptwindrichtung bezogen.

Für $\Phi_{\zeta\zeta}(\omega,\mu)$ werden approximative analytische Darstellungen verwendet, die eine möglichst einfache mathematische Behandlung zulassen. Besonders einfach wird sie bei einer Variablenseparation durch die Produktdarstellung

$$\Phi_{\zeta\zeta}(\omega,\mu) = \Phi_{\zeta\zeta}(\omega)\, M(\mu), \qquad (4.1.43)$$

in der $\Phi_{\zeta\zeta}(\omega)$ das einseitige *ungerichtete* Wellenenergiespektrum ist. $M(\mu)$ ist eine Richtungsfunktion, die in Hauptwindrichtung $\mu = 0$ ihren Maximalwert annimmt und in Richtung $\mu = \pm\pi/2$ auf kleine Werte abklingt. Ihr Integral über den gesamten Winkelbereich $-\pi/2 \leq \mu \leq \pi/2$ muß den Wert Eins ergeben, damit sich aus Gl. (4.1.42) folgend die Energie als das mit ρ und g multiplizierte Integral des ungerichteten Spektrums über sämtliche Frequenzen ergibt, d.h.

$$E = \rho g \int_0^{\infty} \Phi_{\zeta\zeta}(\omega)\, d\omega \int_{-\pi/2}^{\pi/2} M(\mu)\, d\mu = \rho g \int_0^{\infty} \Phi_{\zeta\zeta}(\omega)\, d\omega. \qquad (4.1.44)$$

Es gibt eine Reihe halbempirischer Formeln für die Richtungsfunktion $M(\mu)$. Eine einfache Funktion ist

$$M(\mu) = \frac{2}{\pi}\cos^2\mu, \qquad (4.1.45)$$

die auch vom *Germanischen Lloyd* in seinen Vorschriften über Seebauwerke [21] zugelassen ist.

Sind die signifikante Wellenhöhe $h_s \equiv h_{1/3}$ und die mittlere Periodendauer T_o für einen Kurzzeitseegangszustand bekannt, kann das ungerichtete Wellenenergiespektrum $\Phi_{\zeta\zeta}(\omega)$ nach verschiedenen empirischen Formeln berechnet werden. Von den vielen bekannt gewordenen Spektren sollen hier lediglich zwei genannt werden.

α) *Neumann* - Wellenspektrum:
Das von *Neumann* entwickelte Spektrum besitzt die Form

$$\Phi_{\zeta\zeta}(\omega) = \frac{AB}{\omega^6}\exp\left(-\frac{B}{\omega^2}\right), \qquad (4.1.46)$$

Die Konstanten A und B sind darin von der Windgeschwindigkeit abhängig, und zwar derart, daß sich mit wachsender Geschwindigkeit das Maximum des Spektrums zu kleineren Frequenzen ω hin verschiebt. Die Abb. 4.1.9 vermittelt einen qualitativen Eindruck von diesem Spektrum.

β) *Pierson-Moskowitz*-Wellenspektrum:

Eines der meist verwendeten Spektren stammt von *Pierson* und *Moskowitz* [65] und lautet in seiner allgemeinen Form

$$\Phi_{\zeta\zeta}(\omega) = \frac{A}{\omega^5} \exp\left(-\frac{B}{\omega^4}\right). \tag{4.1.47}$$

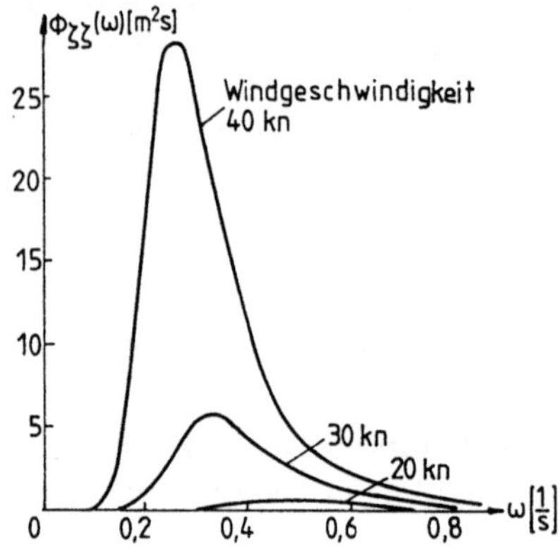

Abb. 4.1.9 *Neumann*-Wellenspektrum für verschiedene Windgeschwindigkeiten (nach [66])

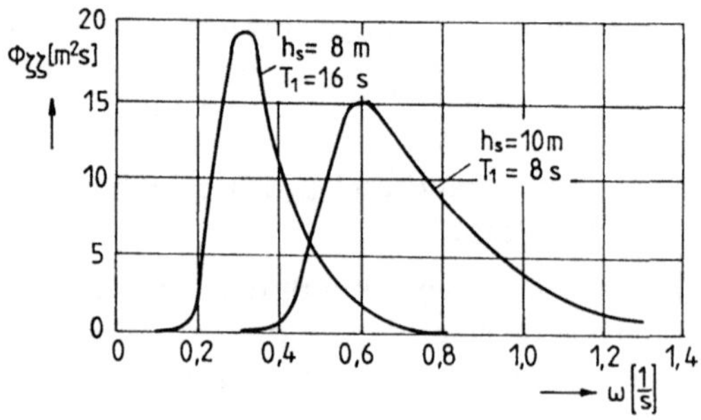

Abb. 4.1.10 Wellenenergiespektrum nach *Pierson-Moskowitz*

Mit der signifikanten Wellenhöhe h_s und der mittleren Wellenperiode T_o sind darin die Konstanten

$$A = 4\pi^3 \frac{h_s^2}{T_o^4} = 124 \frac{h_s^2}{T_o^4} \quad \text{und} \quad B = 16\pi^3 \frac{1}{T_o^4} = 496 \frac{1}{T_o^4}. \tag{4.1.48}$$

Um dies zu zeigen, berechnet man die Momente m_o und m_2 des Spektrums. Mit der Substitution $x = \sqrt{B}/\omega^2$, $d\omega/\omega = -dx/(2x)$ werden die Integrale auf bekannte Ergebnisse zurückgeführt. Man erhält

$$m_o = \int_0^\infty \Phi_{\zeta\zeta} d\omega = A \int_0^\infty \frac{1}{\omega^5} \exp\left(-\frac{B}{\omega^4}\right) d\omega = \frac{A}{2B} \int_0^\infty x \exp(-x^2) dx = \frac{A}{4B}, \tag{4.1.49}$$

$$m_2 = \int_0^\infty \omega^2 \Phi_{\zeta\zeta} d\omega = A \int_0^\infty \frac{1}{\omega^3} \exp\left(-\frac{B}{\omega^4}\right) d\omega = \frac{A}{2\sqrt{B}} \int_0^\infty \exp(-x^2) dx = \frac{\sqrt{\pi}\, A}{4\sqrt{B}}. \tag{4.1.50}$$

Mit den Beziehungen $h_s = 4\sqrt{m_o}$ und $T_o = 2\pi\sqrt{m_o/m_2}$ werden die Momente m_o und m_2 eliminiert und die Ergebnisse der Gl. (4.1.48) bestätigt.

Eine modifizierte jedoch der obigen völlig äquivalente Darstellung der Konstanten A und B ergibt sich nach der Empfehlung des *International Ship Structure Congress* (ISSC), die auch vom *Germanischen Lloyd* [21] übernommen wurde. Danach gilt mit der Gammafunktion $\Gamma(3/4) = 1{,}2255$

$$A = \frac{4\pi^4}{\Gamma(\frac{3}{4})^4} \frac{h_s^2}{T_1^4} = 173 \frac{h_s^2}{T_1^4} \quad \text{und} \quad B = \frac{16\pi^4}{\Gamma(\frac{3}{4})^4} \frac{1}{T_1^4} = 691 \frac{1}{T_1^4}. \tag{4.1.51}$$

Die in dieser Darstellung auftretende Zeit T_1 wird *charakteristische* Periode genannt und ergibt sich aus den Momenten m_o und m_1 des Spektrums zu

$$T_1 = 2\pi \frac{m_o}{m_1}. \tag{4.1.52}$$

Das hierin neu auftretende Moment 1.Ordnung wird mit derselben Substitution wie oben berechnet. Man erhält

$$m_1 = \int_0^\infty \omega\, \Phi_{\zeta\zeta} d\omega = A \int_0^\infty \frac{1}{\omega^4} \exp\left(-\frac{B}{\omega^4}\right) d\omega = \frac{A}{2B^{3/4}} \int_0^\infty \sqrt{x} \exp(-x^2) dx = \frac{\Gamma(\frac{3}{4}) A}{4 B^{3/4}}. \tag{4.1.53}$$

Mit den Beziehungen $h_s = 4\sqrt{m_o}$ und $T_1 = 2\pi m_o/m_1$ werden auch hier die Momente m_o und m_1 durch h_s und T_1 ausgedrückt und die Gleichungen nach A und B aufgelöst, womit die Ergebnisse der Gl. (4.1.51) folgen.

Die mittlere Periode T_o und die charakteristische Periode T_1 weichen nur wenig voneinander ab. Der Vergleich der Gln. (4.1.51) und (4.1.48) führt auf $T_1/T_o = \sqrt[4]{\pi}/\Gamma(3/4) = 1{,}086$.

In der Abb. 4.1.10 sind als Beispiel zwei Wellenenergiespektren grafisch dargestellt. Das Spektrum mit der signifikanten Wellenhöhe h_s=10 m und der charakteristischen Wellenperiode (4.1.52) T_1=8 s ist ein typisches Nordseespektrum, während das Spektrum mit h_s=8 m und T_1=16 s einen Seegang mit vorwiegend langen Wellen beschreibt.

In seiner ursprünglichen Gestalt ist das *Pierson-Moskowitz*-Spektrum wie das *Neumann*- Spektrum nur von der den Seegang anfachenden Windgeschwindigkeit abhängig. Die Konstanten in Gl. (4.1.47) sind dann mit der zeitlich gemittelten Windgeschwindigkeit $\overline{v}$ in der Bezugshöhe z=19,5 m über dem Ruhigwasserspiegel sowie mit den dimensionslosen Zahlen $\alpha = 8{,}10 \cdot 10^{-3}$ und $\beta = 0{,}74$ und mit der Erdbeschleunigung g

$$A = \alpha g^2 \text{ und } B = \beta \frac{g^4}{\overline{v}^4}. \qquad (4.1.54)$$

In dieser Form gilt es nur für *voll ausgereifte* Seegänge, d.h. bei ausreichend grosser Streichdauer und -länge. Für solche Seegänge kann durch Vergleich mit den Konstanten A und B nach Gl. (4.1.48) ein Zusammenhang zwischen Windgeschwindigkeit $\overline{v}$ und signifikanter Wellenhöhe h_s bzw. mittlerer Wellenperiode T_o hergestellt werden. Setzt man danach A und B aus Gl. (4.1.54) in die Momente m_o und m_2 der Gln. (4.1.49) und (4.1.50) ein, beachtet $h_s = 4\sqrt{m_o}$ und $T_o = 2\pi\sqrt{m_o/m_2}$, so findet man

$$h_s = 2\sqrt{\frac{\alpha}{\beta}}\,\frac{\overline{v}^2}{g} = 0{,}0213\,\overline{v}^2\,\frac{s^2}{m}, \qquad (4.1.55)$$

$$T_o = \frac{2\pi}{\sqrt[4]{\pi\beta}}\,\frac{\overline{v}}{g} = 0{,}519\,\overline{v}\,\frac{s^2}{m}. \qquad (4.1.56)$$

Für niedrige Seegangsstärken mit relativ kleinen Windgeschwindigkeiten ist dieser Zusammenhang einigermaßen zutreffend. So ergibt sich z.B. für eine Windgeschwindigkeit von $\overline{v}$=9,6 m/s eine mittlere Wellenperiode T_o=5s und eine signifikante Wellenhöhe h_s = 2m. Ein Blick auf das Wellenverteilungsdiagramm für die Nordsee Tabelle 4.1.2 beweist, daß in der zugehörigen Seegangsklasse tatsächlich die am häufigsten beobachteten Seegänge liegen. Andererseits folgt für die hohe Geschwindigkeit $\overline{v}$=35,6 m/s T_o=18,5 s und h_s=27 m und damit ein Seegang, der überhaupt nicht beobachtet wurde. Hier bestätigt sich die Tatsache, daß bei großen Windstärken

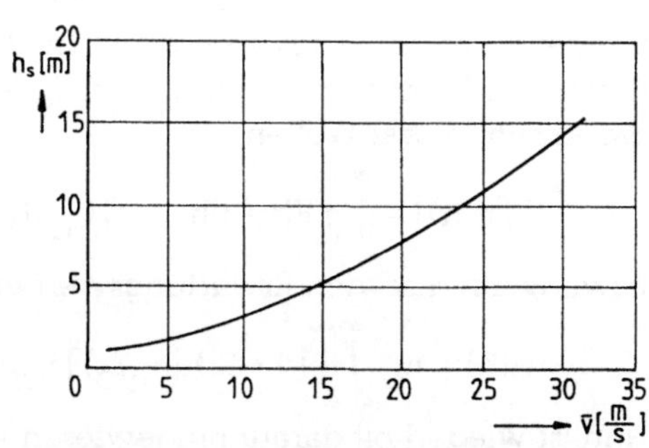

Abb. 4.1.11 Abhängigkeit der signifikanten Wellenhöhe h_s von der Windgeschwindigkeit $\overline{v}$ in 19,5 m Höhe

voll ausgereifte Seegänge meist gar nicht entstehen.

Eine andere Abhängigkeit zwischen signifikanter Wellenhöhe und Windgeschwindigkeit, die auf einer Empfehlung des ISSC beruht, zeigt die Abb. 4.1.11. Danach ergeben sich für höhere Windgeschwindigkeiten deutlich kleinere signifikante Wellenhöhen als nach Gl. (4.1.55).

Zu befriedigenderen Zusammenhängen zwischen Windgeschwindigkeiten und Wellenhöhen gelangt man erst, wenn man den Zufallscharakter zwischen beiden in Gestalt bedingter Wahrscheinlichkeiten formuliert. Das bedeutet, daß sich innerhalb einer *Beaufort*-Windgeschwindigkeitsklasse die signifikante Wellenhöhe statistisch mit Mittelwert und Standardabweichung verteilt (siehe Abschnitt 4.1.7).

4.1.5 Wellenhöhenüberschreitungsdiagramm

Ein höchstens einige Stunden andauernder stationärer Seegangszustand ist durch seine signifikante Wellenhöhe h_s und seine mittlere Periode T_o gekennzeichnet. Die Angabe über die Verteilung der Wellenhöhen h unter der Bedingung, daß dieser Seegangszustand als Ereignis eintritt, ist somit eine Aussage der *Kurzzeitstatistik*, und zwar eine *bedingte* Wahrscheinlichkeit (vergl. Abschnitt 2.7). Die Wahrscheinlichkeitsverteilung für die Wellenhöhen h unter den Bedingungen, daß die signifikante Wellenhöhe einem gegebenen h_s und die mittlere Wellenperiode einem gegebenen T_o gleich ist, sei $F(h|h_s,T_o)$. Mit ihr ist die Wahrscheinlichkeit dafür, daß Wellenhöhen h_o *größer* als ein vorgegebenes Niveau h sind, unter den genannten Bedingungen $P(h<h_o|h_s,T_o)=1-F(h|h_s,T_o)$.

Innerhalb der Beobachtungszeit T sei die Gesamtzahl auftretender Wellen n_o. Wäre der Seegang über diese Zeit hinweg stationär, dann ergäbe sich die statistisch erwartete Anzahl von Wellen, die das Niveau h während der Zeit T überschreiten, einfach aus $E[n(h|h_s,T_o)]=n_o P(h<h_o|h_s,T_o)=n_o[1-F(h|h_s,T_o)]$.

Über einen längeren, etwa nach Jahren bemessenen Zeitraum T sind jedoch h_s und T_o zweidimensional zufallsverteilt. Das für einen solchen Zeitraum zu berechnende *Wellenhöhenüberschreitungsdiagramm* (*wave height exceedance diagram*) ist eine Aussage der *Langzeitstatistik* und gibt Auskunft darüber, wie groß die statistisch erwartete Anzahl von Wellen ist, die unter Berücksichtigung sämtlicher auftretender Kurzzeitseegangszustände ein bestimmtes Höhenniveau h während der Zeit T überschreiten. Ist die zweidimensionale Wahrscheinlichkeitsdichte der Zufallsvariablen h_s und T_o $f_{hT}(h_s,T_o)$, dann ist der Erwartungswert für die Anzahl dieser Wellen

$$E[n(h)] = \int_0^\infty \int_0^\infty E[n(h|h_s,T_o)]\, f_{hT}(h_s,T_o)\, dh_s\, dT_o$$

bzw., wenn man den Erwartungswert einfach n(h) nennt, auch

$$n(h) = n_o \int_0^\infty \int_0^\infty [1-F(h|h_s,T_o)]\, f_{hT}(h_s,T_o)\, dh_s\, dT_o\,. \qquad (4.1.57)$$

Nun ist wiederholt darauf hingewiesen worden, daß die Wellenhöhen schmalbandiger Seegänge mit guter Näherung eine *Rayleigh*-Verteilung besitzen. Integriert man die Wahrscheinlichkeitsdichte (4.1.30) und beachtet $h_s=4\sqrt{m_o}$, so erhält man als bedingte Wahrscheinlichkeitsverteilung

$$F(h|h_s,T_0) = 1 - \exp\left[-2\left(\frac{h}{h_s}\right)^2\right]. \tag{4.1.58}$$

Sie ist unabhängig von der mittleren Periode T_0 und kann deshalb in Gl. (4.1.57) vor das Zeitintegral gezogen werden:

$$n(h) = n_0 \int_0^\infty \exp\left[-2\left(\frac{h}{h_s}\right)^2\right]\left[\int_0^\infty f_{hT}(h_s,T_0)\,dT_0\right]dh_s\,. \tag{4.1.59}$$

Das Integral der zweidimensionalen Wahrscheinlichkeitsdichte f_{hT} ist aber als Randverteilung die Wahrscheinlichkeitsdichte $f(h_s)$ der signifikanten Wellenhöhe. Somit ist die Anzahl der Wellen

$$n(h) = n_0 \int_0^\infty \exp\left[-2\left(\frac{h}{h_s}\right)^2\right] f(h_s)\,dh_s, \tag{4.1.60}$$

die inerhalb der Beobachtungszeit T das Niveau h überschreiten, unabhängig von den Wellenperioden.

Zur Auswertung der Gl. (4.1.60) benötigt man die Gesamtzahl n_0 der Wellen innerhalb T und die Wahrscheinlichkeitsdichte $f(h_s)$. Beides gewinnt man aus dem Wellenverteilungsdiagramm Abb. 4.1.8, in dem die relative Häufigkeit H_{ij} eines Seegangs der T_0-KLasse j und der h_s-Klasse i angegeben ist. Diese *anzahl*bezogene Häufigkeit ist mittels

$$f_{ij} = \frac{T}{n_0}\frac{H_{ij}}{T_{0,j}} \tag{4.1.61}$$

auf die *zeit*bezogene (diskrete) Wahrscheinlichkeitsdichte f_{ij} umzurechnen. T/n_0 ist die mittlere Periode sämtlicher innerhalb T auftretender Wellen. Ist die Periode $T_{0,j}$ für Seegänge der Klasse j kleiner als die mittlere Periode, wirken diese Seegänge länger, als es H_{ij} ausdrückt. Die Umrechnung (4.1.61) führt also grundsätzlich auf f_{ij}-Werte, für die $f_{ij} \geq H_{ij}$ bei $T_{0,j} \leq T/n_0$ und $f_{ij} \leq H_{ij}$ bei $T_{0,j} \geq T/n_0$ gilt.

Die Wahrscheinlichkeitsdichte f_i für die signifikante Wellenhöhe folgt aus Gl. (4.1.61) als Randverteilung durch Summation über sämtliche Periodenklassen j zu

$$f_i = \sum_{(j)} f_{ij} = \frac{T}{n_0}\sum_{(j)}\frac{H_{ij}}{T_{0,j}}. \tag{4.1.62}$$

Dafür wird lediglich noch n_0 benötigt. Dazu summiert man (4.1.62) auch noch über sämtliche Wellenhöhenklassen i. Diese Summe muß der Definition von Wahrscheinlichkeitsdichten entsprechend den Wert Eins besitzen. Es ist also

$$n_0 = T\sum_{(i)}\sum_{(j)}\frac{H_{ij}}{T_{0,j}} = T\sum_{(j)}\frac{1}{T_{0,j}}\sum_{(i)}H_{ij} = T\sum_{(j)}\frac{H_j}{T_{0,j}}. \tag{4.1.63}$$

Die Berechnung des Wellenhöhenüberschreitungsdiagramms erfolgt nun in umgekehrter Reihenfolge:

α) Die H_j-Werte der Summenzeile des Wellenverteilungsdiagramms werden durch die zugehörige Periode $T_{0,j}$ dividiert und summiert. Mit der Beobachtungszeit, z.B. T = 1 Jahr, multipliziert folgt nach Gl. (4.1.63) die Gesamtzahl n_0 von Wellen für diese Zeit T.

β) Die Berechnung nach α) wird anschließend für jede Wellenhöhenklasse i wiederholt und liefert bei nun bekanntem n_o nach Gl. (4.1.62) die Wahrscheinlichkeitsdichte f_i für signifikante Wellenhöhen der Klasse i.

γ) Die Anzahl der Wellen n(h), die ein bestimmtes Niveau h innerhalb T übersteigen, folgt dann aus der diskretisierten Gl. (4.1.60). Mit $f(h_s)\Delta h_s = f_i$ heißt das

$$n(h) = n_O \sum_{(i)} f_i \exp\left[-2\left(\frac{h}{h_{s,i}}\right)^2\right]. \qquad (4.1.64)$$

Abb. 4.1.13 zeigt in Form eines Histogramms die Wahrscheinlichkeitsdichte f_i der signifikanten Wellenhöhe h_s für die einzelnen Höhenklassen i. Dieses Histogramm gilt für den Bereich der Nordsee und für die Beobachtungszeit T = 1 Jahr. Über 83 % der Werte liegen in den beiden untersten Klassen von 0 bis 2 m. Will man das Wellenhöhenüberschreitungsdiagramm unmittelbar aus Gl. (4.1.60), d.h. nicht wie beschrieben aus ihrer diskretisierten Form (4.1.64), ermitteln, wird die *kontinuierliche* Wahrscheinlichkeitsdichte $f(h_s)$ der signifikanten Wellenhöhe h_s benötigt. Es ist üblich, hierfür die *Weibull*-Verteilung (2.3.19)

$$f(h_s) = \frac{\alpha}{h_O}\left(\frac{h_s}{h_O}\right)^{\alpha-1} \exp\left[-\left(\frac{h_s}{h_O}\right)^{\alpha}\right],\ h_s \geq 0 \qquad (4.1.65)$$

anzusetzen [1] und durch Wahl der beiden Parameter α und h_o an beobachtete Verteilungen anzupassen. Der Parameter h_o ist hierbei eine feste Bezugshöhe; der Parameter α ist dimensionslos. Für α = 1 ergibt sich die Exponential- und für α = 2 die *Rayleigh*-Verteilung. Aus Gl. (4.1.60) folgt damit

$$n(h) = \frac{\alpha n_O}{h_O} \int_0^{\infty} \left(\frac{h_s}{h_O}\right)^{\alpha-1} \exp\left[-2\left(\frac{h}{h_s}\right)^2 - \left(\frac{h_s}{h_O}\right)^{\alpha}\right] dh_s . \qquad (4.1.66)$$

Dieses Integral ist in geschlossener Form nicht lösbar. In [1] findet man Ergebnisse numerischer Integration. Dabei wurde davon ausgegangen, daß die Langzeitwahrscheinlichkeit der Wellenhöhen $F(h) = 1 - n(h)/n_o$ wieder eine *Weibull*-Verteilung ist.

Um einen qualitativen Eindruck für n(h) zu erhalten, kann man an Stelle von Gl. (4.1.65) auch eine einfachere Funktion wählen, mit der dann eine geschlossene Integration möglich wird. Das Histogramm Abb. 4.1.13 legt nahe, die kontinuierliche Wahrscheinlichkeitsdichte durch die Funktion

$$f(h_s) = \frac{2}{\sqrt{\pi}} \frac{1}{h_o} \exp\left[-\left(\frac{h_s}{h_o}\right)^2\right],\ h_s \geq 0 \qquad (4.1.67)$$

anzunähern. Das Integral dieser Wahrscheinlichkeitsdichte über sämtliche h_s ergibt den Wert Eins. h_o ist wieder eine feste Höhe, die durch Anpassung der Funktion $f(h_s)$ an das Histogramm der diskreten Werte f_i bestimmt wird.

Aus Gl. (4.1.60) folgt damit

$$n(h) = \frac{2}{\sqrt{\pi}} \frac{n_o}{h_o} \int_0^{\infty} \exp\left[-2\left(\frac{h}{h_s}\right)^2 - \left(\frac{h_s}{h_o}\right)^2\right] dh_s . \qquad (4.1.68)$$

Der Wert des Integrals ist $\sqrt{\pi}\, h_o \exp(-2\sqrt{2}\, h/h_o)/2$. Die Anzahl der das Niveau h überschreitenden Wellen besäße also mit $f(h_s)$ (4.1.67) die Exponentialverteilung

$$n(h) = n_o \exp\left(-2\sqrt{2}\,\frac{h}{h_o}\right), \qquad (4.1.69)$$

also in der Tat eine spezielle *Weibull*-Verteilung, bzw. es bestände zwischen lnn und h der lineare Zusammenhang $\ln n(h) = \ln n_o - 2\sqrt{2}\, h/h_o$, in dem der Anstieg der Geraden $-2\sqrt{2}/h_o$ lediglich von der Wahrscheinlichkeitsdichte (4.1.67) abhängt.

Numerische Auswertungen der Gl. (4.1.64) bestätigen einen fast linearen Zusam-

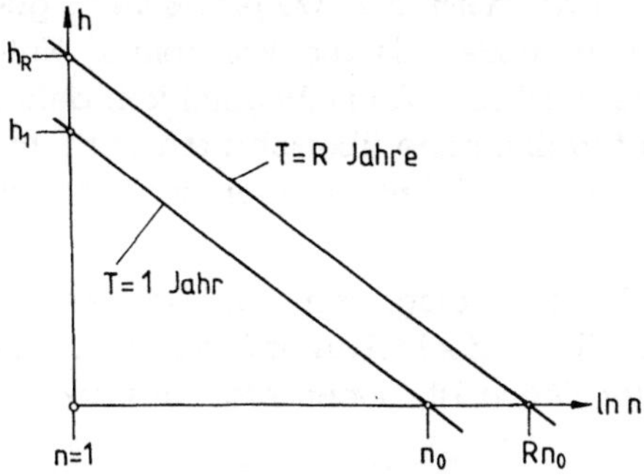

Abb. 4.1.12 Prinzip eines Wellenhöhenüberschreitungsdiagramms

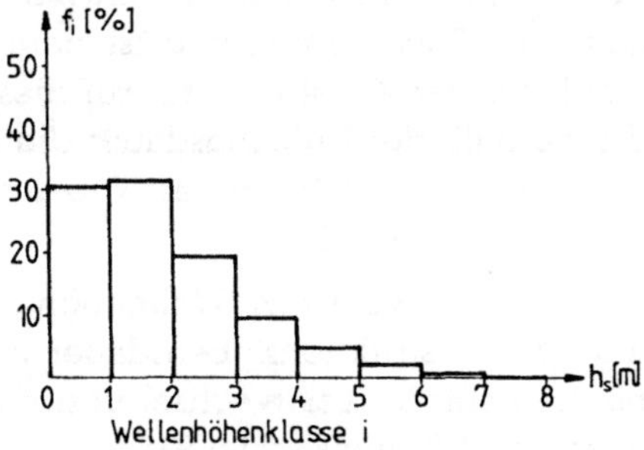

Abb. 4.1.13 Wahrscheinlichkeitsdichte f_i für die signifikanten Wellenhöhen der Nordsee

menhang, der durch die Gleichung

$$h = h_1 \left(1 - \frac{\ln n}{\ln n_o}\right) \tag{4.1.70}$$

beschrieben werden kann. n_o ist die Gesamtzahl von Wellen eines Jahres, h_1 die Höhe der Welle, die innerhalb eines Jahres einmal ($n = 1$) überschritten wird, d.h. die Höhe der Einjahreswelle. Abb. 4.1.12 zeigt ein qualitatives Wellenhöhenüberschreitungsdiagramm mit der Auftragung h über lnn.

So ist z.B. für die Nordsee die Anzahl sämtlicher Wellen eines Jahres $n_o = 5{,}59 \cdot 10^6$ und die Höhe der Einjahreswelle $h_1 = 21{,}5$ m. Da der Geradenanstieg $h_1/\ln n_o$ in Gl. (4.1.70) unabhängig vom betrachteten Zeitraum ist, kann man die Höhe der Einjahreswelle auf die Höhe h_R der R-Jahreswelle umrechnen. T_R ist die in Abschnitt 2.20.7 eingeführte Rückkehrperiode. Ist T_R die Rückkehrperiode für R Jahre, so ist die Anzahl der Wellen in dieser Zeit Rn_o, und aus der Geradenparallelverschiebung in Abb. 4.1.12 folgt

$$h_R = \frac{\ln(Rn_o)}{\ln n_o} h_1 , \tag{4.1.71}$$

z.B. für die Nordsee die Höhe der 100-Jahreswelle $h_{100} = 27{,}9$ m.

Die Einjahreswelle tritt innerhalb des Jahres mit der Wahrscheinlichkeit $1/n_o$ in der Größenordnung von 10^{-7} auf. Diese Aussage bezieht sich darauf, mit welcher Wahrscheinlichkeit die *nächste* auflaufende Welle von den insgesamt n_o Wellen die Höhe h_1 besitzt bzw. überschreitet.

Betrachtet man hingegen über mehrere Jahre hinweg nur die *jährlich einmal* auftretenden Maximalereignisse, dann ergibt sich für deren Wahrscheinlichkeit eine ganz andere Verteilung. So gilt für die Rückkehrperiode $T_R = RT$ nach Gl. (2.20.72) $1 - F(h_R) = T/T_R = 1/R$. Ersetzt man darin R mittels Gl. (4.1.71), dann folgt damit die Wahrscheinlichkeitsverteilung

$$F(h_R) = 1 - n_o^{1 - h_R/h_1} . \tag{4.1.72}$$

Die Kenntnis des Wellenhöhenüberschreitungsdiagramms für das Einsatzgebiet einer Offshore-Konstruktion ist für zwei unterschiedliche dynamische Analysen der Konstruktion wichtig. Zum einen ergibt sich für das Entwurfswellenkonzept die

Höhe der Entwurfswelle. Als Entwurfswelle wird meist die 100-Jahreswelle gewählt. Die Rückkehrperiode ist damit deutlich größer als die konzipierte Nutzungsdauer der Konstruktion. Auf diese Weise wird die Wahrscheinlichkeit dafür, daß innerhalb der Nutzungsdauer die Entwurfswellenhöhe überschritten wird, reduziert. Sie beträgt bei einer Nutzungsdauer von 25 Jahren immer noch 22,5 % (vergl. Abschnitt 2.20.7).

Zum anderen wird das Wellenhöhenüberschreitungsdiagramm für die Berechnung der Konstruktionslebensdauer benötigt, gibt es doch Auskunft darüber, wie groß die Zahl der Lastwechsel von bestimmter Größe ist, denen die Konstruktion ausgesetzt ist (siehe Kapitel 9).

Alternativ zur oben beschriebenen Methode kann man die Wahrscheinlichkeit für das Überschreiten eines bestimmten Wellenhöhenniveaus h $P(h<h_o)=1-F(h)=n(h)/n_o$ auch durch die *Weibull*-Verteilung (2.3.18) annähern. Der *Germanische Lloyd* [21] fordert dies. Es gilt dann

$$n(h)=n_o \exp[-(\frac{h}{c})^{\alpha}]. \tag{4.1.73}$$

Für $\alpha=1$ wird daraus die Exponentialverteilung (4.1.69). Zweimaliges Logarithmieren führt zwischen $\ln h$ und $\ln(-\ln n)$ auf die Geradengleichung

$$\ln h=\frac{1}{\alpha}\ln[-\ln\frac{n(h)}{n_o}]+\ln c. \tag{4.1.74}$$

Bei gegebenen Werten n_o, h und n(h) folgen die beiden Parameter α und c der *Weibull*-Verteilung durch lineare Regression nach Abschnitt 2.5 oder durch eine grafische Auftragung auf sogenanntem *Weibull*-Papier, welches in einer Richtung einfach und in der anderen Richtung doppelt logarithmisch geteilt ist.

Beispiel 4.1.1: Wellenhöhenüberschreitungsdiagramm

Die Tabelle 4.1.2 zeigt das Wellenverteilungsdiagramm für die Nordsee, Gebiet 11 der Weltkarte Abb. 4.1.7 [35].

h_s-Klasse i in [m]	T_o-Klasse j in [s]											H_i	f_i
	<4	4-5	5-6	6-7	7-8	8-9	9-10	10-11	11-12	12-13	>13		
0- 1	19	86	94	41	10	2						253	302,3
1- 2	3	49	121	99	40	10	2					323	317,9
2- 3	1	17	63	73	40	13	3	1				210	193,2
3- 4		6	27	39	26	10	3	1				112	97,6
4- 5		2	11	19	14	6	2	1				55	46,5
5- 6		1	4	9	7	4	1					26	21,7
6- 7			2	4	4	2	1					13	10,5
7- 8			1	2	2	1	1					7	5,5
8- 9				1	1	1						3	2,3
9-10				1	1							2	1,6
10-11												(1)	—
11-12												(1)	—
H_j	23	160	324	288	145	50	13	3	(1)			1000	999,1
f_j	65	201	332	250	109	33	8	2				1000	

Tabelle 4.1.2 Wellenverteilungsdiagramm für die Nordsee

Die Gesamtzahl der Wellen n_o innerhalb T= 1 Jahr ist nach Gl. (4.1.63) mit der Summenzeile H_j

$$n_o=T\sum_{(j)}\frac{H_j}{T_{o,j}}=5,59\cdot10^6.$$

Es folgt nach Gl. (4.1.62) für jede Zeile i die Wahrscheinlichkeitsdichte f_i der signifikanten Wellenhöhen

$$f_i=\frac{T}{n_o}\sum_{(j)}\frac{H_{ij}}{T_{o,j}}.$$

h[m]	h_s-Klasse i in [m] 0,5	1,5	2,5	3,5	4,5	5,5	6,5	7,5	8,5	9,5	n(h)
0	10^4	10^4	10^4	10^4	10^4	10^4	10^4	10^4	10^4	10^4	$5{,}59\cdot10^6$
2		286	2780	5205	6736	7676	8275	8674	8952	9152	$9{,}98\cdot10^5$
4			60	734	2059	3472	4689	5662	6422	7015	$2{,}02\cdot10^5$
6				28	286	925	1819	2780	3692	4503	$4{,}82\cdot10^4$
8					18	145	483	1027	1701	2421	$1{,}26\cdot10^4$
10					1	13	88	286	628	1090	$3{,}36\cdot10^3$
12						1	11	60	186	411	868
14			$\exp[-2(\frac{h}{h_{s,i}})^2]\cdot10^4$				1	9	44	130	206
16								1	8	34	44
18									1,3	7,6	8,5
20										1,4	1,3
f_i	302,3	317,9	193,2	97,6	46,5	21,7	10,5	5,5	2,3	1,6	

Tabelle 4.1.3 *Rayleigh*-Verteilung $\exp[-2(h/h_{s,i})^2]$ in Abhängigkeit von der signifikanten Wellenhöhe $h_{s,i}$ und dem Höhenniveau h sowie Anzahl n(h) der innerhalb eines Jahres das Niveau h überschreitenden Wellen

Sie ist in Abb. 4.1.13 als Histogramm dargestellt. Weiter ergibt sich für jede Spalte j die Wahrscheinlichkeitsdichte der mittleren Wellenperiode f_j durch Summation der Gl. (4.1.61) über i. Man beachte, daß die Häufigkeiten und Wahrscheinlichkeitsdichten auf 1000 bezogen sind.

In Tabelle 4.1.3 wird für jedes Wellenhöhenniveau h die Wahrscheinlichkeit nach *Rayleigh* für jede h_s-Klasse i mit dem zugehörigen f_i-Wert aus Tabelle 4.1.2 multipliziert und entsprechend Gl. (4.1.64) zur Wellenanzahl n(h) aufsummiert, d.h.

$$n(h) = n_o \sum_{(i)} f_i \exp[-2(\frac{h}{h_{s,i}})^2].$$

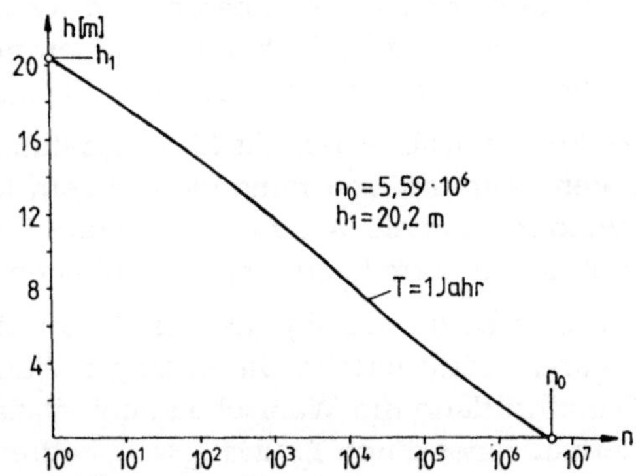

Abb. 4.1.14 Wellenhöhenüberschreitungsdiagramm für die Nordsee

Die Auftragung von h über logn liefert das Wellenhöhenüberschreitungsdiagramm der Abb. 4.1.14. Die Kurve ist nahezu geradlinig. Ihr leichter Wellenschlag in dieser Form ist charakteristisch für so berechnete Wellenhöhenüberschreitungsdiagramme. Im Schnitt der Kurve mit n=1 findet man die Höhe h_1 der Einjahreswelle. Diese Höhe wird mit der Wahrscheinlichkeit $1/n_o = 1{,}79\cdot10^{-7}$ innerhalb eines Jahres überschritten.

Zum Vergleich werden die Ergebnisse für eine Anpassung der Wertepaare h und n(h) an die *Weibull*-Verteilung (4.1.74) angegeben. Man setzt $y := \ln h$ und $x := \ln[-\ln n(h)/n_o]$ und findet mittels linearer Regression für die Gerade $y = Ax + B$ den Anstieg $A = 1{,}0742$, den Achsenabschnitt $B = 0{,}1203$, den Korrelationskoeffizienten $\rho = 0{,}9993$ und als linearen Schätzwert für n=1 die Höhe der Einjahreswelle $h_1 = 21{,}5$ m. Sie ist damit ungefähr 1,5 m höher als nach Abb. 4.1.14.

4.1.6 Wellenhöhen-perioden-Zuordnung

Die in Abschnitt 4.1.1 beschriebene Wellentheorie liefert mit der Dispersionsgleichung (4.1.12) zwar eine Zuordnung von Wellenlängen $\lambda = 2\pi/k$ zu entsprechenden Wellenfrequenzen ω, doch fehlt eine entsprechende Gleichung für die Wellenamplituden a bzw. Wellenhöhen h=2a. Für eine dynamische Analyse nach dem Entwurfswellenkonzept wird jedoch häufig die zu einer ausgewählten Wellenhöhe h "pasende" Wellenfrequenz ω bzw. Wellenperiode $T = 2\pi/\omega$ benötigt, jedenfalls immer dann, wenn Wellenfrequenzen in der Nähe von Eigenfrequenzen der zu analysierenden Konstruktion liegen. Die Kenntnis eines solchen Zusammenhangs zwischen Wellenhöhe und -periode ist besonders wichtig für Lebensdauer- und Betriebsfestigkeitsanalysen nach dem diskreten Verfahren (vergl. Abschnitt 9.4), um den Einfluß von harmonischen Wellen unterschiedlicher Höhe und Periode auf die Schädigung der Konstruktion bestimmen zu können.

Da die Theorie den gesuchten Zusammenhang nicht liefert, liegt es nahe, auf die Seegangsbeobachtungen zurückzugreifen. Solche Beobachtungen sind für die verschiedenen Seegebiete in Wellenverteilungsdiagrammen nach Abb. 4.1.8 niedergelegt. In ihnen ist im Sinne einer Langzeitstatistik die beobachtete Häufigkeit H_{ij} eines Kurzzeitseegangszustandes, gekennzeichnet durch die signifikante Wellenhöhe h_s der Klasse i und die mittlere Wellenperiode T_o der Klasse j, angegeben. Um aus diesen statistischen Angaben den gesuchten (deterministischen) Zusammenhang zwischen Wellenhöhen h und -perioden T herauszufiltern, können verschiedene Wege beschritten werden, von denen folgend einige beschrieben werden. Jedenfalls bleibt die Zuordnung von Wellenperioden zu bestimmten Wellenhöhen mehr oder weniger willkürlich.

α) Wie bereits in Abschnitt 4.1.5 ausgeführt wurde, sind h_s und T_o über einen längeren Zeitraum von mindestens einem Jahr zweidimensional zufallsverteilt. Die zweidimensionale Wahrscheinlichkeitsdichte ist $f_{hT}(h_s,T_o)$ und wird in ihrer diskretisierten Form f_{ij} aus den Häufigkeiten H_{ij} nach Gl. (4.1.61) berechnet.

Für eine bestimmte signifikante Wellenhöhe h_s ist die mittlere Wellenperiode T_o *bedingt* zufallsverteilt. Die bedingte Wahrscheinlichkeitsdichte dafür sei $f(T_o|h_s)$. Damit ist dann die Wahrscheinlichkeit dafür, daß die mittlere Wellenperiode innerhalb eines durch T_o und T_o+dT_o begrenzten Bandes liegt, unter der Bedingung, daß die signifikante Wellenhöhe gleich h_s ist, $f(T_o|h_s)\,dT_o$. Dieser Wellenhöhe h_s wird nun der statistische Erwartungswert für die Wellenperiode T_o, also das Langzeitmittel $\overline{T}_o \equiv \mu_T$ sämtlicher mittlerer Wellenperioden, zugeordnet. Nach Gl. (2.7.5) gilt

$$E[T_o|h_s] \equiv \overline{T}_o(h_s) \equiv \mu_T(h_s) = \int_0^\infty T_o\, f(T_o|h_s)\, dT_o\,. \tag{4.1.75}$$

Die bedingte Wahrscheinlichkeitsdichte $f(T_o|h_s)$ wird nach Gl. (2.7.1) durch die zweidimensionale Wahrscheinlichkeitsdichte $f_{hT}(h_s,T_o)$ und durch die eindimensionale Wahrscheinlichkeitsdichte $f(h_s)$ der signifikanten Wellenhöhe als Randverteilung ausgedrückt. Mit

$$f(T_o|h_s) = \frac{f_{hT}(h_s,T_o)}{f(h_s)} \tag{4.1.76}$$

folgt aus Gl. (4.1.75)

$$\overline{T}_o(h_s) \equiv \mu_T(h_s) = \frac{1}{f(h_s)} \int_0^\infty T_o\, f(h_s,T_o)\, dT_o\,. \tag{4.1.77}$$

Liegt für das betrachtete Seegebiet ein Wellenverteilungsdiagramm vor, dann wird Gl. (4.1.77) diskretisiert. Mit Wellenhöhenklassen i und -periodenklassen j sowie mit $h_s \to h_{s,i}$ $T_o \to T_{o,j}$, $f(h_s,T_o) \to f_{ij}$, $f(h_s) \to f_i$ und $\overline{T}_o(h_s) \to \overline{T}_{o,i}$ erhält man

$$\overline{T}_{O,i} = \frac{1}{f_i} \sum_{(j)} T_{O,j} f_{ij} \ . \tag{4.1.78}$$

Die Wahrscheinlichkeitsdichten f_{ij} und f_i werden mit Hilfe der Gln. (4.1.61) und (4.1.62) durch die Häufigkeiten H_{ij} ersetzt. Unter Beachtung von $\sum_{(j)} H_{ij} = H_i$ folgt

$$\overline{T}_{O,i} = \frac{H_i}{\sum_{(j)} \frac{H_{ij}}{T_{O,j}}} \ . \tag{4.1.79}$$

Ist die Gesamtzahl n_o von Wellen innerhalb eines Zeitraums T bereits bekannt (etwa für die Berechnung des Wellenhöhenüberschreitungsdiagramms nach Abschnitt 4.1.5) und damit auch die Wahrscheinlichkeitsdichte f_i, kann alternativ zu Gl. (4.1.79) auch einfacher

$$\overline{T}_{O,i} = \frac{T}{n_o} \frac{H_i}{f_i} \tag{4.1.80}$$

geschrieben werden.

Auf diese Weise erhält man also als gesuchte Zuordnung von Wellenhöhen zu Wellenperioden die sich für eine signifikante Wellenhöhe einstellende *wahrscheinlichste* mittlere Wellenperiode.

Beispiel 4.1.2: Wellenhöhen-perioden-Zuordnung

Für die Nordsee liegt das Wellenverteilungsdiagramm nach Tabelle 4.1.2 vor. Die Wahrscheinlichkeitsdichten f_i sind bereits nach Gl. (4.1.62) berechnet, ebenso die Zahl sämtlicher Wellen $n_o = 5{,}59 \cdot 10^6$ innerhalb der Zeit $T = 1\,\text{Jahr} = 3{,}154 \cdot 10^7\,\text{s}$. Für jede Wellenhöhenklasse i ergibt sich das Langzeitmittel $\overline{T}_{o,i}$ der mittleren Wellenperioden nach Gl. (4.1.80) entsprechend der folgenden Tabelle:

$h_{s,i}$[m]	0,5	1,5	2,5	3,5	4,5	5,5	6,5	7,5	8,5	9,5
$\overline{T}_{o,i}$[s]	4,72	5,73	6,13	6,48	6,67	6,76	6,99	7,18	7,36	7,05

β) In [37] wird die bedingte Wahrscheinlichkeitsverteilung $F(T_o|h_s)$ für das Auftreten einer mittleren Wellenperiode T_o unter der Bedingung, daß die signifikante Wellenhöhe gleich h_s ist, in Form einer *Weibull*-Verteilung (2.3.18)

$$F(T_O|h_s) = 1 - \exp\left[-\left(\frac{T_o}{c}\right)^{\alpha}\right] \tag{4.1.81}$$

angesetzt. Die beiden Parameter c und α dieser Verteilung sind Funktion der jeweiligen signifikanten Wellenhöhe h_s, und zwar ergibt sich durch Anpassung an 3925 Stichproben beobachteter Wellendaten für den Nordatlantik

$$\left.\begin{aligned} c(h_s) &= 6{,}05 \exp(0{,}07\, h_s), \\ \alpha(h_s) &= 2{,}35 \exp(0{,}21\, h_s). \end{aligned}\right\} \tag{4.1.82}$$

Das Langzeitmittel $\overline{T}_o$ (4.1.75) für eine *Weibull*-Verteilung folgt nach Gl. (2.3.23) zu

$$\overline{T}_O(h_s) = c\,\Gamma(1 + \frac{1}{\alpha}) = c(\frac{1}{\alpha})! \ . \tag{4.1.83}$$

So ergibt sich z.B. für eine signifikante Wellenhöhe $h_s = 10$ m $c = 12{,}18$ und $\alpha = 19{,}19$. Die Wellenperiode ist dann $\overline{T}_o = 11{,}84$ s.

γ) Der bereits genannte Atlas "Global Wave Statistics" [35] wurde vom *National Maritime Institute* (NMI Ltd.) in Zusammenarbeit mit dem *UK Meteorological Office* erstellt. Hier und in weiteren Veröffentlichungen, z.B. in [36], wird für die Verarbeitung des in Datenbanken gehaltenen umfangreichen Wellendatenmaterials das Computer-Programm NMIMET zitiert, ein Programm für die weltweite Synthese von Wellen-Klimaten. In diesem Programm wird für die bedingte Wahrscheinlichkeitsdichte der mittleren Wellenperioden

$$f(T_O|h_s) = \frac{1}{\sqrt{2\pi}\,\sigma_T\sqrt{1-\rho^2}} \exp\left\{-\frac{1}{2(1-\rho^2)}\left[\frac{T_O-\mu_T}{\sigma_T} - \rho\frac{h_s-\mu_h}{\sigma_h}\right]^2\right\} \tag{4.1.84}$$

benutzt. Die fünf Parameter dieser Verteilung sind die Mittelwerte μ_T und μ_h und die Standardabweichungen σ_T und σ_h der Wellenperioden bzw. der Wellenhöhen sowie der Korrelationskoeffizient ρ zwischen beiden.

Man erkennt, daß es sich bei dieser Verteilung um eine *Gauß*sche bedingte Wahrscheinlichkeitsdichte handelt. Gl. (4.1.84) erhält man nämlich, wenn man die zweidimensionale *Gauß*sche Wahrscheinlichkeitsdichte (2.4.22) $f_{hT}(h_s,T_o)$ nach Gl. (4.1.76) durch die eindimensionale Wahrscheinlichkeitsdichte $f(h_s)$ dividiert. Letztere ist aber als Randverteilung von $f_{hT}(h_s,T_o)$ ebenfalls eine *Gauß*sche, was man entweder durch die Integration (2.4.7) oder einfacher durch Nullsetzen von ρ in der zweidimensionalen Wahrscheinlichkeitsdichte zeigt (siehe Aufgabe 4.5).

Da jedoch, wie ein Blick auf das Histogramm der signifikanten Wellenhöhen der Abb. 4.1.13 beweist, die Wahrscheinlichkeitsdichte $f(h_s)$ nur äußerst unvollkommen an eine *Gauß*sche angepaßt werden kann, ist der Ansatz (4.1.84) nicht widerspruchsfrei, wird jedoch offenbar mit Erfolg im Programm NMIMET verwendet. Man sieht ja auch an Hand des Wellenverteilungsdiagramms für die Nordsee Tabelle 4.1.2, besser noch für den Nordatlantik Tabelle 4.1.1, daß sich die Wellenperioden innerhalb jeder Wellenhöhenklasse ungefähr nach *Gauß* verteilen, wie es Gl. (4.1.84) verlangt.

Das Langzeitmittel $\overline{T}_o(h_s) \equiv \mu_T(h_s)$ (4.1.75) kann man für die *Gauß*sche Verteilung (4.1.84) unmittelbar durch Vergleich mit Gl.(2.3.3) angeben. Dazu setzt man als Standardabweichung $\sigma := \sqrt{1-\rho^2}\,\sigma_T$ und findet als Mittelwert

$$\overline{T}_O(h_s) \equiv \mu_T(h_s) = \mu_T + \rho\frac{\sigma_T}{\sigma_h}(h_s - \mu_h), \tag{4.1.85}$$

also einen linearen Zusammenhang zwischen signifikanter Wellenhöhe h_s und zugehörigem Langzeitmittel $\overline{T}_o(h_s)$. Darin darf natürlich der "bedingte" Mittelwert $\mu_T(h_s)$ auf der linken Seite nicht mit dem Mittelwert μ_T der Randverteilung auf der rechten Seite verwechselt werden.

Beispiel 4.1.3: Wellenhöhen-perioden-Zuordnung

Es soll die Gl. (4.1.85) für das Wellenverteilungsdiagramm der Nordsee Tabelle 4.1.2 aufgestellt werden. Man berechnet mit $T/n_o = 5{,}642$ s (siehe Beispiel 4.1.2) der Reihe nach:

$$\mu_h \equiv E[h_s] = \sum_{(i)} h_{s,i} f_i = 1{,}926 \text{ m}, \qquad \mu_T \equiv E[T_o] = \sum_{(j)} T_{o,j} f_j = \frac{T}{n_o}\sum_{(j)} H_j = \frac{T}{n_o} = 5{,}642 \text{ s},$$

$$E[h_s^2] = \sum_{(i)} h_{s,i}^2 f_i = 5{,}856 \text{ m}^2, \qquad E[T_o^2] = \sum_{(j)} T_{o,j}^2 f_j = \frac{T}{n_o}\sum_{(j)} T_{o,j} H_j = 34{,}346 \text{ s}^2,$$

$$E[h_s T_o] = \sum_{(i)}\sum_{(j)} h_{s,i} T_{o,j} f_{ij} = \frac{T}{n_o}\sum_{(i)}\sum_{(j)} h_{s,i} H_{ij} = \frac{T}{n_o}\sum_{(i)} h_{s,i} H_i = 11{,}849 \text{ ms},$$

$$\sigma_h = \sqrt{E[h_s^2] - \mu_h^2} = 1{,}465 \text{ m}, \qquad \sigma_T = \sqrt{E[T_o^2] - \mu_T^2} = 1{,}586 \text{ s}$$

$$\sigma_{hT} = E[h_s T_o] - \mu_h \mu_T = 0{,}9825 \text{ ms}, \quad \rho = \frac{\sigma_{hT}}{\sigma_h \sigma_T} = 0{,}4229.$$

Setzt man diese statistischen Werte in Gl. (4.1.85) ein, erhält man die Geradengleichung

$$\overline{T}_0(h_s) = 0{,}458\, h_s + 4{,}76$$

und damit z.B. für eine signifikante Wellenhöhe von 10 m eine Wellenperiode von 9,34 s.

Zu der grundsätzlichen Problematik, den zweidimensional statistisch verteilten Wellenhöhen und -perioden eine deterministische Abhängigkeit zuzuweisen, kommt eine weitere Schwierigkeit hinzu. Nach dem Entwurfswellenkonzept werden meist die Perioden weit größerer Wellenhöhen als solche, die den besprochenen Zuordnungen zugrunde liegen, benötigt. Eine Extrapolation in Bereiche größerer Wellenhöhen ist aber bei relativ gering korrelierten Ausgangswerten natürlich unsicher. Auf der anderen Seite kommt man bei zunehmenden Wellenhöhen und damit verbunden bei größer werdenden Wellenperioden immer mehr in den Bereich quasistatischer Wellenbelastung, in dem die Wellenfrequenzen als Erregerfrequenzen zwar weiterhin die Größe der Wellenkräfte jedoch nicht mehr die Amplitudenvergrößerungsfunktion beeinflussen.

Zum Zwecke der Extrapolation wird in [83] der analytische Ausdruck

$$h = A\,T^B \qquad (4.1.86)$$

mit den beiden freien Parametern A und B verwendet. Im doppelt-logarithmischen Maßstab ist das die Geradengleichung

$$\log h = B \log T + \log A \qquad (4.1.87)$$

mit dem Anstieg B und dem Achsenabschnitt log A. Es ist also lediglich für log h und log T eine lineare Regression nach Abschnitt 2.5 durchzuführen. Für Nordseebedingungen wird in [83]

$$h = 0{,}115\; T^{1{,}788} \qquad (4.1.88)$$

angegeben. Für die in Beispiel 4.1.2 berechneten Werte versagt allerdings obige

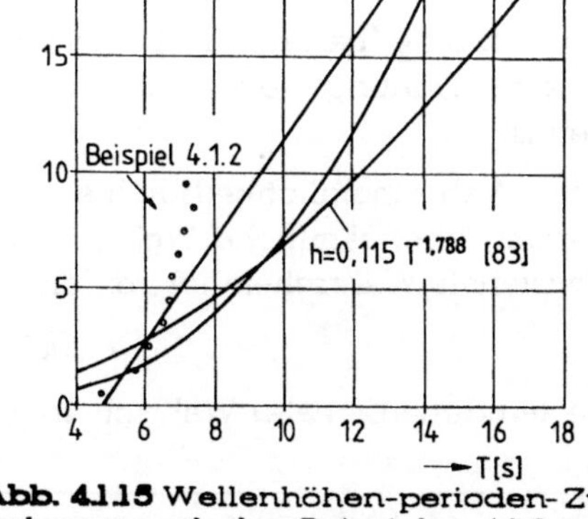

Abb. 4.1.15 Wellenhöhen-perioden-Zuordnung nach den Beispielen 4.1.2 und 4.1.3 sowie nach [1] und [83]

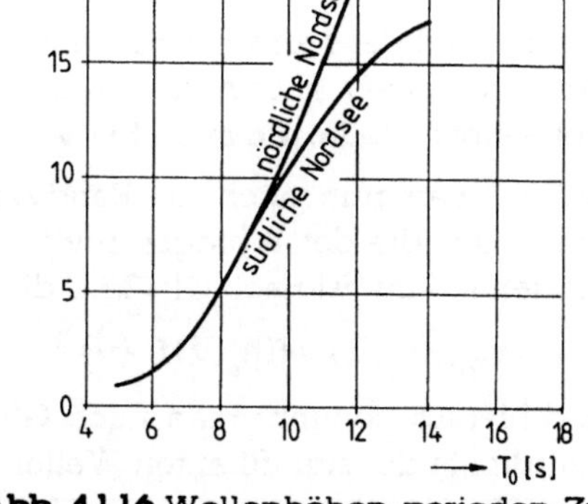

Abb. 4.1.16 Wellenhöhen-perioden-Zuordnung nach [2]

Regression wegen zu starker Streuung.

Vielfach wird für die Zuordnung von Wellenperioden zu Wellenhöhen die Abb. 4.1.16 aus [2] verwendet. Näheres über die Entwicklung dieser Abhängigkeit wird dort nicht mitgeteilt.

In [1] findet man für Nordsee-Bedingung die Zuordnung

$$T = 0{,}7 + 4{,}2\, h^{0,4}\,. \tag{4.1.89}$$

Schließlich wird noch auf die Möglichkeit hingewiesen, im Bereich beobachteter Wellen eine charakteristische *Wellensteilheit* h/λ festzulegen, die dann für sämtliche diskreten Entwurfswellen konstant gehalten wird [22].

4.1.7 Wellenhöhen-Windgeschwindigkeiten-Zuordnung

Ähnlich den in Abschnitt 4.1.3 beschriebenen Wellenverteilungsdiagrammen, in denen die Häufigkeit beobachteter Seegänge einer Wellenhöhenklasse i und Periodenklasse j niedergelegt ist, gibt es solche für die Häufigkeit von Seegängen einer Wellenhöhenklasse i und Windgeschwindigkeitsklasse r. Letzterer ist dabei die *Beaufort*-Skala[1] von 0 bis 12 zugrunde gelegt. Im Programm NMIMET [35] wird für die Wahrscheinlichkeitsdichte der signifikanten Wellenhöhe h_s unter der Bedingung, daß die zeitlich (meist über eine Stunde) gemittelte Windgeschwindigkeit $\overline{v}$ herrscht, die *Gamma-Verteilung*

$$f(h_s|\overline{v}) = \frac{q^{p+1}}{\Gamma(p+1)}\, h_s^p\, e^{-q h_s}\,,\; h_s \geq 0 \tag{4.1.90}$$

gewählt. Die beiden Parameter dieser Verteilung p und q sind darin Funktion der Windgeschwindigkeit $\overline{v}$ und hängen mit Mittelwert $\mu_h(\overline{v})$ und Standardabweichung $\sigma_h(\overline{v})$ über

$$q = \frac{\mu_h}{\sigma_h^2} \quad \text{und} \quad p = \left(\frac{\mu_h}{\sigma_h}\right)^2 - 1 \tag{4.1.91}$$

zusammen. Für p=0 ergibt sich speziell die Exponentialverteilung. Mittelwert und Standardabweichung werden über die Ansätze

$$\mu_h(\overline{v}) = \sqrt{(a\overline{v}^n)^2 + h_2^2} \quad \text{und} \quad \sigma_h(\overline{v}) = b + c\,\overline{v} + d\,\overline{v}^2 \tag{4.1.92}$$

durch Wahl der sechs Formparameter a, b, c, d, n und h_2 "bestens" an beobachtete Werte angepaßt. Hierin hat h_2 die Bedeutung einer Dünungswellenhöhe, also die Höhe einer Welle, die auch bei $\overline{v}=0$ vorhanden ist.

Nimmt man nun noch als Randverteilung die Wahrscheinlichkeitsdichte $f_v(\overline{v})$ hinzu, d.h. die der Windgeschwindigkeit summiert über sämtliche Wellenhöhenklassen i, dann ist nach Gl. (2.7.1) die zweidimensionale Wahrscheinlichkeitsdichte

$$f_{hv}(h_s, \overline{v}) = f(h_s|\overline{v})\, f_v(\overline{v})\,, \tag{4.1.93}$$

und hieraus gewinnt man nach Gl. (2.4.7) die (eindimensionale) Wahrscheinlichkeitsdichte der signifikanten Wellenhöhen

1) Sir *Francis Beaufort* (1774-1857), engl. Admiral, schlug die nach ihm benannte Windstärkenskala vor

$$f(h_s) = \int_0^\infty f_{hv}(h_s,\bar{v})\,d\bar{v} = \int_0^\infty f(h_s|\bar{v})\,f_v(\bar{v})\,d\bar{v}\,. \tag{4.1.94}$$

Das Programm NMIMET gewinnt hieraus übrigens anders als in Beispiel 4.1.3 Mittelwert μ_h und Standardabweichung σ_h der signifikanten Wellenhöhen und aus diesen über die Regressionsformeln [36]

$$\mu_T = \begin{cases} 1{,}818 + 0{,}297\,\mu_h & \text{für große Streichlängen, hohe Dünung erzeugend,} \\ 1{,}515 + 0{,}266\,\mu_h & \text{für beschränkte Streichlängen, vor Dünung schützend,} \end{cases}$$

$$\sigma_T = 0{,}244 - 0{,}0225\,\mu_h\,,$$

$$\rho = 0{,}415 + 0{,}049\,\mu_h$$

Mittelwert μ_T und Standardabweichung σ_T der Wellenperioden sowie den Korrelationskoeffizienten ρ. Diese Regressionsformeln stehen im Widerspruch zu den Ergebnissen des Beispiels 4.1.3.

4.2 Lastannahmen

4.2.1 Morison-Formel

Wir betrachten nach Abb. 4.2.1 einen in vertikaler z-Richtung sehr langen, starren Kreiszylinder vom Durchmesser D, der in horizontaler Richtung x durch eine beschleunigte Flüssigkeit angeströmt wird. In hinreichender Entfernung vom Zylinder ist die ungestörte Anströmung durch die in y- und in z-Richtung konstante und zeitlich veränderliche Geschwindigkeit $\dot{u}_o(t)$ gekennzeichnet. Der Zylinder selbst bewegt sich in x-Richtung mit der zeitvariablen Geschwindigkeit $\dot{u}(t)$.

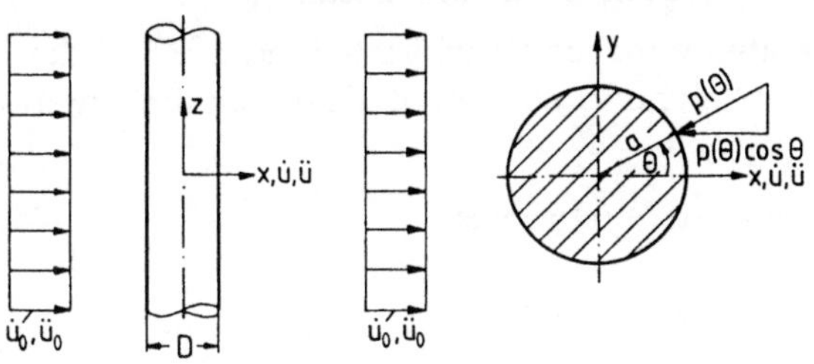

Abb. 4.2.1 Kreiszylinder in beschleunigter Strömung

Durch die getroffenen Annahmen wird die Zylinderumströmung ein ebenes Problem, es besteht keine z-Abhängigkeit. Die Störung der Anströmung führt zu einer Kraftwirkung auf den Zylinder, die in zwei Anteile zerlegt wird. Der eine Anteil ist eine Trägheitskraft infolge beschleunigter bzw. verzögerter Flüssigkeitsbewegung. Der andere Anteil ist eine Widerstandskraft, die ihre Ursache in der Reibung der Flüssigkeit an der Zylinderoberfläche sowie in Verwirbelungen hat. Beide Kraftanteile ergeben sich als Kraft je Längeneinheit der Zylinderachse . Die Trägheitskraft wird mit q_M, die Widerstandskraft mit q_D bezeichnet. Beide Streckenlasten werden zur Gesamtkraft

$$q = q_M + q_D \tag{4.2.1}$$

addiert.

α) Berechnung der Trägheitskraft:

Wie in Abschnitt 4.1.1 kann inkompressible und reibungsfreie Flüssigkeit angenommen werden. Das Umströmungsproblem ist somit ein instationäres Potentialproblem, für welches die Kontinuitätsgleichung $\Delta\Phi=0$ und die instationäre *Bernoulli*-Gleichung $\partial\Phi/\partial t + (\text{grad}\,\Phi)^2/2 + p/\rho = 0$ zu erfüllen sind.

Als Lösung der Potentialgleichung für den Kreiszylinder mit dem Radius $a = D/2$ und den gegebenen Geschwindigkeiten $\dot{u}_o$ und $\dot{u}$ ergibt sich das Geschwindigkeitspotential

$$\Phi(x,y) = \dot{u}_o\left(x + a^2\frac{x}{x^2+y^2}\right) - \dot{u}\,a^2\frac{x}{x^2+y^2} \tag{4.2.2}$$

mit den Geschwindigkeitskomponenten der Flüssigkeit

$$\left.\begin{aligned} \dot{u}_1(x,y) &:= \frac{\partial\Phi}{\partial x} = \dot{u}_o\left[1 - a^2\frac{x^2-y^2}{(x^2+y^2)^2}\right] + \dot{u}\,a^2\frac{x^2-y^2}{(x^2+y^2)^2}, \\ \dot{v}_1(x,y) &:= \frac{\partial\Phi}{\partial y} = -\dot{u}_o\,a^2\frac{2xy}{(x^2+y^2)^2} + \dot{u}\,a^2\frac{2xy}{(x^2+y^2)^2}. \end{aligned}\right\} \tag{4.2.3}$$

Man überzeugt sich durch den Grenzübergang $x \to \infty$ oder $y \to \infty$, daß die vom Zylinder ungestörten Flüssigkeitsgeschwindigkeiten in $\dot{u}_1 = \dot{u}_o$ und $\dot{v}_1 = 0$ übergehen. An der Zylinderoberfläche $x = a\cos\Theta$, $y = a\sin\Theta$ erhält man die Geschwindigkeitskomponenten

$$\left.\begin{aligned} \dot{u}_1(\Theta) &= \dot{u}_o(1-\cos^2\Theta+\sin^2\Theta) + \dot{u}(\cos^2\Theta-\sin^2\Theta) = \dot{u}_o + (\dot{u}-\dot{u}_o)\cos 2\Theta \\ \dot{v}_1(\Theta) &= -2\dot{u}_o\sin\Theta\cos\Theta + 2\dot{u}\sin\Theta\cos\Theta = (\dot{u}-\dot{u}_o)\sin 2\Theta, \end{aligned}\right\} \tag{4.2.4}$$

mit denen man die resultierende Geschwindigkeit senkrecht zur Oberfläche bildet und die Randbedingung $\dot{u}_1(\Theta)\cos\Theta + \dot{v}_1(\Theta)\sin\Theta = \dot{u}\cos\Theta$ bestätigt.

Bei nun bekannten Geschwindigkeiten wird die Druckverteilung $p(\Theta)$ an der Zylinderoberfläche aus der *Bernoulli*-Gleichung berechnet. Dazu ermittelt man das Potential an der Oberfläche

$$\Phi(\Theta) = 2\dot{u}_o a\cos\Theta - \dot{u}\,a\cos\Theta = (2\dot{u}_o - \dot{u})\,a\cos\Theta \tag{4.2.5}$$

sowie

$$(\text{grad}\Phi)^2(\Theta) = \dot{u}_1^2(\Theta) + \dot{v}_1^2(\Theta) = \dot{u}_o^2 + 2\dot{u}_o(\dot{u}-\dot{u}_o)\cos 2\Theta + (\dot{u}-\dot{u}_o)^2. \tag{4.2.6}$$

Die x-Komponente der damit folgenden Druckverteilung

$$p(\Theta) = \rho a(\ddot{u}-2\ddot{u}_o)\cos\Theta + \rho\dot{u}_o(\dot{u}_o-\dot{u})\cos\Theta - \frac{1}{2}\rho\dot{u}_o^2 - \frac{1}{2}\rho(\dot{u}-\dot{u}_o)^2 \tag{4.1.7}$$

ist entsprechend Abb. 4.2.1 über den Umfang des Kreises zu integrieren und ergibt schließlich die gesuchte Trägheitskraft

$$q_M = -\oint p(\Theta)\cos\Theta\, a\, d\Theta. \tag{4.2.8}$$

Das Minus-Zeichen sorgt dafür, daß eine positive Trägheitskraft in Richtung der positiven x-Achse weist. Führt man die Integration (4.2.8) mit $p(\Theta)$ (4.2.7) aus, fallen die geschwindigkeitsabhängigen Terme heraus. Lediglich die Beschleunigungsdrücke $\rho a\ddot{u}$ und $\rho a\ddot{u}_o$ liefern als Trägheitskraft

$$q_M = -\pi \rho a^2 (\ddot{u} - 2\ddot{u}_0), \tag{4.2.9}$$

die mit der Zylinderquerschnittsfläche $A = \pi a^2$ auch in der Form

$$q_M = \rho A \ddot{u}_0 + \rho A (\ddot{u}_0 - \ddot{u}) \tag{4.2.10}$$

geschrieben werden kann.

Die so skizzierte Lösung des instationären ebenen Potentialproblems ist für den Kreiszylinder besonders einfach. Eine Verallgemeinerung auf andere Querschnittsformen ist z.B. mittels der Methode der konformen Abbildung des Querschnitts auf den Einheitskreis oder selbstverständlich mit Hilfe numerischer Methoden möglich. Solche Rechnungen zeigen, daß der zweite Term in Gl. (4.2.10) mit einer von der Querschnittsform abhängenden multiplikativen Konstanten C_a zu versehen ist. Man erhält

$$q_M = \rho A \ddot{u}_0 + C_a \rho A (\ddot{u}_0 - \ddot{u}) . \tag{4.2.11}$$

Die Trägheitskraft setzt sich danach aus zwei Anteilen zusammen. Der erste Term hängt nicht von der Zylinderbeschleunigung ab. Er rührt von der Deformation der ursprünglich parallelen Stromlinien her, die durch die Umströmung des Zylinders bedingt ist. Bei der Berechnung dieses Kraftanteils ist insbesondere die sogenannte Potentialdämpfung vernachlässigt worden, wie sie z.B. an der Meeresoberfläche durch Energiedissipation infolge am Zylinder reflektierender Wellen entsteht. Dieser Kraftanteil heißt *Froude-Kryloff*-Kraft[1]. Sie ist proportional der *verdrängten Wassermasse* ρA. Der zweite Term hängt von der Relativbeschleunigung zwischen Anströmung und Zylinder ab und heißt Beschleunigungswiderstand. Er ist proportional der *hydrodynamischen Masse* $C_a \rho A$ (*added mass*), gelegentlich auch "mitschwingende Wassermasse" genannt. C_a ist der Koeffizient der hydrodynamischen Masse, der für den Kreisquerschnitt, wie oben gezeigt wurde, den Wert Eins annimm. Koeffizienten C_a für eine Reihe von Querschnitten sind in der Tabelle 4.2.1 aufgeführt.

β) Berechnung der Widerstandskraft

Die Widerstandskraft, die bei der Anströmung eines Zylinders infolge Oberflächenreibungen und Verwirbelungen entsteht, wird durch die empirische Formel

$$q_D = \frac{1}{2} C_D \rho D \,|\dot{u}_0 - \dot{u}|\,(\dot{u}_0 - \dot{u}) \tag{4.2.12}$$

erfaßt. Darin ist D die größte Abmessung des Zylinderquerschnitts quer zur Anströmungsrichtung und C_D der Widerstandskoeffizient, der wesentlich von der Querschnittsgestalt aber u.U. auch von der *Reynolds*-Zahl der Strömung und von der Oberflächenrauhigkeit des Zylinders abhängt. Der Betrag der Widerstandskraft wächst mit dem Quadrat der Relativgeschwindigkeit an. Ist die Anströmgeschwindigkeit $\dot{u}_0$ größer als die Zylindergeschwindigkeit $\dot{u}$, weist q_D in Richtung der positiven x-Achse und umgekehrt. In der Tabelle 4.2.2 sind experimentell er-

1) *William Froude* (1810-1879), engl. Schiffbauingenieur, entdeckte das nach ihm benannte Ähnlichkeitsgesetz, mit dem im Schleppversuch ermittelte Trägheitskräfte auf die Großausführung übertragen werden können
Aleksej Nikolajewitsch Krylow (1863-1945), russischer Mathematiker, Mechaniker und Ingenieur

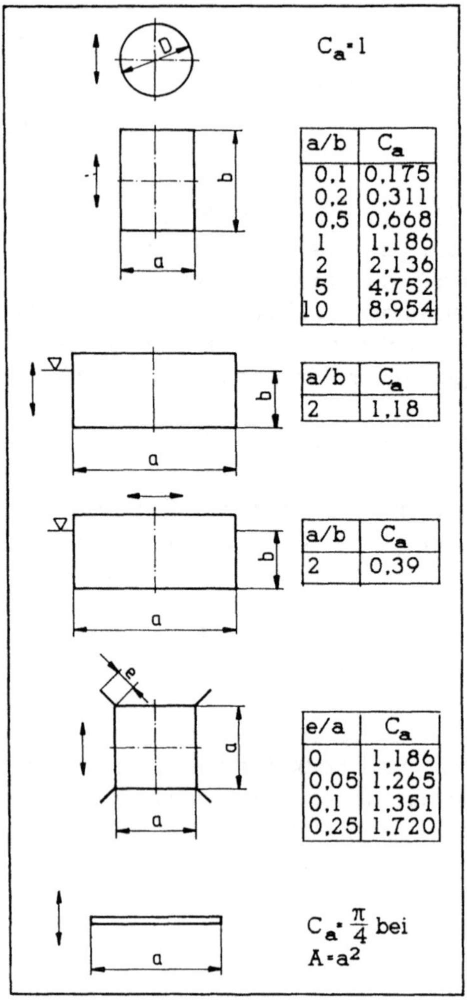

a/b	C_a
0,1	0,175
0,2	0,311
0,5	0,668
1	1,186
2	2,136
5	4,752
10	8,954

a/b	C_a
2	1,18

a/b	C_a
2	0,39

e/a	C_a
0	1,186
0,05	1,265
0,1	1,351
0,25	1,720

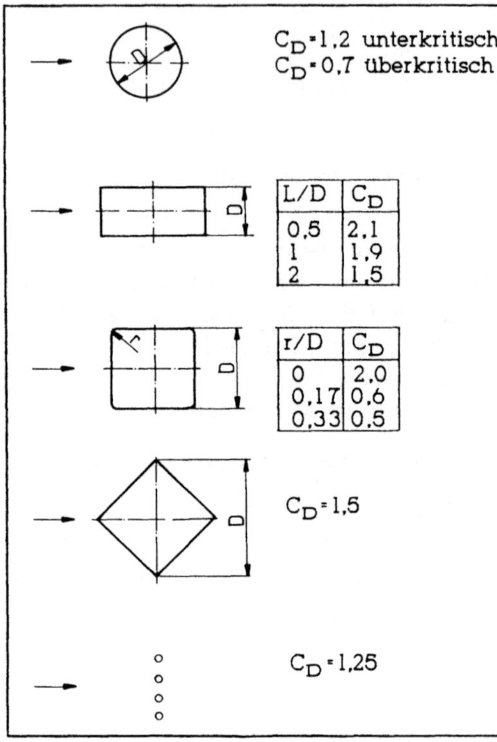

L/D	C_D
0,5	2,1
1	1,9
2	1,5

r/D	C_D
0	2,0
0,17	0,6
0,33	0,5

Tabelle 4.2.2 Widerstandskoeffizienten C_D für einige Querschnittsformen [1, 21, 80]

Tabelle 4.2.1 Koeffizienten C_a der hydrodynamischen Masse für einige Querschnittsformen [5, 33]

mittelte Widerstandskoeffizienten für einige Querschnittsformen aufgeführt.

Die nach α) und β) berechneten Kräfte werden zur sogenannten *Morison*-Formel [56] für Relativbewegung

$$q = \rho A \ddot{u}_o + C_a \rho A (\ddot{u}_o - \ddot{u}) + \frac{1}{2} C_D \rho D |\dot{u}_o - \dot{u}| (\dot{u}_o - \dot{u}) \tag{4.2.13}$$

zusammengefaßt. Im Fall der ruhenden Flüssigkeit $\dot{u}_o \equiv 0$ entsteht daraus

$$q = -C_a \rho A \ddot{u} - \frac{1}{2} C_D \rho D |\dot{u}| \dot{u} \tag{4.2.14}$$

und im Fall des stationären Zylinders $\dot{u} \equiv 0$

$$q = C_M \rho A \ddot{u}_o + \frac{1}{2} C_D \rho D |\dot{u}_o| \dot{u}_o \,. \tag{4.2.15}$$

Es ist darin $C_M = 1 + C_a$ der Trägheitskoeffizient.

4.2.2 Wellenkraft auf einen vertikalen starren Pfahl

Die Berechnung der Strömungskräfte auf einen vertikalen Zylinder nach der in Abschnitt 4.2.1 besprochenen *Morison*-Formel beruht u.a. auf den beiden Annahmen, daß sich die Strömungsverhältnisse nicht mit der vertikalen z-Richtung ändern und daß die sogenannte Potentialdämpfung vernachlässigbar ist. Die *Morison*-Formel wird jedoch auch zur Berechnung der Wellenkräfte auf meerestechnische Konstruktionen ausgenutzt, obwohl die erste der genannten Annahmen stets und die zweite mit wachsendem Verhältnis von Pfahldurchmesser zu Wellenlänge bzw. von Pfahldurchmesser zu Meerestiefe zunehmend verletzt sind.

Nach Abb. 4.2.2 werde ein vertikaler Pfahl in einem ebenen Wellenfeld betrachtet. Es werden die Ergebnisse der linearen Wellentheorie nach Abschnitt 4.1.1 herangezogen. Die Wellenerhebung ist nach Gl. (4.1.11) mit der Wellenamplitude a, der Wellenzahl $k=2\pi/\lambda$ und der Wellenfrequenz ω in reeller Schreibweise

$$\zeta(x,t) = a\cos(kx-\omega t). \qquad (4.2.16)$$

Als ungestörte Anströmgeschwindigkeit $\dot{u}_o$ und -beschleunigung $\ddot{u}_o$ werden die aus der Wellenkinematik folgenden Wasserpartikelgeschwindigkeit und -beschleunigung in horizontaler x-Richtung verwendet. Dabei ist zu beachten, daß die Höhenkoordinate z jetzt ihren Ursprung nicht im Ruhigwasserspiegel sondern auf dem Meeresboden besitzt. Es gilt nach den Gln. (4.1.14) und (4.1.15) unter Verwendung der Dispersionsgleichung (4.1.12)

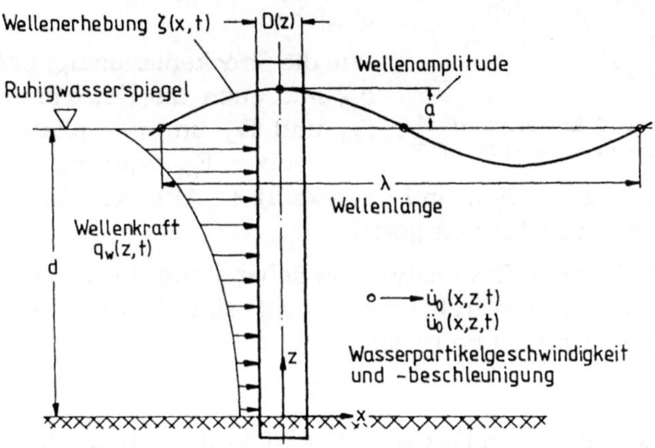

$$\left.\begin{aligned}\dot{u}_o &= \omega\,\eta(z)\,\zeta(x,t),\\ \ddot{u}_o &= i\,\omega^2\eta(z)\,\zeta(x,t).\end{aligned}\right\} \qquad (4.2.17)$$

Als Abkürzung ist dabei die Verteilungsfunktion

$$\eta(z) := \frac{\cosh kz}{\sinh kd} \qquad (4.2.18)$$

eingeführt worden.

Abb. 4.2.2 Berechnung der Wellenkraft auf einen Pfahl

Als einzelne Bestandteile der *Morison*-Formel ergeben sich in reeller Schreibweise am Ort des Pfahls x=0 nach Gl. (4.2.11) die Trägheitskraft

$$q_M(z,t) = (1+C_a)\rho A\ddot{u}_o = C_M\rho A\ddot{u}_o = C_M\rho A a\omega^2\eta(z)\sin\omega t \qquad (4.2.19)$$

und nach Gl. (4.2.12) die Widerstandskraft

$$q_D = \frac{1}{2}C_D\rho D|\dot{u}_o|\dot{u}_o = \frac{1}{2}C_D\rho D a^2\omega^2\eta^2(z)\,|\cos\omega t|\cos\omega t. \qquad (4.2.20)$$

Die Widerstandskraft verläuft zeitlich in Phase zur Welle, gegenüber der Trägheitskraft ist sie um $\pi/2$ phasenverschoben. Beide Kräfte dürfen daher nicht betragsmäßig zur Gesamtwellenkraft addiert werden. Das Maximum der Wellenkraft $q_W(z,t)$ ergibt sich in Abhängigkeit von den Beträgen der Einzelkräfte zu einer zwischen $t=0$ und $t=\pi/(2\omega)$ gelegenen Zeit. Die Widerstandskraft ist nichtlinear und klingt mit wachsendem Abstand von der Meeresoberfläche stärker ab als die Trägheitskraft.

Die einzelnen Streckenlasten werden über die Höhe integriert. Man erhält die Gesamtträgheitskraft

$$F_M(t) := \int_0^d q_M \, dz = C_M \rho A \omega^2 \int_0^d \eta(z)\, dz \sin\omega t = F_{M_{max}} \sin\omega t \tag{4.2.21}$$

und die Gesamtwiderstandskraft

$$F_D(t) := \int_0^d q_D \, dz = \frac{1}{2} C_D \rho D a^2 \omega^2 \int_0^d \eta^2(z)\, dz\, |\cos\omega t| \cos\omega t = F_{D_{max}} |\cos\omega t| \cos\omega t. \tag{4.2.22}$$

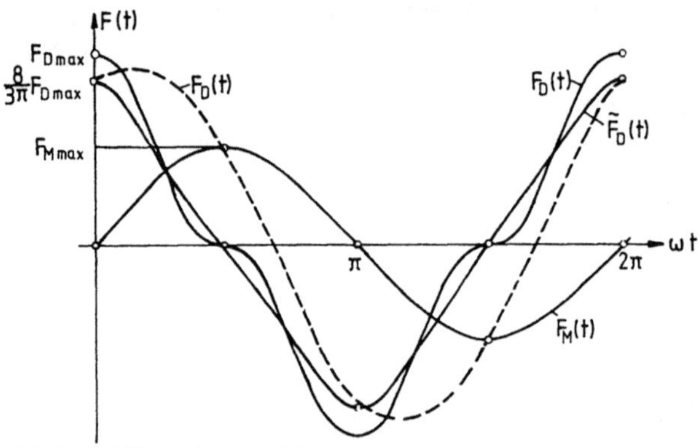

Abb. 4.2.3 zeitlicher Verlauf von Trägheitskraft F_M, Widerstandskraft F_D bzw. $\tilde{F}_D$ sowie Gesamtkraft F

Die Integrale sind dabei geschlossen lösbar, wobei die zeitlichen Maximalwerte

$$\left.\begin{aligned} F_{M_{max}} &= C_M \rho A a \omega^2 \frac{1}{k}, \\ F_{D_{max}} &= \frac{1}{4} C_D \rho D a^2 \omega^2 d \vartheta \end{aligned}\right\} \tag{4.2.23}$$

mit $\quad \vartheta := \dfrac{\sinh 2kd + 2kd}{kd(\cosh 2kd - 1)}$

entstehen.

Wie die Streckenlasten q_M und q_D sind auch die Einzelkräfte F_M und F_D um $\pi/2$ phasenverschoben. F_M wird zur Zeit $t=\pi/(2\omega)$ maximal und F_D gleichzeitig Null und umgekehrt. In Abb. 4.2.3 ist der zeitliche Verlauf beider Kräftearten grafisch dargestellt.

Die Widerstandskraft F_D ist nichtlinear. Die analytische Behandlung des Schwingungsverhaltens meerestechnischer Konstruktionen macht eine Linearisierung dieser Kraft erforderlich, d.h. eine Darstellung in der Form

$$\tilde{F}_D(t) = \tilde{F}_{D_{max}} \cos\omega t, \tag{4.2.24}$$

wobei nach Abschnitt 2.1 zwischen $\tilde{F}_D$ und F_D der Faktor $8/(3\pi)$ liegt. Es gilt daher

$$\tilde{F}_{D_{max}} = \frac{8}{3\pi} F_{D_{max}}. \tag{4.2.25}$$

Die resultierende Wellenkraft ist dann

$$F(t) = F_M(t) + \tilde{F}_D(t) = F_{max} \cos(\omega t - \varepsilon) \tag{4.2.26}$$

mit einer Phase ε und dem Maximum der Gesamtkraft zur Zeit $t = \omega/\varepsilon$

$$F_{max} = \sqrt{F_{M_{max}}^2 + \frac{64}{9\pi^2} F_{D_{max}}^2}. \tag{4.2.27}$$

Folgend soll die gegenseitige Beeinflussung von Trägheits- und Widerstandskraft untersucht werden. Dazu wird der Kräftequotient

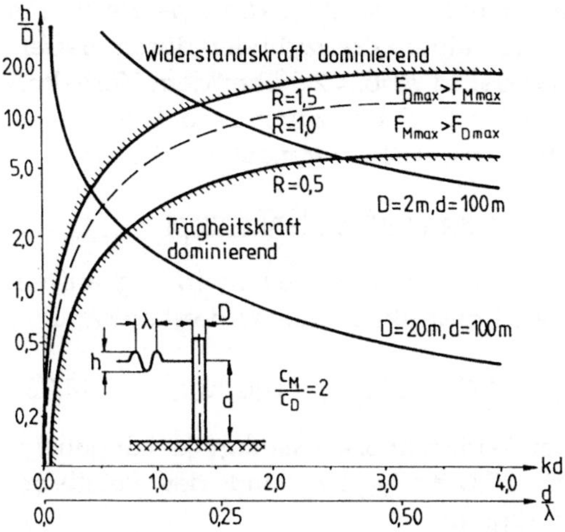

Abb. 4.2.4 Bereiche relativer Signifikanz der Wellenkräftearten nach der *Morison*-Formel (nach [46])

$$R := \frac{F_{Dmax}}{F_{Mmax}} = \frac{1}{4}\frac{C_D}{C_M}\frac{D\,a}{A}kd\,\vartheta \qquad (4.2.28)$$

für einen Kreiszylinder mit der Querschnittsfläche $A = \pi D^2/4$ sowie der Wellenhöhe $h = 2a$ gebildet. Es ist dann

$$R = \frac{1}{2\pi}\frac{C_D}{C_M}\frac{h}{D}kd\,\vartheta. \qquad (4.2.29)$$

Damit kann Gl. (4.2.27) in den beiden Formen

$$F_{max} = \begin{cases} F_{Mmax}\sqrt{1 + \frac{64}{9\pi^2}R^2} \\ F_{Dmax}\sqrt{\frac{1}{R^2} + \frac{64}{9\pi^2}} \end{cases} \qquad (4.2.30)$$

geschrieben werden. Ist $R \le 0{,}5$ ergibt sich aus der oberen Form bei Vernachlässigung der Widerstandskraft (also für $R = 0$) ein Fehler von weniger als 8,6 %. Ist andererseits $R \ge 1{,}5$ folgt aus der unteren Form bei Vernachlässigung der Trägheitskraft (also für $R \to \infty$) ein Fehler von weniger als 7,9 %. Die Abb. 4.2.4 veranschaulicht den Einfluß der einzelnen Kräftearten auf die Gesamtkraft. Mit $R = 1{,}5$ und $R = 0{,}5$ sind in dieser Abbildung Signifikanz-Grenzen eingezeichnet. Oberhalb $R = 1{,}5$ kann ohne große Fehler die Trägheitskraft, unterhalb von $R = 0{,}5$ die Widerstandskraft vernachlässigt werden.

Ortsfeste meerestechnische Konstruktionen besitzen meist Bauteile mit Durchmessern im Meterbereich. An der Abb. 4.2.4 kann man ablesen, daß in solchen Fällen die Signifikanz-Grenze von $R = 0{,}5$ häufig unterschritten wird. Hier kann also die nichtlineare Widerstandskraft vernachlässigt werden, was die dynamische Analyse solcher Konstruktionen sehr erleichtert. Für meerestechnische Rohrleitungen wie Pipelines oder Riser mit relativ kleinen Durchmessern ist dadegen die Widerstandskraft die ausschlaggebende hydrodynamische Kraft.

Auf der anderen Seite gilt die nach der *Morison*-Formel berechnete Trägheitskraft nur für sogenannte hydrodynamisch durchlässige Konstruktionen, bei denen die Bauteildurchmesser D klein im Vergleich zur Wellenläge λ sind und deshalb das einfallende Wellenfeld durch die Konstruktion nicht gestört wird. Jedoch können die Trägheitskräfte auf zylindrische Bauteile großen Durchmessers ebenfalls mit Hilfe der Potentialtheorie berechnet werden. Dazu ist dem Geschwindigkeitspotential der ungestör-

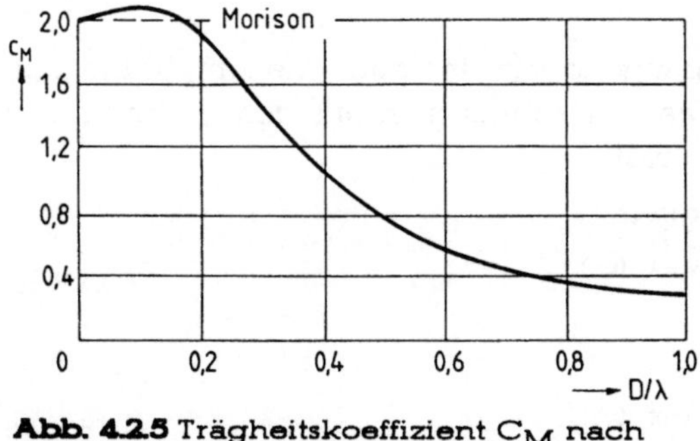

Abb. 4.2.5 Trägheitskoeffizient C_M nach der Diffraktionstheorie [52]

ten Welle ein Störungspotential als Folge der Wellendiffraktion am Bauteil zu überlagern. Ergebnis solcher Berechnungen nach der *Diffraktionstheorie* ist ein modifizierter Trägheitskoeffizient C_M, der für einen Kreiszylinder durch *Bessel*-Funktionen ausgedrückt werden kann und der in Abb. 4.2.5 über dem Verhältnis D/λ aufgetragen ist [52]. Man erkennt, daß für $D=0$ der zuvor hergeleitete Wert $C_M=2$ bestätigt wird und daß dieser bis etwa $D/\lambda=0{,}2$ verwendet werden darf.

4.2.3 Linearisierung der Widerstandskraft beim Entwurfswellenkonzept

Nach der *Morison*-Formel (4.2.13) ergibt sich infolge der Wellenwirkung auf ein vertikales Bauteil einer meerestechnischen Konstruktion die Widerstandskraft je Längeneinheit

$$q_D = \frac{1}{2} C_D \rho D |\dot{u}_r| \dot{u}_r = b |\dot{u}_r| \dot{u}_r \qquad (4.2.31)$$

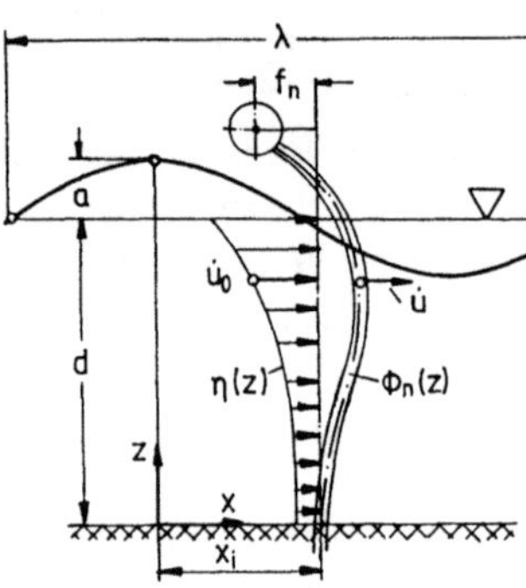

Abb. 4.2.6 Pfahl-Plattform-Konstruktion bei Wellenerregung

mit der Widerstandskonstanten je Längeneinheit (1.4.103) $b=C_D\rho D/2$ und der Relativgeschwindigkeit

$$\dot{u}_r := \dot{u}_o - \dot{u}\,. \qquad (4.2.32)$$

Es ist darin nach Gl. (4.2.17)

$$\dot{u}_o = \omega\,\eta(z)\,\zeta(x,t) = a\,\omega\,\eta(z)\,e^{-i(kx-\omega t)} \qquad (4.2.33)$$

die horizonale Wasserpartikelgeschwindigkeit und nach Gl. (1.4.80)

$$\dot{u} = i\,\omega \sum_{n=1}^{\infty} \Phi_n(z)\, f_n\, e^{i(\omega t-\psi_n)} \qquad (4.2.34)$$

die Geschwindigkeit der zu harmonischen Schwingungen erregten Konstruktion nach Abb. 4.2.6.

Die Methode der äquivalenten Linearisierung der hydrodynamischen Widerstandskraft (4.2.31) zu einer viskosen Dämpfungskraft

$$\tilde{q}_D = c_h \dot{u}_r \qquad (4.2.35)$$

ist bereits in Abschnitt 1.4.5 besprochen worden. Das dortige Ergebnis (1.4.109) für die Dämpfungskonstante $c_h=8bv/(3\pi)$ kann übernommen werden. Setzt man die Relativgeschwindigkeit in der Form

$$\dot{u}_r := v\,e^{i(\omega t-\varphi)} \qquad (4.2.36)$$

an, so wird für c_h unabhängig vom Pasengang $\varphi(z)$ lediglich die Amplitude $v(z)$ der Relativgeschwindigkeit benötigt. Diese errechnet man aus dem Produkt von $\dot{u}_r$ und ihrer konjugiert Komplexen wie folgt:

Mit $\dot{u}_o$ und $\dot{u}$ ist die Relativgeschwindigkeit

$$\dot{u}_r = a\,\omega\,\eta\,e^{-i(kx-\omega t)} - i\,\omega \sum_{n=1}^{\infty} \Phi_n f_n\, e^{i(\omega t-\psi_n)} \qquad (4.2.37)$$

und ihre konjugiert Komplexe

$$\dot{u}_r^* = a\,\omega\,\eta\,e^{i(kx-\omega t)} + i\,\omega \sum_{n=1}^{\infty} \Phi_n f_n\, e^{-i(\omega t-\psi_n)}\,. \qquad (4.2.38)$$

Daraus folgt

$$\dot u_r \dot u_r^* = v^2 = a^2\omega^2\eta^2 + ia\omega^2\eta \sum_{n=1}^{\infty} \Phi_n f_n (e^{i(\psi_n - kx)} - e^{-i(\psi_n - kx)}) + \omega^2 \sum_{n=1}^{\infty} \sum_{m=1}^{\infty} \Phi_n \Phi_m f_n f_m e^{i(\psi_m - \psi_n)} .$$

Die Doppelsumme wird wie in Abschnitt 1.4.3 beschrieben umgeformt. Es ist dann mit $e^{i\alpha} - e^{-i\alpha} = 2i\sin\alpha$ die Amplitude der Relativgeschwindigkeit

$$v(x,z) = \omega\sqrt{a^2\eta^2 - 2a\eta \sum_{n=1}^{\infty} \Phi_n f_n \sin(\psi_n - kx) + \sum_{n=1}^{\infty} \Phi_n^2 f_n^2 + \sum_{n=1}^{\infty} \sum_{m=n+1}^{\infty} \Phi_n \Phi_m f_n f_m \cos(\psi_n - \psi_m)} . \quad (4.2.39)$$

Schwingt die Konstruktion im Ruhigwasser, ist $a=0$ zu setzen, und es bestätigt sich das Ergebnis der Gl. (1.4.112).

Zur Berechnung des Phasengangs $\varphi(z)$ nutzt man die Beziehung $\dot u_r e^{-i(\omega t - \varphi)} - \dot u_r^* e^{i(\omega t - \varphi)} = 0$ aus. Man erhält zunächst

$$a\eta[e^{i(kx-\varphi)} - e^{-i(kx-\varphi)}] + i \sum_{n=1}^{\infty} \Phi_n f_n [e^{i(\psi_n - \varphi)} + e^{-i(\psi_n - \varphi)}] = 0,$$

daraus unter Verwendung der *Euler*schen Formel

$$a\eta\sin(kx-\varphi) + \sum_{n=1}^{\infty} \Phi_n f_n \cos(\psi_n - \varphi) = 0$$

und mittels der Additionstheoreme schließlich

$$\varphi(x,z) = \arctan\frac{a\eta \sin kx + \sum_{n=1}^{\infty} \Phi_n f_n \cos\psi_n}{a\eta \cos kx - \sum_{n=1}^{\infty} \Phi_n f_n \sin\psi_n} . \quad (4.2.40)$$

Die hier mitgeführte Ortsabhängigkeit in Richtung x für Amplitudenfunktion v (4.2.39) und Phasengang φ (4.2.40) ist für die einfache Pfahl-Plattform-Konstruktion der Abb. 4.2.6 nicht wesentlich. Man kann willkürlich $x=x_i=0$ setzen, d.h. den Koordinatenursprung in den Fußpunkt des Pfahls setzen. Die Konstante der linearisierten Dämpfung ist dann nach Gl. (1.4.109) mit $v(0,z) := v_o(z)$

$$c_h(z) = \frac{8}{3\pi} b v_o . \quad (4.2.41)$$

Anders ist das bei einer Konstruktion mit mehreren vertikalen Pfählen, z.B. bei der Hubinsel nach Abb. 4.2.7. Da die Relativgeschwindigkeit zwischen Wasserpartikel und Konstruktion im allgemeinen an jedem Bein eine andere ist, müssen die dadurch verschiedenen Widerstandskräfte über sämtliche Beine summiert werden. Ist die Relativgeschwindigkeit des Beines an der Stelle $x=x_i$ $\dot u_{r,i}$ und die Widerstandskonstante dieses Beines b_i, dann ist bei I Beinen der gesamte nichtlineare hydrodynamische Widerstand je Längeneinheit der Beine

$$q_D = \sum_{i=1}^{I} b_i |\dot u_{r,i}| \dot u_{r,i} . \quad (4.2.42)$$

Diese ist so zu einer viskosen Dämpfungskraft $\tilde q_D$ zu linearisieren, daß sich für die Globalschwingungen der Konstruktion auch eine globale Dämpfungskonstante c_h ergibt. Es wird also

$$\tilde q_D = c_h \sum_{i=1}^{I} \dot u_{r,i} \quad (4.2.43)$$

angesetzt (d.h. $c_{h,i} = c_h$). Das Quadrat des Fehlers $e := \tilde q_D - q_D$ wird entsprechend

Gl. (1.2.14) minimiert und führt für c_h auf die Bestimmungsgleichung

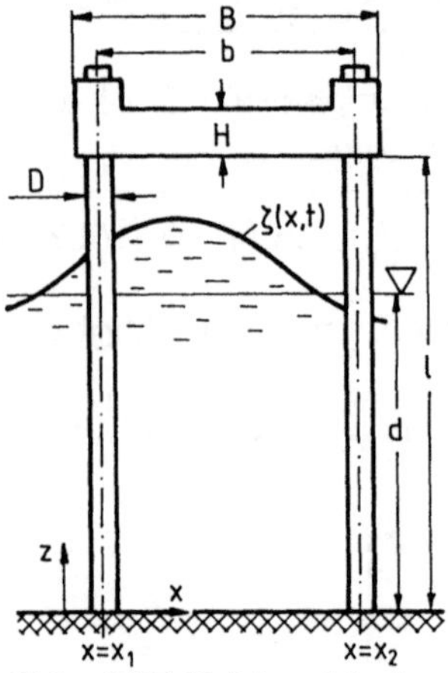

Abb. 4.2.7 Hubinsel bei Wellenerregung

$$\int_0^T \Big(c_h \sum_{i=1}^I \dot{u}_{r,i} - \sum_{i=1}^I b_i |\dot{u}_{r,i}| \dot{u}_{r,i}\Big) \sum_{j=1}^I \dot{u}_{r,j}\,dt = 0$$

bzw. auf

$$c_h \sum_{i=1}^I \sum_{j=1}^I \int_0^T \dot{u}_{r,i}\,\dot{u}_{r,j}\,dt = \sum_{i=1}^I \sum_{j=1}^I b_i \int_0^T |\dot{u}_{r,i}|\dot{u}_{r,i}\,\dot{u}_{r,j}\,dt. \quad (4.2.44)$$

Nun ist nach Gl. (4.2.36) die Relativgeschwindigkeit in reeller Schreibweise $\dot{u}_{r,i} = v_i \cos(\omega t - \varphi_i)$, womit die Zeitintegrale berechnet werden können. Es ist mit $T = 2\pi/\omega$

$$\int_0^T \dot{u}_{r,i}\,\dot{u}_{r,j}\,dt = \frac{\pi}{\omega} v_i v_j \cos(\varphi_i - \varphi_j), \quad (4.2.45)$$

$$\int_0^T |\dot{u}_{r,i}|\dot{u}_{r,i}\,\dot{u}_{r,j}\,dt = \frac{8}{3\omega} v_i^2 v_j \cos(\varphi_i - \varphi_j), \quad (4.2.46)$$

und aus Gl. (4.2.44) folgt schließlich

$$c_h(z) = \frac{8}{3\pi} \frac{\sum_{i=1}^I \sum_{j=1}^I b_i v_i^2 v_j \cos(\varphi_i - \varphi_j)}{\sum_{i=1}^I \sum_{j=1}^I v_i v_j \cos(\varphi_i - \varphi_j)}. \quad (4.2.47)$$

Für $I=1$ folgt unmittelbar wieder das Ergebnis (4.2.41), ebenso, wenn für jedes Bein die Amplitude der Relativgeschwindigkeit und die Dämpfungskonstante dieselben sind, also für $v_i = v = \text{konstant}$ und $b_i = b = \text{konstant}$.
Für die zweibeinige Konstruktion nach Abb. 4.2.7 ergibt sich mit $I=2$ und $b_1 = b_2 = b$

$$c_h(z) = \frac{8}{3\pi} b \frac{v_1^3 + v_1 v_2 (v_1 + v_2) \cos(\varphi_1 - \varphi_2) + v_2^3}{v_1^2 + 2 v_1 v_2 \cos(\varphi_1 - \varphi_2) + v_2^2}. \quad (4.2.48)$$

Die Konstante c_h der linearisierten Dämpfung hängt nach Gl. (4.2.47) von der Amplitudenfunktion $v_i(z)$ und vom Phasengang $\varphi_i(z)$ der Relativgeschwingigkeit $\dot{u}_{r,i} = v_i \cos(\omega t - \varphi_i)$ zwischen Konstruktions- und Wasserpartikelbewegung an den Orten $x = x_i$ und damit vom *Ergebnis* der dynamischen Analyse ab. Es ist deshalb im allgemeinen eine itarative Berechnung mit einem geeigneten Startwert für c_h durchzuführen.

4.2.4 Linearisierung der Widerstandskraft in der stochastischen Analyse

Für die Pfahl-Plattform-Konstruktion der Abb. 4.2.6 gilt für die nichtlineare Widerstandskraft Gl. (4.2.31) und für die linearisierte viskose Dämpfungskraft Gl. (4.2.35). Im unregelmäßigen Seegang wird die Konstruktion durch stochastische Wellenkräfte zu Zufallsschwingungen angeregt. Die Relativgeschwindigkeit $\dot{u}_r$ zwischen Konstruktions- und Wasserpartikelbewegung ist somit ein Zufallsprozeß und deshalb auch der Fehler $e(c_h,t) := \tilde{q}_D - q_D$ zwischen den genannten Kräften.

Wie bereits in Abschnitt 3.10 für den Einmassenschwinger besprochen, wird die statistische Erwartung des Fehlerquadrats, also der quadratische Mittelwert des Fehlers, unter der Annahme, daß die Relativgeschwindigkeit ein *Gauß*scher Prozeß ist, minimiert. Das dortige Ergebnis (3.10.9) kann sinngemäß übernommen werden. Es gilt

$$c_h(z) = \sqrt{\frac{8}{\pi}}\, b\, \sigma_r , \qquad (4.2.49)$$

wobei σ_r die Standardabweichung des Zufallsprozesses $\dot{u}_r(t)$ darstellt. Da diese erst als Ergebnis der dynamischen Analyse bekannt ist, muß auch hier im allgemeinen eine iterative Behandlung des Schwingungsproblems durchgeführt werden.

Die Erweiterung auf eine I-beinige Konstruktion erfolgt ähnlich wie bei der deterministischen Analyse. An die Stelle der Zeitintegrale (4.2.45) und (4.2.46) treten die entsprechenden statistischen Erwartungswerte. Zu deren Berechnung wird angenommen, daß die beiden (zentrierten) Zufallsprozesse $\dot{u}_{r,i}$ am Ort $x=x_i$ und $\dot{u}_{r,j}$ am Ort $x=x_j$ zweidimensional nach *Gauß* mit der Wahrscheinlichkeitsdichte (2.4.22) verteilt sind. Man erhält (siehe Aufgabe 4.6)

$$E[\dot{u}_{r,i}\,\dot{u}_{r,j}] = \sigma_{r,ij} = \rho_{ij}\,\sigma_{r,i}\,\sigma_{r,j} = \rho_{ij}\,\sigma_r^2 , \qquad (4.2.50)$$

$$E[|\dot{u}_{r,i}|\,\dot{u}_{r,i}\,\dot{u}_{r,j}] = \sqrt{\frac{8}{\pi}}\,\rho_{ij}\,\sigma_{r,i}^2\,\sigma_{r,j} = \sqrt{\frac{8}{\pi}}\,\rho_{ij}\,\sigma_r^3 . \qquad (4.2.51)$$

$\sigma_{r,ij}$ ist die Kovarianz, die mit den Standardabweichungen $\sigma_{r,i}$ und $\sigma_{r,j}$ über den Korrelationskoeefizienten ρ_{ij} (2.4.20) zusammenhängt. Es ist die Relativgeschwindigkeit ein homogener Prozeß. Seine statistischen Kennwerte hängen daher nicht vom Ort ab, so daß in obigen Gleichungen $\sigma_{r,i} = \sigma_{r,j} = \sigma_r$ ausgenutzt wurde.

An die Stelle von Gl. (4.2.47) tritt hier

$$c_h(z) = \sqrt{\frac{8}{\pi}}\,\sigma_r\,\frac{\sum\limits_{i=1}^{I}\sum\limits_{j=1}^{I} b_i\,\rho_{ij}}{\sum\limits_{i=1}^{I}\sum\limits_{j=1}^{I}\rho_{ij}} , \qquad (4.2.52)$$

wobei $\rho_{ii}=1$ und $\rho_{ij}=\rho_{ji}$ zu beachten ist.

Für die einbeinige Konstruktion $I=1$ folgt unmittelbar das Ergebnis (4.2.49), ebenso für die I-beinige Konstruktion mit $b_i = b = \text{konstant}$. Für die zweibeinige Konstruktion $I=2$ erhält man ebenfalls das Ergebnis (4.2.49), wobei lediglich an die Stelle von b der arithmetische Mittelwert aus b_1 und b_2 zu setzen ist. Für die genannten Spezialfälle werden die Korrelationskoeffizienten also nicht benötigt.

4.2.5 Hydrostatische Kraft auf einen gebogenen Pfahl

Schneidet man aus dem Pfahl nach Abb. 4.2.6 ein eben gekrümmtes, differentiell langes Element heraus, dann ist die Wirkung des hydrostatischen Druckes p_h nur für die Mantelflächen dieses Elements und nicht etwa auch für die beiden Schnittflächen zu berücksichtigen, weil letztere nicht vom Wasser benetzt sind. Abb. 4.2.8 zeigt ein solches Element im Abstand z über dem Meeresboden mit der gekrümmten Pfahlachse, auf der die Elementlänge ds gemessen wird. Der Krümmungsradius der Pfahlachse ist r. Die Tangente an die Pfahlachse schließt mit der vertikalen z-Richtung den Neigungswinkel α ein. Die Abb. zeigt weiter in der Projektion die Querschnittsfläche des Pfahls von beliebiger Gestalt. Die Pfahlachse geht durch den Flächenschwerpunkt S. In der gegenüber der Horizontalebene geneigten Querschnittsfläche sind die beiden kartesischen Koordinaten x und y eingezeichnet. Sie haben ihren Ursprung im Flächenschwerpunkt S, und die y-Achse verläuft in horizontaler Richtung. Betrachtet wird nun ein Punkt P auf der Mantelfläche des Pfahlelements im Abstand x. Wegen der Neigung der Querschnittsfläche liegt der Punkt P um $\Delta z = x \sin\alpha$ niedriger als der Flächenschwerpunkt S. Der hydrostatische Druck p_h im Punkt P ist demzufolge größer als im Höhenniveau des Schwerpunkts und beträgt mit der Dichte ρ für das umgebende Wasser, der Erdbeschleunigung g und der Meerestiefe d

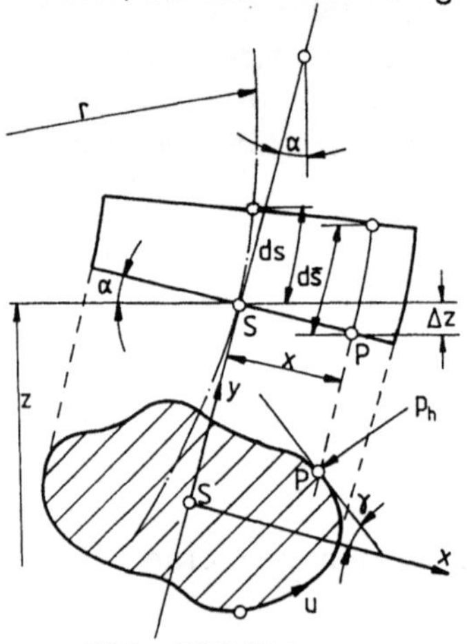

Abb. 4.2.8 Gebogenes Pfahlelement

$$p_h = \rho g(d - z + \Delta z) = \rho g(d - z + x\sin\alpha). \quad (4.2.53)$$

Die differentielle Mantelfläche, auf der dieser Druck einwirkt, besitzt in Richtung der Pfahlachse die Länge $d\bar{s}$, die sich wegen der Pfahlkrümmung gegenüber dem ds der Pfahlachse auf

$$d\bar{s} = \left(1 + \frac{x}{r}\right) ds \quad (4.2.54)$$

vergrößert hat, und in Richtung der Umfangstangente die Länge du, wobei u die Umfangskoordinate der Querschnittsfläche ist. Für die Tangentenneigung γ gilt

$$\sin\gamma = \frac{dy}{du}, \quad \cos\gamma = -\frac{dx}{du}. \quad (4.2.55)$$

Es ist dann $p_h \sin\gamma$ die Druckkomponente in x-Richtung und $p_h \cos\gamma$ die in y-Richtung. Mit diesen findet man die resultierenden hydrostatischen Kräfte in x- und in y-Richtung aus

$$\left.\begin{aligned} dF_x &= \oint p_h \sin\gamma \, du \, d\bar{s} = ds \oint \left(1 + \frac{x}{r}\right) p_h \, dy, \\ dF_y &= \oint p_h \cos\gamma \, du \, d\bar{s} = -ds \oint \left(1 + \frac{x}{r}\right) p_h \, dx. \end{aligned}\right\} \quad (4.2.56)$$

Mit Hilfe des *Gauß*schen Integralsatzes für die Ebene [6] in der Form

$$\oint P(x,y)\,dx = -\int_{(A)} \frac{\partial P}{\partial y} dA, \quad \oint Q(x,y)\,dy = \int_{(A)} \frac{\partial Q}{\partial x} dA$$

können die Randintegrale in Gl. (4.2.56) in die folgenden Flächenintegrale überführt werden:

$$\left.\begin{aligned} dF_x &= ds \int_{(A)} \frac{\partial}{\partial x}\left[\left(1 + \frac{x}{r}\right) p_h\right] dA = ds \int_{(A)} \left[\frac{1}{r} p_h + \left(1 + \frac{x}{r}\right) \frac{\partial p_h}{\partial x}\right] dA, \\ dF_y &= ds \int_{(A)} \frac{\partial}{\partial y}\left[\left(1 + \frac{x}{r}\right) p_h\right] dA = ds \int_{(A)} \left(1 + \frac{x}{r}\right) \frac{\partial p_h}{\partial y} dA. \end{aligned}\right\} \quad (4.2.57)$$

Nun gilt nach Gl. (4.2.53) $\partial p_h/\partial x = \rho g \sin\alpha$ und $\partial p_h/\partial y = 0$. Damit ergibt sich aus Gl. (4.2.57) weiter

$$dF_x = ds\,\rho g\left(\frac{d-z}{r} \int_{(A)} dA + \frac{\sin\alpha}{r} \int_{(A)} x\,dA + \sin\alpha \int_{(A)} dA + \frac{\sin\alpha}{r} \int_{(A)} x\,dA\right) \quad (4.2.58)$$

und $dF_y = 0$. Das statische Moment $\int x dA$ verschwindet, weil x auf die Schwerpunktsachse bezogen ist, und $\int dA$ liefert die Querschnittsfläche A. Dividiert man die verbleibende Kraftkomponente dF_x durch die Bogenlänge ds, dann erhält man die resultierende hydrostatische Kraft q_h als Kraft je Längeneinheit zu

$$q_h = \rho g A\left(\sin\alpha + \frac{d-z}{r}\right), \tag{4.2.59}$$

oder, wenn man den Krümmungsradius r mit Hilfe der Beziehung $1/r = -d\alpha/ds$ durch den Neigungswinkel α ersetzt, zu

$$q_h = \rho g A\left[\sin\alpha - (d-z)\frac{d\alpha}{ds}\right]. \tag{4.2.60}$$

Sie ist danach abhängig sowohl von der Neigung α des Pfahls als auch von seiner Krümmung $d\alpha/ds$. q_h ist stets zum Krümmungsmittelpunkt hin gerichtet und geht durch den Flächenschwerpunkt.

Die hydrostatische Streckenlast (4.2.60) wird als Funktion der Bogenlänge s aufgefaßt. Trotz dieser scheinbar komplizierten Abhängigkeit kann sie für einen konstanten Querschnitt A exakt zu den statischen Schnittkräften integriert werden. Die Abb. 4.2.9 zeigt ein im Sinne der Theorie 3. Ordnung statisch ausgelenktes Pfahlelement mit der Auslenkung u an der Stelle z bzw. s und mit u+du an der Stelle z+dz bzw. s+ds. Das Pfahlelement ist durch die hydrostatische Streckenlast q_h (4.2.60) und durch das Eigengewicht $q_o = \rho_o g A$ belastet. ρ_o ist die Dichte des Pfahlmateriels. Längskraft N, Querkraft Q und Biegemoment M ergeben sich aus den statischen Kraftgleichgewichtsbedingungen in vertikaler und in horizontaler Richtung sowie aus dem statischen Momentengleichgewicht

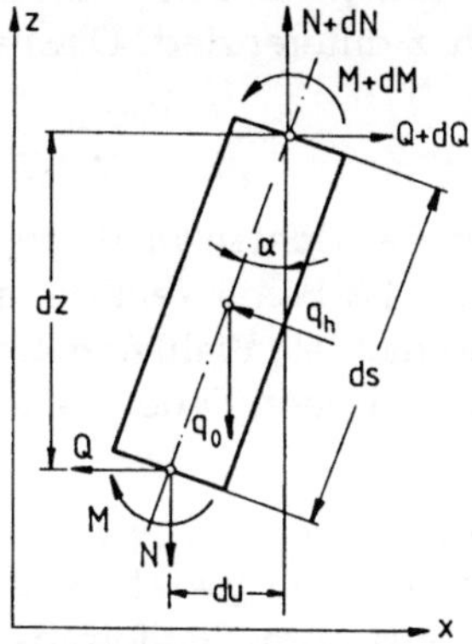

Abb. 4.2.9 Pfahlelement mit Schnittlasten

$$\left.\begin{aligned} dN - q_o\,ds + q_h \sin\alpha\,ds &= 0, \\ dQ - q_h \cos\alpha\,ds &= 0, \\ dM + N\,du - Q\,dz &= 0. \end{aligned}\right\} \tag{4.2.61}$$

Unter Beachtung von $\cos\alpha = dz/ds$ und $A(s) = A = \text{konstant}$ können die beiden ersten Gleichungen zur Längskraft

$$N(s) = N(l) - (\rho_o - \rho) g A (l-s) - \rho g A (d-z)\cos\alpha \tag{4.2.62}$$

und zur Querkraft

$$Q(s) = Q(l) - \rho g A (d-z)\sin\alpha \tag{4.2.63}$$

integriert werden. l ist die auf der ausgebogenen Pfahlachse gemessene Länge vom Meeresboden $z = 0$ bis zur Meeresoberfläche $z = d$. Die Integrationskonstanten N(l) und Q(l) sind in dieser Schreibweise die Schnittgrößen in Höhe des Ruhigwasserspiegels. Die Richtigkeit von N(s) und Q(s) bestätigt man einfach durch Differentiation nach der Bogenlänge s.

Setzt man N(s) und Q(s) unter Beachtung von $\sin\alpha = du/ds$ und $\cos\alpha = dz/ds$ in das Momentengleichgewicht ein, dann kompensieren sich die Terme mit $\rho g A (d-z)$, und man erhält

$$\frac{dM}{ds} + [N(l) - (\rho_o - \rho) g A (l-s)]\sin\alpha - Q(l)\cos\alpha = 0. \tag{4.2.64}$$

Beim Übergang zur Theorie 2. Ordnung mit kleinen Pfahlauslenkungen können die Gln. (4.2.62) bis (4.2.64) linearisiert werden. Mit $ds \approx dz$, $l \approx d$, $\sin\alpha \approx du/dz \equiv u'$ und $\cos\alpha \approx 1$ folgen

$$\left.\begin{aligned} N(z) &= N(d) - \rho_O g A (d - z), \\ Q(z) &= Q(d) - \rho g A (d - z) u', \\ M' &+ [N(d) - (\rho_O - \rho) g A (d - z)] u' - Q(d) = 0. \end{aligned}\right\} \qquad (4.2.65)$$

Die in der eckigen Klammer auftretende Größe wird *effektive Längskraft* (*effective tension*)

$$N_{eff}(z) := N(d) - (\rho_O - \rho) g A (d - z) \qquad (4.2.66)$$

genannt, die durch den "Auftriebsterm" $\rho g A(d-z)$ von der tatsächlichen Längskraft $N(z)$ im Pfahl abweicht. Hierin liegt ein wesentlicher Unterschied zwischen Biegeproblemen der Theorie 2. Ordnung (Gleichgewicht am ausgelenkten System!) in Luft einerseits und in Wasser andererseits. Er ist insbesondere bei der Analyse langer und damit schwerer meerestechnischer Rohrleitungen zu berücksichtigen. Auf diesen Unterschied ist z.B. die Tatsache zurückzuführen, daß solche Rohrleitungen ihre statische Stabilität verlieren d.h. ausknicken können, obwohl die Längskraft N an jeder Stelle z positiv, also eine Zugkraft ist. Über die Knickstabilität entscheidet allein die effektive Längskraft N_{eff}, die örtlich negativ werden kann, auch wenn N überall positiv ist.

Die Differentialgleichung für die statische Biegelinie des Pfahls (oder anderer vertikaler zylindrischer Bauteile) erhält man, wenn man die letzte der Gln. (4.2.65) unter Beachtung der elastischen Gleichung $M = -EIu''$ nach z differenziert. Die in dem Ergebnis

$$EI u^{(4)} - (N_{eff} u')' = 0 \qquad (4.2.67)$$

auftretende effektive Längskraft ist nach Gl. (4.2.66) mit den Gewichten *in Wasser* zu bilden, d.h. also mit den Materialgewichten - und dies ist das bemerkenswerte Ergebnis:- abzüglich des lokalen "Auftriebs", obwohl das betrachtete Pfahlelement der Abb. 4.2.9 an den Schnittstellen nicht durch den hydrostatischen Druck belastet ist.

Für übliche Pfahl-Plattform-Systeme können im allgemeinen die Pfahlgewichte gegenüber dem Plattformgewicht vernachlässigt werden. Die Längskraft N ist dann über die Pfahlhöhe konstant und ergibt sich allein aus dem Plattformgewicht. Damit entfällt auch der Unterschied zwischen N und N_{eff}.

4.3 Schwingungsanalyse nach dem Entwurfswellenkonzept

4.3.1 Bewegungsgleichung

Die Bewegungsgleichung für die Transversalschwingung einer meerestechnischen Konstruktion wird unter Beachtung der Besonderheit der hydrodynamischen Kräfte analog zu Abschnitt 1.4.3 aufgestellt. Es wird dazu die einfache Pfahl-Plattform-Konstruktion der Abb. 4.3.1 betrachtet. Durchmesser $D(z)$, Quer-

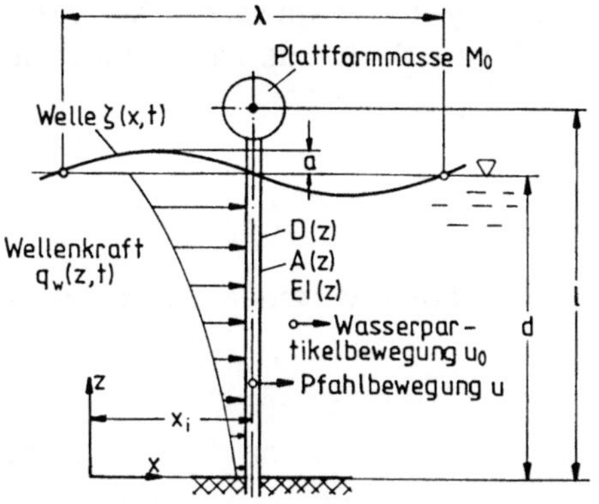

Abb. 4.3.1 Pfahl-Plattform-Konstruktion bei Wellenerregung

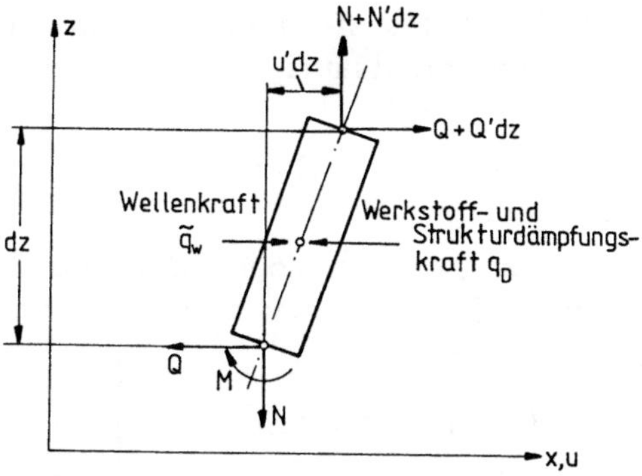

Abb. 4.3.2 Belastungen und Schnittgrößen eines Pfahlelements

schnittsfläche A(z) und Biegesteifigkeit EI(z) sind im allgemeinen mit der Höhe z veränderlich. Das Pfahleigengewicht wird gegenüber dem Gewicht der Plattformmasse M_o vernachlässigt.

Nach dem Entwurfswellenkonzept wird eine regelmäßige harmonische Welle der Amplitude a, der Wellenlänge λ, der Frequenz ω und der Wellenzahl k gewählt. Frequenz ω und Wellenzahl k sind über die Dispersionsgleichung (4.1.12) mit der Meerestiefe d verknüpft, und zwischen k und λ besteht die Beziehung $\lambda k=2\pi$. Nach den Gesetzen der linearen Wellentheorie wird die in Richtung x voranschreitende Entwurfswelle in komplexer Form durch $\zeta(x,t)=a\exp[-i(kx-\omega t)]$ beschrieben. Nach Gl. (4.2.17) sind damit auch die Wasserpartikelgeschwindigkeit $\dot{u}_o$ und -beschleunigung $\ddot{u}_o$ senkrecht zum Pfahl bekannt.

Die Wellenkraft auf den Pfahl an der Stelle $x=x_i$ wird mit Hilfe der *Morison*-Formel (4.2.13) für Relativbewegung berechnet. Für eine Konstruktion mit nur einem Pfahl kann selbstverständlich willkürlich $x_i=0$ gewählt werden. Der beliebige Ort $x=x_i$ ist für die anschließende Erweiterung auf Konstruktionen mit mehreren Pfählen gewählt worden. Ist u(z,t) die Pfahlauslenkung, gilt für die Wellenkraft in der zunächst nichtlinearen Form

$$q_W(z,t) = \rho A\ddot{u}_o + C_a\rho A(\ddot{u}_o - \ddot{u}) + b|\dot{u}_o - \dot{u}|(\dot{u}_o - \dot{u}). \qquad (4.3.1)$$

Der mit der Wassermasse ρA behaftete Term ist die *Froude-Kryloff*-Kraft, der mit der hydrodynamischen Masse $C_a\rho A$ behaftete der Beschleunigungswiderstand und der letzte Term mit der Widerstandskonstanten je Längeneinheit $b=C_D\rho D/2$ der hydrodynamische Widerstand.

Letzterer wird nach den Gesetzen des Abschnittes 4.2.3 bzw. 4.2.4 linearisiert, und man erhält als Wellenkraft näherungsweise

$$\tilde{q}_W = \rho A\ddot{u}_o + C_a\rho A(\ddot{u}_o - \ddot{u}) + c_h(\dot{u}_o - \dot{u}). \qquad (4.3.2)$$

Die Konstante der hydrodynamischen Dämpfung c_h ist darin zunächst unbekannt und muß nach Wahl eines geeigneten Startwerts gegebenenfalls iterativ verbessert werden.

Es werden die Gleichgewichtsbedingungen an einem horizontal beschleunigten Pfahlelement der Abb. 4.3.2 ausgenutzt. Neben der hydrodynamischen Dämpfung wird eine Werkstoff- und Strukturdämpfungskraft berücksichtigt. Diese wird viskos angesetzt und lautet

$$q_D := c_s \dot{u}. \tag{4.3.3}$$

Die Konstante dieser Dämpfung ist zusammengefaßt c_s und wird als bekannt vorausgesetzt.

Die zu Gl. (1.4.60) analogen Gleichgewichtsbedingungen zwischen Längskraft N, Querkraft Q und Biegemoment M lauten

$$\left.\begin{aligned} &N' = 0, \\ &Q' + \tilde{q}_W - q_D = m_O \ddot{u}, \\ &M' - Q + Nu' = 0. \end{aligned}\right\} \tag{4.3.4}$$

m_o ist die Pfahlmasse, bestehend aus der eigentlichen Materialmasse (Stahl oder Beton) sowie gegebenenfalls aus dem eingeschlossenen Wasserballast. Da das Eigengewicht des Pfahls vernachlässigt wird, ist die Längskraft über die Pfahlhöhe l konstant und bemißt sich als Druckkraft allein aus dem Eigengewicht $M_o g$ der Plattform.

Setzt man die Wellenkraft $\tilde{q}_W$ (4.3.2) und die Dämpfungskraft q_D (4.3.3) ein und berücksichtigt die elastische Gleichung $M=-EIu''$, dann erhält man zunächst

$$(EIu'')'' - Nu'' + (c_h+c_s)\dot{u} + (m_O+C_a\rho A)\ddot{u} = (1+C_a)\rho A\ddot{u}_O + c_h\dot{u}_O. \tag{4.3.5}$$

Danach ist also die zu berücksichtigende Masse je Längeneinheit die Summe aus Pfahl- und hydrodynamischer Masse

$$m(z) := m_O + C_a \rho A \tag{4.3.6}$$

und die Gesamtdämpfung die Summe aus hydrodynamischer, Werkstoff- und Strukturdämpfung

$$c(z) := c_h + c_s. \tag{4.3.7}$$

Die rechte Seite von Gl. (4.3.5) ist für die gewählte Entwurfswelle bekannt und liefert somit eine harmonische Erregerkraft. Mit dem Trägheitskoeffizienten $C_M = 1 + C_a$ sowie mit $\dot{u}_O = \omega\eta(z)\zeta(x,t)$ und $\ddot{u} = i\omega\eta(z)\zeta(x,t)$ ist diese am Ort x_i

$$q(z,t) := C_M\rho A\ddot{u}_O + c_h\dot{u}_O = (iC_M\rho A\omega^2 + c_h\omega)\,\eta(z)\,\zeta(x_i,t). \tag{4.3.8}$$

Die partielle Differentialgleichung 4. Ordnung (4.3.5) für die Bewegung u(z,t) der betrachteten Konstruktion schreibt sich damit kürzer

$$(EIu'')'' - Nu'' + c\dot{u} + m\ddot{u} = q(z,t). \tag{4.3.9}$$

Für eine Konstruktion, bei der die Eigengewichte der getauchten Bauteile zu berücksichtigen sind, ist nach den Ausführungen im Abschnitt 4.2.5 die Längskraft N = konstant durch die effektive Längskraft $N_{eff}(z)$ zu ersetzen, und der Term Nu'' geht in $(N_{eff}u')'$ über.

Für $c=0$ und $q\equiv 0$ erhält man die Differentialgleichung für die freien ungedämpften Schwingungen, deren Lösung auf die Eigenfrequenzen ω_n und die Eigenschwingungsformen $\Phi_n(z)$ $(n=1, 2, 3, \ldots)$ führt. Damit ergeben sich die generalisierten Systemgrößen (1.4.63) bis (1.4.65), nämlich die generalisierte Steifigkeit $K_n := \int (EI\Phi_n''^2 + N\Phi_n'^2)dz$, die generalisierte Dämpfung $C_n := \int c\,\Phi_n^2 dz$ (Nebendiagonalglieder der Dämpfungsmatrix Null oder vernachlässigt!) und die generalisierte Masse $M_n := \int m\Phi_n^2 dz$.

Die generalisierte Erregerkraft (1.4.66) ist mit q(z,t) nach Gl. (4.3.8)

$$F_n(x_i,t) := \int_0^l q\Phi_n dz = \frac{\zeta(x_i,t)}{a}\int_0^d (iaC_M\rho A\omega^2 + ac_h\omega)\eta\Phi_n dz. \tag{4.3.10}$$

Sie zerfällt danach in die generalisierte Trägheitskraft

$$F_{M,n} := a\rho\omega^2\int_0^d C_M A\eta\Phi_n dz \tag{4.3.11}$$

und die generalisierte Widerstandskraft

$$F_{D,n} := a\omega\int_0^d c_h\eta\Phi_n dz, \tag{4.3.12}$$

so daß

$$F_n = \frac{\zeta}{a}(iF_{M,n} + F_{D,n}) = (F_{D,n} + iF_{M,n})e^{-i(kx_i-\omega t)} \tag{4.3.13}$$

gilt. Generalisierte Trägheits- und Widerstandskraft sind zeitlich um $\pi/2$ phasenverschoben. Durch die Erweiterung mit der Wellenamplitude a besitzen sie die Dimension N. Mit dem Modalansatz (1.4.62) $u(z,t) = \sum \Phi_n(z)q_n(t)$ erhält man - wie in Abschnitt 1.4.3 ausgeführt - für die generalisierten Koordinaten q_n das System gewöhnlicher Differentialgleichungen (1.4.71) $M_n\ddot{q}_n + C_n\dot{q}_n + K_n q_n = F_n$ (n=1, 2,...).

4.3.2 Schwingungsanalyse der einfachen Pfahl-Plattform-Konstruktion

Die deterministische Schwingungsanalyse ist bereits ausführlich in den Abschnitten 1.4.3 und 3.8 beschrieben worden. Die wesentlichen Schritte werden hier noch einmal kurz zusammengefaßt. Es wird von der Differentialgleichung (1.4.71) bzw. (3.8.1) für die generalisierten Koordinaten $q_n(t)$ ausgegangen. Mit den Eigenfrequenzen $\omega_n = \sqrt{K_n/M_n}$ und den modalen Dämpfungsparametern $\xi_n = C_n/(2M_n\omega_n)$ erhält man sie in der Form (3.8.2) $\ddot{q}_n + 2\xi_n\omega_n\dot{q}_n + \omega_n^2 q_n = \omega_n^2 F_n(t)/K_n$. Die generalisierten Kräfte als Folge einer regelmäßigen Entwurfswelle sind harmonische Erregerkräfte und können daher in der Form

$$F_n(t) = F_{o,n}e^{i\omega t} \tag{4.3.14}$$

angesetzt werden. Die komplexe Amplitude $F_{o,n}$ ergibt sich aus der Wellenkraft (4.3.13) zu

$$F_{o,n} \equiv |F_{o,n}|e^{i\arg F_{o,n}} = (F_{D,n} + iF_{M,n})e^{-ikx_i} \tag{4.3.15}$$

und damit ihr Betrag und ihre Phasenverschiebung zu

$$|F_{o,n}| = \sqrt{F_{D,n}^2 + F_{M,n}^2}\,, \tag{4.3.16}$$

$$\arg F_{o,n} = \arctan\frac{F_{M,n}}{F_{D,n}} - kx_i. \tag{4.3.17}$$

Kennzeichen für das Übertragungsverhalten der betrachteten Konstruktion mit der generalisierten Kraft F_n als Eingang und mit der generalisierten Koordinaten q_n als Ausgang ist die Übertragungsfunktion (3.8.5) $H_n(\omega) \equiv |H_n(\omega)| \exp[i \arg H_n(\omega)]$. Mit dieser findet man als Lösung für q_n zunächst in komplexer Form

$$q_n(t) = F_{0,n} H_n(\omega) e^{i\omega t} \tag{4.3.18}$$

und nach dem Ansatz (1.4.76) $q_n(t) = f_n \exp[i(\omega t - \psi_n)]$ für die Schwingungsamplitude und für den Phasengang

$$f_n = |F_{0,n}| \, |H_n(\omega)|, \tag{4.3.19}$$

$$\psi_n = -\arg F_{0,n} - \arg H_n(\omega). \tag{4.3.20}$$

Der Betrag der Übertragungsfunktion $|H_n(\omega)|$ wird nach Gl. (3.8.6), ihr Phasengang nach Gl. (1.4.79) berechnet.

Die Rechnung wird für sämtliche Schwingungsgrade n, die einen Beitrag zur Gesamtlösung leisten, durchgeführt. Die Teilergebnisse werden im Sinne der Modalanalyse zur Gesamtlösung (1.4.80) bzw. (3.8.13) zusammengesetzt, d.h.

$$u(z,t) = r(z) e^{i[\omega t - \varphi(z)]} = e^{i\omega t} \sum_{n=1}^{\infty} \Phi_n(z) f_n e^{-i\psi_n} = e^{i\omega t} \sum_{n=1}^{\infty} \Phi_n(z) F_{0,n} H_n(\omega).$$

Amplitudenfunktion $r(z)$ und Phasengang $\varphi(z)$ der Gesamtlösung sind nach den Gln. (1.4.83) und (1.4.85) zu berechnen.

Schließlich ermittelt man nach Gl. (4.2.39) die Amplitude der Relativgeschwindigkeit $v(x_i,z) = v(0,z) \equiv v_0(z)$ und mit dieser nach Gl. (4.2.41) eine neue Konstante der hydrodynamischen Dämpfung $c_h(z)$, mit der gegebenenfalls die Rechnung iterativ zu verbessern ist.

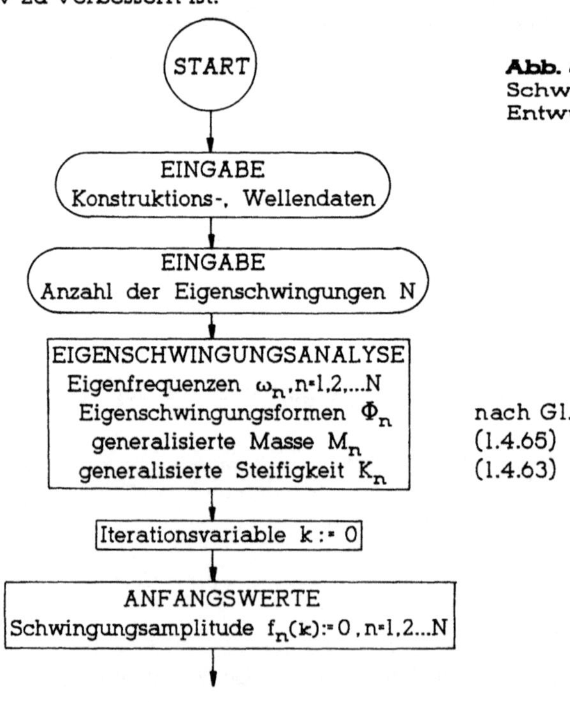

Abb. 4.3.3 Flußdiagramm für eine Schwingungsanalyse nach dem Entwurfswellenkonzept

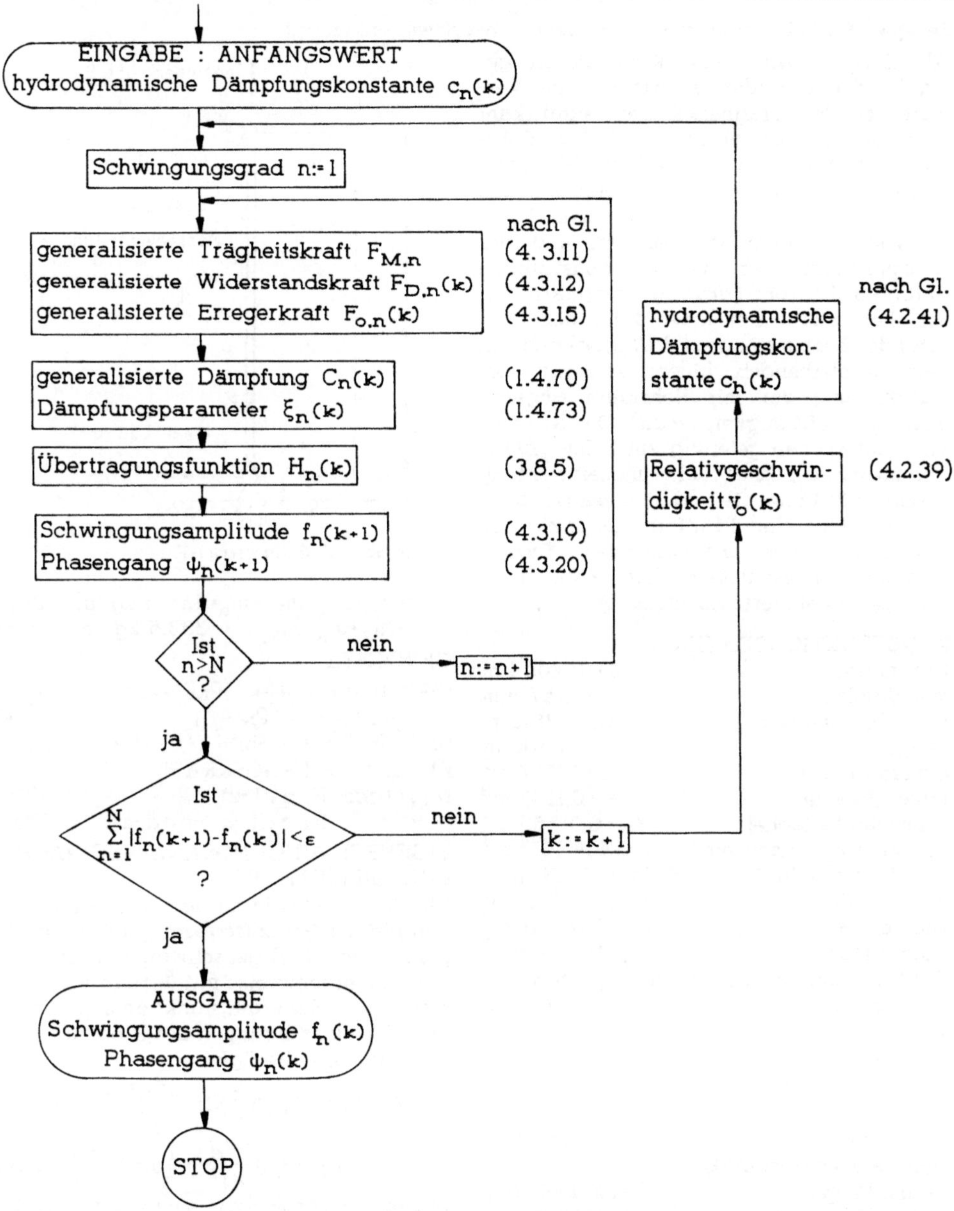

Die Abb. 4.3.3 zeigt ein Flußdiagramm für einen möglichen Rechenablauf. Es ist zweckmäßig, diese Rechnung zunächst mit nur wenigen Eigenschwingungsformen durchzuführen und anschließend zu prüfen, ob die Hinzunahme weiterer Schwingungsformen das Ergebnis noch wesentlich ändert. Energiereiche Wellen liegen im Frequenzbereich von 0,3 bis 2,5 1/s. Meerestechnische Konstruktionen werden also vorherrschend zu den Eigenschwingungsformen angeregt, deren Eigenfrequenzen in diesem Erregerfrequenzbereich liegen. Das ist bei ortsfesten Konstruktionen meist nur die Grundschwingung.

Beispiel 4.3.1: Drilling-Riser nach dem Entwurfswellenkonzept

Als Beispiel wird eine Konstruktion gewählt, deren Widerstandskräfte im Vergleich zu den Trägheitskräften signifikant sind. Dies ist bei meerestechnischen Rohrleitungen mit ihren relativ kleinen Durchmessern der Fall. Bei der Erdölexploration wird die Verbindung zwischen dem Bohrlochkopf auf dem Meeresboden und der Bohrplattform der Offshore-Konstruktion durch ein Leitrohr (*drilling riser, marine riser*) hergestellt. Der Riser dient der Führung des Bohrgestänges (*drill pipe*) und mit dem verbleibenden Innenquerschnitt der Rückführung der mit Bohrklein angereicherten Spülflüssigkeit (*mud*). Der Riser ist am Meeresboden gelenkig am B.O.P (*blow-out-preventer*), einer Sicherungseinrichtung gegen plötzliche Öl- oder Gasausbrüche, und in Höhe der Plattform gelenkig am *Tensioner*, einer pneumatischen Zugvorrichtung, angeschlossen. Die Abb. 4.3.4 zeigt die idealisierte Konstruktion

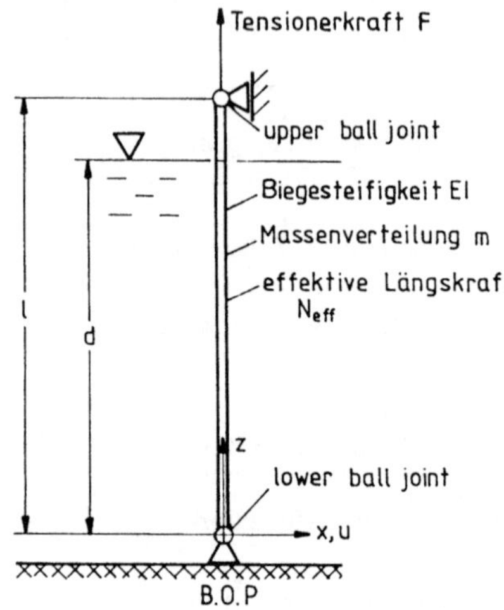

Abb. 4.3.4 Drilling-Riser

KONSTRUKTIONSDATEN

Durchmesser:	$D = 0{,}4064$ m
Wanddicke:	$t = 12{,}57$ mm
Innendurchmesser	$D_i = 0{,}3813$ m
Länge:	$l = 80$ m
äußere Fläche:	$A = 0{,}1297\ m^2$
innere Fläche:	$A_i = 0{,}1142\ m^2$
Querschnittsfläche:	$A_R = 0{,}01553\ m^2$
Flächenträgheitsmoment:	$I = 3{,}014 \cdot 10^{-4}\ m^4$
Elastizitätsmodul Stahl:	$E = 2{,}06 \cdot 10^5\ Nmm^{-2}$
Biegesteifigkeit:	$EI = 6{,}218 \cdot 10^4\ kNm^2$
Dichte Stahl:	$\rho_R = 7800\ kgm^{-3}$
Dichte Mud:	$\rho_M = 1860\ kgm^{-3}$
Strukturdämpfungskonstante:	$c_s = 7{,}5\ Nsm^{-2}$
Tensionerkraft:	$F = 198{,}6$ kN

WELLENDATEN

Meerestiefe:	$d = 62$ m
Wellenamplitude:	$a = 5$ m
Wellenfrequenz:	$\omega = 0{,}815\ s^{-1}$
Wellenzahl:	$k = 0{,}0677\ m^{-1}$
(folgt aus $\omega^2 = gk \tanh kd$)	
Wellenlänge:	$\lambda = 2\pi/k = 92{,}8$ m
Dichte Seewasser:	$\rho = 1025\ kgm^{-3}$
Widerstandskoeffizient:	$C_D = 0{,}7$
- konstante:	$b = C_D \rho D/2 = 145{,}8\ kgm^{-2}$
hydrodynamischen Massenkoeffizient:	$C_a = 1$
Trägheitskoeffizient:	$C_M = 1 + C_a = 2$
Verteilungsfunktion:	$\eta(z) = \cosh kz / \sinh kd$

MASSEN

Riser:	$m_R = \rho_R A_R = 121{,}1$ kg/m
Mud:	$m_M = \rho_M A_i = 212{,}4$ kg/m
hydrodynamische:	$m_h = C_a \rho A = 132{,}9$ kg/m

$$m(z) = m_1 = m_R + m_M + m_h = 466{,}4\ \text{kg/m}, \quad 0 \le z < d$$
$$= m_2 = m_R + m_M = 333{,}5\ \text{kg/m}, \quad d < z \le l$$

GEWICHTE

$$q(z) = q_1 = (\rho_R - \rho) g A_R + (\rho_M - \rho) g A_i, \quad 0 \le z < d$$
$$= q_2 = \rho_R g A_R + \rho_M g A_i, \quad d < z \le l$$

$q_1 = 1{,}968$ kN/m, $q_2 = 3{,}272$ kN/m

EFFEKTIVE LÄNGSKRAFT

$$N_{eff} = \int q\,dz = F - q_2(l - z), \quad d \le z \le l$$
$$= F - q_2(l - d) - q_1(d - z) \quad 0 \le z \le d$$

EIGENSCHWINGUNGSANALYSE NACH ENERGIEMETHODE

Für die Untersuchung der Resonanzschwingung in der Grundfrequenz genügt die Mitnahme der 1. Eigenschwingungsform. Sie wird näherungsweise mit $\Phi_1 \approx \sin \pi z/l$ angesetzt. Diese Näherungsfunktion erfüllt sämtliche Randbedingungen des Problems.

generalisierte Steifigkeit:

$$K_1 = \int_0^l (EI\,\Phi_1''^2 + N_{eff}\,\Phi_1'^2)\,dz = \frac{\pi^4 EI}{2l^3} + \frac{\pi^2 F}{2l} + $$
$$- (q_1 - q_2)\left(\frac{\pi^2 d^2}{4l^2} + \frac{1}{4}\sin^2\frac{\pi d}{l}\right) - \frac{\pi^2}{4} q_2 =$$
$$= 5{,}915 + 12{,}251 + 2{,}070 - 8{,}073 = 12{,}163\ \text{kN/m}$$

generalisierte Masse:

$$M_1 = \int_0^l m\,\Phi_1^2\,dz = \frac{m_2 l}{2} + \left(\frac{d}{2l} - \frac{l}{4\pi}\sin\frac{2\pi d}{l}\right)(m_1 - m_2) l =$$
$$= 13340 + 4956 = 18269\ \text{kg}$$

Eigenfrequenz: $\omega_1 = \sqrt{\frac{K_1}{M_1}} = 0{,}815\ s^{-1}$ (Resonanz)

GENERALISIERTE KRÄFTE

Trägheitskraft: $F_{M,1} = a \rho \omega^2 C_M A \int_0^d \eta\,\Phi_1\,dz =$

$$= a\rho\omega^2 C_M A d \times$$
$$\times \frac{kd \sinh kd \sin \pi\varepsilon - \pi\varepsilon \cosh kd \cos \pi\varepsilon + \pi\varepsilon}{(k^2d^2 + \pi^2\varepsilon^2)\sinh kd} =$$
$$= 10{,}8 \text{ kN} \quad (\varepsilon = d/l = 0{,}775)$$

hydrodynamische Dämpfungskonstante:

$$c_h = 200 \text{ Nsm}^{-2}, 0 \le z \le d \text{ (geschätzt)}$$

Widerstandskraft:[1] $F_{D,1} = a\omega \int_0^d c_h \eta \Phi_1 dz = 9{,}95 \text{kN}$

Erregerkraft: $|F_{o,1}| = \sqrt{F_{D,1}^2 + F_{M,1}^2} = 14{,}69 \text{ kN}$

$$\arg F_{o,1} = \arctan \frac{F_{M,1}}{F_{D,1}} = 0{,}826$$

DÄMPFUNGEN

Dämpfungskonstante: $c = c_s + c_h = 207{,}5 \text{ Nsm}^{-2}$

generalisierte Dämpfung:[1] $C_1 = \int_0^l c\, \Phi_1^2 dz =$

$$= c_s \int_0^l \Phi_1^2 dz + \int_0^d c_h \Phi_1^2 dz = 7{,}758 \text{ kNs/m}$$

Dämpfungsparameter: $\xi_1 = \frac{C_1}{2M_1\omega_1} = 0{,}260$

ÜBERTRAGUNGSFUNKTION

$$|H_1| = (2K_1\xi_1)^{-1} = 0{,}1581 \text{ m/kN}$$
$$\arg H_1 = -\pi/2$$

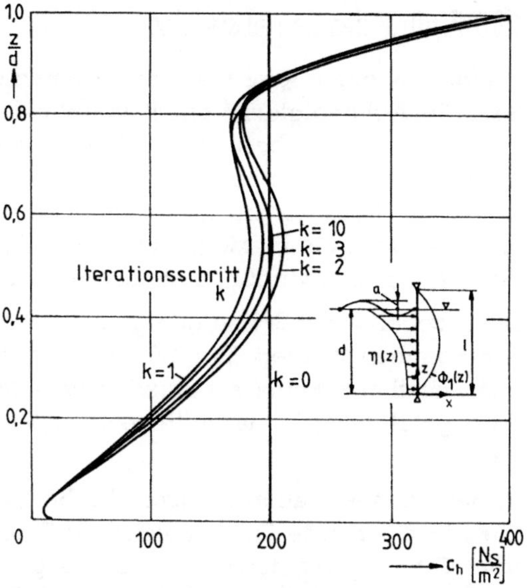

Abb. 4.3.5 Iterative Berechnung der hydrodynamischen Dämpfungskonstanten c_h eines Drilling-Risers bei Resonanzerregung durch harmonische Einzelwellen

ERGEBNISSE

Schwingungsamplitude: $f_1 = |F_{o,1}||H_1| = 2{,}323$ m

Phasengang: $\psi_1 = -\arg F_{o,1} - \arg H_1 = 0{,}745$

Relativgeschwindigkeit:

$$v_o(z) = \omega\sqrt{a^2\eta^2 - 2a\eta\Phi_1 f_1 \sin\psi_1 + \Phi_1^2 f_1^2}$$

z.B. bei z=d: $v_o(d) = 3{,}357$ m/s

verbesserte Dämpfungskonstante:

$$c_h(z) = 8bv_o(z)/(3\pi)$$

z.B. bei z=d: $c_h(d) = 415{,}45 \text{ Nsm}^{-2}$

k	$F_{D,1}$ [kN]	c_1 [kNs/m]	ξ_1 [–]	f_1 [m]	ψ_1 [–]	$v_o(d)$ [m/s]	c_h [Ns/m²]
1	9,95	7,758	0,260	2,323	0,745	3,357	415,45
2	11,20	7,196	0,241	2,653	0,803	3,207	396,94
3	11,27	7,725	0,258	2,479	0,807	3,248	402,00
4	10,96	7,304	0,244	2,585	0,793	3,237	400,61
5	11,24	7,608	0,255	2,514	0,805	3,241	401,06
6	11,03	7,390	0,247	2,563	0,796	3,239	400,88
7	11,18	7,543	0,252	2,528	0,803	3,240	400,97
8	11,07	7,435	0,249	2,553	0,798	3,240	400,91
9	11,15	7,511	0,251	2,536	0,801	3,240	400,95
10	11,09	7,457	0,250	2,547	0,799	3,240	400,93

Iterationstabelle

Die so berechneten Werte ergeben die erste Zeile der Iterationstabelle. Der Verlauf von $c_h(z)$ über z ist in Abb. 4.3.5 für einige Iterationsschritte k grafisch dargestellt. Nach 10 Iterationsschritten steht das Ergebnis $f_1 = 2{,}547$ m mit ausreichender Genauigkeit.

Aus $u(z,t) = \Phi_1 f_1 \exp[i(\omega t - \psi_1)]$ folgt die maximale Krümmung des Risers $|u''|_{max} = \pi^2 f_1/l^2$, das maximale Biegemoment $M_{max} = EI|u''|_{max}$ und damit die maximale Biegespannung

$$\sigma_{max} = \frac{M_{max}D}{2I} = \frac{\pi^2}{2}E\frac{Df_1}{l^2} = 164 \frac{\text{N}}{\text{mm}^2}.$$

Die Genauigkeitsbetrachtung gilt nur bezüglich der Dämpfungsiteration. Im Hinblick auf andere Vereinfachungen - z.B. Modalansatz mit nur einer Funktion, und diese als Näherung- ist die Genauigkeit übertrieben.

1) Integration numerisch nach *Simpson*-Formel mit 10 Stützstellen

4.3.3 Einfluß des Beinabstandes

Bei mehrbeinigen Konstruktionen können sich die Wellenkräfte auf die einzelnen Beine in Abhängigkeit vom Beinabstand mehr oder weniger gegenseitig kompensieren. Für ein bestimmtes Verhältnis der Wellenläge λ einer harmonischen Einzelwelle zum Beinabstand ρ heben sich die Wellenkräfte sogar vollständig auf, so daß die Konstruktion global gesehen in Ruhe bleibt. Unberührt davon bleibt selbstverständlich die Möglichkeit, daß die Beine für sich allein, d.h. bei ruhender Plattform, zu Schwingungen angeregt werden.

Die Ergebnisse der Schwingungsanalyse des Abschnittes 4.3.2 können weitgehend übernommen werden. Es muß lediglich die generalisierte Erregerkraft F_n (4.3.13) über sämtliche Beine summiert bzw. - falls die Analyse bezogen auf *ein* Bein durchgeführt wird - das arithmetische Mittel sämtlicher Beinkräfte gebildet werden.

In den meisten Fällen besitzen die Beine einer meerestechnischen Konstruktion dieselbe Geometrie. Die generalisierte Trägheitskraft $F_{M,n}$ (4.3.11) hängt dann nicht vom Ort $x=x_i$ des Beins ab. Dasselbe gilt für die generalisierte Widerstandskraft $F_{D,n}$ (4.3.12), weil die hydrodynamische Dämpfungskonstante c_h nach Gl. (4.2.47) als *globaler* Parameter eingeführt wird.

Das arithmetische Mittel der generalisierten Erregerkraft einer Konstruktion mit I Beinen derselben Geometrie ist nach Gl. (4.3.13) somit

$$F_n = \frac{1}{I}\sum_{i=1}^{I} e^{-ikx_i}\,(F_{D,n} + i\,F_{M,n})\,e^{i\omega t}, \tag{4.3.21}$$

z.B. für eine zweibeinige Konstruktion mit dem Beinabstand $\rho := x_2 - x_1$

$$F_n = \frac{1}{2}\,(e^{-ikx_1} + e^{-ikx_2})\,(F_{D,n} + i\,F_{M,n})\,e^{i\omega t}. \tag{4.3.22}$$

Die komplexe Amplitude dieser Erregerkraft lautet an Stelle von Gl. (4.3.15)

$$F_{O,n} \equiv |F_{O,n}|\,e^{i\arg F_{O,n}} = \frac{1}{2}\,(e^{-ikx_1} + e^{-ikx_2})\,(F_{D,n} + i\,F_{M,n}) \tag{4.3.23}$$

mit Betrag $|F_{O,n}|$ und Phasenverschiebung $\arg F_{O,n}$:

$$|F_{O,n}| = \left|\cos\frac{k\rho}{2}\right|\sqrt{F_{D,n}^2 + F_{M,n}^2}, \tag{4.3.24}$$

$$\arg F_{O,n} = \arctan\frac{F_{M,n}}{F_{D,n}} - \frac{k}{2}(x_1 + x_2) - j\pi, \quad j = \begin{cases} 0 & \text{für } \cos\frac{k}{2}(x_1+x_2) > 0, \\ 1 & \text{für } \cos\frac{k}{2}(x_1+x_2) < 0. \end{cases} \tag{4.3.25}$$

Zwecks Herleitung des Betrages bildet man

$$F_{o,n}F_{o,n}^* = |F_{o,n}|^2 = \frac{1}{4}(2 + e^{ik\rho} + e^{-ik\rho})(F_{D,n}^2 + F_{M,n}^2)$$

und findet unter Verwendung der *Euler*schen Formel Gl. (4.3.24). Für das Argument der komplexen Amplitude benötigt man das der Funktion

$$f \equiv e^{-ikx_1} + e^{-ikx_2} = \cos kx_1 + \cos kx_2 - i(\sin kx_1 + \sin kx_2) = 2\cos\frac{ks}{2}\cos\frac{k\rho}{2} - 2i\sin\frac{ks}{2}\cos\frac{k\rho}{2}.$$

Hierin gilt $s = x_1 + x_2$. Das Argument dieser Funktion ist also

$$\arg f = \arctan\frac{-\sin\frac{ks}{2}}{\cos\frac{ks}{2}} - j\pi = -\frac{ks}{2} - j\pi.$$

Zum Hauptwert der arctan-Funktion ist gegebenenfalls eine Phase π zu addieren.

Falls im Modalansatz (1.4.62) die Mitnahme nur der ersten Eigenschwingungsform ausreicht, dann ist nach Gl. (4.3.19) die zugehörige Schwingungsamplitude

$$f_1 = |F_{O,1}|\,|H_1(\omega)| = \frac{\left|\cos\frac{k\rho}{2}\right|}{\sqrt{\left[1-\left(\frac{\omega}{\omega_1}\right)^2\right]^2 + 4\xi_1^2\left(\frac{\omega}{\omega_1}\right)^2}}\;\frac{\sqrt{F_{D,1}^2 + F_{M,1}^2}}{K_1} \tag{4.3.26}$$

und nach Gl. (4.3.20) der Phasengang

$$\psi_1 = -\arg F_{O,1} - \arg H_1(\omega) = -\arctan\frac{F_{M,1}}{F_{D,1}} + \frac{k}{2}(x_1 + x_2) + j\pi + \arctan\frac{2\xi_1\frac{\omega}{\omega_1}}{1-\left(\frac{\omega}{\omega_1}\right)^2}. \tag{4.3.27}$$

Bei *statischer* Belastung durch die Wellenkräfte sind beschleunigungs- und geschwindigkeitsproportionale Kräfte zu streichen. Man erhält die zugehörige statische Auslenkung $f_{o,1}$ durch den Grenzübergang $\omega \to 0$, d.h. bei unendlich langsamer Wellenbewegung. Dabei strebt gleichzeitig wegen der Dispersionsgleichung die Wellenzahl k gegen Null. Man erhält

$$f_{O,1} = \frac{\sqrt{F_{D,1}^2 + F_{M,1}^2}}{K_1}, \tag{4.3.28}$$

und es ist somit die Amplitudenvergrößerungsfunktion (1.4.78)

$$V_1 := \frac{f_1}{f_{o,1}} = \frac{\left|\cos\frac{k\rho}{2}\right|}{\sqrt{\left[1-\left(\frac{\omega}{\omega_1}\right)^2\right]^2 + 4\xi_1^2\left(\frac{\omega}{\omega_1}\right)^2}}. \tag{4.3.29}$$

Der Zähler der Amplitudenvergrößerungsfunktion wird abschließend mit Hilfe der Dispersionsgleichung umgeschrieben. Bei genügend großen Meerestiefen d gilt für die Wellenfrequenz als Erregerfrequenz $\omega^2 \approx gk$ und für die Wellenzahl $k = 2\pi/\lambda$. Definiert man mit λ_1 die Länge einer Welle mit der Eigenfrequenz ω_1, gilt für diese entsprechend $\omega_1^2 \approx gk_1$ und $k_1 = 2\pi/\lambda_1$. Damit ist

$$\cos\frac{k\rho}{2} = \cos\pi\frac{\rho}{\lambda} = \cos\pi\frac{\rho}{\lambda_1}\frac{\lambda_1}{\lambda} = \cos\pi\frac{\rho}{\lambda_1}\frac{k}{k_1} = \cos\pi\frac{\rho}{\lambda_1}\left(\frac{\omega}{\omega_1}\right)^2,$$

und die Amplitudenvergrößerungsfunktion (4.3.29) schreibt sich in der Form

$$V_1(\omega) = \frac{\left|\cos\pi\frac{\rho}{\lambda_1}\left(\frac{\omega}{\omega_1}\right)^2\right|}{\sqrt{\left[1-\left(\frac{\omega}{\omega_1}\right)^2\right]^2 + 4\xi_1^2\left(\frac{\omega}{\omega_1}\right)^2}}. \tag{4.3.30}$$

Um dies Ergebnis zu diskutieren, wird der "ungünstigste" Fall, die Resonanzerregung $\omega = \omega_1$, betrachtet. Es gilt dann

$$V_1(\omega_1) = \frac{1}{2\xi_1}\left|\cos\pi\frac{\rho}{\lambda_1}\right|. \tag{4.3.31}$$

Ist dabei der Beinabstand ρ gleich einem ganzen Vielfachen der Resonanzerregerwellenlänge λ_1, dann gilt $|\cos\pi\rho/\lambda_1| = 1$: Die Wellenwirkungen auf beide Beine addieren sich, und dies ist dann in der Tat der ungünstigste Fall. Ist dagegen ρ ein ganzes Vielfaches von $\lambda_1/2$, dann ist $|\cos\pi\rho/\lambda_1| = 0$: Die Wellenwirkungen auf beide Beine heben sich bezüglich der Globalstruktur gegenseitig auf, und die Konstruktion bleibt trotz Resonanzerrregung in Ruhe.

In der Abb. 4.3.6 ist die Amplitudenvergrößerungsfunktion (4.3.30) als Funktion des

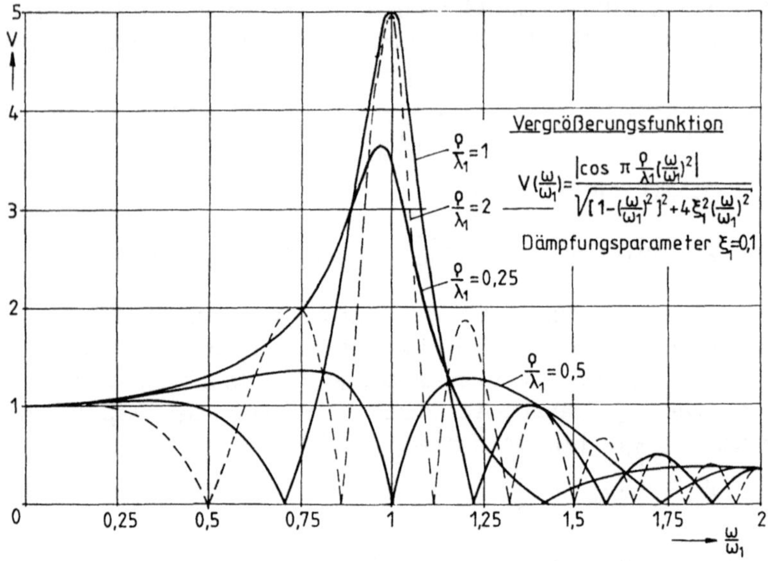

Abb. 4.3.6 Amplitudenvergrößerungsfunktion V einer zweibeinigen Konstruktion als Funktion der Wellenerregerfrequenz ω für verschiedene Beinabstände ρ

Frequenzverhältnisses ω/ω_1 mit ρ/λ_1 als Parameter. Dafür ist der Dämpfungsparameter zu $\xi_1=0{,}1$ angenommen worden.

Eine andere wichtige Frage stellt sich im Zusammenhang mit der Linearisierung des hydrodynamischen Widerstands im Abschnitt 4.2.3. Dort wurde darauf hingewiesen, daß sich die Relativgeschwindigkeiten zwischen Wasserpartikel- und Konstruktionsbewegung im allgemeinen an den einzelnen Beinen der Konstruktion voneinander unterscheiden. Und zwar besitzen sie nicht nur gegeneinander eine Phasenverschiebung, sondern auch ihre Amplituden sind verschieden. Da dies möglicherweise zumindest für eine zweibeinige Konstruktion nicht unmittelbar einleuchtet, soll für diese die Relativgeschwindigkeit an beiden Beinen qualitatativ angegeben werden.

Es wird dafür der Resonanzfall $\omega=\omega_1$ gewählt und vereinfachend ein Modalansatz mit nur der ersten Eigenschwingungsform sowie mit $F_{D,1} \ll F_{M,1}$ angenommen. Es ist dann nach Gl. (1.4.80) die Konstruktionsauslenkung $u=\Phi_1 q_1 = f_1 \Phi_1 \exp[i(\omega_1 t-\psi_1)]$ und somit die Geschwindigkeit $\dot{u}=i\omega f_1 \Phi_1 \exp[i(\omega_1 t-\psi_1)]$. Amplitude f_1 und Phasengang ψ_1 sind nach den Gln. (4.3.26) und (4.3.27) mit den getroffenen Annahmen

$$f_1 = \frac{|\cos k\rho/2|}{2\xi_1 K_1} F_{M,1}, \tag{4.3.32}$$

$$\psi_1 = \frac{k}{2}(x_1+x_2) + j\pi . \tag{4.3.33}$$

Auf der anderen Seite ist die Wasserpartikelgeschwindigkeit nach Gl. (4.2.17) $\dot{u}_o = =\omega_1 \eta\zeta = a\omega_1 \eta \exp[-i(kx-\omega_1 t)]$. In reeller Schreibweise bedeutet das zusammengefaßt mit z.B. $x_1=0$ und $x_2=\rho$:

Konstruktionsgeschwindigkeit $$\dot{u} = -\omega_1 f_1 \Phi_1 \sin(\omega_1 t-\frac{k\rho}{2}-j\pi), \tag{4.3.34}$$

Partikelgeschwindigkeit Bein 1 $\dot{u}_O(x_1) = a\omega_1 \eta \cos\omega_1 t$, (4.3.35)

Partikelgeschwindigkeit Bein 2 $\dot{u}_O(x_2) = a\omega_1 \eta \cos(\omega_1 t - k\rho)$. (4.3.36)

Es werden zwei Fälle analysiert:

α) Für $\lambda/2<\rho$ gilt $\cos k\rho/2<0$ und damit nach Gl. (4.3.25) j=1. In Abb. 4.3.7 ist der zeitliche Verlauf der drei Geschwindigkeiten (4.3.34) bis (4.3.36) qualitativ dargestellt. Die Wasserpartikelgeschwindigkeit am Bein 1 verläuft mit der Zeit cosinusförmig, die am Bein ist demgegenüber um $k\rho$ und die Konstruktionsgeschwindigkeit um $(k\rho+\pi)/2$ phasenverschoben. Die Amplitude der Relativgeschwindigkeit

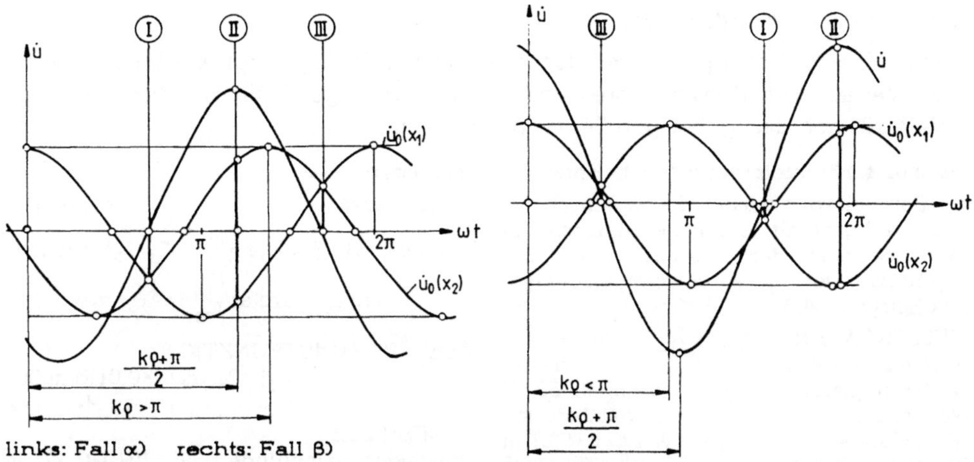

links: Fall α) rechts: Fall β)

Abb. 4.3.7 Vergleich von Wasserpartikel- und Konstruktionsgeschwindigkeit

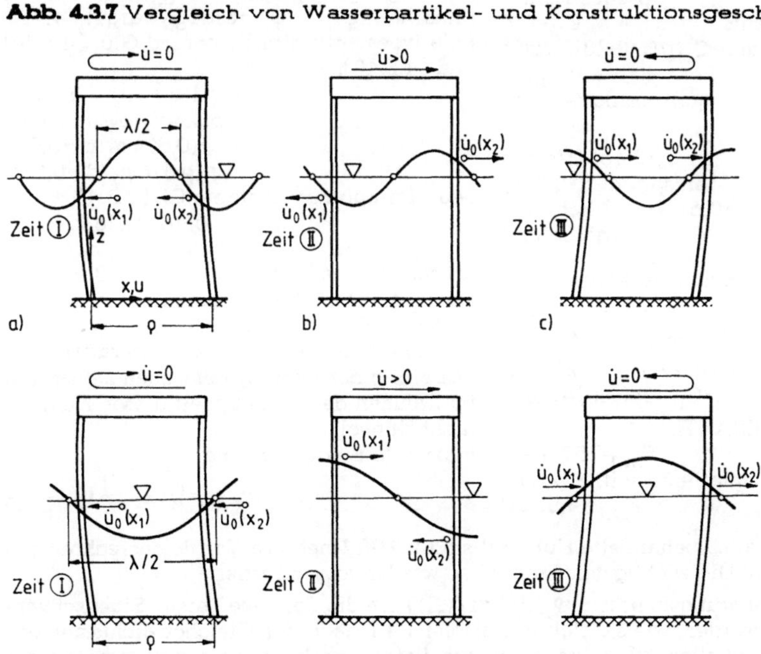

oben: Fall α) $\frac{\lambda}{2}<\rho$

unten: Fall β) $\frac{\lambda}{2}>\rho$

Abb. 4.3.8 Bewegungsablauf einer zweibeinigen Konstruktion am Bein 2 ist zu fast allen Zeiten kleiner als die am Bein 1.

Der Bewegungsablauf der zweibeinigen Konstruktion relativ zur Welle ist in Abb. 4.3.8 veranschaulicht. Bild a) gilt für Bewegungsumkehr der Konstruktion (Zeit I in Abb. 4.3.7). Die Wasserpartikel besitzen an beiden Beinen negative Geschwindigkeiten derselben Größe. Der Wellenberg steht symmetrisch zur Konstruktion. Bild c) zeigt die andere Bewegungsumkehr mit umgekehrten Aussagen (Zeit III). Zeitlich dazwischen liegt Bild b) mit maximaler Konstruktionsgeschwindigkeit $\dot{u}$ (Zeit II). Abb. 4.3.7 zeigt, daß für diesen Zeitpunkt II die Wasserpartikel entgegengesetze Geschwindigkeiten jedoch von gleichem Betrage besitzen. Die Welle steht antimetrisch zur Konstruktion.

β) Für $\lambda/2>\rho$ gilt $\cos k\rho/2>0$ und damit $j=0$. Die Abb. 4.3.7 zeigt wieder den zeitlichen Verlauf von Konstruktions- und Wasserpartikelgeschwindigkeiten und die Abb. 4.3.88 den dazugehörigen Bewegungsablauf.

Beispiel 4.3.2: Hubinsel nach dem Entwurfswellenkonzept

Als Beispiel wird wieder die Hubinsel der Abb. 1.4.3 gewählt. Die Konstruktionsdaten entnehme man dem Beispiel 1.4.1, die Ergebnisse der Eigenschwingungsanalyse dem Beispiel 1.4.3.

WELLENDATEN

Wellenamplitude: $a=1$ m

Wellenfrequenz: $\omega=\omega_1=0{,}983\ \mathrm{s}^{-1}$

Wellenzahl: $k=0{,}0986\ \mathrm{m}^{-1}$

Wellenlänge: $\lambda=2\pi/k=63{,}7$ m

Dichte Seewasser: $\rho=1025\ \mathrm{kgm}^{-3}$

Widerstandskoeffizient: $C_D=0{,}7$

Widerstandskonstante: $b=C_D\,\rho D/2=1313\ \mathrm{kgm}^{-2}$

Trägheitskoeffizient: $C_M=2$

Verteilungsfunktion: $\eta(z)=\cosh kz/\sinh kd$

DÄMPFUNGEN

Strukturdämpfung: $c_s=2{,}461\ \mathrm{kNsm}^{-2}$ (entspricht $\xi_s=0{,}017$)

hydrodynamische: $c_h=0{,}6\ \mathrm{kNsm}^{-2}=$ konstant (geschätzt)

generalisierte Dämpfung: $C_1=\int_0^l c\,\Phi_1^2\,dz=$

$$=c_s\int_0^l\Phi_1^2dz+c_h\int_0^d\Phi_1^2dz=\frac{1}{2}c_s l+c_h\left(\frac{d}{2}-\frac{l}{2\pi}\sin\frac{\pi d}{l}\right)=$$

$$=78{,}38+8{,}99=87{,}37\ \mathrm{kNs/m}$$

Dämpfungsparameter: $\xi_1=C_1/(2M_1\omega_1)=0{,}0191$

GENERALISIERTE KRÄFTE

Trägheitskraft: $F_{M,1}=159{,}4$ kN (entsprechend Beispiel 4.3.1 mit $\varepsilon=d/(2l)$)

Widerstandskraft: $F_{D,1}=4{,}51$ kN

Beinabstand: $\rho=36{,}57$ m

Erregerkraft: $|F_{o,1}|=|\cos\frac{k\rho}{2}|\sqrt{F_{D,1}^2+F_{M,1}^2}=36{,}7\mathrm{kN}$

$$\arg F_{o,1}=\arctan\frac{F_{M,1}}{F_{D,1}}-\frac{k\rho}{2}-\pi=-3{,}402$$

ÜBERTRAGUNGSFUNKTION

$|H_1|=(2K_1\xi_1)^{-1}=0{,}0116$ m/kN

$\arg H_1=-\pi/2$

ERGEBNISSE

Schwingungsamplitude: $f_1=|F_{o,1}||H_1|=0{,}427$ m

Phasengang: $\psi_1=-\arg F_{o,1}-\arg H_1=4{,}973$

Relativgeschwindigkeit bei $z=d$ Gln. (4.2.39) und (4.2.40):

$$v(0,d)\equiv v_1(d)=1{,}35\ \mathrm{m/s}$$
$$v(\rho,d)\equiv v_2(d)=0{,}62\ \mathrm{m/s}$$
$$\varphi(0,d)\equiv\varphi_1(d)=0{,}072$$
$$\varphi(\rho,d)\equiv\varphi_2(d)=0{,}589$$

neue Dämpfungskonstante Gl. (4.2.48):

$$c_h(d)=1{,}26\ \mathrm{kNsm}^{-2}$$
$$c_h(0)\approx 0$$

arithmetisches Mittel: $c_h=0{,}63\ \mathrm{kNsm}^{-2}$

Da c_h die Dämpfungskonstante c zu nur ca. 20 % und $F_{D,1}$ die Erregerkraft $|F_{o,1}|$ zu nur ca. 0,04 % beeinflußt, ist eine iterative Verbesserung der hydrodynamischen Dämpfung im Rahmen der Genauigkeit dieser Aufgabe nicht sinnvoll.

maximale Biegespannung:

$$\sigma_{max}=\frac{\pi^2}{8}E\frac{Df_1}{l^2}=98\ \frac{\mathrm{N}}{\mathrm{mm}^2}$$

Für die im Beispiel 4.3.2 behandelte Hubinsel sind in [90] mehrere Vergleichsrechnungen durchgeführt worden. Die wichtigsten Ergebnisse werden folgend zitiert.

α) An Stelle der Näherungsfunktion $\tilde{\Phi}_1=\sin[\pi z/(2l)]$ ist die "genaue" erste Eigenschwingungsform gewählt worden, wie sie sich in Beispiel 1.4.1 nach der Gleichgewichtsmethode ergibt. Bei einem gewählten, über die getauchte Beinlänge konstanten Anfangswert der hydrodynamischen Dämpfungskonstanten $c_h=0{,}7\ \mathrm{kNsm}^{-2}$ steht das Ergebnis für Amplitude und Phasengang der Beinauslenkung nach dem zweiten Iterationschritt mit 1 % Genauigkeit. Es ist f_1=0,417 m und ψ_1=4,978. Die Abweichung für f_1 beträgt gegenüber dem Ergebnis in Beispiel 4.3.2 2,4 % , die für die maximale Biegespannung σ_{max}=108 N/mm^2 bereits 9,3 %, zurückzuführen auf die Fehlervergrößerung beim Differenzieren der Näherungsfunktion.

Abb. 4.3.9 Ergebnisse der Schwingungsanalyse für eine Hubinsel [90]

Wellenfrequenz ω=0,981$\frac{1}{s}$ (Resonanz)

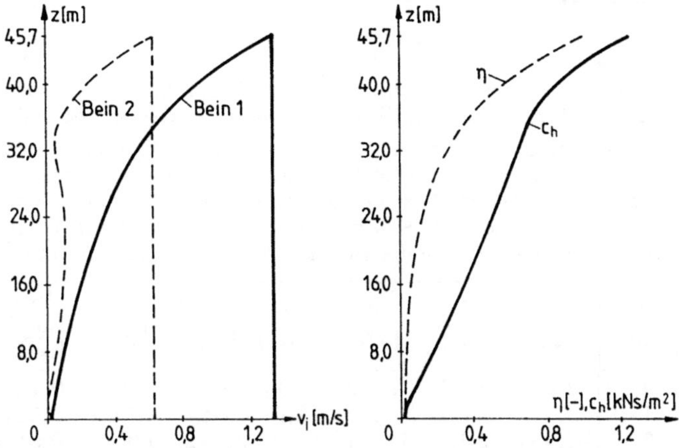

In der Abb. 4.3.9 sind Verläufe der Relativgeschwindigkeiten $v_i(z)$ für die beiden Beine, der Wellenverteilungsfunktion $\eta(z)$ sowie der hydrodynamischen Dämpfungskonstanten $c_h(z)$ über der Höhe z grafisch dargestellt. Die generalisierte Dämpfung beträgt C_1=86,68 kNs/m, der Dämpfungsparameter ξ_1=0,0225.

β) Gegenüber α) sind bei sonst gleichen Annahmen die *drei* ersten Eigenschwingungsformen berücksichtigt worden. Die bei der Modalanalyse dann auftretenden Nebendiagonalglieder der Dämpfungsmatrix wurden vernachlässigt. Im Rahmen der Rechengenauigkeit ergaben sich keine Verbesserungen für Beinauslenkung und Biegespannung.

γ) Gegenüber α) ist bei sonst gleichen Annahmen eine Wellenfrequenz ω=0,7 s^{-1} gewählt worden. 1 % Genauigkeit für Amplitude und Phasengang der Beinauslenkung wurde nach dem 3. Iterationsschritt erzielt. Es ergaben sich f_1=0,084 m, ψ_1=5,742 und σ_{max}=21,6 N/mm^2. Die generalisierte Dämpfung ist C_1=84,43 kNs/m, der Dämpfungsparameter ξ_1=0,0219.

Abb. 4.3.10 Ergebnisse der Schwingungsanalyse für eine Hubinsel [90]

Wellenfrequenz ω=0,7$\frac{1}{s}$

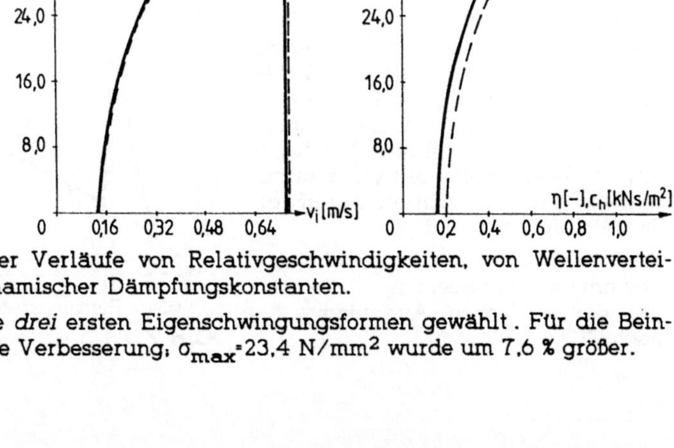

Die Abb. 4.3.10 zeigt wieder Verläufe von Relativgeschwindigkeiten, von Wellenverteilungsfunktion und hydrodynamischer Dämpfungskonstanten.

δ) Gegenüber γ) wurden die *drei* ersten Eigenschwingungsformen gewählt . Für die Beinauslenkung ergab sich keine Verbesserung; σ_{max}=23,4 N/mm^2 wurde um 7,6 % größer.

Beispiel 4.3.3: Spannungs-Wellenhöhen-Diagramm für Hubinsel

Die deterministische Schwingungsanalyse der Hubinsel aus Beispiel 4.3.2 wird unter der Annahme unterschiedlicher Wellenhöhen weitergeführt. Den gewählten Wellenhöhen h werden für den Bereich der Nordsee Wellenperioden nach dem Gesetz $h = 0{,}0475 \cdot T^{2{,}3393}$ zugeordnet.

Im Beispiel 4.3.2 wurde gezeigt, daß der Einfluß der hydrodynamischen Dämpfung klein ist. Daher genügt es, für die Dämpfungskonstante einen Näherungswert einzusetzen. Es wird $c_h = 1{,}1$ kNsm^{-2} gewählt, und zwar konstant über die getauchte Beinlänge d. Dies genügt selbst im Resonanzfall. Eine iterative Verbesserung erübrigt sich.

Die Rechnung wird für jede Wellenhöhe h in Anlehnung an Beispiel 4.3.2 durchgeführt. Der Trägheitskoeffizient besitzt allerdings für die kleinste Wellenhöhe wegen $D/\lambda = 0{,}31$ nach Abb. 4.2.5 den Wert 1,4 und nicht 2 wie für alle anderen Wellenhöhen. Die generalisierte Dämpfung ist $C_1 = 94{,}86$ kNs/m, der Dämpfungsparameter $\xi_1 = 0{,}021$. Damit wird zu jeder Wellenfrequenz ω der Betrag der Übertragungsfunktion nach Gl. (3.8.6) berechnet.

h [m]	T [s]	λ [m]	$F_{M,1}$ [kN]	$F_{D,1}$ [kN]	$\lvert\cos\frac{k\rho}{2}\rvert$ [-]	$F_{o,1}$ [kN]	$\lvert H_1\rvert$ $\left[\frac{mm}{kN}\right]$	f_1 [m]	σ $\left[\frac{N}{mm^2}\right]$	$f_{o,1}$ [m]	σ_o $\left[\frac{N}{mm^2}\right]$
0,5	2,735	11,7	31,8	1,0	0,918	29,2	0,100	0,003	1	0,014	3
1	3,679	21,1	88,8	2,7	0,664	59,0	0,220	0,013	3	0,040	9
2	4,947	38,1	169,1	7,0	0,992	167,9	0,660	0,111	25	0,075	17
3	5,884	54,0	240,8	11,8	0,528	127,3	2,290	0,292	67	0,107	25
3,64	6,391	63,8	290,3	15,1	0,228	66,3	10,591	0,702	161	0,129	30 1)
4	6,654	69,1	305,1	16,9	0,091	27,8	5,077	0,144	33	0,136	31
4,28	6,849	73,2	322,0	18,4	0	0	3,282	0	0	0,144	33 2)
5	7,320	83,6	363,6	22,2	0,195	71,0	1,846	0,131	30	0,162	37
10	9,844	145,8	605,9	53,2	0,705	428,8	0,768	0,329	75	0,271	62
15	11,71	192,7	800,5	78,0	0,828	666,0	0,634	0,422	97	0,358	82
20	13,24	231,0	969,8	106,9	0,879	857,6	0,580	0,497	114	0,434	99
21,5	13,65	241,7	1042,7	115,6	0,889	932,6	0,569	0,531	122	0,467	107 3)
27,9	15,26	280,5	1235,2	152,9	0,917	1141,3	0,540	0,616	142	0,554	127 4)

1) Resonanzfall
2) $k\rho = \pi$, Wellenkräfte beider Beine kompensieren sich
3) Einjahreswelle, 4) 100-Jahreswelle

Die Rechnung ist im wesentlichen in obiger Tabelle niedergelegt. Als Ergebnis der Rechnung findet man die maximale Biegespannung σ eines Hubinselbeins. Sie ist in Abb. 4.3.11 in Abhängigkeit von der Wellenhöhe grafisch dargestellt. Bei einer Wellenhöhe von 3,64 m liegt Resonanzerregung vor, die zu einer erheblichen Spannungsspitze führt. Die Nullstellen der σ-h-Kurve sind auf die Funktion cos(kρ/2) zurückzuführen: Dort heben sich die Wellenkräfte auf vorderes und hinteres Bein im Hinblick auf die Globalschwingung auf.

Zum Vergleich ist die statische Biegespannung eingezeichnet, die sich aus der statischen Auslenkung $f_{o,1}$ nach Gl. (4.3.28) ergibt.

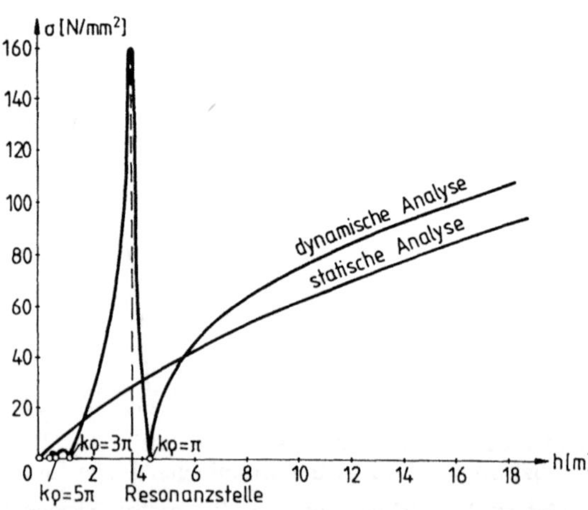

Abb. 4.3.11 σ-h-Diagramm einer Hubinsel

4.4 Schwingungsanalyse nach dem stochastischen Konzept

4.4.1 Schwingungsanalyse der einfachen Pfahl-Plattform-Konstruktion

Es wird das Übertragungsverhalten der Konstruktion für Zufallsprozesse untersucht. Im Zeitbereich sind Eingangsprozeß u(t) und Ausgangsprozeß v(t) nach Gl. (3.1.1) v(t)=G[u(t)] über einen deterministischen Operator G miteinander verbunden. Das Übertragungsverhalten im Frequenzbereich wird durch eine Übertragungsfunktion H(ω) bestimmt. Mit ihr wird entsprechend Gl. (3.6.4) prinzipiell die Spektraldichte des Eingangsprozesses multiplikativ mit der des Ausgangsprozesses verknüpft. Zur Herleitung der Übertragungsfunktion bedient man sich stets derselben Methode. Als Eingang u(t) wählt man den Einheitsimpuls δ(t) in seiner *Fourier*-Integral-Darstellung (2.13.23). Als Ausgang v(t) ergibt sich dann die Impulsantwort h(t) in Gestalt der *Fourier*-Rücktransformierten (3.3.3). Aus der Operatorbeziehung folgt dann die gesuchte Übertragungsfunktion.

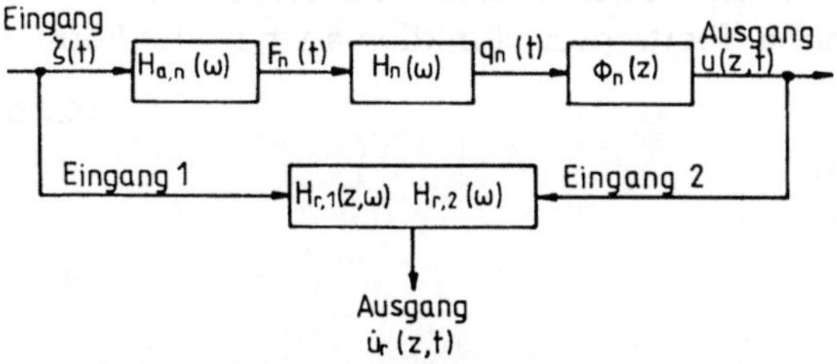

Abb. 4.4.1 Übertragungsverhalten einer meerestechnischen Konstruktion

Für die hier vorzunehmende Schwingungsanalyse wird nach Abb. 4.4.1 das Übertragungsverhalten in Teilschritten betrachtet. Zwischen dem unregelmäßigen Seegang ζ(t) und der Konstruktionsauslenkung u(z,t) liegen drei Schritte. Das Wellenenergiespektrum ist über die *hydrodynamische Übertragungsfunktion* $H_{a,n}(\omega)$, auch *hydrodynamische Admittanz* oder *Kraftübertragungsfunktion* genannt, mit der Spektraldichte der generalisierten Kraft $F_n(t)$ (erster Schritt), diese über die *mechanische Übertragungsfunktion* $H_n(\omega)$ mit der Spektraldichte der generalisierten Koordinate $q_n(t)$ (zweiter Schritt) und diese wiederum über die *Eigenschwingungsform* $\Phi_n(z)$ mit der Spektraldichte der Konstruktionsauslenkung verbunden (dritter Schritt).

Außerdem wird in einem vierten Schritt zur Berechnung der hydrodynamischen Dämpfung die Spektraldichte der Relativgeschwindigkeit $\dot{u}_r(z,t)$ zwischen Konstruktion und Wasserpartikeln benötigt. Die dafür maßgebenden *zwei* Eingänge ζ(t) und u(z,t) bedingen zwei weitere Übertragungsfunktionen $H_{r,1}(z,\omega)$ und $H_r(\omega)$.

α) erster Schritt: $\zeta(t) \rightarrow F_n(t)$

Nach Gl. (4.1.16) ergibt sich unter Verwendung der Dispersionsgleichung $\omega^2 = gk\tanh kd$, der Verteilungsfunktion $\eta(z)=\cosh kz/\sinh kd$ sowie mit der Koordinatentransformation $z+d \rightarrow z$ die Wasserpartikelbewegung am Ort $x=x_i$ zu

$$u_o = -i\,\eta(z)\,\zeta(x_i,t). \tag{4.4.1}$$

Sie ist danach in Abhängigkeit von der Zeit t stochastisch und von der Höhe z deterministisch. Die Erregerkraft (4.3.8) infolge des unregelmäßigen Seegangs wird

$$q := C_M\rho A\ddot{u}_o + c_h\dot{u}_o = -i\,\eta(C_M\rho A\ddot{\zeta} + c_h\dot{\zeta}). \tag{4.4.2}$$

Die darin auftretende Konstante c_h ist zunächst unbekannt, wird in geeigneter

Weise geschätzt und gegebenenfalls iterativ verbessert. Damit kann die generalisierte Kraft

$$F_n(t) := \int_0^d q\,\Phi_n dz = -i\int_0^d (C_M\rho A\ddot{\zeta} + c_h\dot{\zeta})\eta\Phi_n dz \tag{4.4.3}$$

berechnet werden. Man erkennt, daß zwischen dem Seegang $\zeta(t)$ und der generalisierten Kraft $F_n(t)$ der Operator

$$G := -i\int_0^d (C_M\rho A\frac{d^2}{dt^2} + c_h\frac{d}{dt})\eta\Phi_n dz \tag{4.4.4}$$

liegt. Mit den Ansätzen $\zeta = e^{i\omega t}$ und $F_n = H_{a,n}e^{i\omega t}$ findet man aus der Operatorbeziehung $F_n(t) = G[\zeta(t)]$ die hydrodynamische Übertragungsfunktion

$$H_{a,n}(\omega) = \int_0^d (iC_M\rho\omega^2 A + c_h\omega)\eta\Phi_n dz. \tag{4.4.5}$$

Bezeichnet man die generalisierte Trägheitskraft (4.3.11) bezogen auf die *Einheits*-amplitude a = 1 mit $\hat{F}_{M,n}$, entsprechend die generalisierte Widerstandskraft (4.3.12) mit $\hat{F}_{D,n}$, so kann die hydrodynamische Übertragungsfunktion auch in der Form

$$H_{a,n}(\omega) = \hat{F}_{D,n}(\omega) + i\hat{F}_{M,n}(\omega) \tag{4.4.6}$$

geschrieben werden. Darin gilt also

$$\hat{F}_{M,n} := \rho\omega^2\int_0^d C_M A\eta\Phi_n dz \tag{4.4.7}$$

$$\hat{F}_{D,n} := \omega\int_0^d c_h\eta\Phi_n dz, \tag{4.4.8}$$

beide Kräfte mit der Dimension N/m.

Damit ist entsprechend den Ausführungen in den Abschnitten 3.6 bis 3.9 über Eingangs-Ausgangs-Beziehungen von Zufallsprozessen der Zusammenhang zwischen dem Wellenenergiespektrum $S_{\zeta\zeta}(\omega)$ und den Kreuzspektraldichten $S_{F_mF_n}(\omega)$ der generalisierten Kräfte $F_n(t)$, kurz Kraftspektrum genannt, bekannt. In Anlehnung an Gl. (3.9.4) gilt

$$S_{F_mF_n}(\omega) = H^*_{a,m}(\omega)H_{a,n}(\omega)S_{\zeta\zeta}(\omega). \tag{4.4.9}$$

β) zweiter Schritt: $F_n(t) \to q_n(t)$

Der Übergang von der generalisierten Kraft $F_n(t)$ zur generalisierten Koordinate $q_n(t)$ wurde bereits in den Abschnitten 3.8 und 3.9 untersucht. Mit der mechanischen Übertragungsfunktion $H_n(\omega)$ (3.8.5) gilt für den Zusammenhang zwischen den Kreuzspektraldichten $S_{q_mq_n}(\omega)$ der generalisierten Koordinaten und denen der generalisierten Kräfte nach Gl. (3.9.4)

$$S_{q_mq_n}(\omega) = H^*_m(\omega)H_n(\omega)S_{F_mF_n}(\omega). \tag{4.4.10}$$

γ) dritter Schritt: $q_n(t) \to u(z,t)$

Auch dieser Übergang ist bereits bekannt. Mittels des Modalansatzes (3.8.11) und den Eigenschwingungsformen $\Phi_n(z)$ ist nach Gl. (3.9.7) die Spektraldichte oder kurz das Spektrum der Konstruktionsauslenkung

$$S_{uu}(z,\omega) = \sum_{m=1}^{\infty}\sum_{n=1}^{\infty} \Phi_m(z)\Phi_n(z) S_{q_m q_n}(\omega). \qquad (4.4.11)$$

Faßt man diese drei Schritte α) bis γ) zusammen, so erhält man das resultierende Übertragungsverhalten zwischen dem unregelmäßigen Seegang $\zeta(t)$ als Eingang und der Zufallsschwingung $u(z,t)$ der Konstruktion als Ausgang, nämlich

$$S_{uu}(z,\omega) = S_{\zeta\zeta}(\omega)\sum_{m=1}^{\infty}\sum_{n=1}^{\infty} \Phi_m(z)\Phi_n(z)H_m^*(\omega)H_n(\omega)H_{a,m}^*(\omega)H_{a,n}(\omega), \qquad (4.4.12)$$

oder nach Einführung der dimensionslosen resultierenden Übertragungsfunktion

$$H(z,\omega) := \sum_{n=1}^{\infty} \Phi_n(z)H_n(\omega)H_{a,n}(\omega) \qquad (4.4.13)$$

$$S_{uu}(z,\omega) = H^*(z,\omega)H(z,\omega)S_{\zeta\zeta}(\omega) = |H(z,\omega)|^2 S_{\zeta\zeta}(\omega). \qquad (4.4.14)$$

Die vorstehende Gleichung ist die vollständige Lösung für die Zufallsschwingungen des betrachteten linearen mechanischen Systems unter Einwirkung eines stationären stochastischen Seegangs. Die Systemantwort wird meist nur durch wenige Eigenschwingungsformen bestimmt, weshalb die Anzahl n von vornherein begrenzt werden kann. Bei kleinen Dämpfungen wirkt darüberhinaus das System als Schmalbandfilter, was meist zu dazu führt, daß die Eigenfrequenzen gut voneinander getrennt sind. Dann können die Nebendiagonalglieder der Kraftspektraldichte-Matrix (4.4.9) vernachlässigt werden. Es gilt also m=n.

δ) vierter Schritt: $\zeta(t) + u(z,t) \rightarrow \dot{u}_r(z,t)$

Die Relativgeschwindigkeit zwischen der Wasserpartikelbewegung u_o (4.4.1) und der Konstruktionsbewegung u ist

$$\dot{u}_r(z,t) = \dot{u}_o(z,t) - \dot{u}(z,t) = -i\eta\dot{\zeta} - \dot{u}. \qquad (4.4.15)$$

Der Ausgang $\dot{u}_r$ wird durch die beiden Eingänge ζ und u bestimmt. Entsprechend den Ausführungen im Abschnitt 3.7 setzt man der Reihe nach $u \equiv 0$, $\zeta = e^{i\omega t}$, $\dot{u}_r = H_{r,1}e^{i\omega t}$ und $u = e^{i\omega t}$, $\zeta \equiv 0$, $\dot{u}_r = H_{r,2}e^{i\omega t}$. Im ersten Fall findet man

$$H_{r,1}(z,\omega) := \eta(z)\omega, \qquad (4.4.16)$$

und im zweiten Fall

$$H_{r,2}(\omega) := -i\omega. \qquad (4.4.17)$$

Nach Gl. (3.7.5) folgt die Spektraldichte der Relativgeschwindigkeit zu

$$S_{rr}(z,\omega) = |H_{r,1}|^2 S_{\zeta\zeta} + H_{r,1}^* H_{r,2} S_{\zeta u} + H_{r,2}^* H_{r,1} S_{u\zeta} + |H_{r,2}|^2 S_{uu}, \qquad (4.4.18)$$

oder mit den eben berechneten Übertragungsfunktionen $H_{r,1}$ und $H_{r,2}$ zu

$$S_{rr}(z,\omega) = \omega^2\{\eta^2(z)S_{\zeta\zeta}(\omega) + i\eta(z)[S_{u\zeta}(z,\omega) - S_{\zeta u}(z,\omega)] + S_{uu}(z,\omega)\}. \qquad (4.4.19)$$

Nach Gl. (2.15.13) steht in der eckigen Klammer das 2i-fache des (reellen) Quadraturspektrums $Q_{\zeta u}(z,\omega)$ beider Prozesse. Damit wird deutlich, daß S_{rr} - wie es sein muß- eine reelle Funktion ist, nämlich

$$S_{rr}(z,\omega) = \omega^2[\eta^2(z)S_{\zeta\zeta}(\omega) - 2\eta(z)Q_{\zeta u}(z,\omega) + S_{uu}(z,\omega)]. \qquad (4.4.20)$$

Zwischen dem Seegang ζ und der Konstruktionsbewegung u liegt die resultierende Übertragungsfunktion H(z,ω) (4.4.13). Die Kreuzspektraldichten zwischen dem

Eingang ζ und dem Ausgang u sind nach den Gln. (3.6.6) und (3.6.7) $S_{\zeta u} = H S_{\zeta\zeta}$ und $S_{u\zeta} = H^* S_{\zeta\zeta}$. Unter Beachtung von Gl. (4.4.14) folgt also weiter

$$S_{rr}(z,\omega) = \omega^2 S_{\zeta\zeta}(\omega)\{\eta^2(z) + i\eta(z)[H^*(z,\omega) - H(z,\omega)] + H^*(z,\omega)H(z,\omega)\}. \quad (4.4.21)$$

Definiert man auch hier zwischen dem Seegang ζ und der Relativgeschwindigkeit $\dot{u}_r$ eine resultierende Übertragungsfunktion, nämlich

$$H_r(z,\omega) := \omega[\eta(z) - iH(z,\omega)], \quad (4.4.22)$$

dann schreibt sich die Spektraldichte der Relativgeschwindigkeit in der Form

$$S_{rr}(z,\omega) = H_r^*(z,\omega)\,H_r(z,\omega)\,S_{\zeta\zeta}(\omega) = |H_r(z,\omega)|^2 S_{\zeta\zeta}(\omega). \quad (4.4.23)$$

Zwecks numerischer Auswertung dieser Gleichung schreibt man ausführlicher

$$S_{rr} = \omega^2 S_{\zeta\zeta}\Big\{\eta^2 + 2\eta\sum_{n=1}^{\infty}\Phi_n K_n |H_n|^2\Big[\Big(1 - \frac{\omega^2}{\omega_n^2}\Big)\hat{F}_{M,n} - 2\,\xi_n\frac{\omega}{\omega_n}\hat{F}_{D,n}\Big]\Big\} + \omega^2 S_{uu}. \quad (4.4.24)$$

Dabei wurde berücksichtigt, daß das Ausgangsspektrum S_{uu} von der dynamischen Analyse her bereits bekannt ist. An jeder Stelle z kann damit die Varianz der Relativgeschwindigkeit

$$\sigma_r^2(z) = \int_{-\infty}^{\infty} S_{rr}(z,\omega)\,d\omega \quad (4.4.25)$$

berechnet werden. Aus der äquivalenten statistischen Linearisierung des hydrodynamischen Widerstands folgt dann die Konstante der hydrodynamischen Dämpfung $c_h(z)$ Gl. (4.2.49), mit der die durchgeführte Rechnung nötigenfalls itarativ verbessert wird. Die Abb. 4.2.2 zeigt ein Flußdiagramm für den beschriebenen Rechenablauf.

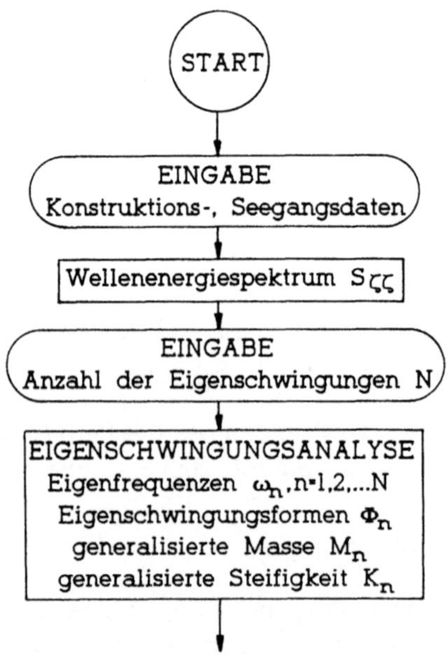

Abb. 4.4.2 Flußdiagramm einer Schwingungsanalyse nach dem stochastischen Wellenkonzept

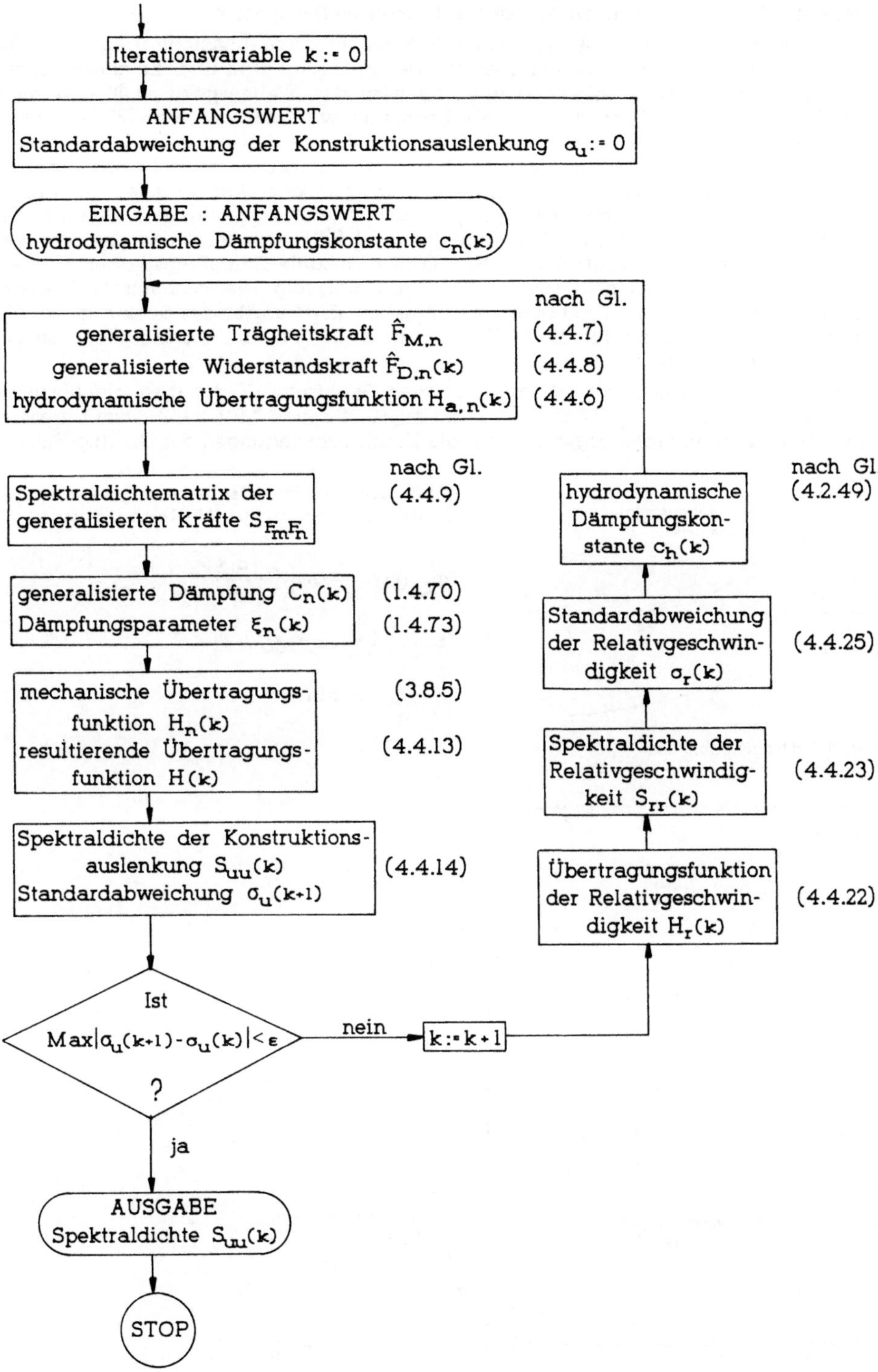

Iterationsvariable k := 0
ANFANGSWERT
Standardabweichung der Konstruktionsauslenkung σu := 0
EINGABE : ANFANGSWERT
hydrodynamische Dämpfungskonstante cn(k)
nach Gl.
generalisierte Trägheitskraft F̂M.n (4.4.7)
generalisierte Widerstandskraft F̂D.n(k) (4.4.8)
hydrodynamische Übertragungsfunktion Ha.n(k) (4.4.6)
nach Gl.
Spektraldichtematrix der generalisierten Kräfte SFmFn (4.4.9)
generalisierte Dämpfung Cn(k) (1.4.70)
Dämpfungsparameter ξn(k) (1.4.73)
mechanische Übertragungsfunktion Hn(k) (3.8.5)
resultierende Übertragungsfunktion H(k) (4.4.13)
Spektraldichte der Konstruktionsauslenkung Suu(k)
Standardabweichung σu(k+1) (4.4.14)
Ist
Max|σu(k+1) - σu(k)| < ε
?
nein
k := k+1
ja
AUSGABE
Spektraldichte Suu(k)
STOP
nach Gl.
hydrodynamische Dämpfungskonstante ch(k) (4.2.49)
Standardabweichung der Relativgeschwindigkeit σr(k) (4.4.25)
Spektraldichte der Relativgeschwindigkeit Srr(k) (4.4.23)
Übertragungsfunktion der Relativgeschwindigkeit Hr(k) (4.4.22)

Beispiel 4.4.1: Drilling-Riser nach dem stochastischen Wellenkonzept

Es wird der bereits im Beispiel 4.3.1 behandelte Riser im unregelmäßigen Seegang untersucht. Der Seegang sei durch die signifikante Wellenhöhe $h_s = 10$ m und die charakteristische Wellenperiode $T_1 = 8$ s gekennzeichnet. Es wird das Wellenspektrum $\Phi_{\zeta\zeta}(\omega)$ nach *Pierson-Moskowitz* (4.1.47) gewählt. In die Rechnung wird nur die erste Eigenschwingungsform $\Phi_1 \approx \sin(\pi z/l)$ eingeführt. Als Anfangswert für die Konstante der hydrodynamischen Dämpfung wird $c_h(z) \equiv 0$ gewählt. Nach vier Iterationsschritten steht das Ergebnis mit ausreichender Genauigkeit. Die Abb. 4.4.3 zeigt grafische Darstellungen der Ergebnisse. Das dort dargestellte Wellenenergiespektrum $\Phi_{\zeta\zeta}(\omega)$ wird mit dem Quadrat der Kraftübertragungsfunktion $|H_{a,1}(\omega)|$ multipliziert und liefert zunächst das darunter stehende Spektrum der Wellenkraft $\Phi_{F_1F_1} \equiv \Phi_{FF}(\omega)$. Der modale Dämpfungsparameter stellt sich nach dem 4. Iterationsschritt auf $\xi_1 = 0{,}273$ ein. Damit folgt die mechanische Übertragungsfunktion $H_1(\omega)$. Die Multiplikation von Φ_{FF} mit $|H_1|^2$ ergibt das Spektrum der Riserauslenkung $\Phi_{uu}(z,\omega)$, das für die Stelle $z = l/2$ in Abb. 4.4.3 in Abhängigkeit von der Frequenz ω dargestellt ist.

Durch Integrationen dieses mit ω^n multiplizierten Spektrums findet man die Momente (2.16.15) zu $m_o = 1{,}450$ m², $m_2 = 0{,}645$ m²s⁻² und $m_4 = 0{,}383$ m²s⁻⁴ für $z = l/2$. Damit ergeben sich z.B. folgende statistische Ergebnisse für die Zufallsschwingungen des Drilling-Risers

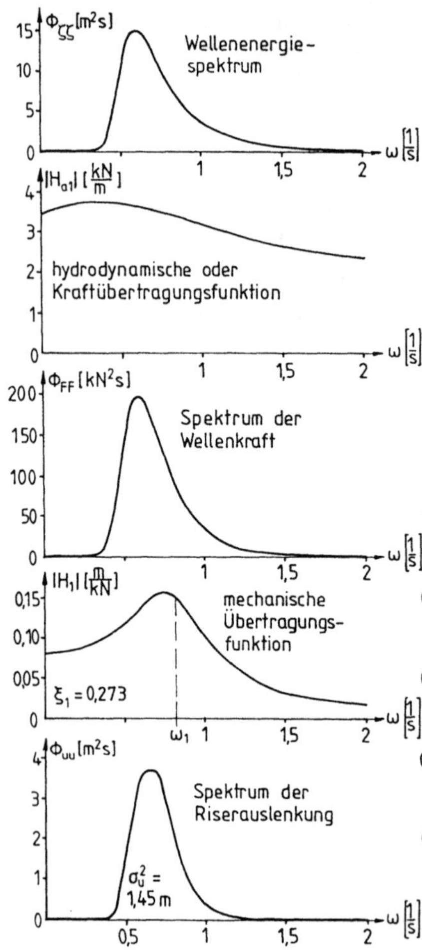

Abb. 4.4.3 Stochastische Analyse eines Drilling-Risers unter Wellenbelastung

$$\Phi_{\zeta\zeta}(\omega) = \frac{A}{\omega^5} \exp\left(-\frac{B}{\omega^4}\right)$$

$$A = 173 \frac{h_s^2}{T_1^4} = 4{,}2236 \text{ m}^2\text{s}^{-4}$$

$$B = \frac{691}{T_1^4} = 0{,}1687 \text{ s}^{-4}$$

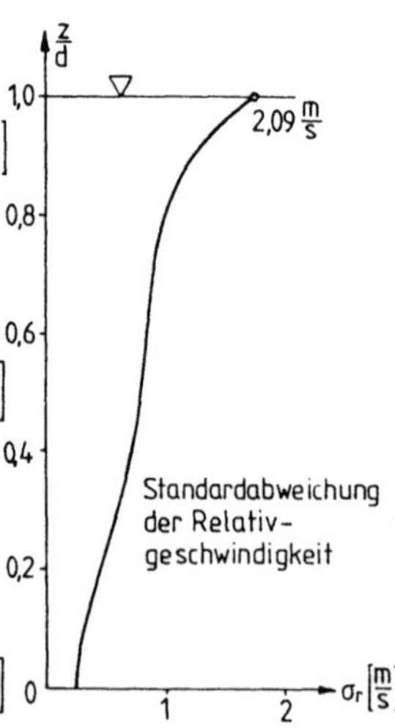

α) Die Standardabweichung bei $z=l/2$ beträgt $\sigma_u = \sqrt{m_o} = 1{,}204$ m. Die Wahrscheinlichkeit dafür, daß die Riserauslenkung dort das Niveau $2\sigma_u$ *nicht* überschreitet, ist $P(-\infty < u \leq 2\sigma_u) = \Phi(2) = 0{,}97725$. Damit ist die *Über*schreitenswahrscheinlichkeit für dieses Niveau $u_o = 2\sigma_u = 2{,}408$ m 2,28 %. Diesem Niveau entspricht die Biegespannung

$$\sigma_{max} = \frac{\pi^2}{2} E \frac{D u_o}{l^2} = 155 \frac{N}{mm^2}$$

β) Aus den Momenten m_o und m_2 folgt nach den Gln. (2.20.30) und (2.20.11) die mittlere Periodendauer des Zufallsprozesses u(t) zu $T_o = 2\pi\sqrt{m_o/m_2} = 9{,}421$ s. Die mittlere Periodendauer der Maxima x des Zufallsprozesses u(t) ist nach den Gln. (2.20.31) und (2.20.28) $T_m = 2\pi\sqrt{m_2/m_4} = 8{,}154$ s und der Bandbreitenparameter (2.20.32) $\varepsilon = 0{,}50$. Es wird eine Sturmdauer von $T = 1$ h $= 3600$ s angenommen. Die erwartete Anzahl sämtlicher Maxima ist dann $N = T/T_m = 442$. Das während des Sturms erwartete absolute Maximum ist nach Gl. (2.20.61) $E[x_m] = 4{,}354$ m, was einer Biegespannung von $\sigma_{max} = 280$ Nmm^{-2} entspricht.

4.4.2 Einfluß des Beinabstandes

Es wird eine zweibeinige Konstruktion betrachtet, z.B. die Hubinsel nach Abb. 1.4.3, und langkämmiger unregelmäßiger Seegang mit dem (einseitigen) Wellenenergiespektrum $\Phi_{\zeta\zeta}(\omega)$ vorausgesetzt. Nach Gl. (4.1.27) gilt für die Wellenerhebung dieses Seegangs in reeller Schreibweise

$$\zeta(x,t) = \sum_{n=1}^{\infty} a_n \cos(k_n x - \omega_n t + \alpha_n) \tag{4.4.26}$$

mit Wellenzahlen k_n, Frequenzen ω_n, im Winkelbereich 0 bis 2π gleichverteilten Zufallsphasen α_n und Wellenamplituden a_n, für die nach Gl. (2.14.17)

$$a_n = \sqrt{2\Phi_{\zeta\zeta}(\omega_n)\Delta\omega} \tag{4.4.27}$$

gilt. Die Autokorrelationsfunktion dieses homogenen und stationären Seegangs ist nach Gl. (2.19.7)

$$K_{\zeta\zeta}(\rho,\tau) = \frac{1}{2}\sum_{n=1}^{\infty} a_n^2 \cos(k_n\rho - \omega_n\tau). \tag{4.4.28}$$

Die Wellenerhebung am Ort $x=x_1$ des Beins 1 ist $\zeta_1(t) := \zeta(x_1,t)$, die am Ort $x=x_2$ des Beins 2 $\zeta_2(t) := \zeta(x_2,t)$. Wird vereinfachend für beide Beine dieselbe Geometrie angenommen, hängt die Erregerkraft summiert über beide Beine lediglich von dem summierten Prozeß $\bar{\zeta}(t) = \zeta_1(t) + \zeta_2(t)$ ab. Nach Gl. (2.12.10) gilt für die Autokorrelationsfunktion dieses Prozesses

$$K_{\bar{\zeta}\bar{\zeta}}(\tau) = K_{11}(\tau) + K_{12}(\tau) + K_{21}(\tau) + K_{22}(\tau), \tag{4.4.29}$$

wobei zur Abkürzung $K_{\zeta_i\zeta_j} = K_{ij}$ gesetzt wurde. Es ist nun die Kreuzkorrelationsfunktion $K_{12}(\tau) = E[\zeta_1(t)\zeta_2(t+\tau)] = E[\zeta(x_1,t)\zeta(x_2,t+\tau)] = K_{\zeta\zeta}(\rho,\tau)$ mit $\rho = x_2 - x_1$ und weiter mit Gl. (2.12.9) $K_{21}(\tau) = K_{21}(-\tau) = K_{\zeta\zeta}(\rho,-\tau)$. Damit folgt aus Gl. (4.4.29)

$$K_{\bar{\zeta}\bar{\zeta}}(\rho,\tau) = K_{\zeta\zeta}(0,\tau) + K_{\zeta\zeta}(\rho,\tau) + K_{\zeta\zeta}(\rho,-\tau) + K_{\zeta\zeta}(0,\tau). \tag{4.4.30}$$

Hier setzt man nun die Autokorrelationsfunktion des Seegangs (4.4.28) ein und findet unter Verwendung der Additionstheoreme für trigonometrische Funktionen

$$K_{\bar{\zeta}\bar{\zeta}}(\rho,\tau) = 2\sum_{n=1}^{\infty} a_n^2 \cos^2\frac{k_n\rho}{2}\cos\omega_n\tau. \tag{4.4.31}$$

Abschließend wird der Übergang zum Kontinuum vollzogen. Mit $a_n^2 \rightarrow 2\Phi_{\zeta\zeta}(\omega)d\omega$, $\Sigma \rightarrow \int$, $\omega_n \rightarrow \omega$ und $k_n \rightarrow k$ folgt

$$K_{\bar{\zeta}\bar{\zeta}}(\rho,\tau) = 4\int_0^\infty \Phi_{\zeta\zeta}(\omega)\cos^2\frac{k\rho}{2}\cos\omega\tau\, d\omega. \tag{4.4.32}$$

Definiert man für eine Konstruktion mit zwei Beinen derselben Geometrie und vom Abstand ρ als für die stochastische Analyse maßgebliches Wellenenergiespektrum

$$\Phi_{\bar{\zeta}\bar{\zeta}}(\rho,\omega) := 4\,\Phi_{\zeta\zeta}(\omega)\cos^2\frac{k\rho}{2}, \tag{4.4.33}$$

dann lauten die *Wiener-Chintschin*-Relationen (2.14.11) in diesem Anwendungsfall

$$\left.\begin{aligned} \Phi_{\bar{\zeta}\bar{\zeta}}(\rho,\omega) &= \frac{2}{\pi}\int_0^\infty K_{\bar{\zeta}\bar{\zeta}}(\rho,\tau)\cos\omega\tau\, d\tau, \\ K_{\bar{\zeta}\bar{\zeta}}(\rho,\tau) &= \int_0^\infty \Phi_{\bar{\zeta}\bar{\zeta}}(\rho,\omega)\cos\omega\tau\, d\omega. \end{aligned}\right\} \tag{4.4.34}$$

Da $K_{\bar{\zeta}\bar{\zeta}}(\rho,\tau) = K_{\bar{\zeta}\bar{\zeta}}(-\rho,\tau)$ gilt, liegt hier die Eigenschaft der Isotropie vor, obwohl der Seegang selbst nur homogen ist. Das aber ist selbstverständlich, daß man die Konstruktion an x=0 spiegeln kann, ohne daß sich dabei die Wellenwirkung auf diese verändert.

Für das *Pierson-Moskowitz*-Wellenspektrum $\Phi_{\zeta\zeta}(\omega)$ aus Abb. 4.4.3 ist in Abb. 4.4.4 das Spektrum $\Phi_{\bar{\zeta}\bar{\zeta}}(\rho,\omega)$ nach Gl. (4.4.33) in Abhängigkeit von der Frequenz ω für verschiedene Beinabstände ρ als Parameter grafisch dargestellt. Dafür wurde unbeschränkte Meerestiefe angenommen, so daß die Dispersionsgleichung $k=\omega^2/g$

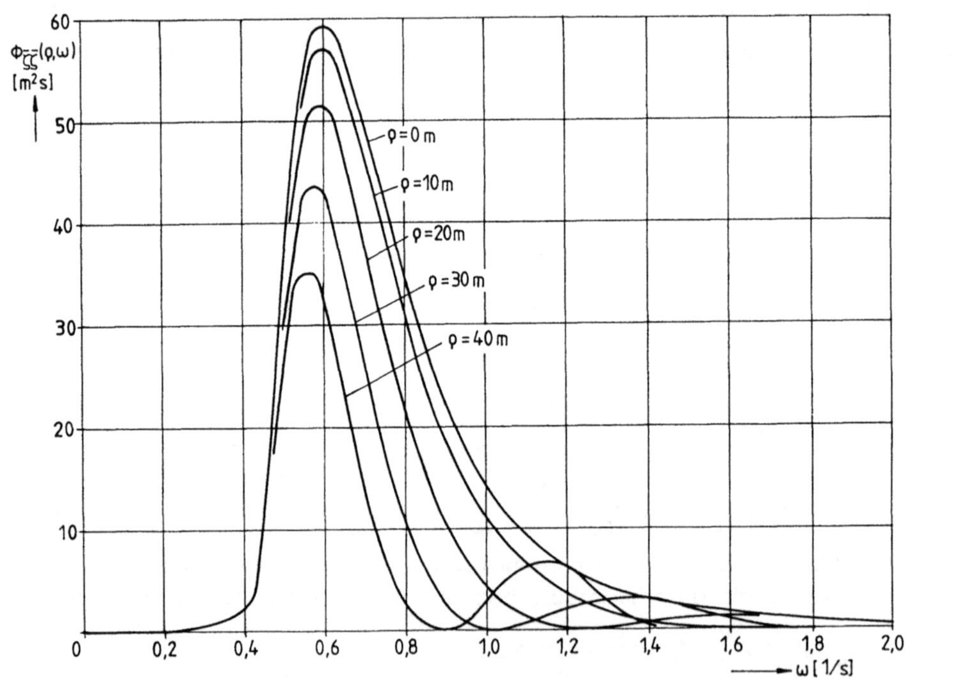

Abb. 4.4.4 Wellenenergiespektrum $\Phi_{\bar{\zeta}\bar{\zeta}}(\rho,\omega)$ einer zweibeinigen meerestechnischen Konstruktion mit dem Beinabstand ρ

lautet. Man erkennt für den Fall, daß beide Beine nebeneinander liegen, also für $\rho=0$, daß $\Phi_{\bar{\zeta}\bar{\zeta}}(0,\omega)$ den vierfachen Wert des Wellenspektrums $\Phi_{\zeta\zeta}(\omega)$ annimmt. Da für $\rho=0$ volle Korrelation des Seegangs besteht, *verdoppelt* sich die Seegangswirkung gegenüber einer einbeinigen Konstruktion. Der Abb. 4.4.5 entnimmt man, wie die Autokorrelationsfunktion des Seegangs mit wachsendem Abstand ρ entsprechend Gl. (4.4.34) abnimmt. Für $\rho=0$ und $\tau=0$ besteht vollständige Korrelation, und aus Gl. (4.4.34) folgt mit dem Moment m_o des Seegangsspektrums $\Phi_{\zeta\zeta}(\omega)$

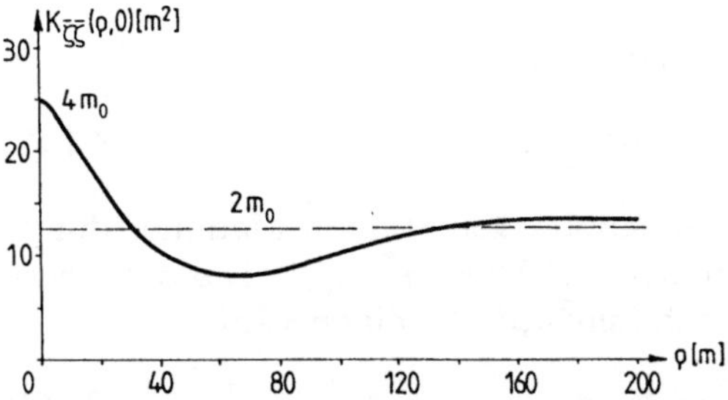

Abb. 4.4.5 Autokorrelationsfunktion $K_{\bar{\zeta}\bar{\zeta}}(\rho,0)$ einer zweibeinigen meerestechnischen Konstruktion in Abhängigkeit vom Beinabstand ρ

$$K_{\bar{\zeta}\bar{\zeta}}(0,0) = 4\int_0^\infty \Phi_{\zeta\zeta}(\omega)d\omega = 4m_o\,. \tag{4.4.35}$$

Für das gewählte *Pierson-Moskowitz*-Wellenspektrum ist $m_o = A/(4B) = 6{,}259$ m^2. Für sehr große ρ und $\tau=0$ verschwinden die Kreuzkorrelierten K_{12} und K_{21} in Gl. (4.4.29). Es addieren sich also lediglich die beiden Autokorrelationsfunktionen $K_{11}=K_{22}$, und es gilt

$$\lim_{\rho\to\infty} K_{\bar{\zeta}\bar{\zeta}}(\rho,0) = 2m_o. \tag{4.4.36}$$

Die in der Abb. 4.4.4 erkennbaren Nullstellen des Spektrums liegen bei $\omega=\sqrt{\pi g/\rho}$, die Maxima oberhalb von 0,6 1/s bei $\omega\approx\sqrt{2\pi g/\rho}$.

Zum Abschluß dieses Kapitels soll noch der Korrelationskoeffizient der Relativgeschwindigkeiten am Bein 1 und am Bein 2, der für die Bestimmung der äquivalenten hydrodynamischen Dämpfung in Gl. (4.2.52) eingeführt worden ist, berechnet werden. Die Relativbewegungen an den beiden Beinen sind mit einer Übertragungsfunktion $H_o = -i\eta$

$$u_{ri} = u_{Oi} + u = H_O\zeta_i + u, \quad i=1,2. \tag{4.4.37}$$

Zur Abkürzung werden die Partikelbewegungen $u_{o1}=v$ und $u_{o2}=w$ gesetzt. Es ist dann die Kreuzspektraldichte

$$S_{u_{r1}u_{r2}} = S_{vw} + S_{vu} + S_{uw} + S_{uu}\,. \tag{4.4.38}$$

Hierin sind mit der Übertragungsfunktion H (4.4.13) $S_{vw}=H_oH_o^*S_{\zeta_1\zeta_2}=\eta^2 S_{\zeta_1\zeta_2}$, $S_{vu}=H_oS_{\zeta_1u}=-i\eta S_{\zeta u}=-i\eta HS_{\zeta\zeta}$, $S_{uw}=S_{uv}=S_{vu}^*=i\eta H^*S_{\zeta\zeta}$ und $S_{uu}=|H|^2S_{\zeta\zeta}$. Es ist dann

$$S_{u_{r1}u_{r2}} = \eta^2 S_{\zeta_1\zeta_2} + i\eta(H^*-H)S_{\zeta\zeta} + |H|^2S_{\zeta\zeta}. \tag{4.4.39}$$

Nach Gl. (2.15.3) gilt für die Kreuzkorrelationsfunktion einerseits

$$K_{\zeta_1\zeta_2}(0) = \int_{-\infty}^{\infty} S_{\zeta_1\zeta_2}(\omega)d\omega \tag{4.4.40}$$

und andererseits nach Gl. (4.4.30) sowie mit Gl. (4.4.28) und dem dort anschließenden Übergang zum Kontinuum

$$K_{\zeta_1\zeta_2}(0) = K_{\zeta\zeta}(\rho,0) = \frac{1}{2}\sum_{n=1}^{\infty} a_n^2\cos k_n\rho = \int_0^\infty \Phi_{\zeta\zeta}(\omega)\cos k\rho\, d\omega. \tag{4.4.41}$$

Es ist also $S_{\zeta_1\zeta_2}(\omega)$ eine in ω symmetrische Funktion.

Es wird nun die Kovarianz der Relativgeschwindigkeiten gebildet und dabei das einseitige Wellenenergiespektrum eingeführt. Es ist

$$E[\dot{u}_{r,1}\dot{u}_{r,2}] = \sigma_{r,12} = K_{\dot{u}_{r1}\dot{u}_{r2}}(0) = \int_{-\infty}^{\infty} \omega^2 S_{u_{r1}u_{r2}} d\omega = 2\int_{0}^{\infty} \omega^2 S_{u_{r1}u_{r2}} d\omega \qquad (4.4.42)$$

bzw. nach Einführung der Kreuzspektraldichte (4.4.39)

$$\sigma_{r,12} = \int_{0}^{\infty} \omega^2 [\eta^2 \cos k\rho + i\eta(H^* - H) + |H|^2] \Phi_{\zeta\zeta} d\omega. \qquad (4.4.43)$$

Ergänzt man den zweiten und dritten Summanden der eckigen Klammer durch η^2, dann entsteht mit der Übertragungsfunktion (4.4.22) $H_r H_r^* = |H_r|^2$. Die dann auftretende Klammer $1-\cos k\rho$ ersetzt man durch $2\sin^2 k\rho/2$. Somit entsteht

$$\sigma_{r,12} = \int_{0}^{\infty} |H_r|^2 \Phi_{\zeta\zeta} d\omega - 2\int_{0}^{\infty} \eta^2 \sin^2\frac{k\rho}{2}\, \omega^2 \Phi_{\zeta\zeta} d\omega. \qquad (4.4.44)$$

Das erste Integral erkennt man als Varianz der Relativgeschwindigkeit (4.4.25). Der gesuchte Korrelationskoeffizient ist also

$$\rho_{12}(z) = \frac{\sigma_{r,12}}{\sigma_r^2} = 1 - \frac{2}{\sigma_r^2(z)} \int_{0}^{\infty} \eta^2(z) \sin^2\frac{k\rho}{2}\, \omega^2 \Phi_{\zeta\zeta}(\omega) d\omega. \qquad (4.4.45)$$

Für $\rho=0$ besteht vollständige Korrelation mit $\rho_{12}=1$, ebenso bei großen Meerestiefen d in genügender Tiefe unterhalb des Meeresspiegels.

Übungsaufgaben zu Kapitel 4

4.1 Gegeben ist das Wellenverteilungsdiagramm für den Nordatlantik nach Tabelle 4.1.1. Man berechne α) die Anzahl n_o sämtlicher Wellen eines Jahres, β) die mittlere Periode T_o sämtlicher Wellen eines Jahres, γ) die Wellenhöhe h_1, die innerhalb eines Jahres einmal erreicht oder überschritten wird, und δ) die Höhe h_{40} der 40-Jahreswelle.

4.2 Die Wahrscheinlichkeitsdichte $f(h_s)$ für die Langzeitverteilung der signifikanten Wellenhöhe h_s werde durch die Funktion

$$f(h_s) = \frac{2}{\Gamma(k)} \frac{h_o^{2k}}{h_s^{2k+1}} \exp\left(-\frac{h_o^2}{h_s^2}\right)$$

mit gegebenen Parametern h_o und k approximiert. Die Gesamtzahl von Wellen eines Jahres sei n_o. Man berechne die Wellenhöhe h, die innerhalb eines Jahres von n Wellen erreicht oder überschritten wird, als Funktion der drei Parameter n_o, h_o und k.

Hinweis: $\int_0^\infty x^{k-1} \exp(-ax)\,dx = \frac{\Gamma(k)}{a^k}$ $(k>0,\ a>0)$

4.3 Eine meerestechnische Konstruktion besitze in Wellenfortschrittsrichtung drei hintereinanderstehende äquidistante vertikale Beine derselben Geometrie. Für welche Beinabstände ρ verschwindet die Globalbelastung der Konstruktion infolge einer harmonischen Einzelwelle der Wellenlänge λ?

4.4 Ein starrer zylindrischer Pfahl vom Durchmesser D ist bei einer Meerestiefe d am Meeresboden eingespannt und wird durch eine Welle der Höhe h und der Länge λ in x-Richtung belastet. Über die Streckenbelastung nach *Morison* berechne man die Amplituden der Stützkraft A und des Einspannmoments M des Pfahls.

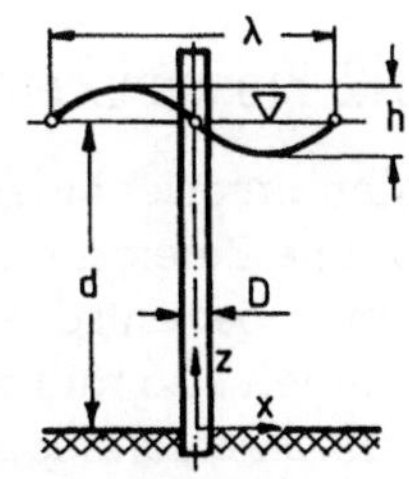

Durchmesser:	$D = 2{,}44$ m	Trägheitskoeffizient:	$C_M = 2{,}0$
Meerestiefe:	$d = 36$ m	Widerstandskoeffizient:	$C_D = 0{,}79$
Wellenhöhe:	$h = 14$ m	Dichte von Wasser:	$\rho = 1025\ \mathrm{kgm^{-2}}$
Wellenlänge:	$\lambda = 145$ m		

4.5 Zwei Zufallsprozesse u(t) und v(t) besitzen die zweidimensionale *Gauß*sche Wahrscheinlichkeitsdichte (2.4.22). Wie lautet die bedingte Wahrscheinlichkeitsdichte $f(u|v)$?

4.6 Zwei zentrierte Zufallsprozesse u(t) und v(t) besitzen die zweidimensionale *Gauß*sche Wahrscheinlichkeitsdichte (2.4.22). Wie lautet die statistische Erwartung $E[|u|uv]$?

5 Meerestechnische Konstruktionen unter Windbelastung

Windkräfte auf Offshore-Strukturen machen meist nur 5 bis 10 % der gesamten Umgebungskräfte aus. Trotzdem können sie, wenn sie mit entsprechend großer Häufigkeit auftreten, bei Lebensdaueranalysen von größerem Einfluß sein. In diesem Zusammenhang wird daher eine mehr statistische Analyse des natürlichen Windes erforderlich. Für das vorgesehene Seegebiet einer meerestechnischen Konstruktion werden meteorologische Informationen über die Häufigkeit, die Intensität, die Struktur und die Richtung des Windes benötigt. Mit diesen Daten sind Fragen nach der maximalen Windgeschwindigkeit für eine bestimmte Rückkehrperiode, nach den einzelnen Frequenzanteilen der kinetischen Windenergie oder nach dem vertikalen Geschwindigkeitsprofil des Windes zu klären.

5.1 Eigenschaften des natürlichen Windes

5.1.1 Frequenzbereiche des Windes

Man unterscheidet zwei große Frequenzbereiche des Windes. Der *mesometeorologische* Bereich erfaßt die Grob- oder Makrostruktur des Windes durch eine Mittelung über entsprechend große Wirkzeiten im Bereich von Stunden bis Tagen. Hier werden also mittlere Windgeschwindigkeiten gemessen. Dem gegenüber steht der *mikrometeorologische* Bereich der natürlichen Luftturbulenzen oder Windböen. Hier interessieren die zeitlichen stochastischen Schwankungen der Windgeschwindigkeit. Minuten oder Sekunden sind hier die entsprechenden Mittelungszeiten. Dieser Bereich erfaßt die Fein- oder Mikrostruktur eines Windes, der für eine Schwingungserregung der Offshore-Struktur in Betracht zu ziehen ist.

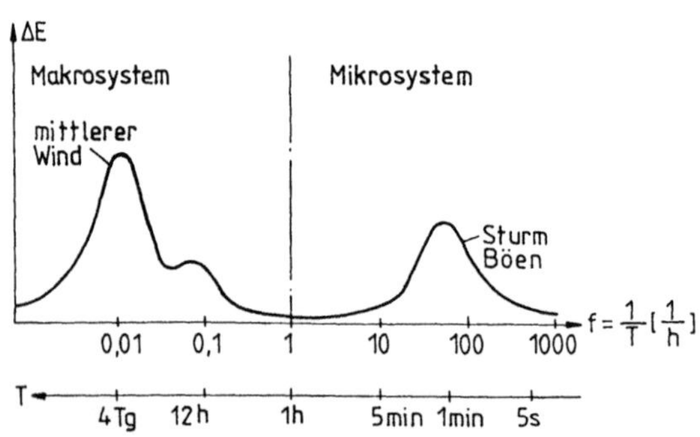

Abb. 5.1.1 Kinetische Restenergie ΔE der Windgeschwindigkeit für verschiedene Mittelungszeiten T bzw. Frequenzen f.

Man zerlegt die Gesamtwindgeschwindigkeit $v_g(t)$ in ihren zeitlichen Mittelwert $\overline{v}$ und ihre zeitlich schwankende (zentrierte) Komponente $v(t)$. Es gilt also

$$v_g(t) = \overline{v} + v(t) \tag{5.1.1}$$

und

$$\overline{v} = \frac{1}{T}\int_0^T v_g(t)\,dt \tag{5.1.2}$$

mit der Mittelungszeit T. Für die nach Abspaltung dieses Mittelwerts verbleibende dynamische Komponente v(t) wird die kinetische Windenergie, die sogenannte *kinetische Restenergie* ΔE, berechnet und über variierten Mittelungszeiten T aufgetragen. Aus umfangreichen Messungen von *Davenport*, der mit zahlreichen Veröffentlichungen über Windlasten auf Bauwerke hervorgetreten ist, ergibt sich ein Diagramm nach Abb. 5.1.1.

Im rechten Teil der Grafik, der den mikrometeorologischen Bereich umfaßt, ist für den zeitlich schwankenden Geschwindigkeitsanteil bei Mittelungszeiten zwischen 5 min und 5 s eine erhöhte Restenergie erkennbar. Luftbewegungen dieses Bereichs sind die in Stürmen auftretenden Böen, die für die dynamischen Kraftwirkungen auf Offshore-Konstruktionen wichtig werden können.

Auf der anderen Seite ergibt sich für eine Mittelungszeit von T=1 h ein deutliches Minimum für die kinetische Restenergie. Dieses sogenannte *Einstundenmittel* trennt den mikro- von dem mesometeorologischen Bereich. Der auffällige Minimalwert für die Energie des turbulenten Windgeschwindigkeitsanteils hat dazu geführt, daß das Einstundenmittel international zur Beschreibung der Makrostruktur des Windes herangezogen wird. Gelegentlich findet man dafür auch die Angabe des 10-Minutenmittels, welches jedoch nur wenig vom Einstundenmittel abweicht, wie man in Abb. 5.1.1 erkennt.

Für das Einstundenmittel des Windes müssen das Höhenprofil der Geschwindigkeit, die statistische Verteilung der jährlich maximalen Geschwindigkeit und die Rückkehrperiode eines bestimmten Maximalereignisses bestimmt werden, wogegen für den turbulenten Geschwindigkeitsanteil die Kenntnis der Spektraldichte wichtig ist.

5.1.2 Höhenprofil des Windes

Das Einstundenmittel der Windgeschwindigkeit ist höhenabhängig. Die Grobstruktur des Windes muß auch die Abhängigkeit von der Höhe z über der Erd- bzw. Meeresoberfläche erfassen. Die Ausbildung des Geschwindigkeitsprofils entspricht der einer turbulenten Grenzschicht. Es hat sich dafür das einfache Potenzgesetz

$$\overline{v}(z) = v_G \left(\frac{z}{z_G}\right)^{\alpha_G}, \quad 0 \le z \le z_G \tag{5.1.3}$$

bewährt. Es ist z die Höhe über der Oberfläche. In der Gradientenhöhe z_G wird die von der Oberflächenrauhigkeit k ungestörte, innerhalb einer Stunde nahezu stationäre Gradientenwindgeschwindigkeit v_G erreicht, und $\overline{v}(z)$ ist das Einstundenmittel der Windgeschwindigkeit in der Höhe z. Der Exponent α_G ist von der Oberflächenform abhängig. An Stelle der Gradientenhöhe z_G ist auch eine Bezugshöhe von 10 m üblich. In diesem Fall gilt

$$\overline{v}(z) = \overline{v}(10) \left(\frac{z}{10}\right)^{\alpha_G}, \quad 0 \le z \le z_G . \tag{5.1.4}$$

Werte für Oberflächenrauhigkeit k, Gradientenhöhe z_G und Exponent α_G nach Messungen von *Davenport* sind in Tabelle 5.1.1 zusammengestellt.

Große Meereswellen lenken gerade im interessanten Bereich zwischen Meeresoberfläche und dem Deck einer Offshore-Konstruktion die Windströmung ab. Eine dadurch mögliche Beeinflussung des Windprofils muß hier jedoch außer acht gelassen werden. In der Nähe der Erd- bzw. Meeresoberfläche herrscht infolge der Oberflächenrauhigkeit k ein starker Turbulenzgrad, wodurch es bei kleinen

	k	z_G[m]	α_G
offene See Seeküste	0,003	250	0,14
offenes Gelände Felder	0,005	300	0,18
Städte Wälder	0,015	400	0,28
Hochhaus-bebauung	0,05	500	0,40

Tabelle 5.1.1 Daten für das Höhenprofil des Einstundenmittels der Windgeschwindigkeit[69, 76]

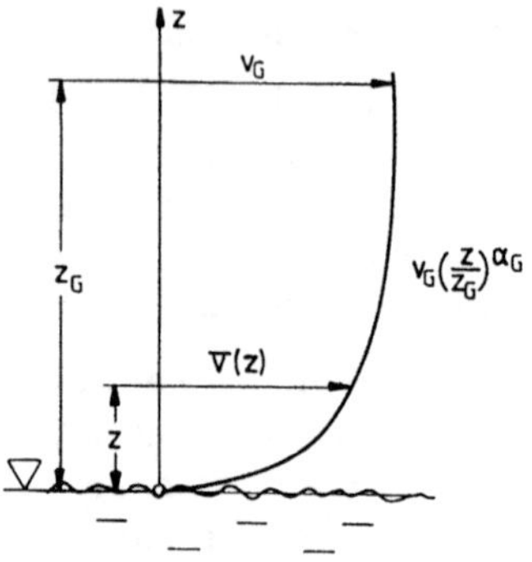

Mittelungszeiten T im Bereich von 2 s-Böen zu völligeren Höhenprofilen als beim Einstundenmittel kommt. Für das Höhenprofil der maximalen Böenwindgeschwindigkeit kann $\alpha_G = 0{,}07$ gesetzt werden.

Der *Germanische Lloyd* [21] benutzt als Dauerwindgeschwindigkeit die über maximal 1 min gemittelte Geschwindigkeit. Für die mit der Rückkehrperiode $T_R = 100$ Jahre einmal auftretende Dauerwindgeschwindigkeit wird

$$\overline{v}_R(z) = \overline{v}_R(10)\left(\frac{z}{10}\right)^{\alpha_G} \tag{5.1.5}$$

mit $\alpha_G = 0{,}1$ und, falls keine genaueren Beobachtungen für das Einsatzgebiet vorliegen, mit $\overline{v}_R(10) = 50$ m/s angegeben. Für die Böenwindgeschwindigkeit, das ist die über maximal drei Sekunden gemittelte Geschwindigkeit, kann nach [21]

$$\overline{v}_g = 1{,}2\,\overline{v}_R \tag{5.1.6}$$

gesetzt werden.

5.1.3 Statistische Verteilung der maximalen Windgeschwindigkeiten

Für die an einem geografischen Ort beobachteten, innerhalb eines Jahres auftretenden Extremwerte x der Windgeschwindigkeit gilt über mehrere Jahre hinweg näherungsweise die *Gumbel*-Verteilung (2.3.14)

$$F_x(x) = \exp[-e^{-\alpha(x-x_o)}].$$

Und zwar gilt sie sowohl für das Einstundenmittel der Windgeschwindigkeit als auch für die Geschwindigkeit in Sturmböen. α ist ein Maß für die Streuung der Werte x. x_o ist der Modalwert, für den sich die am häufigsten auftretenden Werte x ergeben. $(\alpha x_o)^{-1}$ heißt Variationsmaß.

Die Modalwerte v_{Go} für die statistische Verteilung der jährlich einmal erscheinenden Gradientenwindgeschwindigkeit v_G können einer Europakarte von *van Koten* und *Cruys* [76] Abb. 5.1.2 entnommen werden. Mit dieser Karte können die Modalwerte für den Bereich der Nord- und Ostsee abgeschätzt werden. Speziell für die Bundesrepublik Deutschland gibt es eine Windkarte von *König* und *Zilch* [69]. Nach dieser Karte gilt für die Deutsche Bucht ein Modalwert der Gradientenwindgeschwindigkeit von $v_{Go} = 32{,}5$ m/s und ein Variationsmaß von $(\alpha v_{Go})^{-1} =$ $= 0{,}093$. Ist das Variationsmaß für einen bestimmten Ort nicht bekannt, kann für Europa näherungsweise $(\alpha v_{Go})^{-1} = 0{,}1$ gesetzt werden.

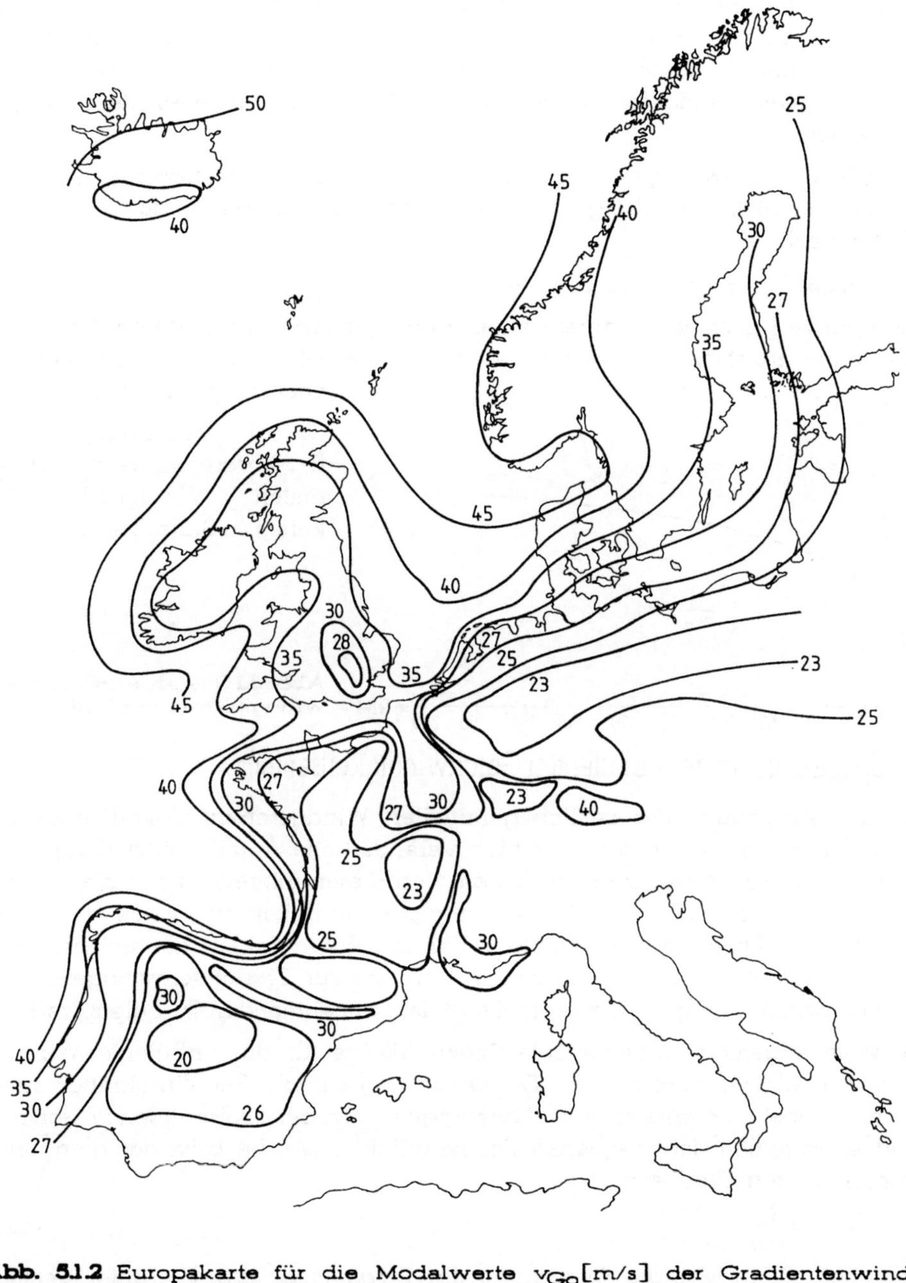

Abb. 5.1.2 Europakarte für die Modalwerte v_{G0} [m/s] der Gradientenwindgeschwindigkeit v_G nach *van Koten* und *Cruys* [76]

5.1.4 Rückkehrperiode einer R-Jahreswindgeschwindigkeit

Ist die Wahrscheinlichkeitsverteilung $F_x(x)$ für das Eintreten einer maximalen Windgeschwindigkeit nach Abschnitt 5.1.3 bekannt, ergibt sich die Rückkehrperiode T_R für dieses Maximalereignis aus Gl. (2.20.73) $T_R/T = [1 - F_x(x)]^{-1}$. Für die jährlich einmal auftretenden maximalen Windgeschwindigkeiten ist die Bezugszeit T = 1 Jahr, und der Quotient T_R/T ist die Anzahl R der Jahre, die bis zur Wiederkehr einer maximalen Windgeschwindigkeit x der Wahrscheinlichkeitsverteilung $F_x(x)$ verstreichen.

Für die Gradientenwindgeschwindigkeit folgt dieses R-Jahresereignis $v_{G,R}$ mit der Wahrscheinlichkeitsverteilung $F_x = 1 - 1/R$ aus der *Gumbel*-Verteilung (2.3.14) durch Auflösen nach

$$v_{G,R} = v_{Go}\{1 - \frac{1}{\alpha v_{Go}} \ln[-\ln(1 - \frac{1}{R})]\}. \tag{5.1.7}$$

Eine typische Kurve des R-Jahresereignisses $v_{G,R}$ in Abhängigkeit von der Anzahl R der Jahre, die statistisch gesehen bis zur Wiederkehr des Ereignisses verstreichen, zeigt Abb. 5.1.3.

Gl. (5.1.7) gilt ebenso für das R- Jahresereignis der maximalen Windgeschwindigkeiten in Sturmböen.

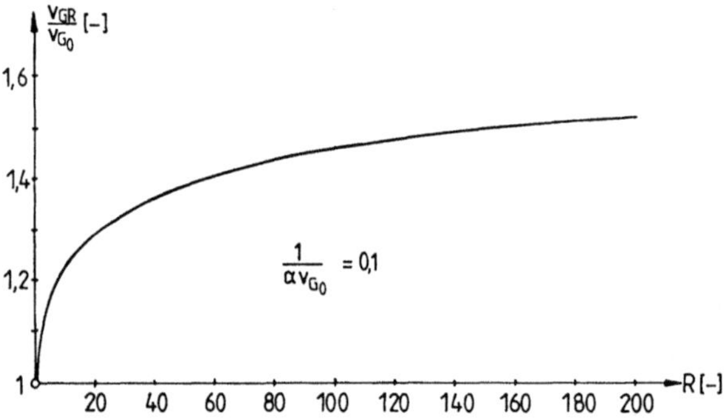

Abb. 5.1.3 R-Jahresgradientenwindgeschwindigkeit

5.1.5 Spektraldichte des turbulenten Geschwindigkeitsanteils

Der nach Abspaltung der zeitlich gemittelten Windgeschwindigkeit, etwa des Einstundenmittels, verbleibende zeitlich veränderliche Anteil besitzt Komponenten in Richtung aller drei Ortskoordinaten. Von diesen interessiert nur die Komponente v(t) in Richtung der mittleren Windgeschwindigkeit. v(t) ist ein zentrierter Zufallsprozeß. Anders als die mittlere Windgeschwindigkeit, die entsprechend dem Potenzgesetz (5.1.4) mit wachsender Höhe bis zur Gradientenwindgeschwindigkeit anwächst, klingt v(t) entsprechend dem abnehmenden Turbulenzgrad ab.

Die heute allgemein angewendete Spektraldichte für die turbulente Windgeschwindigkeit geht ebenfalls auf *Davenport* [12] zurück. Bei Windkräften ist es üblich, die Spektraldichte nicht in Abhängigkeit von der Kreisfrequenz ω sondern direkt als Funktion der Frequenz f des natürlichen Windes bzw. der normierten (dimensionslosen) Frequenz

$$x := \frac{L\,f}{\bar{v}(10)} \tag{5.1.8}$$

anzugeben. Darin ist L die Abmessung des *Turbulenzballens*. Hierunter versteht man in der Turbulenztheorie die räumlich erstreckte Luftmasse, die momentan einheitlich bewegt wird. Nach *Davenport* kann für diese räumliche Ausdehnung einer Windbö konstant L=1200 m gesetzt werden. $\overline{v}(10)$ ist das Einstundenmittel der Windgeschwindigkeit in 10 m Höhe. Mit der Oberflächenrauhigkeit k ist dann die empirische Formel für die einseitige Windspektraldichte in der Höhe z=10 m

$$\Phi_{vv}(f) = 4k\frac{\overline{v}^2(10)}{f}\frac{x^2}{(1+x^2)^{4/3}} \tag{5.1.9}$$

mit der Dimension $m^2/(s^2Hz)$. Die Abb. 5.1.4 zeigt eine grafische Darstellung der dimensionslosen Spektraldichte als Funktion von x.

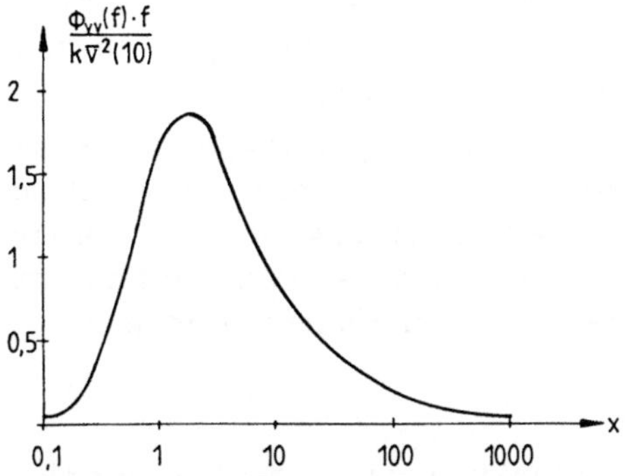

Abb. 5.1.4 Windspektraldichte Φ_{vv} als Funktion der normierten Frequenz x

Es ist die Varianz in der Höhe z=10 m

$$\sigma_v^2 = \int_0^\infty \Phi_{vv}(f)\,df = 4k\overline{v}^2(10)\int_0^\infty \frac{x^2}{(1+x^2)^{4/3}}\frac{df}{f} =$$

$$= 4k\overline{v}^2(10)\int_0^\infty \frac{x}{(1+x^2)^{4/3}}dx = 6k\overline{v}^2(10). \tag{5.1.10}$$

Für die Standardabweichung der turbulenten Geschwindigkeit in Abhängigkeit von der Höhe z kann

$$\sigma_v(z) = \sigma_v(10)\left(\frac{z}{10}\right)^{-0{,}09}, \; 10\text{ m} \le z \le 150\text{ m} \tag{5.1.11}$$

gesetzt werden. Sie nimmt also mit wachsender Höhe ab. Somit gilt für die Spektraldichte in der Höhe z

$$\Phi_{vv}(z,f) = \frac{\sigma_v^2(z)}{\sigma_v^2(10)}\Phi_{vv}(f) = \left(\frac{z}{10}\right)^{-0{,}18}\Phi_{vv}(f)\,. \tag{5.1.12}$$

Duchêne-Marullaz [16] hat an Hand von Messungen atmosphärischer Turbulenz nachgewiesen, daß die *Davenport*sche Spektraldichtekurve besser an die Meßwerte angenähert werden kann, wenn die normierte Frequenz x nicht mit dem Einstundenmittel $\overline{v}(10)$ in 10 m Höhe sondern mit dem in der jeweils betrachteten Höhe z gebildet wird.

5.2 Lastannahmen

Beim Auftreffen des Windes auf die windstauenden Strukturteile einer Konstruktion ist die Windgeschwindigkeit bei flächenhaften Strukturteilen auf einen örtlichen Druck und bei linienhaften auf eine Windstreckenlast zu übertragen.

Diese Übertragung ist aus verschiedenen Gründen nicht einfach. Zunächst beeinflussen sich die sehr unterschiedlichen Strukturteile einer Offshore-Konstruktion wie z.B. Beine, Decks, Deckshäuser, Bohrtürme, Kräne, Hubschrauberplattformen auf vielfältige unbekannte Weise. Für das Einstundenmittel der Windgeschwindigkeit können Rechenmodelle der Übertragung in Windkanalversuchen überprüft werden. Doch können die bei stationärer Anströmung gemessenen Widerstandsbeiwerte im allgemeinen nicht für die instationären Windgeschwindigkeiten verwendet werden. Bei diesen kommt es mit der Frequenz des turbulenten

Windes zunehmend sowohl in Richtung des Windes zwischen Vorder- und Rückfläche des Körpers als auch besonders quer zum Wind zu stochastischen Zeitverschiebungen. Eine hochfrequente Windbö trifft zu einer bestimmten Zeit nur einen Teil des Widerstandskörpers, bzw. sie vermag ihn nicht voll zu umschließen, wie häufig anschaulich formuliert wird. Im Frequenzbereich wird dieses Verhalten durch die Angabe der Kreuzspektraldichte der Windgeschwindigkeit in zwei verschiedenen Punkten bzw. durch die Kohärenzfunktion beschrieben.

Für die instationäre Geschwindigkeit wird das Übertragungsverhalten der Struktur oder seiner einzelnen Teile zu einem instationären Druck bzw. einer instationären Streckenlast in der aerodynamischen Übertragungsfunktion, auch *aerodynamische Admittanz* genannt, zusammengefaßt. In einem weiteren Übertragungsschritt sind im Sinne der Modalanalyse die generalisierten Kräfte zu ermitteln.

5.2.1 Aerodynamische Übertragungsfunktion

Der Begriff der aerodynamischen Übertragungsfunktion wird in der Literatur nicht ganz einheitlich verwendet. Gelegentlich ist sie für das zusammengefaßte Übertragungsverhalten zwischen Windgeschwindigkeit und generalisierter Kraft definiert. Hier jedoch soll lediglich die Übertragung von Geschwindigkeit nach Druck bzw. Streckenlast gemeint sein.

Für ein schlankes zylindrisches Bauteil, welches unter der Einwirkung von Windkräften schwingt, findet man die Gesamtstreckenlast q_g prinzipiell aus der *Morison*-Gleichung (4.2.13). Mit der Gesamtwindgeschwindigkeit (5.1.1) $v_g(t)=\overline{v}+v(t)$, der Windbeschleunigung $\dot{v}_g(t)=\dot{v}(t)$, der Konstruktionsgeschwindigkeit $\dot{u}$ und -beschleunigung $\ddot{u}$ lautet sie

$$q_g = \rho A\dot{v} + C_a\rho A(\dot{v}-\ddot{u}) + \frac{1}{2}C_D\rho D|\overline{v}+v-\dot{u}|(\overline{v}+v-\dot{u}). \tag{5.2.1}$$

Es ist A die Querschnittsfläche des Bauteils, D sein Durchmesser quer zum Wind, C_a der Koeffizient der aerodynamischen Masse, C_D der Widerstandsbeiwert und ρ die Luftdichte. Diese Gleichung gilt für statische Verhältnisse sowie für quasistatische mit kleinen Frequenzen f der Böigkeit, d.h. für Böen, die zu einer bestimmten Zeit die Struktur vollständig umhüllen. Es muß also die Wellenlänge der Böigkeit $\lambda=\overline{v}/f$ groß gegen die Abmessung D des betrachteten Bauteils sein. Mit anwachsender Frequenz werden deshalb die nach der *Morison*-Formel berechneten Lasten zunehmend von experimentellen Daten abweichen.

Wegen der gegenüber Wasser etwa um den Faktor 1000 geringeren Dichte von Luft ist zunächst der Term der aerodynamischen Masse $C_a\rho A\ddot{u}$ gegenüber dem der hydrodynamischen und dem der Strukturmasse vernachlässigbar klein. Mit $C_M=1+C_a$ ergeben dann die beiden ersten Glieder der Gl. (5.2.1) die *Luftträgheitskraft* $q_M=C_M\rho A\dot{v}$.

Im Widerstandsterm kann das Betragszeichen entfallen, weil die zeitlich gemittelte Windgeschwindigkeit $\overline{v}$ sehr viel größer als die turbulente Windgeschwindigkeit v(t) und als die Konstruktionsgeschwindigkeit $\dot{u}$ ist. Es ist dann weiter $(\overline{v}+v-\dot{u})^2=\overline{v}^2+v^2+\dot{u}^2+2\overline{v}v-2\overline{v}\dot{u}-2v\dot{u}$. Darin sind v^2, $\dot{u}^2$ und $v\dot{u}$ Produkte kleiner Größen und können ebenfalls vernachlässigt werden. Der Term $C_D\rho D\overline{v}\dot{u}$

stellt die aerodynamische Dämpfung dar. Sie ist für sämtliche natürliche Windgeschwindigkeiten $\overline{v}$ bei Konstruktionen, die in Wasser schwingen, gegenüber der hydrodynamischen und der Strukturdämpfung vernachlässigbar klein. Damit bleibt als *Luftwiderstandskraft* $q_D = C_D \rho D(\overline{v}^2/2 + \overline{v}v)$.

Zerlegt man die Gesamtstreckenlast q_g in ihren zeitlichen Mittelwert $\overline{q}$ und den zeitlich schwankenden Anteil $q(t)$,

$$q_g(t) = \overline{q} + q(t), \tag{5.2.2}$$

dann findet man

$$\overline{q} = \frac{1}{2} C_D \rho D \overline{v}^2 \tag{5.2.3}$$

und

$$q(t) = C_M(\omega)\rho A\dot{v} + C_D(\omega)\rho D\overline{v}v. \tag{5.2.4}$$

Hier sind nun im Hinblick auf die wirklichen Verhältnisse die Beiwerte C_M und C_D in Abhängigkeit von der Kreisfrequenz ω eingeführt worden.

Mit den Ansätzen $v(t) = e^{i\omega t}$ für den Eingang und $q(t) = H_a e^{i\omega t}$ für den Ausgang folgt für die aerodynamische Übertragungsfunktion $H_a = \rho(C_D D\overline{v} + iC_M A\omega)$ mit dem Betrag

$$|H_a(\omega)| = C_D(\omega)\rho D\overline{v}\sqrt{1 + \frac{C_M^2(\omega)}{C_D^2(\omega)}\left(\frac{A\omega}{D\overline{v}}\right)^2}\,.$$

Für kleine Frequenzen ω ist danach der Trägheits- gegenüber dem Widerstandsanteil vernachlässigbar. Experimentelle Untersuchungen an verschiedenen Widerstandskörpern haben darüber hinaus gezeigt, daß dies auch für hohe Frequenzen der Fall ist. Ab der dimensionslosen Frequenz $Af/(D\overline{v}) \approx 0{,}2$ $(\omega = 2\pi f)$ fällt der Trägheitsanteil sehr schnell auf Null ab [11]. Es genügt daher die Berücksichtigung einer allein aus dem Widerstand herrührenden Übertragungsfunktion $H_a(f) = C_D(f)\rho D\overline{v}$, jetzt als Funktion der Frequenz f geschrieben.

Die Frequenzabhängigkeit der Übertragungsfunktion $H_a(f)$ wird an Stelle von $C_D(f)$ durch eine experimentell zu bestimmende "Vergrößerungs"-Funktion $\chi(f)$ beschrieben. Aus Versuchen an starren Kreiszylindern folgend wird für diese in [11] das Ergebnis

$$\chi(f) := \left[1 + 115\left(\frac{fD}{\overline{v}}\right)^2\right]^{-1/6} \tag{5.2.5}$$

angegeben, so daß sich die aerodynamische Übertragungsfunktion mit dem jetzt stationären Widerstandsbeiwert C_D und unter Verwendung der mittleren Streckenlast $\overline{q}$ (5.2.3) in der Form

$$H_a(f) := C_D \rho D \overline{v}\chi(f) = 2\frac{\overline{q}\chi(f)}{\overline{v}} \tag{5.2.6}$$

schreibt. Aus der Spektraldichte $S_{vv}(f)$ der Windgeschwindigkeit $v(t)$ folgt damit unmittelbar die Spektraldichte der aerodynamischen Streckenbelastung $q(t)$ zu

$$S_{qq}(f) = H_a^2(f)S_{vv}(f). \tag{5.2.7}$$

Soweit das Übertragungsverhalten für linienhafte Strukturen. Für Bauteile mit großen Widerstands*flächen* A lautet nach *Vickery* [86] die Vergrößerungsfunktion

$$\chi(f) := \left[1 + \left(2\frac{f\sqrt{A}}{\bar{v}}\right)^{4/3}\right]^{-1}. \tag{5.2.8}$$

An Stelle von Gl. (5.2.3) gilt für den zeitlich gemittelten Bauwerks*druck*

$$\bar{p} = \frac{1}{2} C_D \rho \bar{v}^2 \tag{5.2.9}$$

und an Stelle von Gl. (5.2.6) für die aerodynamische Übertragungsfunktion

$$H_a(f) := C_D \rho \bar{v} \chi(f) = 2 \frac{\bar{p}\,\chi(f)}{\bar{v}}. \tag{5.2.10}$$

Damit ist die Spektraldichte des Winddrucks p(t)

$$S_{pp}(f) = H_a^2(f)\, S_{vv}(f). \tag{5.2.11}$$

5.2.2 Windkraft

Der dynamische Winddruck p(t) bzw. die dynamische Streckenlast q(t) wird durch Integration über die dem Wind ausgesetzte Bauteiloberfläche zur Windkraft zusammengefaßt. Dabei muß berücksichtigt werden, daß wegen des stochastischen Charakters der Windgeschwindigkeit der Winddruck zu einer festen Zeit an zwei verschiedenen Orten 1 und 2 der Oberfläche mit unterschiedlicher Größe und Phase auftritt. Der Druck p(y,z,t) ist zu einer festen Zeit ein Zufallsfeld. Sind die Bauteilabmessungen klein gegen die Gradientenhöhe, kann für dieses Druckfeld *Isotropie* angenommen werden. Die statistischen Merkmale des Druckfeldes sind dann richtungsunabhängig. Nach Abschnitt 2.19 ist dann die Kreuzspektraldichte $S_{p_1p_2}(f)$ der Drücke $p_1(t)$ am Ort 1 und $p_2(t)$ am Ort 2 eine reelle Funktion. Für ein nur näherungsweise isotropes Druckfeld ist dann nach Gl. (3.9.17) die Kreuzspektraldichte der generalisierten Kräfte für schlanke in z-Richtung erstreckte Bauteile

$$S_{F_mF_n}(f) = \int_0^1\int_0^1 \Phi_m(z_1)\,\Phi_n(z_2)\sqrt{S_{qq}(z_1,f)\,S_{qq}(z_2,f)}\;\gamma_{qq}(z_1,z_2,f)\,dz_1\,dz_2. \tag{5.2.12}$$

$\Phi_n(z)$ ist die Eigenschwingungsform im mode-n, $S_{qq}(z,f)$ die Spektraldichte der Windstreckenlast nach Gl. (5.2.7) und $\gamma_{qq}(z_1,z_2,f)$ die Kohärenzfunktion.

Bei strenger Isotropie hängt die Spektraldichte nicht vom Ort z und die Kohärenzfunktion nur noch vom Betrag des Ortsabstandes $|\rho| = |z_2 - z_1|$ ab, d.h.

$$S_{F_mF_n}(f) = S_{qq}(f)\int_0^1\int_0^1 \Phi_m(z_1)\,\Phi_n(z_2)\;\gamma_{qq}(|\rho|,f)\,dz_1\,dz_2\,. \tag{5.2.13}$$

Die entsprechenden Gleichungen für Bauteile mit in der y,z-Ebene gelegener Widerstandsfläche A lauten

$$S_{F_mF_n}(f) = \underset{\text{(Fläche A)}}{\iiiint} \Phi_m(y_1,z_1)\,\Phi_n(y_2,z_2)\sqrt{S_{pp}(y_1,z_1,f)\,S_{pp}(y_2,z_2,f)}\;\gamma_{pp}(y_1,z_1,y_2,z_2,f)\,dy_1\,dy_2\,dz_1\,dz_2 \tag{5.2.14}$$

bzw.

$$S_{F_mF_n}(f) = S_{pp}(f)\underset{\text{(Fläche A)}}{\iiiint} \Phi_m(y_1,z_1)\,\Phi_n(y_2,z_2)\;\gamma_{pp}(|\rho|,f)\,dy_1\,dy_2\,dz_1\,dz_2\,. \tag{5.2.15}$$

S_{pp} ist die Spektraldichte des Winddrucks nach Gl. (5.2.11).

Als Kohärenzfunktion kann nach *Davenport* [13] die mit wachsendem Ortsabstand $|\rho| = \sqrt{(y_2-y_1)^2+(z_2-z_1)^2}$ abklingende Exponentialfunktion

$$\gamma_{pp}(|\rho|,f) = \exp\left[-C\frac{f|\rho|}{\bar{v}(10)}\right] \tag{5.2.16}$$

angenommen werden. Darin sind $\bar{v}(10)$ das Einstundenmittel der Windgeschwindigkeit in einer Höhe von 10 m und C eine Abklingkonstante, die experimentell zu ermitteln ist. Nach anderen Darstellungen [86] wird im Argument der Kohärenzfunktion an Stelle des Einstundenmittels in 10 m Höhe auch der arithmetische Mittelwert der Einstundenmittel in den Höhen z_1 und z_2 gesetzt. An Stelle von Gl. (5.2.16) gilt dann

$$\gamma_{pp}(|\rho|,f) = \exp\left[-2C\frac{f|\rho|}{\bar{v}(z_1)+\bar{v}_2(z_2)}\right]. \tag{5.2.17}$$

Entgegen der Annahme eines isotropen Druckfeldes findet man experimentell in vertikaler und in horizontaler Richtung unterschiedliche Kohärenz. Dies führt zum Ansatz der Kohärenzfunktion

$$\gamma_{pp}(|\rho_y|,|\rho_z|,f) = \exp\left[-C_y\frac{|\rho_y|f}{\bar{v}(10)}\right]\exp\left[-C_z\frac{|\rho_z|f}{\bar{v}(10)}\right] \tag{5.2.18}$$

mit einer Abklingkonstanten C_y in horizontaler und C_z in vertikaler Richtung.

Dagegen muß eine in Richtung x der Windgeschwindigkeit nicht voll bestehende Kohärenz nicht berücksichtigt werden. In dieser Richtung sind die Kohärenzen deutlich stärker als quer zum Wind, weil die stochastischen Turbulenzen mit der mittleren Windgeschwindigkeit $\bar{v}$ "mitschwimmen". Hier besteht also eine gewisse Ähnlichkeit zu dem zweiachsigen Fahrzeug, das mit konstanter Geschwindigkeit über eine Fahrbahn mit stochastischen Unebenheiten fährt (vergl. Abschnitt 2.15).

Beispiel 5.2.1: Kohärenzfunktion

Für die Kohärenzfunktion des Winddrucks p auf zwei Punkte 1 und 2 einer Rechteckfläche A•HB gelte näherungsweise Gl. (5.2.18). Die geometrischen Verhältnisse sind in Abb. 5.2.1 dargestellt. Gegeben ist das Einstundenmittel $\bar{v}(10)$ der Windgeschwindigkeit sowie die Abklingkonstanten C_y und C_z. Im folgenden soll die über die Rechteckfläche A *gemittelte* Kohärenzfunktion

$$\gamma_{pp}(f) := \frac{1}{A^2}\iiiint_{(A)} \gamma_{pp}(|\rho_y|,|\rho_z|,f)\,dy_1 dy_2 dz_1 dz_2 \tag{5.2.19}$$

berechnet werden.

Setzt man Gl. (5.2.18) in Gl. (5.2.19) ein, dann zerfällt das Vierfachintegral in das Produkt zweier Doppelintegrale, die beide in ihrem Aufbau vollständig äquivalent sind. Es muß also lediglich das Integral

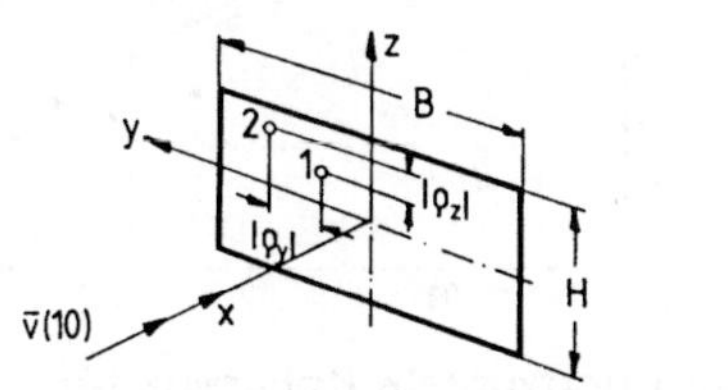

Abb. 5.2.1 Zur Kohärenzfunktion

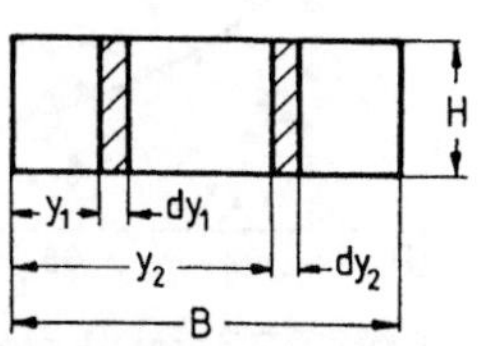

Abb. 5.2.2 Zur Integration

$$I_y := \frac{1}{A}\iint_{(A)} \exp[-a_y|y_2-y_1|]\,dy_1\,dy_2\,, \quad a_y := \frac{C_y f}{\bar{v}(10)}$$

weiterbehandelt werden. Nach Abb. 5.2.2 muß wegen des Betragszeichens im Integranden bei $y_1 = y_2$ eine Bereichstrennung beachtet werden. Es folgt dann

$$I_y = \frac{1}{A}\int_{y_2=0}^{B}\Big\{\int_{y_1=0}^{y_2}\exp[-a_y(y_2-y_1)]\,dy_1 + \int_{y_1=y_2}^{B}\exp[-a_y(y_1-y_2)]\,dy_1\Big\}\,dy_2\,.$$

Die Integrationen über y_1 können jetzt leicht ausgeführt werden:

$$I_y = \frac{1}{a_y A}\int_0^B\{2-\exp(-a_y y_2)-\exp[-a_y(B-y_2)]\}\,dy_2\,.$$

Und ebenso über y_2:

$$I_y = \frac{2}{a_y^2 A}[a_y B + \exp(-a_y B) - 1]\,.$$

Mit dem analogen Ergebnis für I_z sowie mit $A = BH$ und den neuen Konstanten

$$\alpha_y := \frac{C_y B}{\bar{v}(10)}\,, \quad \alpha_z := \frac{C_z H}{\bar{v}(10)} \tag{5.2.20}$$

folgt zusammenfassend

$$\gamma_{pp}(f) = \frac{4(\alpha_y f + e^{-\alpha_y f} - 1)(\alpha_z f + e^{-\alpha_z f} - 1)}{\alpha_y^2\,\alpha_z^2\,f^4}\,. \tag{5.2.21}$$

Bei den in der Literatur mitgeteilten Abklingkonstanten C_y und C_z ist zwischen gemessenen Kohärenzen von Windgeschwindigkeiten und solchen von Winddrücken bzw. -streckenlasten zu unterscheiden. Die Abb. 5.2.3 zeigt Verläufe der Kohärenzfunktion für Windgeschwindigkeiten in Abhängigkeit vom vertikalen bzw. vom horizontalen Ortsabstand. Es handelt sich dabei um experimentelle Ergebnisse an drei 60 m hohen Gittermasten, die untereinander Abstände von 20 m, 40 m und 60 m besitzen. Danach ergibt sich für $C_y \approx 4{,}5$ für horizontale und $C_z \approx 6$ für vertikale Kohärenz. Die Ergebnisse mehrerer Versuche schwanken für C_y zwischen 9 und 30 und für C_z zwischen 6 und 9 [80]. In [86] wird für horizontale Kohärenz C_y=16 und für vertikale C_z=9 angegeben.

Die genannten Geschwindigkeitskohärenzen gelten für den durch das Bauteil

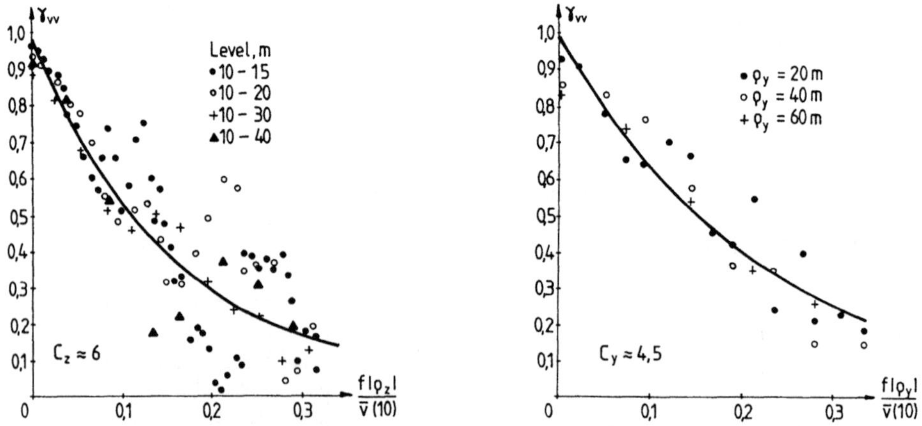

Abb. 5.2.3 vertikale (linkes Bild) und horizontale Kohärenz für Windgeschwindigkeiten [16]

weitgehend ungestörten Wind. Dies gilt naturgemäß für die Drücke auf ein Bauwerk nicht mehr. Druckkohärenzen sind wesentlich stärker, die entsprechenden Abklingkonstanten C_y und C_z also kleiner. Aus Druckmessungen an Fassaden von Gebäuden ergaben sich Werte für C_y zwischen 4 und 6 und für C_z zwischen 4 und 9 [57], wobei die kleineren Werte für Westwind gegen eine Westwand gelten. Auch auf eine Frequenzabhängigkeit von C_y und C_z wird hingewiesen.

Wie man sieht, streuen die gefundenen Ergebnisse erheblich. In welchem Maße die berechnete Strukturantwort durch Variation der Abklingkonstanten beeinflußt wird, ist in [77] für zwei Gebäude berechnet worden. Solange die Abklingkonstanten in der Nähe der Grundfrequenz des Bauwerks nicht geändert werden, unterscheiden sich die Strukturantworten um höchstens 2 % voneinander. Wird jedoch im gesamten Frequenzbereich an Stelle von C_y=16, C_z=10 mit neuen Werten C_y=10, C_z=6,3 gerechnet, erhält man 6 % Abweichung für die Bauwerksauslenkung und bis 40 % für die -beschleunigung und für C_y=6,4, C_z=4 18 % bzw. 80 %.

5.3 Schwingungsanalyse für stochastische Windbelastung

Gültig für die Schwingungsanalyse einer meerestechnischen Konstruktion unter turbulenter Windeinwirkung sind die allgemeinen Eingangs-Ausgangs-Beziehungen für ein System mit mehreren Freiheitsgraden unter Zufallsbelastung, wie sie in Abschnitt 3.9 hergeleitet wurden. Eingang ist hierbei die Spektraldichte der turbulenten Windgeschwindigkeit, aus der sich mittels der aerodynamischen Übertragungsfunktion und Kohärenzfunktion die Spektraldichtematrix $S_{F_mF_n}$ der generalisierten Kräfte und aus dieser mittels Gl. (3.9.9) die Spektraldichte S_{uu} der Konstruktionsauslenkung ergibt.

Der Ablauf einer solchen Schwingungsanalyse ist in einem Flußdiagramm nach Abb. 5.3.1 zusammengefaßt und kann an Hand des Beispiels 5.3.1 im Detail verfolgt werden.

Ergebnisse der Schwingungsanalyse sind die beiden Momente m_o und m_2 der Spektraldichte der Konstruktionsauslenkung. Mit dem Moment m_o können Wahrscheinlichkeiten dafür angegeben werden, mit denen Auslenkung und damit Beanspruchung der Konstruktion bestimmte vorgegebene Niveaus überschreiten. Nimmt man das Moment m_2 hinzu, läßt sich die innerhalb einer Sturmdauer T statistisch erwartete Anzahl der Maxima und damit das absolute Maximum der Auslenkung bzw. Beanspruchung innerhalb der Zeit T vorhersagen.

Beispiel 5.3.1: Hubinsel unter turbulenter Windeinwirkung

Das vorbereitende Beispiel 3.6.1 wird hier mit den detaillierteren Kenntnissen über natürliche Windeinwirkung weitergeführt. Es wird die ungünstigste Windrichtung relativ zur Hubinsel angenommen, d.h. quer zur Längsachse. In Längsrichtung besitzt die Hubinsel zwei Reihen zu je drei Beinen, der Ponton die Länge L. Die gesamte Windwiderstandsfläche A wird durch ein flächengleiches Rechteck der Länge L und der Höhe H angenähert. Die Windwirkung auf die Beine wird gegenüber der auf den Ponton samt seiner Aufbauten vernachlässigt. Innerhalb der Windwiderstandsfläche werden die Windeigenschaften ortsinvariant angenommen. Es wird eine Erregung zu Zufallsschwingungen im mode-1 untersucht. Die Ergebnisse der Eigenschwingungsanalyse nach der Energiemethode

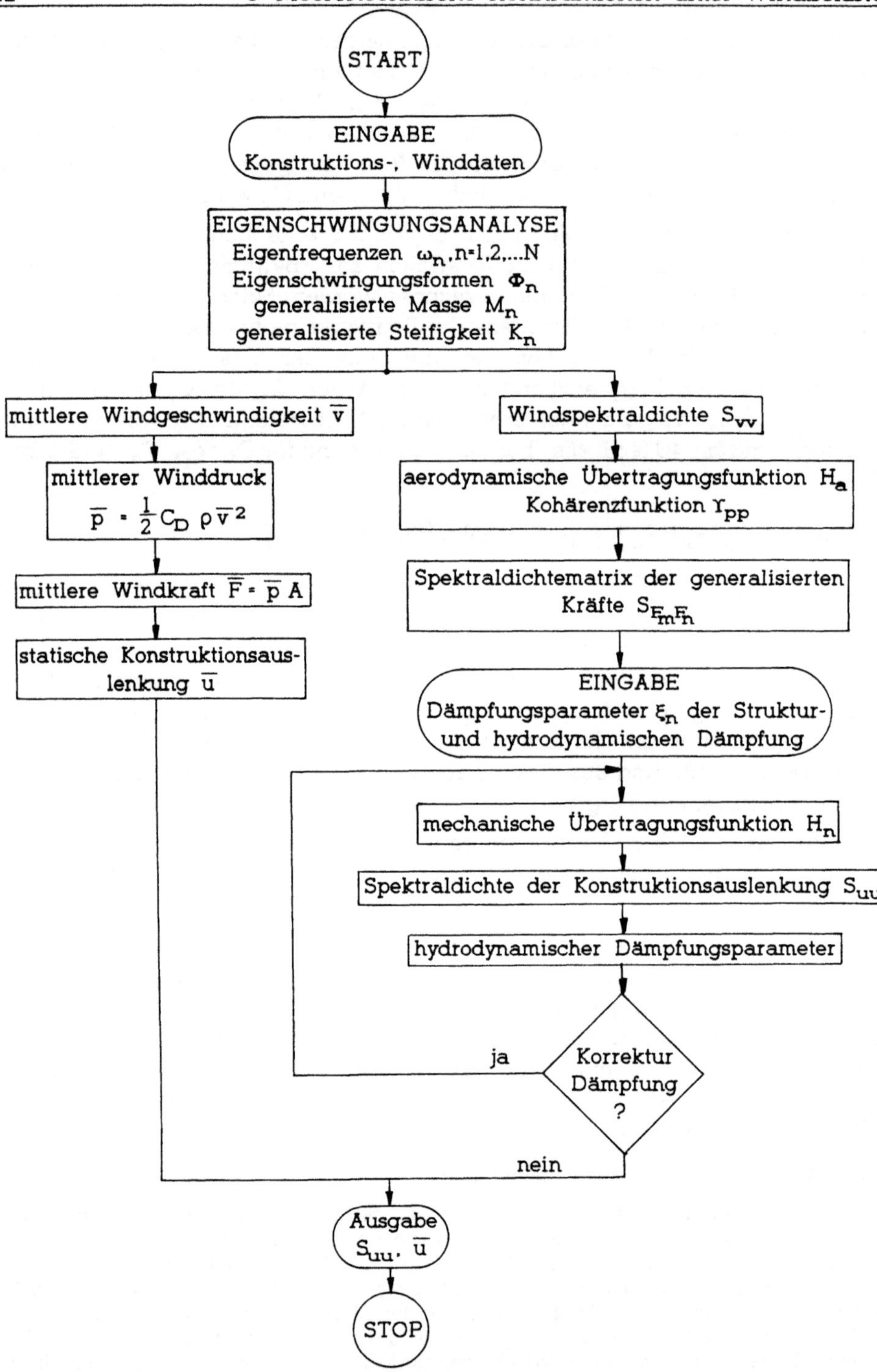

Abb. 5.3.1 Flußdiagramm einer Schwingungsanalyse bei stochastischer Windbelastung

werden von Beispiel 1.4.3 übernommen. Konstruktions-und Winddaten werden abweichend von den Beispielen 3.6.1 und 1.4.3 auf die *Gesamt*konstruktion mit *sechs* Beinen bezogen.

Die Schwingungsdämpfung wird vorherrschend durch die Strukturdämpfung und zu einem geringen Teil durch hydrodynamische Dämpfung bestimmt. Demgegenüber ist die aerodynamische Dämpfung vernachlässigbar klein. Es wird ein zusammenfassender Dämpfungsparameter $\xi_1 = 0{,}02$ geschätzt.

ERGÄNZENDE KONSTRUKTIONSDATEN
Pontonlänge: $L = 68{,}8$ m
Windwiderstandsfläche: $A = 1060\ m^2$
mittlere Höhe der Plattform: $H = A/L = 15{,}4$ m

WINDDATEN
Modalwert der Gradientenwindgeschwindigkeit für die Nordsee: $v_{Go} = 45$ m/s
Variationsmaß: $(\alpha v_{Go})^{-1} = 0{,}1$
100 - Jahresgradientenwindgeschwindigkeit nach Gl. (5.1.7) mit R=100: $v_{G,100} = 65{,}7$ m/s
Gradientenhöhe: $z_G = 250$ m
Exponent: $\alpha_G = 0{,}14$
100 - Jahreseinstundenmittel in Pontonhöhe $z_o = l - d + H/2 = 25{,}7$ m über Ruhigwasserspiegel nach Gl. (5.1.3): $\bar{v}_{100}(z_o) = 47{,}8$ m/s
desgl. in Höhe 10 m: $\bar{v}_{100}(10) = 41{,}9$ m/s
Rauhigkeit: $k = 0{,}003$
Standardabweichung der turbulenten Windgeschwindigkeit Gl. (5.1.10): $\sigma_v = 5{,}622$ m/s
Windspektraldichte $\Phi_{vv}(f)$ in Höhe 10 m Gl. (5.1.9) umgerechnet auf Höhe $z_o = 25{,}7$ m nach Gl. (5.1.12) als Funktion von f: s. Abb. 5.3.2
Widerstandsbeiwert: $C_D = 1{,}0$
Luftdichte: $\rho = 1{,}226\ kgm^{-3}$
Sturmdauer: $T = 1$ h

WINDKRÄFTE
mittlerer Winddruck Gl .(5.2.9): $\bar{p} = 1{,}4\ kNm^{-2}$
mittlere Windkraft: $\bar{F} = \bar{p}A = 1485$ kN
Flächenkorrekturfaktor χ Gl. (5.2.8) und damit aerodynamische Übertragungsfunktion Gl. (5.2.10) als Funktion von f: s. Abb. 5.3.2
(einseitige) Winddruckspektraldichte $\Phi_{pp}(f)$ Gl. (5.2.11) als Funktion von f: s. Abb. 5.3.2
mittlere Kohärenzfunktion $\gamma_{pp}(f)$ Gl. (5.2.21) mit $C_y = 16$, $C_z = 9$, $\alpha_y = 23$ und $\alpha_z = 2{,}9$ als Funktion von f: s. Abb. 5.3.2
(Die gewählten Werte C dürften gegenüber der Wirklichkeit eine zu geringe Kohärenz anzeigen)
(einseitige) Kraftspektraldichte Gl. (5.2.15) für m=n=1: $\Phi_{FF}(f) = \Phi_{pp}(f)\,\Phi_1^2(1) \iiiint \gamma_{pp}(dA)^2 = \Phi_{pp}(f)\,A^2\,\gamma_{pp}(f)$, s. Abb. 5.3.2

ÜBERTRAGUNGSFUNKTION
Betrag $|H_1(f)|$ nach Gl. (3.8.6) mit $K_1 = 13488$ kN/m (*sechs*facher Wert aus Beispiel 1.4.3), $f_1 = 0{,}156$ Hz und $\xi_1 = 0{,}02$: s. Abb. 5.3.2

ERGEBNISSE
Spektraldichte der Hubinselauslenkung bei z=l Gl. (3.9.8): $\Phi_{uu}(f) = |H_1(f)|^2\,\Phi_{FF}(f)$ als Funktion von f, s. Abb. 5.3.2
Moment des Spektrums : $m_o = \int \Phi_{uu} d\omega = 2\pi \int \Phi_{uu} df = 2\pi \cdot 1{,}954 \cdot 10^{-3} = 1{,}228 \cdot 10^{-2}\ m^2$
Standardabweichung: $\sigma_u = \sqrt{m_o} = 0{,}111$ m
statische Auslenkung: $\bar{u} = \bar{F}/K_1 = 0{,}110$ m
Es wird das Niveau $u_o = \bar{u} + 2\sigma_u = 0{,}33$ m mit der Wahrscheinlichkeit von $1 - \Phi(2) = 2{,}28$ % überschritten. Diesem Niveau entspricht die Biegespannung

$$\sigma_{max} = \frac{\pi^2}{8} E \frac{Du_o}{l^2} = 75\ \frac{N}{mm^2}$$

Moment des Spektrums:

$$m_2 \approx \omega_1^2 m_o = 1{,}187 \cdot 10^{-2}\ m^2 s^{-2}$$

mittlere Periodendauer: $T_o \approx 2\pi/\omega_1 = 6{,}39$ s
absolutes Maximum während der Sturmdauer T nach Gl. (2.20.61) mit $N = T/T_o = 563$ und $\varepsilon \approx \approx 0$: $E[x_m] = 0{,}412$ m
Der Maximalauslenkung $u_{o,max} = \bar{u} + E[x_m] = 0{,}52$ m entspricht eine Biegespannung von $\sigma_{max} = 119\ N/mm^2$. Dies ist die Spannung für den 100-Jahressturm, der eine Stunde anhält.

1. Anmerkung zur Berechnung der Varianz der Hubinselauslenkung:
Bei der numerischen Integration der Spektralkurve für die Hubinselauslenkung kann es wegen der scharfen Resonanzspitze zu unvertretbar großen Fehlern kommen. Man erzielt eine Konvergenzverbesserung der Integration, wenn man einen geschlossen integrierbaren Teil, der die Resonanzspitze einschließt, abspaltet. Man kann

$$\int_0^\infty \Phi_{uu}(f)\,df = \int_0^\infty [\Phi_{uu}(f) - |H_1(f)|^2\,\Phi_{FF}(f_1)]\,df + \Phi_{FF}(f_1)\int_0^\infty |H_1(f)|^2\,df$$

setzen. Der Integrand des ersten Integrals verschwindet bei $f = f_1$: Die Resonanzspitze ist dort abgebaut, und dieses Integral kann nun ohne Schwierigkeit numerisch berechnet werden. Das zweite Integral ist aber geschlossen integrabel. Es ist nämlich nach Gl. (3.6.10)

$$\int_0^\infty |H_1(f)|^2\,df = \frac{f_1}{K_1^2}\int_0^\infty \frac{dx}{(1-x^2)^2 + 4\xi_1^2 x^2} = \frac{\pi}{4}\frac{f_1}{K_1^2\,\xi_1} .$$

Dieser Wert mit $\Phi_{FF}(f_1)$ multipliziert ergibt bereits 86 % des Gesamtwerts von $\sigma_u^2 = m_o$.

2. Anmerkung zur Berechnung der hydrodynamische Dämpfung
Da die Zufallsschwingungen der Hubinsel unter ausschließlicher stochastischer Windeinwirkung untersucht werden, ist hier die Wellenerhebung $\zeta(t)$ Null zu setzen. Nach Gl. (4.4.24) ist dann die Spektraldichte der "Relativ"geschwindigkeit zwischen den Hubinselbeinen und dem umgebenden Wasser $S_{rr}(z,\omega) = \omega^2 S_{uu}(z,\omega)$. Aus Gl. (3.9.9) folgt für $n=1$ $S_{uu}(l,\omega) = \Phi_1^2(l)\,|H_1(\omega)|^2 S_{FF}(\omega) = |H_1(\omega)|^2 S_{FF}(\omega)$ und damit $S_{uu}(z,\omega) = \Phi_1^2(z) S_{uu}(l,\omega)$. Es ist $S_{uu}(l,\omega) \equiv S_{uu}(\omega)$ die in Abb. 5.3.2 einseitig dargestellte Spektraldichte der Hubinselauslenkung.

Die Varianz der "Relativ"geschwindigkeit ist damit nach Gl. (4.4.27)

$$\sigma_r^2(z) = \int_{-\infty}^{\infty} S_{rr}(z,\omega)\,d\omega = \Phi_1^2(z) \int_{-\infty}^{\infty} \omega^2 S_{uu}(\omega)\,d\omega = \Phi_1^2(z) \int_0^{\infty} \omega^2 \Phi_{uu}(\omega)\,d\omega = m_2 \Phi_1^2(z).$$

Die Konstante der hydrodynamischen Dämpfung ergibt sich aus Gl. (4.2.49)

$$c(z) = \sqrt{\frac{8}{\pi}}\, b\, \sigma_r = \sqrt{\frac{8}{\pi}}\, b \sqrt{m_2}\, |\Phi_1(z)| = \sqrt{\frac{8}{\pi}}\, b \sqrt{m_2}\, \Phi_1(z)$$

und damit die generalisierte Dämpfung der *sechs*beinigen Hubinsel

$$C_1 = 6 \int_0^1 c(z)\,\Phi_1^2(z)\,dz = 6 \sqrt{\frac{8}{\pi}}\, b \sqrt{m_2} \int_0^1 \Phi_1^3(z)\,dz.$$

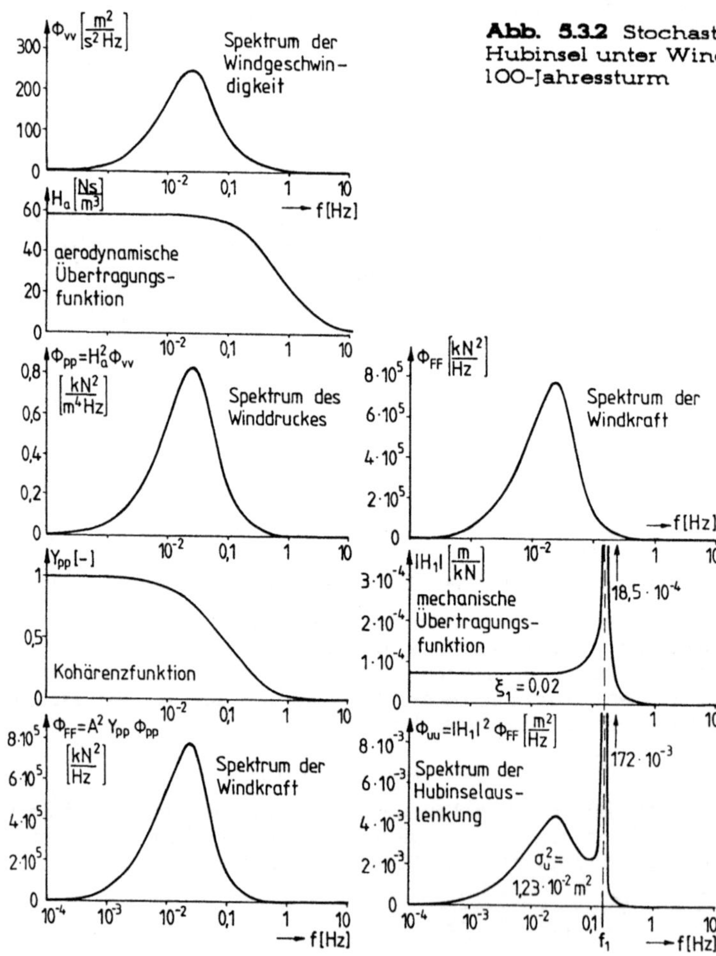

Abb. 5.3.2 Stochastische Analyse einer Hubinsel unter Windbelastung durch den 100-Jahressturm

Das Integral ist geschlossen lösbar,

$$I := \int_0^d \Phi_1^3(z)\,dz = \frac{l}{6\pi}\left(8 + \cos\frac{3\pi d}{2l} - 9\cos\frac{\pi d}{2l}\right),$$

und besitzt für $l = 63{,}7$ m und $d = 45{,}7$ m den Wert $I = 10{,}69$ m. Der Parameter der hydrodynamischen Dämpfung

$$\xi_{h,1} = \frac{C_1}{2M_1\omega_1} = 3\sqrt{\frac{8}{\pi}}\frac{b\sqrt{m_2}\,I}{M_1\omega_1}$$

besitzt für die Zahlenwerte $C_D = 0{,}7$, $\rho = 1025\,\text{kg}\,\text{m}^{-3}$, $b = C_D\rho D/2 = 1313\ \text{kgm}^{-2}$, $m_2 = 1{,}187 \cdot 10^{-2}\ \text{m}^2\text{s}^{-2}$, $M_1 = 1{,}396 \cdot 10^7$ kg und $\omega_1 = 0{,}983$ 1/s den Wert $\xi_{h,1} = 0{,}0005$ und ist gegenüber dem eingangs gewählten Wert von $\xi_1 = 0{,}02$ vernachlässigbar.

5.4 Schwingungsanalyse für eine deterministische Einzelbö

Die Böenwindgeschwindigkeit (*gust wind speed*) ergibt sich als Kurzzeitmittel der zeitlich schwankenden Windgeschwindigkeit. Die Mittelungszeiten liegen im Sekundenbereich. Die mittleren Windgeschwindigkeiten in Böen sind deutlich größer als das Einstundenmittel der Windgeschwindigkeit $\bar{v}(z)$ in der betrachteten Höhe z.

Die Böigkeit des Windes ist stochastischer Natur. Daher wird die zuvor beschriebene moderne Schwingungsanalyse, die vom Zufallscharakter der zeitlich schwankenden Windgeschwindigkeit ausgeht, der Problematik am ehesten gerecht. Trotzdem werden historisch bedingt auch Schwingungsanalysen unter der Wirkung einer deterministischen Einzelbö durchgeführt. Dazu wird unter Ausnutzung der meteorologischen Winddaten mehr oder weniger willkürlich eine Böenwindgeschwindigkeit nach Größe und Zeitverlauf konstruiert. Dieses Vorgehen ähnelt der Auswahl einer harmonischen Einzelwelle beim Entwurfswellenkonzept.

Eine solche Winbö entfaltet sich mit der *Entfaltungszeit* oder *Böenwirkzeit* T_s über einer zeitlich konstanten mittleren Windgeschwindigkeit. Sie ruft eine zeitlich veränderliche, systemunabhängige Böenwindkraft auf die betrachtete Konstruktion hervor. Systemunabhängig heißt, daß die Böenwindkraft nicht von den Systemeigenschaften -Masse, Dämpfung, Steifigkeit- der Konstruktion abhängt. Die relativ kurzzeitig wirkende Böenwindkraft wirkt als deterministischer Stoß auf die Konstruktion ein und regt sie zu Bewegungen an. Diese klingen wegen der Systemdämpfung mit wachsender Zeit wieder auf Null ab. Die Extremalreaktionen der Konstruktion sind zeitlich unmittelbar nach Ablauf oder sogar noch während der Böenentfaltungszeit zu erwarten. Bis zu diesem Zeitpunkt wirkt sich die Dämpfung nur unwesentlich auf die Konstruktionsbewegung aus und kann daher vernachlässigt werden. Diese Vernachlässigung ist im übrigen eine Abschätzung zur sicheren Seite hin.

Der Zeitverlauf einer Windbö wird häufig als Sinus-Halbwelle angenommen. Die Windgeschwindigkeit besitzt dann den Zeitverlauf nach Abb. 5.4.1. Über dem Einstundenmittel der Windgeschwindigkeit $\bar{v}$ entfaltet sich eine diskrete Windbö mit der Wirkzeit T_s und der maximalen Böenwindgeschwindigkeit v_{max}. Für die resultierende Windgeschwindigkeit gilt dann mit $\Omega = \pi/T_s$

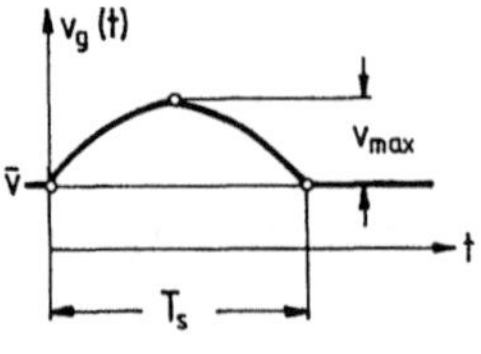

Abb. 5.4.1 Halbsinus-Windbö

$$v_g(t) = \begin{cases} \bar{v} + v_{max}\sin\Omega t, & 0 \le t \le T_s, \\ \bar{v} & , \text{ sonst.} \end{cases} \tag{5.4.1}$$

Mit der Luftdichte ρ, dem Widerstandsbeiwert C_D und der Windwiderstandsfläche A ist die gesamte Widerstandskraft $F_g = \rho v_g^2 C_D A/2$ bzw. mit $v_g(t)$ (5.4.1)

$$F_g = \frac{1}{2}\rho C_D A(\bar{v}^2 + 2\bar{v}\, v_{max}\sin\Omega t + v_{max}^2\sin^2\Omega t). \tag{5.4.2}$$

Hier kann man zunächst die zeitlich gemittelte Windkraft

$$\bar{F} = \frac{1}{2}\rho\bar{v}^2 C_D A \tag{5.4.3}$$

abspalten. Die beiden verbleibenden Terme ergeben die Böenkraft $F_B(t)$. Der letzte nichtlineare Term ist klein und wird als Korrekturglied äquivalent linearisiert. Entsprechend den Ausführungen des Abschnittes 1.2.1 ist dazu $\sin^2\Omega t$ näherungsweise durch $8\sin\Omega t/(3\pi)$ zu ersetzen. Damit ist die Böenkraft

$$F_B(t) = \begin{cases} F_{B,max}\sin\Omega t & , 0 \le t \le T_s, \\ 0 & , \text{ sonst} \end{cases} \tag{5.4.4}$$

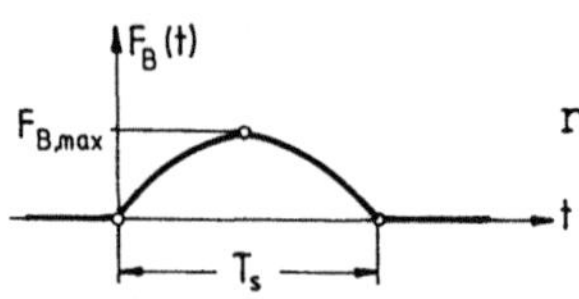

Abb. 5.4.2 Zeitlicher Verlauf der Böenwindkraft $F_B(t)$

mit ihrem Maximalwert

$$F_{B,max} = \rho\bar{v}\, v_{max}\left(1 + \frac{4}{3\pi}\frac{v_{max}}{\bar{v}}\right)C_D A\chi, \tag{5.4.5}$$

wobei mit der "Vergrößerungs"funktion χ (5.2.8) der Tatsache Rechnung getragen werden soll, daß hochfrequente Böen das Bauwerk nicht vollständig umschließen und damit eine Abminderung der Windkraft auf das Bauwerk erfolgt. Der zeitliche Verlauf dieser Kraft ist in Abb. 5.4.2 grafisch dargestellt.

Für die Schwingungsanalyse maßgeblich ist wieder das Differentialgleichungssystem (1.4.71) für die generalisierten Koordinaten. Bei vernachlässigter Dämpfung lautet es

$$\ddot{q}_n + \omega_n^2 q_n = \omega_n^2\frac{F_n(t)}{K_n}. \tag{5.4.6}$$

Wird die Böenwindkraft in Höhe der Plattform konzentriert angenommen und sind die Eigenschwingungsformen $\Phi_n(z)$ dort auf Eins normiert, dann sind die generalisierten Kräfte einfach

$$F_n(t) := \int_0^1 q(z,t)\,\Phi_n(z)\,dz = F_B(t)\,\Phi_n(1) = F_B(t) \tag{5.4.7}$$

und damit als systemunabhängige Kräfte vom Schwingungsgrad n unabhängig.

Die Impulsantwort folgt aus Gl. (3.8.8) für $\xi_n = 0$

$$h_n(t) = \begin{cases} 0, & t < 0, \\ \frac{1}{M_n\omega_n}\sin\omega_n t, & t \ge 0, \end{cases} \tag{5.4.8}$$

und damit ergeben sich die generalisierten Koordinaten als *Duhamel*sches Integral (3.8.10)

$$q_n(t) = \int_{-\infty}^{\infty} h_n(\tau)\,F_n(t-\tau)\,d\tau = \int_{-\infty}^{\infty} h_n(\tau)\,F_B(t-\tau)\,d\tau. \tag{5.4.9}$$

Nun einerseits $h_n(\tau)\equiv 0$ für $t<0$ und -nach Transformation $t-\tau \rightarrow \tau$- andererseits $F_B(\tau)\equiv 0$ für $\tau<0$, so daß Gl. (5.4.9) auch in der Form

$$q_n(t) = \int_0^t h_n(t-\tau)\, F_B(\tau)\, d\tau \tag{5.4.10}$$

geschrieben werden kann.

Wir definieren als Normierungsgröße die Plattformauslenkung

$$f_{o,n} := \frac{F_{B,max}}{K_n} = \frac{F_{B,max}}{M_n \omega_n^2}\,. \tag{5.4.11}$$

Dies wäre die statische Auslenkung bei Einwirkung einer zeitlich konstanten Böenkraft $F_{B,max}$. Mit $f_{o,n}$ und mit der Impulsantwort $h_n(t)$ (5.4.8) ist dann die generalisierte Koordinate des Schwingungsgrades n

$$q_n(t) = f_{o,n}\,\omega_n \int_0^t \frac{F_B(\tau)}{F_{B,max}} \sin\omega_n(t-\tau)\, d\tau\,. \tag{5.4.12}$$

Bei der Auswertung des Integrals ist zu beachten, daß $F_B(\tau)\equiv 0$ für $\tau \geq T_s$. Demzufolge müssen für die obere variable Integrationsgrenze t zwei unterschiedliche Zeitintervalle betrachtet werden. Für Zeiten $t\leq T_s=\pi/\Omega$ gilt im Integranden $F_B(\tau)/F_{B,max}=\sin\Omega t$. Für Zeiten $t\geq T_s$ gilt $F_B(\tau)\equiv 0$, und das Integral erstreckt sich nur bis $t=T_s$. An der Stelle $t=T_s$ ist Stetigkeit bezüglich $q_n(t)$ und $\dot{q}_n(t)$ zu beachten. Unter Verwendung des Additionstheorems $2\sin\alpha\sin\beta=\cos(\alpha-\beta)-\cos(\alpha+\beta)$ findet man für den ersten Bereich

$$q_n(t) = \frac{\omega_n^2}{\omega_n^2-\Omega^2}\left(\sin\Omega t - \frac{\Omega}{\omega_n}\sin\omega_n t\right) f_{o,n}\,,\quad t\leq\frac{\pi}{\Omega} \tag{5.4.13}$$

und für den zweiten

$$q_n(t) = \frac{2\omega_n\Omega}{\Omega^2-\omega_n^2}\sin\left(\omega_n t-\frac{\pi}{2}\frac{\omega_n}{\Omega}\right)\cos\left(\frac{\pi}{2}\frac{\omega_n}{\Omega}\right) f_{o,n}\,,\quad t\geq\frac{\pi}{\Omega}\,. \tag{5.4.14}$$

Mit diesen Gleichungen ist die zeitliche Abhängigkeit der generalisierten Koordinaten $q_n(t)$ für den Schwingungsgrad n bekannt. Die dimensionslose Amplitudenvergrößerungsfunktion des Schwingungsgrades n

$$V_n(t) := \frac{q_n(t)}{f_{o,n}} \tag{5.4.15}$$

ist in Abb. 5.4.3 als Funktion von $\omega_n t$ mit ω_n/Ω als Parameter grafisch dargestellt. Für jede Böenwirkzeit T_s ergibt sich eine spezifische Kurve der Amplitudenvergrößerungsfunktion, die bei $t=0$ wegen $\dot{q}_n(0)=0$ mit horizontaler Tangente beginnt, dann mit wachsender Zeit t zu einem Maximalwert ansteigt und weiter entweder zu negativen Werten durchschlägt, um wegen der nicht berücksichtigten Systemdämpfung harmonisch weiter zu schwingen, oder aber für $\omega_n/\Omega=3$, 5, 7, ... (d.h. $T_s=3/2\,T_n$, $5/2\,T_n$, $7/2\,T_n$ u.s.w.) unmittelbar nach Erreichen des Maximalwerts lediglich bis Null abfällt und für sämtliche folgenden Zeiten Null bleibt.

Für jede Böenwirkzeit T_s bzw. jedes Verhältnis ω_n/Ω ermittelt man in Abb. 5.4.3 das Maximum der Amplitudenvergrößerungsfunktion $V_{n,max}$ und trägt es in Abb. 5.4.4 über ω_n/Ω auf. Für sehr kurze Böenwirkzeiten T_s mit $\omega_n/\Omega<0{,}5$ bleibt $V_{n,max}$

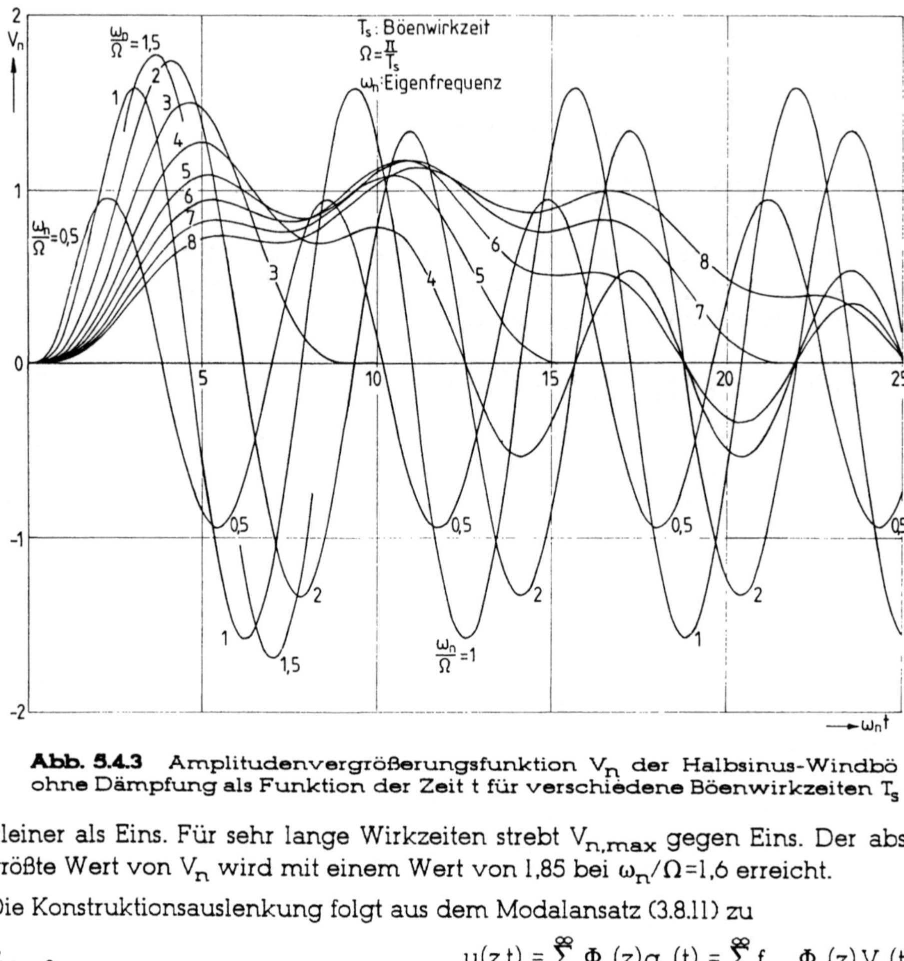

Abb. 5.4.3 Amplitudenvergrößerungsfunktion V_n der Halbsinus-Windbö ohne Dämpfung als Funktion der Zeit t für verschiedene Böenwirkzeiten T_s

kleiner als Eins. Für sehr lange Wirkzeiten strebt $V_{n,max}$ gegen Eins. Der absolut größte Wert von V_n wird mit einem Wert von 1,85 bei $\omega_n/\Omega=1{,}6$ erreicht.

Die Konstruktionsauslenkung folgt aus dem Modalansatz (3.8.11) zu

$$u(z,t) = \sum_{n=1}^{\infty} \Phi_n(z) q_n(t) = \sum_{n=1}^{\infty} f_{O,n} \Phi_n(z) V_n(t) =$$

$$= F_{B,max} \sum_{n=1}^{\infty} \frac{\Phi_n(z) V_n(t)}{M_n \omega_n^2} . \qquad (5.4.16)$$

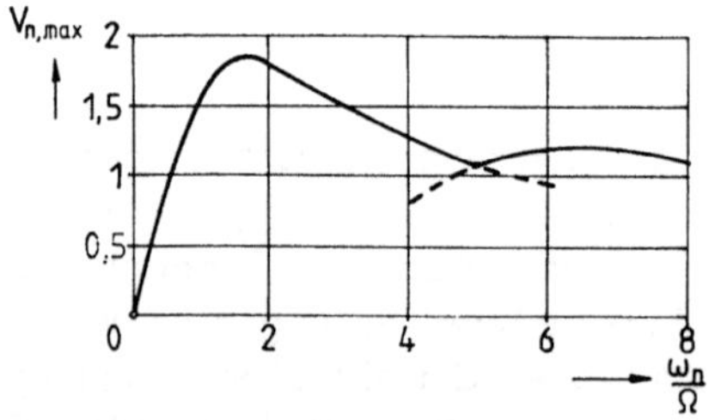

Abb. 5.4.4 Maximalwert der Amplitudenvergrößerungsfunktion für die Halbsinus-Windbö

Hier erkennt man, mit welcher Geschwindigkeit die einzelnen Reihenglieder bei wachsendem Schwingungsgrad n gegen Null streben. Nimmt man $\omega_n \sim n^2$ und M_n unabhängig von n an, konvergiert die Reihe mindestens mit $1/n^4$. Aus diesem Grunde kann man sich für eine erste Näherung auf das erste Reihenglied beschränken und erhält

$$u(z,t) = f_{O,1}\, \Phi_1(z)\, V_1(t) . \qquad (5.4.17)$$

Das Maximum der Auslenkung erhält man örtlich gesehen für z=l und zeitlich für $V_{1,max}$ nach Abb. 5.4.4. Damit ist die Bauwerksreaktion für eine vorgegebene Windbö der Entfaltungsdauer T_s und der Maximalgeschwindigkeit v_{max} bekannt.

In welcher Weise können nun T_s und v_{max} festgelegt werden? Bezüglich der Böenwirkzeit T_s ist die Frage relativ leicht zu beantworten. Liegt die Periodendauer T_1 für die Grundschwingung der Konstruktion im Bereich möglicher Böenwirkzeiten T_s, so wählt man $\omega_1/\Omega = 1{,}6$, also eine Böenwirkzeit, für die nach Abb. 5.4.4 die extremale Konstruktionsreaktion eintritt. Ist die Grundschwingungsdauer ein Mehrfaches möglicher Böenwirkzeiten, strebt also ω_1/Ω gegen Null, kommt es zu überhaupt keiner dynamischen Reaktion der Konstruktion, ist sie andererseits nur ein Bruchteil von T_s, strebt also ω_1/Ω gegen große Werte, kann quasistatisch gerechnet werden.

Für die Festlegung einer geeigneten Maximalgeschwindigkeit v_{max} der Winbö kann man vom Zufallscharakter der zeitlich schwankenden Windgeschwindigkeit ausgehen. Sie besitzt für einen über die Zeit T stationär andauernden Sturm eine *Gauß*sche Verteilung, wie durch Messungen und theoretisch durch den zentralen Grenzwertsatz (vergl. Abschnitt 2.9) nachgewiesen wurde. Ist die mittlere Periodendauer der zentrierten Windgeschwindigkeit T_o, dann ist der während der Sturmdauer T statistisch erwartete absolute Maximalwert der Windgeschwindigkeit nach Gl. (2.20.61) mit $N\sqrt{1-\varepsilon^2} = T/T_o$

$$v_{max} = \sqrt{m_o}\left[\sqrt{\ln(T/T_o)} + \frac{0{,}57722}{\sqrt{\ln(T/T_o)}}\right]. \tag{5.4.18}$$

Das Moment m_o der *Davenport*schen Windspektraldichte (5.1.9), also die Varianz σ_v^2 der Windgeschwindigkeit, ist nach Gl. (5.1.10) bzw. (5.1.11) bekannt. Zur Berechnung der mittleren Periode T_o nach den Gln. (2.20.11) und (2.20.12) wird auch das Moment m_2 des Windspektrums benötigt. Dessen Berechnung stößt jedoch auf Schwierigkeiten, weil das Integral

$$m_2 := \int_0^\infty f^2\,\Phi_{vv}(f)\,df = 4k\bar{v}^2(10)\int_0^\infty \frac{x^2}{(1+x^2)^{4/3}}\,f\,df \tag{5.4.19}$$

nicht konvergiert. Dies liegt nicht an der wirklichen Natur des Windes, sondern an der analytischen Approximation der Windspektraldichte Φ_{vv} durch die Funktion (5.1.9). Da aber die Windspektraldichte nach Abb. 5.3.2 oberhalb f=1 Hz verschwindend klein ist, kann sie dort ebenso gut durch Null angenähert werden. Für die bei bei der Frequenz f=1 Hz bzw. entsprechend Gl. (5.1.8) bei der normierten Frequenz $x_o = L/\bar{v}(10)$ abgebrochene Spektraldichte folgt dann mit $f = x\bar{v}(10)/L$

$$m_2 = 4k\frac{\bar{v}^4(10)}{L^2}\int_0^{x_o}\frac{x^3}{(1+x^2)^{4/3}}\,dx. \tag{5.4.20}$$

Die obere Grenze liegt in der Größenordnung $x_o \approx 20$, so daß im Integranden Eins gegen x^2 vernachlässigt werden kann. Es folgt

$$m_2 \approx 4k\frac{\bar{v}^4(10)}{L^2}\int_0^{x_o} x^{1/3}\,dx = 3k\,\frac{\bar{v}^4(10)}{L^2}\,x_o^{4/3} \tag{5.4.21}$$

mit der Dimension $(m\,Hz/s)^2$.

Unter Berücksichtigung der Tatsache, daß hier an Stelle von Kreisfrequenzen ω mit Frequenzen f gerechnet wird, ergibt sich die mittlere Periode zu

$$T_o = \sqrt{m_o/m_2} \approx \sqrt{2}\,\sqrt[3]{x_o}\ [s]. \tag{5.4.22}$$

Die Unsicherheit, die durch die willkürliche Festlegung der Abbruchsfrequenz x_o bedingt ist, wirkt sich nur wenig auf die maximale Windgeschwindigkeit v_{max} (5.4.18) aus. Für den Bereich $15 \le x_o \le 200$ folgt $3{,}88 \le v_{max}/\sqrt{m_o} \le 3{,}65$.

Für das Einstundenmittel der Windgeschwindigkeit von z.B. $\overline{v}(10) = 40$ m/s ist $x_o = 1200/40 = 30$, $T_o = 4{,}39$ s, und bei einer Sturmdauer von z.B. T = 1 h ist $v_{max} = 3{,}82\sqrt{m_o}$. Für offene See mit der Rauhigkeit k = 0,003 ist $\sqrt{m_o} = \sigma_v = \sqrt{6k}\ \overline{v}(10) = 5{,}367$ m/s und damit $v_{max} = 20{,}50$ m/s. Die Gesamtwindgeschwindigkeit $v_{g,max} = \overline{v} + v_{max} = 60{,}5$ m/s liegt damit um ca. 50 % oberhalb des Einstundenmittels $\overline{v}$. Die über die Böenentfaltungszeit von $T_s \approx T_o/2$ gemittelte Geschwindigkeit ist $\overline{v}_g \approx \overline{v} + v_{max}/2 = 50{,}25$ m/s und ist um ca. 26 % größer als das Einstundenmittel (vergl. Abb. 5.4.5). Dieses Ergebnis bestätigt den vom GL nach Gl. (5.1.6) zugelassenen Wert recht gut.

Eine andere Vergleichsmöglichkeit bieten die in der Vergangenheit in Deutschland häufig verwendeten Windlastannahmen nach *Schlaich* [72]. Danach verteilt sich die gesamte Windlast auf ein Bauwerk zu 40 % auf den statischen und zu 60 % auf den dynamischen Anteil. Mit den oben angenommenen Geschwindigkeiten folgt hier aus den Gln. (5.4.2) bis (5.4.5) $\overline{F}/F_g = 0{,}44$ und (bei χ = 1) $F_{B,max}/F_g = 0{,}56$. Auch diese Werte passen gut zu den zitierten Windlastannahmen.

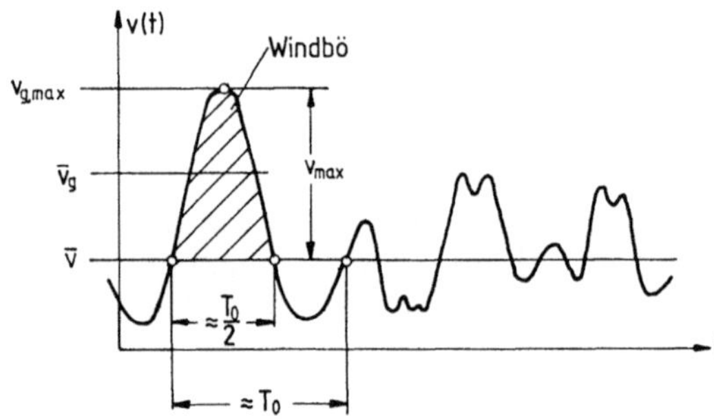

Abb. 5.4.5 Böenwindgeschwindigkeit

Im übrigen berücksichtigt *Schlaich* in seinen Berechnungen auch die Möglichkeit, daß die nach dem Auftreffen der Bö *gedämpft* ausschwingende Konstruktion nach Verstreichen einer gewissen Zeit von einer zweiten Windbö, und zwar in Phase zur Konstruktionsschwingung, getroffen wird. Dabei kommt es zu einer weiteren Amplitudenvergrößerung.

Beispiel 5.4.1: Hubinsel unter deterministischer Einzelbö

Konstruktions- und Winddaten werden von Beispiel 5.3.1 übernommen. Dort ergaben sich das 100-Jahreseinstundenmittel der Windgeschwindigkeit in Höhe Ponton $\overline{v}_{100}(z_o) = 47{,}8$ m/s und in Höhe z = 10 m $\overline{v}_{100}(10) = 41{,}9$ m/s und die Standardabweichung der Windgeschwindigkeit in Höhe 10 m $\sigma_v(10) = 5{,}622$ m/s.

Standardabweichung in Höhe Ponton nach Gl. (5.1.11): $\sigma_v(z_o) = 5{,}164$ m/s
Abbruchsfrequenz: $x_o = 1200/41{,}9 = 28{,}6$
mittlere Periode Gl. (5.4.22): $T_o = 4{,}3$ s

Der Größtwert der Amplitudenvergrößerungsfunktion $V_{1,max}$ ergibt sich nach Abb. 5.4.4 für $\omega_1/\Omega = 1{,}6$. Diesem Wert entspricht eine Böenwirkzeit von $T_s = \pi/\Omega = 5{,}1$ s. T_s liegt in der Nähe von T_o, so daß im Hinblick auf die willkürliche Annahme von x_o $T_o = T_s = 5{,}1$ s gewählt werden kann.

Sturmdauer: T = 1 h
maximale Böenwindgeschwindigkeit nach Gl. (5.4.18): $v_{max}(z_o) = 19{,}53$ m/s
mittlere Windkraft Gl. (5.4.3): $\overline{F} = 1485$ kN
Flächenkorrekturfaktor Gl. (5.2.8): $\chi = 0{,}638$

maximale Böenkraft Gl.(5.4.5): $F_{B,max} = 908$ kN

statische Auslenkung: $\bar{u} = \bar{F}/K_1 = 0{,}107$ m

Bezugsauslenkung Gl. (5.4.11): $f_{o,1} = 0{,}0652$ m

größte dynamische Auslenkung: $f_1 = f_{o,1}\, V_{1,max} = 0{,}121$ m

größte Gesamtauslenkung: $u_{max} = \bar{u} + f_1 = 0{,}228$ m

Dieser Auslenkung entspricht eine Biegespannung von $\sigma_{max} = 52$ N/mm^2

6 Meerestechnische Konstruktionen unter der Wirkung von Meeresströmungen

Man unterscheidet Gezeitenströmungen, windinduzierte Strömungen, permanente Strömungen und seismische Fluten. Es handelt sich dabei um Strömungen mit über verhältnismäßig große Zeiten stationären Strömungsgeschwindigkeiten.

Als wichtigste Kraftwirkung solcher Strömungen auf meerestechnische Konstruktionen ist der hydrodynamische Widerstand zu nennen. Er wird mit der bekannten Widerstandsformel (4.2.12) für zeitlich konstante Anströmgeschwindigkeit und ruhende Konstruktion $q_D = C_D \rho D v^2/2$ berechnet. Wegen der quadratischen Abhängigkeit von der Geschwindigkeit v ist dabei in besonderer Weise der Fall überlagerter Geschwindigkeiten, z.B. beim zusätzlichen Auftreten einer Wellenbewegung, zu beachten. Eine einfache Superposition von Kraftanteilen aus den verschiedenen Strömungsgeschwindigkeiten ist wegen dieser Nichtlinearität streng betrachtet nicht möglich.

In manchen Fällen werden auch Kräfte, die quer zur Anströmungsrichtung auf die Konstruktion wirken, bedeutsam. Solche Quertriebs- oder Auftriebskräfte können zu Resonanzschwingungen und zu dynamischer Instabilität führen. Da diese Erscheinung sowohl bei Wind- als auch bei Wasseranströmung auftreten können, werden sie in den nächsten Kapiteln gesondert behandelt. Mit Auftriebskräften sind hier nicht hydrostatische Kräfte sondern die aus der Aero- bzw. Hydrodynamik bekannten, bei der Umströmung von Profilen entstehenden Kräfte gemeint.

6.1 Gezeitenströmungen

Gezeitenströmungen (*tidal current*) entstehen durch die Gravitationsfelder von Sonne und Mond. Sie sind Schwerewellen großer Periodendauer und großer Wellenlänge. Die aus der linearen Wellentheorie bekannte Dispersionsgleichung (4.1.12) $\omega^2 = gk \tanh kd$ geht für kleine ω und k in $\omega = \sqrt{gd}\,k$ über. Aus den Gln. (4.1.14) folgt mit $\cosh k(z+d) \approx 1$ und $\sinh k(z+d) \approx 0$ eine zum Meeresboden parallele Strömung mit der Horizontalgeschwindigkeit $v = a\sqrt{g/d}$. Für eine Meerestiefe von z.B. d=100 m und einer Gezeitenamplitude von a=4 m ergäbe das eine Strömungsgeschwindigkeit von v=1,25 m/s. Tatsächlich werden an der Meeresoberfläche der Nordsee je nach Seegebiet Strömungsgeschwindigkeiten zwischen 0,5 und 1,5 m/s gemessen, so zwischen 52° und 54° nördlicher Breite 1,5 m/s und nördlich von 60° 0,5 m/s.

Da die aus der Potentialströmung als Grenzfall hergeleitete Strömungsgeschwindigkeit nicht mit wachsender Tiefe abnimmt, also insbesondere am Meeresboden, wie es die Reibhaftung verlangt, nicht Null ist, wird ein Strömungsprofil in Gestalt einer turbulenten Grenzschicht nach Abb. 6.1.1 angenommen. Es gilt dann

$$v(z) = v(d)\left(\frac{z}{d}\right)^{1/7}. \tag{6.1.1}$$

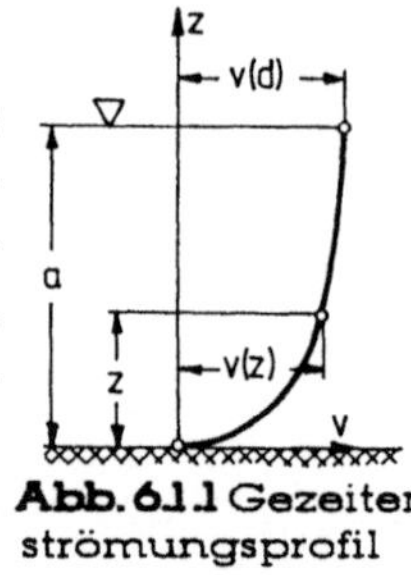

Abb. 6.1.1 Gezeitenströmungsprofil

Gezeitenströme werden durch die Corioliskräfte infolge der Relativbewegung der Strömung zur drehenden Erde abgelenkt, auf der Nordhalbkugel nach rechts, auf der Südhalbkugel nach links. In einem durch Ufer kreisförmig begrenztem Meer der Nordhalbkugel rotieren Hoch- und Niedrigwasser kreisförmig mit der Zeit entgegengesetzt dem Uhrzeigersinn um den Mittelpunkt des Kreises. Dieser *amphidromale* Punkt selbst besitzt keine Gezeitenamplitude und keine Gezeitenströmung. In der Nordsee liegt z.B. ein amphidromaler Punkt ungefähr bei 5,5° östlicher Länge und 55,5° nördlicher Breite.

6.2 Windinduzierte Strömungen

Windinduzierte Strömungen (*wind generated current*) sind Oberflächenströmungen der Meere, die durch Sturmwinde infolge der Reibung in der Grenzschicht Wasser-Luft erzeugt werden. Im Gegensatz zu den windinduzierten Bewegungen von Schwerewellen sind sie mit einem größeren fortdauernden Massentransport verbunden, der an anderen Orten Ausgleichsströmungen bedingt.

Windinduzierte Strömungen werden ebenfalls durch Corioliskräfte abgelenkt. Bereits an der Meeresoberfläche weicht die Meeresströmung um 45° von der Windrichtung ab und dreht mit wachsender Tiefe weiter ab, bis sie in 50 bis 200 m Tiefe sogar eine Stromrichtung entgegen der Windrichtung erreicht. Gleichzeitig nimmt die Geschwindigkeit der Größe nach ab und besitzt in der genannten Tiefe nur noch ungefähr 1/23 der Oberflächengeschwindigkeit. Falls keine genaueren Beobachtungen vorliegen, kann für die Oberflächengeschwindigkeit 1 % des Einstundenmittels der Windgeschwindigkeit in 10 m Höhe angenommen werden.

6.3 Permanente Strömungen und seismische Fluten

Permanente Strömungen (*permanent current*) sind die großen Meeresströmungen der Weltmeere. Sie werden durch die jährlich andauernden Winde der Erde getrieben und durch verschiedene andere Einflüsse wie Corioliskräfte und Temperaturunterschiede abgelenkt und verändert. Der für Europa so bedeutsame Golfstrom erreicht vor Florida seine größte Geschwindigkeit mit ungefähr 2 m/s.

Flutwellen infolge von Erdbeben oder Vulkanausbrüchen (*Tsunamis*) können weite Strecken bis in benachbarte Ozeangebiete hinein durchlaufen und verheerende Wirkungen entfalten. Die Wellenlängen solcher Fluten sind so groß, daß sie wie permanente Strömungen behandelt werden können.

7 Wirbelinduzierte Schwingungen meerestechnischer Konstruktionen

7.1 Die Kármánsche Wirbelstraße

Wir betrachten nach Abb. 7.1.1 einen ruhenden Kreiszylinder vom Durchmesser D, der durch Wind oder Wasser stationär mit der Geschwindigkeit $\dot{u}_o$ angeströmt wird. Im Totwasserbereich des Kreiszylinders entsteht eine *Kármán*sche[1] Wirbelstraße von der Breite b. Die auf *einer* Seite des Zylinders abgehenden und stromabwärts mitgeführten Strömungswirbel besitzen untereinander den Abstand l und damit eine Periodenzeit $T_W = l/\dot{u}_o$, ihre Ablösefrequenz ist $f_W = 1/T_W = \dot{u}_o/l$. Die sich zu beiden Seiten des Kreiszylinders alternierend ablösenden Wirbel sind stabil für $b/l = 0{,}281$.

Die hydro- bzw. aerodynamischen Vorgänge bei der Umströmung eines Kreiszylinders oder ähnlich *abgerundeter* Profile sind neben der Beeinflussung durch die Oberflächenrauhigkeit des Zylinders und den Turbulenzgrad des anströmenden Mediums der kinematischen Zähigkeit ν besonders von der dimensionslosen *Reynolds*[2]-Zahl

$$\mathrm{Re} := \frac{\dot{u}_o D}{\nu} \qquad (7.1.1)$$

abhängig. Auch die dimensionslose Wirbelablösefrequenz

$$S := \frac{f_W D}{\dot{u}_o}, \qquad (7.1.2)$$

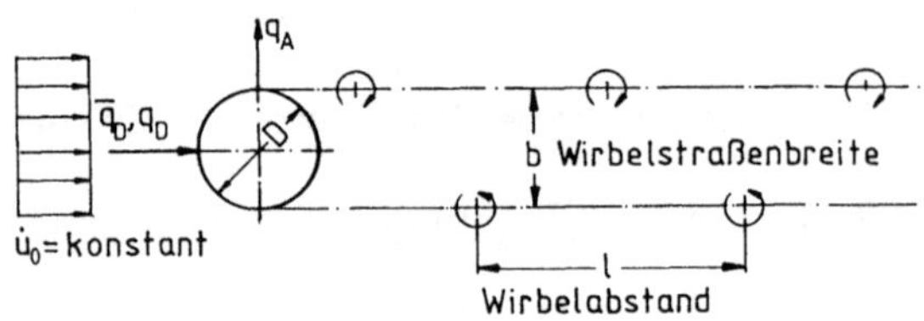

Abb. 7.1.1 *Kármán*sche Wirbelstraße

die *Strouhal*[3]-Zahl genannt wird, ist Funktion der *Reynolds*-Zahl Re. In der Abb. 7.1.2 ist diese Abhängigkeit grafisch dargestellt. Bei der kritischen *Reynolds*-Zahl $\mathrm{Re} = 2 \cdot 10^5$ schlägt die bis dahin laminare in eine turbulente Grenzschicht um. Als Folge der Turbulenz wandern die Ablösepunkte der Strömung stromabwärts am Kreisumfang weiter nach hinten, von etwa 75° bis 140° gegenüber dem Staupunkt. Nach Überschreiten der kritischen *Reynolds*-Zahl wird der Kreiszylinder deshalb von der Umströmung besser umschlossen, und es kommt dadurch zu einer erheblichen Abnahme des Strömungswiderstands. Die kritische *Reynolds*-Zahl trennt den unter- vom über- und vom transkritischen Bereich.

Bezüglich der *Kármán*schen Wirbelstraße unterscheidet man im einzelnen die fol-

1) *Theodore v. Kármán* (1881-1963), ungarischer Aerodynamiker, hat die Existenz und Stabilität der Wirbelstraße theoretisch nachgewiesen und mit dieser Darstellung den Druck- und Formwiderstand eines Körpers berechnet

2) *Osborne Reynolds* (1842-1912), engl. Physiker, fand durch systematische Versuche eine nur von $\dot{u}_o$, D und ν abhängende, zahlenmäßig angebbare Konstante, die laminare und turbulente Umströmung voneinander trennt

3) *Vincenz Strouhal* (1850-1922), tschechischer Physiker, veröffentlichte 1878 eine Arbeit über eine "besondere Art der Tonerregung", wie sie z.B. vom Singen von Telegrafendrähten im Wind oder von Äolsharfen bekannt ist

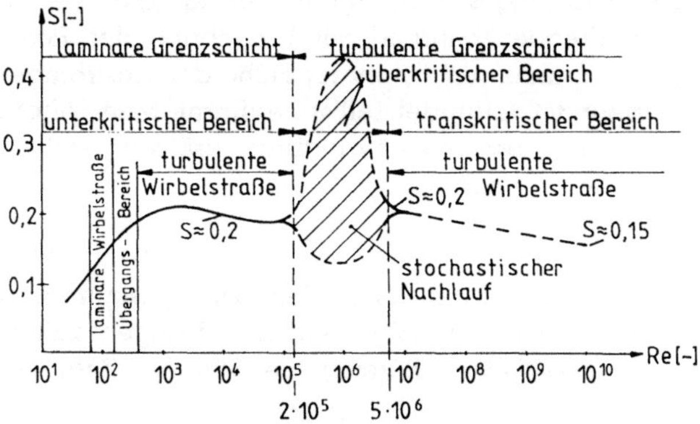

Abb. 7.1.2 Abhängigkeit der *Strouhal*-Zahl S von der *Reynolds*-Zahl Re für den stationären Kreiszylinder

genden Bereiche:

- Re<10: ablösungsfreie Strömung,
- 10<Re<50: zwei sich gegenüber stehende stabile Wirbel, die ab Re≈40 stromabwärts mitgeführt werden,
- 50<Re<150: Bereich der klassischen Wirbelstraße, alternierend abgehende Wirbel bilden eine sehr stabile laminare Wirbelstraße, die sich bis zu 80·D stromabwärts erstreckt,
- 150<Re<300: Übergangsbereich mit verhältnismäßig unregelmäßiger Wirbelablösung, keine dominierende Ablösefrequenz,
- 300<Re<$2\cdot10^5$: turbulente Wirbelstraße jedoch mit mit stark dominierender Grundfrequenz, *Strouhal*-Zahl mit S ≈ 0,2 nahezu konstant,
- $2\cdot10^5$ < Re < $5\cdot10^6$: überkritischer Bereich mit stochastischem Nachlauf ohne reguläre Wirbelbildung,
- $5\cdot10^6$ < Re: transkritischer Bereich mit wieder fast periodischer aber störanfälliger turbulenter Wirbelstraße und mit dominierender Wirbelablösefrequenz.

Die beschriebenen Zusammenhänge findet man versuchstechnisch in Strömungskanälen, mit Ausnahme des transkritischen Bereichs. *Reynolds*-Zahlen dieser Größe lassen sich in Modellversuchen nicht realisieren. Ergebnisse gewinnt man hier durch Messungen an Großausführungen. So wurden am Funkturm Aufhausen auf der Schwäbischen Alb für transkritische *Reynolds*-Zahlen $6{,}3\cdot10^6 \le Re \le 9{,}2\cdot10^6$ *Strouhal*-Zahlen zwischen 0,19 und 0,22 mit einem Mittelwert S = 0,20 ermittelt [91], sowie am Hamburger Fernmeldeturm für $6{,}7\cdot10^6 \le Re \le 1{,}2\cdot10^7$ *Strouhal*-Zahlen von 0,20 bis 0,23 [70]. *Strouhal*-Zahlen für noch weit höhere transkritische *Reynolds*-Zahlen ergeben sich aus Beobachtungen atmospärischer Wirbel. So ergaben die Auswertungen von Satellitenaufnahmen von Wolkenformationen in Lee des 2300 m hohen Beerenberges der Insel Jan Mayen im nördlichen Eismeer für $5\cdot10^9 < Re < 10^{10}$ *Strouhal*-Zahlen von S ≈ 0,15 [70] (Abb. 7.1.3).

Soweit die Verhältnisse für einen stationären Kreiszylinder. Bei der Umströmung von Zylindern mit scharfkantigen Profilen sind die Ablösepunkte der Strömung durch diese Kanten bestimmt. Es entfällt damit weitgehend die Abhängigkeit von der *Reynolds*-Zahl. *Stouhal*-Zahlen für eine Reihe von Querschnitten sind in der Tabelle 7.2.1 zusammengestellt.

Bei quer zur Anströmung *schwingenden* Zylindern bleiben die Strömungsverhältnisse im wesentlichen erhalten. Folgende zwei Einschränkungen werden genannt:

α) Ein in Wirbelresonanz schwingender Zylinder schwingt auch dann mit derselben Amplitude weiter, wenn die Anströmgeschwindigkeit geringfügig wächst oder abnimmt. In einem schmalen Frequenzband in der Umgebung der Resonanzfrequenz wird die Wirbelablösefrequenz nicht von der Höhe der Anströmgeschwindigkeit sondern vom schwingenden Zylinder selbst bestimmt. Man spricht von *Selbststeuerung*. Dadurch wird die Resonanzschwingung zusätzlich stabilisiert. Als Frequenzbreite der Selbststeuerung kann

$$\Delta S = \frac{\Delta f_W D}{\bar{u}_o} \approx \pm(0{,}025 \ldots 0{,}036) \tag{7.1.3}$$

angenommen werden. Die Selbststeuerung führt dazu, daß bei Kreiszylindern auch im überkritischen *Reynolds*-Bereich regelmäßige Wirbelablösungen auftreten können. Außerdem sinkt im unterkritischen Bereich die *Strouhal*-Zahl auf S = 0,18.

β) Wachsende Schwingungsamplituden haben zunehmend Rückwirkungen auf die Wirbelbildung. Die am stationären Zylinder gewonnenen Ergebnisse bleiben bis zu einer relativen Schwingungsamplitude von f/D < 0,11 gültig.

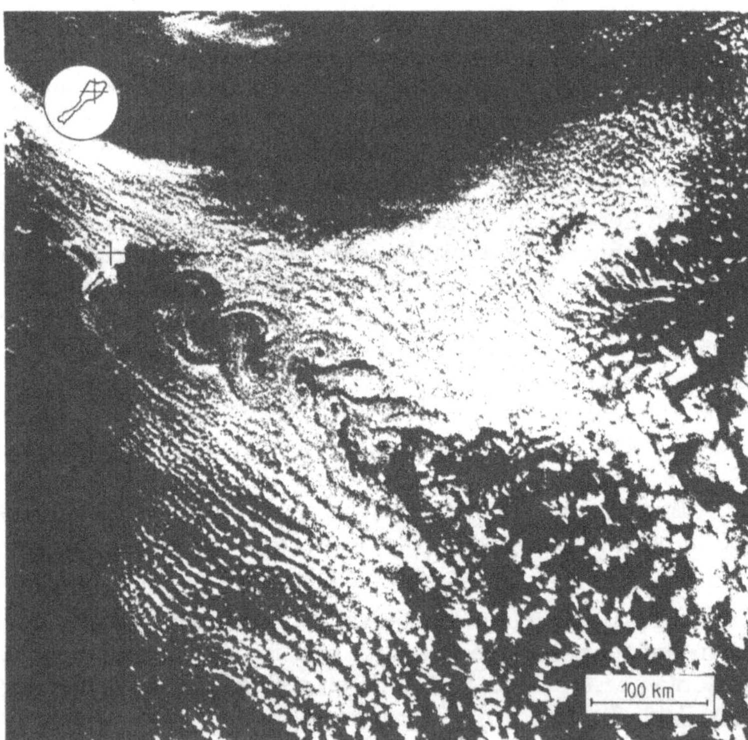

Abb. 7.1.3 Satellitenaufnahme einer *Kármán*schen Wirbelstraße in Lee von Jan Mayen (18.9.1975) [91] [1)]

1) Dieses Satellitenbild wurde Herrn Dr.-Ing. *O. Wenderoth* für dessen Dissertation dankenswerterweise von Herrn Prof. *H. Kaminski*, Direktor der Sternwarte Bochum, zur Verfügung gestellt.

7.2 Strömungskräfte

Als Ergebnis der geschilderten Strömungsverhältnisse finden wir zunächst die zeitlich gemittelte Widerstandskraft (*time-averaged drag force*)

$$\overline{q}_D := \frac{1}{2}\overline{C}_D \rho D \dot{u}_0^2 . \tag{7.2.1}$$

Die sich alternierend ablösenden Wirbel verursachen periodische Quertriebskräfte (*fluctuating lift force*), die in erster Näherung zeitharmonisch in der Form

$$q_A(t) := \frac{1}{2} C_A \rho D \dot{u}_0^2 \, e^{i\omega t} \tag{7.2.2}$$

angesetzt werden können. Die Erregerfrequenz ergibt sich aus der Wirbelablösefrequenz zu $\omega = 2\pi f_W$. Der Quertriebs- oder Auftriebskoeffizient C_A ist von der relativen Amplitude f/D, von der *Strouhal*-Zahl S und bei abgerundeten Profilen auch von der *Reynolds*-Zahl Re abhängig.

Die abgehenden Wirbel beeinflussen periodisch die Druckverhältnisse im Totwasser auf der Rückseite des angeströmten Zylinders. Dadurch entstehen schließlich auch periodische Widerstandskräfte (*fluctuating drag force*), die jedoch verhältnismäßig klein sind, und analog der Gl. (7.2.2) in der Form

$$q_D(t) := \frac{1}{2} C_D \rho D \dot{u}_0^2 \, e^{2i\omega t} \tag{7.2.3}$$

angesetzt werden. Es ist zu beachten, daß die Erregerfrequenz der Widerstandskraft $q_D(t)$ doppelt so groß ist wie die der Quertriebskraft $q_A(t)$.

In Abb. 7.2.1 sind die Kraftkoeffizienten $\overline{C}_D$, C_A und C_D für einen stationären Kreiszylinder in Abhängigkeit von der *Reynolds*-Zahl grafisch dargestellt. Mit einer erheblichen Schwankungsbreite dieser Ergebnisse ist für die dynamischen Kraftwirkungen $q_A(t)$ und $q_D(t)$ zu rechnen.

Strouhal-Zahlen und Kraftkoeffizienten für einige Querschnitte sind in Tabelle 7.2.1 zusammengestellt.

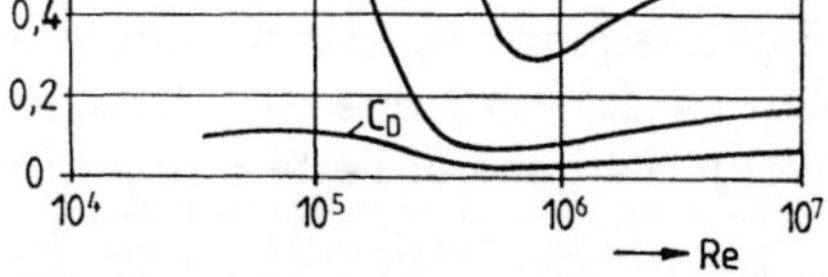

Abb. 7.2.1 Kraftkoeffizienten für den stationären Kreiszylinder als Funktion der *Reynolds*-Zahl Re [29]

Tabelle 7.2.1 *Strouhal*-Zahlen und Kraftkoeffizienten für zylindrische Körper mit verschiedenen Querschnitten [20, 29, 80]

	S	$\overline{C}_D$	C_A	C_D
Rechteck, $L/D = 0{,}5$	0,17	2,1	0,45	0,21
Rechteck, $= 1$	0,125	2,0	0,55	
Rechteck, $= 2$	0,068	1,5	0,30	
Quadrat	≈0,17	1,6	≈0,4	≈0,1
Rechteck (Richtung d. Anströmung beliebig)	≈0,20	1,4	≈0,4	≈0,3
Sechseck (Spitze in Anströmrichtung)	≈0,15	1,30 (1,5)	≈0,6	≈0,1
Sechseck	≈0,20	0,80	≈1,1	≈0,1

7.3 Wirbelinduzierte Querschwingungen kleiner Amplitude

Nach Abb. 7.3.1 wird ein vertikaler kreiszylindrischer Pfahl stationär in Richtung x angeströmt. Die Anströmgeschwindigkeit ist $\dot{u}_o$. Die auf jeder Seite des Zylinders alternierend abgehenden Wirbel erregen ihn zu Querschwingungen. Die Geschwindigkeit des Zylinders in Richtung y ist $\dot{v}$, seine Beschleunigung $\ddot{v}$. Die *scheinbare* Anströmung fällt relativ zur Zylinderbewegung nicht querab sondern stets vorlicher unter dem zeitabhängigen Winkel α ein. Für die Relativgeschwindigkeit gilt

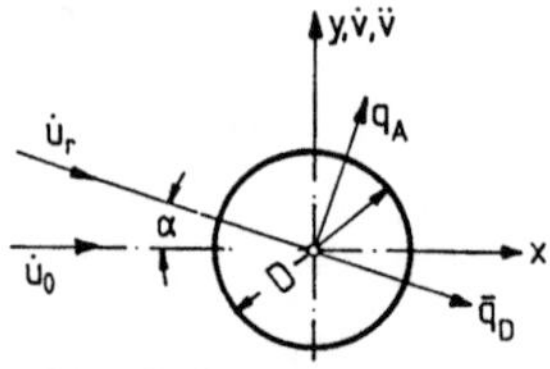

Abb. 7.3.1 Kraftwirkungen bei Wirbelbildung

$$\dot{u}_r = \sqrt{\dot{u}_o^2 + \dot{v}^2}\,, \tag{7.3.1}$$

für ihren Richtungswinkel

$$\tan\alpha = \frac{\dot{v}}{\dot{u}_o}\,. \tag{7.3.2}$$

Sind die Schwingungsamplituden klein, können in erster Näherung die am stationären Zylinder gemessenen Quertriebskräfte übernommen werden. Daß so die Wirklichkeit nur unzureichend beschrieben werden kann, geht schon aus dem Phänomen der Selbststeuerung hervor. Es existiert eine starke Rückkopplung der Zylinderbewegung auf die sie induzierende *Kármán*sche Wirbelstraße.

Im Sinne also einer ersten Näherung gilt die Quertriebskraft (7.2.2) in Richtung senkrecht zur Relativgeschwindigkeit

$$q_A(t) = \frac{1}{2} C_A \rho D \dot{u}_r^2 e^{i\omega t}. \tag{7.3.3}$$

In Richtung der Relativgeschwindigkeit wirkt der zeitlich gemittelte Strömungswiderstand (7.2.1)

$$\overline{q}_D = \frac{1}{2}\overline{C}_D \rho D \dot{u}_r^2, \tag{7.3.4}$$

wogegen der zeitlich veränderliche Anteil q_D vernachlässigt wird. Aus beiden Kräften folgt in Richtung y die resultierende Kraft

$$q_y = q_A \cos\alpha - \overline{q}_D \sin\alpha, \tag{7.3.5}$$

bzw. bei kleinen Schwingungsausschlägen mit $\tan\alpha \approx \sin\alpha \approx \alpha$, $\cos\alpha \approx 1$ und $\dot{u}_r \approx \dot{u}_o$

$$q_y = \frac{1}{2} C_A \rho D \dot{u}_o^2 e^{i\omega t} - \frac{1}{2}\overline{C}_D \rho D \dot{u}_o \dot{v}\,. \tag{7.3.6}$$

Der erste Summand dieser Belastung ist die Erregerkraft, der zweite die hydro- bzw. aerodynamische Dämpfungskraft.

Die Wirbelfrequenz sei folgend gleich der n. Eigenfrequenz ω_n der Konstruktion, und diese schwinge in der Eigenschwingungsform $\Phi_n(z)$. Im Sinne der Modalanalyse ist dann $\dot{v} = \Phi_n(z)\dot{q}_n(t)$, und aus Gl. (7.3.6) folgt die generalisierte Erregerkraft

$$F_n(t) = \frac{1}{2}\rho \int_o^l C_A D \dot{u}_o^2 \Phi_n(z) e^{i\omega_n t} := F_{o,n} e^{i\omega_n t} \tag{7.3.7}$$

sowie die generalisierte hydrodynamische (bzw. aerodynamische) Dämpfung

$$C_{h,n} := \frac{1}{2}\rho \int_o^l \overline{C}_D D \dot{u}_o \Phi_n^2 dz. \tag{7.3.8}$$

Damit ist die Differentialgleichung für die generalisierte Koordinate $q_n(t)$

$$M_n\ddot{q}_n + (C_{s,n}+C_{h,n})\dot{q}_n + K_n q_n = F_{0,n} e^{i\omega_n t}. \tag{7.3.9}$$

Generalisierte Masse M_n, generalisierte Strukturdämpfung $C_{s,n}$ und generalisierte Steifigkeit K_n sind die bestimmenden Konstruktionseigenschaften. Mit der Eigenfrequenz

$$\omega_n = \sqrt{\frac{K_n}{M_n}}, \tag{7.3.10}$$

mit den modalen Parametern für die Strukturdämpfung

$$\xi_{s,n} = \frac{C_{s,n}}{2\omega_n M_n} \tag{7.3.11}$$

und für die hydrodynamische Dämpfung

$$\xi_{h,n} := \frac{C_{h,n}}{2\omega_n M_n} = \frac{\rho}{4\omega_n M_n}\int_0^l \bar{C}_D D \dot{u}_0 \Phi_n^2 \, dz \tag{7.3.12}$$

sowie mit der statischen Auslenkung

$$f_{0,n} := \frac{F_{0,n}}{K_n} \tag{7.3.13}$$

wird die Differentialgleichung (7.3.9) zu

$$\ddot{q}_n + 2\omega_n(\xi_{s,n}+\xi_{h,n})\dot{q}_n + \omega_n^2 q_n = f_{0,n}\omega_n^2 e^{i\omega_n t} \tag{7.3.14}$$

umgeschrieben.

Für den hier angenommenen Resonanzfall ist die Lösung

$$q_n = f_n \exp[i(\omega_n t - \tfrac{\pi}{2})] \tag{7.3.15}$$

mit der Amplitude

$$f_n = \frac{f_{0,n}}{2(\xi_{s,n}+\xi_{h,n})} = \frac{f_{0,n}}{2\xi_n}. \tag{7.3.16}$$

Nach Literaturangaben gilt diese Lösung bis zu relativen Amplituden $f_n/D < 0{,}11$. Die mit solch kleinen Schwingungsamplituden verbundenen Biegespannungen sind im allgemeinen ebenfalls gering, können jedoch bei Lebensdaueranalysen bedeutsam werden.

Auf der anderen Seite führen wirbelresonanzerregte Schwingungen meist zu weit größeren Amplituden. In diesen Fällen ist eine Schwingungsanalyse nach komplizierteren nichtlinearen mathematischen Modellen durchzuführen, vergl. Abschnitt 7.4.

Weitere Erschwernisse ergeben sich bei mehrbeinigen Konstruktionen durch die gegenseitige Beeinflussung von Beinen sowie bei Konstruktionen in pulsierender Anströmung etwa infolge einer Wellenbewegung.

Beispiel 7.3.1: Wirbelresonanzerregte Schwingungen einer Pfahl-Plattform-Konstruktion

Die in Abb. 7.3.2 dargestellte Stahl-Konstruktion wird mit der zeitlich und über die Höhe $0 \le z \le d$ konstanten Geschwindigkeit $\dot{u}_0$ angeströmt. Zunächst ist zu prüfen, ob im betrachteten Seegebiet eine Strömungsgeschwindigkeit möglich ist, die zu Wirbelresonanz führen kann, und für den Fall der Bejahung ist anschließend eine Schwingungsanalyse durchzuführen.

KONSTRUKTIONSDATEN

Pfahldurchmesser:	$D = 0{,}3$ m
Wanddicke:	$t = 8$ mm
Biegesteifigkeit:	$EI = 1{,}613 \cdot 10^4$ kNm^2
Pfahllänge:	$l = 12$ m
Plattformmasse:	$M_o = 660$ kg
Pfahlmasse:	$m_1 = 57{,}2$ kg/m
	$m_2 = 194{,}6$ kg/m
Meerestiefe:	$d = 7$ m

Grundschwingungsform:

$$\Phi_1(z) \approx \frac{3}{2}\left[\left(\frac{z}{l}\right)^2 - \frac{1}{3}\left(\frac{z}{l}\right)^3\right]$$

(Dieser Ansatz erfüllt die Randbedingungen $\Phi_1(0) = \Phi_1'(0) = \Phi_1''(l) = 0$)

generalisierte Steifigkeit: $K_1 = \frac{3EI}{l^3} = 28$ kN/m

generalisierte Masse: $M_1 = M_o + \frac{33}{140} m_1 l + \frac{1}{140}(m_2 - m_1) l \left(\frac{d}{l}\right)^5 \left[63 - 35\frac{d}{l} + 5\left(\frac{d}{l}\right)^2\right] = 857{,}1$ kg

Grundfrequenz : $\omega_1 = \sqrt{K_1/M_1} = 5{,}72$ 1/s

Strukturdämpfung: $\xi_{s,1} = 0{,}02$

HYDRODYNAMISCHE DATEN

Strouhal-Zahl: $S = 0{,}2$

erforderliche Anströmgeschwindigkeit für Wirbelfrequenz $f_W = f_1$: $\dot{u}_o = f_1 D/S = 1{,}364$ m/s

kinematische Zähigkeit von Wasser bei 20°C $\nu = 1{,}01 \cdot 10^{-6}$ m^2/s

Reynolds-Zahl: $Re = \dot{u}_o D/\nu = 4 \cdot 10^5$

Kraftkoeffizienten nach Abb. 7.2.1: $\overline{C}_D = 0{,}7$ und $C_A = 0{,}1$

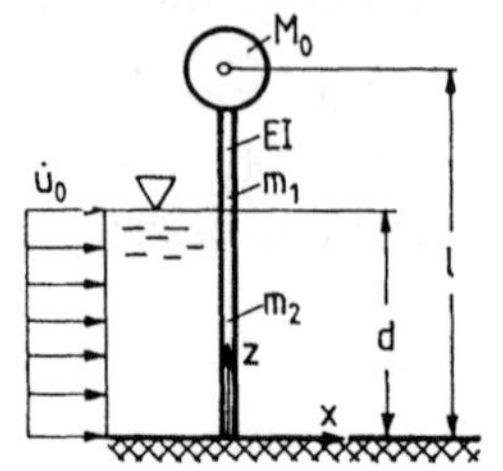

Abb. 7.3.2 Stationäre Anströmung einer Pfahl-Plattform-Konstruktion

hydrodynamische Dämpfung Gl. (7.3.12):

$$\xi_{h,1} = \frac{\rho \overline{C}_D D \dot{u}_o}{4\omega_1 M_1} \int_0^d \Phi_1^2 \, dz = \frac{\rho \overline{C}_D D \dot{u}_o}{4\omega_1 M_1} \cdot \frac{1}{140} l \left(\frac{d}{l}\right)^5 \left[63 - 35\frac{d}{l} + 5\left(\frac{d}{l}\right)^2\right] = 0{,}0038$$

GENERALISIERTE KRAFT

$$F_{o,1} = \frac{1}{2}\rho C_A D \dot{u}_o^2 \int_0^d \Phi_1 \, dz = \frac{1}{16}\rho D C_A \dot{u}_o^2 \, l \left[4\left(\frac{d}{l}\right)^3 - \left(\frac{d}{l}\right)^4\right] = 29{,}1 \text{ N}$$

ERGEBNISSE

statische Auslenkung: $f_{o,1} = F_{o,1}/K_1 = 0{,}0010$ m

dynamische Amplitude (7.3.16): $f_1 = 0{,}0218$ m

relative Amplitude: $f_1/D = 0{,}07 < 0{,}11$

maximale Biegespannung:

$$\sigma_{max} = \frac{3}{2} E \frac{f_1 D}{l^2} = 14 \frac{\text{N}}{\text{mm}^2}$$

7.4 Strömungsoszillator

Die *lineare* Rechnung im vorangehenden Abschnitt benutzt die an stationären Zylindern gemessenen Quertriebskoeffizienten C_A und ist deshalb auf kleine Schwingungsamplituden beschränkt. Bei größeren Amplituden können die *nichtlinearen* Effekte nicht unberücksichtigt bleiben. Die Abhängigkeit des Quertriebskoeffizienten von der Größe der Schwingungsamplituden sowie das Phänomen der Selbststeuerung haben es nahegelegt, die *Kármán*sche Wirbelstraße mit der Wirkung eines *Van der Pol*schen Oszillators zu verbinden. Das mathematische Modell, dem hier gefolgt wird, stammt von *Hartlen* und *Currie* [31]. Ein physikalisches Modell, welches deren Ansätze im Prinzip bestätigt, wurde von *Iwan* und *Blevins* [38] nachgeliefert.

Für die generalisierten Koordinaten q_n der Zylinderbewegung bleibt im wesentlichen die Gl. (7.3.14) gültig. Lediglich für das Erregerglied auf der rechten Seite wird verallgemeinernd eine Veränderlichkeit des in der statischen Auslenkung $f_{o,n}$ verborgenen Quertriebskoeffizienten C_A und eine beliebige Erregerfrequenz ω berücksichtigt. Beides wird ermöglicht, wenn an Stelle von $\exp(i\omega_n t)$ eine dimensionslose Erregerfunktion $y(t)$ gesetzt wird. Es ist dann C_A weiterhin der für *stationäre* Zylinder gültige Quertriebskoeffizient, und die Amplitude von $y(t)$ ist deshalb ein Maß dafür, wie die statische Quertriebskraft $F_{o,n}$ im dynamischen Fall zu vergrößern ist. Die Funktion y(t) ihrerseits ist die Bewegung eines zwangserregten *Van der Pol*schen Oszillators, der vorbereitend in Abschnitt 1.2..2 beschrieben wurde. y(t) genüge also der Differentialgleichung (1.2.43), wobei die Erregung des Oszillators durch die Geschwindigkeit $\dot{q}_n$ des Zylinders erfolgt. Damit ergeben sich als mathemathisches Modell die beiden gekoppelten Bewegungsgleichungen

$$\left.\begin{aligned} &\ddot{q}_n + 2\omega_n\xi_n\dot{q}_n + \omega_n^2 q_n = f_{o,n}\omega_n^2\, y(t),\\ &\ddot{y} - \omega_o\delta\,\dot{y} + \frac{\gamma}{\omega_o}\dot{y}^3 + \omega_o^2 y = \frac{\omega_n\mu}{D}\,\dot{q}_n. \end{aligned}\right\} \tag{7.4.1}$$

Die Eigenfrequenz ω_o des Oszillators ergibt sich aus der Wirbelablösefrequenz f_W mit Gl. (7.1.2) zu

$$\omega_o = 2\pi f_W = 2\pi\frac{S\,\dot{u}_o}{D}. \tag{7.4.2}$$

Die dimensionslosen Parameter δ und γ als Eigenschaften des *Van der Pol*schen Oszillators sowie der ebenfalls dimensionslose Kopplungsparameter μ werden durch Anpassung an vorliegende experimentelle Ergebnisse bestimmt. Für die Behandlung der Gln. (7.4.1) sind sie als bekannt vorauszusetzen. Die Größen ω_n und D auf der rechten Seite sind lediglich aus Normierungsgründen, damit nämlich μ dimensionslos wird, hinzugefügt worden.

Als Lösungsansatz dienen

$$q_n(t) = f_n \sin(\omega t + \psi_n) \tag{7.4.3}$$

und

$$y(t) = \chi\cos\omega t. \tag{7.4.4}$$

Die Unbekannten sind die Kreisfrequenz ω der Bewegung, die Zylinderamplitude f_n, der Phasengang ψ_n sowie die Oszillatoramplitude χ, die -wie bereits oben erklärt- ein dimensionsloser Vergrößerungsfaktor ist.

Die Ansatzfunktionen werden zunächst in die erste der Gln. (7.4.1) eingesetzt. Nach Zerlegung von $\sin(\omega t+\psi_n)$ mittels des Additionstheorems und Vergleich der Koeffizienten von $\sin\omega t$ und $\cos\omega t$ findet man

$$\begin{aligned} &(\omega_n^2-\omega^2)\, f_n\cos\psi_n - 2\omega_n\omega\,\xi_n f_n\sin\psi_n = 0,\\ &(\omega_n^2-\omega^2)\, f_n\sin\psi_n + 2\omega_n\omega\,\xi_n f_n\cos\psi_n = f_{o,n}\omega_n^2\chi, \end{aligned}$$

und nach Auflösung dieses linearen Gleichungssystems die beiden Beziehungen

$$\left.\begin{aligned} &f_n\cos\psi_n = 2\frac{\omega}{\omega_n}\xi_n|H_n|^2 f_{o,n}\chi,\\ &f_n\sin\psi_n = \left(1-\frac{\omega^2}{\omega_n^2}\right)|H_n|^2 f_{o,n}\chi. \end{aligned}\right\} \tag{7.4.5}$$

die nach Quadrieren und Addieren zusammengefaßt für die Amplitude

$$f_n = |H_n|\, f_{o,n}\,\chi \tag{7.4.6}$$

ergeben. H_n ist hierbei die Übertragungsfunktion (1.4.77).

Weiter wird die zweite der Gln. (7.4.1), die nichtlinear ist, mit den Ansatzfunktionen (7.4.3) und (7.4.4) nach der Methode der harmonischen Balance behandelt, wie das in Abschnitt 1.2.2 beschrieben wurde. Das dortige Ergebnis (1.2.46) kann übernommen werden. Mit den neuen Bezeichnungen heißt das hier

$$\left.\begin{aligned} \chi\,(\omega_0^2-\omega^2) &= \frac{\omega_n\omega\mu}{D} f_n \cos\psi_n, \\ \chi\,\omega\omega_0\left(\frac{3}{4}\gamma\frac{\omega^2}{\omega_0^2}\chi^2-\delta\right) &= \frac{\omega_n\omega\mu}{D} f_n \sin\psi_n \end{aligned}\right\} \tag{7.4.7}$$

und beide Gleichungen zusammengefaßt entsprechend Gl. (1.2.47)

$$\chi^2\left[(\omega_0^2-\omega^2)^2+\omega^2\omega_0^2\left(\frac{3}{4}\gamma\frac{\omega^2}{\omega_0^2}\chi^2-\delta\right)^2\right]=\omega_n^2\omega^2\mu^2\frac{f_n^2}{D^2}. \tag{7.4.8}$$

Die vier Gln. (7.4.5) und (7.4.7) dienen der Berechnung von f_n, ψ_n, ω und χ. Zwecks deren Auflösung ersetzt man in Gl. (7.4.7) $f_n\cos\psi_n$ und $f_n\sin\psi_n$ nach Gl. (7.4.5). Außerdem folgt für den *stationären* Zylinder mit $f_n=0$ aus Gl. (7.4.7) $\omega=\omega_o$ sowie die Amplitude des Grenzzyklus $\chi\equiv\chi_G=\sqrt{4\delta/(3\gamma)}$, die hier definitionsgemäß den Wert Eins annehmen muß. Damit besteht zwischen den Parametern δ und γ des *Van der Pol*schen Oszillators die Beziehung

$$3\gamma=4\delta. \tag{7.4.9}$$

Es folgt

$$\left.\begin{aligned} \frac{\omega_0^2-\omega^2}{\omega_n^2} &= 2\mu\xi_n\frac{\omega^2}{\omega_n^2}|H_n|^2\frac{f_{o,n}}{D}, \\ \frac{\omega^2}{\omega_0^2}\chi^2-1 &= \frac{\mu}{\delta}\frac{\omega_n}{\omega_0}\left(1-\frac{\omega^2}{\omega_n^2}\right)|H_n|^2\frac{f_{o,n}}{D}. \end{aligned}\right\} \tag{7.4.10}$$

Wie man sieht, enthält die erste dieser Gleichungen nur noch die eine Unbekannte ω, wenn auch in impliziter Form. Mit numerischen Methoden jedenfalls ist sie hieraus berechenbar. Man schreibt sie dazu zweckmäßigerweise in der Form

$$\frac{\omega_o}{\omega_n}=\frac{\omega}{\omega_n}\sqrt{1+2\mu\xi_n|H_n|^2\frac{f_{o,n}}{D}}. \tag{7.4.11}$$

Ist aus dieser Gleichung ω ermittelt, kann aus der zweiten der Gln. (7.4.10) der Vergrößerungsfaktor χ berechnet werden. Die Auflösung nach χ liefert

$$\chi=\frac{\omega_o}{\omega}\sqrt{1+\frac{\mu}{\delta}\frac{\omega_n}{\omega_o}\left(1-\frac{\omega^2}{\omega_n^2}\right)|H_n|^2\frac{f_{o,n}}{D}}. \tag{7.4.12}$$

Damit ist das Problem gelöst. Die Lösung gilt wegen des einfachen Ansatzes (7.4.4) nur im Bereich der Synchronisation bzw. im Selbststeuerungsbereichs der *Kármán*schen Wirbelstraße. Sie zeigt auch nicht alle beobachteten Erscheinungen wirbelinduzierter Schwingungen. So folgt aus Gl. (7.4.11) $\omega\le\omega_o$, wogegen in Experimenten auch $\omega>\omega_o$ beobachtet wurde. Auch kann die theoretische Lösung nicht die in Versuchen festgestellte Hysterese für χ und f_n als Funktion der Anströmgeschwindigkeit $\dot{u}_o$ beschreiben. Trotzdem gelingt bei geeigneter Anpassung der Parameter δ und μ an Versuchsergebnisse eine bemerkenswerte gute Vorhersage von χ und f_n, wie *Hartlen* und *Currie* gezeigt haben.

Die Lösung wird an Hand eines numerischen Beispiels erläutert. Es werden wie in [31] als Kennzahlen des *Van der Pol*schen Operators $\mu=2$ und $\delta=0{,}02$ gewählt. Der Dämpfungsparameter sei unabhängig von der Schwingungsamplitude $\xi_n=0{,}02$.

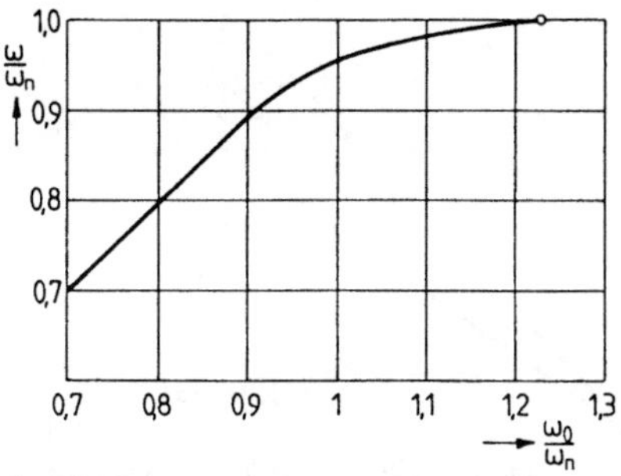

Abb. 7.4.1 Frequenzverhältnis ω/ω_n als Funktion der dimensionslosen Anströmgeschwindigkeit ω_o/ω_n

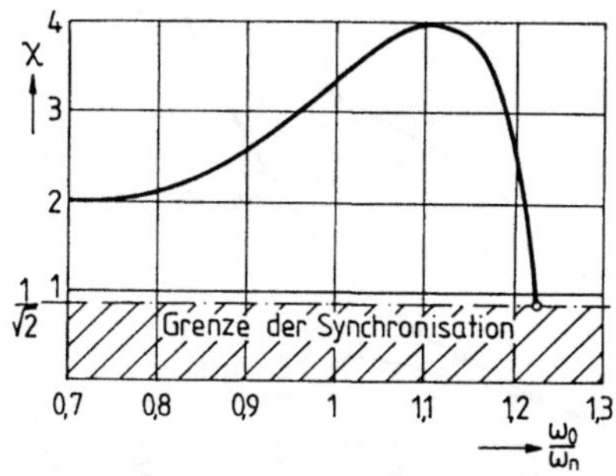

Abb. 7.4.2 Vergrößerungsfaktor χ als Funktion der dimensionslosen Anströmgeschwindigkeit ω_o/ω_n

Als statische Auslenkung bezogen auf auf den Zylinderdurchmesser wird $f_{o,n}/D = 0{,}01$ angenommen. Für diese Daten folgt aus Gl. (7.4.11) das Frequenzverhältnis ω/ω_n, also die auf die Eigenfrequenz ω_n bezogene Schwingungsfrequenz des Zylinders, in Abhängigkeit von der dimensionslos geschriebenen Anströmgeschwindigkeit $\dot{u}_o$, d.h. in der Form $\omega_o/\omega_n = 2\pi S \dot{u}_o/(D\omega_n)$. In Abb. 7.4.1 erkennt man deutlich den Selbststeuerungsbereich: Für Anströmgeschwindigkeiten in der Umgebung von $\omega_o/\omega_n = 1{,}1$ ändert sich die Schwingungsfrequenz ω des Zylinders weniger als unterhalb etwa 0,9. Weiter folgt aus Gl. (7.4.12) der Vergrößerungsfaktor χ des Strömungsoszillators, der in Abb. 7.4.2 ebenfalls als Funktion der dimensionslosen Anströmgeschwindigkeit ω_o/ω_n grafisch dargestellt ist. Bei $\omega_o/\omega_n \approx 1{,}1$ stellt sich der Größtwert von $\chi \approx 4$ ein. Der starke Kurvenabfall für größere Anströmgeschwindigkeiten kündet das Ende des Selbststeuerungsbereichs an. Für kleine Frequenzverstimmungen wurde in Abschnitt 1.2.2 als Grenze der Synchronisation der Wert $\chi^2 = 1/2$ angegeben. Diese ist in Abb. 7.4.2 eingezeichnet.

Abschließend noch einige Bemerkungen zur Anpassung der Parameter δ und μ an experimentelle Ergebnisse: Hierfür kann man z.B. die Zwangserregung des Oszillators durch eine mechanische Starrkörperschwingung des Zylinders bei vorgegener Frequenz ω und Amplitude f beobachten und auswerten. Aus Gl. (7.4.8) folgt hierfür mit $\gamma = 4\delta/3$ sowie mit $f_n \to f\omega_o/\omega_n$

$$\chi^2\left[\left(\frac{1}{\delta}\,\frac{\omega_o^2-\omega^2}{\omega_o\omega}\right)^2 + \left(\frac{\omega^2}{\omega_o^2}\chi^2 - 1\right)^2\right] = \left(\frac{\mu}{\delta}\,\frac{f}{D}\right)^2. \tag{7.4.13}$$

Eine erste Beziehung zwischen δ und μ gewinnt man hieraus, wenn die Zwangserregung mit $\omega = \omega_o$ erfolgt. Dafür gilt dann

$$\frac{f}{D} = \frac{\delta}{\mu}(\chi^3 - \chi). \tag{7.4.14}$$

In [31] werden $\delta = 0{,}02$ und $\mu = 2$, in [38] $\delta = 0{,}436$ und $\mu = 2{,}93$ verwendet. Die sich mit diesen Parametern ergebenden Kurven χ nach Gl. (7.4.14) sind in Abb. 7.4.3 als Funktion von f/D grafisch dargestellt und mit experimentellen Daten aus [3] für *Reynolds*-Zahlen von 6000 verglichen. Die Daten in [38] sind dabei so gewählt worden, daß der Anstieg der Kurve $\chi(f/D)$ für $f/D = 0$ mit dem des Experiments übereinstimmt.

Eine zweite Beziehung zwischen δ und μ erhält man, wenn der Selbststeuerungs-

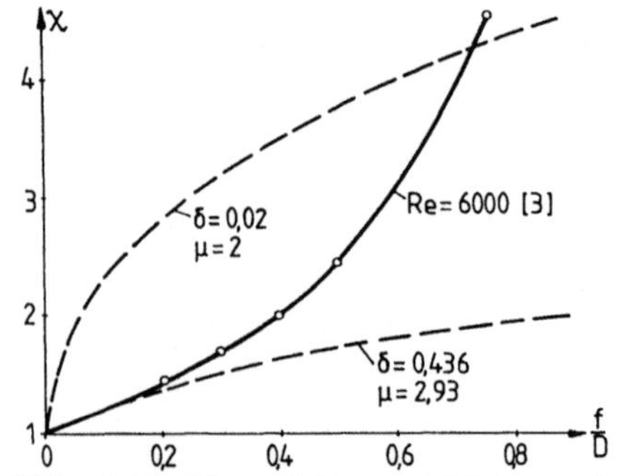

Abb. 7.4.3 Vergrößerungsfaktor χ des mechanisch schwingenden Starrkörperzylinders nach Gl.(7.4.14) und nach Experimenten [3]

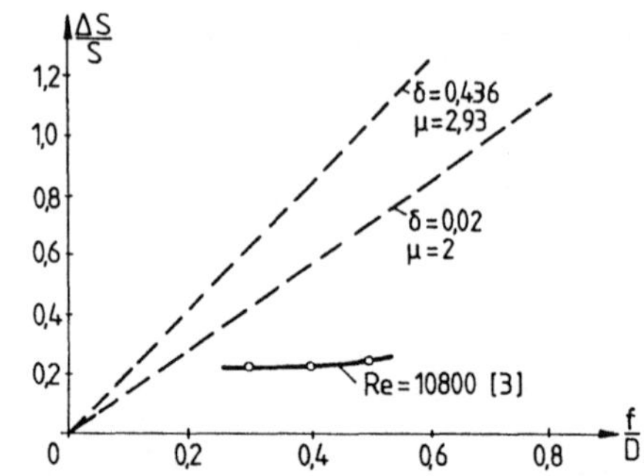

Abb. 7.4.4 Relative Selbststeuerungsfrequenzbreite ΔS/S der *Kármánschen* Wirbelstraße nach Gl. (7.4.15) und nach Experimenten [3]

bereich bekannt ist. Für kleine Frequenzverstimmungen $\omega \approx \omega_o$ gilt mit Gl. (7.4.2)

$$\frac{1}{\delta}\frac{\omega_o^2-\omega^2}{\omega_o\omega} \approx \frac{2}{\delta}\frac{\omega_o-\omega}{\omega_o} = \frac{2}{\delta}\frac{\Delta\omega}{\omega_o} = \frac{2}{\delta}\frac{\Delta S}{S} .$$

Nun ist nach Abb. 1.2.4 für Lastparameter $\mu f/(\delta D) = \sqrt{8/27}$ die Grenze der Verstimmung bei $\chi^2 = 1/2$ erreicht. Aus Gl. (7.4.13) folgt hieraus die relative Selbststeuerungsfrequenzbreite

$$\frac{\Delta S}{S} = \pm\frac{1}{4}\sqrt{8\left(\mu\frac{f}{D}\right)^2 - \delta^2} . \qquad (7.4.15)$$

Sie ist ebenfalls in Abb. 7.4.4 als Funktion der relativen Amplitude f/D grafisch dargestellt und experimentellen Ergebnissen aus [3] für *Reynolds*-Zahlen von 10800 gegenübergestellt.

In Einzelfällen, etwa bei wirbelresonanzerregten Schwingungen meerestechnischer Rohrleitungen, können nach dem Oszillatormodell sehr große relative Schwingungsamplituden entstehen. Gemeint sind Amplituden, die ein Mehrfaches des Zylinderdurchmessers betragen. Hier ist an die Linearisierung der Schwingungsdifferentialgleichung entsprechend Gl. (7.3.6) zu erinnern. Die Ergebnisse sind danach nur gültig, solange die Zylindergeschwindigkeit $\dot{v}$ gegenüber der Anströmgeschwindigkeit $\dot{u}_o$ vernachlässigbar klein ist. Mindestens wird man $|\dot{v}| < \dot{u}_o$ verlangen müssen. Mit $\dot{v} = \Phi_n \dot{q}_n = \Phi_n f_n \omega \cos(\omega t + \psi_n)$ folgt hieraus $|\Phi_n| f_n \omega < \dot{u}_o$. Ersetzt man $\dot{u}_o$ mittels Gl. (7.4.2) durch die *Strouhal*-Zahl S und die Oszillatorfrequenz ω_o, entsteht die Ungleichung

$$|\Phi_n|\frac{f_n}{D} < \frac{1}{2\pi S}\frac{\omega_o}{\omega} . \qquad (7.4.16)$$

Mit $|\Phi_n| \approx 1$, $\omega_o \approx \omega$, $S = 0{,}18$ heißt das größenordnungsmäßig $f_n/D < 1$.

Beispiel 7.4.1: Wirbelresonanzerregte Schwingungen eines Pfahls

Der in Abb. 7.4.5 dargestellte Pfahl wird stationär mit der über die Höhe konstanten Geschwindigkeit $\dot{u}_o$ angeströmt. Es sind die Schwingungsamplituden in Abhängigkeit von der Strömungsgeschwindigkeit zu berechnen.

KONSTRUKTIONSDATEN		Pfahllänge:	l = d = 9 m
Pfahldurchmesser:	D = 0,2 m	Biegesteifigkeit:	EI = 1856 kNm²

Massenverteilung: $m = 77$ kg/m
Grundschwingungsform: wie in Beispiel 7.3.1
generalisierte Steifigkeit:
$K_1 = 3\,EI/l^3 = 7{,}638$ kN/m
generalisierte Masse: $M_1 = 33\,ml/140 = 163{,}4$ kg
Eigenfrequenz: $\omega_1 = \sqrt{K_1/M_1} = 6{,}838$ 1/s
Strukturdämpfungsparameter: $\xi_{s,1} = 0{,}02$

STRÖMUNGSDATEN
Geschwindigkeit z.B.: $\dot{u}_0 = 1{,}0$ m/s
Strouhal-Zahl: $S = 0{,}18$
Oszillator-Frequenz Gl. (7.4.2): $\omega_0 = 5{,}655$ 1/s
Reynolds-Zahl: $Re = 2 \cdot 10^5$
Kraftkoeffizienten Abb. 7.2.1:
$\overline{C}_D = 1{,}1$ und $C_A = 0{,}3$
hydrodynamische Dämpfung Gl. (7.3.12):

$$\xi_{h,1} = \frac{33}{560}\,\frac{\rho \overline{C}_D \dot{u}_0 l}{\omega_1 M_1} = 0{,}107$$

generalisierte Kraft Gl. (7.3.7):

$$F_{o,1} = \frac{3}{16}\,\rho D C_A \dot{u}_0^2 l = 103{,}8 \text{ N}$$

statische Auslenkung: $\frac{f_{o,1}}{D} = \frac{F_{o,1}}{K_1 D} = 0{,}0679$

Parameter des Oszillators: $\mu = 2$ und $\delta = 0{,}02$

ERGEBNISSE
Erregerfrequenz Gl. (7.4.11): $\omega = 5{,}245$ 1/s
Vergrößerungsfaktor Gl. (7.4.12): $\chi = 4{,}484$
Schwingungsamplitude Gl. (7.4.6): $f_1 = 0{,}134$ m

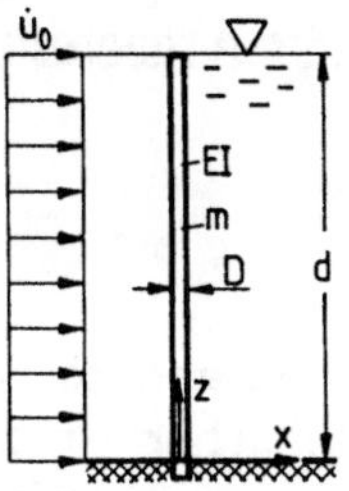

Abb. 74.5 Stationäre Anströmung eines Pfahls

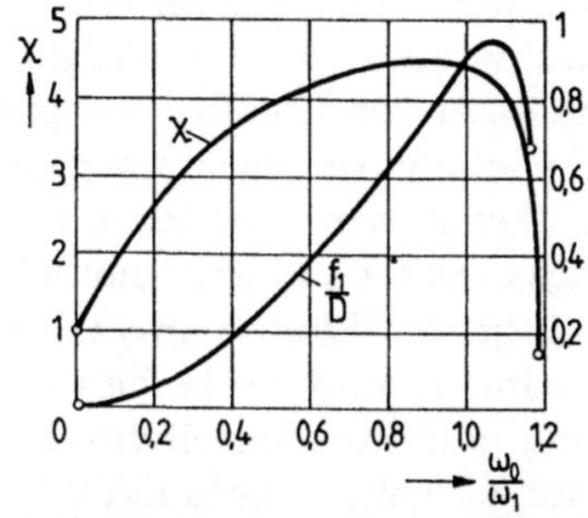

Abb. 7.4.6 Vergrößerungsfaktor χ und relative Schwingungsamplitude f_1/D als Funktion der dimensionslosen Anströmgeschwindigkeit ω_0/ω_1

Wiederholung der Rechnung für andere Strömungsgeschwindigkeiten führt auf die Ergebnisse der Abb. 7.4.6

8 Selbsterregte Schwingungen meerestechnischer Konstruktionen

Stationär angeströmte Widerstandskörper mit bestimmten scharfkantigen Profilen werden oberhalb einer kritischen Anströmgeschwindigkeit quer zur Anströmung "von selbst" - d.h. ohne einen erkennbaren periodischen Anregungsmechanismus wie etwa bei der *Kármán*schen Wirbelstraße - zu Schwingungen angeregt. Diese den Flatterschwingungen von Tragflügeln vergleichbaren Schwingungen sind das Ergebnis einer konstruktiv bedingten dynamischen Instabilität. Das Phänomen wird vom englichen Sprachgebrauch her auch im Deutschen als *Galloping* bezeichnet. Damit wird bereits anschaulich zum Ausdruck gebracht, daß die Schwingungsamplituden kontinuierlich mit wachsender Anströmgeschwindigkeit zu gefährlich großen Werten anwachsen. Maßgebend dafür, daß eine Galloping-Instabilität vorliegt, sind die beiden Bedingungen, daß bei einem gegen die Anströmrichtung positiven Anstellwinkel des Profils eine negative Quertriebs- oder Auftriebskraft (also eine Abtriebskraft) erzeugt wird und daß die dem strömenden Medium entzogene Energie größer als die durch Dämpfung vernichtete Energie ist. Das Galloping-Phänomen wurde erstmals für einen Widerstandskörper mit einem Halbrundprofil, welches zur stumpfen Seite hin angeströmt wird, beschrieben [14, 48].

8.1 Strömungskräfte

Das in Abb. 8.1.1 dargestellte galloping-instabile Quadratprofil wird in x-Richtung stationär mit der Geschwindigkeit $\dot{u}_o$ angeströmt. Das Profil bewege sich als Folge einer kleinen Störung der statischen Gleichgewichtslage quer dazu in y-Richtung mit der Geschwindigkeit $\dot{v}$. Die Relativgeschwindigkeit

$$\dot{u}_r = \sqrt{\dot{u}_o^2 + \dot{v}^2} \qquad (8.1.1)$$

fällt somit unter dem Winkel

$$\alpha(t) = \arctan \frac{\dot{v}}{\dot{u}_o} \qquad (8.1.2)$$

ein. Für diese Relativanströmung sind in Abb. 8.1.1 qualitativ die Stromlinien eingezeichnet. Das Strömungsbild ist durch die scharfen Ecken des Profils geprägt. An diesen reißt die Strömung ab, und es kommt zu dem skizzierten turbulenten Totwassergebiet. Als Ergebnis findet man auf der Profiloberseite einen Bereich großer Strömungsgeschwindigkeit und damit entsprechend der *Bernoulli*-Gleichung niedrigen Drucks und auf der Profilunterseite umgekehrt. Es entsteht also ein Drucküberschuß in y-Richtung und damit eine die Profilbewegung *unterstützende* also destabilisierende Quertriebskraft.

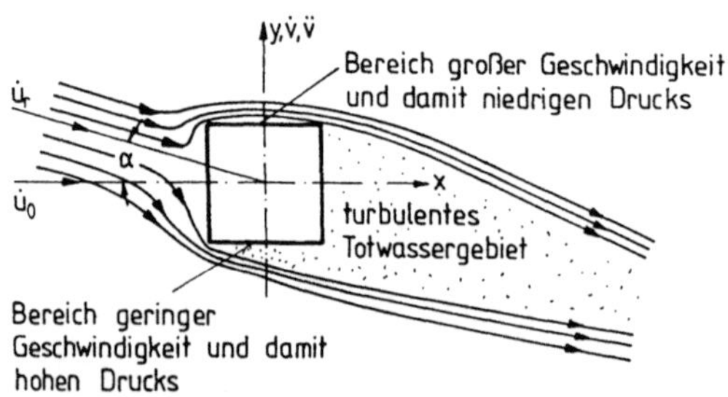

Abb. 8.1.1 Strömungsverhältnisse am angestellten Quadratprofil

Die Kraftwirkungen auf einen zylindrischen Widerstandskörper mit einem scharfkantigen Profil ergeben sich an Hand der Abb. 8.1.2. Mit der größten Abmessung D des Profils quer zur Anströmung sowie mit dem Widerstandskoeffizienten $C_D(\alpha)$ ist der Strömungswiderstand in Richtung der Relativgeschwindigkeit $\dot{u}_r$

$$q_D = \frac{1}{2} C_D \rho D \dot{u}_r^2 \qquad (8.1.3)$$

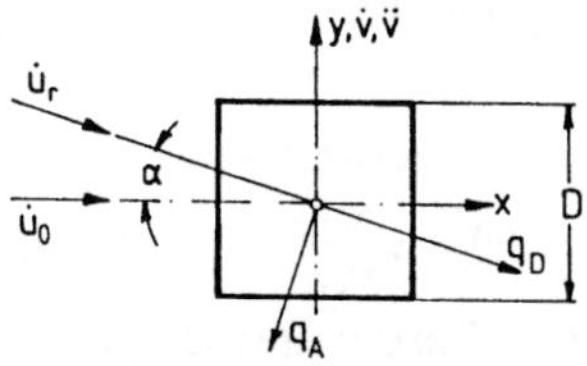

Abb. 8.1.2 Kräfte beim Galloping

und mit dem Quertriebs- oder Auftriebskoeffizienten $C_A(\alpha)$ die Quertriebskraft senkrecht dazu

$$q_A = \frac{1}{2} C_A \rho D \dot{u}_r^2 . \qquad (8.1.4)$$

In Richtung positiver y ergibt sich als Resultierende beider Strömungskräfte

$$q_y = -q_A \mathrm{sos}\,\alpha - q_D \sin\alpha , \qquad (8.1.5)$$

bzw. mit q_D und q_A nach den Gln. (8.1.3) und (8.1.4) sowie mit der Beziehung $\cos\alpha = \dot{u}_o/\dot{u}_r$

$$q_y = -\frac{1}{2} \rho D \dot{u}_o^2 \left(\frac{C_A}{\cos\alpha} + \frac{C_D \sin\alpha}{\cos^2\alpha} \right). \quad (8.1.6)$$

Hierin definiert man man als neuen resultierenden Quertriebskoeffizienten

$$C_F(\alpha) := \frac{C_A(\alpha)}{\cos\alpha} + \frac{C_D(\alpha)\sin\alpha}{\cos^2\alpha} , \quad (8.1.7)$$

mit dem sich die resultierende Quertriebskraft in y-Richtung in der Form

$$q_y = -\frac{1}{2} C_F \rho D \dot{u}_o^2 \qquad (8.1.8)$$

schreiben läßt.

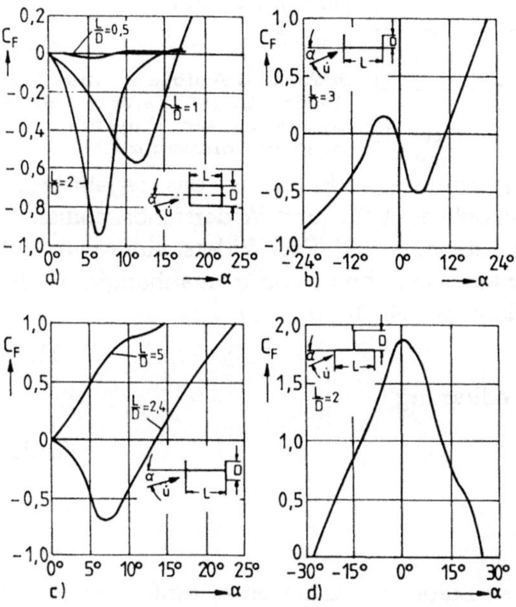

Abb. 8.1.3 Galloping-Stabilitätscharakteristiken einiger technisch wichtiger Profile[20]

Die Quertriebsbeiwerte $C_F(\alpha)$ werden für die verschiedenen Profile in Abhängigkeit vom Anstellwinkel α experimentell im Strömungskanal ermittelt. In der Abb. 8.1.3 sind C_F-Charakteristiken für einige galloping-instabile Profile aus [20] dargestellt.

Für die Instabilität eines Profils sind Kurvenäste entscheidend, für die der Anstieg $dC_F/d\alpha$ negativ ist. Diese für Galloping-Instabilität notwendige Bedingung liegt z.B. für das Rechteckprofil nach Abb. 8.1.3 a) bei einem Seitenverhältnis von L/D = = 2 für den Winkelbereich $|\alpha| < 6{,}5^\circ$ vor, wogegen dasselbe Profil mit L/D = 0,5 fast stabil ist. Besonders stark galloping gefährdet ist auch das unsymmetrische ⊥ -Profil nach Abb. 8.1.3 d), und zwar nur, wenn es zur Unterseite hin angeströmt wird. Für α = 0 besitzt dieses Profil seine maximale Quertriebskraft und bei $\alpha = 26^\circ$ die Quertriebskraft Null.

Geht es darum, nur die Instabilitätsgrenze in Form einer kritischen Anströmgeschwindigkeit zu berechnen, genügt die Betrachtung einer im Vergleich zur Anströmgeschwindigkeit $\dot{u}_o$ kleinen Profilgeschwindigkeit $\dot{v}$ und damit kleiner Anstellwinkel (8.1.2) $\alpha \approx \dot{v}/\dot{u}_o$. Das Problem kann dann linearisiert werden. Insbesondere kann die C_F-Kurve in der Umgebung von $\alpha = 0$ durch eine *Taylor*-Reihe mit nur zwei Gliedern approximiert werden. Diese lautet mit dem Stabilitätsparameter

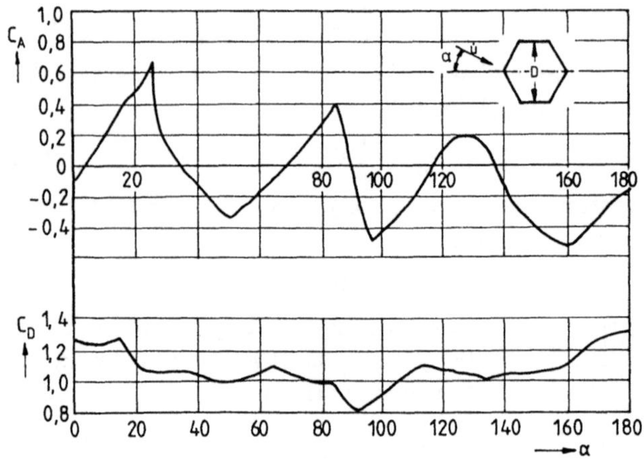

$$\nu := -\frac{dC_F}{d\alpha}\Big|_{\alpha=0}, \qquad (8.1.9)$$

$$C_F(\alpha) \approx C_F(0) - \nu\alpha = \qquad$$

$$= C_F(0) - \nu\frac{\dot{v}}{\dot{u}_o}. \qquad (8.1.10)$$

Aus der Forderung $dC_F/d\alpha < 0$ ergibt sich als notwendige Bedingung für eine Galloping-Instabilität

$$\nu > 0. \qquad (8.1.11)$$

Abb. 8.1.4 Auftriebs- und Widerstandskoeffizienten eines Sechsecks als Funktion der Anströmrichtung α [29]

Ein weiteres Beispiel eines galloping-gefährdeten Profils ist das regelmäßige Sechseck. Die Abb. 8.1.4 zeigt Auftriebskoeffizient C_A und Widerstandskoeffizient C_D in Abhängigkeit vom Anstellwinkel α nach [29]. Der Widerstandskoeffizient ist im Vergleich zum Auftriebskoeffizienten weitgehend von α unabhängig. Im linearisierten Fall $\cos\alpha \approx 1$, $\sin\alpha \approx \alpha$ folgt dann aus Gl. (8.1.7)

$$C_F(\alpha) = C_A(\alpha) + C_D\,\alpha \qquad (8.1.12)$$

und damit als notwendige Instabilitätsbedingung

$$\frac{dC_F}{d\alpha} = \frac{dC_A}{d\alpha} + C_D < 0. \qquad (8.1.13)$$

8.2 Kritische Anströmgeschwindigkeit

Die betrachtete meerestechnische Konstruktion in Gestalt eines einfachen Pfahl-Plattform-Systems schwinge in ihrer n. Eigenschwingungsform $\Phi_n(z)$, so daß für die Konstruktionsauslenkung im Sinne der Modalanalyse $v(z,t) = \Phi_n(z)q_n(t)$ gesetzt werden kann. Für die generalisierte Koordinate q_n gilt dann die Differentialgleichung (1.4.71)

$$M_n\ddot{q}_n + C_n\dot{q}_n + K_n q_n = F_n(t) \qquad (8.2.1)$$

mit der generalisierten Masse M_n, der generalisierten Steifigkeit K_n und der generalisierten Dämpfung C_n. Betrachtet man eine Anströmung der Konstruktion im Unterwasserbereich, besteht die Dämpfung nur aus der Struktur- und Werkstoffdämpfung. Die hydrodynamischen Einflüsse sind in der generalisierten Kraft F_n enthalten; die aerodynamischen Wirkungen sind demgegenüber vernachlässigbar. Untersucht man dagegen das Schwingungsverhalten der Konstruktion bei Windanströmung, ist bei C_n im allgemeinen zusätzlich auch die hydrodynamische Dämpfung zu berücksichtigen, jedoch nicht, wenn es nur um die Berechnung der kritischen Anströmgeschwindigkeit geht. Hier genügt ja die Betrachtung einer (im Sinne der Theorie 2. Ordnung unendlich) kleinen Störgeschwindigkeit $\dot{v}$, bei der der von dieser Geschwindigkeit *quadratisch* abhängende Strömungswiderstand keinen Einfluß auf die Stabilitätsgrenze hat.

Die generalisierte Kraft $F_n(t)$ wird mit der Streckenbelastung q_y (8.1.8) für *kleine* Anstellwinkelwinkel α berechnet, so daß für $C_F(\alpha)$ Gl. (8.1.10) verwendet werden kann. Es ist dann

$$F_n(t) = \int_0^1 q_y \Phi_n dz = -\frac{1}{2}\rho\int_0^1 C_F D\dot{u}_0^2 \Phi_n dz = -\frac{1}{2}\rho\int_0^1 C_F(0) D\dot{u}_0^2 \Phi_n dz + \frac{1}{2}\rho\dot{q}_n\int_0^1 \nu D\dot{u}_0 \Phi_n^2 dz.$$

Aus Gl. (8.2.1) folgt damit (8.2.2)

$$M_n\ddot{q}_n + \left(C_n - \frac{1}{2}\rho\int_0^1 \nu D\dot{u}_0 \Phi_n^2 dz\right)\dot{q}_n + K_n q_n = -\frac{1}{2}\rho\int_0^1 C_F(0) D\dot{u}_0^2 \Phi_n dz. \tag{8.2.3}$$

An dieser Gleichung erkennt man, daß die Stabilitätsgrenze erreicht wird, wenn das Dämpfungsglied Null wird. Dies ist für positive Stabilitätsparameter ν stets möglich, wenn nur die Anströmgeschwindigkeit $\dot{u}_o$ genügend groß ist. Es verschwindet dann die runde Klammer vor $\dot{q}_n$. So ergibt sich für eine von z unabhängige Anströmgeschwindigkeit sowie mit C_n=$2M_n\omega_n\xi_n$ die *kritische Anströmgeschwindigkeit* zu

$$\dot{u}_{O,krit} := \frac{4M_n\omega_n\xi_n}{\rho\int_0^1 \nu D\Phi_n^2 dz}. \tag{8.2.4}$$

Geringe mit der Eigenfrequenz ω_n periodisch einwirkende Störungen der statischen Gleichgewichtslage können bei Erreichen oder Überschreiten der kritischen Geschwindigkeit nicht mehr gedämpft werden, es kommt zum Galloping.

8.3 Grenzzyklus

Die aero- bzw. hydrodynamische Instabilität des Galloping-Phänomens ist darauf zurückzuführen, daß die C_F-Charakteristiken gewisser scharfkantiger Profile nach Abb. 8.1.3 Kurvenäste mit negativen Neigungen besitzen. Mit wachsenden Anstellwinkeln α erreichen diese Charakteristiken Minimalwerte, und die C_F-Werte nehmen von da an wieder zu. Das bedeutet, daß für genügend große Querauslenkungen v bzw. Geschwindigkeiten $\dot{v}$ nun der Bewegung entgegenwirkende Quertriebskräfte induziert werden und damit eine Dämpfung einsetzt. Die Schwingungsamplituden können daher nicht unbegrenzt anwachsen, es existiert ein *Grenzzyklus* (*limit cycle*). Während für die Berechnung der galloping-kritischen Anströmgeschwindigkeit, also für die Stabilitätsgrenze, die Betrachtung der linearen Differentialgleichung (8.2.3) für die generalisierte Koordinate q_n ausreicht, muß zur Berechnung der Amplitude f_G des Grenzzyklus von einem nichtlinearen mathematischen Modell ausgegangen werden. Das einfachste Modell führt auf den *Van der Pol*schen Oszillator, der in Abschnitt 1.2.2 besprochen wurde. Es werde dazu angenommen, daß die experimentell ermittelte C_F-Charakteristik des betrachteten Profils für kleine Anströmwinkel α hinreichend genau durch

$$C_F(\alpha) = -\nu\alpha + \mu\alpha^3 \tag{8.3.1}$$

approximiert werden kann. Dadurch, daß in dieser Entwicklung geradzahlige Exponenten von α fehlen, ist sie auf zur ungestörten Anströmung symmetrische Profile beschränkt. Über weitere Grenzen dieses Ansatzes sowie über dessen Verallgemeinerung wird noch zu sprechen sein. Notwendige Bedingung für Instabilität ist $\nu>0$. Die Amplituden der dann möglichen selbsterregten Schwingungen werden durch positive μ begrenzt.

Bleibt die Konstruktionsgeschwindigkeit $\dot{v}$ so klein gegenüber der ungestörten Anströmgeschwindigkeit $\dot{u}_o$, daß für den Einfallswinkel der Relativgeschwindigkeit $\alpha \approx \dot{v}/\dot{u}_o$ gesetzt werden kann, und wird eine Schwingung der Konstruktion in ihrer n. Eigenschwingungsform $\Phi_n(z)$ angenommen, so daß entsprechend dem Modalansatz $v=\Phi_n q_n$

$$C_F = -\nu\frac{\Phi_n}{\dot{u}_o}\dot{q}_n + \mu\frac{\Phi_n^3}{\dot{u}_o^3}\dot{q}_n^3$$

folgt und damit die Quertriebskraft (8.1.8)

$$q_y = -\frac{1}{2}C_F\rho D\dot{u}_o^2 = \frac{1}{2}\nu\rho D\dot{u}_o\Phi_n\dot{q}_n - \frac{1}{2}\mu\rho D\frac{\Phi_n^3}{\dot{u}_o}\dot{q}_n^3 \,. \tag{8.3.2}$$

Mit dieser erhält man die generalisierte Quertriebskraft im mode-n

$$F_n(t) = \int_o^1 q_y\Phi_n dz = \frac{1}{2}\rho\int_o^1 \nu D\dot{u}_o\Phi_n^2 dz\cdot\dot{q}_n - \frac{1}{2}\rho\int_o^1 \mu D\frac{\Phi_n^4}{\dot{u}_o}dz\cdot\dot{q}_n^3 \,. \tag{8.3.3}$$

Die Bewegungsdifferentialgleichung der Konstruktion für diese "Erregerkraft" lautet $M_n\ddot{q}_n+C_n\dot{q}_n+K_nq_n=F_n(t)$ bzw. nach Division durch die generalisierte Masse, mit der Eigenfrequenz $\omega_n=\sqrt{K_n/M_n}$ und dem modalen Dämpfungsparameter der Struktur- und Werkstoffdämpfung $\xi_n=C_n/(2M_n\omega_n)$

$$\ddot{q}_n + \Big(2\xi_n\omega_n - \frac{\rho}{2M_n}\int_o^1 \nu D\dot{u}_o\Phi_n^2 dz\Big)\dot{q}_n + \frac{\rho}{2M_n}\int_o^1 \mu D\frac{\Phi_n^4}{\dot{u}_o}dz\cdot\dot{q}_n^3 + \omega_n^2 q_n = 0 \,. \tag{8.3.4}$$

Dies ist die nichtlineare Differentialgleichung für die generalisierte Koordinate q_n, die das Schwingungsverhalten selbsterregter Systeme mit einer C_F-Charakteristik (8.3.1) nach Überschreiten der gallopingkritischen Anströmgeschwindigkeit beschreibt. Sie ist mit der Bewegungsdifferentialgleichung (1.2.43) für die freien Schwingungen des *Van der Pol*schen Oszillators identisch. Mit

$$\left.\begin{aligned} \delta_n &:= \frac{\rho}{2M_n\omega_n}\int_o^1 \nu D\dot{u}_o\Phi_n^2 dz - 2\xi_n \,, \\ \gamma_n &:= \frac{\rho\omega_n}{2M_n}\int_o^1 \mu D\frac{\Phi_n^4}{\dot{u}_o}dz \,, \end{aligned}\right\} \tag{8.3.5}$$

lautet sie

$$\ddot{q}_n - \omega_n\delta_n\dot{q}_n + \frac{\gamma_n}{\omega_n}\dot{q}_n^3 + \omega_n^2 q_n = 0 \,. \tag{8.3.6}$$

Die Amplitude des Grenzzyklus ist dann entsprechend Gl. (1.2.48)

$$f_G = \sqrt{\frac{4\delta_n}{3\gamma_n}} \,. \tag{8.3.7}$$

Dieses Ergebnis wird durch die folgende energetische Betrachtung bestätigt. Existiert ein Grenzzyklus, dann muß die Summe aus kinetischer und potentieller Energie im Periodenmittel T über sämtliche Zeiten t konstant bleiben. Die Dämpfungskraft in Gl. (8.3.6)

$$F_D = -\omega_n M_n \delta_n \dot{q}_n + \frac{\gamma_n M_n}{\omega_n} \dot{q}_n^3 \tag{8.3.8}$$

leistet deshalb gemittelt über die Zeit T keine Arbeit, d.h. es gilt

$$A_D = \frac{1}{T}\int_0^T F_D \, dq_n = \frac{1}{T}\int_0^T F_D \, \dot{q}_n \, dt = 0 . \tag{8.3.9}$$

Unter der Annahme eines Grenzzyklus $q_n = f_G \cos\omega_n t$ folgt daraus

$$A_D = \omega_n^3 M_n f_G^2 \left(-\delta_n \frac{1}{T}\int_0^T \sin^2\omega_n t \, dt + \gamma_n f_G^2 \, \frac{1}{T}\int_0^T \sin^4\omega_n t \, dt\right) = 0,$$

bzw. mit den Integralwerten T/2 und 3T/8

$$-\frac{1}{2}\delta_n + \frac{3}{8}\gamma_n f_G^2 = 0,$$

was mit Gl. (8.3.7) übereinstimmt.

Ist die Anströmgeschwindigkeit $\dot{u}_o$ von z unabhängig, kann man deren kritischen Wert $\dot{u}_{o,krit}$ (8.2.4) einführen. Damit wird zunächst die Konstante

$$\delta_n = 2\xi_n \left(\frac{\dot{u}_o}{\dot{u}_{o,krit}} - 1\right). \tag{8.3.10}$$

Die andere Konstante wird mit $\dot{u}_{o,krit}^2$ erweitert. Im Zähler ersetzt man einen Faktor $\dot{u}_{o,krit}$ durch Gl. (8.2.4) und im Nenner $\dot{u}_{o,krit}^2$ durch die Vergleichsamplitude

$$f_V := \frac{\dot{u}_{o,krit}}{\omega_n} \sqrt{\frac{\int_0^1 \nu D \Phi_n^2 dz}{\int_0^1 \mu D \Phi_n^4 dz}} . \tag{8.3.11}$$

Man erhält

$$\gamma_n = \frac{2\xi_n}{f_V^2} \frac{\dot{u}_{o,krit}}{\dot{u}_o} . \tag{8.3.12}$$

Die bezogene Amplitude des Grenzzyklus ist damit nach Gl. (8.3.7)

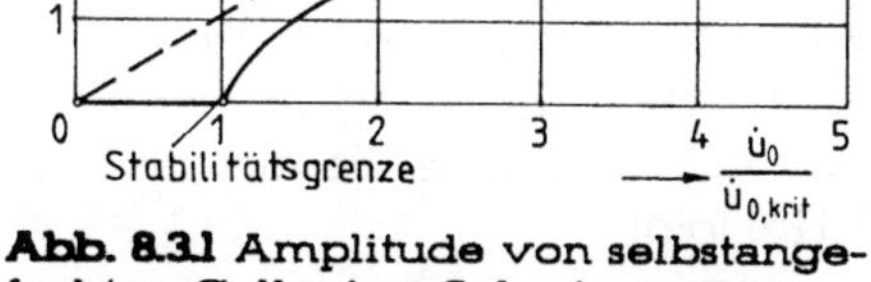

Abb. 8.3.1 Amplitude von selbstangefachten Galloping-Schwingungen

$$\frac{f_G}{f_V} = \frac{2}{\sqrt{3}} \sqrt{\left(\frac{\dot{u}_o}{\dot{u}_{o,krit}} - 1\right) \frac{\dot{u}_o}{\dot{u}_{o,krit}}} . \tag{8.3.13}$$

Die Abhängigkeit der Amplitude f_G von der Anströmgeschwindigkeit $\dot{u}_o$ ist in Abb. 8.3.1 grafisch dargestellt. Bei $\dot{u}_o/\dot{u}_{o,krit} = 1$ setzen selbstangefachte Schwingungen ein. Für große $\dot{u}_o$ nähern sich die Amplituden der Asymptoten

$$\frac{\tilde{f}_G}{f_V} = \frac{2}{\sqrt{3}} \frac{\dot{u}_o}{\dot{u}_{o,krit}} .$$

Nun zeigt es sich, daß für große Anströmgeschwindigkeiten das Verhältnis aus Quergeschwindigkeit $\dot{v}$ und Anströmgeschwindigkeit $\dot{u}_o$ und damit der Anströmwinkel α den Gültigkeitsbereich der einfachen Entwicklung (8.3.1) schnell verlassen. Hier wird eine genauere Approximation der C_F-Kurve durch Mitnahme höherer Potenzen von α erforderlich. Aber auch das Schwingungsverhalten in der Nähe der kritischen Anströmgeschwindigkeit wird u.U. durch den zweigliedrigen Ansatz (8.3.1) nur unvollkommen erfaßt. Das vorgestellte einfache mathematische Modell wurde deshalb von *Novak* [59, 61] verallgemeinert.

An Stelle von Gl. (8.3.1) verwendet er für $\tan\alpha = \dot{v}/\dot{u}_o$ den Potenzreihenansatz

$$C_F(\alpha) = c_1 \tan\alpha + c_2 \tan\alpha\,|\tan\alpha| + c_3 \tan^3\alpha + \ldots \tag{8.3.14}$$

Mit der Quertriebskraft q_y (8.1.8) und dem Modalansatz $v = \Phi_n q_n$ wird die generalisierte Quertriebskraft $F_n(t) = \int q_y \Phi_n dz$ berechnet. Dabei treten die Integrale

$$\left.\begin{aligned} \lambda_1 &:= \frac{\rho}{4M_n\omega_n}\int_o^l c_1 D\dot{u}_o \Phi_n^2 dz, \\ \lambda_2 &:= \frac{2\rho}{3\pi M_n}\int_o^l c_2 D\Phi_n^3 dz, \\ \lambda_3 &:= \frac{3\rho\omega_n}{4M_n}\int_o^l c_3 D\frac{\Phi_n^4}{\dot{u}_o} dz \end{aligned}\right\} \tag{8.3.15}$$

sowie nötigenfalls weitere Integrale $\lambda_4, \lambda_5, \ldots.$ auf. λ_1 ist dimensionslos, λ_2 besitzt die Dimension 1/m und λ_3 die Dimension m^{-2}. In Analogie zu Gl. (8.3.6) folgt die Schwingungsdifferentialgleichung

$$\ddot{q}_n + 2\omega_n(\xi_n + \lambda_1)\dot{q}_n + \frac{3\pi}{4}\lambda_2\dot{q}_n|\dot{q}_n| + \frac{2}{3}\frac{\lambda_3}{\omega_n}\dot{q}_n^3 + \ldots. + \omega_n^2 q_n = 0. \tag{8.3.16}$$

Zunächst soll die Stabilität der Nullösung $q_n(t) \equiv 0$ bei $\lambda_4 = \lambda_5 = \ldots. = 0$ untersucht werden. Dazu multipliziert man die Gl. (8.3.16) mit $\dot{q}_n$, formt $2\ddot{q}_n\dot{q}_n$ in $(\dot{q}_n^2)^{\cdot}$ und $2\dot{q}_n q_n$ in $(q_n^2)^{\cdot}$ um und erhält

$$\frac{1}{2}(\dot{q}_n^2 + \omega_n^2 q_n^2)^{\cdot} = -\frac{\dot{q}_n^2}{\omega_n}[2\omega_n^2(\xi_n + \lambda_1) + \frac{3\pi}{4}\omega_n\lambda_2|\dot{q}_n| + \frac{2}{3}\lambda_3\dot{q}_n^2]. \tag{8.3.17}$$

Ist die Nullösung stabil, dann muß für eine kleine eingeleitete Störung $q_n(t) \equiv \varepsilon(t) > 0$ die Gesamtenergie $M_n(\dot{\varepsilon}^2 + \omega_n^2\varepsilon^2)/2$ monoton auf Null abklingen. Es ist also $(\dot{\varepsilon}^2 + \omega_n^2\varepsilon^2)^{\cdot} < 0$. Daraus folgt, daß der in der eckigen Klammer stehende, in $|\dot{\varepsilon}|$ quadratische Ausdruck zu jeder Zeit t positiv sein muß. Dies ist der Fall, wenn dessen Diskriminante die Ungleichung

$$\frac{4}{3}\omega_n^2\lambda_3(\xi_n + \lambda_1) - (\frac{3\pi}{8}\omega_n\lambda_2)^2 > 0$$

erfüllt. Daraus ergibt sich als Stabilitätsbedingung für die Nullösung

$$256\,(\xi_n + \lambda_1)\lambda_3 - 27\pi^2\lambda_2^2 > 0. \tag{8.3.18}$$

In einem zweiten Schritt wird der Grenzzyklus gesucht, der sich nach Überschreiten der Stabilitätsgrenze einstellt. Dieser wird in erster Näherung in der Form $q(t) = f_G \cos\omega_n t$ angesetzt. Die Amplitude f_G ergibt sich z.B. aus der Forderung nach verschwindender Dämpfungsarbeit. Aus Gl. (8.3.16) folgt

$$2\omega_n(\xi_n + \lambda_1)\int_o^T \dot{q}_n^2 dt + \frac{3\pi}{4}\lambda_2\int_o^T \dot{q}_n^2|\dot{q}_n| dt + \frac{2}{3}\frac{\lambda_3}{\omega_n}\int_o^T \dot{q}_n^4 dt + \ldots = 0,$$

bzw. mit den Integralwerten $\omega_n^2 f_G^2 T/2$, $4\omega_n^3 f_G^3 T/(3\pi)$, $3\omega_n^4 f_G^4 T/8, \ldots$

$$\xi_n + \lambda_1 + \lambda_2 f_G + \frac{1}{4}\lambda_3 f_G^2 + \ldots. = 0, \tag{8.3.19}$$

also eine algebraische Gleichung zur Berechnung der Grenzamplitude f_G. Beschränkt man sich auf die drei ersten Glieder dieser Gleichung, findet man die geschlossene Lösung

$$f_G = -2\frac{\lambda_2}{\lambda_3}\left[1 \mp \sqrt{1-\frac{(\xi_n+\lambda_1)\lambda_3}{\lambda_2^2}}\,\right]. \tag{8.3.20}$$

Um dieses Ergebnis zu diskutieren, unterscheidet man zweckmäßig die drei folgenden Fälle:

Fall α) $\lambda_1 < 0$ und $\lambda_3 > 0$

Das ist der Regelfall. Der Radikand in Gl. (8.3.20) darf nicht negativ werden. Setzt man den Radikanden Null, d.h. $\xi_n\lambda_3 = \lambda_2^2 - \lambda_1\lambda_3$, dann erhält man daraus die kritische Anströmgeschwindigkeit. Dabei ist zu beachten, daß λ_2 allein und $\lambda_1\lambda_3$ als Produkt nicht von der Größe der Anströmgeschwindigkeit $\dot{u}_o$ abhängen. Dagegen ist der Reziprokwert von λ_3 direkt proportional der Anströmgeschwindigkeit, so daß deren kritischer Wert aus

$$\left(\frac{1}{\lambda_3}\right)_{krit} = \frac{\xi_n}{\lambda_2^2 - \lambda_1\lambda_3} \tag{8.3.21}$$

berechnet werden kann.

Weiter darf f_G selbst nicht negativ sein. Aus der Forderung $f_G = 0$ folgt, daß der Radikand dann Eins sein muß. Dies ist nur möglich, wenn $\xi_n + \lambda_1 = 0$ gilt. Multipliziert man diese Beziehung mit λ_3, so erhält man als weiteren charakteristischen Wert

$$\left(\frac{1}{\lambda_3}\right)_o = -\frac{\xi_n}{\lambda_1\lambda_3} \quad \text{für } f_G = 0\,. \tag{8.3.22}$$

Die sich hieraus ergebende Anströmgeschwindigkeit stimmt mit der *kritischen* des linearen Modells nach Gl. (8.2.4) überein, ist jedoch hier bei $\lambda_2 \neq 0$ größer als die kritische Geschwindigkeit, die sich aus Gl. (8.3.21) ergibt.

Schließlich existiert eine Asymptote in Gestalt einer Nullpunktsgeraden

$$\tilde{f}_G = A\frac{1}{\lambda_3}, \tag{8.3.23}$$

der sich die Grenzamplituden f_G mit wachsenden $1/\lambda_3$ und damit mit wachsender Geschwindigkeit $\dot{u}_o$ nähern. Den Anstieg A dieser Geraden erhält man aus Gl. (8.3.20) durch den Grenzübergang $\lambda_3 \rightarrow 0$ unter Beachtung von $\lambda_1\lambda_3 =$ konstant zu

$$A = \left\{\begin{array}{ll} -2\lambda_2\left(1+\sqrt{1-\frac{\lambda_1\lambda_3}{\lambda_2^2}}\right) & \text{für } \lambda_2 < 0, \\ -2\lambda_2\left(1-\sqrt{1-\frac{\lambda_1\lambda_3}{\lambda_2^2}}\right) & \text{für } \lambda_2 > 0. \end{array}\right\} \tag{8.3.24}$$

In Abb. 8.3.2 sind die Grenzamplituden f_G nach Gl. (8.3.20) grafisch dargestellt. Es ergibt sich eine deutliche Hysterese mit einem Sprungphänomen. Mit wachsender Geschwindigkeit $\dot{u}_o$ und damit mit wachsenden Werten $1/\lambda_3$ erreicht man entlang der Nullösung $f_G \equiv 0$ den charakteristischen Wert nach Gl. (8.3.22), wobei Stabilität dieser Lösung entsprechend Gl. (8.3.18) nur bis $(1/\lambda_3)_{krit}$ gesichert ist. Spätestens bei Erreichen des Werts $-\xi_n/(\lambda_1\lambda_3)$ springt die Lösung auf den oberen Ast der Grenzamplitude, um sich mit weiter wachsenden $1/\lambda_3$ der Asymptoten $\tilde{f}_G$ zu nähern. Sinngemäßes Verhalten ergibt sich bei abnehmenden Geschwindigkeiten.

Fall β) $\lambda_1 = 0$ und $\lambda_3 > 0$

Für diesen Spezialfall erhält man aus Gl. (8.3.21) den kritischen Wert

$$\left(\frac{1}{\lambda_3}\right)_{krit} = \frac{\xi_n}{\lambda_2^2}. \qquad (8.3.25)$$

Ein Schnittpunkt der f_G-Kurve mit der $1/\lambda_3$-Achse wie im Fall α) existiert hier nicht mehr, und eine Asymptote mit positivem Anstieg A ergibt sich aus Gl. (8.3.24) nur noch für negative λ_2, nämlich

$$A = -4\lambda_2. \qquad (8.3.26)$$

Eine zweite Asymptote ist die $1/\lambda_3$-Achse.

Fall γ) $\lambda_1 > 0$, $\lambda_2 < 0$ und $\lambda_3 > 0$

Unter der Nebenbedingung $\lambda_2^2 > \lambda_1 \lambda_3$ folgt als kritischer Wert

$$\left(\frac{1}{\lambda_3}\right)_{krit} = \frac{\xi_n}{\lambda_2^2 - \lambda_1 \lambda_3}, \qquad (8.3.27)$$

und es existieren zwei Asymptoten mit den Anstiegen

$$A_{1,2} = -\lambda_2\left(1 \mp \sqrt{1 - \frac{\lambda_1 \lambda_3}{\lambda_2^2}}\right), \qquad (8.3.28)$$

weil in diesem Fall der Radikand stets kleiner als Eins ist.

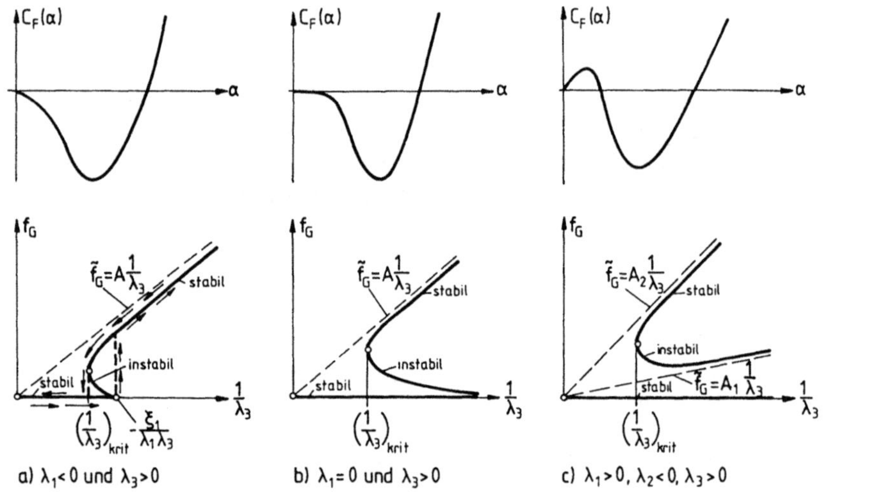

Abb. 8.3.2 C_F-Charakteristiken und Amplituden f_G der Grenzzyklen für einige Fälle selbsterregter Galloping-Schwingungen

Beispiel 8.3.1: Galloping-erregte Schwingung einer Pfahl-Plattform-Konstruktion

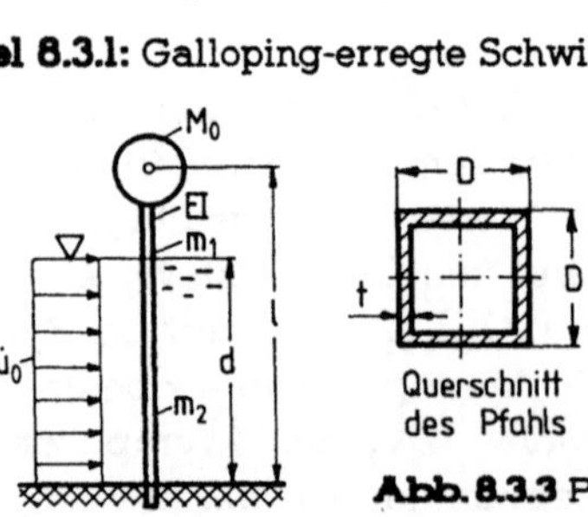

KONSTRUKTIONSDATEN

Pfahllänge:	$l = 15$ m
Kantenlänge:	$D = 0{,}3$ m
Wanddicke:	$t = 8$ mm
Biegesteifigkeit:	$EI = 2{,}737 \cdot 10^4$ kNm²
Plattformmasse:	$M_0 = 800$ kg
Pfahlstahlmasse:	$\rho_R A_R = 72{,}9$ kg/m
Wasserballast:	$\rho A_i = 82{,}7$ kg/m

Abb. 8.3.3 Pfahl-Plattform-Konstruktion

Koeffizient der hydrodynamischen Masse nach Tabelle 4.2.1: $C_a = 1{,}186$
hydrodynamische Masse:
$$m_h = C_a \rho A = 109{,}4 \text{ kg/m}$$
Pfahlmasse: $m_1 = 72{,}9$ kg/m
$m_2 = 265{,}0$ kg/m
Meerestiefe: $d = 10$ m
Schwingungsform Φ_1 wie in Beispiel 7.3.1
generalisierte Steifigkeit:
$$K_1 = 3EI/l^3 = 24{,}33 \text{ kN/m}$$
Längenverhältnis: $\varepsilon = d/l = 0{,}6667$
$$I_1 := \int_0^d \Phi_1^2 dz = \frac{1}{140} l \varepsilon^5 (63 - 35\varepsilon + 5\varepsilon^2) = 0{,}5910 \text{ m}$$
$$I_3 := \int_0^d \Phi_1^4 dz = \frac{81}{16} l \varepsilon^9 \left(\frac{1}{9} - \frac{2}{15}\varepsilon + \frac{2}{33}\varepsilon^2 - \frac{1}{81}\varepsilon^3 + \frac{1}{1053}\varepsilon^4\right) = 0{,}0902 \text{ m}$$
generalisierte Masse: $M_1 = M_o + \frac{33}{140} m_1 l + (m_2 - m_1) I_1 = 1171{,}3$ kg
Grundfrequenz: $\omega_1 = \sqrt{K_1/M_1} = 4{,}56$ 1/s
$f_1 = \omega_1/(2\pi) = 0{,}73$ Hz
Strukturdämpfung: $\xi_1 = 0{,}02$

HYDRODYNAMISCHE DATEN
C_F-Charakteristik Gl. (8.3.1) für Quadratprofil näherungsweise nach Abb. 8.3.4 im Winkelbereich $|\alpha| \le 20^\circ$

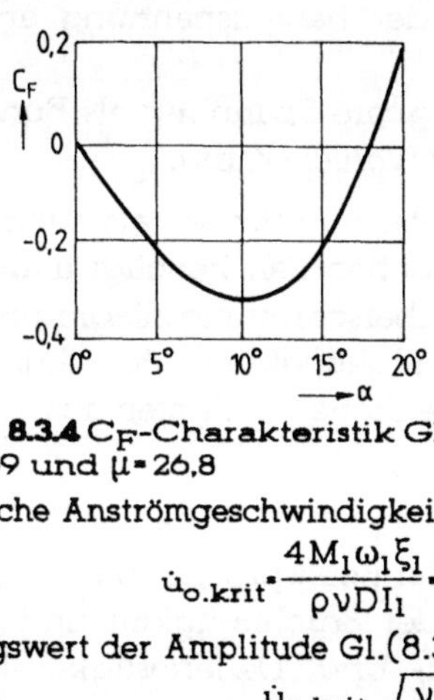

Abb. 8.3.4 C_F-Charakteristik Gl. (8.3.1) mit $\nu = 2{,}69$ und $\mu = 26{,}8$

kritische Anströmgeschwindigkeit Gl.(8.2.4):
$$\dot{u}_{o,krit} = \frac{4 M_1 \omega_1 \xi_1}{\rho \nu D I_1} = 0{,}874 \text{ m/s}$$
Bezugswert der Amplitude Gl.(8.3.11):
$$f_V = \frac{\dot{u}_{o,krit}}{\omega_1} \sqrt{\frac{\nu I_1}{\mu I_3}} = 0{,}155 \text{ m}$$
Anströmgeschwindigkeit: $\dot{u}_o = 1{,}5$ m/s

ERGEBNISSE
Grenzamplitude Gl.(8.3.13): $f_G = 0{,}198$ m
maximale Konstruktionsgeschwindigkeit im getauchten Bereich: $\dot{v} = f_G \omega_1 \Phi_1(d) = 0{,}468$ m/s
größter Anströmwinkel: $\alpha = \dot{v}/\dot{u}_o = 0{,}312 = 17{,}9^\circ$
(liegt damit im Gültigkeitsbereich von C_F)
maximale Biegespannung: $\sigma_{max} = 82$ N/mm^2

Es wird alternativ eine verbesserte C_F-Charakteristik gewählt:

HYDRODYNAMISCHE DATEN
C_F-Charakteristik gewählt:
$$C_F(\alpha) = -2{,}69\,\alpha - 20{,}8\,\alpha|\alpha| + 100{,}7\,\alpha^3$$
dargestellt in Abb. 8.3.5, vergl. Abb.8.1.3a)

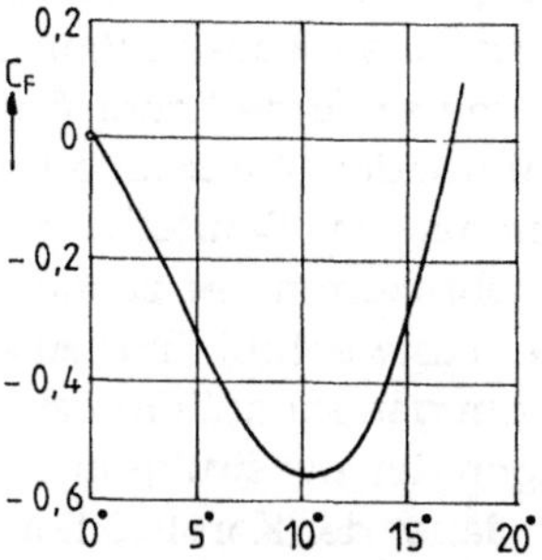

Abb. 8.3.5 verbesserte C_F-Charakteristik

Umrechnung auf Gl. (8.3.14) mit 3 Gliedern:
$$C_F(\alpha) = c_1 \tan\alpha + c_2 \tan\alpha |\tan\alpha| + c_3 \tan^3\alpha \approx c_1(\alpha + \alpha^3/3) + c_2 \alpha|\alpha| + c_3 \alpha^3$$
$c_1 = -2{,}69$ $c_2 = -20{,}8$ $c_3 = 100{,}7 + 2{,}69/3 = 101{,}6$
$$I_2 := \int_0^d \Phi_1^3 dz = \frac{27}{8} l \varepsilon^7 \left(\frac{1}{7} - \frac{1}{8}\varepsilon + \frac{1}{27}\varepsilon^2 - \frac{1}{270}\varepsilon^3\right) = 0{,}2219 \text{ m}$$
Integralwerte Gl. (8.3.15):
$$\lambda_1 = \frac{\rho c_1 D \dot{u}_o I_1}{4 M_1 \omega_1} = -0{,}0343$$
$$\lambda_2 = \frac{2 \rho c_2 D I_2}{3\pi M_1} = -0{,}2571 \text{ 1/m}$$
$$\lambda_3 = \frac{3 \rho \omega_1 c_3 D I_3}{4 M_1 \dot{u}_o} = 5{,}485 \text{ m}^{-2}$$
kritische Geschwindigkeit Gl.(8.3.21):
$$(1/\lambda_3)_{krit} = 0{,}0787$$
$$\lambda_3 (1/\lambda_3)_{krit} = \dot{u}_{o,krit}/\dot{u}_o = 0{,}432$$
$$\dot{u}_{o,krit} = 0{,}648 \text{ m/s}$$

ERGEBNISSE
Grenzamplitude Gl. (8.3.20): $f_G = 0{,}232$ m
maximale Konstruktionsgeschwindigkeit:
$$\dot{v} = f_G \omega_1 \Phi_1(d) = 0{,}548 \text{ m/s}$$
größter Anströmwinkel: $\alpha = \arctan(\dot{v}/\dot{u}_o) = 20{,}1^\circ$
(liegt damit an der Grenze des Gültigkeitsbereichs der C_F-Charakteristik)
maximale Biegespannung:
$$\sigma_{max} = \frac{3}{2} E \frac{D f_G}{l^2} = 96 \frac{\text{N}}{\text{mm}^2}$$
Man beachte, daß die Anströmgeschwindigkeit von 1,5 m/s außerdem zu wirbelresonanzerregten Schwingungen führen kann. Dann werden die Verhältnisse weit komplizierter.

9 Lebensdaueranalyse meerestechnischer Konstruktionen

Die vorwiegend durch Wellen hervorgerufenen dynamischen Belastungen einer meerestechnischen Konstruktion führen zu Bauteilbeanspruchungen, die zeitlich periodisch mit veränderlicher Amplitude wiederkehren. Die aus statischen Versuchen herrührenden Werkstoffestigkeitskennwerte wie Streckgrenze und Bruchfestigkeit reichen zur Beurteilung des Festigkeitsverhaltens der Konstruktion nicht aus. Vielmehr kommt es zu einer mit der Zeit fortschreitenden Werkstoffermüdung: Jeder Lastwechsel führt zu einer Teilschädigung der Konstruktion, sämtliche Teilschädigungen kumulieren zur Gesamtschädigung bis zu einem Wert, bei dem das Versagen der Konstruktion eintritt. Die bis dahin verstrichene Zeit nennt man die Lebensdauer der Konstruktion.

Für eine Lebensdaueranalyse benötigt man die drei folgend aufgezählten Informationen:

- von der Belastungsseite her das Wellenverteilungsdiagramm für das Einsatzgebiet der Konstruktion, um daraus Angaben über Anzahl, Höhe und Periode der Wellen zu gewinnen,
- von der Konstruktion her in Abhängigkeit von den Systemeigenschaften Masse, Dämpfung und Steifigkeit den Zusammenhang zwischen belastender Welle von bestimmter Höhe bzw. zwischen Seegang und der Bauteilspannung an der höchst beanspruchten Stelle (*hot spot*) und
- vom Werkstoff her Angaben über die größte ertragbare Spannung als Funktion der Lastwechselzahl bis zum Einsetzen des Bruchs (*Wöhler*-Kurve).

Eine Lebensdaueranalyse kann sowohl nach dem deterministischen als auch nach dem stochastischen Konzept erfolgen. Im deterministischen Fall benötigt man über das Wellenverteilungsdiagramm das Wellenhöhenüberschreitungsdiagramm. Im stochastischen Fall geht man von den Wellenenergiespektren der einzelnen Kurzzeitseegangszustände und ihrem prozentualen zeitlichen Auftreten aus.

9.1 Grundbegriffe der Schwingfestigkeit

Konstruktionen unter zeitlich konstanter, also ruhender Beanspruchung sind gegen die statischen Festigkeitskennwerte Streckgrenze oder Bruchfestigkeit und unter zeitlich veränderlicher Beanspruchung gegen Zeit- bzw. Dauerfestigkeitskennwerte zu dimensionieren. Eine zentrierte Zufallsbelastung, auch wenn sie breitbandig erfolgt, führt wegen der Schmalbandfilterwirkung der Konstruktion zu zeitlich veränderlichen Bauteilspannungen $\sigma(t)$ in Gestalt einer amplituden- und frequenzmodulierten Kosinusfunktion nach Abb. 9.1.1. Es handelt sich dabei um einen Zufallsprozeß, also um einen stochastischen Zeitverlauf. Demgegenüber steht ein deterministischer periodischer Zeitverlauf nach Abb. 9.1.2 in Gestalt einer harmonischen Funktion, die um einen Mittelwert schwankt.

Man nennt die obere Spannung σ_{max}, die untere Spannung σ_{min}, die Mittelspannung $\sigma_m := (\sigma_{max}+\sigma_{min})/2$, den Spannungsausschlag $\sigma_a := (\sigma_{max}-\sigma_{min})/2$ und das Grenzspannungsverhältnis $R := \sigma_{min}/\sigma_{max}$.

Abb. 9.1.1 Bauteilspannung σ(t) als Zufallsprozeß

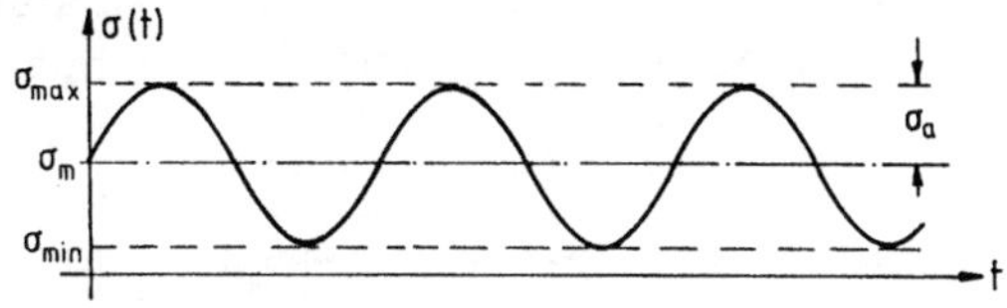

Abb. 9.1.2 harmonischer Zeitverlauf der Bauteilspannung σ(t)

Den in Versuchen mit einer sinusförmigen Bauteilbeanspruchung nach Abb. 9.1.2 ermittelten Festigkeitskennwert bezeichnet man als *Schwingfestigkeit*. Man unterscheidet dabei die folgenden Fälle:

– $R=-1$ bzw. $\sigma_m=0$: Die Spannungskurve schwankt gleichmäßig um die Nullinie. Dieser Fall heißt *Wechselfestigkeit*,
– $R=0$ bzw. $\sigma_{min}=0$: Die kleinsten Spannungswerte liegen auf der Nullinie. Dieser Fall heißt *reine Schwellfestigkeit*,
– $0<R<1$: Dies ist der in Abb. 9.1.2 dargestellte allgemeine Fall der *Schwellfestigkeit* mit positiven Minimalwerten der Spannung,
– $R=1$ bzw. $\sigma_{min}=\sigma_{max}=\sigma_m$: Der Spannungsausschlag σ_a ist Null. Es handelt sich um eine *statische Beanspruchung*.

Wird ein Bauteil mit der Zeit periodisch so belastet, daß nach Abb. 9.1.2 der Spannungsausschlag σ_a über die Zeit konstant bleibt, spricht man von *einstufiger* Belastung. Der bei einstufiger Belastung in Versuchen ermittelte größte Spannungsausschlag σ_a, der über unbegrenzte Zeit bzw. bei unendlich vielen Lastwechseln ohne Bruch vom Bauteil ertragen wird, führt zur *Dauerfestigkeit*, derjenige größte Spannungsausschlag, der für eine bestimmte Lebensdauer bzw. für eine bestimmte endliche Lastwechselzahl ertragen wird, zur *Zeitfestigkeit*.

Ist der Spannungsausschlag σ_a wie in Abb. 9.1.1 mit der Zeit veränderlich, spricht man von *mehrstufiger* Belastung oder von einer Belastung durch ein *Lastkollektiv*. Die sich in solchen Fällen einstellende *Betriebsfestigkeit* läßt sich wegen der großen Variationsbreite von Lastkollektiven in voller Allgemeinheit versuchstechnisch nicht mehr erfassen. Hier werden allenfalls Untersuchungen an Konstruktionen oder Konstruktionsteilen mit Lastkollektiven durchgeführt, die aus den Aufzeichnungen von Betriebsbelastungen gewonnen werden.

9.2 Dauer- und Zeitfestigkeit

Zur experimentellen Bestimmung der Dauer- bzw. Zeitfestigkeit von Werkstoffen wird eine bestimmte Anzahl gleicher Proben in einer Werkstoffprüfmaschine einer schwingenden Beanspruchung mit einem Spannungsausschlag σ_a über einer Mittelspannung σ_m ausgesetzt. Es wird die Anzahl der Lastwechsel bis zum Bruch jeder Probe ermittelt. Diese *Bruchlastspielzahl* N ist somit ein Maß für die Lebensdauer der Probe. Wählt man bei gleicher Mittelspannung unterschiedliche Spannungsausschläge, erhält man auch verschiedene Bruchlastspielzahlen. Man trägt den Spannungsausschlag σ_a über der Bruchlastspielzahl N -beide im logarithmi-

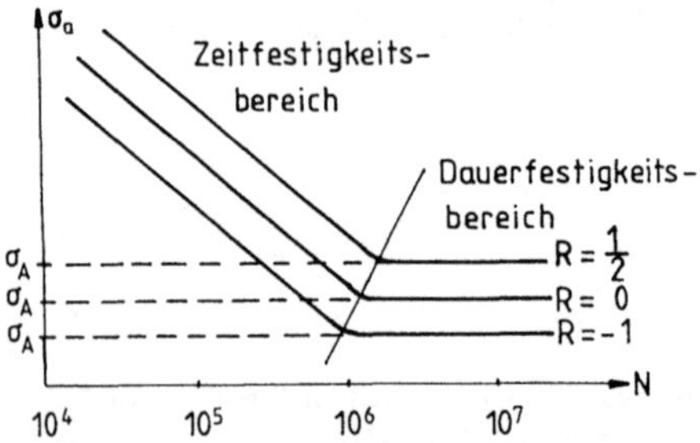

Abb. 9.2.1 Spannungsausschlag σ_a als Funktion gemessener Bruchlastspielzahlen N für verschiedene Grenzspannungsverhältnisse R

schen Maßstab- mit der Mittelspannung σ_m oder dem Grenzspannungsverhältnis R als Parameter auf. Die Abb. 9.2.1 zeigt solche qualitativen, für Eisenwerkstoffe gültigen Kurven. Sie heißen *Wöhler*[1)]*-Kurven* (*S-N curves, "stress versus number of cycles" fatique curves*). Mit steigender Bruchlastspielzahl N nimmt der ertragbare Spannungsausschlag σ_a in diesem Maßstab linear ab. Bei einer bestimmten Bruchlastspielzahl von etwa $2 \cdot 10^6$ "knicken" diese abfallenden Geraden in horizontale ab. Damit werden Spannungsausschläge σ_A erreicht, die unbegrenzt ertragen werden. Die zu diesen Spannungsausschlägen gehörenden Extremalspannungen werden als *Dauerschwingfestigkeit* $\sigma_D = \sigma_m \pm \sigma_A$ bezeichnet, speziell für $R = -1$ *Dauerwechselfestigkeit* σ_W sowie für $R = 0$ *Dauerschwellfestigkeit* σ_{sch}. Die Knickstellen in den *Wöhler*-Kurven trennen den Dauerfestigkeits- vom Zeitfestigkeitsbereich.

Die Ergebnisse von Dauer- bzw. Zeitfestigkeitsversuchen sind mit Zufallsfehlern behaftet. Ursachen für die Streuung der Ergebnisse sind u.a. Bearbeitungstoleranzen bei der Herstellung der Proben, unterschiedliche Oberflächenbeschaffenheit durch mechanisches Bearbeiten oder Wärmebehandlung, metallurgische Abweichungen durch Gefügeart, Korngröße oder Einschlüsse und möglicherweise auch durch Abweichungen in der Versuchsdurchführung. Unterwirft man gleiche Proben derselben Schwingbeanspruchung, erhält man unterschiedliche Bruchlastspielzahlen N. Es gibt einige wenige Brüche bei kleinen N, sogenannte Frühausfälle, und auch einige wenige bei sehr großen N, sogenannte Spätausfälle. Die meisten Ausfälle konzentrieren sich in einem dazwischen liegenden N-Bereich. Teilt man die Bruchlastspielzahl N in Klassen ein, kann man die für jede Klasse festgestellte prozentuale Ausfallhäufigkeit in einem Histogramm nach Abb. 9.2.2 darstellen.

Die in Abschnitt 2.3.5 beschriebene, von *Weibull* eingeführte Wahrscheinlichkeitsverteilung ist hervorragend zur Beschreibung des Lebensdauerverhaltens geeignet. Die Anpassung an das Histogramm in Abb. 9.2.2 gelingt mit der *Weibull*schen Wahrscheinlichkeitsdichte f(N) nach Gl. (2.3.19) bzw. mit der dazugehörigen Wahrscheinlichkeitsverteilung

$$F(N) = 1 - \exp\left[-\left(\frac{N}{c}\right)^{\alpha}\right] \qquad (9.2.1)$$

durch Wahl der beiden Parameter c und α, *charakteristische Lebensdauer* und *Ausfallsteilheit* genannt. Damit ist die Wahrscheinlichkeit dafür, daß die Bruchlastspielzahl N_o kleiner oder höchstens gleich dem Niveau N ist, $P(N_o \leq N) = F(N)$. Das

1) *August Wöhler* (1819-1914), deutscher Ingenieur, erster Ehrendoktor der Technischen Hochschule Berlin-Charlottenburg, hat als erster das Ermüdungsverhalten von Werkstoffen untersucht und bereits 1858 über Versuche, "welche auf der Königl.-Niederschlesisch-Märkischen Eisenbahn mit Apparaten zum Messen der Biegung und Verdrehung von Eisenbahnachsen während der Fahrt angestellt wurden", berichtet.

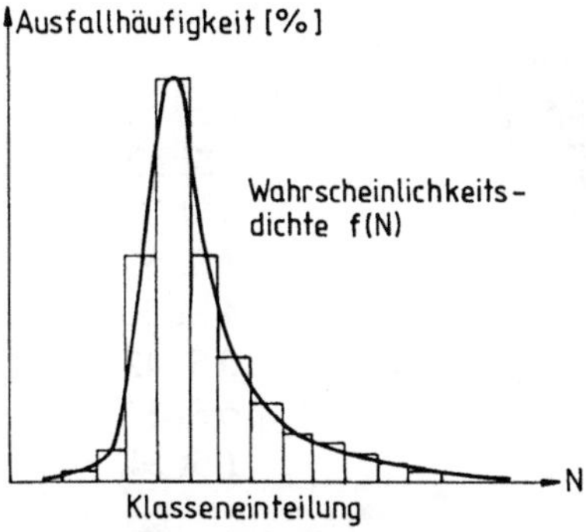

Abb. 9.2.2 Histogramm der Ausfallhäufigkeit und angenäherte Wahrscheinlichkeitsdichte

ist die Ausfallwahrscheinlichkeit. Bei $N = \infty$ beträgt sie 100 %. Die *Überlebenswahrscheinlichkeit* ist dann $P_ü = 1 - P = 1 - F(N)$. Es ist üblich, als *Wöhler*-Kurve diejenige anzugeben, die zu einer Überlebenswahrscheinlichkeit von $P_ü = 50$ % gehört. Das heißt, daß die Hälfte sämtlicher Proben eine größere Bruchlastspielzahl erträgt, also eine größere Lebensdauer besitzt. Zusätzlich werden als Vertrauensgrenzen Kurven eingezeichnet, die zu einer Überlebenswahrscheinlichkeit von $P_ü = 10$ % oder 5 % und von $P_ü = 90$ % oder 95 % gehören.

Die Abb. 9.2.3 zeigt als Beispiel ein solches *Wöhler*-Kurven-Streuband für Schweißverbindungen aus Baustählen [62]. Dadurch, daß die Spannungsamplitude σ_a auf den für das jeweilige Grenzspannungsverhältnis R gültigen Dauerschwingfestigkeitsausschlag, den Schwingfestigkeitskennwert σ_A, bezogen wurde, konnte dieses Diagramm vereinheitlicht werden: in dieser Form gilt es unabhängig von R.

Die in dieses Diagramm zusätzlich eingetragenen Konstanten C und k gehören zur Gleichung der Zeitfestigkeitslinie

$$N = C\left(\frac{\sigma_a}{\sigma_A}\right)^{-k}. \quad (9.2.2)$$

Der Exponent k nimmt Werte zwischen zwei und vier an.

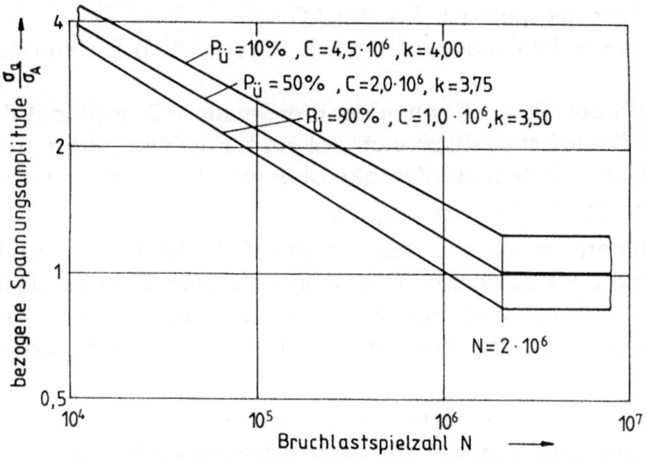

Abb. 9.2.3 einheitliches *Wöhler*-Kurven-Streuband für Schweißverbindungen aus Baustählen bei verschiedenen Überlebenswahrscheinlichkeiten [62]

Den für die Zeitfestigkeitslinie benötigten Schwingfestigkeitskennwert σ_A entnimmt man für die verschiedenen Grenzspannungsverhältnisse R bzw. Mittelspannungen σ_m einem *Dauerfestigkeitsschaubild*, z.B. dem nach *Smith*. Abb. 9.2.4 zeigt ein solches Dauerfestigkeitsschaubild für allgemeine Baustähle aus [28]. In ihm ist über der jeweiligen Mittelspannung σ_m die Dauerschwingfestigkeit $\sigma_D = \sigma_m \pm \sigma_A$ nach oben bzw. unten abgetragen. Auf der 45°-Linie liegen demzufolge die σ_m-Werte. Nach oben ist das Diagramm durch die 0,2 %-Dehngrenze $R_{p0,2}$ des Werkstoffs begrenzt.

Kennt man von einem Werkstoff lediglich die Bruchfestigkeit R_m, die Streckgrenze R_e (bzw. die Dehngrenze $R_{p0,2}$) sowie als einzigen Dauerschwingfestigkeits-

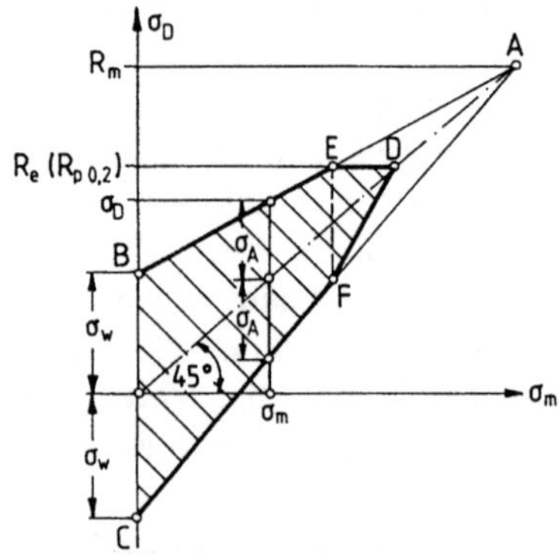

Abb. 9.2.5 Konstruktion eines angenäherten Dauerfestigkeitsschaubildes

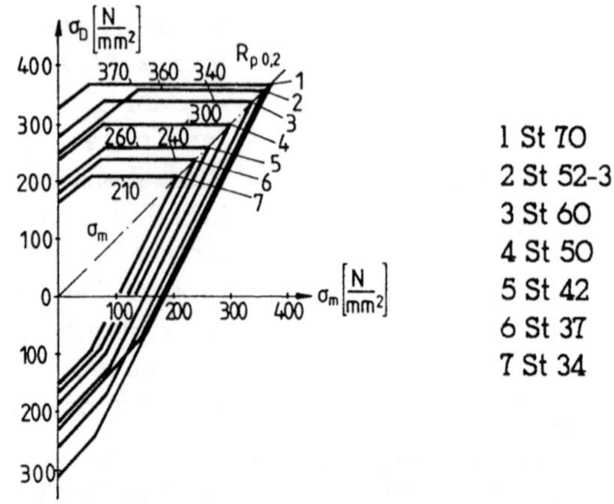

Abb. 9.2.4 Dauerfestigkeitsschaubild (*Smith*-Diagramm) für Zug-Druck-Beanspruchung von allgemeinen Baustählen nach DIN 17100 [28]

wert die Dauerwechselfestigkeit σ_W, läßt sich ein Dauerfestigkeitsschaubild näherungsweise nach Abb. 9.2.5 wie folgt zeichnen:

α) Im σ_D-σ_m-Koordinatensystem zeichnet man die 45°-Linie und findet im Schnitt mit R_m den Punkt A.

β) Man trägt bei σ_m=0 nach oben und nach unten σ_W ab und erhält die Punkte B und C und damit die Verbindungsgeraden AB und AC.

γ) Im Schnitt der 45°-Linie sowie der Geraden AB mit R_e ergeben sich die Punkte D und E.

δ) Die vertikale Gerade durch den Punkt E schneidet die Gerade AC im Punkt F. Damit ist der schraffierte Dauerfestigkeitsbereich bekannt. Für eine bestimmte Mittelspannung σ_m ergeben sich Schwingfestigkeitskennwert σ_A (Spannungsausschlag) und Dauerschwingfestigkeit $\sigma_D = \sigma_m \pm \sigma_A$.

Mt dem Schwingfestigkeitskennwert σ_A aus dem Dauerfestigkeitsschaubild und den beiden Parametern C und k für das einheitliche *Wöhler*-Kurven-Streuband ist die Zeitfestigkeitskennlinie (9.2.2) bekannt. Für Stahlkonstruktionen ist sie bis zu ungefähr $2 \cdot 10^6$ Lastspielen gültig. Bei größeren Lastspielzahlen liegt man im Dauerfestigkeitsbereich.

Gegenüber den Ergebnissen von Laborversuchen mit idealen Proben ergeben sich im Betrieb von Konstruktionen Einflüsse, die die Schwingfestigkeit herabsetzen. Der wichtigste Einfluß gerade für Offshore-Konstruktionen ist die *Korrosion*. Die Umgebung eines korrosiven Mediums wie Meerwasser führt zu einer Verstärkung der Werkstoffermüdung. Wegen dieser Korrosionsermüdung wird vielfach kein Dauerfestigkeitsbereich festgestellt. Da meerestechnische Konstruktionen während einer Betriebsdauer von 20 Jahren ungefähr 10^8 Lastspielen aus der Wellenbelastung ausgesetzt sind, muß der Lastspielbereich oberhalb von $2 \cdot 10^6$ berücksichtigt werden. Aus diesem Grunde verlängert man die Zeitfestigkeitslinie über $N = 2 \cdot 10^6$ hinaus bis zu 10^7 oder 10^8 Lastspielen. Eine weitere Herabsetzung der Schwingfestigkeit können *Eigenspannungen* z.B. infolge Schweißens bewirken. Es wurde jedoch nachgewiesen, daß für geschweißte Rohrknoten bei Rohrdurchmessern kleiner als 400 mm der Einfluß von Schweißeigenspannungen gering ist [18]. Von maßgeblichem Einfluß sind dagegen *Kerbwirkungen*. An Querschnittsübergängen, Löchern, Schweißkerben u.ä. treten örtliche Spannungsspitzen auf, die bei dynamischer Belastung häufig Ausgangspunkt von Rissen sind und damit zu einem schlechten Schwingfestigkeitsverhalten führen.

Offshore-Konstruktionen sind meist räumliche Fachwerke aus Kreisrohren. Das räumliche Rohrgerüst (*jacket*) besteht aus mehreren vertikalen, vom Meeresboden bis zur Plattform durchgehenden Beinen, Gurtstäbe (*chords*) genannt, die diagonal und quer durch sogenannte Füllstäbe (*branchs*) ausgesteift werden. Die Knotenpunkte sind die höchstbeanspruchten Stellen (*hot spots*) der Rohrkonstruktion. Man unterscheidet nach der Geometrie der Rohrverbindungen T-, Y-, X-, N-, K- und KT-Knoten. Für solche Rohrknoten sind auf der Grundlage von FEM-Rechnungen und von Experimenten Parameterformeln für *Spannungskonzentrationsfaktoren* SCF (*stress concentration factor*) entwickelt worden. Diese sind durch

$$\mathrm{SCF} := \frac{\text{Spitzenspannung am Schweißnahtfuß}}{\text{Nennspannung im anlaufenden Füllstab}} \tag{9.2.3}$$

definiert.

Folgende Parameter beeinflusen die Größe des Spannungskonzentrationsfaktors:

$$\alpha := \frac{2L}{D},\quad \beta := \frac{d}{D},\quad \gamma := \frac{D}{2T},\quad \tau := \frac{t}{T},\quad \Theta,\quad \xi := \frac{g}{D}. \tag{9.2.4}$$

Darin sind L die Länge des Gurtstabes, D sein Außendurchmesser, T seine Wand-

	SCF - Parameterformel	Gültigkeitsbereich	Knotenbelastung
T-/Y-KNOTEN mit axialbelastetem Füllstab	GURT $SCF=1{,}981\,\alpha^{0{,}057}\,e^{-1{,}2\beta^3}\,\gamma^{0{,}808}\,\tau^{1{,}333}\sin^{1{,}694}\theta$ FÜLLSTAB $SCF=3{,}751\,\alpha^{0{,}12}\,e^{-1{,}35\beta^3}\,\gamma^{0{,}55}\,\tau\sin^{1{,}94}\theta$	$0{,}3 \le \beta \le 0{,}8$ $8 \le \gamma \le 33$ $0{,}2 \le \tau \le 0{,}8$ $7 \le \alpha \le 40$ $30° \le \theta \le 90°$	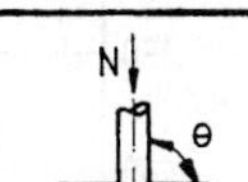
K-/N-KNOTEN	GURT $30° \le \theta \le 45°$ $SCF=1{,}328\,\beta^{-0{,}235}\,\gamma^{0{,}5}\,\tau\xi^{0{,}094}\sin^{0{,}19}\theta$ $45° < \theta \le 90°$ $SCF=1{,}937\,\beta^{-0{,}235}\,\gamma^{0{,}5}\,\tau\xi^{0{,}094}\sin^{1{,}28}\theta$ FÜLLSTAB $30° \le \theta \le 45°$ $SCF=3{,}221\,\beta^{-0{,}642}\,\gamma^{0{,}066}\,\tau^{0{,}433}\,\xi^{0{,}048}\sin^{0{,}26}\theta$ $45° < \theta \le 90°$ $SCF=3{,}911\,\beta^{-0{,}642}\,\gamma^{0{,}066}\,\tau^{0{,}433}\,\xi^{0{,}048}\sin^{0{,}82}\theta$	$0{,}3 \le \beta \le 0{,}8$ $8 \le \gamma \le 33$ $0{,}2 \le \tau \le 0{,}8$ $7 \le \alpha \le 40$ $30° \le \theta_{1,2} \le 90°$ $0{,}1 \le \xi \le 1{,}0$	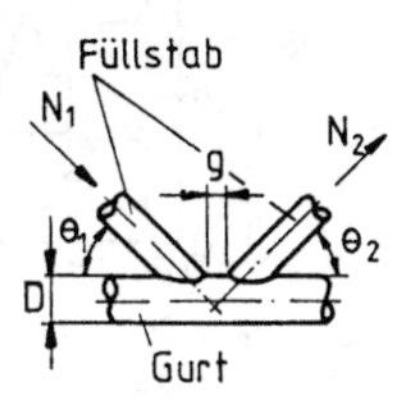
KT-KNOTEN mit axialbelasteten Diagonalstäben $\xi = \frac{g_1 + g_2}{D}$	GURT $SCF=1{,}83\,\beta^{0{,}12}\,\gamma^{0{,}54}\,\tau^{1{,}068}\sin\theta$ DIAGONALFÜLLSTAB $30° \le \theta \le 45°$ $SCF=6{,}06\,\beta^{-0{,}36}\,\gamma^{0{,}1}\,\tau^{0{,}68}\,\xi^{0{,}126}\sin^{0{,}5}\theta$ $45° < \theta \le 90°$ $SCF=13{,}80\,\beta^{-0{,}36}\,\gamma^{0{,}1}\,\tau^{0{,}68}\,\xi^{0{,}126}\sin^{2{,}88}\theta$ VERTIKALFÜLLSTAB $SCF=3{,}54\,\beta^{-0{,}22}\,\gamma^{0{,}45}\,\tau^{0{,}7}\,\xi^{0{,}065}$	$0{,}3 \le \beta \le 0{,}8$ $8 \le \gamma \le 33$ $0{,}2 \le \tau \le 0{,}8$ $7 \le \alpha \le 40$ $30° \le \theta_{1,2} \le 90°$ $0{,}1 \le \frac{g_{1,2}}{D} \le 1{,}0$	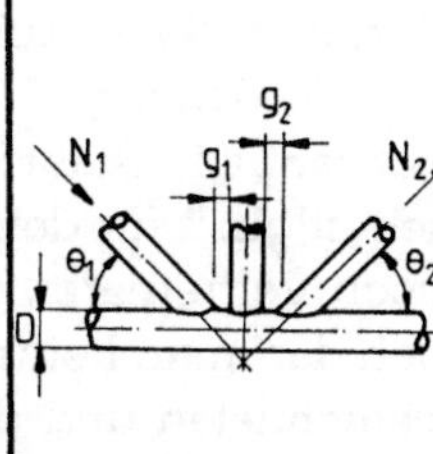

Tabelle 9.2.1 Spannungskonzentrationsfaktoren für Rohrknoten [42]

dicke, d der Durchmesser des Füllstabs, t dessen Wanddicke, Θ der Anlaufwinkel zwischen Gurt- und Füllstab und g die Spaltweite zwischen zwei benachbarten Füllstäben.

Es existiert eine Fülle rechnerischer und experimenteller Befunde für Spannungskonzentrationsfaktoren. Eine Auswahl daraus, die auf den Ergebnissen [42] beruht, ist in Tabelle 9.2.1 wiedergegeben. Diese Werte berücksichtigen den für Fachwerkkonstruktionen wichtigsten Fall der Axialbelastung von Füllstäben. Jedoch können auch die Sekundärbeanspruchung infolge lokaler Stabbiegungen von Einfluß sein.

Für eine Reihe von Rohrknoten liegen auch Ergebnisse von Dauer- bzw. Zeitfestigkeitsversuchen vor, so im *Wöhler*linienkatalog für Hohlprofilverbindungen [53]. Ein herausgegriffenes Beispiel zeigt die Abb. 9.2.6. Es handelt sich um einen K-Knoten aus St 52 mit einem Anlaufwinkel von $\Theta = 60^\circ$ unter axialer Wechselbeanspruchung der Füllstäbe, d.h. bei einem Grenzspannungsverhältnis $R = -1$. Diese *Wöhler*-Kurve gilt für eine Überlebenswahrscheinlichkeit von $P_ü = 50$ % und weist eine Dauerwechselfestigkeit von $\sigma_W = 40{,}4$ N/mm^2 aus.

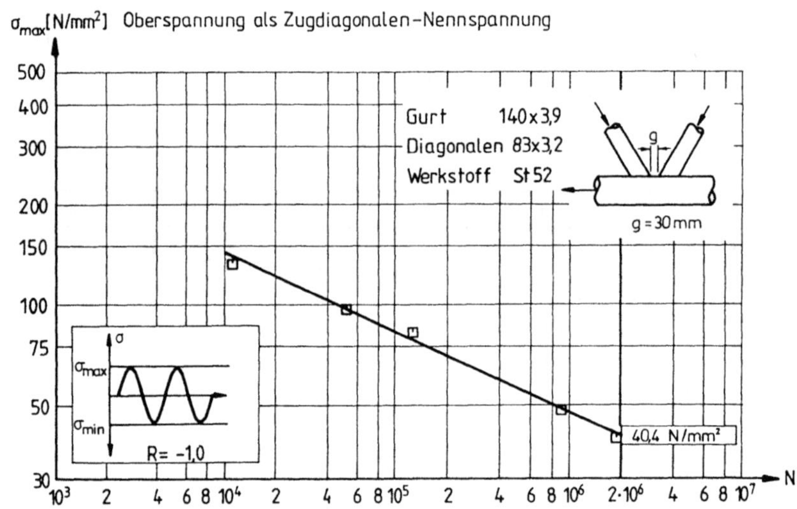

Abb. 9.2.6 *Wöhler*-Kurve für einen K-Rohrknoten aus St 52 unter axialer Wechselbelastung der Füllstäbe, Anlaufwinkel $\Theta = 60^\circ$ [53]

Theoretisch erhält man dieselbe Dauerwechselfestigkeit, wenn man die des Grundwerkstoffs St 52 durch den Spannungskonzentrationsfaktor des K-Knotens dividiert. Nach Abb. 9.2.4 ist für St 52-3 $\sigma_W = 240$ N/mm^2. Mit den Knotenparametern $\beta = 0{,}593$, $\gamma = 17{,}9$, $\tau = 0{,}821$ und $\xi = 0{,}214$ ist nach Tabelle 9.2.1 der Spannungskonzentrationsfaktor für den Füllstab SCF = 4,97. Es folgt somit eine Dauerwechselfestigkeit für den betrachteten Knoten von $\sigma_W = 240/4{,}97 = 48{,}3$ N/mm^2 mit einer noch vertretbaren Übereinstimmung mit dem Ergebnis der Abb. 9.2.6. Grundsätzlich darf man keine volle Übereinstimmung zwischen den nach Parameterformeln berechneten und den tatsächlich auftretenden Spannungsspitzen erwarten. Nach der FEM berechnete SCF-Werte zeigen erhebliche Schwankungen. Unterschätzungen, also zur unsicheren Seite hin, bis zu 30 % sind möglich.

9.3 Betriebsfestigkeit

Lebensdaueranalysen von Konstruktionen so auch im Bereich der Meerestechnik werden üblicherweise auf der Grundlage der linearen Schadensakkumulationshypothese nach *Palmgren* [63] und *Miner* [55] durchgeführt, nach der eine lineare Zunahme der Schädigung mit der Lastwechselanzahl erfolgt. Jede Stufe i der Mehrstufenbelastung ist durch den Spannungsausschlag $\sigma_{a,i}$, die dazugehörige Mittelspannung $\sigma_{m,i}$ und die Anzahl der Lastwechsel n_i gekennzeichnet. Bei einer Einstufenbelastung $\sigma_{a,1}$ mit n_1 Lastwechseln ist die Lebensdauer erreicht, wenn auf dem Spannungsniveau $\sigma_{a,1}$ die Zeitfestigkeitslinie der *Wöhler*-Kurve mit der Bruchlastspielzahl N_1 erreicht wird. Definiert man als Teilschädigung D_i der Laststufe i

$$D_i := \frac{n_i}{N_i}, \tag{9.3.1}$$

dann ist für die genannte Einstufenbelastung die Lebensdauer offensichtlich erreicht, wenn $D_1 = 1$ gilt. Nach der Schadensakkumulationshypothese werden nun sämtliche Teilschädigungen D_i der einzelnen Laststufen i zur *Gesamtschädigung* (*cumulative damage*)

$$D := \sum_{(i)} D_i = \sum_{(i)} \frac{n_i}{N_i} \tag{9.3.2}$$

addiert. Für $D = 1$ wird wiederum die Lebensdauer erreicht. Bezieht man die Zahl der Lastwechsel n_i auf die Zeitdauer eines Jahres, besitzen die n_i also die Einheit 1/Jahr, erhält man mit D die Schädigung eines Jahres mit der Einheit 1/Jahr. Der Reziprokwert ist dann die in Jahren gemessene *Lebensdauer* (*fatigue life*) der Konstruktion

$$L := \frac{1}{D}. \tag{9.3.3}$$

Die mittels der Schadensakkumulationshypothese nach *Palmgren-Miner* berechnete Lebensdauer L einer Konstruktion ist mit erheblichen Unsicherheiten behaftet, weshalb verhältnismäßig große Sicherheitsfaktoren zwischen 2 und 3 üblich sind. Unsicherheiten der Berechnung sind u.a. auf die folgenden Einflüsse zurückzuführen:

Die lineare Schadensakkumulationshypothese nimmt keine Rücksicht auf die zum betrachteten Zeitpunkt bereits vorhandene Schädigung. Das heißt, daß die zeitliche Reihenfolge der einzelnen Stufenbelastungen $\sigma_{a,i}$ bei der Ermittlung der Gesamtschädigung D keine Rolle spielt.

Stufenbelastungen $\sigma_{a,i}$, die unterhalb des Schwingfestigkeitskennwerts σ_A liegen, liefern keinen Beitrag zur Schädigung. Diese für Einstufenbelastung entsprechend der *Wöhler*-Kurve gültige Eigenschaft muß bei Mehrstufenbelastung nicht zutreffen.

Die Gesamtschädigung D wird sehr stark von der Genauigkeit der berechneten Spannung an der höchst beanspruchten Stelle der Konstruktion beeinflußt. Dies hat seine Ursache in der Charakteristik der Zeitfestigkeitslinie (9.2.2) mit dem Exponenten k. So führt z.B. bei k=4 die Verdoppelung des Spannungsausschlags σ_a auf eine um den Faktor 16 kleinere Bruchlastspielzahl N und damit auf eine um denselben Faktor größere Schädigung. Es kommt also auf eine sehr sorgfältige Berechnung sowohl der Nennspannungen als auch der Spannungserhöhungen an den Hot Spots mit Hilfe von Spannungskonzentrationsfaktoren SCF an. Berechnet man z.B. für SCF=1 eine Lebensdauer L_o, dann vermindert sich die Lebensdauer für SCF>1 nach der Beziehung

$$L \approx \frac{L_o}{SCF^k}, \tag{9.3.4}$$

wobei bei fehlender Mittelspannung $\sigma_m=0$ Gleichheit gilt. Diese Abhängigkeit ist in Abb. 9.3.1 grafisch dargestellt.

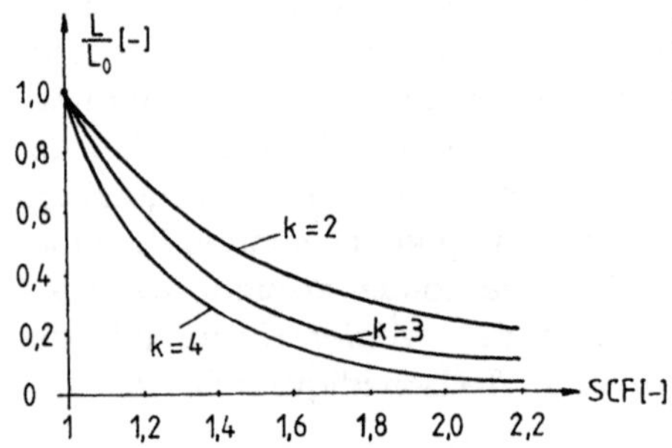

Abb. 9.3.1 Abhängigkeit der Lebensdauer L vom Spannungskonzentrationsfaktor SCF für verschiedene Exponenten k der Zeitfestigkeitslinie

Schließlich kann die Annahme *ungerichteter* Seegangsspektren mit daraus resultierenden Wellen, die sämtlich die Konstruktion in nur einer Richtung belasten, zu einer erheblichen Unterschätzung der Lebensdauer führen.

9.4 Deterministische Lebensdaueranalyse

Die Lebensdauer meerestechnischer Konstruktionen wird in erster Linie durch die große Zahl von Lastwechseln aus dem Seegang beeinflußt. Nicht die wenigen Wellen extremer Höhe sondern die niedrigen Wellen großer Häufigkeit sind dafür entscheidend, besonders dann, wenn sie mit einer Resonanzfrequenz einfallen. Insofern ist auch eine Lebensdaueranalyse für die Nordsee bedeutsamer als für das relativ ruhige Seegebiet des Golfs von Mexiko.

In der deterministischen Lebensdaueranalyse geht man von Einzelwellen unterschiedlicher Höhe und ihrer jährlichen Häufigkeit aus. Man spricht deshalb auch von einer *diskreten* Lebensdaueranalyse. Die Berechnung der Lebensdauer ist in Abb. 9.4.1 veranschaulicht und erfolgt in den folgend beschriebenen Schritten:

α) erster Schritt:
Ausgehend vom Wellenverteilungsdiagramm für das Einsatzgebiet der Konstruktion entwickelt man nach Abschnitt 4.1.5 das Wellenhöhenüberschreitungsdiagramm (*wave height exceedance diagram*). Damit ist die (statistisch erwartete) Anzahl n von Wellen bekannt, die innerhalb eines Jahres ein bestimmtes Wellenhöhenniveau erreichen oder überschreiten. Für eine ausgewählte Wellenhöhenklasse i mit der mittleren Höhe h_i erhält man die Anzahl n_i von Wellen, deren Höhen in diese Klasse fallen.

β) zweiter Schritt:
Man benötigt weiter das Spannungs-Wellenhöhen-Diagramm (*S-H curve, stress range-wave height curve*) einer deterministischen dynamischen Analyse der Konstruktion entsprechend Abschnitt 4.3. Man erhält für die gewählte Wellenhöhenklasse i die für diese Klasse gemittelte Spannung σ_i der höchst beanspruchten

Stelle, gegebenenfalls unter Verwendung eines Spannungskonzentrationsfaktors SCF, und zwar getrennt nach Mittelspannung $\sigma_{m,i}$ und Spannungsausschlag $\sigma_{a,i}$. Zusammen mit dem Ergebnis nach dem ersten Schritt kennt man die Lastspielzahl n_i des Spannungsausschlags $\sigma_{a,i}$.

γ) dritter Schritt:

Für diesen Spannungsausschlag $\sigma_{a,i}$ liefert die Zeitfestigkeitslinie der *Wöhler*-Kurve (*S-N curve*) die Bruchlastspielzahl N_i.

δ) vierter Schritt:

Das Verhältnis aus n_i und N_i ergibt die Teilschädigung D_i der Konstruktion in der Wellenhöhenklasse i. Die Wiederholung sämtlicher Schritte für andere Wellenhöhenklassen liefert weitere Teilschädigungen. Die kumulative Schädigung D eines Jahres ist die Summe über sämtliche Teilschädigungen D_i, die Lebensdauer L ihr Reziprokwert.

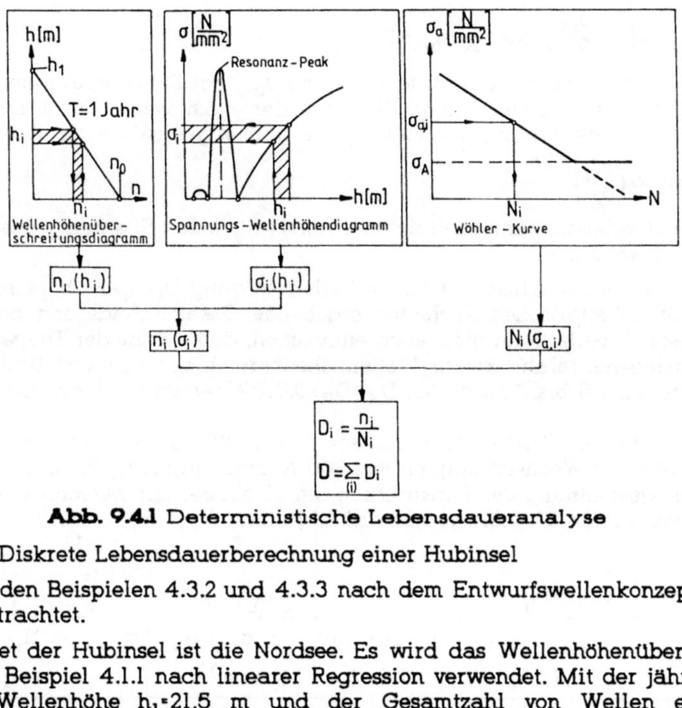

Abb. 9.4.1 Deterministische Lebensdaueranalyse

Beispiel 9.4.1: Diskrete Lebensdauerberechnung einer Hubinsel

Es wird die in den Beispielen 4.3.2 und 4.3.3 nach dem Entwurfswellenkonzept analysierte Hubinsel betrachtet.

α) Einsatzgebiet der Hubinsel ist die Nordsee. Es wird das Wellenhöhenüberschreitungsdiagramm aus Beispiel 4.1.1 nach linearer Regression verwendet. Mit der jährlich einmal auftretenden Wellenhöhe $h_1=21{,}5$ m und der Gesamtzahl von Wellen eines Jahres $n_o=5{,}59\cdot10^6$ gilt entsprechend Gl. (4.1.73) für die Anzahl von Wellen, die die Höhe h erreichen oder überschreiten,

$$n(h)=n_o^{1-h/h_1}.$$

β) Es wird das Spannungs-Wellenhöhen-Diagramm Abb. 4.3.11 für die maximalen Biegespannungen in den Beinen der Hubinsel herangezogen. Diese welleninduzierten Spannungen ergeben die Spannungsausschläge $\sigma_{a,i}$ für die gewählten Wellenhöhenklassen i.

Hinzu treten Spannungen aus den statischen Lasten "Eigengewicht" und "zeitlich gemittelte Windlast". Die dynamischen Windlasten werden nicht berücksichtigt. Die Druckkraft je Bein aus dem Plattformgewicht beträgt $F=1{,}5\cdot10^4$ kN, die Querschnittsfläche $A_R=0{,}6452$ m². Damit ist $\sigma_o=-F/A_R=-23$ N/mm² die Spannung aus dem Eigengewicht.

Zur Berechnung der Windlast wird eine zu den Wellenhöhen h_i passende mittlere Windgeschwindigkeit benötigt. Für das Einstundenmittel der jährlich einmal auftretenden Gradientenwindgeschwindigkeit wird $v_G = 50$ m/s angenommen. Mit der Gradientenhöhe $z_G = 250$ m und dem Exponenten $\alpha_G = 0{,}14$ ist das Einstundenmittel der Windgeschwindigkeit in Höhe der Plattform $z_o = 25{,}7$ m nach Gl. (5.1.5) $\bar{v}(z_o) = 36{,}4$ m/s. Analog zu Beispiel 5.3.1 folgt für diese Geschwindigkeit der mittlere Winddruck $\bar{p} = C_D \rho \bar{v}^2/2 = 0{,}812$ kN/m, die mittlere Windkraft $\bar{F} = \bar{p}\,A = 861$ kN, die statische Auslenkung $\bar{u} = \bar{F}/K_1 = 0{,}062$ m und schließlich die zeitlich gemittelte maximale Biegespannung $\bar{\sigma} = \pi^2 ED\bar{u}/(8l^2) = 14$ N/mm². Für diese Spannung wird eine quadradische Abhängigkeit von der Wellenhöhe angesetzt, d.h.

$$\bar{\sigma}_i = \bar{\sigma}\left(\frac{h_i}{h_1}\right)^2 .$$

γ) Die Beine der Hubinsel sind aus höherfestem Schiffbaustahl HF 36 gefertigt. Für diesen Stahl beträgt die Zugfestigkeit mindestens $R_m = 490$ N/mm², die Proportionalitätsgrenze $R_{p0,2} = 285$ N/mm², und die Biegewechselfestigkeit wird zu $\sigma_W = 230$ N/mm² angenommen. Für die obere Grenzlinie des nach Abb. 9.2.5 angenäherten *Smith*-Dauerfestigkeitsschaubilds gilt dann

$$\sigma_A = \sigma_W\left(1 - \frac{\sigma_m}{R_m}\right), \text{ für } \sigma_A + \sigma_m \le R_{p0,2} ,$$

woraus in Abhängigkeit von der Mittelspannung $\sigma_{m,i}$ der Schwingfestigkeitskennwert $\sigma_{A,i}$ für jeden Wellenhöhenbereich i folgt. Die modifizierte, d.h. wegen der Korrosionsermüdung die über $2\cdot10^6$ Lastwechsel hinweg verlängerte Zeitfestigkeitslinie der *Wöhler*-Kurve

$$N = 2\cdot10^6 \left(\frac{\sigma_a}{\sigma_A}\right)^{-3{,}75}$$

für 50 %-ige Überlebenswahrscheinlichkeit liefert für jeden Spannungsausschlag $\sigma_{a,i}$ die Bruchlastspielzahl N_i.

δ) Für jede Wellenhöhenklasse i wird die Teilschädigung $D_i = n_i/N_i$ berechnet. Die sich in der folgenden tabellarischen Rechnung ergebende Gesamtschädigung beträgt $D = 0{,}0118$ 1/Jahr. Dieser Tabelle kann man auch entnehmen, daß der in der Umgebung der Resonanzstelle gelegene, relativ kleine Wellenhöhenbereich mit den verhältnismäßig kleinen Wellenhöhen von 2,5 bis 3,75 m mit $D_4 + D_5 = 0{,}0109$ bereits 92 % der Gesamtschädigung liefert.

Die Lebensdauer der Konstruktion beträgt $L = 1/D = 85$ Jahre. Zum Vergleich: Dieselbe Rechnung mit einer Wechselfestigkeit von 200 N/mm² ergibt $L = 50$ Jahre. Oder: Liegt die maximale Biegespannung der Konstruktion um 20 % über der berechneten, reduziert sich die Lebensdauer nach Gl. 9.3.4 von 85 auf 43 Jahre.

	Schritt α				Schritt β				Schritt γ		Schritt δ
i	h_i [m]	h [m]	n [1/Jahr]	$n_i = \Delta n$ [1/Jahr]	$\lvert\sigma_o\rvert$ [N/mm²]	$\bar{\sigma}_i$	$\sigma_{m,i}$	$\sigma_{a,i}$	$\sigma_{A,i}$	N_i [-]	D_i [1/Jahr]
1	0,25-0,75	≥0,25	$4{,}67\cdot10^6$	$1{,}42\cdot10^6$	23	0	23	1	219	$1{,}20\cdot10^{15}$	$1{,}18\cdot10^{-9}$
2	0,75-1,5	≥0,75	$3{,}25\cdot10^6$	$1{,}36\cdot10^6$	23	0	23	3	219	$1{,}94\cdot10^{13}$	$7{,}01\cdot10^{-8}$
3	1,5 -2,5	≥1,5	$1{,}89\cdot10^6$	$9{,}72\cdot10^5$	23	0	23	25	219	$6{,}85\cdot10^9$	$1{,}42\cdot10^{-4}$
4	2,5 - 3,5	≥2,5	$9{,}18\cdot10^5$	$4{,}72\cdot10^5$	23	0	23	67	219	$1{,}70\cdot10^8$	$2{,}78\cdot10^{-3}$
5	3,5 - 3,75	≥3,5	$4{,}46\cdot10^5$	$7{,}40\cdot10^4$	23	0	23	146	219	$9{,}15\cdot10^6$	$8{,}09\cdot10^{-3}$
6	3,75-4,25	≥3,75	$3{,}72\cdot10^5$	$1{,}13\cdot10^5$	23	0	23	61	219	$2{,}41\cdot10^8$	$4{,}69\cdot10^{-4}$
7	4,25-6	≥4,25	$2{,}59\cdot10^5$	$1{,}86\cdot10^5$	23	1	24	23	219	$9{,}36\cdot10^9$	$1{,}99\cdot10^{-5}$
8	6 - 8	≥6	$7{,}32\cdot10^4$	$5{,}60\cdot10^4$	23	1	24	55	219	$3{,}56\cdot10^8$	$1{,}57\cdot10^{-4}$
9	8 - 12,5	≥8	$1{,}72\cdot10^4$	$1{,}65\cdot10^4$	23	3	26	75	218	$1{,}09\cdot10^8$	$1{,}51\cdot10^{-4}$
10	12,5-17,5	≥12,5	$6{,}68\cdot10^2$	$6{,}50\cdot10^2$	23	7	30	97	216	$4{,}03\cdot10^7$	$1{,}61\cdot10^{-5}$
11	17,5-21,5	≥17,5	$1{,}80\cdot10^1$	$1{,}80\cdot10^1$	23	12	45	114	209	$1{,}94\cdot10^7$	$9{,}28\cdot10^{-7}$

$\sum = 0{,}0118$

Beipiel 9.4.2: Diskrete Lebensdauerberechnung einer Jacket-Plattform

Es wird die in Abb. 9.4.2 dargestellte vierbeinige Offshore-Konstruktion betrachtet. Die Hauptabmessungen sind [74] entnommen, die folgenden Ergebnisse stammen aus [30].

KONSTRUKTIONSDATEN

Beine:	D = 9,144 m, t = 88,9 mm	Höhe bis UK Plattform:	l = 188,97 m
unterste Querfüllstäbe	D = 7,315 m, t = 51,0 mm	Beinabstand	b = 67,056 m
übrige Füllstäbe:	D = 0,914 m, t = 38,1 mm	Meerestiefe:	d = 550 ft = 167,64 m
Höhe des obersten Stockwerks:	36,57 m	Plattformgewicht:	38400 t
übrige Stockwerkshöhen:	30,48 m		

EIGENSCHWINGUNGSANALYSE

Die Konstruktion nach Abb. 9.4.2 wird zu einem Lumped-mass-Modell mit sieben Stockwerksmassen idealisiert. Unter Berücksichtigung von Stahlmassen, hydrodynamischen Massen, Wasserballast im getauchten Teil der Konstruktion und der Plattformmasse ergeben sich die folgenden Knotenmassen M_i der Reihe nach von oben nach unten, und zwar bezogen auf *ein* Bein. Eine Fachwerksrechnung liefert unter Wirkung der horizontalen Knotenkräfte $F_i = M_i g$ die horizontalen Stockwerksverschiebungen u_i.

$$M_i = \begin{bmatrix} 10{,}001 \\ 4{,}977 \\ 4{,}917 \\ 4{,}917 \\ 4{,}917 \\ 9{,}661 \\ 2{,}401 \end{bmatrix} \cdot 10^6\,\text{kg} \qquad u_i = \begin{bmatrix} 7{,}1504 \\ 6{,}2974 \\ 5{,}3410 \\ 4{,}1370 \\ 2{,}6958 \\ 1{,}4948 \\ 0 \end{bmatrix} \text{m}$$

Damit ist die maximale potentielle Energie (1.4.54) je Bein

$$U_{max} = \frac{1}{2} g \sum_{(i)} M_i u_i = 8{,}689 \cdot 10^5 \ \text{kNm}$$

und die bezogene kinetische Energie (1.4.56) je Bein

$$V = \frac{1}{2} \sum_{(i)} M_i u_i^2 = 5{,}095 \cdot 10^5 \ \text{kNms}^2 .$$

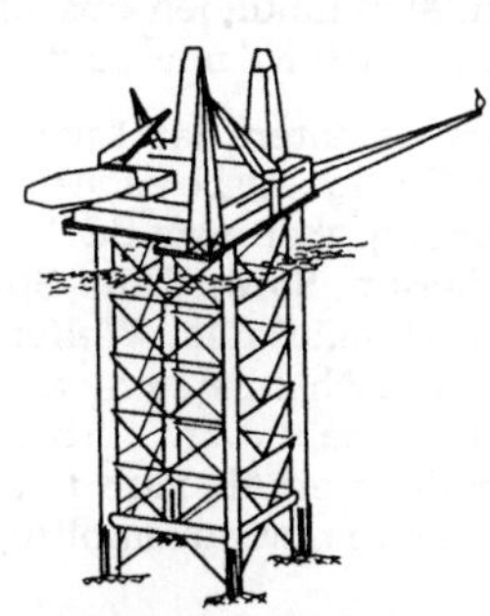

Abb. 9.4.2 Jacket-Plattform

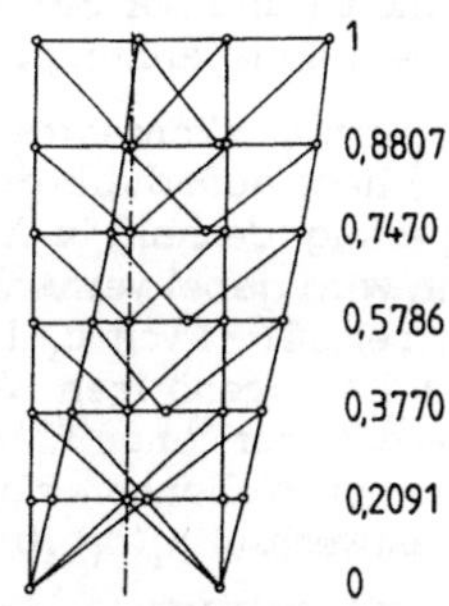

Abb. 9.4.3 Eigenschwingungsform Φ_1 im mode-1

Aus dem *Rayleigh*-Quotienten (1.4.38) folgt als Näherung für die Grundfrequenz $\omega_1 = \sqrt{U_{max}/V} = 1{,}31$ 1/s. Normiert man die Knotenverschiebung in Höhe der Plattform auf Eins, erhält man als Näherung die in Abb. 9.4.3 dargestellte Grundschwingungsform Φ_1.

WELLENHÖHENÜBERSCHREITUNGSDIAGRAMM

Es wurden die älteren Wellenverteilungsdiagramme aus [34] verwendet. Für das Einsatzgebiet der Konstruktion in der nördlichen Nordsee ergab sich sich die Gesamtzahl von Wellen je Jahr zu $n_o = 5{,}99 \cdot 10^6$ und die Höhe der Einjahreswelle zu $h_1 = 16{,}65$ m. Das Wellenhöhenüberschreitungsdiagramm wird dann durch $n(h) = n_o^{1-h/h_1}$ angenähert. Hieraus ergibt sich die Anzahl der Lastwechsel $n_i(h_i)$ für einen Wellenhöhenbereich h_i, also z.B. für $0{,}410 \text{ m} \le h_i < 0{,}424$ m: $n_i = n(0{,}410) - n(0{,}424) = 5{,}23 \cdot 10^4$.

SPANNUNGS-WELLENHÖHEN-DIAGRAMM

Es werden harmonische Einzelwellen unterschiedlicher Frequenz gewählt. Den Wellenperioden T werden Wellenhöhen h nach Gl. (4.1.86) $h = AT^B$ mit den Parametern $A = 6{,}91 \cdot 10^{-4}$ und $B = 4{,}095$ zugeordnet. So ergibt sich für die Resonanzfrequenz $\omega = \omega_1 = 1{,}31$ 1/s bzw. die Resonanzperiode $T = T_1 = 2\pi/\omega_1 = 4{,}80$ s eine Wellenhöhe von $h = 0{,}424$ m. Die aus der *Morison*-Formel folgenden Wellenkräfte werden an den Knoten angreifend angesetzt. Als Ergebnis der dynamischen Analyse findet man die Amplituden f der horizontalen Plattformauslenkung als Funktion der Wellenhöhe h nach Abb. 9.4.4. Im Resonanzfall $h = 0{,}424$ m ergibt die Rechnung $f = 0{,}170$ m. Mit einer angenommenen Strukturdämpfung von $\xi_{s1} = 0{,}02$ stellt sich dabei die hydrodynamische Dämpfung auf $\xi_{h1} = 0{,}0007$ ein. Bei $h = 6{,}3$ m ist die zugehörige Wellenlänge $\lambda = 134{,}1$ m, so daß bei einem Beinabstand $b = 67{,}056$ m $\cos(\pi b/\lambda) = 0$ gilt. Die Wellenkräfte auf jeweils zwei Beine heben sich auf.

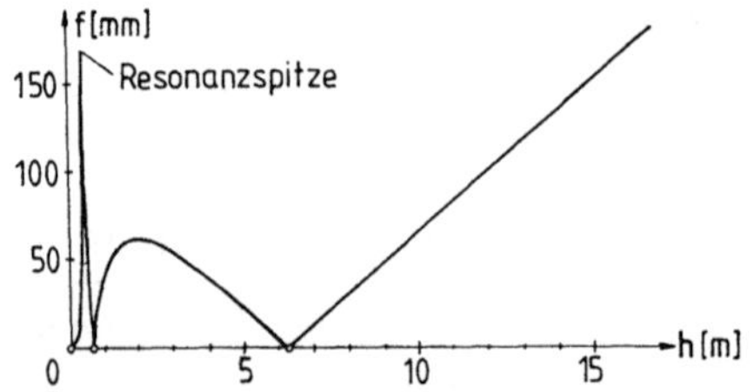

Abb 9.4.4 Plattformauslenkungsamplituden f unter der Wirkung von Wellen der Höhen h

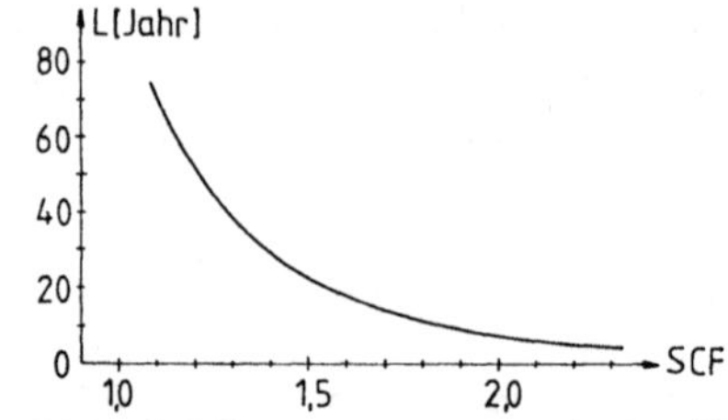

Abb. 9.4.5 Lebensdauer L der Konstruktion als Funktion des Spannungskonzentrationsfaktors SCF

Dasselbe gilt bei $h = 0{,}664$ m mit $\lambda = 44{,}7$ m. Für die Einjahreswelle $h_1 = 16{,}65$ m ist die Amplitude $f = 0{,}181$ m.

Als gefährdeter Stab erweist sich die unterste Diagonalstrebe. Die normierte Axialspannung, d.h. die auf $f = 1$ m bezogene Spannung dieses Stabes ist $\sigma = 697$ N/mm². Und zwar ist dies die Nennspannung des Stabes ohne Berücksichtigung der Spannungsspitzen an den Knoten und der Sekundärspannungen aus örtlichen Stabbiegungen. Im Resonanzfall ist diese Nennspannung also $\sigma = 118$ N/mm² und für die Einjahreswelle $\sigma = 125$ N/mm².

Die Spannungskonzentrationsfaktoren der Knoten sind nicht bekannt: Der Parameter β (9.2.4) liegt außerhalb des Gültigkeitsbereichs der Tabelle 9.2.1. Die Lebensdauerberechnung erfolgt deshalb in Abhängigkeit vom SCF. Die Mittelspannung σ_m infolge statischer Lasten wird dabei vernachlässigt. So wird die Spannungsamplitude z.B. für die Resonanzstelle bei SCF = 1 von $\sigma_i = 118$ N/mm² dem Wellenhöhenüberschreitungsdiagramm entsprechend im zugehörigen Wellenhöhenbereich von 0,410 m bis 0,424 m innerhalb eines Jahres mit der ungefähren Anzahl von $n_i = 5{,}32 \cdot 10^4$ erreicht. Unter Berücksichtigung sämtlicher Wellenhöhenbereiche erhält man mit Abb. 9.4.4 auf diese Weise die Anzahl der Lastwechsel $n_i(\sigma_i)$ für die Spannungsamplituden σ_i in den Wellenhöhenbereichen i.

WÖHLER - KURVE

Als *Wöhler*-Kurve für den Stahl St 52-3 wird die Gl. (9.2.2) $N = C(\sigma_a/\sigma_A)^{-k}$ mit $C = 2 \cdot 10^6$, $k = 3{,}75$ und mit der Zug-Druck-Dauerwechselfestigkeit $\sigma_A = \sigma_W = 230$ N/mm² und zwar in ihrer modifizierten, d.h. in der über $2 \cdot 10^6$ hinaus verlängerten Form verwendet. Damit ergibt sich zu jedem Spannungsausschlag $\sigma_{a,i}$ des Wellenhöhenbereichs i die ertragbare Lastwechselzahl N_i.

LEBENSDAUER

Die Teilschädigungen $D_i = n_i/N_i$ werden zur Gesamtschädigung D summiert. Es ist dann die Lebensdauer $L = 1/D$. Sie ist in Abb. 9.4.5 als Funktion des Spannungskonzentrationsfaktors SCF grafisch dargestellt. Für diese Kurve gilt entsprechend Gl. (9.3.4) $L_1/L_2 = (SCF_1/SCF_2)^k$.

Als zusammenfassendes Urteil wird aus [30] zitiert: "... zeigt allein die hohe Empfindlichkeit der Lebensdauer auf Änderungen des Spannungskonzentrationsfaktors in Abb. 9.4.5, daß nur durch regelrechte Sensitivitätsanalysen, in denen alle mit Unsicherheiten verbundenen Parameter - insbesondere die Seegangsstatistik- unabhängig voneinander variiert werden, eine zuverlässige untere Schranke für die zu erwartende Lebensdauer ermittelt werden kann."

Man muß hinzufügen, daß eine sorgfältige statische Analyse der Konstruktion vorausgesetzt wird. Fraglich sind in dieser Hinsicht die Analysen in [74]. Dort wird eine Grundfrequenz von 0,43 1/s und für eine Welle der Höhe $h = 16{,}15$ m eine Plattformauslenkung von 0,4 m angegeben. Letztere ist damit etwa um den Faktor 2,4 größer als in [30]. Hieraus mag man entnehmen, daß in [74] die Konstruktion viel zu weich angenommen wurde. Auf der anderen Seite ist in [30] selbst auf der Grundlage der älteren Wellenstatistiken aus [34] die Höhe der Einjahreswelle für Nordseebedingungen zu klein ermittelt worden. Nach Beispiel 4.1.1 ist eher mit $h_1 \approx 22$ m zu rechnen.

9.5 Schädigung durch eine Zufallsbeanspruchung

Die Schwingbeanspruchung $\sigma(t)$ eines Bauteils sei nach Abb. 9.5.1 ein *zentrierter* stationärer Zufallsprozeß. $\sigma(t)$ ist also der um die Mittelspannung σ_m schwankende Spannungsanteil. Die relativen Maxima von $\sigma(t)$ sind die für die Betriebsfestigkeit maßgebenden Spannungsausschläge σ_a. Die Wahrscheinlichkeitsdichte für die Verteilung dieser Peaks sei $f_x(\sigma_a)$ (vergl. dazu die Abschnitte 2.20.2 und 2.20.4). Es sei weiter $E[N(\sigma,0)]$ der Erwartungswert für die sekundliche Anzahl der in Abb. 9.5.1 das Niveau σ überschreitenden Peaks ⊙, und $E[N(-\infty,0)]$ der für die Anzahl sämtlicher Peaks ∘. Die Wahrscheinlichkeit dafür, daß Peaks innerhalb des durch σ und $\sigma+\Delta\sigma$ begrenzten schraffierten Bandes liegen, ist

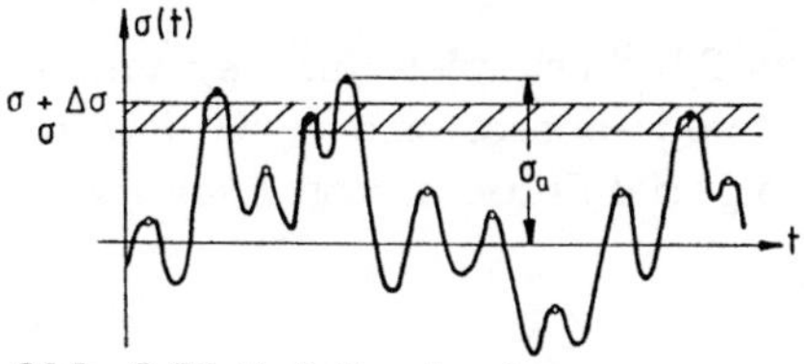

Abb. 9.5.1 Zufallsschwingbeanspruchung

$$P(\sigma<\sigma_a\leq\sigma+\Delta\sigma) = \frac{E[N(\sigma,0)]-E[N(\sigma+\Delta\sigma,0)]}{E[N(-\infty,0)]} = f_x(\sigma)\,\Delta\sigma. \quad (9.5.1)$$

Multipliziert man diese Wahrscheinlichkeit mit der Gesamtzahl der Peaks, erhält man die statistisch erwartete Anzahl von Peaks, die innerhalb des Bandes liegen, nämlich

$$\Delta n := E[N(-\infty,0)]\,P(\sigma<\sigma_a\leq\sigma+\Delta\sigma) = E[N(-\infty,0)]\,f_x(\sigma)\,\Delta\sigma, \quad (9.5.2)$$

bzw. nach dem Grenzübergang $\Delta\sigma \rightarrow 0$ und $\sigma \rightarrow \sigma_a$

$$dn = E[N(-\infty,0)]\,f_x(\sigma_a)\,d\sigma_a. \quad (9.5.3)$$

Mit der zum Spannungsausschlag σ_a gehörenden Bruchlastspielzahl $N(\sigma_a)$ ist dann nach Gl. (9.3.1) die *differentielle* Schädigung

$$dD = \frac{dn}{N} = E[N(-\infty,0)]\,\frac{f_x(\sigma_a)}{N(\sigma_a)}\,d\sigma_a. \quad (9.5.4)$$

Man setzt die *Wöhler*-Zeitfestigkeitslinie (9.2.2) ein und integriert über sämtliche Spannungsausschläge, die zur Gesamtschädigung D beitragen, d.h. über Spannungsausschläge, die oberhalb des Schwingfestigkeitswerts σ_A liegen. Mit der mittleren Periodendauer sämtlicher Maxima (2.20.31) $T_m = 1/E[N(-\infty,0)]$ sowie mit der Integrationsvariablen $x := \sigma_a$ erhält man

$$D = \frac{1}{T_m C\,\sigma_A^k}\int_{\sigma_A}^{\infty} x^k f_x(x)\,dx. \quad (9.5.5)$$

Nun sind Zufallsschwingungen meerestechnischer Konstruktionen jedenfalls bei geringer Dämpfung *schmalbandige Gauß*prozesse. Nach Abschnitt 2.20.4 besitzen deren Maximalwerte näherungsweise die *Rayleigh*-Verteilung

$$f_x(x) = \frac{x}{m_o}\exp\left(-\frac{x^2}{2m_o}\right). \quad (9.5.6)$$

Darin ist m_o das Moment der Beanspruchungsspektraldichte $S_{\sigma\sigma}(\omega)$, d.h. des Spektrums der Bauteilspannung $\sigma(t)$. Aus Gl. (9.5.5) folgt damit für schmalbandige *Gauß*prozesse

$$D = \frac{1}{T_m C\,\sigma_A^k\,m_o}\int_{\sigma_A}^{\infty} x^{k+1}\exp\left(-\frac{x^2}{2m_o}\right)dx. \quad (9.5.7)$$

Dieses Integral wird auf die unvollständige Gammafunktion [39]

$$\Gamma(z,a) := \int_a^\infty e^{-t}\, t^{z-1}\, dt \tag{9.5.8}$$

zurückgeführt, indem man $x^2=2m_0 t$, $x dx = m_0 dt$ und $\sigma_A^2=2m_0 t_A$ substituiert. Es ist dann

$$D = \frac{(2m_0)^{k/2}}{T_m C\, \sigma_A^k} \int_{t_A}^\infty e^{-t}\, t^{k/2}\, dt$$

und mit Gl. (9.5.8)

$$D = \frac{(2m_0)^{k/2}}{T_m C\, \sigma_A^k}\, \Gamma\left(1+\frac{k}{2}, \frac{\sigma_A^2}{2m_0}\right). \tag{9.5.9}$$

Im Hinblick auf die modifizierte, d.h. auf die über $2\cdot 10^6$ Lastspiele hinweg verlängerte Zeitfestigkeitslinie setzt man die untere Integrationsgrenze $t_A=0$. Für die Gammafunktion (2.3.22) gilt $\Gamma(z)=\Gamma(z,0)$, und es folgt das Ergebnis von *Miles* [54]

$$D = \frac{\Gamma(1+\frac{k}{2})}{T_m C\, \sigma_A^k}\, (2m_0)^{k/2}. \tag{9.5.10}$$

Setzt man die mittlere Periode T_m für die Maxima des *Gauß*prozesses $\sigma(t)$ in Sekunden ein, dann erhält man mit D die sekundliche Schädigung der betrachteten Konstruktion. Für das unendliche Schmalband ist die Anzahl der Maxima gleich der der Aufwärtsnullstellen und damit die Periode T_m gleich der mittleren Periode T_0 dieser Nullstellen.

Beispiel 9.5.1: Schädigung eines Drilling-Risers

Es wird der in Beispiel 4.4.1 behandelte Riser betrachtet. Der dort angenommene Seegang möge stationär andauern. Ergebnis der stochastischen Analyse war das Spektrum der Riserauslenkung Φ_{uu} an der höchst beanspruchten Stelle mit der Varianz $\sigma_u^2=1{,}45$ m². Zunächst muß für diese Stelle das Beanspruchungsspektrum gefunden werden. Mit $u=\Phi_1 q_1$, $\Phi_1=\sin(\pi z/l)$, $M=-EIu''=(\pi/l)^2 EI u$ erhält man die Spannung

$$\sigma = \frac{MD}{2I} = \frac{\pi^2 ED}{2l^2} u$$

und damit als Übertragungsfunktion zwischen dem Spektrum der Auslenkung Φ_{uu} und dem der Beanspruchung $\Phi_{\sigma\sigma}$

$$H = \frac{\pi^2 ED}{2l^2} = \frac{\pi^2 \cdot 2{,}06\cdot 10^5 \cdot 0{,}4064}{2\cdot 80^2\cdot 1000} = 0{,}0646\, \frac{N}{mm^2}.$$

Es ist dann das Moment des Spektrums $\Phi_{\sigma\sigma}$

$$m_0 = \int_0^\infty \Phi_{\sigma\sigma} d\omega = H^2 \int_0^\infty \Phi_{uu} d\omega = H^2 \sigma_u^2 = 6042\, \frac{N^2}{mm^4}.$$

Es wird eine Zeitfestigkeitslinie (9.2.2) mit den Daten $\sigma_A=210$ N/mm², $k=3{,}75$ und $C=2\cdot 10^6$ gewählt. Die mittlere Periode der Maxima ist nach Beispiel 4.4.1 $T_m=8{,}154$ s. Mit $\Gamma(1+k/2)=\Gamma(2{,}875)=1{,}788$ ist nach Gl. (9.5.10) die sekundliche Schädigung $D=9{,}678\cdot 10^{-9}$ 1/s. Würde der Seegang zeitlich unbegrenzt andauern, wäre die Lebensdauer des Drilling-Risers (unveränderte Positionierung vorausgesetzt) $L=1/D=1{,}033\cdot 10^8$ s $=3{,}3$ Jahre.

9.6 Stochastische Lebensdaueranalyse

Bei der stochastischen (oder spektralen) Lebensdaueranalyse meerestechnischer Konstruktionen im unregelmäßigen Seegang geht man von dem im Einsatzgebiet der Konstruktion beobachteten stationären Kurzzeitseegangszuständen einschließlich ihrer Häufigkeit innerhalb eines Jahres aus. Ein Seegangszustand der Klasse (i,j) ist durch die Wellenhöhenklasse i mit signifikanten Wellenhöhen $h_{s,i}$ und durch die Wellenperiodenklasse j mit mittleren Perioden $T_{o,j}$ charakterisiert. Damit folgt das Wellenenergiespektrum $\Phi_{\zeta\zeta,ij}(\omega)$ eines jeden Seegangs z.B. nach *Pierson-Moskowitz*. Ist $H_\sigma(\omega)$ die zusammenfassende Übertragungsfunktion zwischen dem Seegang $\zeta(t)$ und der Bauteilspannung $\sigma(t)$ an der höchst beanspruchten Stelle, dann ist das Beanspruchungsspektrum

$$\Phi_{\sigma\sigma,ij}(\omega) = |H_\sigma(\omega)|^2 \Phi_{\zeta\zeta,ij}(\omega). \tag{9.6.1}$$

Aus ihm ergibt sich das Moment

$$m_{O,ij} = \int_0^\infty \Phi_{\sigma\sigma,ij}\, d\omega. \tag{9.6.2}$$

Die Schädigung der Konstruktion unter Einwirkung des Seegangs der Klasse (i,j) ist dann je Sekunde nach Gl. (9.5.10)

$$D_{ij} = \frac{\Gamma(1+\frac{k}{2})}{T_{m,ij}\, C\, \sigma_A^k} (2m_{O,ij})^{k/2}. \tag{9.6.3}$$

Die zeitbezogene Wahrscheinlichkeitsdichte f_{ij}, die sich nach Gl. (4.1.61) aus der anzahlbezogenen Häufigkeit H_{ij} ergibt, ist ein Maß für das statistische zeitliche Andauern des Seegangs (i,j). Damit ist die aus sämtlichen Kurzzeitseegängen eines Jahres erwartete Gesamtschädigung

$$E[D] := D = \sum_{(i)} \sum_{(j)} f_{ij} D_{ij}. \tag{9.6.4}$$

Kann man entsprechend den Ausführungen in Abschnitt 3.6 wegen kleiner Systemdämpfung vom Schmalbandcharakter der Beanspruchung $\sigma(t)$ mit kleiner Bandbreite $\Delta\omega$ in der Umgebung der Eigenfrequenz ω_1 der Konstruktion ausgehen, dann vereinfacht sich die Schädigung D_{ij} (9.6.3). Es ist nämlich dann die Periode $T_{m,ij}$ der Maxima des Prozesses $\sigma(t)$ gleich der Periode $T_{o,ij}$ seiner Aufwärtsnullstellen und diese wiederum unabhängig vom Seegangszustand (i,j) gleich der Grundschwingungsdauer der Konstruktion $T_1 = 2\pi/\omega_1$. Mit f_{ij} nach Gl. (4.1.61) ist dann die Gesamtschädigung

$$D = \frac{\Gamma(1+\frac{k}{2})T}{T_1\, C\, \sigma_A^k\, n_o} \sum_{(i)} \sum_{(j)} \frac{H_{ij}}{T_{o,j}} (2m_{O,ij})^{k/2}. \tag{9.6.5}$$

Es ist darin T = 1 Jahr, n_o die Gesamtzahl von Wellen eines Jahres und H_{ij} die Häufigkeit des Seegangs (i,j) entsprechend dem Wellenverteilungsdiagramm.

Die Abb. 9.6.1 zeigt eine anschauliche Darstellung der beschriebenen Vorgehensweise für den Fall, daß die Konstruktion als Schmalbandfilter wirkt und so vorzugsweise auf Wellenfrequenzen reagiert, die in der Nähe der Konstruktionsgrundfrequenz ω_1 liegen. Für die praktische Rechnung wählt man daher von vornherein solche Seegangsspektren aus, die an der Stelle der Eigenfrequenz ω_1 nennenswerte Energieinhalte mitbringen oder mit großer Häufigkeit auftreten und so wesentlich zur Schädigung der Konstruktion beitragen. Für die numerische Auswertung beachte man, daß in Gl.(9.6.3) bzw. (9.6.5) der Quotient aus $\sqrt{m_{o,ij}}$ und σ_A dimensionslos ist, so daß sich D tatsächlich als die auf die Zeit bezogenen Schädigung ergibt.

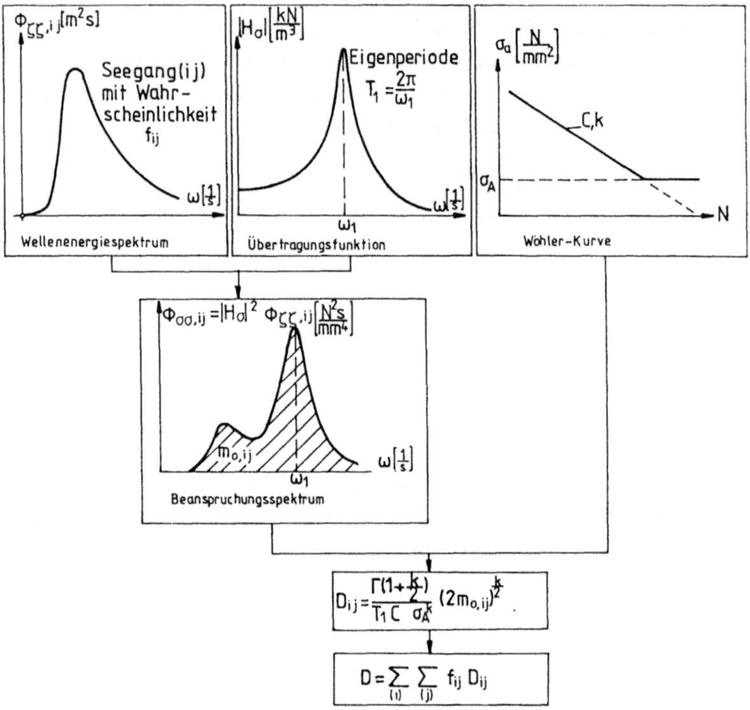

Abb. 9.6.1 Stochastische Lebensdaueranalyse

Als ausführlichere und weitergehende Darstellungen werden die Bücher "Betriebsfestigkeit. Sichere und wirtschaftliche Bemessung schwingbruchgefährdeter Bauteile" [8] und "Meerestechnische Konstruktionen" [10] genannt. Im letzteren findet man gerade im Hinblick auf künftige Bemessungsregeln für Offshore-Konstruktionen Beschreibungen von modernen Methoden der Zuverlässigkeitstechnik und von Betriebsfestigkeitsbewertungen nach verschiedenen Vorschriften und Empfehlungen.

10 Meerestechnische Rohrleitungen

Bei der Untersuchung des Festigkeits-, Schwingungs- und Stabilitätsverhaltens meerestechnischer Rohrleitungen wie Pipelines, Förderrohre und Riser ist gegenüber den bisherigen Betrachtungen eine Reihe von Besonderheiten zu berücksichtigen. So ist auf Grund der großen Schlankheit solcher Rohrleitungen deren Eigengewicht eine wesentliche Belastungsart. Für frei hängende, in horizontaler Richtung erstreckte Pipelines liegt das auf der Hand, gilt jedoch auch für lange, vertikal verlaufende Rohrleitungen wie z.B. Riser. Aus dem Eigengewicht folgt die in Abschnitt 4.2.5 eingeführte effektive Längskraft N_{eff}, die für die Biegung der Rohrleitung maßgebend ist.

Weiter ist zu berücksichtigen, daß die Rohrleitungen von Massenströmen durchflossen sind. Selbst bei zeitlich konstanter Innenströmungsgeschwindigkeit v resultieren hieraus bei gekrümmten Rohrleitungen Zentrifugalkräfte, die auch im statischen Fall die effektive Längskraft beeinflussen, und auf Grund der Relativbewegung zwischen Innenströmung und Rohrleitung Corioliskräfte.

Bewegungen der Rohrleitungen werden wegen ihrer relativ geringen Durchmesser überwiegend hydrodynamisch gedämpft. Bei einer Schwingungsanalyse im Frequenzbereich ist deshalb die "äquivalente" Linearisierung des Strömungswiderstandes zur hydrodynamischen Dämpfung besonders sorgfältig vorzunehmen. Auch der Einfluß der Rohrinnenwandreibung durch den Massenstrom sollte überprüft werden.

Die folgenden Analysen beziehen sich auf das Beispiel langer und damit schwerer Drilling-Riser zur Tiefsee-Erdölexploration bei Meerestiefen von etwa 2000 m oder mehr, gelten jedoch gleichermaßen für Förderleitungen des Tiefseebergbaus etwa zur Gewinnung von Manganknollen aus dem Nordpazifik in 5000 m Tiefe oder von Erzschlämmen aus dem Roten Meer bei 2000 m Meerestiefe.

Das System "Drilling-Riser" ist prinzipiell in Beispiel 4.3.1 beschrieben worden. Abweichend von dem dort behandelten Riser wird hier an den Einsatz für große Meerestiefen gedacht, bei dem das Bohrschiff bzw. der Halbtaucher dynamisch positioniert ist und deshalb eine Abdrift (*offset*) gegenüber der über dem Bohrlochkopf vertikalen Position besitzt. Dadurch allein können bereits im statischen Fall erhebliche Biegespannungen in der Nähe des unteren Riserendes entstehen.

Weiter werden zunächst nach dem Entwurfswellenkonzept harmonische Einzelwellen zugrunde gelegt. Mit Hilfe der Übertragungsfunktion für die Horizontalbewegung (*surge* oder *sway*) des Bohrschiffs folgt zu jeder Wellenfrequenz die Amplitude der Schiffsbewegung. Der obere Riserpunkt erfährt somit eine harmonische Horizontalbewegung von bestimmter Amplitude. Die dadurch erzeugten Transversalschwingungen des Risers sind naturgemäß am gefährlichsten, wenn die Wellenfrequenz als Erregerfrequenz mit einer der Eigenfrequenzen des Risers zusammenfällt.

Auf der anderen Seite soll durch Seegangsausgleichsvorrichtungen (*telescopic joint*) die biegeentlastende Tensionerkraft V_l zeitlich konstant gehalten werden. Im Seegang trotz solcher Maßnahmen auftretende Lastschwankungen, für die üblicherweise maximal ± 2,5 % von V_l anzunehmen sind, werden vernachlässigt.

Die Analysen werden abschließend auf das stochastische Konzept durch Annahme eines unregelmäßigen Seegangs übertragen.

10.1 Bewegungsgleichung des Drilling-Risers

Es wird zur Aufstellung der Differentialgleichung für die transversalen Riserbewegungen nach der Theorie 2. Ordnung das System nach Abb. 10.1.1 betrachtet. Der Riser der Länge l ist gelenkig und damit momentenfrei im Punkt 0 am B.O.P. und im Punkt l am Tensioner angeschlossen. Neben der Höhenkoordinaten z und der Horizontalkoordinaten x, in deren Richtung Riserauslenkung u, -geschwindigkeit $\dot{u}$ und -beschleunigung $\ddot{u}$ gemessen werden, wird längs der gekrümmten Rohrachse die Bogenlänge s eingeführt. Die Riserneigung ist α.

Es werden die folgenden Kräfte berücksichtigt:

α) Risergewicht:
Mit der Dichte ρ_R des Rohrmaterials sowie der Riserquerschnittsfläche A_R ist das Eigengewicht je Längeneinheit

$$q_R := \rho_R g A_R. \qquad (10.1.1)$$

β) Hydrostatische Streckenlast:
Sie ergibt sich aus Gl. (4.2.60) unter Berücksichtigung der Tatsache, daß das Riserrohr im Innern mit Mud von der Dichte ρ_M angefüllt ist, zu

$$q_h := (\rho A - \rho_M A_i) g \left[\sin\alpha - (d-z)\frac{\partial\alpha}{\partial s}\right] := q_o \left[\sin\alpha - (d-z)\frac{\partial\alpha}{\partial s}\right]. \qquad (10.1.2)$$

γ) Hydrodynamischer Widerstand:
Die Widerstandskraft je Längeneinheit des in ruhender Umgebungsflüssigkeit bewegten Risers ist mit der Widerstandskonstanten $b := C_D \rho D/2$

$$q_D := b|\dot{u}|\dot{u}. \qquad (10.1.3)$$

δ) Rohrinnenreibungskraft:
Mit Riserinnendurchmesser D_i, Mudmasse m_M, Mudgeschwindigkeit v und Rohrreibungszahl λ ist die tangential gerichtete Reibungskraft je Längeneinheit

$$q_t := \frac{1}{2}\frac{m_M}{D_i}\lambda|v|v. \qquad (10.1.4)$$

ε) Zentrifugal- und Corioliskraft:
Zur Berechnung dieser Kräfte wird die Beschleunigung eines Mudelements der Masse $m_M = \rho_M A_i$ in Richtung x benötigt. Zunächst setzt sich die Horizontalgeschwindigkeit $du_M/dt \equiv \dot{u}_M$ des Mudelements aus der Risergeschwindigkeit $\dot{u}$ und der Horizontalkomponenten der Relativgeschwindigkeit v zusammen, d.h. es gilt $\dot{u}_M = \dot{u} + v\sin\alpha \approx \dot{u} + vu'$. Mit $dz/dt \approx v$ ergeben sich daraus die Beschleunigung $\ddot{u}_M = \partial\dot{u}_M/\partial t + \partial\dot{u}_M/\partial z \cdot dz/dt \approx \ddot{u} + 2v\dot{u}' + v^2u''$ und mit der Mudmasse m_M die Zentrifugalkraft je Längeneinheit

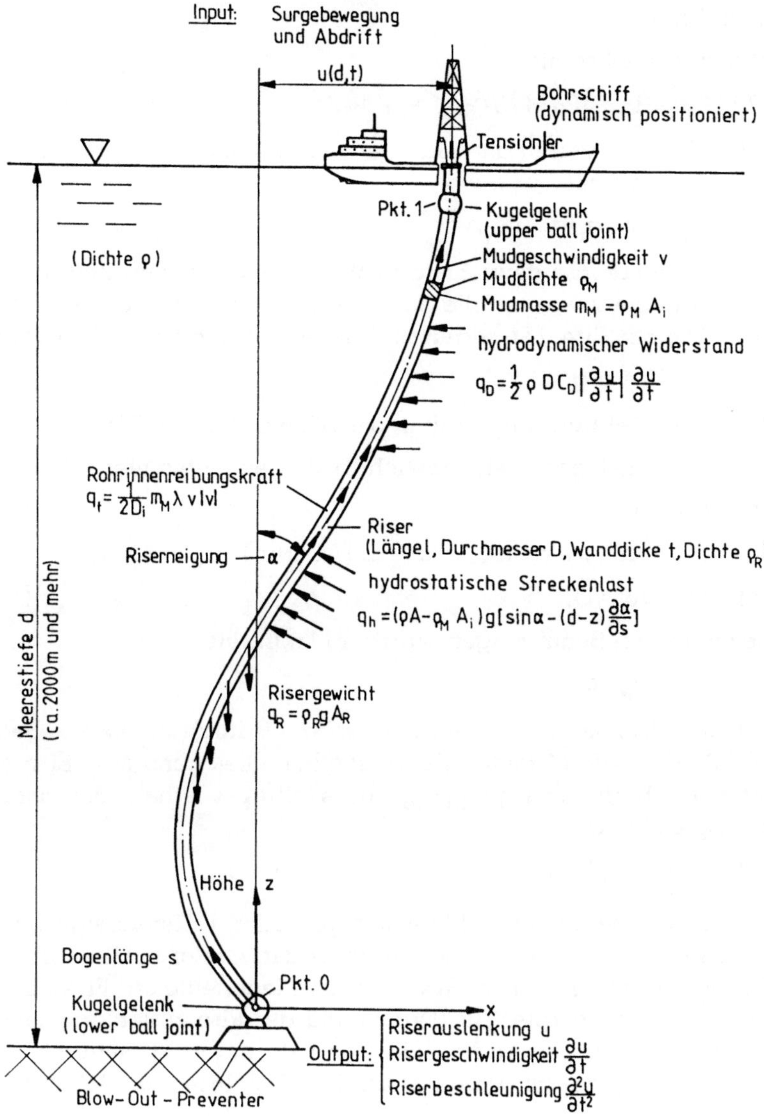

Abb. 10.1.1 Koordinaten, Geometrie und Belastungen des Risers

$$q_z := m_M v^2 u'' \tag{10.1.5}$$

sowie die *Coriolis*kraft[1] je Längeneinheit

$$q_C := 2 m_M v \dot{u}' . \tag{10.1.6}$$

Damit sind die verschiedenen Kraftwirkungen auf den Riser zusammengestellt. Die Herleitung der gesuchten Bewegungsdifferentialgleichung muß hier nicht noch einmal im Detail vorgeführt werden. Sie erfolgt nach den in den Abschnitten 4.2.5 und 4.3.1 beschriebenen Vorgehensweisen. Ausführlich findet man sie

1) *Gaspard Gustave de Coriolis* (1792-1843), franz. Physiker

auch z.B. in [45].

Man definiert zunächst mit

$$q := q_R - q_O = (\rho_R - \rho) g A_R + (\rho_M - \rho) g A_i \tag{10.1.7}$$

das um den Auftrieb verminderte Risergewicht je Längeneinheit, das Mudgewicht eingeschlossen, und mit

$$V := V_1 - (q - q_t) d - m_M v^2 \tag{10.1.8}$$

die um das gesamte Risergewicht qd in Wasser und um den Zentrifugalkraftterm $m_M v^2$ verminderte sowie um die gesamte Reibungskraft $q_t d$ vergrößerte Tensionerkraft V_1. Die effektive Längskraft im Riser ergibt sich nach Gl. (4.2.66) zu

$$N_{eff} := V + (q - q_t) z. \tag{10.1.9}$$

Es ist also V die effektive Längskraft in der Höhe $z = 0$ am B.O.P.

Die zu Gl. (4.3.4) analogen Gleichgewichtsbedingungen lauten hier

$$\left.\begin{aligned} & N' = q_R - q_t, \\ & Q' = m\ddot{u} + 2m_M v\dot{u}' + m_M v^2 u'' - q_O[(d-z)u']' - q_t u' + b|\dot{u}|\dot{u}, \\ & M' - Q + Nu' = 0. \end{aligned}\right\} \tag{10.1.10}$$

Die erste dieser drei Bedingungen wird zur Längskraft

$$N = V_1 - (q_R - q_t)(d - z) \tag{10.1.11}$$

integriert, die letzte nach z differenziert, wobei Q' durch die zweite Bedingung, N nach Gl. (10.1.11) sowie M mittels der elastischen Gleichung $M = -EIu''$ ersetzt werden. Unter Beachtung von $q = q_R - q_o$ und $a := 2 m_M v$ erhält man schließlich die Bewegungsgleichung

$$EI u'''' - (N_{eff} u')' - q_t u' + a\dot{u}' + b|\dot{u}|\dot{u} + m\ddot{u} = 0. \tag{10.1.12}$$

Die einzelnen Glieder dieser nichtlinearen partiellen Differentialgleichung 4. Ordnung stellen Kräfte je Einheitslänge des Risers dar. Das erste Glied ist die rückstellende Federkraft infolge der im Riser mit der Biegesteifigkeit EI aufgespeicherten Biegeformänderungsenergie. Zur Berechnung der Riserauslenkung und -neigung allein ist sie bei langen Risern im statischen Fall und im dynamischen Fall bis zu hohen Schwingungsgraden vernachlässigbar. Der Riser verhält sich global wie ein biegeschlaffes Seil.

Das zweite Glied beschreibt den rückstellenden Einfluß der effektiven Längskraft. Sie ist von der Höhe z linear abhängig und enthält mit dem Term $m_M v^2 u''$ die von der Mudströmung im gekrümmten Riser herrrührende Zentrifugalkraft. Diese ist unabhängig von der Richtung der Strömungsgeschwindigkeit v stets zum Krümmungsmittelpunkt des Risers gerichtet. Für einen Riser vom Durchmesser $D = 0{,}4064$ m, der Wanddicke $t = 0{,}01257$ m, der Länge $l \approx d = 2000$ m und der Dichte $\rho_R = 7850$ kg/m³ sowie für Mud der Dichte $\rho_M = 1900$ kg/m³ und der Geschwindigkeit $v = 0{,}7$ m/s ist einerseits nach Gl. (10.1.7) $qd \approx 4000$ kN und andererseits $m_M v^2 = 0{,}1$ kN. Der Einfluß der Zentrifugalkraft auf die effektive Längskraft kann also bei derart kleinen Geschwindigkeiten v vernachlässigt werden.

Das dritte Glied der Differentialgleichung ist die Rohrinnenreibungskraft. Im Gegensatz zu den beiden vorigen Kräften ist diese eine *nichtkonservative* Kraft, weil deren Auftreten mit Energieverlust des Systems verbunden ist. Mit einer Rohrreibungszahl $\lambda = 0{,}05$ schätzt man diese nach Gl. (10.1.4) zu $q_t d \approx 14$ kN ab und kann ebenfalls vernachlässigt werden.

Das vierte Glied ist die durch die Relativbewegung der Riserströmung hervorgerufene Corioliskraft. Bei Aufwärtsströmung $v > 0$ und positiver Winkelgeschwindigkeit $\dot{\alpha} \approx \dot{u}'$ wirkt sie in Richtung negativer u. Bei festgehaltenen Riserenden, also z.B. bei der Untersuchung des Eigenschwingungsverhaltens, handelt es sich um eine *gyroskopische* Kraft, d.h. um eine Kraft, die keine Arbeit leistet.

Das fünfte Glied ist die nichtkonservative und nichtlineare hydrodynamische Widerstandskraft.

Und schließlich ist das sechste Glied die Trägheitskraft. Die Masse m besteht aus der Rohrmasse $\rho_R A_R$, der Mudmasse $\rho_M A_i$ und der hydrodynamischen Masse $C_a \rho A$; es gilt also

$$m = \rho_R A_R + C_a \rho A + \rho_M A_i \tag{10.1.13}$$

mit dem Koeffizienten C_a der hydrodynamischen Masse.

Die analytische Behandlung der Bewegungsgleichung (10.1.12) führt in mehreren Fällen auf *Bessel*sche Differentialgleichungen, weshalb im folgenden Abschnitt zunächst einiges zur Integration solcher Gleichungen sowie zu den Eigenschaften der Lösungsfunktionen vorausgeschickt wird.

10.2 Die Besselsche Differentialgleichung

Wir betrachten die homogene lineare Differentialgleichung 2. Ordnung

$$w'' + P(z)\,w' + Q(z)\,w = 0 \tag{10.2.1}$$

mit den von der komplexen Variablen $z = x + iy$ abhängenden Koeffizienten $P(z)$ und $Q(z)$. Sind diese Koeffizienten innerhalb eines einfachen Gebiets der komplexen Ebene *analytische* Funktionen, d.h. existiert dort überall deren Ableitung nach z, dann besitzt die Differentialgleichung zwei linear unabhängige Lösungen $w_1(z)$ und $w_2(z)$. Diese sind *holomorphe* Funktionen, sind also analytisch *und* eindeutig. Mit zwei willkürlichen Konstanten A und B wird aus ihnen die allgemeine Lösung

$$w(z) = A\,w_1(z) + B\,w_2(z) \tag{10.2.2}$$

aufgebaut. w_1 und w_2 bilden das *Fundamental*- oder *Hauptsystem* der Lösung.

Sind die Koeffizienten $P(z)$ und $Q(z)$ mit Ausnahme eines singulären Punktes $z = z_0$ analytisch, dann *kann* das Fundamentalsystem in diesem Punkt ebenfalls singulär sein. Für die Lösungen $w_1(z)$ und $w_2(z)$ bestehen jedoch jetzt viele Möglichkeiten, z.B. α) beide Lösungen sind holomorph, β) eine Lösung ist holomorph, die andere analytisch und mehrdeutig, γ) eine Lösung ist holomorph, die andere singulär, d) beide Lösungen sind singulär.

Die Differentialgleichung (10.2.1) besitze einen singulären Punkt ohne Einschränkung der Allgemeinheit bei $z = 0$. Die Lösungen dieser Differentialgleichung können dann auf rein algebraischem Wege gefunden werden, falls sie bei $z=0$ keine wesentlichen Singularitäten sondern nur Pole besitzen. Die Lösungen sind also in *Laurent*-Reihen mit endlich vielen Gliedern negativer Exponenten entwickelbar (vergl. Abschnitt 3.5.1). Trifft dies für beide Lösungen zu, dann heißt nach *Fuchs*[1] die Stelle $z=0$ eine *Stelle der Bestimmtheit*. Hat eine Differentialgleichungen in der gesamten z-Ebene einschließlich $z=\infty$ nur Stellen der Bestimmtheit, dann gehört sie zum *Fuchs*schen Typus.

Eine notwendige und hinreichende Bedingung dafür, daß die Differentialgleichung bei $z=0$ eine Stelle der Bestimmtheit besitzt, ist das sogenannte *Koeffizientenkriterium.* Danach darf $P(z)$ dort höchstens einen Pol 1. Ordnung und $Q(z)$ dort höchstens einen Pol 2. Ordnung besitzen. Schreibt man also $P(z)=p(z)/z$ und $Q(z)=q(z)/z^2$, dann sind $p(z)$ und $q(z)$ auch in $z=0$ holomorph.

Eine spezielle Form der Differentialgleichung (10.2.1) ist die *Bessel*sche[2] Differentialgleichung

$$w'' + \frac{1}{z} w' + \left(1 - \frac{\nu^2}{z^2}\right) w = 0 \tag{10.2.3}$$

in ihrer Normalform. Lösungen sind die *Bessel*- oder Zylinderfunktionen der (komplexen) Ordnung ν. Die singuläre Stelle $z=0$ ist eine Stelle der Bestimmtheit, denn nach dem Koeffizientenkriterium besitzt der Koeffizient von w' dort einen Pol 1. Ordnung und der von w bei $\nu \neq 0$ einen Pol 2. Ordnung. Die Lösungen findet man daher nach der Methode der unbestimmten Koeffizienten.

10.2.1 Lösung nach der Methode der unbestimmten Koeffizienten

Es wird die Lösung in Gestalt der Potenzreihe

$$w(z) = \sum_{k=0}^{\infty} c_k z^{k+\alpha} = z^\alpha \sum_{k=0}^{\infty} c_k z^k \tag{10.2.4}$$

mit unbekannten Koeffizienten c_k und freiem Exponenten α angesetzt. Es ist

$$\left.\begin{aligned} w' &= z^\alpha \sum_{k=0}^{\infty} c_k (k+\alpha)\, z^{k-1}, \\ w'' &= z^\alpha \sum_{k=0}^{\infty} c_k (k+\alpha)(k+\alpha-1)\, z^{k-2}, \end{aligned}\right\} \tag{10.2.5}$$

und damit folgt aus Gl. (10.2.3)

$$\sum_{k=0}^{\infty} c_k (k+\alpha)(k+\alpha-1)\, z^k + \sum_{k=0}^{\infty} c_k (k+\alpha)\, z^k + (z^2 - \nu^2) \sum_{k=0}^{\infty} c_k z^k = 0. \tag{10.2.6}$$

In dieser Gleichung wird nun ein Koeffizientenvergleich für die einzelnen Potenzen von z durchgeführt. Man erhält der Reihe nach für z^0, z^1 und z^k mit $k>1$

$$c_0 (\alpha^2 - \nu^2) = 0, \tag{10.2.7}$$

$$c_1 [(1+\alpha)^2 - \nu^2] = 0, \tag{10.2.8}$$

$$c_k[(k+\alpha)^2 - \nu^2] + c_{k-2} = 0, \; k>1. \tag{10.2.9}$$

Aus der *determinierenden* Gl. (10.2.7) folgen für $c_0 \neq 0$ die beiden Lösungen $\alpha_1 = \nu$

1) ***Lazarus Fuchs*** (1833-1902), Mathematiker

2) ***Friedrich Wilhelm Bessel*** (1784-1846), deutscher Astronom und Mathematiker

und $\alpha_2 = -\nu$. Damit ist jedoch nach Gl. (10.2.8) $c_1 = 0$, womit entsprechend der Rekursionsformel (10.2.9) $c_k = 0$ für ungerade k folgt. Für geradzahlige k sowie für die erste Lösung $\alpha_1 = \nu$ wird die Rekursionsformel durch

$$c_{2k} = (-1)^k \frac{c_0}{2^{2k} k!(\nu+1)(\nu+2)\dots(\nu+k)}, \quad k = 1, 2, 3, \dots \tag{10.2.10}$$

befriedigt, wobei k durch 2k ersetzt wurde. Wählt man mit der Gammafunktion $\Gamma(z)$ (2.3.22) willkürlich

$$c_0 = \frac{1}{2^\nu \Gamma(\nu+1)}, \tag{10.2.11}$$

dann erhält man aus Gl. (10.2.4) unter Beachtung von $\Gamma(z+1) = z!$ als erste Lösung $w_1(z)$ des Fundamentalsystems die *Bessel*-Funktion 1. Art der Ordnung ν

$$J_\nu(z) := \sum_{k=0}^{\infty} \frac{(-1)^k \left(\frac{z}{2}\right)^{\nu+2k}}{\Gamma(k+1)\Gamma(\nu+k+1)} = \frac{\left(\frac{z}{2}\right)^\nu}{\Gamma(\nu+1)}\left[1 - \frac{z^2}{1!2^2(\nu+1)} + \frac{z^4}{2!2^4(\nu+1)(\nu+2)} \mp \dots\right]. \tag{10.2.12}$$

Für beliebige ν mit Ausnahme reeller ganzzahliger ergibt sich die davon linear unabhängige zweite Lösung $w_2(z)$, wenn man in der *Bessel*-Funktion ν durch $-\nu$ ersetzt. $J_\nu(z)$ und $J_{-\nu}(z)$ bilden also ein Hauptsystem. Nach Gl. (10.2.2) ist dann die allgemeine Lösung $w(z) = A J_\nu(z) + B J_{-\nu}(z)$.

Nimmt ν reelle ganzzahlige Werte $n \geq 0$ an, unterscheiden sich $J_n(z)$ und $J_{-n}(z)$ lediglich durch den Faktor $(-1)^n$. Dies zeigt man, indem man Gl. (10.2.12) für $\nu = -n$ hinschreibt, nämlich

$$J_{-n}(z) = \sum_{k=0}^{\infty} \frac{(-1)^k \left(\frac{z}{2}\right)^{-n+2k}}{\Gamma(k+1)\Gamma(-n+k+1)}, \tag{10.2.13}$$

und beachtet, daß die Gammafunktion für nichtpositive ganzzahlige Argumente Pole besitzt, also

$$\frac{1}{\Gamma(-n+k+1)} = 0 \text{ für } k = 0, 1, \dots (n-1) \tag{10.2.14}$$

gilt. Die Summe in Gl. (10.2.13) läuft also erst von $k=n$ an. Mit der Substitution $k \to k+n$ folgt schließlich

$$J_{-n}(z) = \sum_{k=n}^{\infty} \frac{(-1)^k \left(\frac{z}{2}\right)^{-n+2k}}{\Gamma(k+1)\Gamma(-n+k+1)} = (-1)^n \sum_{k=0}^{\infty} \frac{(-1)^k \left(\frac{z}{2}\right)^{n+2k}}{\Gamma(n+k+1)\Gamma(k+1)} = (-1)^n J_n(z). \tag{10.2.15}$$

Da somit $J_n(z)$ und $J_{-n}(z)$ voneinander linear abhängig sind, existiert neben $J_n(z)$ noch eine andere von dieser linear unabhängigen Lösung der Differentialgleichung. Um diese zu ermitteln, gibt es mehrere Möglichkeiten. Eine davon ist das Verfahren von *Frobenius*[1]. Nach diesem wird für beliebige ν als *Neumann*[2]-Funktion oder *Bessel*-Funktion 2. Art

$$N_\nu(z) := \frac{J_\nu(z)\cos\nu\pi - J_{-\nu}(z)}{\sin\nu\pi} \tag{10.2.16}$$

erklärt. Als Linearkombination der beiden *Bessel*-Funktionen J_ν und $J_{-\nu}$ ist sie ebenfalls Lösung der Differentialgleichung (10.2.3). Für reelle ganzzahlige Ordnung $\nu=n$ wird der Quotient unbestimmt. Unter Verwendung der *L'Hospital*schen Regel

1) *Georg Frobenius* (1849-1917) und 2) *Karl Gottfried Neumann* (1832-1925), deutsche Mathematiker und Hochschullehrer

findet man im Grenzübergang $\nu \to n$ die von $J_n(z)$ linear unabhängige zweite Lösung

$$N_n(z) = \lim_{\nu \to n} N_\nu(z), \tag{10.2.17}$$

die ebenfalls als Potenzreihe darstellbar ist. $J_n(z)$ und $N_n(z)$ bilden also ein Fundamentalsystem, und die allgemeine Lösung lautet $w(z) = A\,J_n(z) + B\,N_n(z)$.

Bezüglich weiterer Einzelheiten wird auf die einschlägige Literatur verwiesen [23, 43, 87].

10.2.2 Die inhomogene Besselsche Differentialgleichung

Wir betrachten die *Bessel*sche Differentialgleichung

$$z^2 w'' + z w' + (z^2 - \nu^2) w = r z^{\mu+1} \tag{10.2.18}$$

mit einer Potenzfunktion als Inhomogenität. Für beliebige Ordnungen ν mit Ausnahme reeller ganzzahliger bilden die *Bessel*-Funktionen $J_\nu(z)$ und $J_{-\nu}(z)$ ein Fundamentalsystem. Die partikuläre Lösung gewinnt man durch Variation der Konstanten. Man setzt also

$$w(z) = A(z) J_\nu(z) + B(z) J_{-\nu}(z) \tag{10.2.19}$$

und findet aus Gl. (10.2.18)

$$A[z^2 J_\nu'' + z J_\nu' + (z^2 - \nu^2) J_\nu] + A'(2z^2 J_\nu' + z J_\nu) + A'' z^2 J_\nu +$$
$$B[z^2 J_{-\nu}'' + z J_{-\nu}' + (z^2 - \nu^2) J_{-\nu}] + B'(2z^2 J_{-\nu}' + z J_{-\nu}) + B'' z^2 J_{-\nu} = r z^{\mu+1}.$$

Da J_ν und $J_{-\nu}$ die homogene Differentialgleichung (10.2.3) befriedigen, sind die ekkigen Klammern Null, und die Gleichung wird für $A' J_\nu + B' J_{-\nu} = 0$ zusammen mit $2A' J_\nu' + A'' J_\nu + 2B' J_{-\nu}' + B'' J_{-\nu} = r z^{\mu-1}$ erfüllt. Differenziert man die erste dieser beiden Gleichungen und setzt sie in die zweite ein, dann erhält man zur Berechnung von A' und B' das Gleichungssystem

$$A' J_\nu + B' J_{-\nu} = 0,$$
$$A' J_\nu' + B' J_{-\nu}' = r z^{\mu-1}$$

mit den Lösungen

$$A' = -\frac{r}{W} z^{\mu-1} J_{-\nu}, \qquad B' = \frac{r}{W} z^{\mu-1} J_\nu. \tag{10.2.20}$$

Darin ist

$$W := \begin{vmatrix} J_\nu & J_{-\nu} \\ J_\nu' & J_{-\nu}' \end{vmatrix} = -\frac{2 \sin \nu\pi}{\pi z} \tag{10.2.21}$$

die *Wronski*sche[1] Determinante. Durch Integration von Gl. (10.2.20) erhält man die Partikulärlösung (10.2.19), die bis auf den Faktor r als *Lommel*[2]-Funktion

$$s_{\mu,\nu}(z) := \frac{\pi}{2 \sin \nu\pi} \left(J_\nu \int z^\mu J_{-\nu}\, dz - J_{-\nu} \int z^\mu J_\nu\, dz \right) \tag{10.2.22}$$

bezeichnet wird [87]. Die Partikulärlösung lautet also $w(z) = r\, s_{\mu,\nu}(z)$.

1) *Wronski* (1775-1853), Mathematiker

2) *Eugen von Lommel* (1837-1899), deutscher Physiker

Setzt man die Reihenentwicklung der *Bessel*-Funktion ein, dann kann man die Integration in Gl. (10.2.22) gliedweise ausführen und findet für die *Lommel*-Funktion

$$s_{\mu,\nu}(z) = \Gamma\left(\frac{\mu-\nu+1}{2}\right)\Gamma\left(\frac{\mu+\nu+1}{2}\right)z^{\mu-1}\sum_{k=0}^{\infty}\frac{(-1)^k\left(\frac{z}{2}\right)^{2+2k}}{\Gamma\left(\frac{\mu+\nu+2k+3}{2}\right)\Gamma\left(\frac{\mu-\nu+2k+3}{2}\right)} = \tag{10.2.23}$$

$$= z^{\mu+1}\left[\frac{1}{(\mu+1)^2-\nu^2} - \frac{z^2}{[(\mu+1)^2-\nu^2][(\mu+3)^2-\nu^2]} + \frac{z^4}{[(\mu+1)^2-\nu^2][(\mu+3)^2-\nu^2][(\mu+5)^2-\nu^2]} \mp \dots\right].$$

Dieses Ergebnis ist an die Voraussetzung geknüpft, daß $\mu \pm \nu$ keine ungeraden negativen ganzen Zahlen annimmt, weil die Gammafunktion an diesen Stellen Pole besitzt.

Die allgemeine Lösung der inhomogenen *Bessel*schen Differentialgleichung (10.2.18) lautet schließlich

$$w(z) = A\,J_\nu(z) + B\,J_{-\nu}(z) + r\,s_{\mu,\nu}(z). \tag{10.2.24}$$

Unter Verwendung der Funktionalgleichungen [87]

$$\left.\begin{aligned} J'_\nu &= J_{\nu-1} - \frac{\nu}{z}J_\nu = -J_{\nu+1} + \frac{\nu}{z}J_\nu, \\ s'_{\mu,\nu} &= (\mu+\nu-1)\,s_{\mu-1,\nu-1} - \frac{\nu}{z}s_{\mu,\nu} = (\mu-\nu-1)\,s_{\mu-1,\nu+1} + \frac{\nu}{z}s_{\mu,\nu} \end{aligned}\right\} \tag{10.2.25}$$

sowie mit $s_{\mu,-\nu} = s_{\mu,\nu}$ (da die *Lommel*-Funktion in ν eine gerade Funktion ist) findet man weiter

$$w'(z) + \frac{\nu}{z}w(z) = A\,J_{\nu-1}(z) - B\,J_{-\nu+1}(z) + r(\mu+\nu-1)\,s_{\mu-1,-\nu+1}(z). \tag{10.2.26}$$

10.2.3 Asymptotisches Verhalten von Bessel- und Lommel-Funktion

Unter dem asymptotischen Verhalten einer Funktion $w(z)$ versteht man deren Verlauf für große $|z|$. Es wird durch das Symbol $\sim$ gekennzeichnet. Die Abhängigkeit der *Bessel*-Funktion J_ν von z für $|z| \gg 1$ erhält man auf relativ einfachem Wege nach der Methode von *Stokes*. Dazu wird die homogene *Bessel*sche Differentialgleichung (10.2.3) mit Hilfe der Substitution

$$w(z) := \frac{v(z)}{\sqrt{z}}, \qquad w' = \frac{v'}{\sqrt{z}} - \frac{v}{2z\sqrt{z}}, \qquad w'' = \frac{v''}{\sqrt{z}} - \frac{v'}{z\sqrt{z}} + \frac{3v}{4z^2\sqrt{z}} \tag{10.2.27}$$

zur Differentialgleichung

$$v'' + \left(1 + \frac{\frac{1}{4} - \nu^2}{z^2}\right)v = 0 \tag{10.2.28}$$

umgeformt. Hier kann nun für $|z| \gg |1/4 - \nu^2|$ der zweite Summand in der Klammer gegenüber Eins vernachlässigt werden, und man erhält die Lösung mit den beiden Integrationskonstanten A und B $v = A\cos(z+B)$. Somit gilt für das asymptotische Verhalten der Lösungsfunktion von Gl. (10.2.3)

$$w(z) \sim A\,\frac{\cos(z+B)}{\sqrt{z}}. \tag{10.2.29}$$

Für $\nu = \pm 1/2$ ist dies im übrigen, wie man der Gl. (10.2.28) unmittelbar ansieht, die exakte Lösung.

Die mit Gl. (10.2.12) definierte *Bessel*-Funktion nähert sich für $|z|\gg 1$ der Funktion $A\cos(z+B)/\sqrt{z}$ asymptotisch, wenn die Konstanten A und B geeignet angepaßt werden. Auf mathematisch eingehenderem Wege zeigt man, daß dazu $A=\sqrt{2/\pi}$ und $B=-\nu\pi/2-\pi/4$ gesetzt werden müssen. Die asymptotische Entwicklung der *Bessel*-Funktion ist damit schließlich

$$J_\nu(z) \sim \sqrt{\frac{2}{\pi z}}\cos\left(z-\frac{\nu\pi}{2}-\frac{\pi}{4}\right). \tag{10.2.30}$$

Das asymptotische Verhalten der *Lommel*-Funktion $s_{\mu,\nu}(z)$ ergibt sich aus der Beziehung [87]

$$s_{\mu,\nu}(z) \sim z^{\mu-1} - \frac{2^{\mu-1}\Gamma(\frac{\mu-\nu+1}{2})\Gamma(\frac{\mu+\nu+1}{2})}{\sin\nu\pi}\left[\cos\frac{(\mu-\nu)\pi}{2}J_{-\nu}(z)-\cos\frac{(\mu+\nu)\pi}{2}J_\nu(z)\right]. \tag{10.2.31}$$

10.2.4 Die modifizierte Bessel- und Lommel-Funktion

Die inhomogene *Bessel*sche Differentialgleichung (10.2.18) werde nun für rein imaginäre Variable z betrachtet. Zwecks Darstellung ihrer Lösung in reeller Form wird mittels der Substitution

$$\left.\begin{aligned} &z = ix, \\ &w(z) := i^{\mu+1}y(x), \qquad w'(z) = i^{\mu}y'(x), \qquad w''(z) = i^{\mu-1}y''(x) \end{aligned}\right\} \tag{10.2.32}$$

die reelle Funktion y(x) der reellen Variablen x eingeführt. Aus Gl. (10.2.18) erhält man damit die inhomogene modifizierte *Bessel*sche Differentialgleichung

$$x^2y'' + xy' - (x^2+\nu^2)y = r\,x^{\mu+1}. \tag{10.2.33}$$

Sie hat für eine Reihe von mathematischen Anwendungen Bedeutung. Auch das hier zu behandelnde Zug-Biegeproblem von Drilling-Risern führt auf diese Gleichung, wie im Abschnitt 10.3 dargestellt wird. Ihre Lösung gewinnt man aus Gl. (10.2.24) mit Hilfe der Substitution (10.2.32). Zunächst folgt

$$i^{\mu+1}y(x) = A\,J_\nu(ix) + B\,J_{-\nu}(ix) + r\,s_{\mu,\nu}(ix). \tag{10.2.34}$$

Hier definiert man nun die modifizierte *Bessel*-Funktion

$$I_\nu(x) := \exp(-i\nu\tfrac{\pi}{2})J_\nu(ix) \tag{10.2.35}$$

und analog eine modifizierte *Lommel*-Funktion

$$\hat{s}_{\mu,\nu}(x) := \exp[-i(\mu+1)\tfrac{\pi}{2}]\,s_{\mu,\nu}(ix). \tag{10.2.36}$$

Beide modifizierten Funktionen sind für positive reelle Argumente x sowie reelle Zahlen ν und μ reelle Funktionen. Aus den Gln. (10.2.12) und (10.2.23) erhält man ihre Reihenentwicklungen

$$I_\nu(x) := \sum_{k=0}^{\infty}\frac{\left(\frac{x}{2}\right)^{\nu+2k}}{\Gamma(k+1)\Gamma(\nu+k+1)} = \frac{\left(\frac{x}{2}\right)^{\nu}}{\Gamma(\nu+1)}\left[1+\frac{x^2}{1!\,2^2(\nu+1)}+\frac{x^4}{2!\,2^4(\nu+1)(\nu+2)}+\dots\right], \tag{10.2.37}$$

$$\hat{s}_{\mu,\nu}(x) = \Gamma\left(\frac{\mu-\nu+1}{2}\right)\Gamma\left(\frac{\mu+\nu+1}{2}\right)x^{\mu-1}\sum_{k=0}^{\infty}\frac{\left(\frac{x}{2}\right)^{2+2k}}{\Gamma(\frac{\mu+\nu+2k+3}{2})\Gamma(\frac{\mu-\nu+2k+3}{2})} = \tag{10.2.38}$$

$$= x^{\mu+1}\left[\frac{1}{(\mu+1)^2-\nu^2}+\frac{x^2}{[(\mu+1)^2-\nu^2][(\mu+3)^2-\nu^2]}+\frac{x^4}{[(\mu+1)^2-\nu^2][(\mu+3)^2-\nu^2][(\mu+5)^2-\nu^2]}+\dots\right].$$

Mit diesen modifizierten Funktionen folgt aus Gl. (10.2.34) die Lösung

$$y(x) = A\exp[-i(\nu-\mu-1)\tfrac{\pi}{2}]I_\nu(x) + B\exp[-i(\nu+\mu+1)\tfrac{\pi}{2}]I_{-\nu}(x) + r\,\hat{s}_{\mu,\nu}(x), \quad (10.2.39)$$

in der die komplexen Integrationskonstanten A und B durch reelle ersetzt werden, z.B. in der Form

$$C_1 := -\frac{\exp[i(\nu-\mu-1)\frac{\pi}{2}]}{r(\mu+\nu-1)}A, \qquad C_2 := -\frac{\exp[-i(\nu+\mu-1)\frac{\pi}{2}]}{r(\mu+\nu-1)}B. \quad (10.2.40)$$

Als Lösung der inhomogenen modifizierten *Bessel*schen Differentialgleichung (10.2.33) erhält man schließlich

$$y(x) = -r(\mu+\nu-1)\left[C_1 I_\nu(x) - C_2 I_{-\nu}(x) - \frac{\hat{s}_{\mu,\nu}(x)}{\mu+\nu-1}\right]. \quad (10.2.41)$$

Die Transformation der Gl. (10.2.26) auf demselben Wege liefert für y'

$$y'(x) + \frac{\nu}{x}y(x) = -r(\mu+\nu-1)[C_1 I_{\nu-1}(x) - C_2 I_{-\nu+1}(x) - \hat{s}_{\mu-1,-\nu+1}(x)]. \quad (10.2.42)$$

Folgend werden nun die asymptotischen Darstellungen der modifizierten Funktionen entwickelt. Zunächst gilt für die modifizierte *Bessel*-Funktion (10.2.35) mit Gl. (10.2.30)

$$I_\nu(x) \sim \exp(-i\nu\tfrac{\pi}{2})\sqrt{\frac{2}{\pi i x}}\cos(ix - \tfrac{\nu\pi}{2} - \tfrac{\pi}{4}).$$

Mit den Beziehungen $2\cos\alpha = e^{i\alpha}+e^{-i\alpha}$ sowie $\sqrt{i} = \exp(i\pi/4)$ folgt hieraus

$$I_\nu(x) \sim \frac{1}{\sqrt{2\pi x}}(e^x - i e^{-i\nu\pi} e^{-x}) \quad (10.2.43)$$

bzw. nach Vernachlässigung des für $x \gg 1$ auf Null abklingenden Summanden

$$I_\nu(x) \sim \frac{e^x}{\sqrt{2\pi x}}. \quad (10.2.44)$$

Taucht in den Anwendungen die Differenz $I_\nu(x) - I_{-\nu}(x)$ auf, dann erhält man deren asymptotisches Verhalten jedoch nur, wenn man auf die Darstellung (10.2.43) zurückgreift, weil die mit wachsenden x exponentiell aufklingenden Anteile von ν unabhängig sind und so die Differenz Null ergeben. So gilt mit der Beziehung $2i\sin\alpha = e^{i\alpha} - e^{-i\alpha}$

$$I_\nu(x) - I_{-\nu}(x) \sim -2\sin\nu\pi\,\frac{e^{-x}}{\sqrt{2\pi x}}. \quad (10.2.45)$$

Das asymptotische Verhalten der modifizierten *Lommel*-Funktion erhält man aus der Beziehung (10.2.31). Man führt dort $z = ix$ ein und ersetzt $s_{\mu,\nu}(ix)$, $J_{-\nu}(ix)$ und $J_\nu(ix)$ durch die entsprechenden modifizierten Funktionen. Anschließend führt man für $I_\nu(x)$ und $I_{-\nu}(x)$ die asymptotische Entwicklung (10.2.44) ein und findet mit den bereits oben verwendeten Beziehungen zwischen trigonometrischen und Exponentialfunktionen die Gleichung

$$\exp[i(\mu+1)\tfrac{\pi}{2}]\,\hat{s}_{\mu,\nu}(x) \sim i^{\mu-1}x^{\mu-1} + \frac{2^{\mu-2}\,\Gamma(\frac{\mu-\nu+1}{2})\Gamma(\frac{\mu+\nu+1}{2})}{\sin\nu\pi}\exp(i\mu\tfrac{\pi}{2})(e^{i\nu\pi} - e^{-i\nu\pi})\frac{e^x}{\sqrt{2\pi x}}$$

und daraus schließlich die gesuchte asymptotische Entwicklung

$$\hat{s}_{\mu,\nu}(x) \sim -x^{\mu-1} + 2^{\mu-1}\,\Gamma\Big(\frac{\mu-\nu+1}{2}\Big)\,\Gamma\Big(\frac{\mu+\nu+1}{2}\Big)\frac{e^x}{\sqrt{2\pi x}}. \tag{10.2.46}$$

Ist z.B. $\mu=0$, so ergibt sich mit $\Gamma(\frac{1}{2}+z)\,\Gamma(\frac{1}{2}-z)=\pi/\cos\pi z$ [39]

$$\hat{s}_{0,\nu}(x) \sim -\frac{1}{x} + \frac{1}{2\cos\frac{\nu\pi}{2}}\sqrt{\frac{\pi}{2x}}\,e^x, \tag{10.2.47}$$

und ist $\mu=-1$, so folgt mit $\Gamma(z)\Gamma(-z)=-\pi\,(z\sin\pi z)^{-1}$ [39]

$$\hat{s}_{-1,\nu}(x) \sim -\frac{1}{x^2} - \frac{1}{2\nu\sin\frac{\nu\pi}{2}}\sqrt{\frac{\pi}{2x}}\,e^x. \tag{10.2.48}$$

Für $x \gg 1$ können hierbei die Glieder $1/x$ bzw. $1/x^2$ vernachlässigt werden.

10.3 Riserstatik

Die statischen Verhältnisse eines Risers infolge einer zeitlich konstanten Abdrift f des Bohrschiffs erhält man, wenn man die zeitlichen Ableitungen von u streicht. Unter Vernachlässigung von Zentrifugal- und Rohrinnenreibungskräften erhält man der Reihe nach aus Gl. (10.1.8) die effektive Längskraft am unteren Riserende

$$N_{eff}(0) \equiv V = V_1 - qd, \tag{10.3.1}$$

aus Gl. (10.1.9) die von der Höhe z linear abhängende effektive Längskraft

$$N_{eff}(z) = V + qz, \tag{10.3.2}$$

aus Gl. (10.1.11) die (tatsächliche) Längskraft

$$N(z) = V_1 - q_R(d-z) \tag{10.3.3}$$

und aus Gl. (10.1.10) durch einmalige Integration die Querkraft

$$Q(z) = H_1 - q_0(d-z)u', \tag{10.3.4}$$

wobei die Integrationskonstante H_1 die Querkraft Q(d) im Riserpunkt 1 darstellt, also diejenige Horizontalkraft, die vom Bohrschiff in Abhängigkeit von der Abdrift f auf den Riser ausgeübt wird. Und schließlich gewinnt man aus Gl. (10.1.12) die Differentialgleichung

$$EIu'''' - [(V+qz)u']' = 0 \tag{10.3.5}$$

für die statische Biegelinie u(z). Diese Gleichung kann unmittelbar einmal zu

$$EIu''' - (V+qz)u' = -H_1 \tag{10.3.6}$$

integriert werden. Daß dabei als Integrationskonstante gerade die Horizontalkraft H_1 am Bohrschiff erscheint, wird unter Beachtung von $M'-Q+Nu'=0$, $M=-EIu''$ und $q=q_R-q_o$ klar.

Über die größte Länge des Risers ist dieser praktisch biegespannungsfrei und verhält sich wie ein biegeschlaffes Seil. Die Biegebeanspruchung an den Krafteinleitungsstellen besitzt lediglich den Charakter von örtlichen Störungen der Seilkurve. Diese Seilkurve als Grundzustand gewinnt man aus Gl. (10.3.6) bei Vernachlässigung der Biegesteifigkeit EI und wird als Näherungslösung mit $\tilde{u}$ bezeichnet. Es ist

$$\tilde{u}'(z) = \frac{H_1}{V+qz} \tag{10.3.7}$$

und mit der Randbedingung $\tilde{u}(0)=0$

$$\tilde{u}(z) = \frac{H_1}{q} \ln\left(1 + \frac{qz}{V}\right). \tag{10.3.8}$$

Für eine gegebene Abdrift $\tilde{u}(d)=f$ kann man hieraus die Horizontalkraft zu

$$H_1 = \frac{qf}{\ln(1+\frac{qd}{V})} \tag{10.3.9}$$

berechnen.

Die örtlich begrenzte, den Grundzustand $\tilde{u}(z)$ störende Riserbiegung wird nun entsprechend Gl. (10.3.6) insbesondere am unteren Ende durch die nach unten abnehmende effektive Längskraft und damit durch die bei $z=0$ verbleibende Kraft V bestimmt. Abb. 10.3.1 zeigt die qualitative Abhängigkeit der maximalen Riserbiegespannung σ_b von der effektiven Längskraft V. Für kleine Deformationen und mit am ausgelenkten Riser gebildeten Gleichgewichtsbedingungen (Theorie 2. Ordnung) ergibt sich eine Kurve, die sich mit dem strichliert gezeichneten Ast einem kritischen Wert $V_{krit}<0$ asymptotisch nähert. V_{krit} ist die statische Stabilitätsgrenze, bei deren Unterschreiten ein ursprünglich ideal gerader und vertikaler Riser (d.h. bei $f=0$) ausknickt.

Bei Annäherung an V_{krit} von oben her werden die Deformationen jedoch so groß, daß der Gültigkeitsbereich der Theorie 2. Ordnung verlassen wird. Es wird eine Berechnung unter Berücksichtigung großer Deformationen erforderlich (Theorie 3. Ordnung). Nach dieser Theorie bleiben die Biegespannungen auch nach Unterschreiten der kritischen Kraft V_{krit} endlich. Ansätze für eine Berechnung nach der Spannungstheorie 3. Ordnung am Beispiel langer Förderrohre findet man in [27].

Im Gültigkeitsbereich der Theorie 2. Ordnung kann man im Hinblick auf die Berechnungsmöglichkeit zwei Bereiche der effektiven Längskraft V unterscheiden. Im Bereich kleiner Riservorspannungen und damit kleiner V führt die Lösung der Differentialgleichung (10.3.6) auf modifizierte *Bessel*- und *Lommel*-Funktionen, im Bereich großer Riservorspannungen und damit großer V auf deren asymptotische Entwicklungen.

Das durch die Differentialgleichung (10.3.6) beschriebene Zug-Biegeproblem des Risers wird durch die effektive Längskraft N_{eff} beeinflußt. Infolge des hydrostatischen Druckes unterscheidet sie sich von der tatsächlichen Längskraft durch die Differenz

$$N_{eff} - N = q_0(d-z), \tag{10.3.10}$$

die entsprechend Gl. (10.1.2) in Abhängigkeit von Seewasser- und Muddichte sowohl positiv als auch negativ werden kann. Hierauf ist die wichtige Tatsache zurückzuführen, daß der Riser ausknicken kann, obwohl die Rohrwandung unmittelbar vor dem Stabilitätsverlust an jeder Stelle unter Axial*zug* steht.

10.3.1 Zug-Biegung des Risers nach der Theorie 2. Ordnung

Es ist die Differentialgleichung (10.3.6) wegen des momentenfreien Anschlusses des Risers an beiden Enden mit den Randbedingungen

$$u''(0) = 0, \qquad u''(d) = 0 \tag{10.3.11}$$

zu integrieren. Mit Hilfe einer geeigneten Substitution wird diese Gleichung auf eine inhomogene *Bessel*sche Differentialgleichung (10.2.33) mit der Ordnung $\nu = 1/3$ und dem Exponenten $\mu = 0$ zurückgeführt. Dazu definiert man die für $V \geq 0$ in $0 \leq z \leq d$ reelle Variable

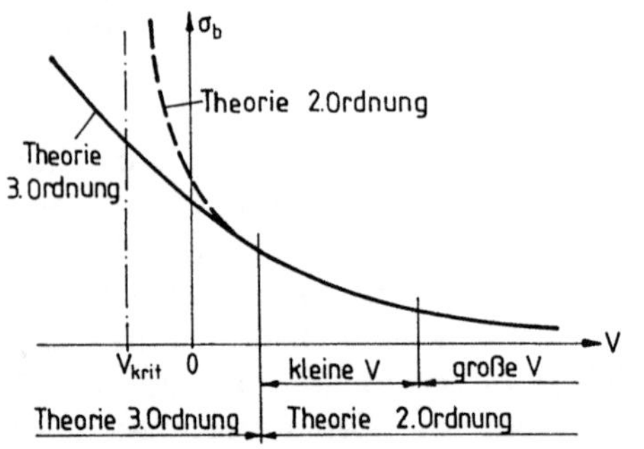

Abb. 10.3.1 Riserbiegespannungen σ_b als Funktion der effektiven Längskraft V

$$\left.\begin{aligned} x(z) &:= \lambda \left(\frac{V}{qd} + \frac{z}{d}\right)^{3/2}, \quad \lambda := \frac{2}{3}\sqrt{\frac{qd^3}{EI}} \\ x'(z) &\equiv \frac{dx}{dz} = \frac{3\lambda}{2d}\left(\frac{x}{\lambda}\right)^{1/3} \end{aligned}\right\} \quad (10.3.12)$$

sowie eine reelle Funktion $y(x)$ mittels

$$\left.\begin{aligned} u'(z) &:= \left(\frac{x}{\lambda}\right)^{1/3} y(x), \\ u''(z) &= \frac{3}{2d}\left(\frac{\lambda}{x}\right)^{1/3}\left(xy' + \frac{1}{3}y\right), \\ u'''(z) &= \frac{9}{4d^2}\frac{\lambda}{x}\left(x^2y'' + xy' - \frac{1}{9}\right). \end{aligned}\right\} \quad (10.3.13)$$

Es ist dabei $u' \equiv du/dz$ und $y' \equiv dy/dx$. Mit dieser Substitution folgt aus Gl. (10.3.6)

$$x^2y'' + xy' - \left(x^2 + \frac{1}{9}\right)y = -\lambda\frac{H_1}{qd}x, \quad (10.3.14)$$

also die *Bessel*sche Differentialgleichung (10.2.33) für $\nu = 1/3$, $\mu = 0$ und

$$r = -\lambda\frac{H_1}{qd}. \quad (10.3.15)$$

Mit $y(x)$ nach Gl. (10.2.41) und $y'(x) + \nu y(x)/x$ nach Gl. (10.2.42) hat man dann bereits die allgemeine Lösung des Problems in der Form

$$\left.\begin{aligned} u'(z) &= \lambda^{2/3}\frac{H_1}{qd}x^{1/3}\left[-\frac{2}{3}C_1 I_{\frac{1}{3}}(x) + \frac{2}{3}C_2 I_{-\frac{1}{3}}(x) - \hat{s}_{0,\frac{1}{3}}(x)\right], \\ u''(z) &= -\lambda^{4/3}\frac{H_1}{qd^2}x^{2/3}\left[C_1 I_{-\frac{2}{3}}(x) - C_2 I_{\frac{2}{3}}(x) - \hat{s}_{-1,\frac{2}{3}}(x)\right]. \end{aligned}\right\} \quad (10.3.16)$$

Mit den Variablen x an den Riserenden $z = 0$ und $z = d$, nämlich

$$\left.\begin{aligned} x_0 &:= x(0) = \lambda\left(\frac{V}{qd}\right)^{3/2} = \frac{2}{3}\sqrt{\frac{V^3}{EIq^2}}, \\ x_1 &:= x(d) = \lambda\left(\frac{V}{qd} + 1\right)^{3/2}, \end{aligned}\right\} \quad (10.3.17)$$

folgen aus den Randbedingungen (10.3.11) die Integrationskonstanten zu

$$\left.\begin{aligned} C_1 &= \frac{I_{\frac{2}{3}}(x_0)\hat{s}_{-1,\frac{2}{3}}(x_1) - \hat{s}_{-1,\frac{2}{3}}(x_0)I_{\frac{2}{3}}(x_1)}{I_{\frac{2}{3}}(x_0)I_{-\frac{2}{3}}(x_1) - I_{-\frac{2}{3}}(x_0)I_{\frac{2}{3}}(x_1)}, \\ C_2 &= \frac{\hat{s}_{-1,\frac{2}{3}}(x_0)I_{-\frac{2}{3}}(x_1) - I_{-\frac{2}{3}}(x_0)\hat{s}_{-1,\frac{2}{3}}(x_1)}{I_{\frac{2}{3}}(x_0)I_{-\frac{2}{3}}(x_1) - I_{-\frac{2}{3}}(x_0)I_{\frac{2}{3}}(x_1)}. \end{aligned}\right\} \quad (10.3.18)$$

Für lange Drilling-Riser können diese Ergebnisse noch vereinfacht werden. Es gilt dann nämlich $x_1 \gg 1$, und man verwendet die asymptotischen Entwicklungen der modifizierten *Bessel*- und *Lommel*-Funktionen. Es ist nach Gl. (10.2.44) $I_\nu(x) \sim$ $\sim e^x/\sqrt{2\pi x}$ und nach Gl. (10.2.48) mit $\sin(\pi/3) = \sqrt{3}/2$ sowie unter Vernachlässigung des auf Null abklingenden Summanden $\hat{s}_{-1,\frac{2}{3}}(x) \sim -e^{x}\sqrt{3\pi}/\sqrt{8x}$. Damit folgt

$$C_1 = \frac{\hat{s}_{-1,\frac{2}{3}}(x_o) + \frac{\pi}{2}\sqrt{3}\, I_{\frac{2}{3}}(x_o)}{I_{-\frac{2}{3}}(x_o) - I_{\frac{2}{3}}(x_o)}, \qquad C_2 = \frac{\frac{\pi}{2}\sqrt{3}\, I_{-\frac{2}{3}}(x_o) + \hat{s}_{-1,\frac{2}{3}}(x_o)}{I_{-\frac{2}{3}}(x_o) - I_{\frac{2}{3}}(x_o)}. \tag{10.3.19}$$

Dabei gilt unabhängig vom Wert x_o

$$C_1 - C_2 = -\frac{\pi}{2}\sqrt{3}. \tag{10.2.20}$$

Unter Verwendung dieser Eigenschaft schreibt man die Lösung (10.3.16) in die für eine numerische Auswertung besser geeignete Form

$$u'(z) = \lambda^{\frac{2}{3}} \frac{H_1}{qd} x^{\frac{1}{3}} \left\{ \frac{2}{3}\left[\hat{s}_{-1,\frac{2}{3}}(x_o) + \frac{\pi}{2}\sqrt{3}\, I_{\frac{2}{3}}(x_o)\right] \frac{I_{\frac{1}{3}}(x) - I_{-\frac{1}{3}}(x)}{I_{\frac{2}{3}}(x_o) - I_{-\frac{2}{3}}(x_o)} - \left[\hat{s}_{0,\frac{1}{3}}(x) - \frac{\pi}{3}\sqrt{3}\, I_{-\frac{1}{3}}(x)\right]\right\},$$

$$u''(z) = -\lambda^{\frac{4}{3}} \frac{H_1}{qd^2} x^{\frac{2}{3}} \left\{ \left[\hat{s}_{-1,\frac{2}{3}}(x_o) + \frac{\pi}{2}\sqrt{3}\, I_{\frac{2}{3}}(x_o)\right] \frac{I_{\frac{2}{3}}(x) - I_{-\frac{2}{3}}(x)}{I_{\frac{2}{3}}(x_o) - I_{-\frac{2}{3}}(x_o)} - \left[\hat{s}_{-1,\frac{2}{3}}(x) + \frac{\pi}{2}\sqrt{3}\, I_{\frac{2}{3}}(x)\right]\right\},$$

$$\text{für} \quad x_1 > 1 \tag{10.3.21}$$

um. Für eine solche Auswertung werden die modifizierten *Bessel*-Funktionen $I_\nu(x)$ für $\nu = \pm 1/3$ und $\nu = \pm 2/3$ sowie die modifizierten *Lommel*-Funktionen $\hat{s}_{\mu,\nu}(x)$ für $\mu = 0$, $\nu = 1/3$ und $\mu = -1$, $\nu = 2/3$ benötigt. Die mit Hilfe der Reihenentwicklungen (10.2.37) und (10.2.38) berechneten Funktionswerte sind in Tabelle 10.3.1 für den Variablenbereich $0 \le x \le 10$ aufgeführt. Sämtliche Funktionen wachsen für große x exponentiell an. Hier führt deshalb die Verwendung der Tabellenwerte wegen Differenzbildung großer Zahlen zu Genauigkeitsverlusten. Diese vermeidet man durch Benutzung der asymptotischen Entwicklungen für die in den Gln. (10.3.21) auftretenden Differenzen. Und zwar findet man unter Verwendung der Gln. (10.2.44) bis (10.2.48) für $x > 1$

$$\Delta_1 := I_{\frac{1}{3}}(x) - I_{-\frac{1}{3}}(x) \sim -\sqrt{\frac{3}{2\pi x}}\, e^{-x}, \quad \Delta_2 := I_{\frac{2}{3}}(x) - I_{-\frac{2}{3}}(x) \sim -\sqrt{\frac{3}{2\pi x}}\, e^{-x}, \tag{10.3.22}$$

$$\Delta_3 := \hat{s}_{0,\frac{1}{3}}(x) - \frac{\pi}{3}\sqrt{3}\, I_{-\frac{1}{3}}(x) \sim -\frac{1}{x}, \quad \Delta_4 := \hat{s}_{-1,\frac{2}{3}}(x) + \frac{\pi}{2}\sqrt{3}\, I_{\frac{2}{3}}(x) \sim -\frac{1}{x^2}. \tag{10.3.23}$$

Gilt nun weiter neben $x > 1$ auch noch $x_o > 1$, erhält man unter Verwendung dieser asymptotischen Entwicklungen aus Gl. (10.3.21) die Lösung

$$\left.\begin{aligned} u'(z) &\sim \frac{H_1}{qd}\left(\frac{\lambda}{x}\right)^{\frac{2}{3}}\left(1 - \frac{2}{3}\frac{1}{x_o}\sqrt{\frac{x}{x_o}}\, e^{x_o - x}\right), \\ u''(z) &\sim -\frac{H_1}{qd^2}\left(\frac{\lambda}{x}\right)^{\frac{4}{3}}\left(1 - \frac{1}{x_o}\sqrt{\frac{x}{x_o}}\, e^{x_o - x}\right). \end{aligned}\right\} \quad 1 < x_o \le x \tag{10.3.24}$$

Beispiel 10.3.1: statische Beanspruchung eines Drilling-Risers bei Abdrift des Bohrschiffs

KONSTRUKTIONSDATEN			
Durchmesser:	$D = 0{,}6096$ m	innere Fläche:	$A_i = 0{,}2459$ m^2
Wanddicke:	$t = 25$ mm	Querschnittsfläche:	$A_R = 0{,}04591$ m^2
Länge:	$l \approx d = 2000$ m	Flächenträgheitsmoment:	$I = 1{,}965 \cdot 10^{-3}$ m^4
äußere Fläche:	$A = 0{,}2919$ m^2	Biegesteifigkeit:	$EI = 4{,}048 \cdot 10^5$ kNm^2
		Dichte Stahl:	$\rho_R = 7850$ kg/m^3

x	$\hat{s}_{0,\frac{1}{3}}(x)$	$\hat{s}_{-1,\frac{2}{3}}(x)$	$I_{\frac{1}{3}}(x)$	$I_{-\frac{1}{3}}(x)$	$I_{\frac{2}{3}}(x)$	$I_{-\frac{2}{3}}(x)$
0,00	0	-2,25	0	∞	0	∞
0,05	0,056266	-2,2516	0,32760	2,5280	0,094745	4,3741
0,10	0,11263	-2,2563	0,41333	2,0121	0,15057	2,7710
0,15	0,16918	-2,2643	0,47425	1,7659	0,19767	2,1344
0,20	0,22601	-2,2754	0,52369	1,6150	0,24009	1,7848
0,25	0,28323	-2,2897	0,56651	1,5118	0,27954	1,5635
0,30	0,34093	-2,3073	0,60510	1,4371	0,31696	1,4122
0,35	0,39920	-2,3281	0,64086	1,3815	0,35298	1,3040
0,40	0,45815	-2,3523	0,67471	1,3395	0,38800	1,2244
0,45	0,51788	-2,3798	0,70726	1,3078	0,42235	1,1652
0,50	0,57848	-2,4108	0,73897	1,2843	0,45628	1,1211
0,55	0,64006	-2,4452	0,77021	1,2674	0,49000	1,0887
0,60	0,70274	-2,4831	0,80125	1,2561	0,52368	1,0655
0,65	0,76660	-2,5247	0,83232	1,2498	0,55748	1,0500
0,70	0,83177	-2,5700	0,86362	1,2476	0,59152	1,0407
0,75	0,89836	-2,6190	0,89532	1,2494	0,62595	1,0369
0,80	0,96649	-2,6720	0,92757	1,2546	0,66086	1,0379
0,85	1,0363	-2,7289	0,96051	1,2631	0,69637	1,0431
0,90	1,1078	-2,7899	0,99425	1,2747	0,73259	1,0520
0,95	1,1813	-2,8551	1,0289	1,2891	0,76960	1,0645
1,00	1,2568	-2,9247	1,0646	1,3064	0,80752	1,0801
1,05	1,3344	-2,9987	1,1015	1,3263	0,84644	1,0989
1,10	1,4144	-3,0773	1,1396	1,3489	0,88644	1,1205
1,15	1,4967	-3,1607	1,1790	1,3741	0,92763	1,1449
1,20	1,5817	-3,2491	1,2199	1,4018	0,97010	1,1720
1,25	1,6695	-3,3426	1,2624	1,4321	1,0139	1,2017
1,30	1,7601	-3,4413	1,3065	1,4650	1,0593	1,2341
1,35	1,8538	-3,5456	1,3523	1,5005	1,1062	1,2691
1,40	1,9508	-3,6555	1,4000	1,5386	1,1547	1,3067
1,45	2,0511	-3,7713	1,4497	1,5793	1,2051	1,3469
1,50	2,1551	-3,8933	1,5014	1,6228	1,2573	1,3897
1,55	2,2629	-4,0216	1,5553	1,6690	1,3115	1,4353
1,60	2,3746	-4,1566	1,6115	1,7181	1,3678	1,4836
1,65	2,4906	-4,2985	1,6702	1,7700	1,4264	1,5346
1,70	2,6109	-4,4475	1,7313	1,8250	1,4872	1,5886
1,75	2,7359	-4,6040	1,7951	1,8830	1,5506	1,6455
1,80	2,8658	-4,7683	1,8617	1,9442	1,6165	1,7055
1,85	3,0008	-4,9407	1,9312	2,0087	1,6852	1,7685
1,90	3,1412	-5,1216	2,0038	2,0766	1,7567	1,8349
1,95	3,2873	-5,3113	2,0796	2,1480	1,8312	1,9046
2,00	3,4392	-5,5102	2,1588	2,2230	1,9089	1,9778
2,5	5,3553	-8,1028	3,1743	3,2094	2,8981	2,9352
3,0	8,2826	-12,2040	4,7560	4,7754	4,4290	4,4494
3,5	12,8163	-18,6697	7,2300	7,2409	6,8210	6,8324
4,0	19,8975	-28,8681	11,1138	11,1201	10,5799	10,5864
4,5	31,0230	-44,9863	17,2314	17,2350	16,5114	16,5151
5,0	48,5794	-70,5222	26,8976	26,8996	25,9023	25,9044
5,5	76,3812	-111,0770	42,2147	42,2159	40,8120	40,8132
6,0	120,5365	-175,6323	66,5498	66,5505	64,5422	64,5429
6,5	190,84	-278,61	105,30	105,30	102,39	102,39
7,0	303,02	-443,18	167,15	167,15	162,89	162,89
7,5	482,38	-706,67	266,03	266,03	259,73	259,73
8,0	769,63	-1129,1	424,39	424,39	415,01	415,01
8,5	1230,4	-1807,5	678,41	678,41	664,36	664,36
9,0	1970,5	-2898,2	1086,4	1086,4	1065,3	1065,3
9,5	3160,7	-4653,9	1742,6	1742,6	1710,6	1710,6
10,0	5077,2	-7483,0	2799,2	2799,2	2750,4	2750,4

Tabelle 10.3.1 Modifizierte *Bessel*- und *Lommel*-Funktion

Dichte Mud:	$\rho_M = 1800\ kg/m^3$	Risergewicht Gl. (10.1.7):	$q = 4{,}9433\ kN/m$
Dichte Seewasser:	$\rho = 1025\ kg/m^3$	Stahlgewicht Gl. (10.1.1):	$q_R = 3{,}5355\ kN/m$
Abdrift:	$f = 100\ m$	Kennzahl Gl. (10.3.12):	$\lambda = 208{,}37$

Folgend werden die Zug- und Biegespannungen im unteren und oberen Bereich des Risers für drei verschieden große Tensionerkräfte V_1 berechnet.

Fall α) kleine Tensionerkraft: $V_1 = 10168$ kN

"klein" bedeutet hier, daß die Koordinaten x_o an der Stelle $z = 0$ und x an der Stelle z der maximalen Biegespannung so klein sind, daß keine asymptotischen Entwicklungen verwendet werden können.

effektive Längskraft Gl. (10.3.1):	$V = 281$ kN	$\Delta_1(x) = -0{,}0642$	$\Delta_2(x) = -0{,}0689$
Höhenkoordinate gewählt:	$z = 33{,}5$ m	$\Delta_3(x) = -0{,}5929$	$\Delta_4(x) = -0{,}3167$
Koordinaten (10.3.17) und (10.3.12):	$x_o = 1$, $x = 2$	Lösung Gl. (10.3.21):	$u'(z) = 0{,}296$
Längskraft Gl. (10.3.3):	$N(z) = 3215$ kN		$u''(z) = -1{,}817 \cdot 10^{-3}$ 1/m
Horizontalkraft Gl. (10.3.9):	$H_1 = 138$ kN	Biegespannung:	$\sigma_b(z) = ED\lvert u''\rvert/2 = 114\ N/mm^2$
Differenzen Gln. (10.3.22) und (10.3.23) mit den Werten der Tabelle 10.3.1:		Zugspannung:	$\sigma_z(z) = N(z)/A_R = 70\ N/mm^2$
$\Delta_2(x_o) = -0{,}2726$	$\Delta_4(x_o) = -0{,}7277$		$\sigma_z(d) = V_1/A_R = 221\ N/mm^2$
		Neigungswinkel:	$\alpha(z) = \arctan u' = 16{,}5°$

Fall β) mittlere Tensionerkraft: $V_1 = 10596$ kN

"mittel" bedeutet, daß für x_o die Tabellenwerte und für x die asymptotischen Entwicklungen verwendet werden. Wie im Fall α) erhält man der Reihe nach

$V = 709$ kN	$H_1 = 183$ kN	$\Delta_1(x) = -0{,}00070$	$u''(z) = -0{,}884 \cdot 10^{-3}\ m^{-1}$
$z = 44{,}5$ m	mit Tabellenwerten:	$\Delta_2(x) = -0{,}00070$	$\sigma_b(z) = 56\ N/mm^2$
$x_o = 4$	$\Delta_2(x_o) = -0{,}0065$	$\Delta_3(x) = -0{,}1728$	$\sigma_z(z) = 80\ N/mm^2$
$x = 6$	$\Delta_4(x_o) = -0{,}0834$	$\Delta_4(x) = -0{,}0324$	$\sigma_z(d) = 231\ N/mm^2$
$N(z) = 3682$ kN	Gl. (10.3.22):	$u'(z) = 0{,}197$	$\alpha(z) = 11{,}1°$

Fall γ) große Tensionerkraft: $V_1 = 10816$ kN

$V = 929$ kN	$N(z) = 3885$ kN	$u'(z) = 0{,}176$	$\sigma_z(z) = 85\ N/mm^2$
$z = 39{,}5$ m	$H_1 = 201$ kN	$u''(z) = -0{,}621 \cdot 10^{-3}\ m^{-1}$	$\sigma_z(d) = 236\ N/mm^2$
$x_o = 6$, $x = 8$	Lösung Gl. (10.3.24):	$\sigma_b(z) = 39\ N/mm^2$	$\alpha(z) = 10{,}0°$

Die hohen Tensionerkräfte verbunden mit großen Zugspannungen am oberen Riserende können durch das Anbringen von Auftriebskörpern längs des Risers, die dessen Gewicht in Wasser verkleinern, reduziert werden. Auch der Neigungswinkel α am unteren Kugelgelenk überschreitet die in der Praxis genannte, für die Funktionsfähigkeit des Bohrgestänges notwendige Begrenzung auf höchstens 10°.

Für den im Beispiel 10.3.1 behandelten Drilling-Riser mit einem Durchmesser $D = 0{,}6096$ m und einer Wanddicke $t = 25$ mm zeigt die Abb. 10.3.2 den Verlauf der Biegespannung σ_b für die unteren 200 m. Der Riser ist dabei durch den Tensioner so weit auf Zug vorgespannt, daß die untere effektive Längskraft $V = 491$ kN entsprechend $x_o = 2{,}31$ beträgt. Am unteren Kugelgelenk bei $z = 0$ bzw. $x = x_o$ ist selbstverständlich $\sigma_b = 0$. Die Biegespannung wächst mit zunehmender Höhe z zunächst steil an, erreicht bei etwa $z = 40$ m ihr Maximum und fällt von da an relativ langsam wieder auf Null ab. Für große z versagt die Lösung der Gl. (10.3.21) wegen der bereits genannten numerischen Ungenauigkeiten, kann in diesem Bereich jedoch durch die asymptotische Lösung der Gl. (10.3.22) ersetzt werden. Für die praktische Anwendung der Lösungsgleichungen (10.3.21) bzw. (10.3.24) ist im allgemeinen nur die maximale Biegespannung $\sigma_{b,max}$ und damit deren Ort $z = z_2$ bzw. $x = x_2$ interessant. Im engen Zusammenhang damit steht die Frage nach der kritischen effektiven Längskraft V_{krit}, bei der der ursprünglich gerade vertikale Riser seine Stabilität verliert. Das Knickstabilitätsproblem des Risers wird durch die Differentialgleichung (10.3.6) für $H_1 = 0$ entsprechend einer Abdrift $f = 0$ beschrieben, d.h. durch

$$EI u''' - (V + qz) u' = 0 . \qquad (10.3.25)$$

Solange $V > V_{krit}$ gilt, wird diese Gleichung durch $u'(z) \equiv 0$ befriedigt: Der Riser bleibt stabil gerade. $u'(z) \not\equiv 0$ wird bei Erreichen von V_{krit} möglich. Diese kritische effektive Längskraft erhält man, wenn der Nenner in Gl. (10.3.19) verschwindet und damit C_1 und C_2 über alle Grenzen wachsen. Für positive reelle x_o, d.h. für positive V, besitzt der Nenner keine Nullstelle. Für negative V folgt jedoch aus Gl. (10.3.17)

$$i x_o = \frac{2}{3}\sqrt{\frac{(-V)^3}{EIq^2}} := \bar{x}_o \qquad (10.3.26)$$

mit einem positiven reellen $\bar{x}_o$, und unter Verwendung der Gl. (10.2.35) $I_\nu(x) = (-i)^\nu J_\nu(ix)$ erhält man als Stabilitätsgleichung

$$I_{\frac{2}{3}}(\bar{x}_o) - I_{-\frac{2}{3}}(\bar{x}_o) = 0 \qquad (10.3.27)$$

mit der kleinsten Nullstelle $\bar{x}_o = 0{,}69$. Damit ist nach Gl. (10.3.26) die kritische effektive Längskraft

$$V_{krit} = -1{,}02\sqrt[3]{q^2 EI} . \qquad (10.3.28)$$

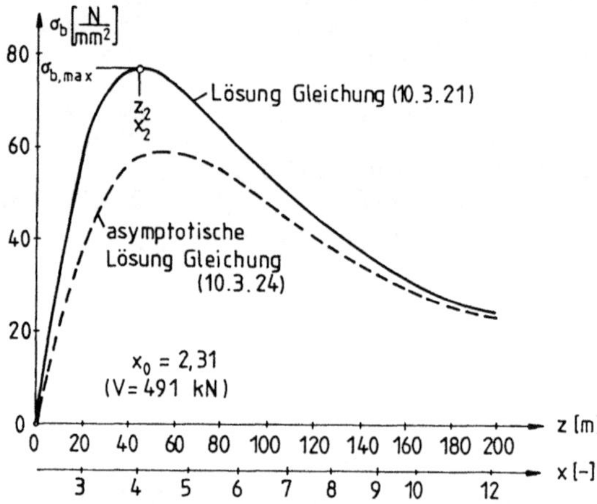

Abb. 10.3.2 Riserbiegespannung σ_b als Funktion der Höhe z über dem Meeresboden

Diese wichtige Formel wurde bereits 1941 von *Willers* [93] angegeben. Für den Fall verschwindender Horizontalkraft H_1 erhält man für den unter $V = V_{krit}$ ausknickenden Riser den Ort des Spannungsmaximums $z = z_2$ unmittelbar aus Gl. (10.3.25). Da am Ort extremaler Krümmung $u'''(z_2) = 0$ gilt, folgt

$$z_2 = -\frac{V_{krit}}{q} = 1{,}02\sqrt[3]{\frac{EI}{q}} \approx$$

$$\approx \sqrt[3]{\frac{EI}{q}} . \qquad (10.3.29)$$

Für die transformierte Variable x(z) nach Gl. (10.3.12) gilt an diesem Ort

$$x(z_2) := x_2 =$$

$$= \left[x_o^{\frac{2}{3}} + \left(\frac{2}{3}\right)^{\frac{2}{3}}\right]^{\frac{3}{2}} . \qquad (10.3.30)$$

Dieser Ort für die maximalen Biegespannungen ändert sich auch praktisch nicht, wenn eine Horizontalkraft H hinzutritt und V gleichzeitig genügend weit oberhalb von V_{krit} liegt.

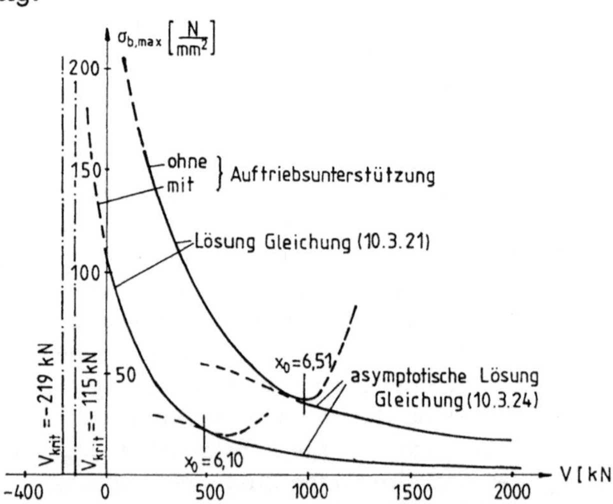

Abb. 10.3.3 Maximale Riserbiegespannungen σ_b als Funktion der effektiven Längskraft $N_{eff}(0) = V$

Festigkeitsanalysen [25, 44] haben bereits für $V \geq 0$ dieses Ergebnis bestätigt.

Die obere Kurve der Abb. 10.3.3 zeigt für den bereits besprochenen Drilling-Riser den Verlauf der maximalen Biegespannung $\sigma_{b,max}$, also der Biegespannung am Ort $z=z_2$ bzw. $x=x_2$ (vergl. Abb. 10.3.2), in Abhängigkeit von verschiedenen Längskräften V für eine angenommene Abdrift von f = 100 m. Für kleine positive V bis etwa V = 1000 kN gilt die Lösung (10.3.21) mit modifizierten *Bessel*- und *Lommel*-Funktionen. Bei Annäherung an $V_{krit} = -219$ kN streben die Biegespannungen nach Unendlich. Für große V versagt diese Lösung zunehmend und wird durch die asymptotische Lösung (10.3.24) ersetzt.

Wird derselbe Riser mit Auftriebsmaterial umkleidet, das so bemessen wird, daß das Stahlgewicht in Wasser aufgehoben wird, ergeben sich die erheblich verminderten Biegespannungen der unteren Kurve in Abb. 10.3.3. Die kritische effektive Längskraft ist jetzt $V_{krit} = -115$ kN.

Verschiedene Beispielrechnungen haben immer wieder gezeigt, daß sich die Gültigkeitsbereiche beider genannten Lösungen ungefähr bei $x_o = 6$ trennen. Wegen der für $x_o < 6$ schnell ansteigenden Kurvenäste mit der Gefahr unkontrollierbar stark anwachsender Riserspannungen und -neigungen wird man diesen Bereich durch Einstellung einer entsprechend großen Tensionerkraft vermeiden müssen, so daß man in den meisten praktischen Fällen mit der asymptotischen Lösung (10.3.24) auskommen wird.

10.4 Riserdynamik

Bei Annahme einer Entwurfswelle von bestimmter Höhe und der Frequenz ω führt das Bohrschiff entsprechend seiner Übertragungsfunktion eine harmonische Längs- (*surging*) oder Querbewegung (*swaying*) aus. Der obere Riserpunkt 1 in Abb. 10.1.1 erfährt demgemäß eine harmonische Horizontalbewegung $f \cos \omega t$ mit der Amplitude f und regt dadurch den Riser zu Transversalschwingungen an. Für einen langen und damit biegeschlaffen Riser, der wie ein Seil schwingt, liegen mehrere Eigenfrequenzen ω_n des Risers im Frequenzbereich energiereicher Wellen. Es muß deshalb stets von einer Resonanzerregung ausgegangen werden.

Die Ermittlung der resonanzerregten Schwingungen u(z,t) als Lösung der Bewegungsgleichung (10.1.12) stößt auch hier auf die Schwierigkeit des nichtlinearen hydrodynamischen Widerstands $q_D = b|\dot{u}|\dot{u}$. Bei der äquivalenten Linearisierung dieses Widerstands zur hydrodynamischen Dämpfung $\tilde{q}_D = c\dot{u}$ ist zu bedenken, daß der Wert der Dämpfungskonstanten c amplitudenabhängig ist und daß die Schwingungsamplituden des langen Risers in Abhängigkeit von der Höhe z sehr unterschiedliche Werte annehmen können.

Die Abb. 10.4.1 zeigt den Bewegungsablauf eines mit der dritten Eigenfrequenz erregten Risers unter Annahme einer über die Höhe d gemittelten, also ortsinvarianten Dämpfung [26]. Die linke Darstellung gilt für eine Anregungsamplitude f = 1 m. Man erkennt, daß die Riseramplituden von nahezu gleicher Größe im gesamten Höhenbereich auftreten. Damit ist in diesem Fall die Annahme einer ortsinvarianten Dämpfung gerechtfertigt. Demgegenüber zeigt die rechte Darstellung

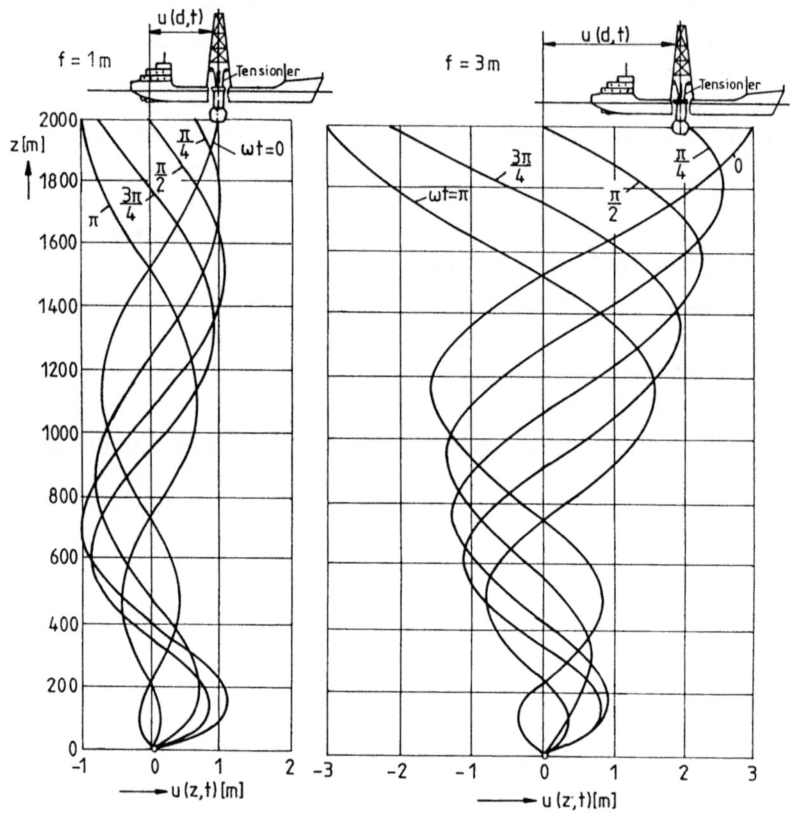

Abb. 10.4.1 Riserauslenkung u(z,t) in Abhängigkeit von der Höhe z zu verschiedenen Zeiten t für die Anregungsamplituden f = 1 m und f = 3 m.

den Bewegungsablauf des Risers für die relativ große Anregungsamplitude f = 3 m. Die Riseramplituden klingen hier mit wachsender Tiefe stark ab. Bei einer über die Höhe gemittelten Dämpfung werden somit die Riseramplituden im unteren, also in dem für die Riserbeanspruchung maßgeblichen Bereich durch eine hier zu große Dämpfung zu stark unterdrückt.

Für große Anregungsamplituden f wird deshalb Aussicht auf eine erfolgreiche Lösung des Problems nur bestehen, wenn die Dämpfungskonstante c(z) in geeigneter Weise höhenabhängig gewählt wird. Durch die Wahl einer solchen gewichteten Dämpfungskonstanten c(z) läßt sich eine zu große Unterdrückung der Riseramplituden im gefährdeten unteren Riserbereich vermeiden.

Trotzdem kann von der aus der linearisierten Bewegungsgleichung berechneten Riserauslenkung die für die dynamische Beanspruchung maßgebliche zweite Ableitung u''(z,t) meist nur mit erheblichen Fehlern behaftet gebildet werden. Hier zeigt sich nämlich, daß die Nichtlinearität beim zweimaligen Differenzieren erheblich durchschlägt. Die Abschätzung der dynamischen Biegespannungen erfordert deshalb eine noch weitergehende Behandlung der nichtlinearen Bewegungsgleichung (10.1.14) etwa auf der Grundlage der harmonischen Balance.

10.4.1 Linearisierung des Strömungswiderstandes

Es wird die Dämpfungskonstante allgemein

$$c(z) = \sum_{k=0}^{K} c_k \psi_k(z) \tag{10.4.1}$$

mit geeignet gewählten dimensionslosen Verteilungsfunktionen $\psi_k(z)$ sowie unbekannten Dämpfungswerten c_k gesetzt [45]. Der Fehler zwischen nichtlinearem Strömungswiderstand q_D und linearer hydrodynamischer Dämpfung $\tilde{q}_D$ ist dann an jedem Ort z und zu jeder Zeit t

$$e(c_k, z, t) := \tilde{q}_D - q_D = \dot{u} \sum_{k=0}^{K} c_k \psi_k(z) - b|\dot{u}|\dot{u}. \tag{10.4.2}$$

Der über die Riserlänge d und über eine Schwingungsperiode T integrierte Quadratfehler

$$I := \int_0^d \int_0^T e^2 \, dt \, dz \tag{10.4.3}$$

wird durch

$$\frac{\partial I}{\partial c_l} = 2 \int_0^d \int_0^T e \frac{\partial e}{\partial c_l} \, dt \, dz = 0, \quad l = 0, 1, \ldots K \tag{10.4.4}$$

minimiert. Nach Einsetzen von e nach Gl. (10.4.2) folgt hieraus zunächst

$$\sum_{k=0}^{K} c_k \int_0^d \int_0^T \psi_k \psi_l \dot{u}^2 \, dz \, dt = \int_0^d \int_0^T b\, \psi_l |\dot{u}| \dot{u}^2 \, dz \, dt. \tag{10.4.5}$$

Nun gewinnt man als Lösung der linearisierten Differentialgleichung die Riserauslenkung in der reellen Form $u(z,t) = r(z)\cos[\omega t + \varphi(z)]$ mit Amplitudenfunktion $r(z)$ und Phasengang $\varphi(z)$. Damit können die Zeitintegrale in Gl. (10.4.5) ausgeführt werden. Das linke Integral über $\sin^2()$ besitzt den Wert π/ω, das rechte über $|\sin()|\sin^2()$ den Wert $8/(3\omega)$, und zwar unabhängig von φ. Man erhält schließlich zur Bestimmung der Dämpfungswerte c_k das Gleichungssystem

$$\sum_{k=0}^{K} c_k \int_0^d \psi_k \psi_l r^2 \, dz = \frac{8}{3\pi} \omega \int_0^d b\, \psi_l r^3 \, dz, \quad l = 0, 1, \ldots K. \tag{10.4.6}$$

Da die Amplitudenfunktion r von den Dämpfungswerten c_k abhängt, handelt es sich um ein nichtlineares Gleichungssystem, das im allgemeinen nur numerisch gelöst werden kann, selbst dann, wenn man für bestimmte Verteilungsfunktionen $\psi_k(z)$ und damit für bestimmte Ortsabhängigkeiten der Dämpfungskonstanten $c(z)$ geschlossene Näherungslösungen der Bewegungsgleichung (10.1.14) gewinnen kann.

10.4.2 Transformation der linearisierten Bewegungsgleichung

Wie im statischen Fall kann die Biegesteifigkeit EI des Risers bis zu sehr hohen Schwingungsgraden vernachlässigt werden. Streicht man demgemäß den ersten Summanden in Gl. (10.1.14) und ersetzt den hydrodynamischen Widerstand nach den Regeln des Abschnitts 10.4.1 durch die Dämpfung $c\dot{u}$, dann erhält man die verkürzte und linearisierte Differentialgleichung

$$-(N_{eff} u')' - q_t u' + a\dot{u}' + c\dot{u} + m\ddot{u} = 0. \tag{10.4.7}$$

Die Integration dieser Gleichung liefert für die Riserauslenkung u(z,t) eine Näherung, die für die Auslenkung selbst im allgemeinen ausreichend genau ist, deren Krümmung jedoch infolge des zweimaligen Differenzierens mit großen Fehlern -und zwar zur unsicheren Seite hin- behaftet sein kann. Dieser Tatsache ist bei der Berechnung der dynamischen Biegespannungen Rechnung zu tragen.

Es wird eine harmonische Bewegung des Risers in einer seiner Eigenfrequenzen $\omega_n = n\,\omega_1$ angenommen. Führt man für einen zweigliedrigen Dämpfungsansatz Gl. (10.4.1) die mit der Risergrundfrequenz ω_1 gebildeten Dämpfungsparameter

$$\xi_o := \frac{c_o}{2m\omega_1}, \quad \xi_1 := \frac{c_1}{2m\omega_1} \tag{10.4.8}$$

ein, wählt mit der Abkürzung

$$\overline{q} := q - q_t \tag{10.4.9}$$

die beiden Verteilungsfunktionen

$$\psi_o(z) \equiv 1, \qquad \psi_1(z) := \sqrt{\frac{V}{\overline{q}d} + \frac{z}{d}}, \tag{10.4.10}$$

dann gilt für die Dämpfungskonstante

$$c(z) = 2m\,\omega_1\,(\xi_o + \xi_1\psi_1) \tag{10.4.11}$$

sowie für die effektive Längskraft (10.1.9)

$$N_{eff}(z) = \overline{q}\,d\,\psi_1^2\,. \tag{10.4.12}$$

Bei der Integration der Differentialgleichung (10.4.7) mittels einer geeigneten Substitution wird man auf die drei im allgemeinen komplexen Konstanten

$$\varkappa := 2\omega_n\sqrt{\frac{md}{\overline{q}n}(n - 2i\,\xi_o)}, \qquad \nu := \frac{1}{\overline{q}}(-q_t + ia\omega_n), \qquad \varepsilon := \frac{2i\,\xi_1}{n - 2i\,\xi_o} \tag{10.4.13}$$

geführt. Es wird nun die neue für $V \geq 0$ reelle Variable

$$x(z) := \sqrt{\frac{V}{\overline{q}d} + \frac{z}{d}}, \quad x' \equiv \frac{dx}{dz} = \frac{1}{2xd} \tag{10.4.14}$$

sowie eine für $\xi_o \neq 0$ komplexe Funktion w der Variablen $\varkappa x$ mittels

$$\left.\begin{aligned}
&u(z,t) := d\,x^{\nu}\,w(\varkappa x)\,\exp(i\omega_n t),\\
&u' = \frac{1}{2}\,x^{\nu-2}(\nu w + \varkappa x\,w')\exp(i\omega_n t),\\
&u'' = \frac{1}{4d}\,x^{\nu-4}[\nu(\nu-2)w + (2\nu-1)\varkappa x\,w' + (\varkappa x)^2 w'']\exp(i\omega_n t),\\
&(N_{eff}u')' = \frac{1}{4}\overline{q}\,x^{\nu-2}[\nu^2 w + (2\nu+1)\varkappa x\,w' + (\varkappa x)^2 w'']\exp(i\omega_n t),\\
&\dot{u}' = \frac{1}{2}i\,\omega_n\,x^{\nu-2}(\nu w + \varkappa x\,w')\exp(i\omega_n t),\\
&\dot{u} = i\,d\,\omega_n\,x^{\nu}w\,\exp(i\omega_n t), \qquad \ddot{u} = -d\,\omega_n^2\,x^{\nu}w\,\exp(i\omega_n t)
\end{aligned}\right\} \tag{10.4.15}$$

definiert. Es gilt $w' \equiv dw/d(\varkappa x)$. Aus Gl. (10.4.7) erhält man damit

$$(\varkappa x)^2 w'' + \varkappa x\,w' + [(1-\varepsilon x)(\varkappa x)^2 - \nu^2]\,w = 0. \tag{10.4.16}$$

Für eine ortsinvariante Dämpfung ($\varepsilon = 0$) ist das eine *Bessel*sche Differentialgleichung. Ihr Fundamentalsystem besteht aus *Bessel*-Funktionen der komplexen Variablen $\varkappa x$ und der komplexen Ordnung ν. Für den Fall von konservativen Riserschwingungen ($q_t=0$, $c=0$) wird die Variable $\varkappa x$ reell und die Ordnung ν rein imaginär. Ist zusätzlich auch die Innenströmungsgeschwindigkeit $v=0$, nimmt die Ordnung den Wert Null an. Das Fundamentalsystem wird dann aus der *Bessel*-Funktion $J_o(\varkappa x)$ und der *Neumann*-Funktion $N_o(\varkappa x)$ gebildet.

Der Riser ist bereits im statischen Fall aus Gründen der Knickstabilität durch eine genügend große Tensionerkraft V_1 vorzuspannen. Die effektive Längskraft V und damit auch der Betrag der Variablen $\varkappa x$ werden dann besonders bei höheren Schwingungsgraden so groß, daß dann nur die asymptotische Lösung der Differentialgleichung (10.4.16) interessiert. Diese gewinnt man entsprechend Gl. (10.2.27) durch die Substitution

$$w(\varkappa x) := \frac{v_1(\varkappa x)}{\sqrt{\varkappa x}} . \tag{10.4.17}$$

Man erhält an Stelle von Gl. (10.2.28) die Differentialgleichung

$$v_1'' + \left[1 - \varepsilon x + \frac{\frac{1}{4} - \nu^2}{(\varkappa x)^2}\right] v_1 = 0, \tag{10.4.18}$$

die für große $|\varkappa x|$ in

$$v_1 + (1 - \varepsilon x) v_1 = 0, \quad |\varkappa x|^2 \gg \left|\frac{1}{4} - \nu^2\right| \tag{10.4.19}$$

übergeht. Diese Gleichung wird ein weiteres Mal transformiert. Mit der für $\xi_1 \neq 0$ komplexen Variablen

$$\zeta(x) := \frac{2}{3\varepsilon}(1 - \varepsilon x)^{\frac{3}{2}}, \quad \zeta' \equiv \frac{d\zeta}{dx} = -\left(\frac{3\varepsilon}{2}\right)^{\frac{1}{3}} \zeta^{\frac{1}{3}} \tag{10.4.20}$$

und der komplexen Funktion $v_2(\zeta)$ entsprechend

$$\left.\begin{aligned} v_1(\varkappa x) &:= \zeta^{-\frac{1}{6}} v_2(\zeta), \\ v_1' &= -\frac{1}{\varkappa}\left(\frac{3\varepsilon}{2}\right)^{\frac{1}{3}}\left(-\frac{1}{6}\zeta^{-\frac{5}{6}} v_2 + \zeta^{\frac{1}{6}} v_2'\right), \\ v_1'' &= \frac{1}{\varkappa^2}\left(\frac{3\varepsilon}{2}\right)^{\frac{2}{3}}\left(\frac{5}{36}\zeta^{-\frac{3}{2}} v_2 + \zeta^{\frac{1}{2}} v_2''\right) \end{aligned}\right\} \tag{10.4.21}$$

folgt wiederum eine *Bessel*sche Differentialgleichung in Gestalt der Gl. (10.2.28)

$$v_2'' + \varkappa^2\left(1 + \frac{5}{36\varkappa^2\zeta^2}\right) v_2 = 0, \tag{10.4.22}$$

bzw. wieder für große Variable $|\zeta|$

$$v_2'' + \varkappa^2 v_2 = 0, \quad |\varkappa\zeta|^2 \gg \frac{5}{36} . \tag{10.4.23}$$

Hieraus findet man mit den beiden Integrationskonstanten A und B als asymptotische Lösung zunächst für $v_2(\zeta) \sim A \sin(\varkappa\zeta - B)$ und weiter rückwärts über die Gln. (10.4.21), (10.4.17) und (10.4.15) für die Riserauslenkung

$$u(z,t) \sim d x^{\nu} \frac{A \sin\left[\frac{2\varkappa}{3\varepsilon}(1 - \varepsilon x)^{\frac{3}{2}} - B\right]}{\left(\frac{2}{3\varepsilon}\right)^{\frac{1}{6}} \sqrt{\varkappa x}\,(1 - \varepsilon x)^{\frac{1}{4}}} \exp(i\omega_n t) . \tag{10.4.24}$$

10.4.3 Die freien ungedämpften Schwingungen

Für den Fall fehlender Dämpfung $c=0$ und $q_t=0$ wird $\overline{q}=q$, und es gilt für die drei Konstanten (10.4.13) speziell

$$\varkappa = 2\omega_n\sqrt{\frac{md}{q}}, \qquad \nu = \frac{ia\omega_n}{q}, \qquad \varepsilon = 0, \tag{10.4.25}$$

und aus Gl. (10.4.16) folgt die *Bessel*sche Differentialgleichung

$$(\varkappa x)^2 w'' + \varkappa x w' + [(\varkappa x)^2 - \nu^2] w = 0. \tag{10.4.26}$$

Deren Hauptsystem besteht aus *Bessel* - und *Neumann*-Funktion $J_\nu(\varkappa x)$, $N_\nu(\varkappa x)$ der imaginären Ordnung ν und der reellen Variablen $\varkappa x$.

Für die freien Schwingungen ist der anregungsfreie Fall mit den Randbedingungen $w(\varkappa x_o)=0$ und $w(\varkappa x_1)=0$ zu untersuchen. Darin sind entsprechend Gl. (10.4.14)

$$x(0) := x_o = \sqrt{\frac{V}{qd}}, \qquad x(d) := x_1 = \sqrt{\frac{V}{qd}+1} \tag{10.4.27}$$

die Variablen $x(z)$ an den Riserenden $z=0$ und $z=d$. Es gilt

$$x_1^2 - x_o^2 = 1. \tag{10.4.28}$$

Setzt man

$$\delta := \frac{x_o}{x_1} = \sqrt{\frac{V}{V+qd}}, \tag{10.4.29}$$

dann lautet die aus den Randbedingungen folgende, für die Existenz nichttrivialer Lösungen notwendige Eigenwertgleichung

$$J_\nu(\varkappa x_o)\, N_\nu\!\left(\frac{1}{\delta}\varkappa x_o\right) - J_\nu\!\left(\frac{1}{\delta}\varkappa x_o\right) N_\nu(\varkappa x_o) = 0. \tag{10.4.30}$$

Für einen bestimmten Schwingungsgrad n sowie einen konstanten Wert δ ergeben sich in einem $(\varkappa x_o, \nu/i)$-Koordinatensystem die ellipsenähnliche Lösungskurven der Abb. 10.4.2 [45]. Mit Gl. (10.4.25) folgen als weitere Lösungskurven die Geraden

$$\varkappa x_o = \frac{2\sqrt{mV}}{a}\,\frac{\nu}{i}, \tag{10.4.31}$$

die in Abhängigkeit vom Anstieg $2\sqrt{mV}/a$ in den Schnittpunkten mit den ellipsenähnlichen Kurven Eigenwerte $(\varkappa x_o)_n$ und ν_n und damit nach Gl. (10.4.25) die Eigenfrequenzen ω_n liefern. Für übliche Riser-Verhältnisse verlaufen die genannten Geraden so steil, daß die Schnittpunkte nahezu in den Scheiteln der ellipsenähnlichen Kurven liegen. Man kann deshalb den Einfluß der Corioliskraft vernachlässigen und $\nu=0$ setzen. Die Eigenwertgleichung (10.4.30) lautet dann

$$J_o(\varkappa x_o)\, N_o\!\left(\frac{1}{\delta}\varkappa x_o\right) - J_o\!\left(\frac{1}{\delta}\varkappa x_o\right) N_o(\varkappa x_o) = 0. \tag{10.4.32}$$

Die Wurzeln $\varkappa x_o$ dieser Gleichung sind z.B. in [39] tabelliert.

Nun werden auch diese Wurzeln nicht in voller Allgemeinheit benötigt, weil die effektive Längskraft V und damit $\varkappa x_o$ so groß sind, daß auf die asymptotische Lösung (10.4.24) zurückgegriffen werden kann. Unter Beachtung des Grenzübergangs

$$\lim_{\varepsilon \to 0} \frac{1-(1-\varepsilon x)^{\frac{3}{2}}}{\varepsilon} = \frac{3}{2}x \tag{10.4.33}$$

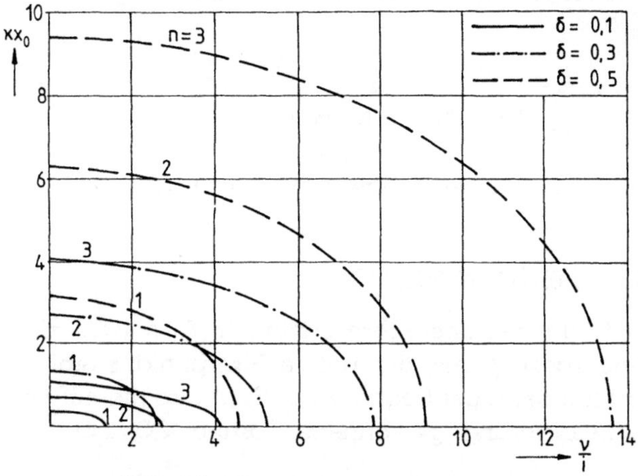

Abb. 10.4.2 Lösungskurven der Eigenwertgleichung (10.4.30)[45]

folgt hier aus den Randbedingungen $u(0,t)=u(d,t)=0$ die Eigenwertgleichung $\sin\varkappa(x_1-x_o)=0$. Die Lösungen dieser Gleichung sind die Eigenwerte

$$\varkappa_n = \frac{n\pi}{x_1 - x_o} = n\pi(x_o + x_1), \quad n = 1, 2, 3, \ldots \qquad (10.4.34)$$

bzw. mit δ (10.4.29)

$$\varkappa_n x_o = \frac{n\pi\delta}{1-\delta}. \qquad (10.4.35)$$

Die Genauigkeit dieser Werte kann man unmittelbar durch Vergleich mit den Scheitelwerten der ellipsenähnlichen Kurven Abb. 10.4.2 überprüfen. Die Eigenfreqenzen selbst erhält man aus Gl. (10.4.25) zu

$$\omega_n = \frac{n\pi(x_o + x_1)}{2}\sqrt{\frac{q}{md}} = \frac{n\pi}{2}\,\frac{\sqrt{V} + \sqrt{V+qd}}{d\sqrt{m}}, \; n = 1, 2, 3, \ldots \qquad (10.4.36)$$

Danach ergeben sich die Eigenfrequenzen aus den mit der Wurzel gemittelten effektiven Längskräften am oberen und unteren Riserende. Bei vernachlässigbarem Gewicht q sind das die bekannten Eigenfrequenzen einer mit der Längskraft V gespannten schwingenden Saite. Die Biegesteifigkeit EI des Risers kann dabei mindestens solange vernachlässigt werden, wie für den Schwingungsgrad

$$n^2 < \frac{1}{\pi^2}\,\frac{Vd^2}{EI} \qquad (10.4.37)$$

gilt [26]. Nach Gl. (10.4.25) sind dann auch die Eigenwerte

$$\nu_n = i\,\frac{n\pi(x_o + x_1)}{2}\,\frac{a}{\sqrt{qmd}} \qquad (10.4.38)$$

bekannt.

Ebenso können nun die asymptotischen Eigenfunktionen $\Phi_n(z)$ berechnet werden. Schreibt man die Eigenlösungen in der Form $u_n(z,t) = \Phi_n(z)\exp(i\omega_n t)$, dann liefert der Vergleich mit der Riserauslenkung (10.4.24) unter Beachtung des Grenzübergangs (10.4.33) und der Randbedingung $\Phi_n(0)=0$, woraus $B = x_o$ folgt, bis auf eine unwesentliche multiplikative Konstante

$$\Phi_n(z) \sim x^{\nu_n}\,\frac{\sin\varkappa_n(x - x_o)}{\sqrt{x}}, \; n = 1, 2, 3, \ldots \qquad (10.4.39)$$

Wegen der imaginären ν_n sind die $\Phi_n(z)$ komplexe Funktionen. Bei vernachlässigbarer Corioliskraft, also bei $\nu_n = 0$, werden sie reell und bilden dann ein orthogonales Funktionensystem. Und zwar gilt die Orthogonalitätsrelation (1.4.16).

Dies läßt sich durch einfaches Ausrechnen beweisen. Für $\nu_n = 0$ und mit hier vorausgesetzter konstanter Massenverteilung m gilt zunächst

$$I := \int_0^d m\,\Phi_n\,\Phi_m\,dz = m\int_0^d \frac{1}{x}\sin\varkappa_n(x-x_o)\sin\varkappa_m(x-x_o)\,dz.$$

Hieraus ergibt sich mit der Transformation (10.4.14) $dz = 2d\,x\,dx$ sowie mit den Eigenwerten (10.4.34) und weiter mit der Transformation

$$v := \frac{x-x_o}{x_1-x_o}, \quad dv = \frac{dx}{x_1-x_o}$$

$$I = 2md(x_1-x_o)\int_0^1 \sin n\pi v \sin m\pi v\, dv = \begin{cases} md(x_1-x_o) & \text{für } m=n \\ 0 & \text{für } m \neq n. \end{cases}$$

Damit ist das Verschwinden des Integrals I für verschiedenwertige natürliche Zahlen n und m gezeigt.

10.4.4 Die resonanzerregten gedämpften Schwingungen

Nach dem Entwurfswellenkonzept führt der obere Riserpunkt 1 in Abb. 10.1.1 eine harmonische Horizontalbewegung $f\cos\omega_n t$ aus, der untere Riserpunkt bleibt in Ruhe. Gesucht ist die Riserantwort mit der Eigenfrequenz ω_n. Es ist also die auf der Grundlage der äquivalenten Linearisierung gewonnene Lösung (10.4.24) den Randbedingungen

$$u(0,t) = 0, \quad u(d,t) = f\exp(i\omega_n t) \tag{10.4.40}$$

anzupassen. Dabei werden hier und bei allen folgenden Untersuchungen Rohrinnenreibungs- und die Corioliskraft vernachlässigt. Für die drei Konstanten (10.4.13) ergibt sich dann im Resonanzfall mit den Eigenfrequenzen (10.4.36)

$$\varkappa_n = \pi(x_o + x_1)\sqrt{n(n-2i\xi_o)}, \qquad \nu = 0, \qquad \varepsilon = \frac{2i\xi_1}{n-2i\xi_o}. \tag{10.4.41}$$

Nach Bestimmung der Integrationskonstanten A und B ist dann die Riserauslenkung mit den Variablen x_o und x_1 nach Gl. (10.4.27)

$$u(z,t) \sim f\sqrt{\frac{x_1}{x}}\left(\frac{1-\varepsilon x_1}{1-\varepsilon x}\right)^{\frac{1}{4}} \frac{\sin\left\{\frac{2\varkappa}{3\varepsilon}\left[(1-\varepsilon x)^{\frac{3}{2}} - (1-\varepsilon x_o)^{\frac{3}{2}}\right]\right\}}{\sin\left\{\frac{2\varkappa}{3\varepsilon}\left[(1-\varepsilon x_1)^{\frac{3}{2}} - (1-\varepsilon x_o)^{\frac{3}{2}}\right]\right\}} \exp(i\omega_n t). \tag{10.4.42}$$

Zwecks Zerlegung der Konstanten $\varkappa$ in ihren Real- und ihren Imaginärteil führt man die beiden reellen Parameter

$$\alpha := \frac{1}{\sqrt{2n}}\sqrt{+n+\sqrt{n^2+4\xi_o^2}}, \qquad \beta := \frac{1}{\sqrt{2n}}\sqrt{-n+\sqrt{n^2+4\xi_o^2}}, \tag{10.4.43}$$

ein. Es gilt dann

$$\varkappa = n\pi(x_o + x_1)(\alpha - i\beta). \tag{10.4.44}$$

Die Riserauslenkung u(z,t) wird also (falls man zunächst von den Bestimmungsgleichungen (10.4.6) der Fehlerquadratminimierung absieht) von fünf Parametern beeinflußt, nämlich von ξ_o, ξ_1, n, f und $V/\sqrt{qmd}$. Letzterer bestimmt dabei die Variablen x_o und x_1. Auf eine explizite reelle Darstellung der Riserauslenkung in der Form

$$u(z,t) = r(z)\exp\{i[\omega_n t + \varphi(z)]\} \tag{10.4.45}$$

wird wegen der dabei entstehenden unhandlichen Ausdrücke verzichtet. Bereits mit besseren Taschenrechnern ist man jedoch in der Lage, Gl. (10.4.42) im Komplexen numerisch auszuwerten.

Für eine solche numerische Auswertung werden nun die maßgebenden Dämpfungsparameter ξ_o und ξ_1 benötigt. Dazu muß das Gleichungssystem (10.4.6) ausgewertet werden. Ausgeschrieben lautet es mit den Gln. (10.4.8) und (10.4.10) sowie mit der Variablentransformation (10.4.14)

$$\left.\begin{aligned} \xi_o \int_{x_o}^{x_1} \left(\frac{r}{f}\right)^2 x\,dx + \xi_1 \int_{x_o}^{x_1} \left(\frac{r}{f}\right)^2 x^2\,dx &= \frac{4}{3\pi}\frac{nfb}{m}\int_{x_o}^{x_1}\left(\frac{r}{f}\right)^3 x\,dx , \\ \xi_o \int_{x_o}^{x_1} \left(\frac{r}{f}\right)^2 x^2 dx + \xi_1 \int_{x_o}^{x_1} \left(\frac{r}{f}\right)^2 x^3\,dx &= \frac{4}{3\pi}\frac{nfb}{m}\int_{x_o}^{x_1}\left(\frac{r}{f}\right)^3 x^2 dx . \end{aligned}\right\} \qquad (10.4.46)$$

Dabei ist die Widerstandskonstante b ortsunabhängig angenommen worden. Da die auf die Anregungsamplitude f bezogene Amplitudenfunktion von den vier Parametern ξ_o, ξ_1, n und V/(qd) abhängt, können die Dämpfungsparameter nach numerischer Lösung dieses Gleichungssystems als Funktion der drei Parameter n, f und V/(qd) angegeben werden. Gleichwertig ist eine Darstellung der Ergebnisse als Funktion der drei Parameter n, $f/f_ü$ und $\delta = x_o/x_1 = \sqrt{V/(V+qd)}$ mit einem Vergleichswert der Amplitude

$$f_ü := \frac{9}{\pi(1+\sqrt{\delta})}\frac{m}{nb}. \qquad (10.4.47)$$

Numerische Ergebnisse zeigt die Abb. 10.4.3. Grafisch dargestellt sind die Dämpfungsparameter ξ_o und ξ_1 als Funktion der auf $f_ü$ bezogenen Anregungsamplituden f für die Schwingungsgrade n = 1, n = 3 und n = 7 jeweils für drei verschiedene δ-Werte.

Der Sonderfall ortsinvarianter Dämpfung $\xi_1 = 0$ ist ausführlich in [26] behandelt. Mit dem Grenzübergang (10.4.33) vereinfacht sich dabei Gl. (10.4.42) zu

$$u(z,t) \sim f\sqrt{\frac{x_1}{x}}\,\frac{\sin\varkappa(x-x_o)}{\sin\varkappa(x_1-x_o)}\exp(i\omega_n t). \qquad (10.4.48)$$

Hier ist dann mit vertretbarem Aufwand auch r(z) und φ(z) explizit angebbar. Dazu ersetzt man ϰ nach Gl. (10.4.44). Mit der neuen zwischen 0 und 1 laufenden Variablen

$$v(x) := \frac{x-x_o}{x_1-x_o} \qquad (10.4.49)$$

erhält man Amplitudenfunktion und Phasengang

$$\left.\begin{aligned} r(z) &\sim f\sqrt{\frac{x_1}{x}}\sqrt{\frac{\cosh 2n\pi\beta v - \cos 2n\pi\alpha v}{\cosh 2n\pi\beta - \cos 2n\pi\alpha}}, \\ \varphi(z) &\sim -\arctan\frac{\tanh n\pi\beta v}{\tan n\pi\alpha v} + \arctan\frac{\tanh n\pi\beta}{\tan n\pi\alpha}. \end{aligned}\right\} \qquad (10.4.50)$$

Der Phasengang ist dabei bis auf ein ganzes Vielfaches von π bestimmt.

Diese Ergebnisse können noch für die beiden Grenzfälle α) kleiner und β) großer Dämpfungsparameter ξ_o spezialisiert werden:

α) Für $\xi_o < n/2$ kann nach Gl. (10.4.43) näherungsweise α = 1 und $\beta = \xi_o/n$ gesetzt werden. Damit vereinfacht sich Gl. (10.4.50) zunächst zu

$$r(z) \sim f\sqrt{\frac{x_1}{x}}\sqrt{\frac{\cosh 2\pi\xi_o v - \cos 2n\pi v}{\cosh 2\pi\xi_o - 1}}, \quad \varphi(z) \sim -\arctan\frac{\tanh \pi\xi_o v}{\tan n\pi v} + \frac{\pi}{2}. \qquad (10.4.51)$$

Für noch kleinere ξ_o, etwa für $\xi_o < 1/(2\pi)$, kann weiter näherungsweise $\cosh 2\pi\xi_o v \approx 1$, $\cosh 2\pi\xi_o \approx 1 + 2\pi^2\xi_o^2$ und $\tanh \pi\xi_o v \approx \pi\xi_o v$ gesetzt werden. Mit der trigonometrischen Beziehung $1 - \cos 2\alpha \approx 2\sin^2\alpha$ folgt dann

$$r(z) \sim f\sqrt{\frac{x_1}{x}}\,\frac{|\sin n\pi v|}{\pi\xi_o}, \qquad \varphi(z) \sim -\arctan\frac{\pi\xi_o v}{\tan n\pi v} + \frac{\pi}{2}. \qquad (10.4.52)$$

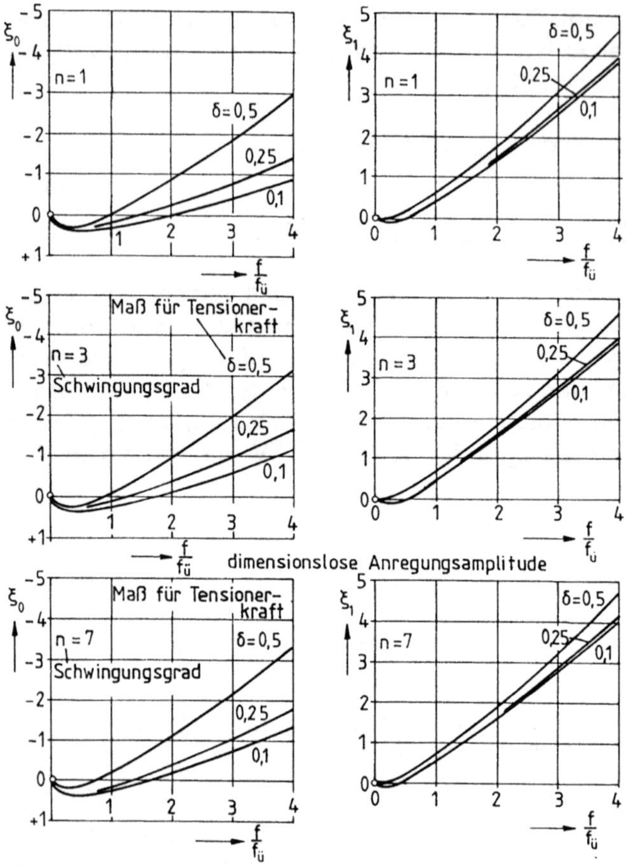

Abb. 10.4.3 Dämpfungsparameter ξ_o und ξ_1 einer höhenabhängigen hydrodynamischen Dämpfung als Funktion der Anregungsamplitude f für verschiedene Riservorspannungen δ

β) Für $\xi_o > 1/2$ ist nach Gl. (10.4.43) $n\pi > 0{,}4551$, und es kann für genügend große v näherungsweise $\cosh 2n\pi v = \exp(2n\pi\beta)/2$ und $\tanh n\pi\beta v = 1$ gesetzt werden. Für große Argumente $2n\pi\beta v$ können die trigonometrischen gegenüber den Hyperbelfunktionen vernachlässigt werden, und unter Beachtung der Beziehung $\arctan\alpha = \pi/2 - \operatorname{arccot}\alpha$ erhält man aus Gl. (10.4.50)

$$r(z) \sim f\sqrt{\frac{x_1}{x}}\exp[-n\pi\beta(1-v)], \qquad \varphi(z) \sim -n\pi\alpha(1-v). \tag{10.4.53}$$

Für höhere Schwingunggrade n kann hierbei $n\beta \approx \xi_o$ und $\alpha \approx 1$ gesetzt werden.

Unter Verwendung dieser Ergebnisse sind in [26] explizite Darstellungen für den Dämpfungsparameter ξ_o gewonnen worden. Und zwar liefert die Auswertung der ersten der beiden Gln. (10.4.46) bei $\xi_1 = 0$

$$\xi_o = \begin{cases} \dfrac{8}{\pi^2(1+\sqrt{\delta})}\sqrt{\dfrac{f}{f_u}}, & \text{für } f \le f_u, \\ \dfrac{8}{\pi^2(1+\sqrt{\delta})}\dfrac{f}{f_u}, & \text{für } f \ge f_u. \end{cases} \tag{10.4.54}$$

Hier ist dann ξ_o nur noch von den beiden Parametern f/f_u und δ abhängig. Der obere Wert gilt für kleine Dämpfungsparameter, der untere für große. Als Bereichsgrenze für die Gültigkeit des einen oder des anderen Wertes erweist sich der "Übergangs"-Wert f_u (10.4.47) der Amplitude f. Der zugehörige Übergangswert des Dämpfungsparameters ist

$$\xi_u = \frac{8}{\pi^2(1+\sqrt{\delta})}. \tag{10.4.55}$$

Für kleine Anregungsamplituden f kann man mit dem über die Höhe gemittelten Dämpfungsparameter ξ_o nach Gl. (10.4.54) befriedigende Ergebnisse für die Riseramplituden erzielen. Für große Anregungsamplituden f werden mit einem solchen Dämpfungsparameter die Riseramplituden im gefährdeten unteren Bereich jedoch zu stark gedämpft, und man erzielt bessere Ergebnisse mit einer ortsveränderlichen Dämpfung und Dämpfungsparametern ξ_o und ξ_1 nach Abb. 10.4.3. Die dort dargestellten ξ_1-Kurven streben für $f \rightarrow 0$ gegen Null, und die ξ_o-Kurven nähern sich den $\sqrt{f/f_{\ddot{u}}}$-Verläufen, wie sie für kleine Dämpfungen durch Gl. (10.4.54) ausgewiesen sind.

Mit den Parametern ξ_o und ξ_1 für ortsveränderliche Dämpfung nach Abb. 10.4.3 bzw. mit ξ_o für ortsunabhängige Dämpfung nach Gl. (10.4.54) können Amplitudenfunktion r(z) und Phasengang φ(z) der Riserauslenkung berechnet werden. Für ortsveränderliche Dämpfung ist dazu die komplexe Gl. (10.4.42), für ortsunabhängige Dämpfung entweder die komplexe Gl. (10.4.48) oder ihre reelle Darstellung (10.4.50) auszuwerten. Einige Beispiele der Berechnung sind in den Abb. 10.4.4 bis 10.4.11 grafisch dargestellt. Diese Grafiken gelten für einen Riser, der mit der 3. bzw. mit der 7. Eigenfrequenz angeregt und mit einer effektiven Längskraft V entsprechend $\delta = 0{,}252$ beansprucht wird. Die Mudgeschwindigkeit v ist Null, so daß neben Coriolis- und Rohrinnenreibungskraft auch die Zentrifugalkraft verschwindet. Die Grafiken zeigen Amplitudenfunktion und Phasengang der Riserauslenkung in Abhängigkeit von der Höhe z über dem Meeresboden. Abb. 10.4.4 gilt für $f = 0{,}49\ f_{\ddot{u}}$. Hier reicht eine Berechnung mit über die Höhe konstanter Dämpfung aus. In Abb. 10.4.5 mit $f = 1{,}02\ f_{\ddot{u}}$ sind die Ergebnisse sowohl für konstante als auch für höhenveränderliche Dämpfung gegenübergestellt, und in den beiden folgenden Abbildungen sind dann nur noch die Ergebnisse für variable Dämpfung dargestellt. Für die Abb. 10.4.8 bis 10.4.11 gilt entsprechendes.

Eingezeichnet sind weiterhin die Ergebnisse einer *nichtlinearen* numerischen Rechnung aus [45], das heißt unter Annahme des hydrodynamischen Widerstands $q_D = b|\dot{u}|\dot{u}$, jedoch ebenfalls unter Vernachlässigung der Biegesteifigkeit EI. Der Vergleich der auf der Grundlage der äquivalenten Linearisierung gewonnenen analytischen Ergebnisse mit denen der nichtlinearen numerischen Integration der Bewegungsgleichung zeigt in den dargestellten und in vielen weiteren untersuchten Fällen bezüglich Auslenkungsamplitude und -phase befriedigende Übereinstimmung. Deutlich kann man auch an den Abb. 10.4.5 und 10.4.9 die sich für größere Anregungsamplituden f abzeichnende Verbesserung der Ergebnisse bei veränderlicher gegenüber konstanter Dämpfung ablesen. Diese Aussage bezieht sich auf das erste relative Maximum der Amplitudenfunktion oberhalb des Meeresbodens, also in dem für die Riserbeanspruchung wichtigen Bereich.

Zwecks Berechnung dieser Beanspruchung, also der dynamischen Riserbiegespannungen, muß die Riserauslenkung u(z,t) zweimal nach z differenziert werden. Die Krümmungsamplitude

$$k(z) := \max_{0 \le t \le 2\pi/\omega_n} |u''(z,t)| \qquad (10.4.56)$$

bezogen auf f/d^2 ist in den Abb. 10.4.4 bis 10.4.11 ebenfalls grafisch dargestellt, und zwar sowohl für die analytisch-lineare als auch für die numerisch-nichtlineare Rechnung. Nach letzterer ergeben sich vielfach erheblich größere Krümmungsamplituden, besonders bei großen Anregungsamplituden.

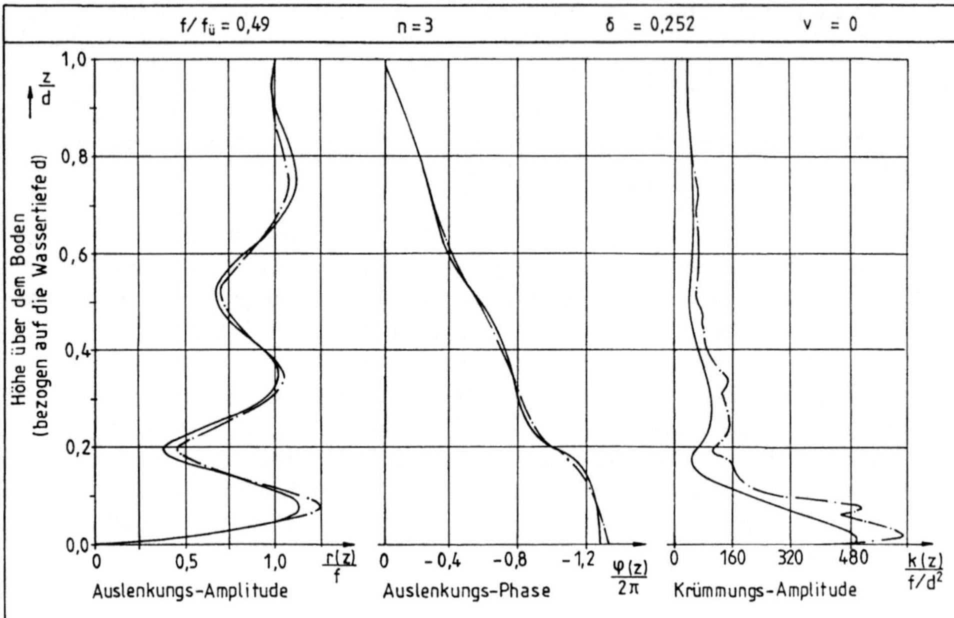

Abb.10.4.4 Riserauslenkung und -Krümmung

—— äquivalente Linearisierung mit ortsunabhängiger Dämpfung ($\xi_0 = 0,378$)

—·— nichtlineare numerische Lösung

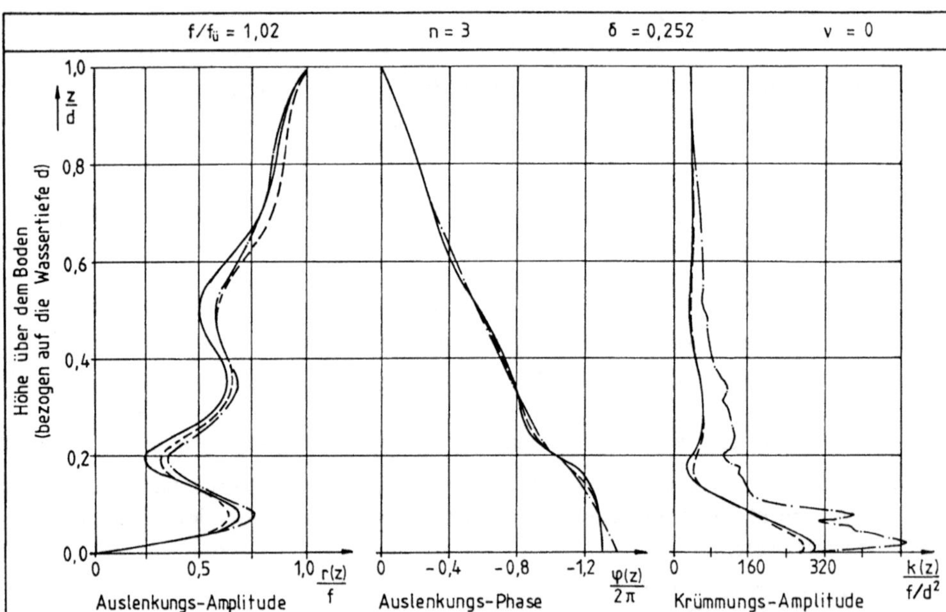

Abb.10.4.5 Riserauslenkung und -Krümmung

—— äquivalente Linearisierung mit ortsveränderlicher Dämpfung ($\xi_0 = 0,162$ $\xi_1 = 0,563$)

– – – äquivalente Linearisierung mit ortsunabhängiger Dämpfung ($\xi_0 = 0,550$)

—·— nichtlineare numerische Lösung

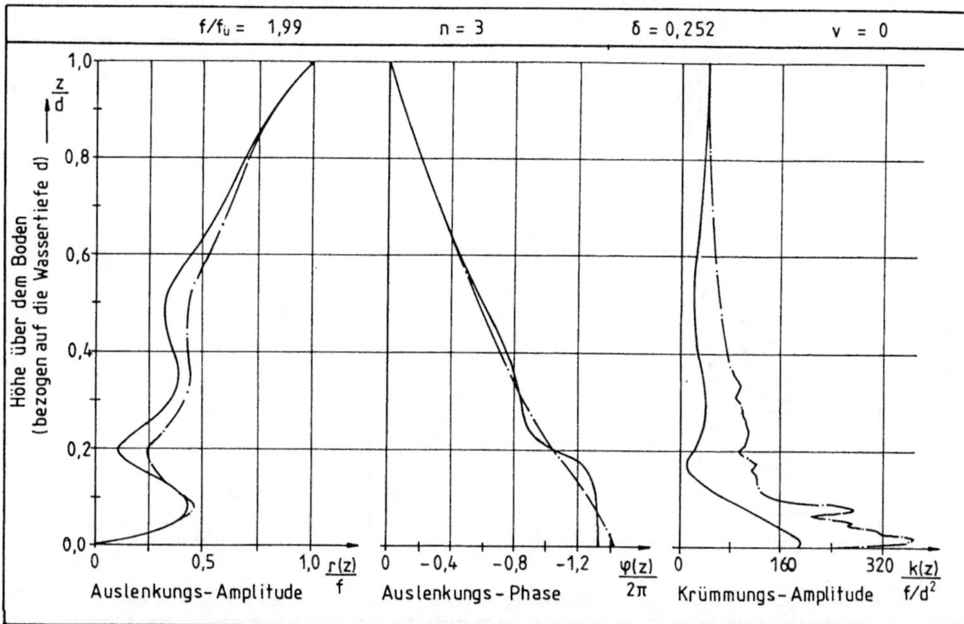

Abb. 10.4.6 Riserauslenkung und -Krümmung

—— äquivalente Linearisierung mit ortsveränderlicher Dämpfung (ξ_0=-0,377 ξ_1=1,657)

—·— nichtlineare numerische Lösung

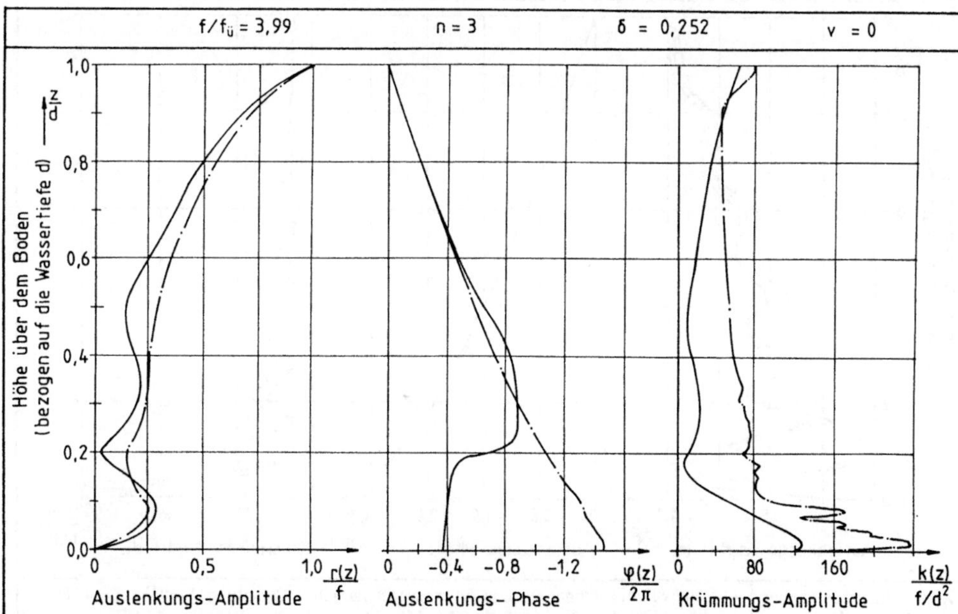

Abb. 10.4.7 Riserauslenkung und -Krümmung

—— äquivalente Linearisierung mit ortsveränderlicher Dämpfung (ξ_0=-1,657 ξ_1=4,002)

—·— nichtlineare numerische Lösung

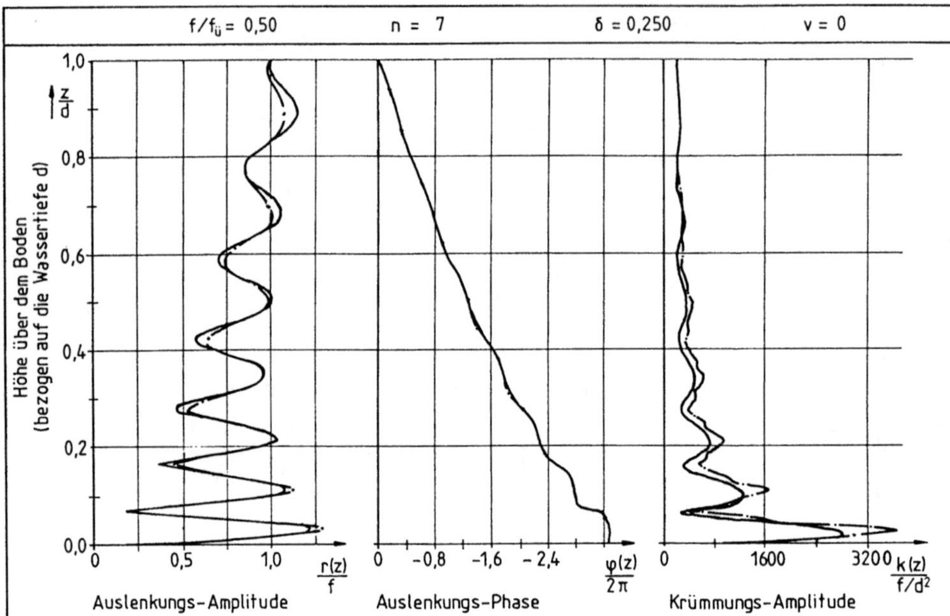

Abb. 10.4.8 Riserauslenkung und -Krümmung
—— äquivalente Linearisierung mit ortsunabhängiger Dämpfung ($\xi_0 = 0{,}382$)
—·— nichtlineare numerische Lösung

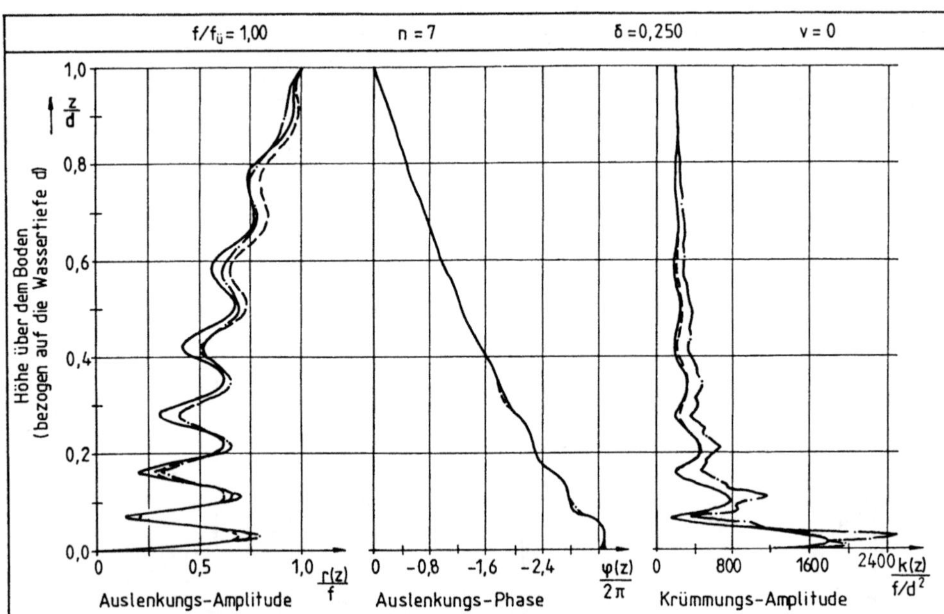

Abb. 10.4.9 Riserauslenkung und -Krümmung
—— äquivalente Linearisierung mit ortsveränderlicher Dämpfung ($\xi_0 = 0{,}156$ $\xi_1 = 0{,}560$)
– – – äquivalente Linearisierung mit ortsunabhängiger Dämpfung ($\xi_0 = 0{,}540$)
—·— nichtlineare numerische Lösung

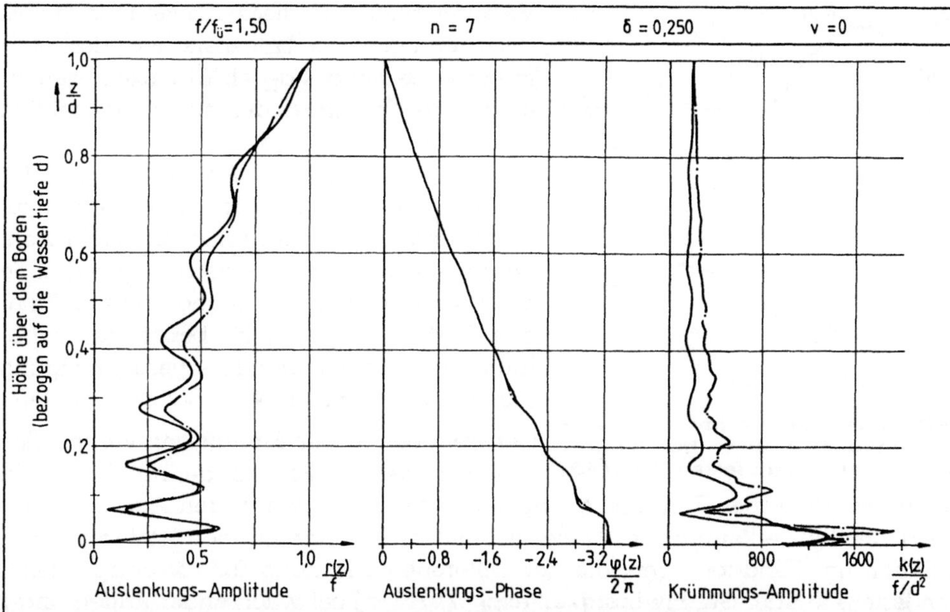

Abb. 10.4.10 Riserauslenkung und -Krümmung	—— äquivalente Linearisierung mit ortsveränderlicher Dämpfung ($\xi_0=-0{,}117$ $\xi_1=1{,}12$) —·— nichtlineare numerische Lösung

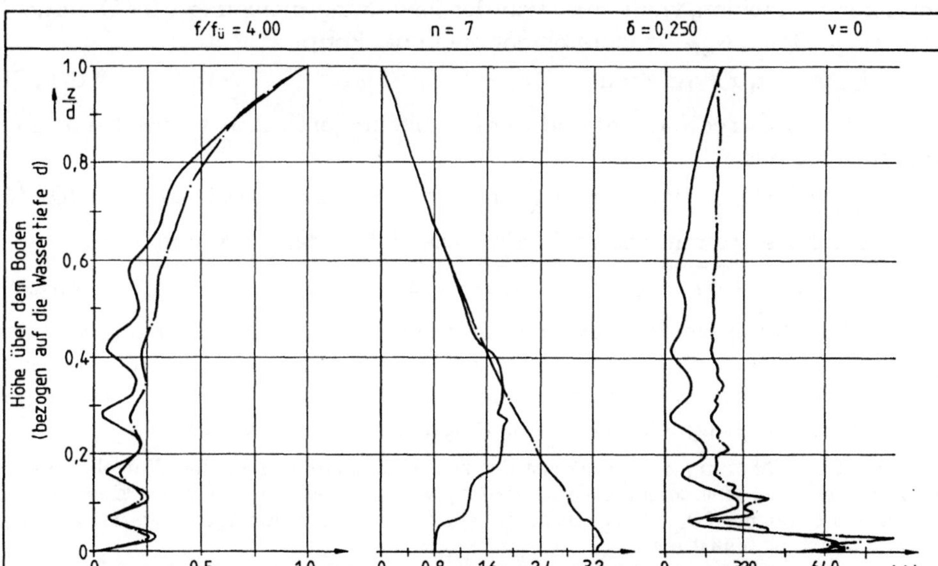

Abb. 10.4.11 Riserauslenkung und -Krümmung	—— äquivalente Linearisierung ortsveränderlicher Dämpfung ($\xi_0=-1{,}80$ $\xi_1=4{,}11$) —·— nichtlineare numerische Lösung

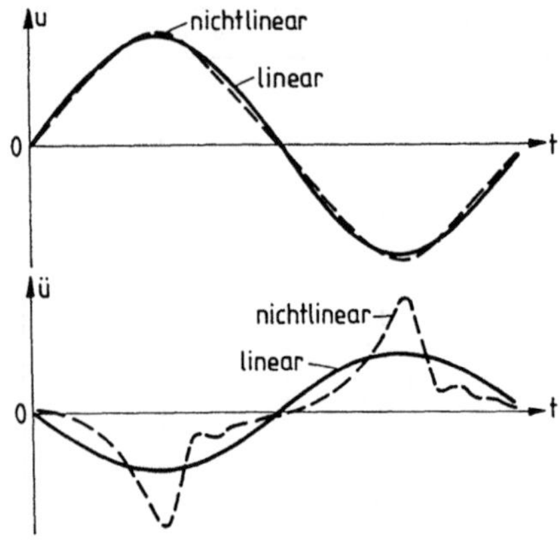

Abb. 10.4.12 Zeitverlauf der Riserauslenkung u und -beschleunigung ü an einem festen Ort z[45]

Verantwortlich für diese Abweichungen ist in erster Linie die Linearisierung des Strömungswiderstandes $q_D = b|\dot{u}|\dot{u}$ bzw. -genauer gesagt- der Ersatz der allgemein zeitlich periodisch verlaufenden Riserschwingung durch eine sinusförmige. Abb. 10.4.12 zeigt für ein ausgewähltes Beispiel den Zeitverlauf von u und ü an einem festen Ort z. Obwohl der Unterschied für die Auslenkung zwischen analytisch-linearer und numerisch-nichtlinearer Rechnung gering ist, besitzt das Extremum der nichtlinearen Riserbeschleunigung nahezu den doppelten Wert des der linearen.

Demgegenüber ist der Einfluß der vernachlässigten Biegesteifigkeit EI gering. Er äußert sich in den verletzten Randbedingungen $k(0)=k(d)=0$, wie in den Abb. 10.4.4 bis 10.4.11 deutlich erkennbar ist. Dabei handelt es sich ähnlich dem statischen Fall lediglich um Randstörungen, die der Differentialgleichung (10.3.5) entsprechend mindestens mit der Geschwindigkeit $\exp[-\sqrt{V/EI}\cdot z]$ bei wachsender Entfernung z sehr schnell auf Null abklingen.

Man kann bei der Krümmungsberechnung nach Gl. (10.4.56) das zweimalige Differenzieren vermeiden, wenn man von der Bewegungsgleichung (10.4.7) ausgeht. Für $a=0$, $q_t=0$ und $N'_{eff}=q$ schreibt man sie in der Form

$$N_{eff}u'' = -qu' + c\dot{u} + m\ddot{u}. \qquad (10.4.57)$$

Mit der Lösung $u = r\cos(\omega_n t+\varphi)$ und deren Ableitungen, z.B. $u' = r'\cos(\,) - r\varphi'\sin(\,)$, erhält man hieraus

$$N_{eff}u'' = -(qr' + \omega_n^2 mr)\cos(\omega_n t+\varphi) + (qr\varphi' - \omega_n cr)\sin(\omega_n t+\varphi) \qquad (10.4.58)$$

und somit für die Krümmungsamplitude als zeitliches Maximum von u''

$$k(z) = \frac{1}{N_{eff}}\sqrt{(qr' + \omega_n^2 mr)^2 + (qr\varphi' - \omega_n cr)^2}. \qquad (10.4.59)$$

In dieser Gleichung werden nur noch die ersten Ableitungen von r und φ benötigt. Sie ist deshalb auch für eine Näherungsrechnung geeignet, indem man nicht von den komplizierten Verläufen für r und φ, wie sie sich nach Gl. (10.4.42) ergeben, sondern von geeigneten einfachen Approximationen ausgeht.

Für eine solche Näherung kann zunächst der zweite Summand unter der Wurzel vernachlässigt werden, weil einerseits die Ortsänderung von φ gegenüber der von r klein ist und andererseits $c/(\omega_n m) = 2(\xi_0 + \xi_1\psi_1)$ insbesondere für höhere Schwingungsgrade sehr viel kleiner als Eins ist. Es ist also

$$k(z) \approx \frac{|qr' + \omega_n^2 mr|}{N_{eff}}. \qquad (10.4.60)$$

Im interessanten unteren Riserbereich wird nun die Amplitudenfunktion r(z) durch die Eigenschwingungsform $\Phi_n(z)$ approximiert, und man setzt

$$r(z) \approx r_2\sqrt{x_2}\,\Phi_n(z). \qquad (10.4.61)$$

r_2 ist darin der aus der linearisierten Rechnung bekannte Amplitudenwert an der Stelle z_2 des ersten Maximums oberhalb $z=0$ und x_2 die nach Gl. (10.4.14) zugehörige dimensionslose Koordinate. Für die Eigenschwingungsform gilt nach Gl. (10.4.39) mit $\nu_n = 0$, $\varkappa_n = n\pi/(x_1 - x_o)$ und $v = (x - x_o)/(x_1 - x_o)$

$$\Phi_n(z) \sim \frac{\sin n\pi v}{\sqrt{x}}. \tag{10.4.62}$$

Das Maximum von $r(z)$ wird ungefähr erreicht, wenn $\sin n\pi v$ das erste Mal Eins, also $v = 1/(2n)$ wird. Es ist mit $\delta = x_o/x_1$

$$x_2 \approx x_o + \frac{x_1 - x_o}{2n} = \left(\delta + \frac{1-\delta}{2n}\right) x_1 \tag{10.4.63}$$

und damit

$$\frac{z_2}{d} = x_2^2 - x_o^2. \tag{10.4.64}$$

Für die Ableitung $r' = r_2 \sqrt{x_2}\, \Phi_n'(z)$ benötigt man schließlich noch

$$\Phi_n'(z) \sim \frac{1}{d}\left[\frac{n\pi}{2(x_1 - x_o)} \frac{\cos n\pi v}{x\sqrt{x}} - \frac{\sin n\pi v}{4x^2\sqrt{x}}\right]. \tag{10.4.65}$$

Damit kann die Krümmung $k(z)$ nach Gl. (10.4.60) berechnet werden.

Ist die Krümmung $k(z)$ bekannt, dann ergeben sich die Riserbiegespannungen aus

$$\sigma_b = \frac{1}{2} E D k. \tag{10.4.66}$$

Die hier berechnete Krümmungsamplitude $k(z)$ ist -wie bereits mehrfach betont- das Ergebnis einer linearisierten Rechnung. Eine Korrektur durch eine bessere Berücksichtigung des nichtlinearen Strömungswiderstandes wird erforderlich. Ein Berechnungsansatz dazu wird im folgenden Abschnitt vorgestellt.

Beispiel 10.4.1: dynamische Beanspruchung eines Risers bei harmonischer Schiffsbewegung

KONSTRUKTIONSDATEN

Durchmesser:	$D = 0{,}4064$ m
Wanddicke:	$t = 12{,}57$ mm
Länge:	$l \approx d = 2000$ m
äußere Fläche:	$A = 0{,}1297$ m²
innere Fläche:	$A_1 = 0{,}1142$ m²
Querschnittsfläche:	$A_R = 0{,}01556$ m²
Flächenträgheitsmoment:	$I = 3{,}014 \cdot 10^{-4}$ m⁴
Biegesteifigkeit:	$EI = 6{,}218 \cdot 10^4$ kNm²
Dichte Stahl:	$\rho_R = 7850$ kg/m³
Dichte Mud:	$\rho_M = 1895$ kg/m³
Dichte Seewasser:	$\rho = 1025$ kg/m³
Mudgeschwindigkeit:	$v = 0$
Risergewicht Gl. (10.1.7):	$q = 2{,}016$ kN/m
Risermasse Gl. (10.1.13):	$m = 471{,}5$ kg/m
Tensionerkraft, gewählt:	$V_1 = 4306$ kN
effektive Längskraft Gl. (10.1.8):	$V = 274$ kN
Variable Gl. (10.4.27):	$x_o = 0{,}2607$, $x_1 = 1{,}0334$
Parameter Gl. (10.4.29):	$\delta = 0{,}252$
Grundfrequenz Gl. (10.4.36):	$\omega_1 = 0{,}094$ 1/s
Widerstandsbeiwert:	$C_D = 0{,}7$
Widerstandskonstante:	$b = 145{,}8$ kg/m²

BOHRSCHIFFSBEWEGUNG

Amplitude:	$f = 4{,}1$ m
Erregerfrequenz:	$\omega = \omega_3 = 3\,\omega_1 = 0{,}282$ 1/s

HYDRODYNAMISCHE DÄMPFUNG

Amplitude Gl. (10.4.47): $f_u = 2{,}056$ m

Dämpfungsparameter für $n = 3$, $\delta = 0{,}252$ und $f/f_u = 1{,}99$ aus Abb. 10.4.3: $\xi_o = -0{,}35$, $\xi_1 = 1{,}65$

RISERAUSLENKUNG

Parameter Gl. (10.4.43): $\alpha = 1{,}0067$, $\beta = 0{,}1159$

Parameter Gl. (10.4.41): $\varkappa = 12{,}2(\alpha - i\beta)$

$$\varepsilon = \frac{1{,}1\, i}{(\alpha - i\beta)^2}$$

Die Auswertung der Gl.(10.4.42) im Komplexen liefert Amplitudenfunktion $r(z)$ nach Abb. 10.4.6. Hieraus ergibt sich erstes Maximum oberhalb $z = 0$: $r_2 = 0{,}43 f = 1{,}76$ m

Ort des Maximums Gln. (10.4.63) und (10.4.64): $x_2 = 0{,}3893$, $z_2 = 167$ m

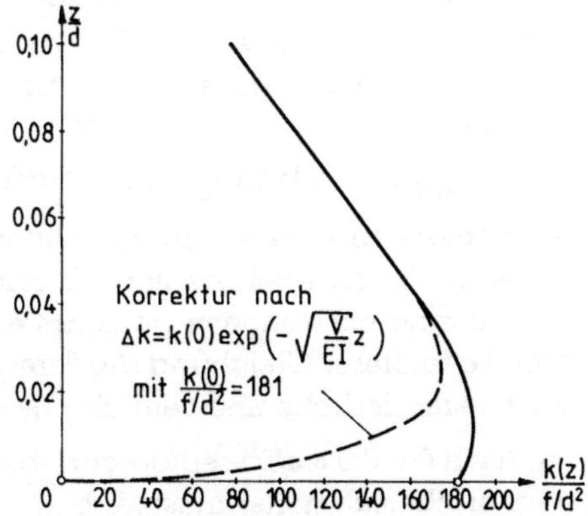

Abb. 10.4.13 Krümmungsamplitude $k(z)$ eines resonanzerregten Drilling-Risers

DYNAMISCHE BIEGESPANNUNGEN
Man berechnet für jede Höhe z der Reihe nach aus den Gleichungen (10.4.14) x, (10.4.49) v, (10.4.61) und (10.4.62) r, (10.4.61) und (10.4.65) r', (10.4.12) N_{eff} und schließlich aus Gl. (10.4.60) einen Näherungswert für die Krümmung k(z). Diese Krümmung ist in normierter Form als Funktion von z in Abb. 10.4.13 grafisch dargestellt. Man vergleiche diese Näherungswerte mit den Ergebnissen der Abb. 10.4.6. Die in Abb. 10.4.13 eingezeichnete Korrektur ergibt sich näherungsweise, wenn in der Bewegungsgleichung (10.1.12) das erste Glied und damit die Biegesteifigkeit EI mitgeführt werden. Die durch dieses Glied verursachte Randstörung wirkt sich lediglich auf den unteren 50 m des Risers aus.

Als Endergebnis entnimmt man der Abb. 10.4.13 als maximale Krümmungsamplitude - und zwar ohne Berücksichtigung der Korrektur und damit auf der sicheren Seite gelegen-

$$\frac{k_{max}}{f/d^2} \approx 188, \quad k_{max} \approx 1{,}93 \cdot 10^{-4}\, 1/m,$$

und aus Gl. (10.4.66) folgt die maximale dynamische Biegespannung $\sigma_{b,max} \approx 8$ N/mm².

10.4.5 Oberschwingungen als Korrektur der linearisierten Analyse

Die Schwingungsanalyse in Abschnitt 10.4.4 unter Verwendung der linearisierten Bewegungsgleichung liefert die Riserauslenkung als harmonische Bewegung mit der Erregerfrequenz $\omega_n = n\,\omega_1$. Infolge des nichtlinearen Strömungswiderstandes werden jedoch auch Oberschwingungen angeregt, hauptsächlich die 3n. Harmonische. Folgend wird eine Oberschwingung u_o angesetzt, die als kleine Korrektur die Schwingung u verbessern soll. Es wird also

$$\max|u_o| \ll \max|u| \tag{10.4.67}$$

vorausgesetzt. Die Gesamtbewegung ist dann

$$u_g := u + u_o. \tag{10.4.68}$$

Diese soll im Sinne einer harmonischen Balance die nichtlineare Bewegungsgleichung (10.1.12) unter Vernachlässigung von EI, q_t und a befriedigen. Wegen Gl. (10.4.67) kann dabei der Strömungswiderstand durch

$$q_D = b\,|\dot{u}_g|\,\dot{u}_g = b\,|\dot{u} + \dot{u}_o|(\dot{u} + \dot{u}_o) \approx b|\dot{u}|\,\dot{u} + 2b|\dot{u}|\,\dot{u}_o \tag{10.4.69}$$

abgeschätzt werden. Gl. (10.1.12) kann damit wie folgt geschrieben werden:

$$-(N_{eff}u')' + c\dot{u} + m\ddot{u} - (N_{eff}u_o')' + 2b|\dot{u}|\dot{u}_o + m\ddot{u}_o = c\dot{u} - b|\dot{u}|\,\dot{u}. \tag{10.4.70}$$

Da u Lösung der linearisierten Differentialgleichung (10.4.7) sein soll, verschwinden die ersten drei Summanden dieser Gleichung, und es verbleibt zur Berechnung der gesuchten Korrektur u_o mit

$$-(N_{eff}u_o')' + 2b|\dot{u}|\dot{u}_o + m\ddot{u}_o = c\dot{u} - b|\dot{u}|\dot{u} \tag{10.4.71}$$

eine inhomogene *lineare* partielle Differentialgleichung 2. Ordnung mit zeit- und ortsveränderlichen Koeffizienten. Es handelt sich dabei um die Bewegungsgleichung für eine erzwungene gedämpfte Schwingung. u(z,t) liefert sowohl mit der rechten Seite dieser Gleichung die Erregung als auch mit dem Koeffizienten $2b|\dot{u}|$ eine ortsveränderliche und zeitlich pulsierende Dämpfung.

Es gilt nach Gl. (10.4.45) reell geschrieben $u = r\cos(\omega_n t + \varphi)$ und $\dot{u} = -\omega_n r \sin(\omega_n t + \varphi)$. Hieraus ergibt sich näherungsweise

$$|\dot{u}| = \omega_n r\,|\sin(\omega_n t + \varphi)| \approx \frac{2}{\pi}\,\omega_n r, \tag{10.4.72}$$

$$|\dot{u}|\dot{u} = -\omega_n^2 r^2 |\sin(\omega_n t+\varphi)|\sin(\omega_n t+\varphi) \approx -\frac{8}{15\pi}\omega_n^2 r^2 [5\sin(\omega_n t+\varphi) - \sin 3(\omega_n t+\varphi)]. \quad (10.4.73)$$

In Gl. (10.4.72) handelt es sich bei dieser Näherung um das erste Glied der *Fourier*-Reihe, also um den zeitlichen Mittelwert, und in Gl. (10.4.73) um die ersten beiden Glieder.

Es wird nun die rechte Seite von Gl. (10.4.71) gebildet. Die hier enthaltene n. Harmonische besitzt den Faktor $(3\pi c - 8\omega_n br)$. Nun folgt aus der Fehlerquadratminimierung mit Gl. (1.4.109) das identische Verschwinden dieses Faktors, falls die Dämpfungskonstante c(z) an jeder Stelle der Amplitudenfunktion r(z) proportional ist. Nach der Analyse in Abschnitt 10.4.4 ist das allerdings nur in einem gewissen Mittel der Fall. Jedenfalls kann die n. Harmonische der rechten Seite gegenüber ihrer 3n. Harmonischen gestrichen werden. Aus Gl. (10.4.71) folgt dann unter Beachtung des Additionstheorems für $\sin 3(\omega_n t+\varphi)$

$$-(N_{eff}u_o')' + \frac{4}{\pi}\omega_n br\,\dot{u}_o + m\ddot{u}_o = -\frac{8}{15\pi}\omega_n^2 br^2(\cos 3\varphi \sin 3\omega_n t + \sin 3\varphi \cos 3\omega_n t). \quad (10.4.74)$$

Zur Lösung dieser Differentialgleichung soll das *Galerkin*sche[1] Verfahren mit dem Modalansatz

$$u_o = \Phi_{3n} q_{3n} \quad (10.4.75)$$

angewendet werden. Nun ist einerseits nach Gl. (10.4.62) $\Phi_{3n} \sim \sin 3n\pi v/\sqrt{x}$, und andererseits gilt grob genähert $\varphi \sim n\pi(v-1)$, was man an Hand der Abb. 10.4.4 bis 10.4.11 ablesen kann und was mit Gl. (10.4.53) für den Spezialfall großer ortsinvarianter Dämpfung auch mathematisch nachgewiesen wurde. Auf der rechten Seite der *Galerkin*schen Gleichung entstehen unter dem von z=0 bis z = d erstreckten Integral die beiden Summanden $\Phi_{3n}\cos 3\varphi \sim -\sin 3n\pi v \cos 3n\pi v/\sqrt{x}$ und $\Phi_{3n}\sin 3\varphi \sim -\sin^2 3n\pi v/\sqrt{x}$. Von diesen ist der erste im Integrationsbereich im Mittel Null und kann deshalb gegenüber dem zweiten gestrichen werden. Die *Galerkin*sche Gleichung lautet damit und nach partieller Integration ihres ersten Gliedes

$$\int_0^d (N_{eff}\Phi_{3n}'^2 q_{3n} + \frac{4}{\pi}\omega_n br\,\Phi_{3n}^2 \dot{q}_{3n} + m\Phi_{3n}^2 \ddot{q}_{3n})dz = -\frac{8}{15\pi}\omega_n^2 \int_0^d br^2 \sin 3\varphi\, \Phi_{3n} dz \cdot \cos 3\omega_n t. \quad (10.4.76)$$

Hier tauchen nun der Reihe nach die generalisierte Steifigkeit, die generalisierte Dämpfung, die generalisierte Masse und die generalisierte Erregerkraft auf:

$$K_{3n} = \int_0^d N_{eff}\Phi_{3n}'^2 dz, \quad (10.4.77)$$

$$C_{3n} = \frac{4}{\pi}\omega_n \int_0^d br\,\Phi_{3n}^2 dz, \quad (10.4.78)$$

$$M_{3n} = \int_0^d m\Phi_{3n}^2 dz, \quad (10.4.79)$$

$$F_{0.3n} = \frac{8}{15\pi}\omega_n^2 \int_0^d br^2 \sin 3\varphi\, \Phi_{3n} dz. \quad (10.4.80)$$

1) *Boris Grigoriewitsch Galerkin* (1871-1945), russ. Mathematiker, Mechaniker und Hochschullehrer, veröffentlichte 1915 eine Methode zur approximativen Lösung von Differentialgleichungen

Damit schreibt sich die *Galerkin*sche Gleichung einfacher wie folgt

$$K_{3n} q_{3n} + C_{3n} \dot{q}_{3n} + M_{3n} \ddot{q}_{3n} = -F_{0,3n} \cos 3\omega_n t. \qquad (10.4.81)$$

Der Lösungsansatz für den Resonanzfall

$$q_{3n} = f_{3n} \sin 3\omega_n t, \qquad (10.4.82)$$

für den $K_{3n} q_{3n} + M_{3n} \ddot{q}_{3n} = 0$ gilt, ist gegenüber der Erregung um $\pi/2$ phasenverschoben. Aus Gl. (10.4.81) erhält man die gesuchte Amplitude

$$f_{3n} = -\frac{F_{0,3n}}{3\omega_n C_{3n}} = -\frac{2}{45} \frac{\int_0^d b r^2 \Phi_{3n} \sin 3\varphi \, dz}{\int_0^d b r \Phi_{3n}^2 \, dz}. \qquad (10.4.83)$$

Für eine grobe Abschätzung setzt man nach Gl. (10.4.50) $r \sim f\sqrt{x_1/x} \cdot g(v)$ mit einer Funktion $g(v)$ die am unteren Riserende den Wert Null besitzt und bis zur Meeresoberfläche auf den Wert Eins anwächst. Für die Integrationen in Gl. (10.4.83) wird im Nenner als ein Mittel dieser Funktion 1/2 und daraus folgend im Zähler als ein quadratischer Mittelwert 1/4 im Integrationsbereich konstant gesetzt. Da $\Phi_{3n} \sim \sim \sin 3n\pi v/\sqrt{x}$ und näherungsweise $\Phi_{3n} \sin 3\varphi \sim -\sin^2 3n\pi v/\sqrt{x}$ gilt, folgt aus Gl. (10.4.83)

$$f_{3n} \approx \frac{\sqrt{x_1}}{45} f. \qquad (10.4.84)$$

Damit kann das Ergebnis der linearisierten Rechnung in Abschnitt 10.4.4 korrigiert werden. Die Amplitude (10.4.83) ist zwar klein gegenüber den Größtwerten der Amplitudenfunktion $r(z)$, bei der Krümmungs- und damit bei der Biegespannungsberechnung wirkt sich die Oberschwingung trotzdem in erheblichem Maße aus.

Die zur Oberschwingung gehörige Krümmungsamplitude $k_o(z)$ findet man analog dem Vorgehen in Abschnitt 10.4.4. Man hat lediglich in Gl. (10.4.59) bzw. (10.4.60) an Stelle von $r(z)$ das hiesige Ergebnis $f_{3n}\Phi_{3n}(z)$ und an Stelle von ω_n^2 hier $\omega_{3n}^2 = 9\,\omega_n^2$ zu setzen, d.h. die Näherungsformel (10.4.60) lautet hier

$$k_o(z) \approx f_{3n} \frac{|q\Phi'_{3n} + 9\omega_n^2 m \Phi_{3n}|}{N_{eff}}. \qquad (10.4.85)$$

Die hierfür benötigte Ableitung der Eigenfunktion Φ_{3n} ergibt sich wie bei Gl. (10.4.65) zu

$$\Phi'_{3n} \sim \frac{1}{d}\left[\frac{3n\pi}{2(x_1 - x_o)} \frac{\cos 3n\pi v}{x\sqrt{x}} - \frac{\sin 3n\pi v}{4x^2\sqrt{x}}\right]. \qquad (10.4.86)$$

Bei der Superposition der Riserkrümmungen $k(z)$ und $k_o(z)$ ist deren im allgemeinen unterschiedliche Phasenlage zu beachten. Zur sicheren Seite schätzt man ab, wenn man die Krümmungswerte einfach addiert. Der Summenwert entspricht einer gegenseitigen Phasenverschiebung Null. Den kleinst möglichen resultierenden Krümmungswert liefert der quadratische Mittelwert aus k und k_o. Dieser ergibt sich bei einer gegenseitigen Phasenverschiebung von $\pi/2$.

Beispiel 10.4.2: dynamische Beanspruchung eines Risers bei harmonischer Schiffsbewegung

Es wird das Beispiel 10.4.1 weitergeführt und der Verlauf $k_o(z)$ aus der Oberschwingung für den unteren Riserbereich ermittelt. Zunächst findet man aus Gl. (10.4.84) als Näherung für die Amplitude der Oberschwingung $f_{3n} = 0{,}093$ m. Weiter berechnet man für jede

Höhe z der Reihe nach aus Gl. (10.4.14) x, aus Gl. (10.4.49) v, aus Gl. (10.4.62) Φ_{3n}, aus Gl. (10.4.86) Φ'_{3n} und schließlich aus Gl. (10.4.85) die gesuchte Krümmung $k_o(z)$. In dimensionsloser Form ist sie in Abb. 10.4.14 für die unteren 200 m des Risers grafisch dargestellt.

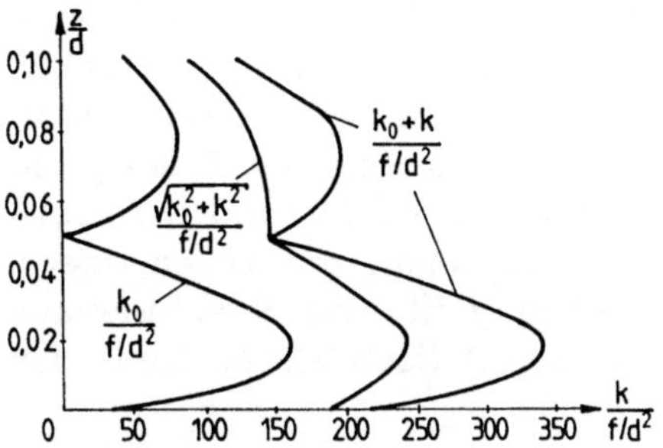

Abb. 10.4.14 Krümmungsamplitude für die Oberschwingung sowie die resultierende Schwingung eines Risers

Diese ist der Krümmung k(z) der linearisierten Rechnung in Beispiel 10.4.1 zu überlagern. Für eine Phasendifferenz $\pi/2$ ist die Gesamtkrümmung $k_g = \sqrt{k^2+k_o^2}$, für eine Phasendifferenz Null $k_g = k + k_o$. Bei gleicher Phasenlage schätzt man bei $z/d = 0{,}018$ mit

$$\frac{k_{g,max}}{f/d^2} \approx 350, \quad k_{g,max} \approx 3{,}59 \cdot 10^{-4}\ 1/m$$

zur sicheren Seite hin ab. Nach Gl. (10.4.66) ist dann die maximale Biegespannung $\sigma_{b,max} = 15\ N/mm^2$ und damit fast doppelt so groß wie nach der linearisierten Rechnung.

Man vergleiche den Krümmungsverlauf in Abb. 10.4.14 mit dem der numerisch-nichtlinearen Rechnung in Abb. 10.4.6.

10.4.6 Stochastische Schwingungsanalyse

Nichtlineare Effekte schlagen bei stochastischer Belastung nicht so stark auf die Ergebnisse durch wie bei deterministischer. Bei der Schwingungsanalyse des Drilling-Risers im unregelmäßigen Seegang kann daher auf Feinheiten der Berechnung, wie sie beim Entwurfswellenkonzept vorgestellt wurden, verzichtet werden. So wird hier lediglich mit einer ortsunabhängigen hydrodynamischen Dämpfung gerechnet. Die Konstante c_o dieser dem nichtlinearen Strömungswiderstand äquivalenten Dämpfung ergibt sich aus Gl. (10.4.5) für $k = l = 0$, $\psi_o = 1$ und $\psi_1 = 0$ zu

$$c_o = \frac{\int_0^d \int_0^T b\,|\dot{u}|\,\dot{u}^2\,dz\,dt}{\int_0^d \int_0^T \dot{u}^2\,dz\,dt}. \tag{10.4.87}$$

$\dot{u}$ ist im unregelmäßigen Seegang ein zentrierter ergodischer Zufallsprozeß. Die zeitlichen Mittelwerte stimmen dann mit den statistischen Erwartungswerten überein. Mit dem Dämpfungsparameter $\xi_o = c_o/(2m\omega_1)$ sowie bei $b(z) = b =$ konstant folgt somit

$$\xi_o = \frac{b}{2m\omega_1} \frac{\int_0^d E[|\dot{u}|\dot{u}^2]\,dz}{\int_0^d E[\dot{u}^2]\,dz}. \tag{10.4.88}$$

Die Geschwindigkeit $\dot{u}$ kann man sich aus unendlich vielen, voneinander statistisch unabhängigen harmonischen Komponenten $\dot{u}_n$ zusammengesetzt denken. Der Aussage des zentralen Grenzwertsatzes entsprechend ist dann $\dot{u}$ normalverteilt, und nach Gl. (3.10.7) gilt $E[|\dot{u}|\dot{u}^2] = \sqrt{8/\pi}\,\sigma_{\dot{u}}^3$. Es ist $\sigma_{\dot{u}}$ die Standardabweichung der Risergeschwindigkeit, eine in Abhängigkeit von der Höhe z deterministische Funktion. Mit der Variablentransformation (10.4.14) $dz = 2d \cdot x\,dx$ sowie mit $E[\dot{u}^2] = \sigma_{\dot{u}}^2$ folgt weiter

$$\xi_o = \sqrt{\frac{2}{\pi}}\,\frac{b}{m\omega_1}\,\frac{\int_{x_o}^{x_1}\sigma_{\dot u}^3\,x\,dx}{\int_{x_o}^{x_1}\sigma_{\dot u}^2\,x\,dx}\,. \tag{10.4.89}$$

Für die Berechnung der Standardabweichung $\sigma_{\dot u}$ geht man vom Wellenenergiespektrum $\Phi_{\zeta\zeta}(\omega)$ für das betrachtete Seegebiet aus. Mit der Übertragungsfunktion $H_f(\omega)$ zwischen dem Seegang $\zeta(t)$ und der Horizontalbewegung $f(t)$ des Bohrschiffs folgt nach den Gesetzen für Eingangs-Ausgangs-Beziehungen von Zufallsprozessen zunächst das Antwortspektrum des Bohrschiffs $\Phi_{ff} = H_f^2\,\Phi_{\zeta\zeta}$ und aus diesem mit der von der deterministischen Analyse her bekannten komplexen Übertragungsfunktion $H(z,\omega)$ zwischen Bohrschiffsbewegung $f(t)$ und Riserauslenkung $u(z,t)$ deren Energiespektrum $\Phi_{uu}(z,\omega) = |H(z,\omega)|^2\,\Phi_{ff}(\omega)$. Nach Gl. (2.16.16) ist dann die Varianz der Risergeschwindigkeit

$$\sigma_{\dot u}^2(z) = \int_0^\infty \omega^2\,|H(z,\omega|^2\,\Phi_{ff}(\omega)\,d\omega\,. \tag{10.4.90}$$

Das Spektrum Φ_{ff} wird in äquidistanten Frequenzschritten $\Delta\omega := \omega_{n+1} - \omega_n$ mit den Risereigenfrequenzen ω_n diskretisiert. Die Amplitude der n. harmonischen Komponente der Riserauslenkung ist nach Gl. (2.14.17) $f_n = \sqrt{2\,\Phi_{ff}(\omega_n)\,\Delta\omega}$, womit

$$\sigma_{\dot u}^2(z) = \frac{1}{2}\sum_{n=1}^{\infty}\omega_n^2\,|H(z,\omega_n)|^2\,f_n^2 \tag{10.4.91}$$

folgt. Die hierin benötigte Übertragungsfunktion erhält man für den Fall ortsinvarianter Dämpfung aus Gl. (10.4.48) mit dem Eingang am Bohrschiff $f(t) = f_n\exp(i\omega_n t)$ und der n. Komponente der Riserantwort $u_n(z,t) = r_n(z)\exp[i\omega_n t + \varphi_n(z)]$ als Ausgang zu

$$H(z,\omega_n) = \frac{r_n}{f_n}\exp(i\varphi_n) = \sqrt{\frac{x_1}{x}}\,\frac{\sin\varkappa(x-x_o)}{\sin\varkappa(x_1-x_o)}\,. \tag{10.4.92}$$

Gl. (10.4.91) lautet damit

$$\sigma_{\dot u}^2(z) = \frac{1}{2}\sum_{n=1}^{\infty}\omega_n^2\,r_n^2\,. \tag{10.4.93}$$

Man kann sich hier auf den Fall kleiner Dämpfung beschränken und die Amplitudenfunktion $r_n(z)$ nach Gl. (10.4.52) verwenden. Setzt man in dieser im Summationsbereich für $\sin^2 n\pi v$ näherungsweise den Mittelwert 1/2 ein und zieht ihn vor die Summe, dann gilt für die Varianz

$$\sigma_{\dot u}^2(z) \approx \frac{\omega_1^2}{4\pi^2\xi_o^2}\,\frac{x_1}{x}\sum_{n=1}^{\infty} n^2 f_n^2\,. \tag{10.4.94}$$

Die daraus folgende Standardabweichung $\sigma_{\dot u}$ setzt man in Gl. (10.4.89) ein, löst die elementaren Integrale, erweitert Zähler und Nenner mit $\sqrt{x_1} + \sqrt{x_o}$ und zieht die Wurzel. Damit gewinnt man abschließend den gesuchten Dämpfungsparameter für die Zufallsschwingungen des Drilling-Risers in der Form

$$\xi_o = \frac{1}{\pi}\sqrt{\frac{\sqrt{2\pi}}{1+\sqrt{\delta}}\,\frac{b}{m}\,\sqrt{\sum_{n=1}^{\infty} n^2 f_n^2}}\,. \tag{10.4.95}$$

Die Ähnlichkeit dieser Formel mit der ersten von Gl. (10.4.54) ist auffällig. Für nur eine Komponente n gehen beide bis auf einen abweichenden Zahlenfaktor ineinander über.

Ist auf diese Weise der äquivalente Dämpfungsparameter ξ_o aus den einzelnen Bohrschiffamplituden f_n ermittelt worden, berechnet man mit diesem Amplitudenfunktion $r_n(z)$ und Phasengang $\varphi_n(z)$ für jede Komponente n der Riserauslenkung nach Gl. (10.4.48) oder Gl. (10.4.50) und die zugehörige Krümmungsamplitude $k_n(z)$ aus Gl. (10.4.59) oder Gl. (10.4.60).

Damit sind die Biegespannungskomponenten $\sigma_{b,n}(z)$ bekannt. Die Abb. 10.4.15 zeigt für ein durchgerechnetes Beispiel den Verlauf dieser Komponenten für die unteren 500 m eines 2000 m langen Risers. Dieser Abb. kann man entnehmen, daß die Maximalwerte $\sigma_{bmax,n}$ sämtlich im untersten 50 m-Bereich und ungefähr in derselben Höhe z liegen. Für den zeitlichen Verlauf der Biegespannung am Ort ihres Maximalwerts gilt

$$\sigma_n(t) = \sigma_{bmax,n} \cos(\omega_n t + \alpha_n) \qquad (10.4.96)$$

mit im Bereich von 0 bis 2π gleichverteilten Zufallsphasen α_n. Die Superposition sämtlicher $\sigma_n(t)$ liefert für die Riserbiegespannungen bei einer großen Anzahl von Komponenten nach dem allgemeinen Grenzwertsatz einen normalverteilten Zufallsprozeß $\sigma(t)$. Als statistischen Kennwert dieses Zufallsprozesses gewinnt man z.B. als Moment nullter Ordnung m_o die Varianz der maximalen Biegespannung

$$m_o = \sigma_\sigma^2 = E[\sigma^2] = \sum_{n=1}^{\infty} E[\sigma_n^2] =$$

$$= \frac{1}{2} \sum_{n=1}^{\infty} \sigma_{bmax,n}^2 . \qquad (10.4.97)$$

Damit kann z.B. der signifikante Spannungswert $\sigma_s = 2\sqrt{m_o}$ oder der während der Seegangsdauer T statistisch erwartete Maximalwert der Spannung $E[x_m]$ nach Gl. (2.20.61) berechnet werden.

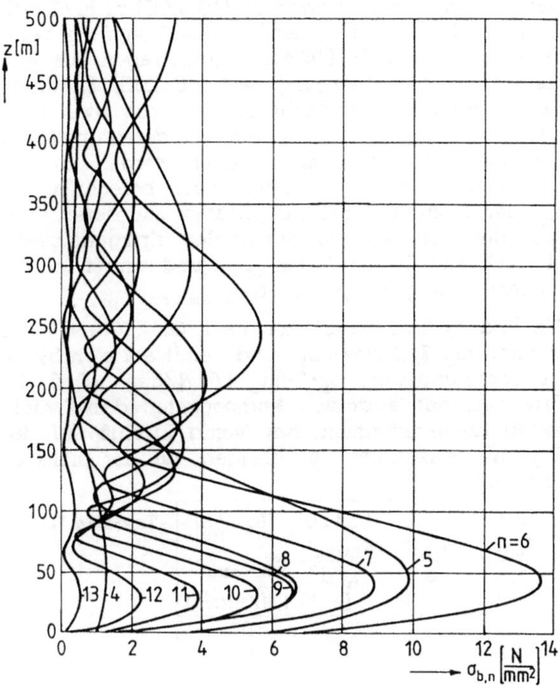

Abb. 10.4.15 Biegespannungskomponenten $\sigma_{b,n}$ eines 2000 m langen Risers im unregelmäßigen Seegang als Funktion der Höhe z

Beispiel 10.4.3: dynamische Beanspruchung eines Risers im unregelmäßigen Seegang

Es wird derselbe Riser wie im Beispiel 10.4.1 behandelt. Vorgelegt wird ein typisches Nordsee-Wellenenergiespektrum mit einer signifikanten Wellenhöhe $h_s = 10$ m und einer charakteristischen Periode $T_1 = 8$ s. In Abhängigkeit von der Wellenfrequenz ω lautet es

$$\Phi_{\zeta\zeta}(\omega) = \frac{A}{\omega^5} \exp\left(-\frac{B}{\omega^4}\right), \qquad A = 173\,\frac{h_s^2}{T_1^4}, \qquad B = \frac{691}{T_1^4} .$$

Es ist in Abb. 10.4.16 oben grafisch dargestellt. Darunter ist die - als bekannt vorausgesetzte- Übertragungsfunktion $H_f(\omega)$ für die Surge-Bewegung des Bohrschiffs gezeichnet. Das Antwortspektrum des Bohrschiffs ist dann $\Phi_{ff}(\omega) = H_f^2\,\Phi_{\zeta\zeta}(\omega)$. Dieses Antwortspektrum wird entsprechend Abb. 10.4.17 diskretisiert und in der Tabelle 10.4.1 ausgewertet. Aus den so gefundenen Bohrschiffamplituden $f_n = \sqrt{2\,\Phi_{ff}(\omega_n)\,\Delta\omega}$ ergibt sich der mittlere

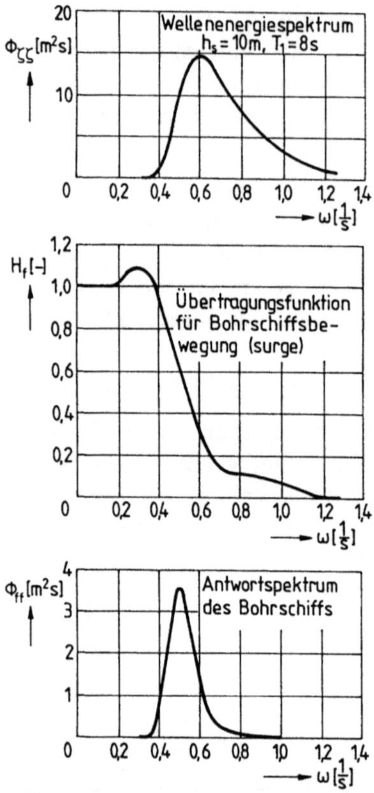

Abb. 10.4.16 Wellenenergiespektrum, Übertragungsfunktion und Antwortspektrum des Bohrschiffs

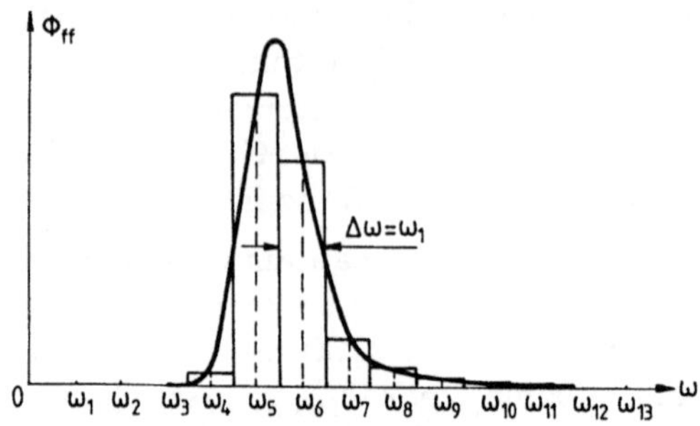

Abb. 10.4.17 Antwortspektrum des Bohrschiffs und seine Diskretisierung

Dämpfungsparameter nach Gl. (10.4.95) zu $\xi_o = 0{,}582$. Zum Vergleich sind in der Tabelle Dämpfungsparameter $\xi_{o,n}$ nach Gl. (10.4.54) eingetragen, die alle kleiner als der Übergangswert (10.4.55) $\xi_u = 0{,}540$ sind. Diese wären maßgeblich, wenn die jeweils betrachtete Komponente n *allein* als *deterministische* Erregung wirksam wäre. Weiter werden in der Tabelle für jedes n der Reihe nach berechnet: Ort $z_{2,n}$ der maximalen Riseramplituden und deren Wert $r_{2,n}$, der Ort $z_{3,n}$ der maximalen Krümmungsamplituden und deren Wert $k_{max,n}$ und schließlich die Biegespannungskomponenten $\sigma_{bmax,n}$.

Als Endergebnis ergibt sich nach Gl. (10.4.97) das Moment $m_o = 72{,}1$ N²/mm⁴ und damit als signifikanter Spannungswert $\sigma_s = 2\sqrt{m_o} = 17$ N/mm². Daß die Orte $z_{3,n}$ der einzelnen Komponenten dabei nicht genau übereinstimmen, hat wenig Einfluß auf das Ergebnis, das damit im übrigen auf der sicheren Seite liegt.

Tabelle 10.4.1

Gl.	(10.4.36)	(2.14.17)	(10.4.54)	(10.4.64)	(10.4.50)		(10.4.60)	(10.4.66)
n	ω_n [1/s]	f_n [m]	$\xi_{o,n}$ [–]	$\frac{z_{2,n}}{d}$ [–]	$\frac{r_{2,n}}{f_n}$ [–]	$\frac{z_{3,n}}{d}$ [–]	$\frac{k_{max,n}}{f_n/d^2}$ [–]	$\sigma_{bmax,n}$ [N/mm²]
1	0,094	0	0					0
2	0,188	0	0					0
3	0,282	0	0					0
4	0,376	0,153	0,170	0,0597	0,586	0,032	417	0,7
5	0,470	0,749	0,421	0,0462	0,594	0,028	673	5,3
6	0,564	0,697	0,444	0,0377	0,600	0,025	997	7,3
7	0,658	0,324	0,372	0,0318	0,606	0,023	1388	4,7
8	0,752	0,182	0,262	0,0275	0,610	0,020	1875	3,6
9	0,846	0,138	0,242	0,0242	0,614	0,019	2406	3,5
0	0,940	0,093	0,210	0,0216	0,618	0,017	3051	3,0
11	1,034	0,053	0,166	0,0195	0,620	0,016	3738	2,1
12	1,128	0,025	0,119	0,0178	0,623	0,015	4515	1,2
13	1,222	0,005	0,055	0,0164	0,625	0,014	5372	0,3
14	1,316	0	0					0

Ergebnisse:

$\xi_o = 0{,}582$

$\sigma_s = 17 \frac{N}{mm^2}$

Eine Vergleichsrechnung mit dem kleineren Dämpfungsparameter $\xi_o = 0{,}395$ bei *unveränderten* Anregungsamplituden f_n liefert die in Abb. 10.4.15 dargestellten Spannungsverläufe. Mit den dortigen Maxima folgt als signifikanter Spannungswert $\sigma_s = 32$ N/mm².

Übungsaufgaben zu Kapitel 10

10.1 Ein bei großer Meerestiefe eingesetzter Drilling-Riser besitzt die Biegesteifigkeit EI und in Wasser das Gewicht q je Längeneinheit. Bei einer bestimmten statischen Abdrift übt das Bohrschiff auf den Riser eine Horizontalkraft H_1 und eine Vertikalkraft $V_1 = qd$ aus. Wie groß ist bei ruhender Mudsäule nach der Theorie 2. Ordnung die Reiserneigung α am Meeresboden?

10.2 Eine in sehr große Meerestiefe hinabreichende, nahezu vertikal verlaufende Förderleitung mit der Biegesteifigkeit EI steht unter dem Horizontalzug H. In hinreichender Höhe $z = z_3$ über dem Meeresboden befindet sich das Pumpenaggregat, das mit seiner Vertikallast eine örtlich begrenzte Biegestörung der Förderrohr-Seillinie verursacht. Unmittelbar oberhalb des Aggregats ist die effektive Längskraft der Förderleitung V_o, unmittelbar unterhalb V_u. Man berechne unter der Voraussetzung, daß die effektiven Längskräfte über den kleinen Bereich der Biegestörung konstant sind, das Biegemoment M sowie die Riserneigung α im Punkt 3.

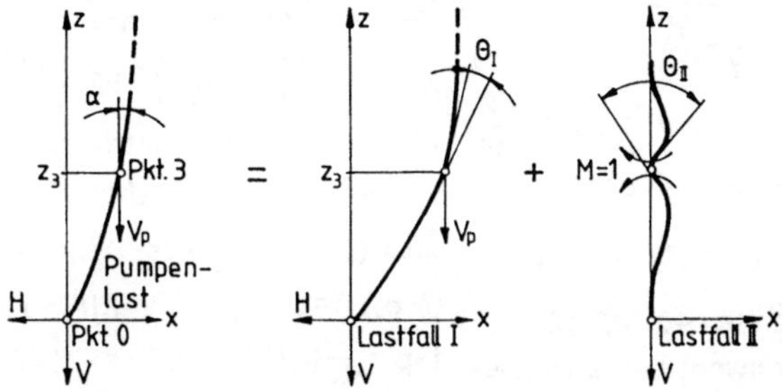

Hinweis: Man zerlege durch Einführung eines Gelenkes im Punkt 3 den gegebenen Lastfall in die Lastfälle I und II und führe nach der Kraftgrößenmethode ein statisch unbestimmtes Moment M ein. Dieses Moment ist aus der Forderung zu bestimmen, daß sich die Knicke Θ_I der Seillinie und Θ_{II} der Biegelinie gegenseitig kompensieren.

10.3 Wie groß ist die von der Corioliskraft $q_C = a\dot{u}'$ am *frei* schwingenden Riser der Länge d geleistete Arbei A?

10.4 Ein für große Meerestiefen d konzipierter Riser nach Abb. 10.1.1 besitzt die konstante Massenverteilung m, in Wasser das Längengewicht q und am unteren Ende die effektive Längskraft V. Die Mudgeschwindigkeit ist Null. Bei einer Grundfrequenz ω_1 sind die Eigenfrequenzen der transversalen Riserschwingungen $\omega_n = n\,\omega_1$, $n = 1, 2, 3, \ldots$ Der Riser wird am oberen Ende durch horizontale Bohrschiffsbewegungen $f\exp(i\omega_n t)$ zu Resonanzschwingungen erregt. Für diese ist eine viskose Dämpfung mit einer von der Höhenkoordinaten z abhängenden Dämpfungskonstanten

$$c(z) = 2m\,\omega_1\left(\xi_o + \frac{\xi_1}{x(z)}\right), \qquad x(z) =: \sqrt{\frac{V}{qd} + \frac{z}{d}}$$

mit Dämpfungsparametern ξ_o und ξ_1 anzusetzen. Unter Vernachlässigung der Riserbiegesteifigkeit ermittle man die asymptotische komplexe Lösung für die erzwungenen gedämpften Riserschwingungen u(z,t).

Hinweis: Man führe die oben definierte für $V > 0$ reelle Variable x(z) sowie eine komplexe Funktion w der komplexen Variablen $\varkappa x$ mittels

$$u(z,t) = d\,x^{-\frac{1}{2} \pm \mu}\,w(\varkappa x)\exp(i\omega_n t), \qquad \varkappa := 2\omega_n\sqrt{\frac{md}{q}\left(1 - 2i\frac{\xi_o}{n}\right)}, \qquad \mu := 2\,\omega_1\sqrt{\frac{md}{q}}\,\frac{\xi_1}{\sqrt{1 - 2i\frac{\xi_o}{n}}}$$

ein und beachte für das asymptotische Lösungsverhalten $|\varkappa x|^2 \gg |\frac{1}{2} \pm \mu|^2$.

10.5 Für die Transversalschwingungen der Rohrleitung in Aufgabe 1.4 ist die Grundfrequenz ω_1. Wie groß ist die Grundfrequenz Ω_1 eines *in Wasser* schwingenden kreisrunden Vollkabels derselben Länge in Abhängigkeit von ω_1, der Dichte ρ_K des Kabelmaterials und der Dichte ρ von Wasser?

Lösungen der Übungsaufgaben

1.1 α) Steifigkeitsmatrix

$K=\frac{48}{7}\frac{EI}{l^3}\begin{bmatrix}8 & -11\\ -11 & 16\end{bmatrix}$

$\omega_1=1{,}043\ 1/s$, $\omega_2=11{,}56\ 1/s$

β) $f_2=0{,}694$ m (mode-1)

$f_2=-3{,}34$ m (mode-2)

1.2 α) $\omega_1=1 \quad \omega_2=\sqrt{5}$

β) mit $\varkappa=(3-\omega^2)^2$, $\lambda=0{,}04\,\omega^2$

$|f_1| = \sqrt{\frac{\varkappa+\lambda}{(\varkappa-4-\lambda)^2+4\lambda\varkappa}}$

$|f_2| = \sqrt{\frac{4}{(\varkappa-4-\lambda)^2+4\lambda\varkappa}}$

$\omega=\omega_1$: $|f_1|=2{,}509$ $|f_2|=2{,}497$

$\omega=\omega_2$: $|f_1|=1{,}139$ $|f_2|=1{,}111$

1.3 α) $\omega_1=\sqrt{420EI/(ml^4)}$

β) $\omega_1=\sqrt{4536EI/(19ml^4)}$

exakte Lösung zum Vergleich: $\omega_1=15{,}41\sqrt{EI/(ml^4)}$

1.4 $\omega_1^2=5\frac{g}{l}\,\frac{3\alpha^2+4\alpha+2}{10\alpha^2+15\alpha+6}$

$\alpha=\frac{1}{5}(2+\sqrt{34})=1{,}5662$

$\omega_1=1{,}2025\sqrt{g/l}$

exakte Lösung zum Vergleich: $\omega_1=1{,}2024\sqrt{g/l}$

1.5 potentielle Energie:

$U_{max}=\frac{l^3M^2g^2}{3a^2EA}$

bezogene kinetische Energie:

$V=\frac{2l^6M^3g^2}{9a^4(EA)^2}$

$\omega_1=\sqrt{\frac{3a^2EA}{2l^3M}}$

1.6

α) $\Phi_2=-\varkappa\sin\frac{\pi z}{2l}-(1+\varkappa)\sin\frac{3\pi z}{2l}$

mit $\varkappa=2M_o/(ml)=1{,}8156$

β) $K_2=\frac{\pi^4EI}{32l^3}[\varkappa^2+81(1+\varkappa)^2]=1{,}640\cdot10^6$ kN/m²

$M_2=\frac{ml}{2}[\varkappa^2+(1+\varkappa)^2]+M_o=1{,}0773\cdot10^7$ kg

$\omega_2=\sqrt{K_2/M_2}=12{,}34\ 1/s$

1.7 mit $P=\frac{z}{l}-2(\frac{z}{l})^3+(\frac{z}{l})^4$ und $S=\sin\frac{\pi z}{l}$:

α) $r=\frac{4q_o}{\pi m\omega_1^2}\left|\frac{\pi^5}{96}P-S\right|$

β) $r=\frac{4q_o}{\pi m\omega_1^2}\sqrt{\frac{S^2}{4\xi_1^2}+\left(\frac{\pi^5}{96}P-S\right)^2}$

γ) $r\approx\frac{2q_o}{\pi m\omega_1^2}\frac{S}{\xi_1}$, $v=\omega_1 r$

$C_1=\frac{8b}{3\pi}\int_0^l v\Phi_1^2dz=\frac{64bq_ol}{9\pi^3m\omega_1\xi_1}$

$\xi_1=\frac{8}{3\pi\sqrt{\pi}}\frac{\sqrt{bq_o}}{m\omega_1}$

1.8 $C=\frac{16Bf\omega}{15\pi}$ $D=\frac{32B}{15\pi f\omega}$

1.9 $f=v\sqrt{\frac{Md^3}{3EI}}$

2.1 $f(u)=2\frac{u}{a^2}\exp(-\frac{u^2}{a^2})$

$\mu=\frac{\sqrt{\pi}a}{2}$, $E[u^2]=a^2$, $\sigma^2=(1-\frac{\pi}{4})a^2$

2.2 $\mu=4/3$, $E[u^2]=2$, $\sigma=\sqrt{2}/3$

2.3 $\sigma_u^2=16/45$, $\sigma_v^2=23/45$

$\sigma_{uv}=0$ (obwohl beide Prozesse voneinander abhängig)

$E[u^2v]=\sqrt{2}/9$

2.4 $y=\frac{3}{4}x-\frac{1}{6}$, $\rho_{xy}=\frac{3\sqrt{3}}{2\sqrt{7}}$

2.5 $r(\lambda)\equiv 1$

2.6 für $-1\le u\le 0$: $F(u,v)=\frac{1}{8}(1+u)(1+v)[2-u+\frac{1}{2}(1-u)(1-v)]$

$F(v|u)=\frac{1}{2}(1+v)[1+\frac{(1-u)(1-v)}{2(2-u)}]$

für $0\le u\le 1$: $F(u,v)=\frac{1}{8}(1+v)[2+u+u^2+\frac{1}{2}(1-u^2)(1-v)]$

$F(v|u)=\frac{1}{2}(1+v)[1+\frac{(1-u^2)(1-v)}{2(2+u+u^2)}]$

$P(u_o\le0,v_o\le0)=F(0,0)=5/16$

$P(v_o\le0|u_o=0)=F(0|0)=5/8$

2.7 $f_x(x)=0$ für $x\le1$ und $x\ge5$,

$f_x(x)=\frac{1}{8}(x-1)^2$ für $1\le x\le3$,

$f_x(x)=\frac{1}{8}(5-x)(x-1)$ für $3\le x\le5$

2.8 $f_x(x)=0$ für $x<0$,

$f_x(x)=1/4$ für $0\le x\le2$,

$f_x(x)=x^{-2}$ für $x\ge2$

2.9 $f_x(x)=\frac{|x|}{\sqrt{2\pi}\,\sigma}\exp(-\frac{x^4}{2\sigma^2})$

2.10 $f(x,y)=\frac{1}{2\pi}x\exp(-\frac{x^2}{2})$ für $0\le y\le2\pi$, $x\ge0$, ansonsten Null

$E[u|x]=0$

2.11 Mittelwerte sind unabhängig von der Zeit, d.h. $u(t)$ ist stationär. Es ist $E[u^2]\neq u^2(t)$, d.h. $u(t)$ ist nicht-ergodisch.

2.12 $u(t)=\frac{8a}{\pi^2}\sum_{n=0}^{\infty}\frac{(-1)^n}{(2n+1)^2}\sin2\pi(2n+1)\frac{t}{T}$

$K_{uu}(\tau)=\frac{32a^2}{\pi^4}\sum_{n=0}^{\infty}\frac{\cos2\pi(2n+1)\frac{\tau}{T}}{(2n+1)^4}$

$K_{uu}(\tau)=\frac{a^2}{3}\left[1-24\left(\frac{\tau}{T}\right)^2+32\left(\frac{\tau}{T}\right)^3\right]$

für $0\le\tau\le\frac{T}{2}$, symmetrisch zu $\tau=0$ und $\tau=T/2$ fortgesetzt.

2.13 $(f*p)(t)=\frac{a}{2\varepsilon T}(\varepsilon-t)^2$, $|t|\le\varepsilon$,

$(f*p)(t)=0$, $\varepsilon\le|t|\le T-\varepsilon$,

$f*p=\frac{-a}{4\varepsilon T}(t-T+\varepsilon)^2$, $T-\varepsilon\le|t|\le T$,

$f*p=\frac{-a}{4\varepsilon T}(t-T-\varepsilon)^2$, $T\le|t|\le T+\varepsilon$,

$f*p=0$, $T+\varepsilon\le|t|$

2.14 $K_{uu}(\tau)=\frac{a^2\sin\Omega\tau}{2\Omega\tau}$,

$S_{uu}(\omega)=\frac{a^2}{4\Omega}$, $\Omega>|\omega|$,

$S_{uu}(\omega)=\frac{a^2}{8\Omega}$, $\Omega=|\omega|$,

$S_{uu}(\omega)=0$, $\Omega<|\omega|$.

2.15 $S_{uu}(\omega)=\frac{K_oT}{2\pi}\arctan\frac{2}{\omega^2T^2}$

2.16 $C_{uv}=0$, $\gamma_{uv}^2=1$,

$Q_{uv}(\omega)=-\frac{2}{\pi}K_o\lambda\frac{\sin\omega T}{\lambda^2+\omega^2}$

2.17 $\varepsilon=\sqrt{2/3}$

2.18 α) $E[N_+(a)]=\frac{2}{T}(1-\frac{|a|}{a_1})$ für $|a|\le a_1$, ansonsten Null.

β) $u(t)=a_1(1-\sqrt{1-4\frac{t}{T}})$, $0\le t\le\frac{T}{4}$

$u(t)=a_1(1-\sqrt{4\frac{t}{T}-1})$, $\frac{T}{4}\le t\le\frac{T}{2}$

antimetrisch zu $t=0$ und $t=T/2$ fortgesetzt.

γ) z.B. $\dot u(t)=\frac{2a_1}{T\sqrt{1-4t/T}}$, $0\le t\le\frac{T}{4}$

2.19 $f_x(x)=2x$, für $0\le x\le1$,

ansonsten Null.

2.20 $\alpha) E[x_{1/n}] = \frac{2n}{3}[1-(1-\frac{1}{n})^{\frac{3}{2}}]$

$E[x_{1/1}] = 2/3,$

$E[x_{1/3}] = 2(1-\frac{2}{3}\sqrt{\frac{2}{3}}).$

$\lim_{n\to\infty} E[x_{1/n}] = 1$

$\beta) E[x_m] = \frac{2N}{2N+1},$

für $T = 24$ s ist $N = T\,E[N_+(0)] = 3$ und damit $E[x_m] = 6/7$.

2.21 $E[N_+(a)] = \frac{\lambda}{4\varkappa}\exp(-\lambda a),$

$f_x(x) = \lambda\exp(-\lambda x), \qquad x \geq 0$

3.1 $\alpha) \quad \mathrm{Im}[H(\omega)] = -\sin\omega T,$

$|H(\omega)| = 1, \qquad \psi(\omega) = \omega T$

$\beta) \qquad h(t) = \delta(t-T)$

3.2 $\alpha) \omega_o = \sqrt{K/M}$ mit $K = \frac{3EI}{l^3}$

$\beta) H(\omega) = \frac{1}{2}\left(\frac{c}{l}\right)^2\left(3-\frac{c}{l}\right)\frac{\omega_o^2}{\omega_o^2-\omega^2}$

$\gamma) h(t) = \frac{1}{2}\left(\frac{c}{l}\right)^2\left(3-\frac{c}{l}\right)\omega_o\sin\omega_o t$

3.3 $\alpha) H(\omega) = \frac{1}{K+i\omega C}, \quad K = \frac{3EI}{l^3}$

$\beta) h(t) = \frac{1}{C}\exp(-\frac{K}{C}t)$

$\gamma) S_{uu}(\omega) = \frac{S_o}{(K^2+\omega^2C^2)(1+\omega^2T^2)}$

$\delta)$ mit $\alpha = KT/C$: $\quad K_{uu}(\tau) =$

$= \frac{\pi S_o}{KC}\frac{\exp(-\alpha\frac{|\tau|}{T}) - \alpha\exp(-\frac{|\tau|}{T})}{1-\alpha^2}$

mit $\alpha = 1$:

$K_{uu}(\tau) = \frac{\pi S_o}{2KC}(1+\frac{|\tau|}{T})\exp(-\frac{|\tau|}{T})$

$\varepsilon) \qquad m_o = \frac{\pi S_o}{(1+\alpha)KC},$

$m_2 = \frac{\pi S_o K}{\alpha(1+\alpha)C^3}, \qquad m_4 = \infty$

3.4 $\qquad K_{vv}(\tau) =$

$= \frac{K_o}{\varkappa^2-\alpha^2}(e^{-\alpha|\tau|} - \frac{\alpha}{\varkappa}e^{-\varkappa|\tau|}),$

$\varkappa = \alpha$: $K_{vv}(\tau) = \frac{K_o(1+\alpha|\tau|)}{2\alpha^2}e^{-\alpha|\tau|}$

3.5 $\sigma_u(z) = \frac{\pi^2 l\sqrt{S_o}}{\sqrt{6}M\omega_o\sqrt{\omega_o}}\frac{z}{l}(1-\frac{z}{l})$

3.6 $S_{F_mF_n} =$

$$= \frac{S_o l^2}{\pi^2}\begin{bmatrix} 4 & 0 & 4/3 & 0 & 4/5 \\ 0 & 0 & 0 & 0 & 0 \\ 4/3 & 0 & 4/9 & 0 & 4/15 \\ 0 & 0 & 0 & 0 & 0 \\ 4/5 & 0 & 4/15 & 0 & 4/25 \end{bmatrix}$$

$S_{F_mF_n} =$

$$= \frac{S_o l^2}{\pi^2}\begin{bmatrix} 3 & 0 & 2/3 & 0 & 2/5 \\ 0 & 3/4 & 0 & 1/4 & 0 \\ 2/3 & 0 & 1/3 & 0 & 2/15 \\ 0 & 1/4 & 0 & 3/16 & 0 \\ 2/5 & 0 & 2/15 & 0 & 3/25 \end{bmatrix}$$

3.7 $\qquad K_{vv}(\tau)$

4.1 $\alpha) \qquad n_o = 3{,}8\cdot 10^6$

$\beta) \qquad \overline{T}_o = 8{,}3$ s

$\gamma) \qquad h_1 = 24$ m

$\delta) \qquad h_{40} = 30$ m

4.2 $\qquad h = h_o\sqrt{\frac{1}{2}\left[\left(\frac{n_o}{n}\right)^{1/k} - 1\right]}$

4.3 $\frac{\rho}{\lambda} = \frac{2n+1}{2} \pm \frac{1}{6}, n = 0,1,2,\ldots$

4.4 $\qquad A = 650$ kN,

$M = 1{,}4\cdot 10^4$ kNm

4.5

$$f(u|v) = \frac{1}{\sqrt{2\pi}\,\sigma_u\sqrt{1-\rho_{uv}^2}} \times$$

$$\times\exp\left\{-\frac{1}{2(1-\rho_{uv}^2)}\left[\frac{u-\mu_u}{\sigma_u} - \rho_{uv}\frac{v-\mu_v}{\sigma_v}\right]^2\right\}$$

4.6 $\quad E[|u|uv] = \sqrt{\frac{8}{\pi}}\rho_{uv}\sigma_u^2\sigma_v$

10.1 $\qquad \alpha = \frac{2\pi}{3\sqrt[4]{3}\,\Gamma(\frac{2}{3})}\frac{H_1}{\sqrt[3]{EIq^2}}$

10.2 $\quad M = H\sqrt{EI}\left(\frac{1}{\sqrt{V_u}} - \frac{1}{\sqrt{V_o}}\right),$

$\alpha = \frac{H}{\sqrt{V_oV_u}}. \qquad$ [27]

10.3 $\qquad A = 0$

10.4 $\qquad u(z,t) \sim$

$$\sim f\sqrt{\frac{x_1}{x}}\frac{\sin\left[\varkappa(x-x_o) - i\mu\ln(\frac{x}{x_o})\right]}{\sin\left[\varkappa(x_1-x_o) - i\mu\ln(\frac{x_1}{x_o})\right]} \times$$

$$\times\exp(i\omega_n t)$$

$x_o = \sqrt{\frac{V}{qd}},$

$x_1 = \sqrt{\frac{V}{qd}+1}, \qquad$ [45]

10.5 $\qquad \Omega_1 = \omega_1\sqrt{\frac{\rho_K-\rho}{\rho_K+\rho}}$

Literatur

[1] *Almar-Naess, A.*: Fatigue Handbook, Offshore Steel Structures, Trondheim:Tapir 1985

[2] *Bainbridge, C.A.*: "Certification of Fixed Steel Platforms in the North Sea", In: Proceedings of the Offshore Technology Conference, OTC 2410, Houston, 1975

[3] *Bishop, R.E.D., Hassan, A.Y.*: "The Lift and Drag Forces on a Circular Cylinder in a Flowing Field", In: Proceedings of the Royal Society London, Vol. 277, Series A, 1964

[4] *Bolotin, V.V.*: Wahrscheinlichkeitsmethoden zur Berechnung von Konstruktionen, Berlin: VEB Verlag für Bauwesen 1981

[5] *Brebbia, C.A., Walker, S.*: Dynamic Analysis of Offshore Structures, London, Boston: Newnes-Butterworths 1979

[6] *Bronstein, I.N., Semendjajew, K.A.*: Taschenbuch der Mathematik, Zürich und Frankfurt: Verlag Harri Deutsch 1971

[7] *Burrough, H.L., Jeary, A.P., Wilson, I.M.*: "Structural Dynamics of Large Multi-flue Chimneys", In: Proceedings of the Fourth International Conference on Wind Effects on Buildings and Structures, Cambridge: University Press 1975

[8] *Buxbaum, O.*: Betriebsfestigkeit, Düsseldorf: Verlag Stahleisen mbH 1986

[9] *Cartwright, D.E., Longuet-Higgins, M.S.*: "The Statistical Distribution of the Maxima of a Random Function", In: Proc. Roy. Soc. London, Vol. 237, Series A, 1956

[10] *Clauss, G., Lehmann, E., Östergaard, C.*: Meerestechnische Konstruktionen, Berlin, Heidelberg, New York, London, Paris, Tokyo: Springer-Verlag 1988

[11] *Cooper, K.R., Surry, D.*: "The Bending Moment Response of a Cantilevered Circular Cylinder", In: Proceedings of the Fourth International Conference on Wind Effects on Buildings and Structures, Cambridge: University Press 1975

[12] *Davenport, A.G.*: "The Application of Statistical Concepts to the Wind Loading of Structure", In: Proc. Inst. Civ. Engrs. 19, 1961

[13] *Davenport, A.G.*: "The Relationsship of Wind Structures to Wind Loading", In: Proceedings of a Symposium on Wind Effects on Buildings and Structures, National Physical Laboratory, Teddington, 1963

[14] *Den Hartog, J.P.*: Mechanische Schwingungen, Berlin, Göttingen, Heidelberg: Springer-Verlag 1936

[15] *Dinca, F., Teodosiu, Ch.*: Nonlinear and Random Vibrations, New York and London: Academic Press 1973

[16] *Duchêne-Marullaz, P.*: "Full-scale Measurements of Atmospheric Turbulence", In: Proceedings of the Fourth International Conference on Wind Effects on Buildings and Structures, Cambridge: University Press 1975

[17] *Duhamel, I.-M.-C.*: "Sur la méthode générale relative au mouvement de la chaleur dans les corps solides plongés dans des midieux dont la température varie avec le temps", In: Journal de l'Ecole polytechnique 14, 1833

[18] *Dutta, D., Mang, F., Wardenier, J.*: Schwingfestigkeitsverhalten geschweißter Hohlprofilverbindungen, CIDECT-Monografie Nr.7, Düsseldorf: Beratungsstelle für Stahlverwendung 1981

[19] *Fisher, R.A., Tippett, L.H.C.*: "Limiting Forms of the Frequency Distribution of the Largest or Smallest Member of a Sample", In: Proceedings of the Cambridge Philosophical Society, Vol. 24, 1928

[20] *Försching, H.W.*: Grundlagen der Aeroelastik, Berlin, Heidelberg, New York: Springer-Verlag 1974

[21] *Germanischer Lloyd*: Vorschriften für Konstruktion und Prüfung von meerestechnischen Einheiten, Band I, Hamburg, 1976

[22] *Godeau, A.J., Deleuil, G.E.*: "Dynamic Response and Fatigue Analysis for Offshore Structures", In: Proc. of the Offshore Technology Conference, OTC 2261, Houston, 1975

[23] *Gray, A., Mathews, G.B.*: A Treatise on Bessel Functions, New York: Dover Publications, INC. 1966

[24] *Gumbel, E.J.*: Statistics of Extremes, New York: Columbia Univ. Press 1958

[25] *Hapel,K.-H., Köhl, M.*: "Methoden zur statischen Berechnung der Biegespannung in langen Drilling-Risern, Näherungsformeln für die maximalen Biegespannungen", In: Meerestechnik 10, 1979

[26] *Hapel, K.-H., Köhl, M.*: "Erzwungene Transversalschwingungen langer Drilling-Riser - der Dämpfungsparameter der linearisierten Widerstandskraft" In: Der Stahlbau 49, 1980

[27] *Hapel, K.-H.*: "Die Biegebeanspruchung von Förderrohren des Tiefseebergbaus nach der Theorie 3. Ordnung", In: Der Stahlbau 53, 1984

[28] *Hänchen, R., Decker, KH.*: Neue Festigkeitsberechnungen für den Maschinenbau, München: Hanser 1967

[29] *Hallam, M.G., Heaf, N.J., Wootton, L.R.*: Dynamics of Marine Structures: Methods of Calculating the Dynamic Response of Fixed Structures Subject to Wave and Current Action, London: Ciria Underwater Engineering Group 1977

[30] *Handreke, J.*: "Diskrete Lebensdauerberechnung einer Stahl-Plattform vom Typ `Jakket` unter Wellenbelastung, Studienarbeit am Institut für Schiffs- und Meerestechnik der Technischen Universität Berlin, 1986 (unveröffentlicht)

[31] *Hartlen, R.T., Currie, I.G.*: "Lift-oscillation Model for Vortex Induced Vibrations", In: Proceedings of American Society of Civil Engineers. Journal of Engineering Mechanics, Vol. 96, 1970

[32] *Heinrich, W., Henning, K.*: Zufallsschwingungen mechanischer Systeme, Braunschweig: Vieweg 1978

[33] *Henschke, W.*: Schiffbautechnisches Handbuch, Band 1, Berlin: VEB-Verlag Technik 1957

[34] *Hogben, N., Lumb, F.E.*: Ocean Statistics, London: H.M.S.O. 1967

[35] *Hogben, N., Dacunha, N.M.C., Olliver, G.F.*: Global Wave Statistics, Feltham Middlesex: British Maritime Technology 1985

[36] *Hogben, N., Dacunha, N.M.C., Andrews, K.S.*: "Assesment of a New Global Capability for Wave Climate Synthesis, In: Proc. Oceans 83, San Francisco, 1983

[37] *Houmb, O.G., Overik, T.*: "Parametrization of Wave Spectra and Long Term Distribution of Wave Height and Period", In: Proceedings of the International Conference on the Behavior of Offshore Structures, Trondheim, 1976

[38] *Iwan, W.D., Blevins, R.D.*: "A Model for Vortex Induced Oscillation of Structures", In: Journal of Applied Mechanics, Vol. 42, 1974

[39] *Jahnke-Emde-Lösch*: Tafeln höherer Funktionen, Stuttgart: B.G. Teubner-Verlagsgesellschaft 1966

[40] *Khintchine, A.*: "Korrelationstheorie der stationären stochastischen Prozesse", In: Mathematische Annalen 109, 1934

[41] *Kinsman, B.*: Wind Waves, New Jersey: Prentice-Hall, Englwood Cliffs 1965

[42] *Kuang, J.G., Potvin, A.B., Leick, R.D.*: "Sress Concentration in Tubular Joints", In: Offshore Technology Conference, OTC 2205, Houston, 1975

[43] *Kneschke, A.*: Differentialgleichungen und Randwertprobleme, Band 1, Berlin: VEB-Verlag 1960

[44] *Köhl, M., Hapel, K.-H.*: "Vereinfachte Berechnungsformeln zur statischen und dynamischen Festigkeitsanalyse von Tiefsee-Risern", In: Intermaritic '82, Kongreß-Berichtswerk, Hamburg, 1982

[45] *Köhl, M.*: Zum Stabilitäts- und Schwingungsverhalten durchströmter, langer vertikaler Rohre bei hydrodynamischer Dämpfung, Fortschrittsberichte VDI, Reihe 11, Nr. 79, Düsseldorf: VDI-Verlag 1986

[46] *Kokkinowrachos, K.*: "Einige Anwendungen der Potentialtheorie bei der hydrodynamischen Analyse meerestechnischer Konstruktionen", In: Interocean '76, Kongreß-Berichtswerk, Bd. 1, Düsseldorf, 1976

[47] *Lamb, H.*: Hydrodynamics, Cambridge: University Press 1962

[48] *Lanchester, F.W.*: Aerodynamics, London, 1907

[49] *Lofft, R.F., Price, W.G.*: "Ocean Wave Statistics: Frequency of Occurence of States", In: A.E.W. Techn. Memo. No. 19/73, 1973

[50] *Longree, W.D., Rodatz, W.*: "Dynamische Belastung meerestechnischer Konstruktionen", In: 8. Aufbauseminar Meerestechnik, Technische Universität Berlin, 1980

[51] *Longuet-Higgins, M.S.*: "On the Statistical Heights of Sea Waves", In: J. Marine Res. 11, 1952

[52] *Mac Camy, R.C., Fuchs, R.A.*: "Wave Forces on Piles, a Diffraction Theory", In: U.S. Army, Corps of Engineers, Beach Erosion Boad, Techn. Memo. No 69, 1954

[53] *Mang, F., Bucak, Klingler, J.*: Wöhlerlinienkatalog für Hohlprofilverbindungen, Studiengesellschaft für Anwendungstechnik von Eisen und Stahl e.V., Karlsruhe, 1987

[54] *Miles, I.W.*: "On Structural Fatigue under Random Loading", In: J. Aero. Sci. 21, 1954

[55] *Miner, M.A.*: "Cumulative Damage in Fatigue", In: J. Appl. Mech., Trans. ASME 12, 1945

[56] *Morison, I.R., O'Brien, M.P., Johnson, J.W., Schaaf, S.A.*: "The Force Exerted by Surface Waves on Piles", In: Petroleum Transactions AIME, 189, 1950

[57] *Newberry, C.W.,Eaton, K.J., Mayne, J.R.*: "Wind Loading on Tall Buildings-Further Results from Royex House", Building Res. Est. CP 29/73

[58] *Newland, D.E.*: Random Vibrations and Spectral Analysis, London and New York: Longman 1975

[59] *Novak, M.*: "Galloping Oscillations of Prismatic Structures", In: J. of the ASCE 98, 1972, (No. EM 1)

[60] *Novak, M.*: "Über winderregte Querschwingungen der Ständer der Bogenbrücke über die Moldau", In: Der Stahlbau 37, 1968

[61] *Novak, M.*: "Effects of Turbulence on Galloping Instability", In: Proc. Am. Soc. Civ. Engrs.- J. Engng. Mech. Div. 100 , 1974, (No. EM 1)

[62] *Olivier, R., Ritter, W.*: Wöhlerlinienkatalog für Schweißverbindungen aus Baustählen, Düsseldorf: Deutscher Verlag für Schweißtechnik

[63] *Palmgren, A.*: "Die Lebensdauer von Kugellagern", In: VDI 68, 1924

[64] *Pierson, W.J.*: A Unified Mathematical Theory for the Analysis, Propagation and Refraction of Storm Generated Ocean Surface Waves, Part I and II, New York Univ., Coll. of Eng., Dept. of Meteorology, 1952

[65] *Pierson, W.J., Moskowitz, L.*: A Proposed Spectral Form for Fully Developed Wind Seas Based on the Similarity Theory of *S.A. Kitaigorodsku*, Techn. Rept. U.S. Naval Oceanographic Office Contract No. 62306-1042, 1963

[66] *Price, W.G., Bishop, R.E.D.*: Probalisistic Theory of Ship Dynamics, London: Chapman and Hall 1974

[67] *Rayleigh*, Lord: "On the Resultant of a Large Number of Vibrations of the Same Pitch and of Arbitrary Phase", In: Phil. Mag. 10, 1880

[68] *Rice, S.O.*: "Mathematical Analysis of Random Noise", In: Bell System Techn. J. 23, 1944 and 24, 1945

[69] *Rosemeier, G.*: Winddruckprobleme bei Bauwerken, Berlin, Heidelberg, New York: Springer-Verlag 1976

[70] *Ruscheweyh, H.*: Statische und dynamische Windkräfte an kreiszylindrischen Bauwerken, Messungen am Hamburger Fernmeldeturm, Forschungsbericht des Landes Nordrhein-Westfalen Nr. 2685, Westdeutscher Verlag 1977

[71] *Ryshik, I.M., Gradstein, I.S.*: Summen-, Produkt- und Integraltafeln, Berlin: VEB Deutscher Verlag der Wissenschaften 1963

[72] *Schlaich, J.*: "Beitrag zur Frage der Wirkung von Windstößen auf Bauwerke", In: Bauingenieur 41, 1966

[73] *Schlitt, H.*: Systemtheorie für regellose Vorgänge, Statistische Verfahren für die Nachrichten- und Regelungstechnik, Berlin, Göttingen, Heidelberg: Springer-Verlag 1960

[74] *Schueller, C.I.*: "Zuverlässigkeitsorientierte Bemessung von ortsfesten Ozean-Tragwerken" In: Interocean '76, Kongreß-Berichtswerk, Bd. I, Düsseldorf, 1976

[75] *Schneeweiß, W.G.*: Zufallsprozesse in dynamischen Systemen, Berlin, Heidelberg, New York: Springer-Verlag 1974

[76] *Sfintesco, D., Wyatt, T.A.*: "A Proposed European Code of Practice: Current Work of the Eccs Towards Specification of the Effect of Wind on Structures", In: Proceedings of the Fourth International Conference on Wind Effects on Buildings and Structures, Cambridge: University Press 1975

[77] *Simiu, E.*: "Equivalent Static Wind Load for Tall Building Design" In: Proceedings of the Fourth International Conference on Wind Effects on Buildings and Structures, Cambridge: University Press 1975

[78] *Smirnow, W.I.*: Lehrgang der höheren Mathematik, Berlin: VEB Deutscher Verlag der Wissenschaften 1961

[79] *Smith, W.E.*: "Hogging and Sagging Strains in a Seaway as Influenced by Wave Structure", In: TINA 1883

[80] *Sockel, H.*: Aerodynamik der Bauwerke, Braunschweig, Wiesbaden: Friedrich Vieweg u. Sohn 1984

[81] *Stoker, J.J.*: Water Waves, New York: Interscience 1957

[82] *Stoker, J.J.*: Nonlinear Vibrations in Mechanical and Electrical Systems, New York: Interscience Publishers 1950

[83] *Sunder, S.S., Connor, J.J.*: "Sensitivity Analysis for Steel Jacket Offshore Platforms", In: Proceedings of the International Symposium on Offshore Structures, Rio de Janeiro, 1979

[84] *Takaishi, Y., Matsumoto, T., Ohmatsu, S.*: Winds and Waves of the North Pacific Ocean 1964-1973, Report of Ship Research Institute, Tokyo, 1980

[85] *Van der Pol, B.*: "Forced Oscillations in a System with Non-linear Resistance", In: Phil. Mag., 1927

[86] *Vickery, B.J.*: "On the Reliability of Gust Loading Factors", In: Civ. Engng. Trans. Inst. Engrs. Australia, CE 13, 1971

[87] *Watson, G.N.*: A Treatise on the Theory of Bessel Functions, Cambridge: University Press 1966

[88] *Weibull, W.*: "A Statistical Representation of Fatigue Failures in Solids",In: Ingeniörs Vetenkaps Akademien Nr. 153, 1939

[89] *Wehausen, J.V., Laitone, E.V.*: "Surface Waves", In: Encyclopaedia of Physics, Vol. 9, Berlin: Springer 1960

[90] *Welzel, B.*: Dynamische Festigkeitsanalyse einer Offshore-Plattform vom Typ Jack-up im regelmäßigen Seegang bei unterschiedlichen Berechnungsansätzen für die Dämpfung, Studienarbeit am Institut für Schiffs- und Meerestechnik der Technischen Universität Berlin, 1985 (unveröffentlicht)

[91] *Wenderoth, O.*: "Windmessungen auf einem Funkturm, Teil 2: Spezielle Messungen zur Bestimmung der Strouhal-Zahl des Funkturms im natürlichen Wind bei sehr großen Reynolds-Zahlen", In: Meßtechnische Briefe 17, 1981

[92] *Wiener, N.*: "Generalized Harmonic Analysis", In: Acta Mathematica 55, 1930

[93] *Willers, Fr. A.*: "Das Knicken schwerer Gestänge", In: ZAMM 21, 1941

Tabelle bestimmter Integrale

$$\int_0^\infty \exp(-a^2x^2)\,dx = \frac{\sqrt{\pi}}{2a}$$

$$\int_0^\infty x\exp(-a^2x^2)\,dx = \frac{1}{2a^2}$$

$$\int_0^\infty x^2\exp(-a^2x^2)\,dx = \frac{\sqrt{\pi}}{4a^3}$$

$$\int_0^\infty x^3\exp(-a^2x^2)\,dx = \frac{1}{2a^4}$$

$$\int_0^\infty x^4\exp(-a^2x^2)\,dx = \frac{3\sqrt{\pi}}{8a^5}$$

$$\int_0^\infty \sqrt{x}\exp(-a^2x^2)\,dx = \frac{\Gamma(\frac{3}{4})}{2a\sqrt{a}}$$

$$\int_0^\infty \exp(-ax)\cos(bx+c)\,dx = \frac{a\cos c - b\sin c}{a^2+b^2} \quad (a>0)$$

$$\int_0^\infty x\exp(-ax)\cos bx\,dx = \frac{a^2-b^2}{(a^2+b^2)^2}$$

$$\int_0^\infty \frac{1}{x}\exp(-ax)\sin bx\,dx = \arctan\frac{b}{a} \quad (a>0)$$

$$\int_0^\infty \exp[-(ax^2+2bx+c)]\,dx = \sqrt{\frac{\pi}{a}}\exp\left(\frac{b^2}{a}-c\right)$$

$$\int_0^\infty \frac{1}{x}\sin ax\cos bx\,dx = \begin{cases} \pi/2 & \text{für } a>b\geq 0 \\ \pi/4 & \text{für } a=b>0 \\ 0 & \text{für } b>a\geq 0 \end{cases}$$

$$\int_0^\infty \exp\left(-a^2x^2-\frac{b^2}{x^2}\right)dx = \frac{\sqrt{\pi}}{2a}\exp(-2ab)$$

$$\int_0^\infty x\exp(-ax)J_0(bx)\,dx = \frac{a}{\sqrt{(a^2+b^2)^3}}$$

$$\int_0^\pi \sin^2 x\,dx = \frac{\pi}{2}$$

$$\int_0^\pi \sin^3 x\,dx = \frac{4}{3}$$

$$\int_0^\pi \sin^4 x\,dx = \frac{3\pi}{8}$$

$$\int_0^\pi \sin^5 x\,dx = \frac{16}{15}$$

$$\int_0^\pi \sin^6 x\,dx = \frac{5\pi}{16}$$

Sachwort- und Namenverzeichnis

Abdrift 323, 335
Äquivalente Linearisierung 19 ff, 189 f, 228 ff, 343, 351 ff
Admittanz
-, aerodynamische 266
-, hydrodynamische 249
Airy 195
Airy-Welle 195 f, 198
Allgemeiner Arbeitssatz 46
Amphidromaler Punkt 283
Amplitude 13 f
Amplitudenfunktion 53, 351 ff
Amplitudengang 14
Amplitudenvergrößerungsfunktion 14 f, 18 ff, 243 f, 277 f
Aperiodischer Grenzfall 12
Auftrieb 234
Auftriebskoeffizient, siehe Quertriebskoefizient
Auftriebskraft, siehe Quertriebskraft
Ausfallhäufigkeit 308 f
Ausfallsteilheit 73
Autokorrelationsfunktion 92 ff

Ballast 45
Bandbreitenparameter 125, 127, 142 ff, 153
Baugrunddämpfung 10, 57
Beanspruchungsspektraldichte,
- spektrum 319 ff
Beaufort 220
Beinabstand 242 ff, 255 ff
Bernoulli 194
Bernoulli-Gleichung 195, 197, 222
Bernoulli-Hypothese 55
Beschleunigungswiderstand 223, 235
Bessel 328
Bessel-Funktion 134, 228, 329 ff, 344 ff
-, modifizierte 332 ff, 341
*Bessel*sche Differentialgleichung 327 ff, 344 ff
Betriebsfestigkeit 216, 307, 313
Biegemoment 33 ff, 233, 236, 326
Biegespannung 339 ff, 363
Biegewechselfestigkeit 316
Blevins 290
Blow-out-preventer 240
Böenkraft 276 f
Böenwindgeschwindigkeit 262, 275, 279
Böenwirkzeit 275, 277 ff
Breitbandprozeß 126 ff, 172 f
Bruchlastspielzahl 307 ff

Cartwright 153
Cauchy 168
*Cauchy*sche Integralformel 168
Charakteristische Funktion 80 ff, 89 f
Chintschin 115
Coriolis 325
Corioliskraft 283, 323 ff, 327, 346 ff, 351
Co-Spektrum 121, 123, 132 f, 180, 187
Coulomb 10
*Coulomb*sche Reibung 10, 57
Cruys 262 f
Currie 290, 292

Dämpfung 6 ff, 19, 22 f, 26, 51, 171
-, aerodynamische 10, 267, 288, 298
-, generalisierte 50 f
-, hydrodynamische 10, 16, 57 ff, 189
-, kritische 12
-, logarithmisches Dekrement 11, 56
-, nichtlineare 16
-, viskose 6, 10, 15, 54
Dämpfungsarbeit 15, 20
Dämpfungskonstante 6, 19, 31, 49, 51 f, 56
-, ortsabhängige 342, 343 f, 358 f
-, zeitabhängige 358
Dämpfungskraft 6, 14 f, 19 f, 31, 48 f, 189, 228 ff
Dämpfungsmatrix 50 ff, 56
Dämpfungsparameter 10 ff, 19, 56
-, modaler 52
-, ortsabhängiger 350 f
Dämpfungsverhältnis 10, 12, 14
Dauerfestigkeit 306 ff
Dauerfestigkeitsschaubild 309 f, 316
Dauerschwellfestigkeit 308
Dauerschwingfestigkeit 308 f
Dauerwechselfestigkeit 308, 310, 312
Davenport 260, 264 f, 269
Dichtefunktion, s. Wahrscheinlichkeitsdichte
Diffraktion 194, 227 f
Dirac 107
*Dirac*sche Deltafunktion 107 ff, 113, 115, 127 f, 136 ff, 160, 163, 167, 249
Dispersion, siehe Varianz
Dispersionsgleichung 196, 206, 215, 235, 243, 249, 256, 282
Distributivgesetz 67, 89, 110
Divergenz 42
Duchêne-Marullaz 265
Dünungswelle 15, 220
Duhamel 110

Duhamel-Integral 110, 161 ff, 276
*Dunkerley*sche Überlagerungsformel 45, 48

Eigenfrequenz 9 ff, 23 ff, 37 ff
Eigengewicht 36, 42, 44
Eigenschwingungsanalyse 27, 35, 39
Eigenschwingungsform 27, 29 f, 37 ff
Eigenspannungen 310
Eingangs-Ausgangs-Beziehungen 160 ff, 271
Einheitsimpuls 160, 164, 166, 249
Einheitssprung 161
Einheitssprungfunktion 108, 136, 140 f, 161
Einjahreswelle 213, 215, 315, 318
Einspanntiefe 8
Elastische Gleichung 36, 326
Energie, mechanische 9 f, 23, 41, 54 ff
-, bezogene kinetische 42 ff
-, kinetische 9, 22, 41, 43
-, potentielle 22, 41 ff, 47
Energiemethode 41 ff, 240, 271
Ensemble 90, 92, 151
Ensemble-Mittel 90 ff
Entfaltungszeit, siehe Böenwirkzeit
Entwurfswelle 193, 213 ff, 219 f, 228, 234 f, 237 ff, 246, 341, 348, 361
Ergodizität 91 f
Erregerfrequenz 15, 18, 24, 26, 34 f
Erregerkraft 7 ff, 12, 16, 31, 48 f
-, generalisierte 50
Erwartungswert 65 ff
- ,bedingter 83
Erzeugende Funktion 80
Euler 194
Euler-Last 39
*Euler*sche Konstante 73, 153, 155
Exponentialverteilung 73, 212, 214, 220
- , doppelte 72
Extremalwertverteilung 70, 72 f

Fachwerk 45
Faltung 87, 110 ff, 162 f, 177
Faltungssatz 111 f, 172 f
Federkonstante 6
Federkraft 6, 14 f, 28, 31
Fehlerfunktion 69 ff, 145 ff
Fehlerquadratminimierung 19, 189, 229 ff
Filterfunktion 112
Fisher-Tippet-Verteilung 72 f
Flattern 296
Formänderungsenergie 9, 41 ff, 55
Fourier 101
Fourier-Bessel-Transformation 134
Fourier-Integral 101, 104 f, 107 f, 166, 249
Fourier-Kosinus-Transformation 106
Fourier-Reihe 17, 21, 96, 101 ff, 117, 359
Fourier-Sinus-Transformation
Fourier-Transformation 80, 105 ff, 120, 130, 163, 165, 172 ff, 249
-, mehrdimensionale 113, 130 f
Frequenzantwortfunktion 15
Frequenzdeterminante 29
Frequenzgleichung 29, 40 f
Frequenzverstimmung 24 ff
Froude 223
Froude-Kryloff-Kraft 223, 235
Frobenius 329
Fuchs 328

Galerkin 359
*Galerkin*sches Verfahren 49, 359 f
Galloping 269 ff
-, Stabilitätsparameter 298 ff
Gamma-Funktion 74, 208, 320, 329
- unvollständige 319 f
Gamma-Verteilung 220
Gauß 68
*Gauß*sche Integralformel 199, 232
*Gauß*sche Verteilung, *Gauß*-Prozeß 68 ff, 78, 82, 87 f, 137 ff
-, zweidimensionale 77, 144
-, standardisierte 81 f
Generalisierte Koordinate 49 ff
Germanischer Lloyd 207 f, 214, 262
Geschwindigkeitspotential 194 ff, 222, 227
Gewichtsfunktion 110 f, 177
Gewichtskraft 44, 46
Gezeitenströmung 15, 282 f
Gleichverteilung 68
Gradientenhöhe 261, 316
Gradientenwindgeschwindigkeit 261 ff, 316
Gravity, siehe Schwerkraftplattform
*Green*sche Formel 199

Grenzspannungsverhältnis 307 ff, 312
Grenzzyklus 23, 25 ff, 292, 299 ff
Gumbel 72
Gumbel-Verteilung 72, 140, 157

Halbwertbreite 174
Harmonische Balance 21 ff, 26, 291, 342, 358
Hartlen 290, 292
Hilbert 165
Hilbert-Transformation 165
Histogramm 202, 212, 215, 218, 308 f
Hogben 204
Holomorphie 167 f, 327 f
Homogenität 130, 132 f
Hubinsel, siehe Jack-up-Plattform
Hydrodynamischer Druck 198, 222
Hydrostatischer Druck 198, 231 f
Hydrostatische Streckenlast 233, 324 f
Hysterese-Dämpfung 15, 56, 181

Impulsantwort 160 ff, 249
Impulseingang, siehe Einheitsimpuls
Impulsfunktion, s. *Dirac*sche Deltafunktion
Impulsreaktion, siehe Impulsantwort
International Ship Structure Congress 208, 210
Intervallwahrscheinlichkeit 63 f
Isotropie 132 ff, 187
Iwan 290

Jacket-Plattform 16, 45, 194, 311, 317
Jack-up-Plattform 39, 176, 230, 246, 248, 255, 314

*Kármán*sche Wirbelstraße 25, 284 f, 288 ff
Kausalitätsprinzip 161, 164 f
Kelvin-Voigt-Modell 54
Kerbspannungen 311
Knicklast 42, 48, 340
Knickstabilität 234, 339
König 262
Kohärenz 122 f, 179 f, 270 f
Kohärenzfunktion 122 f, 173, 186 f, 266, 268 ff
Kommutativgesetz 110
Konservatives System 41, 55, 344
Korrelation 77, 80, 93 ff
Korrelationskoeffizient 77 ff, 98
Korrelationszeit 94
Korrosion 310, 316
Kovarianz 77 ff, 98
-, normierte, siehe Korrelationskoeffizient
Kräuselwelle 201
Kraft
-, gyroskopische 327
-, hydrostatische 231 ff
-, nichtkonservative 327
Kraftgrößenmethode 27
Kraftübertragungsfunktion 249, 254
Kraftspektrum 250
Kraftspektraldichte 176, 190, 250 f, 258
Kraftspektraldichte-Matrix 251, 253, 271 f
Kreuzkorrelationsfunktion 98 ff
Kreuzspektraldichte 120 ff
-, einseitige 122
-, zweiseitige 122
Kritische Anströmgeschwindigkeit 297 ff
Kritische Last 39, 42, 44, 335, 339, 340 f
Krümmung 36, 41, 55
Krümmungsamplitude 351 ff
Krylow 223

Längskraft 36, 42 ff, 49, 233 ff, 334 f
- effektive 234, 236, 240, 323, 326, 334 ff, 346
Lastkollektiv 307
Lastspielzahl, Lastwechselzahl 214, 307, 313 ff
Laurent 168
Laurent-Reihe 168, 328
Lebensdauer 73, 214, 216, 306, 313 ff
-, charakteristische 73, 308
*Leibniz*sche Regel 144
Lineare Regression 74, 78 ff, 214 f, 219
Lommel 330
Lommel-Funktion 330 ff
-, modifizierte 332 ff, 341
Longuet-Higgins 119, 145, 153
Luftträgheitskraft 266
Luftwiderstandskraft 267
Lumb 204
Lumped-mass-system 27, 30 ff, 44 ff, 317

Masse 6 f, 36, 62, 166
-, aerodynamische 266
-, generalisierte 43, 50
-, hydrodynamische 7, 35, 45, 223, 235 f, 240, 266, 317, 327
-, hydrodynamische, Koeffizient 223 f
-, mitschwingende 223
-, verdrängte 7
Massenkraft 6, 14 f, 28, 31, 166
Massenmatrix 28, 50
Materialanstrengung 193
Materialdämpfungskoeffizient 54
Maximalwert
-, erwarteter absoluter 151 ff, 156
-, 1/n-höchster 71, 147 ff
-, signifikanter 71, 150
Maximalereignis 155 ff
Maximalwertverteilung 135 ff
Meereswellen 200
Miles 320
Miner 313
Mittel, Mittelwert
-, statistischer 65 ff
-, zeitlicher 65, 91 f
-, quadratischer 66
-, örtliches 130
Modalanalyse 48 f, 55 f, 238, 266, 288 f
Modalansatz 237, 243 f, 182, 184, 250, 278, 300, 302, 359
Modalwert 72 ff, 157, 262 f
Moment des Spektrums 124 ff
Moment der Wahrscheinlichkeitsdichte 66, 80
Morison-Formel 194, 221 ff, 227, 235
Multiplikationssatz 152, 156

National Maritime Institute 203
Neumann 329
Neumann-Funktion 329, 345 f

Neumann-Wellenspektrum 207 ff
*Newton*sches Grundgesetz 6, 28, 37, 166
Niveaukreuzung 135 ff
Normalverteilung, s. *Gauß*sche Verteilung
Novak 301

Oberschwingung 358, 360 f
Orthogonalität 38, 46, 48 ff, 56

***P**almgren* 313
Parseval 102
Parseval, Theorem von 102 ff , 114
Phasendiagramm 18 f
Phasenfunktion 13
Phasengang 13 ff, 348 ff
Phasengeschwindigkeit 196
Phasenverschiebung 13
Pierson-Moskowitz-Wellenspektrum 118, 208 f, 254, 256 f , 321
Poisson 134
Potentialgleichung 194, 196 f, 222
Potentialkraft 41, 43
Potentialströmung 7, 194 ff, 222 f
Prozeß, siehe auch Zufallsprozeß
-, deterministischer 62
-, stochastischer 62

Quadratur-Spektrum 121 f, 132 f, 187, 251
Querkraft 36, 49, 233, 236, 36, 334
Quertriebskoeffizient 287, 290, 297 f
Quertriebskraft 282, 287 f, 296 f, 300, 302

***R**ayleigh* 42
Rayleigh-Dämpfung 50 ff
Rayleigh-Quotient 42 ff, 317
Rayleigh-Verteilung 70 ff, 87 f, 145 f
Reibung 6, 10,
Residuensatz 167 ff, 175, 181
Residuum 168 f, 174 f
Resonanz 14, 18, 22, 33 f
Reynolds 284
Reynolds-Zahl 223, 284 ff, 290, 293 f, 295
Rice 137, 145
Riser 240 f, 254 f, 323 ff, 334
Rohrinnenreibung 323 ff, 327, 334, 348, 351
Rückkehrperiode 155 ff

Saite 347
Schädigung 306, 313 ff
-, differentielle 319
Schadensakkumulationshypothese 313
Schlaich 280
Schmalband, unendliches 128, 138, 140, 143, 145 ff, 201, 320
Schmalbandfilter 172, 174, 185, 251, 321
Schmalbandprozeß 126 ff, 172 f
*Schwarz*sche Ungleichung 126
Schwellfestigkeit 307
Schwerkraftplattform 16, 30, 33, 47, 194
Schwingfestigkeit 307, 309, 316, 319
Schwingungsdauer 10 f
Schwingungsperiode 10
Seegang
-, ausgereifter 209 f
-, Kurzzeitstatistik 193, 202, 207, 210, 216, 321
-, Langzeitstatistik 193, 210, 216, 321
-, unregelmäßiger 88, 118 f, 129, 138, 145, 177, 200, 203, 206, 249 ff, 321, 324, 361 ff
Seegangswelle 15
Seillinie 334
Seismische Fluten 282 f
Selbsterregung 22 f, 25 f, 296, 301 f, 304
Selbststeuerung 286, 288, 290 ff
Singularität 168
Smith-Dauerfestigkeitsschaubild 309 f, 316
Smith-Effekt 198
Sommerfeld 107
Spannungsausschlag 307 ff
Spannungskonzentrationsfaktor 311 f, 314 f, 318
Spannungs-Wellenhöhen-Diagramm 248, 314 f, 317 f
Spektraldichte 113 ff
-, einseitige 116 f
-, mehrdimensionale 131 ff
-, zweiseitige 116 f
Sprungantwortfunktion 161 ff
Sprungeingang, siehe Einheitssprung
Sprungphänomen 303
Stabilität 24 f, 36, 42, 44, 234, 282, 296 ff, 302, 339
Stabilitätskriterium von *Timoshenko* 44
Standardabweichung, siehe Streuung
Stationarität 91 ff
Steifigkeit 6 ff, 28, 62
-, generalisierte 43, 50
Steifigkeitsmatrix 28, 50
Stelle der Bestimmtheit 328
Stichprobe 62 f, 65, 90
Stokes 195, 331
Streifenmethode 7
Streuung 66
Strömungen 282
-, permanente 282 f
-, windinduzierte 282 f
Strömungsoszillator 290 ff
Strömungswiderstand 16
Strouhal 284
Strouhal-Zahl 284 ff, 290, 294 f
Strukturdämpfung 51, 57, 317
Synchronisierung 25, 292

Taylor 168
Taylor-Reihe 168, 298
Tensioner 240, 324, 326
Theorie 2. Ordnung 36, 234, 299, 324, 335 f
- 3. Ordnung 233, 335 f
Timoshenko 44
Trägheitskoeffizient 224, 227 f, 236, 248
Trägheitskraft 6, 194, 221 ff, 327
-, generalisierte 237 f, 240 ff
Tsunami 201, 283
Turbulenzballen 264

Überlebenswahrscheinlichkeit 309, 312, 316
Überschreitenswahrscheinlichkeit 155 f, 189, 255, 271
Übertragungsfunktion 13, 32, 52, 112, 163 ff
-, aerodynamische 266 ff
-, hydrodynamische 249 f
United Kingdom Meteorological Office 217

*Van der Pol*scher Oszillator 24 ff, 290 ff, 299 f
Van Koten 262 f
Varianz 66
Variationsmaß 72, 262
Verbundwahrscheinlichkeit, siehe mehrdimensionale Wahrscheinlichkeit
Vergleichsspannung 193
Vergrößerungsfunktion 267, 276
Verlustwinkel 54
Verzögerungszeit 54
Vickery 268
Viskoelastischer Körper 54
Von Kármán 284

Wahrscheinlichkeit 62 ff
-, bedingte 82 ff, 87
-, mehrdimensionale 74 ff, 85 f
-, Randverteilung 75, 77 f, 87
Wahrscheinlichkeitsdichte 62 ff
-, bedingte 83
-, mehrdimensionale 74 ff, 85, 87
-, Randverteilung 75 ff
Wahrscheinlichkeitsverteilung 62 ff
-, bedingte 83
-, mehrdimensionale 74 f
Wartezeit 135, 156
Wechselfestigkeit 307
Weibull 73
Weibull-Verteilung 73 f, 212 ff, 217, 308
Weißes Rauschen 126 f, 145 f, 148 ff, 173 ff, 179, 188
-, bandbegrenztes 126 f, 146, 156
-, abgebrochenes 126 f, 175 f
Wellenamplitude 196 ff, 225
Wellenanzahl 210 ff, 314 ff, 321
Wellenenergie 119, 198 ff, 205 ff
-, kinetische 198 ff
-, potentielle 198 ff
Wellenenergiespektrum 118 f, 193, 201, 203, 205 ff, 249 ff, 306, 321 f, 362 f
-, einseitiges 207
-, gerichtetes 207
-, ungerichtetes 207
Wellenerhebung 194, 201, 225, 255
Wellenfrequenz 196, 201, 205, 215 f, 219, 225
Wellengeschwindigkeit 196
Wellenhäufigkeit 204, 211, 216 f, 321
Wellenhöhe 88, 118, 145, 201 ff, 210, 215 f, 220, 248
-, größte 203
-, mittlere 202 f
-, signifikante 71, 119, 202 f, 207 ff, 254
Wellenhöhenüberschreitungsdiagramm 210 ff, 306, 314 ff
Wellenkraft 225 f, 235, 237, 242 f, 248, 254, 317
Wellenlänge 196, 200, 215, 225, 235
Wellenperiode 196, 203 ff, 248, 255, 321 f
-, charakteristische 119, 208 f, 254
-, Langzeitmittel 216 ff
Wellenrichtung 198, 204
Wellensteilheit
Wellentheorie 194 ff, 215, 225, 235
Wellenverteilungsdiagramm 204 f, 209, 214 ff, 306, 314, 317, 321
Wellenzahl 196, 201, 205, 225, 235, 243, 255
Wellenzahlenergiespektrum 206
Werkstoffdämpfung 10, 54 ff, 236, 246
Widerstandskoeffizient 8, 16, 223 f, 267, 276, 287, 297 f
Widerstandskonstante 16, 57, 228 f, 235, 349
Widerstandskraft 16, 19 f, 57, 194, 221 ff, 235, 244, 252, 282, 287 f, 297, 324 f
-, generalisierte 237, 239 f, 242, 246, 250
-, nichtlineare 16, 327, 341, 343, 351, 356
-, periodische 287
Widerstandsparameter 16, 19, 57, 190
Wiener 115
Wiener-Chintschin-Relation 115 ff, 122 ff, 127, 132 f, 205 f, 256
Willers 340
Wind
-, Frequenzbereiche 260
-, Höhenprofil 261 f
-, kinetische Restenergie 260 f
-, natürlicher 260 ff
-, turbulenter 15, 176 f, 260, 264 f, 269, 271
Windbö 261 ff, 275, 279
Winddruck 265 ff
Windgeschwindigkeit 157, 207 ff, 220, 261 ff
-, Einstundenmittel 261 ff, 269, 275, 280 ff

-, maximale 262, 264, 280
-, mittlere 260, 264, 269, 272, 275
Windkraft 268, 275 f, 280, 316
Windspektraldichte 264 ff, 271 f, 279
Windstärke 210
Wirbelablösefrequenz 284 ff, 291
Wirbelbildung 15, 284 f
Wirbelresonanz 285, 289, 294
Wronski 330
*Wronski*sche Determinante 330
Wöhler 308
Wöhler-Kurve 306 ff

Zähigkeitskoeffizient 54
Zentraler Grenzwertsatz 82, 89, 201, 279, 361
Zentrifugalkraft 323 ff , 334, 351
Zeitfestigkeit, Zeitfestigkeitslinie 306 f, 316, 319 f
Zeitinvarianz 160, 162 f
Zilch 262
Zufallsbeanspruchung 319
Zufallsereignis 62
Zufallsfeld 62, 130
Zufallsfeldprozeß 62, 129 ff, 186, 188
Zufallsphase 201, 255
Zufallsprozeß 62 ff
-, abgeschnittener 109 f, 113 f, 130 f
-, zentrierter 66
Zufallsvariable 62 ff
-, signifikanter Wert 71
-, standardisierte 90
Zufallsschwingung 62, 160 ff
Zug-Druck-Wechselfestigkeit 310, 318
Zylinderfunktion, siehe *Bessel*-Funktion

GPSR Compliance

The European Union's (EU) General Product Safety Regulation (GPSR) is a set of rules that requires consumer products to be safe and our obligations to ensure this.

If you have any concerns about our products, you can contact us on ProductSafety@springernature.com

In case Publisher is established outside the EU, the EU authorized representative is:

Springer Nature Customer Service Center GmbH
Europaplatz 3
69115 Heidelberg, Germany

Batch number: 10577878

Printed by Printforce, the Netherlands